解放军和武警部队院校招生
文化科目统考复习参考教材
(适用于高中毕业生[含同等学力]士兵)

# 数　　学

军考教材编写组　编

·北京·

## 内 容 简 介

本书是解放军和武警部队院校招生文化科目统考复习参考教材的数学分册,供报考军队院校的高中毕业生[含同等学力]士兵复习使用。本书以《2021年军队院校招收士兵学员文化科目统一考试大纲》为依据,以广大考生复习考试的实际需要为目标而编写。

**图书在版编目（CIP）数据**

解放军和武警部队院校招生文化科目统考复习参考教材. 数学/军考教材编写组编. —北京:国防工业出版社, 2019.4(2021.9 重印)
 ISBN 978-7-118-11851-3

Ⅰ. ①解⋯ Ⅱ. ①军⋯ Ⅲ. ①数学课—军事院校—入学考试—自学参考资料 Ⅳ. ①E251.3 ②G723.4

中国版本图书馆 CIP 数据核字(2019)第 055113 号

※

国防工业出版社出版发行

(北京市海淀区紫竹院南路23号 邮政编码100048)
北京天颖印刷有限公司印刷
新华书店经售

\*

开本 787×1092 1/16 印张 21 字数 477 千字
2021 年 9 月第 1 版第 5 次印刷 印数 46001—48000 册 定价 50.00 元

**(本书如有印装错误,我社负责调换)**

国防书店:(010)88540777    书店传真:(010)88540776
发行业务:(010)88540717    发行传真:(010)88540762

# 本书编委会

**主　　编**　鲁志波

**副主编**　徐春燕　李江华　滕吉红

**参　　编**　李瑞瑞　谢孔峰　程财生
　　　　　　王晔菲　臧传芹　刘　倩
　　　　　　王习文　章柏红　王亚利

# 丛书说明

应广大考生要求,军队院校招生主管部门授权中国融通教育集团组织编写了《解放军和武警部队院校招生文化科目统考复习参考教材》。本套教材分为三个系列:高中毕业生[含同等学力]士兵适用的《语文》《数学》《英语》《政治》《物理》《化学》;大专毕业生士兵适用的《语言综合》《科学知识综合》《军政基础综合》;大学毕业生士兵提干推荐对象和优秀士兵保送入学对象适用的《综合知识与能力》。

本套教材是军队院校招生考试唯一指定的复习参考教材,内容紧扣2021年军队院校招生文化科目统一考试大纲,科学编排知识框架,合理设置练习讲解,确保了复习内容的科学性、针对性和实用性。同时,这套教材的电子版可在强军网"军队院校招生信息网"(http://www.zsxxw.mtn)免费下载使用。

为提供优质、便捷、高效的考学助学服务,融通人力考试中心联合81之家共同打造了"81之家军考"服务平台,考生可通过关注相关公众号和下载App,获取更多考试帮助。

本套教材的编审时间非常紧张,书中内容难免有不当之处,如对书中内容有疑问,请通过邮箱(81zhijia@81family.cn)及时反馈。

军考教材编写组<br>
2021年1月

# 前　言

本书是解放军和武警部队院校招生文化科目统考复习参考教材的数学分册,供2021年报考军队院校的高中毕业生[含同等学力]士兵考生复习使用。本书以《2021年军队院校招收士兵学员文化科目统一考试大纲》为依据,参考现行高中数学教材,并针对广大士兵考生特点编写而成。

本书共分十四章,每章包括四个部分:考试范围与要求、主要内容、典型例题、强化训练。

本书在最后收录了"二〇二〇年军队院校生长军(警)官招生文化科目统一考试士兵高中数学试题"和"二〇二〇年军队院校士官招生文化科目统一考试士兵高中数学试题",并附有参考答案,供考生全面了解考试形式和内容并模拟练习。

本书由鲁志波任主编,徐春燕、李江华、滕吉红任副主编。参加本书编写的人员还有李瑞瑞、谢孔峰、程财生、王晔菲、臧传芹、刘倩、王习文、章柏红、王亚利等同志。由于时间紧、任务急,难免有不足和疏漏之处,敬请读者批评指正。

编者
2021年1月

# 目 录

**第一章 集合与常用逻辑用语** ··················································· 1
   考试范围与要求 ····························································· 1
   主要内容 ····································································· 1
      第一节 集合 ····························································· 1
      第二节 常用逻辑用语 ················································· 3
   典型例题 ····································································· 6
   强化训练 ····································································· 11

**第二章 函数** ·········································································· 16
   考试范围与要求 ····························································· 16
   主要内容 ····································································· 16
      第一节 函数的概念 ···················································· 16
      第二节 函数的基本性质 ·············································· 18
      第三节 基本初等函数 ················································· 20
      第四节 函数的应用 ···················································· 24
   典型例题 ····································································· 25
   强化训练 ····································································· 35

**第三章 数列** ·········································································· 45
   考试范围与要求 ····························································· 45
   主要内容 ····································································· 45
      第一节 数列的概念 ···················································· 45
      第二节 等差数列 ······················································· 46
      第三节 等比数列 ······················································· 47
   典型例题 ····································································· 48
   强化训练 ····································································· 57

**第四章 三角函数与解三角形** ···················································· 65
   考试范围与要求 ····························································· 65
   主要内容 ····································································· 65
      第一节 三角函数 ······················································· 65

第二节　三角恒等变换 ·············································· 70
　　　　第三节　解三角形 ···················································· 72
　　典型例题 ······································································ 74
　　强化训练 ······································································ 81

## 第五章　向量及其应用 ························································· 94

　　考试范围与要求 ······························································ 94
　　主要内容 ······································································· 94
　　　　第一节　平面向量的基本概念与线性运算 ···················· 94
　　　　第二节　平面向量的基本定理及坐标表示 ···················· 96
　　　　第三节　平面向量的数量积 ······································· 98
　　　　第四节　平面向量的应用 ·········································· 98
　　　　第五节　空间向量 ··················································· 99
　　典型例题 ······································································ 103
　　强化训练 ······································································ 114

## 第六章　不等式 ··································································· 121

　　考试范围与要求 ······························································ 121
　　主要内容 ······································································· 121
　　　　第一节　不等关系与不等式 ······································ 121
　　　　第二节　不等式的解法 ············································· 123
　　　　第三节　二元一次不等式组 ······································ 126
　　典型例题 ······································································ 126
　　强化训练 ······································································ 133

## 第七章　立体几何初步 ························································· 143

　　考试范围与要求 ······························································ 143
　　主要内容 ······································································· 143
　　　　第一节　点、直线、平面之间的位置关系 ···················· 143
　　　　第二节　直线、平面平行的判定及其性质 ···················· 146
　　　　第三节　直线、平面垂直的判定及其性质 ···················· 147
　　　　第四节　空间几何体 ················································ 148
　　典型例题 ······································································ 154
　　强化训练 ······································································ 162

## 第八章　直线与圆的方程 ······················································ 175

　　考试范围与要求 ······························································ 175
　　主要内容 ······································································· 175
　　　　第一节　直线与方程 ················································ 175

第二节　圆与方程 ………………………………………………………………… 178
　　　第三节　空间直角坐标 …………………………………………………………… 180
　　　第四节　极坐标 …………………………………………………………………… 181
　典型例题 …………………………………………………………………………………… 182
　强化训练 …………………………………………………………………………………… 189

## 第九章　圆锥曲线 ……………………………………………………………………… 196
　考试范围与要求 …………………………………………………………………………… 196
　主要内容 …………………………………………………………………………………… 196
　　　第一节　椭圆 ……………………………………………………………………… 196
　　　第二节　双曲线 …………………………………………………………………… 198
　　　第三节　抛物线 …………………………………………………………………… 200
　典型例题 …………………………………………………………………………………… 201
　强化训练 …………………………………………………………………………………… 211

## 第十章　排列、组合与二项式定理 …………………………………………………… 223
　考试范围与要求 …………………………………………………………………………… 223
　主要内容 …………………………………………………………………………………… 223
　　　第一节　排列与组合 ……………………………………………………………… 223
　　　第二节　二项式定理 ……………………………………………………………… 225
　典型例题 …………………………………………………………………………………… 225
　强化训练 …………………………………………………………………………………… 231

## 第十一章　概率与统计 ………………………………………………………………… 239
　考试范围与要求 …………………………………………………………………………… 239
　主要内容 …………………………………………………………………………………… 239
　　　第一节　概率 ……………………………………………………………………… 239
　　　第二节　概率与统计 ……………………………………………………………… 241
　典型例题 …………………………………………………………………………………… 243
　强化训练 …………………………………………………………………………………… 254

## 第十二章　推理与证明 ………………………………………………………………… 269
　考试范围与要求 …………………………………………………………………………… 269
　主要内容 …………………………………………………………………………………… 269
　　　第一节　合情推理与演绎推理 …………………………………………………… 269
　　　第二节　直接证明与间接证明 …………………………………………………… 270
　　　第三节　数学归纳法 ……………………………………………………………… 270
　典型例题 …………………………………………………………………………………… 271
　强化训练 …………………………………………………………………………………… 275

## 第十三章　导数及其应用 ············································································· 283

### 考试范围与要求 ······················································································ 283
### 主要内容 ······························································································· 283
#### 第一节　极限 ···················································································· 283
#### 第二节　导数及其应用 ········································································ 284
### 典型例题 ······························································································· 286
### 强化训练 ······························································································· 293

## 第十四章　复数 ························································································ 301

### 考试范围与要求 ······················································································ 301
### 主要内容 ······························································································· 301
#### 第一节　复数的概念 ············································································ 301
#### 第二节　复数代数形式的四则运算 ······················································· 302
### 典型例题 ······························································································· 304
### 强化训练 ······························································································· 305

## 二〇二〇年军队院校生长军(警)官招生文化科目统一考试士兵高中数学试题 ········· 310

## 二〇二〇年军队院校士官招生文化科目统一考试士兵高中数学试题 ····················· 320

# 第一章 集合与常用逻辑用语

## 考试范围与要求

1. 了解集合的含义,元素与集合的属于关系;能用自然语言、图形语言、集合语言(列举法或描述法)描述不同的具体问题。

2. 理解集合之间包含与相等的含义,能识别给定集合的子集;在具体情境中,了解全集与空集的含义。

3. 理解两个集合的并集与交集的含义,会求两个简单集合的并集与交集;理解在给定集合中一个子集的补集的含义,会求给定子集的补集;能使用韦恩(Venn)图表达集合间的基本关系及集合的基本运算。

4. 理解命题的概念;了解"若 $p$,则 $q$"形式的命题及其逆命题、否命题与逆否命题,会分析四种命题的相互关系。

5. 理解必要条件、充分条件与充要条件的意义。

6. 了解逻辑联结词"或""且""非"的含义。

7. 了解全称量词与存在量词的意义。

## 主要内容

## 第一节 集 合

**1. 集合的含义**

一般地,把研究的对象统称为元素,把一些元素组成的总体叫作集合(简称集)。

集合中的元素必须满足三个特征:

(1) 确定性:对于一个给定的集合,集合中的元素是确定的,任何一个对象或者是或者不是这个给定的集合的元素。

(2) 互异性:任何一个给定的集合中,任何两个元素都是不同的对象,相同的对象归入一个集合时,仅算一个元素。例如,book 中的字母构成的集合是 $\{b,o,k\}$。

(3) 无序性:集合中的元素是平等的,没有先后顺序,因此判定两个集合是否一样,仅需比较它们的元素是否一样,不需考查排列顺序是否一样。例如,集合 $\{b,o,k\}$ 与集合 $\{o,k,b\}$ 表示同一个集合。

通常用大写拉丁字母 $A,B,C,\cdots$ 表示集合,用小写拉丁字母 $a,b,c,\cdots$ 表示集合中的元素。

如果 $a$ 是集合 $A$ 的元素,就说 $a$ 属于集合 $A$,记作 $a\in A$;如果 $a$ 不是集合 $A$ 中的元素,就说

$a$ 不属于集合 $A$,记作 $a \notin A$。

含有有限个元素的集合叫作有限集。含有无限个元素的集合叫作无限集。不含有任何元素的集合叫作空集($\varnothing$)。

**2. 常用的数集及其记法**

全体非负整数组成的集合称为非负整数集(或自然数集),记作 **N**;

全体正整数组成的集合称为正整数集,记作 $\mathbf{N}^*$ 或 $\mathbf{N}_+$;

全体整数组成的集合称为整数集,记作 **Z**;

全体有理数组成的集合称为有理数集,记作 **Q**;

全体实数组成的集合称为实数集,记作 **R**。

**3. 集合的表示方法**

(1) 自然语言法:用文字叙述的形式来描述集合,例如,"亚洲国家的首都"构成一个集合。

(2) 列举法:把集合的元素一一列举出来,并用花括号"{ }"括起来表示集合的方法。

(3) 描述法:用集合所含元素的共同特征表示集合的方法称为描述法,即 $\{x \mid x$ 具有的共同特征或性质$\}$,其中 $x$ 为集合的代表元素。

(4) 图示法:用数轴或韦恩(Venn)图来表示集合。韦恩图是指用平面上封闭曲线的内部代表集合的图形。

**4. 集合间的基本关系**

(1) 子集:对于两个集合 $A,B$,如果集合 $A$ 中任意一个元素都是集合 $B$ 中的元素,则称集合 $A$ 是集合 $B$ 的子集,记作 $A \subseteq B$(或 $B \supseteq A$),读作"$A$ 含于 $B$"(或"$B$ 包含 $A$")。

(2) 集合相等:如果集合 $A$ 是集合 $B$ 的子集($A \subseteq B$),且集合 $B$ 是集合 $A$ 的子集($B \subseteq A$),即集合 $A$ 与集合 $B$ 中的元素是一样的,则称集合 $A$ 与集合 $B$ 相等,记作 $A = B$。

(3) 真子集:如果集合 $A \subseteq B$,但存在元素 $x \in B$,且 $x \notin A$,则称集合 $A$ 是集合 $B$ 的真子集,记作 $A \subsetneq B$(或 $B \supsetneq A$)。

| 名称 | 记号 | 性质 | 韦恩图 |
| --- | --- | --- | --- |
| 子集 | $A \subseteq B$ 或 $B \supseteq A$ | (1) $A \subseteq A$;<br>(2) $\varnothing \subseteq A$;<br>(3) 若 $A \subseteq B$ 且 $B \subseteq C$,则 $A \subseteq C$;<br>(4) 若 $A \subseteq B$ 且 $B \subseteq A$,则 $A = B$ | $A(B)$ 或 $B \ A$ |
| 真子集 | $A \subsetneq B$ 或 $B \supsetneq A$ | (1) $\varnothing \subsetneq A$($A$ 为非空子集);<br>(2) 若 $A \subsetneq B$ 且 $B \subsetneq C$,则 $A \subsetneq C$ | $B \ A$ |
| 集合相等 | $A = B$ | $A \subseteq B$ 且 $B \subseteq A$ | $A(B)$ |

说明:

(1) 空集是任何集合的子集。

(2) 任何一个集合是它本身的子集,即 $A \subseteq A$。

(3) 集合的子集和真子集具有传递性。

(4) 已知集合 $A$ 有 $n(n\geq 1)$ 个元素,则它有 $2^n$ 个子集,有 $2^n-1$ 个真子集,有 $2^n-1$ 个非空子集,有 $2^n-2$ 非空真子集。

**5. 集合的基本运算**

(1) 并集。由所有属于集合 $A$ 或集合 $B$ 的元素所组成的集合,称为集合 $A$ 与集合 $B$ 的并集,记作 $A\cup B$(读作"$A$ 并 $B$"),即

$$A\cup B = \{x \mid x\in A, \text{或} x\in B\}$$

(2) 交集。由属于集合 $A$ 且属于集合 $B$ 的所有元素组成的集合,称为集合 $A$ 与集合 $B$ 的交集,记作 $A\cap B$(读作"$A$ 交 $B$"),即

$$A\cap B = \{x \mid x\in A, \text{且} x\in B\}$$

(3) 全集。由所研究问题中涉及的全体元素构成的集合称为全集,通常记作 $U$。

(4) 补集。对于集合 $A$,由全集 $U$ 中不属于集合 $A$ 的所有元素组成的集合称为集合 $A$ 相对于全集 $U$ 的补集,简称为集合 $A$ 的补集,记作 $\complement_U A$,即

$$\complement_U A = \{x \mid x\in U, \text{且} x\notin A\}$$

(5) 集合的运算性质及韦恩图。

| 名称 | 记号 | 性质 | 韦恩图 |
| --- | --- | --- | --- |
| 交集 | $A\cap B$ | (1) $A\cap A = A$;<br>(2) $A\cap \varnothing = \varnothing$;<br>(3) $A\cap B\subseteq A, A\cap B\subseteq B$ | |
| 并集 | $A\cup B$ | (1) $A\cup A = A$;<br>(2) $A\cup \varnothing = A$;<br>(3) $A\cup B\supseteq A, A\cup B\supseteq B$ | |
| 补集 | $\complement_U A$ | (1) $A\cap (\complement_U A) = \varnothing$;<br>(2) $A\cup (\complement_U A) = U$;<br>(3) $\complement_U(A\cap B) = (\complement_U A)\cup (\complement_U B), \complement_U(A\cup B) = (\complement_U A)\cap (\complement_U B)$ | |

数形结合是求解集合问题的常用方法,解题要尽可能地借助数轴、直角坐标系或韦恩图等工具,将抽象的代数问题具体化、形象化、直观化,然后利用数形结合的思想方法解决,例如,集合的交、并、补等运算。

# 第二节 常用逻辑用语

**1. 命题及其关系**

一般地,把用语言、符号或式子表达的,可以判断真假的陈述句叫作命题。判断为真的语句叫作真命题;判断为假的语句叫作假命题。数学中的定义、公理、定理等都是真命题。

命题一般由条件和结论两部分构成,通常用小写英文字母表示,如 $p,q,r,m,n$ 等。"若 $p$,则 $q$"形式的命题中的 $p$ 称为命题的条件,$q$ 称为命题的结论。

对于两个命题,如果一个命题的条件和结论分别是另一个命题的结论和条件,则这两个命

题称为互逆命题。其中一个命题称为原命题,另一个命题称为原命题的逆命题。

对于两个命题,如果一个命题的条件和结论恰好是另一个命题的条件的否定和结论的否定,则这两个命题称为互否命题。其中一个命题称为原命题,另一个命题称为原命题的否命题。

对于两个命题,如果一个命题的条件和结论分别是另一个命题的结论的否定和条件的否定,则这两个命题互为逆否命题。其中一个命题称为原命题,另一个命题称为原命题的逆否命题。

若原命题表示为"若 $p$,则 $q$",则它的逆命题为"若 $q$,则 $p$",否命题为"若 $\neg p$,则 $\neg q$",逆否命题为"若 $\neg q$,则 $\neg p$"。这里"$\neg p$"和"$\neg q$"分别表示对 $p$ 和 $q$ 的否定,读作"非 $p$"和"非 $q$"。

四种命题之间的关系如图 1-1 所示。

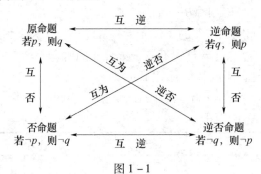

图 1-1

四种命题的真假关系如下表所列。

| 原命题 | 逆命题 | 否命题 | 逆否命题 |
| --- | --- | --- | --- |
| 真 | 真 | 真 | 真 |
| 真 | 假 | 假 | 真 |
| 假 | 真 | 真 | 假 |
| 假 | 假 | 假 | 假 |

判断命题的真假要以真值表为依据。若两个命题互为逆否命题,则它们有相同的真假性;若两个命题为互逆命题或互否命题,则它们的真假性没有关系。当一个命题的真假不易判断时,可考虑判断其等价命题(逆否命题)的真假。

**2. 充分条件与必要条件**

(1) 定义。

若 $p \Rightarrow q$,即 $p$ 通过推理可以得出 $q$,则 $p$ 是 $q$ 的充分条件,$q$ 是 $p$ 的必要条件;

若 $p \Rightarrow q, q \nRightarrow p$,则 $p$ 是 $q$ 的充分不必要条件;

若 $q \Rightarrow p, p \nRightarrow q$,则 $p$ 是 $q$ 的必要不充分条件;

若 $p \Leftrightarrow q$,则 $p$ 是 $q$ 的充要条件(充分必要条件)。

(2) 判断方法。

在判断充分条件与必要条件时,首先要分清哪是条件、哪是结论,然后用条件推结论,再用结论推条件,最后进行判断。

① 定义法。

利用上述定义进行验证。

② 集合法。

对于集合 $A = \{x \mid x \text{ 满足条件 } p\}$,$B = \{x \mid x \text{ 满足条件 } q\}$,则:

若 $A \subsetneqq B$,则 $p$ 是 $q$ 的充分不必要条件;若 $B \subsetneqq A$,则 $p$ 是 $q$ 的必要不充分条件;若 $A = B$,则 $p$ 是 $q$ 的充分必要条件;若集合 $A$ 与集合 $B$ 之间无包含关系,则 $p$ 是 $q$ 的既不充分也不必要条件。

简单地说,小范围可以推出大范围,大范围不能推出小范围。小范围是大范围的充分不必要条件,大范围是小范围的必要不充分条件。

③ 等价转换法。

把判断"$p$ 是 $q$ 的什么条件"转化为判断"$\neg q$ 是 $\neg p$ 的什么条件"。即把难以判断的命题转化为与之等价的逆否命题来判断。这种方法特别适合以否定形式给出的命题。

**3. 简单的逻辑联结词**

"且""或""非"这些词叫作逻辑联结词。不含逻辑联结词的命题叫简单命题,由简单命题与逻辑联结词构成的命题叫复合命题。

(1) 且(and):用联结词"且"把命题 $p$ 和命题 $q$ 联结起来,就得到一个新命题,记作 $p \wedge q$,读作"$p$ 且 $q$"。

(2) 或(or):用联结词"或"把命题 $p$ 和命题 $q$ 联结起来,就得到一个新命题,记作 $p \vee q$,读作"$p$ 或 $q$"。

(3) 非(not):对一个命题 $p$ 全盘否定,就得到一个新命题,记作 $\neg p$,读作"非 $p$"或"$p$ 的否定"。

命题与集合之间可以建立对应关系,在这样的对应下,逻辑联结词和集合的运算具有一致性,命题的"且""或""非"恰好分别对应集合的"交""并""补",因此,可以从集合的角度进一步认识有关这些逻辑联结词的规定。

利用如下的真值表来判断复合命题的真假。

| $p$ | $q$ | $p \wedge q$ | $p \vee q$ | $\neg p$ |
|---|---|---|---|---|
| 真 | 真 | 真 | 真 | 假 |
| 真 | 假 | 假 | 真 | 假 |
| 假 | 真 | 假 | 真 | 真 |
| 假 | 假 | 假 | 假 | 真 |

显然:当 $p, q$ 中有一个为真时,则 $p \vee q$ 为真(一真必真);当 $p, q$ 中有一个为假时,则 $p \wedge q$ 为假(一假必假)。"非 $p$"形式复合命题的真假判断方法:真假相对。

**4. 全称量词与存在量词**

(1) 全称量词。

短语"所有的""任意一个"等在逻辑中通常叫作全称量词,用符号"$\forall$"表示。含有全称量词的命题,叫作全称命题。

常见的全称量词还有"一切""每一个""任给""所有的"等。

通常将含有变量 $x$ 的语句用 $p(x), q(x), r(x), \cdots$ 表示,变量 $x$ 的取值范围用 $M$ 表示。那么,全称命题 $p$:"对 $M$ 中任意一个 $x$,有 $p(x)$ 成立"可简记为
$$\forall x \in M, p(x)$$
读作"对任意 $x$ 属于 $M$,有 $p(x)$ 成立"。

(2) 存在量词。

短语"存在一个""至少有一个"在逻辑中通常叫作存在量词,并用符号"$\exists$"表示。含有存

在量词的命题,叫作特称命题。

常见的存在量词还有"有些""有一个""对某个""有的"等。

特称命题 $p$:"存在 $M$ 中的元素 $x_0$,使 $p(x_0)$ 成立"可简记为
$$\exists x_0 \in M, p(x_0)$$
读作"存在 $M$ 中的元素 $x_0$,使有 $p(x_0)$ 成立"。

(3) 含有一个量词的命题的否定。

全称命题 $p$ 的否定 $\neg p$:$\exists x_0 \in M, \neg p(x_0)$。全称命题的否定是特称命题。否定一个全称命题可以通过"举反例"来说明。

特称命题 $p$ 的否定 $\neg p$:$\forall x \in M, \neg p(x)$。特称命题的否定是全称命题。

注意:

(1) 命题的否定与命题的否命题是不同的。命题的否定只对命题的结论进行否定(否定一次),而命题的否命题则需要对命题的条件和结论同时进行否定(否定两次)。

(2) 一些常见词的否定:

| 正面词 | 等于 | 大于 | 小于 | 是 | 都是 | 一定是 | 至少一个 | 至多一个 |
|---|---|---|---|---|---|---|---|---|
| 否定词 | 不等于 | 不大于 | 不小于 | 不是 | 不都是 | 一定不是 | 一个也没有 | 至少两个 |

## 典型例题

### 一、选择题

**例 1** 若集合 $A = \{x \mid 0 < 3-x < 7\}$,$B = \{x \mid -3 < x < -1\}$,则 $A \cap B = ($ )。

A. $\{x > 3\}$  B. $\{x < -1\}$
C. $\{-1 < x < 3\}$  D. $\{-3 < x < -1\}$

【解析】D。对于集合 $A$,由 $0 < 3-x < 7$ 得 $-3 < -x < 4$,即 $-4 < x < 3$。由交集的定义可知,$A \cap B = \{x \mid 0 < 3-x < 7\} \cap \{x \mid -3 < x < -1\} = \{x \mid -4 < x < 3\} \cap \{x \mid -3 < x < -1\} = \{x \mid -3 < x < -1\}$,故选 D。

【说明】本题主要考查两个集合之间的交运算,解决此类问题首先要将集合化为最简形式后再进行运算。如此题集合 $A$ 为不等式解集,先解不等式再进行集合间的交运算。对于不等式解集、函数定义域及值域等有关实数集之间的运算问题,也可借助数轴进行运算,更加形象直观。

**例 2** 已知集合 $A = \{x \mid x < 1\}$,$B = \{x \mid 3^x < 1\}$,则( )。

A. $A \cap B = \{x \mid x < 0\}$  B. $A \cup B = \mathbf{R}$
C. $A \cup B = \{x \mid x > 1\}$  D. $A \cap B = \varnothing$

【解析】A。由 $3^x < 1$ 得 $3^x < 3^0$,再由指数函数的单调性可知 $x < 0$,即 $B = \{x \mid x < 0\}$,所以
$$A \cap B = \{x \mid x < 1\} \cap \{x \mid x < 0\} = \{x \mid x < 0\}$$
$$A \cup B = \{x \mid x < 1\} \cup \{x \mid x < 0\} = \{x \mid x < 1\}$$
故本题应选 A。

【说明】本题主要考查两个集合之间的并运算和交运算,同时涉及函数的单调性及简单不等式的求解。

**例3** 对于实数 $x,y$,则 $p:x+y\neq 3$,$q:x\neq 1$ 且 $y\neq 2$,则 $p$ 是 $q$ 的( )。

A. 充要条件  B. 充分不必要条件

C. 必要不充分条件  D. 既不充分也不必要条件

【解析】C。$x=y=2$ 时,$x+y=4\neq 3$,因此 $p\Rightarrow q$,但是 $q\not\Rightarrow p$,因此 $p$ 是 $q$ 的必要不充分条件,故本题应选 C。

【说明】本题主要考查充分条件与必要条件的判定。若 $p\Rightarrow q$,$q\not\Rightarrow p$,则 $p$ 是 $q$ 的充分不必要条件;若 $p\not\Rightarrow q$,$q\Rightarrow p$,则 $p$ 是 $q$ 的必要不充分条件。

**例4** 设 $a\in\mathbf{R}$,则"$a>1$"是"$a^2>1$"的( )。

A. 充分非必要条件  B. 必要非充分条件

C. 充要条件  D. 既非充分也非必要条件

【解析】A。显然 $a>1\Rightarrow a^2>1$,反过来,$a^2>1\Rightarrow a>1$ 或 $a<-1$,所以"$a>1$"是"$a^2>1$"的充分非必要条件,故本题应选 A。

【说明】本题主要考查充分条件、必要条件的判定:若 $p\Rightarrow q$,则 $p$ 是 $q$ 的充分条件;若 $p\Leftarrow q$,则 $p$ 是 $q$ 的必要条件。

**例5** 已知四个命题:

命题 $p_1$:若 $a=-a$,则 $a=0$。

命题 $p_2$:若 $a=\dfrac{1}{a}$,则 $a=1$。

命题 $p_3$:若 $\sqrt{a}=a$,则 $a=0$ 或 $a=1$。

命题 $p_4$:若 $|a|=a$,则 $a>0$。

其中真命题的个数为( )。

A. 1  B. 2  C. 3  D. 4

【解析】B。命题 $p_1$:$a=-a\Rightarrow a+a=0\Rightarrow a=0$,为真命题。命题 $p_2$:若 $a=\dfrac{1}{a}$,则 $a^2=1$,即 $a=\pm 1$,为假命题。命题 $p_3$:若 $\sqrt{a}=a$,两边平方即 $a=a^2\Rightarrow a^2-a=0\Rightarrow a(a-1)=0$,则 $a=0$ 或 $a=1$,为真命题。命题 $p_4$:当 $a=0$ 时有 $|a|=a$,故为假命题。故本题应选 B。

**例6** "$\sin\alpha=\cos\alpha$"是"$\cos 2\alpha=0$"的( )。

A. 充分不必要条件  B. 必要不充分条件

C. 充分必要条件  D. 既不充分也不必要条件

【解析】A。由 $\cos 2\alpha=\cos^2\alpha-\sin^2\alpha=0$ 可得 $\sin\alpha=\cos\alpha$ 或 $\sin\alpha=-\cos\alpha$,因为"$\sin\alpha=\cos\alpha$"$\Rightarrow$"$\cos 2\alpha=0$",但"$\sin\alpha=\cos\alpha$"$\not\Leftarrow$"$\cos 2\alpha=0$",所以"$\sin\alpha=\cos\alpha$"是"$\cos 2\alpha=0$"的充分不必要条件,故本题应选 A。

【说明】本题主要考查二倍角的余弦公式以及充分条件、必要条件的判定:若 $p\Rightarrow q$,则 $p$ 是 $q$ 的充分条件;若 $p\Leftarrow q$,则 $p$ 是 $q$ 的必要条件。

**例7** 命题"$\forall x\in\mathbf{R},x^2+x+1>0$"的否定形式是( )。

A. $\forall x\in\mathbf{R},x^2+x+1<0$  B. $\forall x\in\mathbf{R},x^2+x+1\leqslant 0$

C. $\exists x_0\in\mathbf{R},x_0^2+x_0+1\leqslant 0$  D. $\exists x_0\in\mathbf{R},x_0^2+x_0+1<0$

【解析】C。因为全称量词 $\forall$ 的否定是存在量词 $\exists$,"$x^2+x+1>0$"的否定是"$x^2+x+1\leqslant 0$",因此命题"$\forall x\in\mathbf{R},x^2+x+1>0$"的否定形式是"$\exists x_0\in\mathbf{R},x_0^2+x_0+1\leqslant 0$",故本题应选 C。

【说明】本题考查的是命题的否定形式,重点把握全称量词∀的否定是存在量词∃,存在量词∃的否定为全称量词∀。

## 二、填空题

**例1** 设全集 $U = \mathbf{R}$,若集合 $A = \{-1, 0, 2, 3, 4, 5\}$,$B = \{x \mid 2 \leq x \leq 3\}$,则 $A \cap \complement_U B = \underline{\qquad}$。

【解析】由补集的定义可知,$\complement_U B$ 是由全集 $U$ 中所有不属于集合 $B$ 的元素构成的集合,即 $\complement_U B = \{x \mid x > 3 \text{ 或 } x < 2\}$,所以 $A \cap \complement_U B = \{-1, 0, 4, 5\}$。

【说明】本题主要考查集合的补运算和交运算。研究集合的关系时,关键是将两集合的关系转化为元素间的关系,本题需要注意的是涉及的两个集合一个是有限集 $A$,一个是无限集 $B$,$B$ 的补集仍为无限集,确定集合 $A \cap \complement_U B$ 中的元素时,要按有限集中的元素逐一验证。

**例2** 函数 $f(x) = \dfrac{\lg(x+1)}{\sqrt{2-x^2}}$ 的定义域 $D = \underline{\qquad}$。

【解析】解不等式 $\begin{cases} x+1 > 0 \\ 2-x^2 > 0 \end{cases}$,可得 $x > -1$ 且 $x^2 < 2$,即求集合 $A = \{x \mid x > -1\}$ 和集合 $B = \{x \mid -\sqrt{2} < x < \sqrt{2}\}$ 的交集,所以定义域 $D = \{x \mid x \in \mathbf{R}, -1 < x < \sqrt{2}\}$。

【说明】本题考查的是函数的定义域及集合的表示。注意到函数的定义域是一个集合,关键是确定集合中的元素,此集合中的元素可通过求解简单不等式加以确定。

**例3** 已知 $x \geq 0, y \geq 0$,且 $x + y = 1$,则 $x^2 + y^2$ 的取值范围是 $\underline{\qquad}$。

【解析】由 $x + y = 1$ 可得 $y = 1 - x$,所以

$$x^2 + y^2 = x^2 + (1-x)^2 = 2x^2 - 2x + 1 = 2\left(x - \dfrac{1}{2}\right)^2 + \dfrac{1}{2}$$

因此当 $x = 0$ 或 $x = 1$ 时,$x^2 + y^2$ 取得最大值 $1$,当 $x = \dfrac{1}{2}$ 时,$x^2 + y^2$ 取得最小值 $\dfrac{1}{2}$,故 $x^2 + y^2$ 的取值范围是 $\left[\dfrac{1}{2}, 1\right]$。

【说明】本题考查的是函数的值域的确定,注意到函数的值域是一个集合,此题关键是确定函数的最小值和最大值。

**例4** 集合 $\{-1, 0, 1\}$ 共有 $\underline{\qquad}$ 个子集。

【解析】可以用分类组合计数法讨论集合 $\{-1, 0, 1\}$ 的子集:

(1)不含有任何元素的子集个数为有 $C_3^0 = 1$,即 $\varnothing$;

(2)只含有1个元素的子集个数为 $C_3^1 = 3$,即 $\{-1\}, \{0\}, \{1\}$;

(3)含有2个元素的子集个数为 $C_3^2 = 3$,即 $\{-1, 0\}, \{0, 1\}, \{-1, 1\}$;

(4)含有3个元素的子集个数为 $C_3^3 = 1$。

所以集合 $\{-1, 0, 1\}$ 的子集个数为 $C_3^0 + C_3^1 + C_3^2 + C_3^3 = 8$。

【说明】本题考查的是集合与子集的概念与性质,由于没有涉及子集的具体表示,因此可用分类组合计数来求解此问题。

**例5** 命题"$\exists x_0 \in \mathbf{R}$,使得 $\ln(1 + x_0) > 1$"的否定形式是 $\underline{\qquad}$,原命题是 $\underline{\qquad}$(真或假)命题。

【解析】因为存在量词"∃"的否定为全称量词"∀","$\ln(1 + x_0) > 1$"的否定是"$\ln(1 + x) \leq 1$",所以命题"$\exists x_0 \in \mathbf{R}$,使得 $\ln(1 + x_0) > 1$"的否定形式是"$\forall x \in \mathbf{R}$,都有 $\ln(1 + x) \leq 1$"。

欲使 $\ln(1+x) > \ln e = 1$，考虑到对数函数 $\ln(1+x)$ 为单调递增函数，只要 $1+x > e$，即 $x > e-1$，这样的 $x$ 有无穷多个，所以原命题"$\exists x_0 \in \mathbf{R}$，使得 $\ln(1+x_0) > 1$"为真命题。

【说明】本题考查的是命题的否定形式以及真假命题的判别。

**例6** 三角函数关系式 $\sin(2\alpha) = -\sin\alpha \left(\alpha \in \left(\dfrac{\pi}{2}, \pi\right)\right)$ 成立的充分必要条件是 $\alpha = \underline{\qquad}$。

【解析】由倍角公式 $\sin(2\alpha) = 2\sin\alpha\cos\alpha$ 可知，$\sin(2\alpha) = -\sin\alpha$ 成立的充要条件是 $2\sin\alpha\cos\alpha = -\sin\alpha$，即 $\sin\alpha(2\cos\alpha+1)=0$，所以 $\sin\alpha=0$ 或 $\cos\alpha=-\dfrac{1}{2}$，再由 $\alpha \in \left(\dfrac{\pi}{2}, \pi\right)$ 可知 $\alpha$ 有唯一解，即 $\alpha = \dfrac{2}{3}\pi$。

【说明】本题考查的是三角函数的关系和性质以及充分条件、必要条件的判别。

**例7** 已知集合 $A = \{1, 6\}$，$B = \{a-2, a^2-3\}$，若 $A \cap B = \{6\}$，则实数 $a$ 的值为 $\underline{\qquad}$。

【解析】由题意可知 $6 \in B$，分情况讨论：

(1) 若 $a-2 = 6$，则 $a = 8$，此时集合 $B = \{6, 61\}$，则 $A \cap B = \{6\}$ 满足题意。

(2) 若 $a^2-3 = 6$，则 $a^2 = 9$，$a = 3$ 或 $a = -3$。当 $a = -3$ 时集合 $B = \{-5, 6\}$，有 $A \cap B = \{6\}$ 满足题意；但 $a = 3$ 时集合 $B = \{1, 6\}$，此时 $A \cap B = \{1, 6\}$ 不合题意。综合以上两种情况可知 $a = 8$ 或 $a = -3$。

【说明】本题考查的是集合的交运算的性质以及简单的一元二次方程求解。

### 三、解答题

**例1** 已知 $q$ 和 $n$ 均为给定的大于 1 的自然数。设集合 $M = \{0, 1, 2, \cdots, q-1\}$，集合
$$A = \{x \mid x = x_1 + x_2 q + \cdots + x_n q^{n-1}, x_i \in M, i = 1, 2, \cdots, n\}$$
当 $q = 2$，$n = 3$ 时，分别用描述法和列举法表示集合 $A$。

【思路分析】本题考查的是集合的表示方法：描述法和列举法。先根据特殊情形确定集合 $M$ 的元素，进而给出集合 $A$ 的具体表示。

【解析】当 $q = 2$，$n = 3$ 时，$M = \{0, 1\}$，集合 $A$ 用描述法表示为
$$A = \{x \mid x = x_1 + 2x_2 + 4x_3, x_i \in M, i = 1, 2, 3\}$$
集合 $A$ 用列举法表示为
$$A = \{0, 1, 2, 3, 4, 5, 6, 7\}$$

**例2** 设不等式组 $\begin{cases} x(x+2) > 0 \\ |x| < 1 \end{cases}$ 的解构成集合为 $A$，集合 $B = \{x \mid x \in \mathbf{R}, x^2 - 9 < 0\}$，试讨论集合 $A$ 和集合 $B$ 之间的关系。

【思路分析】本题考查的是集合之间的关系，关键是确定集合中的元素，同时涉及不等式的求解。

【解析】为确定集合 $A$，先化简不等式组 $\begin{cases} x(x+2) > 0 \\ |x| < 1 \end{cases}$，可得 $\begin{cases} x > 0 \text{ 或 } x < -2 \\ -1 < x < 1 \end{cases}$。所以不等式组 $\begin{cases} x(x+2) > 0 \\ |x| < 1 \end{cases}$ 的解构成的集合 $A = \{x \mid 0 < x < 1\}$，求解不等式 $x^2 - 9 < 0$ 可得集合 $B = \{x \mid -3 < x < 3\}$，很显然 $A \subset B$，即集合 $A$ 是集合 $B$ 的真子集。

**例3** 已知集合 $A,B$ 均为全集 $U=\{1,2,3,4\}$ 的子集,且 $\complement_U(A\cup B)=\{4\}$,$B=\{1,2\}$,求集合 $A\cap\complement_U B$。

【思路分析】本题考查的是集合的并运算、交运算和补运算,关键是先利用集合的运算性质确定集合 $A$ 中的元素。

【解析】$\complement_U(A\cup B)$ 表示由全集 $U$ 中所有不属于集合 $A\cup B$ 的元素构成的集合,因为 $\complement_U(A\cup B)=\{4\}$,所以 $A\cup B=\{1,2,3\}$,而 $B=\{1,2\}$,所以集合 $A$ 有 $A=\{3\}$ 或 $A=\{1,3\}$ 或 $A=\{2,3\}$ 或 $A=\{1,2,3\}$ 四种情况,而 $\complement_U B=\{3,4\}$,不管 $A$ 是上述哪种情况,都有 $A\cap\complement_U B=\{3\}$。

**例4** 已知 $a,b,c\in\mathbf{R}$,命题 $p$:若 $a+b+c=1$,则 $a^2+b^2+c^2\geq\dfrac{1}{3}$。给出命题 $p$ 的逆命题、否命题和逆否命题,并判断逆否命题的真假。

【思路分析】本题考查的是命题的四种形式:原命题、否命题、逆命题和逆否命题。一个命题的否命题,就是将原命题的条件、结论加以否定;一个命题的逆命题就是将原命题的条件和结论进行互换;一个命题的逆否命题,就是将原命题的条件、结论加以否定,并且加以互换。原命题和逆否命题等价,具有相同的真假性,逆命题和否命题等价,也具有相同的真假性。

【解析】否命题:若 $a+b+c\neq 1$,则 $a^2+b^2+c^2<\dfrac{1}{3}$。

逆命题:若 $a^2+b^2+c^2\geq\dfrac{1}{3}$,则 $a+b+c=1$。

逆否命题:若 $a^2+b^2+c^2<\dfrac{1}{3}$,则 $a+b+c\neq 1$。

要判断逆否命题真假,等价于判断原命题的真假。

$\because a^2+b^2+c^2=(a+b+c)^2-(2ab+2bc+2ac)\geq(a+b+c)^2-2(a^2+b^2+c^2)$,

$\therefore 3(a^2+b^2+c^2)\geq(a+b+c)^2=1$,

$\therefore a^2+b^2+c^2\geq\dfrac{1}{3}$。

即原命题正确,所以逆否命题也正确。

**例5** 已知 $f(x)$ 是定义域为 $\mathbf{R}$ 的偶函数。当 $x\geq 0$ 时,$f(x)=x^2-4x$,求不等式 $f(x+2)<5$ 的解集。

【思路分析】先由 $f(x)$ 奇偶性给出 $x<0$ 时 $f(x)$ 的表达式,再求出简单复合函数 $f(x+2)$ 的表达式,最后求解不等式。

【解析】因为 $f(x)$ 是偶函数,且 $x\geq 0$ 时 $f(x)=x^2-4x$,所以当 $x<0$ 时 $f(x)=x^2+4x$,以下分两种情况讨论:

(1) 当 $x+2\geq 0$,即 $x\geq -2$ 时,$f(x+2)=(x+2)^2-4(x+2)=x^2-4$,再由 $f(x+2)<5$ 可得 $x^2-4<5$,即 $x^2<9$,故 $-3<x<3$,再结合 $x\geq -2$ 可得 $-2\leq x<3$;

(2) 当 $x+2<0$,即 $x<-2$ 时,$f(x+2)=(x+2)^2+4(x+2)=x^2+8x+12$,再由 $f(x+2)<5$ 可得 $x^2+8x+7<0$,所以 $-7<x<-1$,再结合 $x<-2$ 可得 $-7<x<-2$。

综合(1)、(2)可得不等式 $f(x+2)<5$ 的解集为 $(-7,3)$。

**例6** 讨论使不等式 $x<\dfrac{1}{x}<x^2$ 成立的 $x$ 的取值范围。

【思路分析】本题考查的是不等式的求解问题,通过求不等式确定集合中元素,同时涉及集合的交运算。

**【解析】** 由 $x<\dfrac{1}{x}$ 可得，当 $x>0$ 时，$x^2<1$，即 $0<x<1$；当 $x<0$ 时，$x^2>1$，即 $x<-1$，由此可得不等式 $x<\dfrac{1}{x}$ 的解集为 $A=\{x|x<-1$ 或 $0<x<1\}$。由 $\dfrac{1}{x}<x^2$ 可得，当 $x>0$ 时，$x^3>1$，即 $x>1$；当 $x<0$ 时，$x^3<1$，即 $x<0$，由此可得不等式 $\dfrac{1}{x}<x^2$ 的解集为 $B=\{x|x>1$ 或 $x<0\}$。求使不等式 $x<\dfrac{1}{x}<x^2$ 成立的 $x$ 的取值范围即是求集合 $A\cap B$，显然 $A\cap B=(-\infty,-1)$。

**例7** 设集合 $A=\{1,2,4\}$，$B=\{x|x^2-4x+m=0\}$。若集合 $A\cap B=\{1\}$，求集合 $B$ 及 $(\complement_{\mathbf{R}}A)\cap B$。

**【思路分析】** 本题涉及集合的交运算、补运算、元素与集合的关系以及一元二次方程的求解。要确定集合 $B$，也就是确定一元二次方程 $x^2-4x+m=0$ 的根，关键是确定一元二次方程中的未知常数 $m$。

**【解析】** 由 $A\cap B=\{1\}$ 得 $1\in B$，即 $x=1$ 是方程 $x^2-4x+m=0$ 的根，所以 $1-4+m=0$，$m=3$，求解一元二次方程 $x^2-4x+3=0$ 可得 $x=1$ 或 $x=3$，即 $B=\{1,3\}$，又 $\complement_{\mathbf{R}}A=\{x|x\in\mathbf{R}$，且 $x\neq 1,2,4\}$，所以 $(\complement_{\mathbf{R}}A)\cap B=\{3\}$。

**例8** 设等差数列 $\{a_n\}$ 的公差 $d>0$，讨论以下四个命题的真假：

命题 $p_1$：数列 $\{a_n\}$ 是递增数列。

命题 $p_2$：数列 $\{na_n\}$ 是递增数列。

命题 $p_3$：数列 $\left\{\dfrac{a_n}{n}\right\}$ 是递增数列。

命题 $p_4$：数列 $\{a_n+3nd\}$ 是递增数列。

**【解析】** 本题考查的是等差数列的性质、单调数列的概念以及真假命题的判别。若等差数列 $\{a_n\}$ 的公差 $d>0$，则 $a_{n+1}=a_n+d>a_n$，所以数列 $\{a_n\}$ 单调递增，故命题 $p_1$ 正确；对 $p_2$，可通过反例说明，设 $a_n$ 是以 $a_1=-10$ 为首项、以 $d=1$ 为公差的等差数列，可以验证数列 $\{na_n\}$：$-10$，$-18$，$-24$，$-28$，$\cdots$ 并不是递增数列，所以 $p_2$ 为假命题；对 $p_3$，也可通过反例说明，设 $a_n$ 是以 $a_1=10$ 为首项、以 $d=1$ 为公差的等差数列，可以验证数列 $\left\{\dfrac{a_n}{n}\right\}$：$10$，$\dfrac{11}{2}$，$4$，$\dfrac{13}{4}$，$\cdots$ 并不是递增数列，所以 $p_3$ 为假命题；对 $p_4$，因为

$$[a_{n+1}+3(n+1)d]-[a_n+3nd]=a_{n+1}-a_n+3d=4d>0$$

所以 $\{a_n+3nd\}$ 为递增数列，故命题 $p_4$ 为真命题。综合以上分析可知，$p_1$，$p_4$ 为真命题，$p_2$，$p_3$ 为假命题。

## 强化训练

**一、选择题**

1. 设 $U$ 为全集，$A$，$B$ 是集合，则"存在集合 $C$ 使得 $A\subseteq C$，$B\subseteq\complement_U C$"是"$A\cap B=\varnothing$"的（　　）。

A. 充分不必要条件　　　　　　　　B. 必要不充分条件

C. 充要条件　　　　　　　　　　　　D. 既不充分也不必要条件

2. 已知全集 $U=\{1,2,3,4,5,6\}$，集合 $P=\{1,3,5\}$，$Q=\{1,2,4\}$，则集合 $(\complement_U P)\cup Q=(\quad)$。
　A. $\{1\}$　　　B. $\{3,5\}$　　　C. $\{1,2,4,6\}$　　　D. $\{1,2,4,5\}$

3. 已知命题 $p:\forall x>0,\ln(x+1)>0$；命题 $q:$ 若 $a>b$，则 $a^2>b^2$，下列命题为真命题的是( )。
　A. $p\wedge q$　　　B. $p\wedge(\neg q)$　　　C. $\neg p\wedge q$　　　D. $\neg p\wedge\neg q$

4. 设 $p:1<x<2;q:2^x>1$，则 $p$ 是 $q$ 成立的( )。
　A. 充分不必要条件　　　　　　　　B. 必要不充分条件
　C. 充分必要条件　　　　　　　　　D. 既不充分也不必要条件

5. 设 $l_1,l_2$ 表示空间中的两条直线。若 $p:l_1,l_2$ 是异面直线；$q:l_1,l_2$ 不相交，则( )。
　A. $p$ 是 $q$ 的充分条件，但不是 $q$ 的必要条件
　B. $p$ 是 $q$ 的必要条件，但不是 $q$ 的充分条件
　C. $p$ 是 $q$ 的充分必要条件
　D. $p$ 既不是 $q$ 的充分条件，也不是 $q$ 的必要条件

6. 设 $z_1,z_2\in\mathbf{C}$，则"$z_1,z_2$ 中至少有一个数是虚数"是"$z_1-z_2$ 是虚数"的( )。
　A. 充分不必要条件　　　　　　　　B. 必要不充分条件
　C. 充要条件　　　　　　　　　　　D. 既非充分又非必要条件

7. 设 $m,n$ 为非零向量，则"存在负数 $\lambda$，使得 $m=\lambda n$"是"$m\cdot n<0$"的( )。
　A. 充分不必要条件　　　　　　　　B. 必要不充分条件
　C. 充分必要条件　　　　　　　　　D. 既不充分也不必要条件

8. 设 $\alpha,\beta$ 是两个不同的平面，$m$ 是直线且 $m\subset\alpha$。"$m//\beta$"是"$\alpha//\beta$"的( )。
　A. 充分不必要条件　　　　　　　　B. 必要不充分条件
　C. 充分必要条件　　　　　　　　　D. 既不充分也不必要条件

9. 函数 $f(x)$ 在 $x=x_0$ 处导数存在，若 $p:f'(x_0)=0$；$q:x=x_0$ 是 $f(x)$ 的极值点，则( )。
　A. $p$ 是 $q$ 的充分必要条件
　B. $p$ 是 $q$ 的充分条件，但不是 $q$ 的必要条件
　C. $p$ 是 $q$ 的必要条件，但不是 $q$ 的充分条件
　D. $p$ 既不是 $q$ 的充分条件，也不是 $q$ 的必要条件

10. 命题"$\forall n\in\mathbf{N}^*,f(n)\in\mathbf{N}^*$ 且 $f(n)\leq n$"的否定形式是( )。
　A. $\forall n\in\mathbf{N}^*,f(n)\in\mathbf{N}^*$ 且 $f(n)>n$　　B. $\forall n\in\mathbf{N}^*,f(n)\in\mathbf{N}^*$ 或 $f(n)>n$
　C. $\exists n_0\in\mathbf{N}^*,f(n_0)\in\mathbf{N}^*$ 且 $f(n_0)>n_0$　　D. $\exists n_0\in\mathbf{N}^*,f(n_0)\in\mathbf{N}^*$ 或 $f(n_0)>n_0$

11. 命题"$\forall x\in\mathbf{R},|x|+x^2\geq 0$"的否定形式是( )。
　A. $\forall x\in\mathbf{R},|x|+x^2<0$　　　　　B. $\forall x\in\mathbf{R},|x|+x^2\leq 0$
　C. $\exists x_0\in\mathbf{R},|x_0|+x_0^2<0$　　　D. $\exists x_0\in\mathbf{R},|x_0|+x_0^2\geq 0$

12. 已知集合 $A=\{x|x^2-x>0\}$，$B=\{x|\ln x<0\}$，则( )。
　A. $A\cap B=\{x|x<0\}$　　　　　　B. $A\cup B=\mathbf{R}$
　C. $A\cap B=\varnothing$　　　　　　　　D. $A\cup B=\{x|x>1\}$

13. 如图 1-2 所示，$U$ 是全集，$A,B,C$ 是 $U$ 的 3 个子集，则阴影部分所表示的集合是( )。

A. $B\cap\complement_U(A\cup C)$
B. $B\cup\complement_U(A\cup C)$
C. $(\complement_U B)\cap(A\cup C)$
D. $(A\cup B)\cap(B\cup C)$

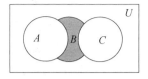

图 1-2

14. 给出下列两个命题,$p$:若 $a^2>0$,则 $a>0$;$q$:方程 $x^2-x+1=0$ 无实根。则下列命题为真命题的是( )。

A. $p\wedge q$　　　　B. $p\wedge\neg q$　　　　C. $p\vee q$　　　　D. $p\vee\neg q$

15. 设 $\theta\in[0,2\pi]$,则"$\left|\theta-\dfrac{\pi}{12}\right|<\dfrac{\pi}{12}$"是"$\sin\theta<\dfrac{1}{2}$"的( )。

A. 充要条件　　　　　　　　　　　B. 充分不必要条件
C. 必要不充分条件　　　　　　　　D. 既不充分也不必要条件

16. 命题 $p$:若 $a\in A$,则 $a\in B$。命题 $p$ 的否命题为( )。

A. 若 $a\notin A$,则 $a\in B$　　　　　　B. 若 $a\in A$,则 $a\notin B$
C. 若 $a\notin A$,则 $a\notin B$　　　　　D. 若 $a\in B$,则 $a\in B$

## 二、填空题

1. 设 $x\in\mathbf{R}$,则不等式 $|x-3|<1$ 的解集 $S$ 为_____。

2. 设全集 $U=\mathbf{R}$,若集合 $A=\{1,2,3,4\}$,$B=\{x\mid 2\leqslant x\leqslant 3\}$,则集合 $A\cap\complement_U B=$_____。

3. 若命题"$\forall x\in\left[0,\dfrac{\pi}{4}\right]$,$\tan x\leqslant m$"是真命题,则实数 $m$ 的最小值为_____。

## 三、解答题

设函数 $y=\sqrt{4-x^2}$ 的定义域为 $A$,函数 $y=\ln(1-x)$ 的定义域为 $B$,求集合 $A\cap B$。

# 【强化训练解析】

## 一、选择题

1. A。本题考查的是集合的关系、集合的运算以及充分条件、必要条件的判别。

　　首先要确定哪是条件、哪是结论,先由条件推结论,再由结论推条件,然后再进行判别:若 $p\Rightarrow q$,则 $p$ 是 $q$ 的充分条件;若 $p\Leftarrow q$,则 $p$ 是 $q$ 的必要条件。由补集的定义,$\complement_U C$ 是由全集 $U$ 中所有不属于集合 $C$ 的元素构成的集合。考虑到 $A\subseteq C$,则由补集的性质可知:$\complement_U C\subseteq\complement_U A$,当 $B\subseteq\complement_U C$ 时,可得 $A\cap B=\varnothing$,这表明"存在集合 $C$ 使得 $A\subseteq C$,$B\subseteq\complement_U C$"是"$A\cap B=\varnothing$"的充分条件;反过来,若 $A\cap B=\varnothing$,却无法推出 $B\subseteq\complement_U C$,这表明"存在集合 $C$ 使得 $A\subseteq C$,$B\subseteq\complement_U C$"不是"$A\cap B=\varnothing$"的必要条件。故本题应选 A。

2. C。本题考查的是集合的补集和并运算,$\complement_U P$ 是由全集 $U$ 中所有不属于集合 $P$ 的元素构成的集合。

　　集合 $U=\{1,2,3,4,5,6\}$,$P=\{1,3,5\}$,由补集的定义可知 $\complement_U P=\{2,4,6\}$,所以 $(\complement_U P)\cup Q=\{1,2,4,6\}$,故本题应选 C。

3. B。本题考查的是逻辑联结词的性质以及命题真假的判别。$p\wedge q$ 为真命题,当且仅当 $p$ 和 $q$ 都是真命题;$p\vee q$ 为真命题,当且仅当 $p,q$ 之一为真命题。

　　首先需要判别命题的真假。当 $x>0$ 时,$x+1>1$,由于对数 $\ln x$ 为单调增函数,所以

$\ln(x+1) > \ln 1 = 0$,所以命题 $p$ 为真命题,而 $\neg p$ 为假命题;虽然 $1 > -2$,但 $1^2 = 1 < (-2)^2 = 4$,所以命题 $q$ 为假命题,而 $\neg q$ 为真命题。所以 $p \wedge q$ 为假命题,$p \wedge \neg q$ 为真命题,$\neg p \wedge q$ 为假命题,$\neg p \wedge \neg q$ 为假命题,故本题应选 B。

4. A。本题考查的是指数不等式的化简以及必要条件、充分条件的判定。

首先要确定哪是条件,哪是结论,先由条件推结论,再由结论推条件,然后再进行判别:若 $p \Rightarrow q$,则 $p$ 是 $q$ 的充分条件;若 $p \Leftarrow q$,则 $p$ 是 $q$ 的必要条件。考虑到指数函数 $2^x$ 为单调增函数,解不等式 $2^x > 2^0 = 1$,可得 $x > 0$,可知由 $p$ 推出 $q$,但由 $q$ 不能推出 $p$,所以 $p$ 是 $q$ 成立的充分不必要条件,故本题应选 A。

5. A。本题考查的是直线与平面的关系以及必要条件、充分条件的判定:若 $p \Rightarrow q$,则 $p$ 是 $q$ 的充分条件;若 $p \Leftarrow q$,则 $p$ 是 $q$ 的必要条件。

若 $l_1, l_2$ 是异面直线,则由异面直线的定义可知 $l_1, l_2$ 一定不相交,所以 $p$ 是 $q$ 的充分条件;反过来,若直线 $l_1, l_2$ 不相交,则 $l_1, l_2$ 可能平行,也可能异面,所以 $p$ 不是 $q$ 的必要条件。故本题应选 A。

6. B。本题考查的是复数的性质以及充分条件、必要条件的判定:若 $p \Rightarrow q$,则 $p$ 是 $q$ 的充分条件;若 $p \Leftarrow q$,则 $p$ 是 $q$ 的必要条件。

若 $z_1, z_2$ 都是实数,则 $z_1 - z_2$ 不可能是虚数,因此当 $z_1 - z_2$ 是虚数时,则"$z_1, z_2$ 中至少有一个数是虚数"成立,即"$z_1, z_2$ 中至少有一个数是虚数"是"$z_1 - z_2$ 是虚数"的必要条件;反过来,当"$z_1, z_2$ 中至少有一个数是虚数"时,可举例说明 $z_1 - z_2$ 不一定是虚数,如 $z_1 = z_2 = i$ 时,$z_1 - z_2 = 0$ 不是虚数,所以"$z_1, z_2$ 中至少有一个数是虚数"不是"$z_1 - z_2$ 是虚数"的充分条件。故本题应选 B。

7. A。本题考查的是向量的关系、向量的数量积以及充分条件、必要条件的判定:若 $p \Rightarrow q$,则 $p$ 是 $q$ 的充分条件;若 $p \Leftarrow q$,则 $p$ 是 $q$ 的必要条件。

若 $\exists \lambda < 0$,使 $\boldsymbol{m} = \lambda \boldsymbol{n}$,即两向量反向,夹角是 $180°$,那么 $\boldsymbol{m} \cdot \boldsymbol{n} = |\boldsymbol{m}| \cdot |\boldsymbol{n}| \cos 180° = -|\boldsymbol{m}| \cdot |\boldsymbol{n}| < 0$,所以"存在负数 $\lambda$,使得 $\boldsymbol{m} = \lambda \boldsymbol{n}$"是"$\boldsymbol{m} \cdot \boldsymbol{n} < 0$"的充分条件;反过来,若 $\boldsymbol{m} \cdot \boldsymbol{n} < 0$,那么两向量的夹角为 $(90°, 180°]$,并不一定反向,即不一定存在负数 $\lambda$,使得 $\boldsymbol{m} = \lambda \boldsymbol{n}$,所以"存在负数 $\lambda$,使得 $\boldsymbol{m} = \lambda \boldsymbol{n}$"是"$\boldsymbol{m} \cdot \boldsymbol{n} < 0$"的充分不必要条件,故本题应选 A。

8. B。本题考查的是空间直线与平面的关系以及充分条件、必要条件的判定:若 $p \Rightarrow q$,则 $p$ 是 $q$ 的充分条件;若 $p \Leftarrow q$,则 $p$ 是 $q$ 的必要条件。

因为 $\alpha, \beta$ 是两个不同的平面,$m$ 是直线且 $m \subset \alpha$。若"$m // \beta$",则平面 $\alpha, \beta$ 可能相交,也可能平行,不能推出 $\alpha // \beta$,所以"$m // \beta$"不是"$\alpha // \beta$"的充分条件;反过来,若 $\alpha // \beta, m \subset \alpha$,则有 $m // \beta$,这表明"$m // \beta$"是"$\alpha // \beta$"的必要条件。所以本题应选 B。

9. C。本题考查的是函数的极值点与驻点的关系以及充分条件、必要条件的判定:若 $p \Rightarrow q$,则 $p$ 是 $q$ 的充分条件;若 $p \Leftarrow q$,则 $p$ 是 $q$ 的必要条件。

当 $f'(x_0) = 0$ 时,$x = x_0$ 不一定是极值点,比如 $f(x) = x^3$,满足 $f'(0) = 0$,但 $f(0)$ 既不是极大值也不是极小值,所以"$f'(x_0) = 0$"不是"$x = x_0$ 是 $f(x)$ 的极值点"的充分条件;反过来,若 $x = x_0$ 是 $f(x)$ 的极值点,对可导函数而言,必有 $f'(x_0) = 0$,所以"$f'(x_0) = 0$"是"$x = x_0$ 是 $f(x)$ 的极值点"的必要条件。故本题应选 C。

10. D。本题考查的是全称命题的否定。

由全称命题的否定为特称命题可知,全称量词 $\forall$ 的否定是存在量词 $\exists$,"$f(n) \leq n$"的否定是"$f(n)>n$","且"的否定是"或",所以命题"$\forall n\in \mathbf{N}^*,f(n)\notin \mathbf{N}^*$ 且 $f(n)\leqslant n$"的否定形式"$\exists n_0\in \mathbf{N}^*,f(n_0)\in \mathbf{N}^*$ 或 $f(n_0)>n_0$",所以本题应选 D。

11. C。本题考查的是全称命题的否定。

由全称命题的否定为特称命题可知,全称量词 $\forall$ 的否定是存在量词 $\exists$,"$|x|+x^2\geqslant 0$"的否定是"$|x|+x^2<0$",所以命题"$\forall x\in \mathbf{R},|x|+x^2\geqslant 0$"的否定形式是"$\exists x_0\in \mathbf{R},|x_0|+x_0^2<0$",故本题应选 C。

12. C。对于集合 $A$,由 $x^2-x>0$,即 $x(x-1)>0$,解得 $x>1$ 或 $x<0$,即 $A=\{x|x>1$ 或 $x<0\}$。对于集合 $B$,$\ln x<0$,即 $\ln x<\ln 1$,再由对数函数的单调性可知 $x<1$,即 $B=\{x|x<1\}$。所以 $A\cap B=\{x|x>1$ 或 $x<0\}\cap\{x|x<1\}=\{x|x<0\}$,$A\cup B=\{x|x>1$ 或 $x<0\}\cup\{x|x<1\}=\mathbf{R}\setminus\{1\}$,故本题应选 C。

13. A。设阴影部分表示的集合为 $M$,由图 1-2 可知 $M\in B$,且 $M\in \complement_U(A\cup C)$,因此 $M=B\cap \complement_U(A\cup C)$。故本题应选 A。

14. C。由 $(-1)^2=1>0$ 可知 $p$ 为假命题;$x^2-x+1=\left(x-\dfrac{1}{2}\right)^2+\dfrac{3}{4}>0$,故方程无实根,命题 $q$ 为真命题。因此 $p\vee q$ 为真命题。故本题应选 C。

15. B。$\left|\theta-\dfrac{\pi}{12}\right|<\dfrac{\pi}{12}\Rightarrow -\dfrac{\pi}{12}<\theta-\dfrac{\pi}{12}<\dfrac{\pi}{12}\Rightarrow 0<\theta<\dfrac{\pi}{6}\Rightarrow 0<\sin\theta<\dfrac{1}{2}$。

由于 $\theta=\dfrac{3\pi}{2}$ 时,$\sin\theta=-1<\dfrac{1}{2}$,故为充分不必要条件,故本题应选 B。

16. A。命题 $p$ 的否命题:$a\notin A$,则 $a\notin B$;命题 $p$ 的否定:$a\in A$,则 $a\notin B$。故本题应选 A。

二、填空题

1. $S=\{x|x\in \mathbf{R},2<x<4\}$。本题考查的是绝对值不等式的求解以及集合的表示。注意不等式的所有解构成集合,关键是确定集合中的元素。

此集合中的元素可通过解绝对值不等式得到,由绝对值的性质可知 $|x-3|<1\Leftrightarrow -1<x-3<1\Leftrightarrow 2<x<4$,故不等式 $|x-3|<1$ 的解集用描述法表示为 $S=\{x|x\in \mathbf{R},2<x<4\}$。

2. $A\cap \complement_U B=\{1,4\}$。本题考查的是集合的补集和交运算,$\complement_U B$ 是由全集 $U$ 中所有不属于集合 $B$ 的元素构成的集合。

由补集的定义可知 $\complement_U B=\{x|x>3$ 或 $x<2\}$,所以集合 $A\cap \complement_U B=\{1,4\}$。

3. 1。本题考查的是命题真假性的判别及三角函数不等式的性质。

考虑到正切函数 $\tan x$ 在 $\left[0,\dfrac{\pi}{4}\right]$ 上单调增,若命题"$\forall x\in\left[0,\dfrac{\pi}{4}\right],\tan x\leqslant m$"是真命题,则 $m\geqslant \tan\dfrac{\pi}{4}=1$,于是实数 $m$ 的最小值为 1。

三、解答题

解:$\{x|-2\leqslant x<1\}$。本题考查的是函数定义域的确定、简单不等式的求解以及集合的交运算。

由 $4-x^2\geqslant 0$,得 $-2\leqslant x\leqslant 2$,由对数函数的性质可知 $1-x>0$,得 $x<1$,故
$$A\cap B=\{x|-2\leqslant x\leqslant 2\}\cap\{x|x<1\}=\{x|-2\leqslant x<1\}$$

# 第二章 函　　数

## 考试范围与要求

1. 了解构成函数的要素，会求简单函数的定义域和值域。
2. 了解简单的分段函数，并能简单应用。
3. 理解函数的单调性、最大(小)值及其几何意义。
4. 结合具体函数，理解函数奇偶性的含义。
5. 会运用函数图像理解和研究函数的性质。
6. 理解幂函数、指数函数、对数函数的定义、图像和性质。
7. 结合二次函数的图像，了解函数的零点与方程根的联系，判断一元二次方程根的存在性及根的个数。

## 主要内容

### 第一节　函数的概念

**1. 函数的定义**

设 $A,B$ 是非空的数集，如果按照某种对应法则 $f$，使对于集合 $A$ 中任何一个数 $x$，在集合 $B$ 中都有唯一确定的数 $f(x)$ 和它对应，那么就称 $f:A \to B$ 为集合 $A$ 到集合 $B$ 的一个函数，记作

$$y = f(x), \quad x \in A$$

式中：$x$ 叫作自变量，$x$ 的取值范围 $A$ 叫作函数的定义域；与 $x$ 的值相对应的 $y$ 值叫作函数值，函数值的集合 $\{f(x) \mid x \in A\}$ 叫作函数的值域。显然，值域是集合 $B$ 的子集。

由定义可知，一个函数的构成要素为定义域、对应关系、值域。因为值域是由定义域和对应关系决定的，所以：如果两个函数的定义域相同，并且对应关系完全一致，则称这两个函数相等；如果定义域和对应法则中有一个不同，则这两个函数就不是相同的函数。

例如，函数 $y = x + 1$ 和函数 $y = \dfrac{x^2 - 1}{x - 1}$ 就不是同一个函数，因为它们的定义域不同。

**2. 区间的概念**

设 $a,b$ 是两个实数，且 $a < b$。规定：

(1) 满足不等式 $a \leqslant x \leqslant b$ 的实数 $x$ 的集合叫作闭区间，记作 $[a,b]$。
(2) 满足不等式 $a < x < b$ 的实数 $x$ 的集合叫作开区间，记作 $(a,b)$。

（3）满足不等式 $a\leq x<b$，或 $a<x\leq b$ 的实数 $x$ 的集合叫作半开半闭区间，分别记作 $[a,b)$，$(a,b]$。

（4）满足 $x\geq a, x>a, x\leq b, x<b$ 的实数 $x$ 的集合分别记作 $[a,+\infty)$，$(a,+\infty)$，$(-\infty,b]$，$(-\infty,b)$。

这里的实数 $a$ 与 $b$ 都叫作相应区间的端点。$\infty$ 读作"无穷大"，$-\infty$ 读作"负无穷大"，$+\infty$ 读作"正无穷大"。实数集 **R** 可以用区间表示为 $(-\infty,+\infty)$。

区间的几何表示如下表所示，实心点表示包括在区间内的端点，空心点表示不包括在区间内的端点。

| 定义 | 名称 | 符号 | 数轴表示 |
| --- | --- | --- | --- |
| $\{x\mid a\leq x\leq b\}$ | 闭区间 | $[a,b]$ | |
| $\{x\mid a<x<b\}$ | 开区间 | $(a,b)$ | |
| $\{x\mid a\leq x<b\}$ | 半开半闭区间 | $[a,b)$ | |
| $\{x\mid a<x\leq b\}$ | 半开半闭区间 | $(a,b]$ | |

**3. 函数的表示法**

表示函数的方法，常用的有解析法、列表法、图像法三种。

解析法：就是用数学表达式表示两个变量之间的对应关系。

列表法：就是列出表格来表示两个变量之间的对应关系。

图像法：就是用图像表示两个变量之间的对应关系。函数图像与平行于 $y$ 轴的直线至多只有一个交点，这一特征可用于判断一个图形是否是某个函数图像。

对于一个具体的问题，应当学会选择恰当的方法表示问题中的函数关系。

**4. 函数的定义域**

函数的定义域通常由问题的实际背景确定。如果只给出了解析式 $y=f(x)$，而没有指明它的定义域，那么函数的定义域就是指能使这个式子有意义的实数的集合。

求函数的定义域时，一般遵循以下原则：

（1）$f(x)$ 是整式函数时，定义域是全体实数。

（2）$f(x)$ 是分式函数时，定义域是使分母不为零的一切实数。

（3）$f(x)$ 是偶次根式时，定义域是使被开方式为非负值时的实数的集合。

（4）对数函数的真数大于零，当对数或指数函数的底数中含变量时，底数须大于零且不等于 1。

（5）$y=\tan x$ 中，$x\neq k\pi+\dfrac{\pi}{2}(k\in \mathbf{Z})$。

（6）零（负）指数幂的底数不能为零。

（7）若 $f(x)$ 是由有限个基本初等函数的四则运算而合成的函数时，则其定义域一般是各基本初等函数的定义域的交集。

（8）对于求复合函数定义域问题，一般步骤是：若已知 $f(x)$ 的定义域为 $[a,b]$，其复合函数

$f[g(x)]$的定义域应由不等式$a \leq g(x) \leq b$解出。

(9) 对于含字母参数的函数,求其定义域,根据问题具体情况需对字母参数进行分类讨论。

(10) 由实际问题确定的函数,其定义域除使函数有意义外,还要符合问题的实际意义。

### 5. 分段函数

有些函数在定义域的不同范围内要用不同的解析式来表示。

例如:$f(x) = \begin{cases} x, & x \geq 0 \\ 2x - 1, & x < 0 \end{cases}$

即:当$x \geq 0$时,函数的解析式是$f(x) = x$;当$x < 0$时,函数的解析式是$f(x) = 2x - 1$。这种形式的函数称为分段函数。注意:分段函数是一个函数,不能误认为是几个函数。在求分段函数的函数值时,要特别注意,必须根据自变量取值范围来确定用哪一个解析式进行计算。

在上例中,$f(1) = 1$,而$f(-2) = 2 \times (-2) - 1 = -5$。

### 6. 映射

设$A, B$是两个非空的集合,如果按照某一个确定的对应关系$f$,使对于集合$A$中的任何一个元素,在集合$B$中都有唯一的元素和它对应,这样的对应叫作从集合$A$到集合$B$的一个映射,记作$f:A \rightarrow B$。

按照对应法则$f$,如果与元素$a(a \in A)$对应的元素是$b(b \in B)$,则称$b$是$a$的像,$a$是$b$的原像。

从映射的概念可以知道,函数实际上是集合$A$(数集,即定义域)到集合$B$(数集)的一种特殊映射。

## 第二节 函数的基本性质

### 1. 单调性

设函数$y = f(x)$的定义域为$D$,$[a, b] \subseteq D$,对于任意$x_1, x_2 \in [a, b]$。

如果当$x_1 < x_2$时,都有$f(x_1) < f(x_2)$,那么就说$f(x)$在区间$[a, b]$内是增函数;

如果当$x_1 < x_2$时,都有$f(x_1) > f(x_2)$,那么就说$f(x)$在区间$[a, b]$内是减函数。

如果函数$y = f(x)$在$[a, b]$内是增函数或减函数,就说函数$y = f(x)$在$[a, b]$内具有(严格的)单调性,或称$f(x)$是$[a, b]$内的单调函数,$[a, b]$叫作函数$f(x)$的单调区间。

判断函数单调性的基本方法:

(1) 定义法。

步骤:取值—作差—变形—定号—判断。

设$x_1, x_2 \in [a, b]$且$x_1 < x_2$,则:$f(x_1) - f(x_2) < 0 \Leftrightarrow f(x)$在$[a, b]$上是增函数;$f(x_1) - f(x_2) > 0 \Leftrightarrow f(x)$在$[a, b]$上是减函数。

(2) 在公共定义域内,两个增函数的和是增函数,两个减函数的和是减函数,增函数减去一个减函数为增函数,减函数减去一个增函数为减函数。

(3) 对于复合函数$y = f[g(x)]$,令$u = g(x)$:若$y = f(u)$为增,$u = g(x)$为增,则$y = f[g(x)]$为增;若$y = f(u)$为减,$u = g(x)$为减,则$y = f[g(x)]$为增;若$y = f(u)$为增,$u = g(x)$为减,则$y = f[g(x)]$为减;若$y = f(u)$为减,$u = g(x)$为增,则$y = f[g(x)]$为减。

## 2. 最大（小）值

一般地，设函数 $y=f(x)$ 的定义域为 $I$，如果存在实数 $M$ 满足如下两个条件，那么，我们称 $M$ 是函数 $f(x)$ 的最大值，记作 $f_{\max}(x)=M$。

（1）对于任意的 $x\in I$，都有 $f(x)\leqslant M$；

（2）存在 $x_0\in I$，使得 $f(x_0)=M$。

一般地，设函数 $y=f(x)$ 的定义域为 $I$，如果存在实数 $m$ 满足如下两个条件，那么，我们称 $m$ 是函数 $f(x)$ 的最小值，记作 $f_{\min}(x)=m$。

（1）对于任意的 $x\in I$，都有 $f(x)\geqslant m$；

（2）存在 $x_0\in I$，使得 $f(x_0)=m$。

## 3. 奇偶性

一般地，如果对于函数 $f(x)$ 的定义域内任意一个 $x$，都有 $f(-x)=f(x)$，那么就称函数 $f(x)$ 为偶函数。

一般地，如果对于函数 $f(x)$ 的定义域内任意一个 $x$，都有 $f(-x)=-f(x)$，那么就称函数 $f(x)$ 为奇函数。

说明：

（1）偶函数图像关于 $y$ 轴对称，奇函数图像关于原点对称。

（2）根据定义，奇偶函数的定义域关于原点对称。如果所给函数的定义域不是关于原点对称的，那么该函数一定不具备奇偶性。

（3）若函数 $f(x)$ 为奇函数，且在 $x=0$ 处有定义，则 $f(0)=0$。

（4）奇函数在 $y$ 轴两侧相对称的区间增减性相同，偶函数在 $y$ 轴两侧相对称的区间增减性相反。

（5）在公共定义域内，两个偶函数（或奇函数）的和（或差）仍是偶函数（或奇函数），两个偶函数（或奇函数）的积（或商）是偶函数，一个偶函数与一个奇函数的积（或商）是奇函数。

（6）定义在关于原点对称的区间上的任意一个函数 $f(x)$ 都可以表示成一个奇函数 $F(x)=\dfrac{f(x)-f(-x)}{2}$ 和一个偶函数 $G(x)=\dfrac{f(x)+f(-x)}{2}$ 的和，即 $f(x)=F(x)+G(x)$。

## 4. 函数的图像

（1）作图。

利用描点法作图：

① 确定函数的定义域；

② 化简函数解析式；

③ 讨论函数的性质（奇偶性、单调性）；

④ 画出函数的图像。

利用基本函数图像的变换作图：要准确记忆一次函数、二次函数、反比例函数、指数函数、对数函数、幂函数、三角函数等各种基本初等函数的图像。

① 平移变换。

$$y=f(x) \xrightarrow{\substack{h>0,\text{左移 } h \text{ 个单位} \\ h<0,\text{右移 }|h|\text{ 个单位}}} y=f(x+h)$$

$$y=f(x)\xrightarrow[k<0,\text{下移}|k|\text{个单位}]{k>0,\text{上移}k\text{个单位}}y=f(x)+k$$

把函数 $y=f(x)$ 的图像沿 $x$ 轴方向向左 ($h>0$) 或向右 ($h<0$) 平移 $|h|$ 个单位就得到函数 $y=f(x+h)$ 的图像,即"加退减进"。

把函数 $y=f(x)$ 的图像沿 $y$ 轴方向向上 ($k>0$) 或向下 ($k<0$) 平移 $|k|$ 个单位就得到函数 $y=f(x)+k$ 的图像,即"加上减下"。

② 伸缩变换。

$$y=f(x)\xrightarrow[\omega>1,\text{缩}]{0<\omega<1,\text{伸}}y=f(\omega x)$$

$$y=f(x)\xrightarrow[A>1,\text{伸}]{0<A<1,\text{缩}}y=Af(x)$$

③ 对称变换。

$$y=f(x)\xrightarrow{x\text{轴}}y=-f(x) \qquad y=f(x)\xrightarrow{y\text{轴}}y=f(-x)$$

$$y=f(x)\xrightarrow{\text{原点}}y=-f(-x) \qquad y=f(x)\xrightarrow{\text{直线}y=x}y=f^{-1}(x)$$

$$y=f(x)\xrightarrow[\text{保留}y\text{轴右边图像,并作其关于}y\text{轴对称图像}]{\text{去掉}y\text{轴左边图像}}y=f(|x|)$$

$$y=f(x)\xrightarrow[\text{将}x\text{轴下方图像翻折上去}]{\text{保留}x\text{轴上方图像}}y=|f(x)|$$

(2) 识图。

对于给定函数的图像,要能从图像的左右、上下的分布范围、变化趋势、对称性等方面研究函数的定义域、值域、单调性、奇偶性,注意图像与函数解析式中参数的关系。

(3) 用图。

函数图像形象地显示了函数的性质,为研究数量关系问题提供了"形"的直观性,它是探求解题途径、获得问题结果的重要工具。要重视数形结合解题的思想方法。

## 第三节　基本初等函数

**1. 二次函数**

(1) 二次函数的定义:形如 $f(x)=ax^2+bx+c(a\neq0)$ 的函数叫作二次函数。二次函数的最高次必须为二次,二次函数的图像是一条对称轴与 $y$ 轴平行或重合于 $y$ 轴的抛物线。

(2) 二次函数解析式的三种形式:

① 一般式:$f(x)=ax^2+bx+c(a\neq0)$。若已知三个点的坐标时,宜用一般式。

② 顶点式:$f(x)=a(x-m)^2+n(a\neq0)$。其中,$(m,n)$ 为抛物线的顶点坐标。若已知二次函数的顶点坐标或与对称轴有关或与最大(小)值有关时,常使用顶点式。

③ 零点式:$f(x)=a(x-x_1)(x-x_2)(a\neq0)$。其中 $x_1,x_2$ 是抛物线与 $x$ 轴交点的横坐标。若已知二次函数与 $x$ 轴有两个交点,且横坐标已知时,选用零点式求 $f(x)$ 更方便。

求二次函数解析式的方法常用待定系数法。根据所给条件的特征,可选择一般式、顶点式或零点式中的一种来求。

（3）函数图像和函数性质。

| 函数图像 | 函数性质 | | |
|---|---|---|---|
| $a>0$ (图像) | 定义域 | $x \in \mathbf{R}$（如果题目有限制的,由解析式确定） | |
| | | $a>0$ | $a<0$ |
| | 值域 | $y \in \left[\dfrac{4ac-b^2}{4a}, +\infty\right)$ | $y \in \left(-\infty, \dfrac{4ac-b^2}{4a}\right]$ |
| | 奇偶性 | $b=0$ 时为偶函数，$b \neq 0$ 时既非奇函数也非偶函数 | |
| $a<0$ (图像) | 单调性 | $x \in \left(-\infty, -\dfrac{b}{2a}\right]$ 时递减 $x \in \left[-\dfrac{b}{2a}, +\infty\right)$ 时递增 | $x \in \left(-\infty, -\dfrac{b}{2a}\right]$ 时递增 $x \in \left[-\dfrac{b}{2a}, +\infty\right)$ 时递减 |
| | 图像特点 | ① 对称轴：$x = -\dfrac{b}{2a}$ ② 顶点坐标：$\left(-\dfrac{b}{2a}, \dfrac{4ac-b^2}{4a}\right)$ | |

**2. 指数函数**

（1）根式的概念。

① 如果 $x^n = a, a \in \mathbf{R}, x \in \mathbf{R}, n>1$，且 $n \in \mathbf{N}_+$，那么 $x$ 叫作 $a$ 的 $n$ 次方根。

当 $n$ 是奇数时，$a$ 的 $n$ 次方根用符号 $\sqrt[n]{a}$ 表示；当 $n$ 是偶数时，正数 $a$ 的正的 $n$ 次方根用符号 $\sqrt[n]{a}$ 表示，负的 $n$ 次方根用符号 $-\sqrt[n]{a}$ 表示；0 的 $n$ 次方根是 0；负数 $a$ 没有 $n$ 次方根。

② 式子 $\sqrt[n]{a}$ 叫作根式，这里 $n$ 叫作根指数，$a$ 叫作被开方数。当 $n$ 为奇数时，$a$ 为任意实数；当 $n$ 为偶数时，$a \geqslant 0$。

③ 根式的性质：$(\sqrt[n]{a})^n = a$；当 $n$ 为奇数时，$\sqrt[n]{a^n} = a$；当 $n$ 为偶数时，$\sqrt[n]{a^n} = |a| = \begin{cases} a & (a \geqslant 0) \\ -a & (a<0) \end{cases}$。

（2）分数指数幂的概念。

① 正数的正分数指数幂的意义是：$a^{\frac{m}{n}} = \sqrt[n]{a^m}$（$a>0, m, n \in \mathbf{N}_+$，且 $n>1$）。0 的正分数指数幂等于 0。

② 正数的负分数指数幂的意义是：$a^{-\frac{m}{n}} = \left(\dfrac{1}{a}\right)^{\frac{m}{n}} = \sqrt[n]{\left(\dfrac{1}{a}\right)^m}$（$a>0, m, n \in \mathbf{N}_+$，且 $n>1$）。0 的负分数指数幂没有意义。

（3）分数指数幂的运算性质。

① $a^r \cdot a^s = a^{r+s}$（$a>0, r, s \in \mathbf{R}$）；

② $(a^r)^s = a^{rs}$（$a>0, r, s \in \mathbf{R}$）；

③ $(ab)^r = a^r b^r$（$a>0, b>0, r \in \mathbf{R}$）。

（4）指数函数及其性质。

形如 $y = a^x (a>0, 且 a \neq 1)$ 的函数称为指数函数,其中 $x$ 是自变量。

| 函数名称 | 指数函数 | |
|---|---|---|
| | $a>1$ | $0<a<1$ |
| 图像 | $y=a^x$ 图像（过点 $(0,1)$，$y=1$） | $y=a^x$ 图像（过点 $(0,1)$，$y=1$） |
| 定义域 | R | |
| 值域 | $(0,+\infty)$ | |
| 过定点 | 图像过定点 $(0,1)$，即当 $x=0$ 时,$y=1$ | |
| 奇偶性 | 非奇非偶 | |
| 单调性 | 在 R 上是增函数 | 在 R 上是减函数 |
| 函数值的变化情况 | $a^x>1(x>0)$<br>$a^x=1(x=0)$<br>$a^x<1(x<0)$ | $a^x<1(x>0)$<br>$a^x=1(x=0)$<br>$a^x>1(x<0)$ |
| $a$ 变化对图像的影响 | 在第一象限内,$a$ 越大图像越高;在第二象限内,$a$ 越大图像越低 | |

**3. 对数函数**

（1）对数与对数运算。

若 $a^x = N(a>0, 且 a \neq 1)$,则 $x$ 叫作以 $a$ 为底 $N$ 的对数,记作 $x = \log_a N$,其中 $a$ 叫作底数,$N$ 叫作真数。

以 10 为底的对数叫作常用对数,并把 $\log_{10} N$ 记为 $\lg N$;以 e (其中 e = 2.71828…) 为底的对数称为自然对数,并把 $\log_e N$ 记为 $\ln N$。

注：

① 负数和零没有对数。

② 对数式与指数式的互化:$x = \log_a N \Leftrightarrow a^x = N(a>0, a \neq 1, N>0)$。

③ $\log_a 1 = 0, \log_a a = 1, \log_a a^b = b$。

对数的运算性质：

如果 $a>0, a \neq 1, M>0, N>0$,那么：

① 加法:$\log_a M + \log_a N = \log_a (MN)$。

② 减法:$\log_a M - \log_a N = \log_a \dfrac{M}{N}$。

③ 数乘:$n \log_a M = \log_a M^n (n \in \mathbf{R})$。

④ $a^{\log_a N} = N$。

⑤ $\log_{a^b} M^n = \dfrac{n}{b}\log_a M(b\neq 0, n\in \mathbf{R})$。

⑥ 换底公式:$\log_a N = \dfrac{\log_b N}{\log_b a}(b>0,$ 且 $b\neq 1)$。

(2) 对数函数及其性质。

函数 $y = \log_a x(a>0, a\neq 1)$ 叫作对数函数,其中 $x$ 是自变量。

指数函数 $y = a^x$ 和对数函数 $y = \log_a x$ 互为反函数,它们的图像关于直线 $y = x$ 对称。

| 函数名称 | 对数函数 | |
|---|---|---|
| | $a>1$ | $0<a<1$ |
| 图像 | 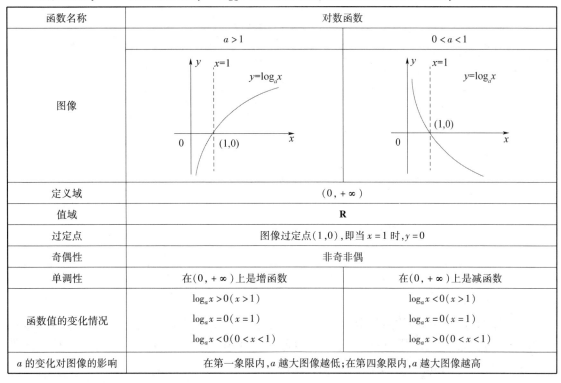 | |
| 定义域 | $(0,+\infty)$ | |
| 值域 | $\mathbf{R}$ | |
| 过定点 | 图像过定点 $(1,0)$,即当 $x=1$ 时,$y=0$ | |
| 奇偶性 | 非奇非偶 | |
| 单调性 | 在 $(0,+\infty)$ 上是增函数 | 在 $(0,+\infty)$ 上是减函数 |
| 函数值的变化情况 | $\log_a x>0(x>1)$<br>$\log_a x=0(x=1)$<br>$\log_a x<0(0<x<1)$ | $\log_a x<0(x>1)$<br>$\log_a x=0(x=1)$<br>$\log_a x>0(0<x<1)$ |
| $a$ 的变化对图像的影响 | 在第一象限内,$a$ 越大图像越低;在第四象限内,$a$ 越大图像越高 | |

**4. 反函数**

设函数 $y = f(x)$ 的定义域为 $A$,值域为 $C$,从 $y = f(x)$ 中解出 $x$,得 $x = \varphi(y)$。如果对于 $y$ 在 $C$ 中的任何一个值,通过 $x = \varphi(y)$,$x$ 在 $A$ 中都有唯一确定的值和它对应,那么 $x = \varphi(y)$ 表示 $x$ 是 $y$ 的函数,称 $x = \varphi(y)$ 为函数 $y = f(x)$ 的反函数,记作 $x = f^{-1}(y)$。在函数式 $x = f^{-1}(y)$ 中,$y$ 是自变量,$x$ 表示函数。但在习惯上,一般用 $x$ 表示自变量,用 $y$ 表示函数,因此我们常对调函数式 $x = f^{-1}(y)$ 中的字母,把它改写成 $y = f^{-1}(x)$。

反函数的求法:

(1) 确定反函数的定义域,即原函数的值域;

(2) 从原函数式 $y = f(x)$ 中解出 $x = f^{-1}(y)$;

(3) 将 $x = f^{-1}(y)$ 改写成 $y = f^{-1}(x)$,并注明反函数的定义域。

反函数的性质:

(1) 原函数 $y = f(x)$ 与反函数 $y = f^{-1}(x)$ 的图像关于直线 $y = x$ 对称;

(2) 函数 $y = f(x)$ 的定义域、值域分别是其反函数 $y = f^{-1}(x)$ 的值域、定义域;

(3) 若 $P(a,b)$ 在原函数 $y = f(x)$ 的图像上,则 $P'(b,a)$ 在反函数 $y = f^{-1}(x)$ 的图像上;

(4) 满足一一对应的函数 $y = f(x)$ 才存在反函数;

(5) 一个函数与其反函数具有相同的单调性；

(6) 一个函数为奇函数，则其反函数仍为奇函数，一个函数为偶函数，它一般不存在反函数。

**5. 幂函数**

一般地，函数 $y=x^{\alpha}$ 叫作幂函数，其中 $x$ 为自变量，$\alpha$ 是常数。

幂函数的图像如图 2-1 所示。

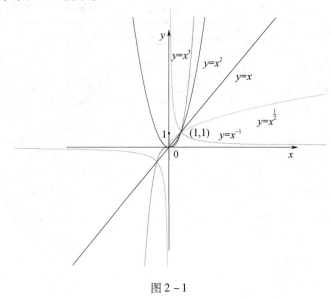

图 2-1

幂函数的性质：

(1) 图像分布。幂函数图像分布在第一、二、三象限，第四象限无图像。幂函数是偶函数时，图像分布在第一、二象限（图像关于 $y$ 轴对称）；是奇函数时，图像分布在第一、三象限（图像关于原点对称）；是非奇非偶函数时，图像只分布在第一象限。

(2) 过定点。所有的幂函数在 $(0,+\infty)$ 都有定义，并且图像都通过点 $(1,1)$。

(3) 单调性。如果 $\alpha>0$，则幂函数的图像过原点，并且在 $[0,+\infty)$ 上为增函数。如果 $\alpha<0$，则幂函数的图像在 $(0,+\infty)$ 上为减函数，且在第一象限内，图像无限接近 $x$ 轴与 $y$ 轴。

(4) 奇偶性。当 $\alpha$ 为奇数时，幂函数为奇函数；当 $\alpha$ 为偶数时，幂函数为偶函数。当 $\alpha=\dfrac{q}{p}$（其中 $p,q$ 互质，$p$ 和 $q\in\mathbf{Z}$）：若 $p$ 为奇数，$q$ 为奇数时，则 $y=x^{\frac{q}{p}}$ 是奇函数；若 $p$ 为奇数，$q$ 为偶数时，则 $y=x^{\frac{q}{p}}$ 是偶函数；若 $p$ 为偶数，$q$ 为奇数时，则 $y=x^{\frac{q}{p}}$ 是非奇非偶函数。

(5) 图像特征。幂函数 $y=x^{\alpha}$，$x\in(0,+\infty)$：当 $\alpha>1$ 时，若 $0<x<1$，其图像在直线 $y=x$ 下方，若 $x>1$，其图像在直线 $y=x$ 上方；当 $\alpha<1$ 时，若 $0<x<1$，其图像在直线 $y=x$ 上方，若 $x>1$，其图像在直线 $y=x$ 下方。

## 第四节  函数的应用

**1. 方程的根与函数的零点**

函数零点的概念：对于函数 $y=f(x)(x\in D)$，把使 $f(x)=0$ 成立的实数 $x$ 叫作函数 $y=f(x)$

($x \in D$)的零点。

函数零点的意义:函数 $y = f(x)$ 的零点就是方程 $f(x) = 0$ 实数根,即函数 $y = f(x)$ 的图像与 $x$ 轴交点的横坐标。

方程 $f(x) = 0$ 有实数根 $\Leftrightarrow$ 函数 $y = f(x)$ 的图像与 $x$ 轴有交点 $\Leftrightarrow$ 函数 $y = f(x)$ 有零点。

求函数 $y = f(x)$ 的零点:

(1)(代数法)求方程 $f(x) = 0$ 的实数根;

(2)(几何法)对于不能用求根公式的方程,可以将它与函数 $y = f(x)$ 的图像联系起来,并利用函数的性质找出零点。

二次函数 $y = ax^2 + bx + c(a \neq 0)$ 的零点:

(1) $\Delta > 0$,方程 $ax^2 + bx + c = 0$ 有两不相等实根,二次函数的图像与 $x$ 轴有两个交点,二次函数有两个零点。

(2) $\Delta = 0$,方程 $ax^2 + bx + c = 0$ 有两相等实根(二重根),二次函数的图像与 $x$ 轴有一个交点,二次函数有一个二重零点。

(3) $\Delta < 0$,方程 $ax^2 + bx + c = 0$ 无实根,二次函数的图像与 $x$ 轴无交点,二次函数无零点。

一般地,如果函数 $y = f(x)$ 在区间 $[a,b]$ 上的图像是连续不断的一条曲线,并且有 $f(a) \cdot f(b) < 0$,那么函数 $y = f(x)$ 在区间 $(a,b)$ 内有零点,即存在 $c \in (a,b)$,使得 $f(c) = 0$,这个 $c$ 也就是方程 $f(x) = 0$ 的根。

**2. 函数模型的应用**

函数是描述客观世界变化规律的基本数学模型,不同的变化规律需要用不同的函数来描述。了解一次函数、二次函数、指数函数、对数函数以及幂函数在实际中的广泛应用,并体会解决实际问题中建立函数模型的过程。

解决问题的常规方法:先画散点图,再用适当的函数拟合,最后检验。

## 典型例题

**一、选择题**

**例1** 设 $f(x)$ 为奇函数,且当 $x \geq 0$ 时,$f(x) = e^x - 1$,则当 $x < 0$ 时,$f(x) = ($ )。

A. $e^{-x} - 1$  B. $e^{-x} + 1$  C. $-e^{-x} - 1$  D. $-e^{-x} + 1$

【解析】D。设 $x < 0$,则 $-x > 0$,所以 $f(-x) = e^{-x} - 1$。因为设 $f(x)$ 为奇函数,所以 $-f(x) = e^{-x} - 1$,即 $f(x) = -e^{-x} + 1$。故本题应选 D。

**例2** 关于函数 $f(x) = \sin|x| + |\sin x|$ 有下述 4 个结论:

① $f(x)$ 是偶函数;  ② $f(x)$ 在区间 $\left(\dfrac{\pi}{2}, \pi\right)$ 单调递增;

③ $f(x)$ 在 $[-\pi, \pi]$ 有 4 个零点;  ④ $f(x)$ 的最大值为 2。

其中所有正确结论的编号是( )。

A. ①②④  B. ②④  C. ①④  D. ①③

【解析】C。$f(-x) = \sin|-x| + |\sin(-x)| = \sin|x| + |\sin x| = f(x)$,则函数 $f(x)$ 是偶函数,故①正确。当 $\sin|x| = \sin x$,$|\sin x| = \sin x$,则 $f(x) = \sin x + \sin x = 2\sin x$ 为减函数,故②错误。当 $0 \leq x \leq \pi$,$f(x) = \sin x + \sin x = 2\sin x$,由 $f(x) = 0$ 得 $2\sin x = 0$,得 $x = 0$ 或 $x = \pi$。由 $f(x)$ 是偶函

数,得在$[-\pi,0)$上还有一个零点$x=-\pi$,即函数$f(x)$在$[-\pi,\pi]$上有3个零点,故③错误。当$\sin|x|=1$,$|\sin x|=1$时,$f(x)$取得最大值2,故④正确。因此正确的结论是①④。故本题应选C。

**例3** 函数$f(x)=\dfrac{\sin x+x}{\cos x+x^2}$在$[-\pi,\pi]$的图像大致为( )。

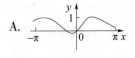
A.

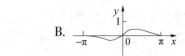
B.

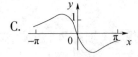
C.

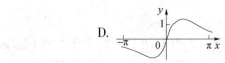
D.

【解析】D。因为$f(x)=\dfrac{\sin x+x}{\cos x+x^2}$,$x\in[-\pi,\pi]$,所以$f(-x)=\dfrac{-\sin x-x}{\cos(-x)+x^2}=\dfrac{\sin x+x}{\cos x+x^2}=-f(x)$,所以$f(x)$为$[-\pi,\pi]$上的奇函数,因此排除A;又$f(\pi)=\dfrac{\sin\pi+\pi}{\cos\pi+\pi^2}=\dfrac{\pi}{-1+\pi^2}>0$,因此排除B,C。故本题应选D。

**例4** 下列函数中,在区间$(0,+\infty)$上单调递增的是( )。

A. $y=x^{\frac{1}{2}}$  B. $y=2^{-x}$  C. $y=\log_{\frac{1}{2}}x$  D. $y=\dfrac{1}{x}$

【解析】A。由基本初等函数的图像与性质可知,只有$y=x^{\frac{1}{2}}$符合题意,故本题应选A。

**例5** 已知$a=\log_2 0.2$,$b=2^{0.2}$,$c=0.2^{0.3}$,则( )。

A. $a<b<c$  B. $a<c<b$  C. $c<a<b$  D. $b<c<a$

【解析】B。依题意$a=\log_2 0.2<\log_2 1=0$,$b=2^{0.2}>2^0=1$,因为$0<0.2^{0.3}<0.2^0=1$,所以$c=0.2^{0.3}\in(0,1)$,所以$a<c<b$,故本题应选B。

**例6** 在天文学中,天体的明暗程度可以用星等或亮度来描述。两颗星的星等与亮度满足$m_2-m_1=\dfrac{5}{2}\lg\dfrac{E_1}{E_2}$,其中星等为$m_k$的星的亮度为$E_k(k=1,2)$。已知太阳的星等是$-26.7$,天狼星的星等是$-1.45$,则太阳与天狼星的亮度的比值为( )。

A. $10^{10.1}$  B. $10.1$  C. $\lg 10.1$  D. $10^{-10.1}$

【解析】A。由题意知,$m_{太阳}-m_{天狼星}=\dfrac{5}{2}\lg\dfrac{E_{太阳}}{E_{天狼星}}$,将数据代入,可得$\lg\dfrac{E_{太阳}}{E_{天狼星}}=10.1$,所以$\dfrac{E_{太阳}}{E_{天狼星}}=10^{10.1}$。故本题应选A。

**例7** 已知$a=\log_3\dfrac{7}{2}$,$b=\left(\dfrac{1}{4}\right)^{\frac{1}{3}}$,$c=\log_{\frac{1}{3}}\dfrac{1}{5}$,则$a,b,c$的大小关系为( )。

A. $a>b>c$  B. $b>a>c$  C. $c>b>a$  D. $c>a>b$

【解析】D。$c=\log_{\frac{1}{3}}\dfrac{1}{5}=\log_3 5$,因为$y=\log_3 x$为增函数,所以$\log_3 5>\log_3\dfrac{7}{2}>\log_3 3=1$。因为函数$y=\left(\dfrac{1}{4}\right)^x$为减函数,所以$\left(\dfrac{1}{4}\right)^{\frac{1}{3}}>\left(\dfrac{1}{4}\right)^0=1$,故$c>a>b$,故本题应选D。

**例8** 函数 $f(x) = \dfrac{e^x - e^{-x}}{x^2}$ 的图像大致为(  )。

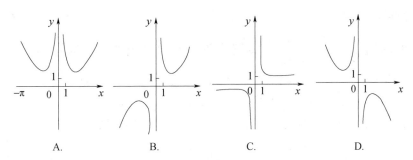

A.　　　　　　B.　　　　　　C.　　　　　　D.

**【解析】** B。当 $x<0$ 时，因为 $e^x - e^{-x} < 0$，所以此时 $f(x) = \dfrac{e^x - e^{-x}}{x^2} < 0$，故排除 A,D；又 $f(1) = e - \dfrac{1}{e} > 2$，故排除 C。故本题应选 B。

**例9** 设 $a = \log_{0.2}0.3$，$b = \log_2 0.3$，则(  )。

A. $a+b < ab < 0$　　　　　　B. $ab < a+b < 0$

C. $a+b < 0 < ab$　　　　　　D. $ab < 0 < a+b$

**【解析】** B。由 $a = \log_{0.2}0.3$ 得 $\dfrac{1}{a} = \log_{0.3}0.2$，由 $b = \log_2 0.3$ 得 $\dfrac{1}{b} = \log_{0.3}2$，所以 $\dfrac{1}{a} + \dfrac{1}{b} = \log_{0.3}0.2 + \log_{0.3}2 = \log_{0.3}0.4$，所以 $\dfrac{1}{a} + \dfrac{1}{b} > 1$，得 $\dfrac{a+b}{ab} > 1$。

又因为 $a > 0$，$b < 0$，所以 $ab < 0$，所以 $ab < a+b < 0$。故本题应选 B。

**例10** 函数 $f(x) = 2\sin x - \sin(2x)$ 在 $[0, 2\pi]$ 的零点个数为(  )。

A. 2　　　　　B. 3　　　　　C. 4　　　　　D. 5

**【解析】** B。解法一：函数 $f(x) = 2\sin x - \sin(2x)$ 在 $[0, 2\pi]$ 的零点个数，即 $2\sin x - \sin(2x) = 0$ 在区间 $[0, 2\pi]$ 的根个数，即 $2\sin x = \sin(2x)$，令 $h(x) = 2\sin x$ 和 $g(x) = \sin(2x)$，作出两函数在区间 $[0, 2\pi]$ 的图像如图 2-2 所示。

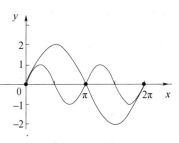

图 2-2

由图 2-2 可知，$h(x) = 2\sin x$ 和 $g(x) = \sin(2x)$ 在区间 $[0, 2\pi]$ 的图像的交点个数为 3 个。故本题应选 B。

解法二：因为 $f(x) = 2\sin x - \sin(2x) = 2\sin x(1 - \cos x)$，$x \in [0, 2\pi]$，令 $f(x) = 0$，得 $2\sin x(1 - \cos x) = 0$，即 $\sin x = 0$ 或 $1 - \cos x = 0$，解得 $x = 0, \pi, 2\pi$。所以 $f(x) = 2\sin x - \sin(2x)$ 在 $[0, 2\pi]$ 的零点个数为 3 个。故本题应选 B。

**例11** 函数 $y = -x^4 + x^2 + 2$ 的图像大致为(  )。

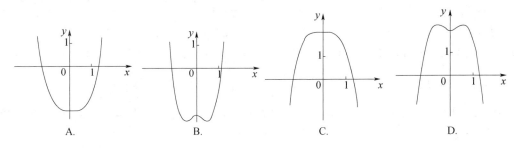

A.　　　　　　B.　　　　　　C.　　　　　　D.

【解析】D。当 $x=0$ 时，$y=2$，排除 A，B。由 $y'=-4x^3+2x=0$，得 $x=0$ 或 $x=\pm\dfrac{\sqrt{2}}{2}$，结合三次函数的图像特征，知原函数在 $(-1,1)$ 上有三个极值点，所以排除 C，故本题应选 D。

**例 12** 设函数 $f(x)=\begin{cases}2^{-x}(x\leq 0)\\ 1(x>0)\end{cases}$ 则满足 $f(x+1)<f(2x)$ 的 $x$ 的取值范围是（　　）。

A. $(-\infty,-1]$　　　B. $(0,+\infty)$　　　C. $(-1,0)$　　　D. $(-\infty,0)$

【解析】D。当 $x\leq 0$ 时，函数 $f(x)=2^{-x}$ 是减函数，则 $f(x)\geq f(0)=1$，作出 $f(x)$ 的大致图像如图 2-3 所示，结合图像可知，要使 $f(x+1)<f(2x)$，则需 $\begin{cases}x+1<0\\ 2x<0\\ 2x<x+1\end{cases}$ 或 $\begin{cases}x+1\geq 0\\ 2x<0\end{cases}$ 所以 $x<0$，故本题应选 D。

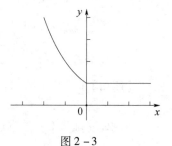

图 2-3

**例 13** 函数 $y=2^{|x|}\sin(2x)$ 的图像可能是（　　）。

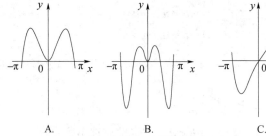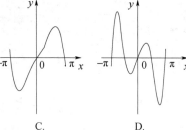

A.　　　　B.　　　　C.　　　　D.

【解析】D。设 $f(x)=2^{|x|}\sin(2x)$，其定义域关于坐标原点对称，又 $f(-x)=2^{|-x|}\cdot\sin(-2x)=-f(x)$，所以 $y=f(x)$ 是奇函数，故排除选项 A，B；令 $f(x)=0$，则 $\sin(2x)=0$，所以 $2x=k\pi(k\in\mathbf{Z})$，所以 $x=\dfrac{k\pi}{2}(k\in\mathbf{Z})$，故排除选项 C。故本题应选 D。

**例 14** 已知 $f(x)$ 是定义域为 $(-\infty,+\infty)$ 的奇函数，满足 $f(1-x)=f(1+x)$。若 $f(1)=2$，则 $f(1)+f(2)+\cdots+f(50)=$（　　）。

A. $-50$　　　B. 0　　　C. 2　　　D. 50

【解析】C。解法一：因为 $f(x)$ 是定义域为 $(-\infty,+\infty)$ 的奇函数，$f(-x)=-f(x)$，且 $f(0)=0$。∵ $f(1-x)=f(1+x)$，∴ $f(x)=f(2-x)$，$f(-x)=f(2+x)$，∴ $f(2+x)=-f(x)$，∴ $f(4+x)=-f(2+x)=f(x)$，∴ $f(x)$ 是周期函数，且一个周期为 4，∴ $f(4)=f(0)=0$，$f(2)=f(1+1)=f(1-1)=f(0)=0$，$f(3)=f(1+2)=f(1-2)=-f(1)=-2$，∴ $f(1)+f(2)+\cdots+f(50)=12\times 0+f(49)+f(50)=f(1)+f(2)=2$，故本题应选 C。

图 2-4

解法二：由题意可设 $f(x)=2\sin\left(\dfrac{\pi}{2}x\right)$，作出 $f(x)$ 的部分图像如图 2-4 所示。

由图 2-4 可知，$f(x)$ 的一个周期为 4，所以 $f(1)+f(2)+\cdots+f(50)=12\times 0+f(1)+f(2)=2$，故本题应选 C。

**例15** 设$f(x)$是定义域为$\mathbf{R}$的偶函数,且在$(0,+\infty)$单调递减,则( )。

A. $f\left(\log_3\dfrac{1}{4}\right)<f(2^{-\frac{3}{2}})<f(2^{-\frac{2}{3}})$　　　B. $f\left(\log_3\dfrac{1}{4}\right)<f(2^{-\frac{2}{3}})<f(2^{-\frac{3}{2}})$

C. $f(2^{-\frac{3}{2}})<f(2^{-\frac{2}{3}})<f\left(\log_3\dfrac{1}{4}\right)$　　　D. $f(2^{-\frac{2}{3}})<f(2^{-\frac{3}{2}})<f\left(\log_3\dfrac{1}{4}\right)$

【解析】C。$f(x)$是定义域为$\mathbf{R}$的偶函数,所以$\log_3\dfrac{1}{4}=\log_3 4$。因为$\log_3 4>\log_3 3>1,0<2^{-\frac{3}{2}}<2^{-\frac{2}{3}}<2^0=1$,所以$0<2^{-\frac{3}{2}}<2^{-\frac{2}{3}}<\log_3 4$。又因为$f(x)$在$(0,+\infty)$上单调递减,所以$f(2^{-\frac{3}{2}})<f(2^{-\frac{2}{3}})<f\left(\log_3\dfrac{1}{4}\right)$,故本题应选C。

**例16** 已知$a=\log_5 2,b=\log_{0.5}0.2,c=0.5^{0.2}$,则$a,b,c$的大小关系为( )。

A. $a<c<b$　　　B. $a<b<c$　　　C. $b<c<a$　　　D. $c<a<b$

【解析】A。由题意,可知$a=\log_5 2<1,b=\log_{0.5}0.2=\log_{\frac{1}{2}}\dfrac{1}{5}=\log_{2^{-1}}5^{-1}=\log_2 5>\log_2 4=2$。$c=0.5^{0.2}<1$,所以$b$最大,$a,c$都小于1。因为$a=\log_5 2=\dfrac{1}{\log_2 5},c=0.5^{0.2}=\left(\dfrac{1}{2}\right)^{\frac{1}{5}}=\sqrt[5]{\dfrac{1}{2}}=\dfrac{1}{\sqrt[5]{2}}$,而$\log_2 5>\log_2 4=2>\sqrt[5]{2}$,所以$\dfrac{1}{\log_2 5}<\left(\dfrac{1}{2}\right)^{\frac{1}{5}}$,即$a<c$,所以$a<c<b$,故本题应选A。

**例17** 在同一直角坐标系中,函数$y=\dfrac{1}{a^x},y=\log_a\left(x+\dfrac{1}{2}\right)(a>0$且$a\neq 1)$的图像可能是( )。

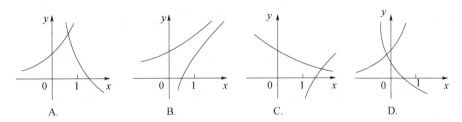

A.　　　　B.　　　　C.　　　　D.

【解析】D。由函数$y=\dfrac{1}{a^x},y=\log_a\left(x+\dfrac{1}{2}\right)$,单调性相反,且函数$y=\log_a\left(x+\dfrac{1}{2}\right)$图像恒过$\left(\dfrac{1}{2},0\right)$,可知满足要求的图像为D,故本题应选D。

**例18** 已知$a=\log_2 e,b=\ln 2,c=\log_{\frac{1}{2}}\dfrac{1}{3}$,则$a,b,c$的大小关系为( )。

A. $a>b>c$　　　B. $b>a>c$　　　C. $c>b>a$　　　D. $c>a>b$

【解析】D。因为$a=\log_2 e>1,b=\ln 2\in(0,1),c=\log_{\frac{1}{2}}\dfrac{1}{3}=\log_2 3>\log_2 e>1$,所以$c>a>b$,故本题应选D。

**例19** 已知函数$f(x)=\begin{cases}e^x(x\leq 0)\\ \ln x(x>0)\end{cases}$,$g(x)=f(x)+x+a$。若$g(x)$存在2个零点,则$a$的取值范围是( )。

A. $[-1,0)$  B. $[0,+\infty)$
C. $[-1,+\infty)$  D. $[1,+\infty)$

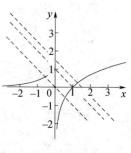

图 2-5

【解析】C。函数 $g(x)=f(x)+x+a$ 存在 2 个零点,即关于 $x$ 的方程 $f(x)=-x-a$ 有 2 个不同的实根,即函数 $f(x)$ 的图像与直线 $y=-x-a$ 有 2 个交点,作出直线 $y=-x-a$ 与函数 $f(x)$ 的图像,如图 2-5 所示。由图 2-5 可知,$-a\leqslant 1$,解得 $a\geqslant -1$,故本题应选 C。

**例20** 函数 $y=\dfrac{2x^3}{2^x+2^{-x}}$ 在 $[-6,6]$ 的图像大致为(  )。

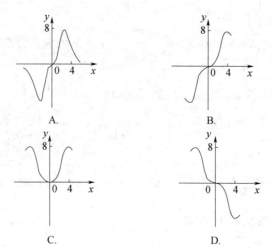

A.  B.  C.  D.

【解析】B。因为 $f(-x)=\dfrac{2(-x)^3}{2^{-x}+2^x}=-\dfrac{2x^3}{2^x+2^{-x}}=-f(x)$,所以 $f(x)$ 是 $[-6,6]$ 上的奇函数,因此排除 C。又 $f(4)=\dfrac{2^{11}}{2^8+1}>7$,因此排除 A 和 D,故本题应选 B。

**例21** 下列函数中,其图像与函数 $y=\ln x$ 的图像关于直线 $x=1$ 对称的是(  )。
A. $y=\ln(1-x)$  B. $y=\ln(2-x)$  C. $y=\ln(1+x)$  D. $y=\ln(2+x)$

【解析】B。解法一:设所求函数图像上任一点的坐标为 $(x,y)$,则其关于直线 $x=1$ 的对称点的坐标为 $(2-x,y)$,由对称性知点 $(2-x,y)$ 在函数 $f(x)=\ln x$ 的图像上,所以 $y=\ln(2-x)$,故本题应选 B。

解法二:由题意知,对称轴上的点 $(1,0)$ 即在函数 $y=\ln x$ 的图像上也在所求函数的图像上,代入选项中的函数表达式逐一检验,排除 A,C,D,故本题应选 B。

**例22** 已知函数 $f(x)=\begin{cases}2\sqrt{x}(0\leqslant x\leqslant 1)\\ \dfrac{1}{x}(x>1)\end{cases}$,若关于 $x$ 的方程 $f(x)=-\dfrac{1}{4}x+a(a\in\mathbf{R})$ 恰有 2 个互异的实数解,则 $a$ 的取值范围为(  )。

A. $\left[\dfrac{5}{4},\dfrac{9}{4}\right]$  B. $\left(\dfrac{5}{4},\dfrac{9}{4}\right]$

C. $\left(\dfrac{5}{4},\dfrac{9}{4}\right)\cup\{1\}$  D. $\left[\dfrac{5}{4},\dfrac{9}{4}\right]\cup\{1\}$

【解析】D。作出函数 $f(x)=\begin{cases}2\sqrt{x}\ (0\leqslant x\leqslant 1)\\ \dfrac{1}{x}\ (x>1)\end{cases}$ 的图像,以及直线 $y=-\dfrac{1}{4}x$ 的图像,如图 2-6 所示。关于 $x$ 的方程 $f(x)=-\dfrac{1}{4}x+a(a\in\mathbf{R})$ 恰有两个互异的实数解,即 $y=f(x)$ 和 $y=-\dfrac{1}{4}x+a$ 的图像有两个交点,平移直线 $y=-\dfrac{1}{4}x$,考虑直线经过点 $(1,2)$ 和 $(1,1)$ 时,有两个交点,可得 $a=\dfrac{9}{4}$ 或 $a=\dfrac{5}{4}$。考虑直线与 $y=\dfrac{1}{x}$ 在 $x>1$ 相切,可得 $ax-\dfrac{1}{4}x^2=1$,由

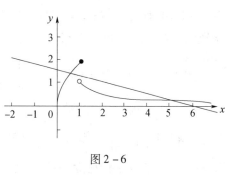

图 2-6

$\Delta=a^2-1=0$,解得 $a=1(-1$ 舍去)。综上可得,$a$ 的范围是 $\left[\dfrac{5}{4},\dfrac{9}{4}\right]\cup\{1\}$,故本题应选 D。

## 二、填空题

**例1** 函数 $y=\sqrt{7+6x-x^2}$ 的定义域是_____。

【解析】$[-1,7]$。由 $7+6x-x^2\geqslant 0$,得 $x^2-6x-7\leqslant 0$,解得 $-1\leqslant x\leqslant 7$,所以函数 $y=\sqrt{7+6x-x^2}$ 的定义域是 $[-1,7]$。

**例2** 李明自主创业,在网上经营一家水果店,销售的水果中有草莓、京白梨、西瓜、桃,价格依次为 60 元/盒、65 元/盒、80 元/盒、90 元/盒。为增加销量,李明对这 4 种水果进行促销:凡一次购买水果的总价达到 120 元,顾客就少付 $x$ 元。每笔订单顾客网上支付成功后,李明会得到支付款的 80%。

① 当 $x=10$ 时,顾客一次购买草莓和西瓜各 1 盒,需要支付_____元;

② 在促销活动中,为保证李明每笔订单得到的金额均不低于促销前总价的七折,则 $x$ 的最大值为_____。

【解析】130;15。①草莓和西瓜各 1 盒的价格为 60 元 + 80 元 = 140 元 > 120 元,则支付 140 元 - 10 元 = 130 元;②设促销前顾客应付 $y$ 元,由题意有 $(y-x)80\%\geqslant 70\%y$,解得 $x\leqslant\dfrac{1}{8}y$,而促销活动条件是 $y\geqslant 120$,所以 $x_{\max}=\left(\dfrac{1}{8}y\right)_{\min}=\dfrac{1}{8}\times 120=15$。

**例3** 设函数 $f(x)=\mathrm{e}^x+a\mathrm{e}^{-x}(a$ 为常数)。若 $f(x)$ 为奇函数,则 $a=$_____;若 $f(x)$ 是 $\mathbf{R}$ 上的增函数,则 $a$ 的取值范围是_____。

【解析】$-1;(-\infty,0]$。①根据题意,函数 $f(x)=\mathrm{e}^x+a\mathrm{e}^{-x}$,若 $f(x)$ 为奇函数,则 $f(-x)=-f(x)$,即 $\mathrm{e}^{-x}+a\mathrm{e}^x=-(\mathrm{e}^x+a\mathrm{e}^{-x})$,所以 $(a+1)(\mathrm{e}^x+\mathrm{e}^{-x})=0$,对 $x\in\mathbf{R}$ 恒成立,又 $\mathrm{e}^x+\mathrm{e}^{-x}>0$,所以 $a+1=0$,$a=-1$。②函数 $f(x)=\mathrm{e}^x+a\mathrm{e}^{-x}$,导数 $f'(x)=\mathrm{e}^x-a\mathrm{e}^{-x}$。若 $f(x)$ 是 $\mathbf{R}$ 上的增函数,则 $f(x)$ 的导数 $f'(x)=\mathrm{e}^x-a\mathrm{e}^{-x}\geqslant 0$ 在 $\mathbf{R}$ 上恒成立,即 $a\leqslant\mathrm{e}^{2x}$ 恒成立,而 $\mathrm{e}^{2x}>0$,所以 $a\leqslant 0$,即 $a$ 的取值范围为 $(-\infty,0]$。

**例4** 已知 $\lambda\in\mathbf{R}$,函数 $f(x)=\begin{cases}x-4\ (x\geqslant\lambda)\\ x^2-4x+3\ (x<\lambda)\end{cases}$,当 $\lambda=2$ 时,不等式 $f(x)<0$ 的解集是

_____。若函数 $f(x)$ 恰有 2 个零点,则 $\lambda$ 的取值范围是_____。

【解析】$(1,4)$;$(1,3] \cup (4,+\infty)$。若 $\lambda = 2$,则:当 $x \geqslant 2$ 时,令 $x - 4 < 0$,得 $2 \leqslant x < 4$;当 $x < 2$ 时,令 $x^2 - 4x + 3 < 0$,得 $1 < x < 2$。综上可知 $1 < x < 4$,所以不等式 $f(x) < 0$ 的解集为 $(1,4)$。令 $x - 4 = 0$,解得 $x = 4$;令 $x^2 - 4x + 3 = 0$,解得 $x = 1$ 或 $x = 3$。因为函数 $f(x)$ 恰有 2 个零点,结合函数的图像(图略)可知 $1 < \lambda \leqslant 3$ 或 $\lambda > 4$。

**例 5** 已知 $a \in \mathbf{R}$,函数 $f(x) = \begin{cases} x^2 + 2x + a - 2 & (x \leqslant 0) \\ -x^2 + 2x - 2a & (x > 0) \end{cases}$。若对任意 $x \in [-3, +\infty), f(x) \leqslant |x|$ 恒成立,则 $a$ 的取值范围是_____。

【解析】$\left[\dfrac{1}{8}, 2\right]$。当 $-3 \leqslant x \leqslant 0$ 时,$f(x) \leqslant |x|$ 恒成立,等价于 $x^2 + 2x + a - 2 \leqslant -x$ 恒成立,即 $a \leqslant -x^2 - 3x + 2$ 恒成立,所以 $a \leqslant (-x^2 - 3x + 2)_{\min} = 2$;当 $x > 0$ 时,$f(x) \leqslant |x|$ 恒成立,等价于 $-x^2 + 2x - 2a \leqslant x$ 恒成立,即 $a \geqslant \dfrac{-x^2 + x}{2}$ 恒成立,所以 $a \geqslant \left(\dfrac{-x^2 + x}{2}\right)_{\max} = \dfrac{1}{8}$。综上,$a$ 的取值范围是 $\left[\dfrac{1}{8}, 2\right]$。

**例 6** 已知 $f(x)$ 是奇函数,且当 $x < 0$ 时,$f(x) = -\mathrm{e}^{ax}$。若 $f(\ln 2) = 8$,则 $a = $ _____。

【解析】$-3$。依题意有 $f(-\ln 2) = -\mathrm{e}^{-a \ln 2} = -f(\ln 2) = -8$,得 $2^{-a} = 8$,$a = -3$。

**例 7** 设 $f(x), g(x)$ 是定义在 $\mathbf{R}$ 上的两个周期函数,$f(x)$ 的周期为 4,$g(x)$ 的周期为 2,且 $f(x)$ 是奇函数。当 $x \in (0, 2]$ 时,$f(x) = \sqrt{1 - (x-1)^2}$,$g(x) = \begin{cases} k(x+2) & (0 < x \leqslant 1) \\ -\dfrac{1}{2} & (1 < x \leqslant 2) \end{cases}$,其中 $k > 0$。若在区间 $(0, 9]$ 上,关于 $x$ 的方程 $f(x) = g(x)$ 有 8 个不同的实数根,则 $k$ 的取值范围是_____。

【解析】$\left[\dfrac{1}{3}, \dfrac{1}{2\sqrt{2}}\right)$。作出函数 $f(x)$ 与 $g(x)$ 的图像如图 2-7

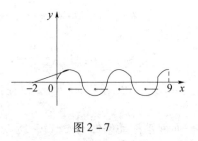

图 2-7

所示,由图 2-7 可知,函数 $f(x)$ 与 $g(x) = -\dfrac{1}{2}$ ($1 < x \leqslant 2, 3 < x \leqslant 4, 5 < x \leqslant 6, 7 < x \leqslant 8$) 仅有 2 个实数根;要使关于 $x$ 的方程 $f(x) = g(x)$ 有 8 个不同的实数根,则 $f(x) = \sqrt{1 - (x-1)^2}$ ($x \in (0, 2]$) 与 $g(x) = k(x+2)$ ($x \in (0, 1]$) 的图像有 2 个不同交点,由 $(1, 0)$ 到直线 $kx - y + 2k = 0$ 的距离为 1,得 $\dfrac{|3k|}{\sqrt{1+k^2}} = 1$,解得 $k = \dfrac{1}{2\sqrt{2}}$ ($k > 0$)。因为两点 $(-2, 0), (1, 1)$ 连线的斜率 $k = \dfrac{1}{3}$,所以 $\dfrac{1}{3} \leqslant k < \dfrac{1}{2\sqrt{2}}$,即 $k$ 的取值范围为 $\left[\dfrac{1}{3}, \dfrac{1}{2\sqrt{2}}\right)$。

**例 8** 已知 $a \in \mathbf{R}$,函数 $f(x) = ax^3 - x$,若存在 $t \in \mathbf{R}$,使得 $|f(t+2) - f(t)| \leqslant \dfrac{2}{3}$,则实数 $a$ 的最大值是_____。

【解析】$\dfrac{4}{3}$。存在 $t \in \mathbf{R}$,使得 $|f(t+2) - f(t)| \leqslant \dfrac{2}{3}$,即有 $|a(t+2)^3 - (t+2) - at^3 + t| \leqslant$

$\frac{2}{3}$,化为 $|2a(3t^2+6t+4)-2|\leq\frac{2}{3}$,可得 $-\frac{2}{3}\leq 2a(3t^2+6t+4)-2\leq\frac{2}{3}$,即 $\frac{2}{3}\leq a(3t^2+6t+4)$ $\leq\frac{4}{3}$,由 $3t^2+6t+4=3(t+1)^2+1\geq 1$,可得 $0\leq a\leq\frac{4}{3}$,可得 $a$ 的最大值为 $\frac{4}{3}$。

**例9** 若函数 $f(x)=2x^3-ax^2+1(a\in\mathbf{R})$ 在 $(0,+\infty)$ 内有且只有一个零点,则 $f(x)$ 在 $[-1,1]$ 上的最大值与最小值的和为_____。

【解析】$-3$。$f'(x)=6x^2-2ax=2x(3x-a)(a\in\mathbf{R})$,当 $a\leq 0$ 时 $f'(x)>0$ 在 $(0,+\infty)$ 上恒成立,则 $f(x)$ 在 $(0,+\infty)$ 上单调递增。又因为 $f(0)=1$,所以此时 $f(x)$ 在 $(0,+\infty)$ 内无零点,不满足题意。当 $a>0$ 时,由 $f'(x)>0$ 得 $x>\frac{a}{3}$,由 $f'(x)<0$ 得 $0<x<\frac{a}{3}$,则 $f(x)$ 在 $\left(0,\frac{a}{3}\right)$ 上单调递减,在 $\left(\frac{a}{3},+\infty\right)$ 上单调递增。又因为 $f(x)$ 在 $(0,+\infty)$ 内有且只有一个零点,所以 $f\left(\frac{a}{3}\right)=-\frac{a^3}{27}+1=0$,得 $a=3$,所以 $f(x)=2x^3-3x^2+1$,则 $f'(x)=6x(x-1)$,当 $x\in(-1,0)$ 时,$f'(x)>0$,$f(x)$ 单调递增,当 $x\in(0,1)$ 时,$f'(x)<0$,$f(x)$ 单调递减,则 $f(x)_{\max}=f(0)=1$,$f(-1)=-4$,$f(1)=0$,则 $f(x)_{\min}=-4$,所以 $f(x)$ 在 $[-1,1]$ 上的最大值与最小值的和为 $-3$。

### 三、解答题

**例1** 某群体的人均通勤时间,是指单日内该群体中成员从居住地到工作地的平均用时,某地上班族 $S$ 中的成员仅以自驾或公交方式通勤,分析显示:当 $S$ 中 $x\%(0<x<100)$ 的成员自驾时,自驾群体的人均通勤时间为

$$f(x)=\begin{cases}30, & 0<x\leq 30\\ 2x+\frac{1800}{x}-90, & 30<x<100\end{cases}\text{(min)}$$

而公交群体的人均通勤时间不受 $x$ 影响,恒为 40min,试根据上述分析结果回答下列问题:

(1)当 $x$ 在什么范围内时,公交群体的人均通勤时间少于自驾群体的人均通勤时间?

(2)求该地上班族 $S$ 的人均通勤时间 $g(x)$ 的表达式;讨论 $g(x)$ 的单调性,并说明其实际意义。

【解析】(1)当 $0<x\leq 30$ 时,$f(x)=30<40$ 恒成立,公交群体的人均通勤时间不可能少于自驾群体的人均通勤时间;当 $30<x<100$ 时,若 $40<f(x)$,即 $2x+\frac{1800}{x}-90>40$,解得 $x<20$(舍)或 $x>45$。因此当 $45<x<100$ 时,公交群体的人均通勤时间少于自驾群体的人均通勤时间。

(2)设该地上班族总人数为 $n$,则自驾人数为 $n\cdot x\%$,乘公交人数为 $n\cdot(1-x\%)$。

因此人均通勤时间

$$g(x)=\begin{cases}\dfrac{30\cdot n\cdot x\%+40\cdot n\cdot(1-x\%)}{n}, & 0<x\leq 30\\ \dfrac{\left(2x+\dfrac{1800}{x}-90\right)\cdot n\cdot x\%+40\cdot n\cdot(1-x\%)}{n}, & 30<x<100\end{cases}$$

整理得 $g(x)=\begin{cases}40-\dfrac{x}{10}, & 0<x\leq 30\\ \dfrac{1}{50}(x-32.5)^2+36.875, & 30<x<100\end{cases}$

则当 $x\in(0,30]\cup(30,32.5]$，即 $x\in(0,32.5]$ 时，$g(x)$ 单调递减；当 $x\in(32.5,100)$ 时，$g(x)$ 单调递增。

实际意义：当有 32.5% 的上班族采用自驾方式时，上班族整体的人均通勤时间最短。

适当的增加自驾比例，可以充分地利用道路交通，实现整体效率提升；但自驾人数过多，则容易导致交通拥堵，使得整体效率下降。

**例 2** 某农场有一块农田，如图 2-8 所示，它的边界由圆 $O$ 的一段圆弧 $\overset{\frown}{MPN}$（$P$ 为此圆弧的中点）和线段 $MN$ 构成。已知圆 $O$ 的半径为 40m，点 $P$ 到 $MN$ 的距离为 50m。现规划在此农田上修建两个温室大棚，大棚 Ⅰ 内的地块形状为矩形 $ABCD$，大棚 Ⅱ 内的地块形状为 $\triangle CDP$，要求 $A$，$B$ 均在线段 $MN$ 上，$C$，$D$ 均在圆弧上，设 $OC$ 与 $MN$ 所成的角为 $\theta$。

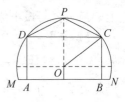

图 2-8

（1）用 $\theta$ 分别表示矩形 $ABCD$ 和 $\triangle CDP$ 的面积，并确定 $\sin\theta$ 的取值范围。

（2）若大棚 Ⅰ 内种植甲种蔬菜，大棚 Ⅱ 内种植乙种蔬菜，且甲、乙两种蔬菜的单位面积年产值之比为 4∶3。求当 $\theta$ 为何值时，能使甲、乙两种蔬菜的年总产值最大。

【解析】（1）如图 2-9 所示，连接 $PO$ 并延长交 $MN$ 于 $H$，则 $PH\perp MN$，所以 $OH=10$m。过 $O$ 作 $OE\perp BC$ 于 $E$，则 $OE\parallel MN$，所以 $\angle COE=\theta$，故 $OE=40\cos\theta$m，$EC=40\sin\theta$m，则矩形 $ABCD$ 的面积为 $2\times40\cos\theta(40\sin\theta+10)$m² $=800(4\sin\theta\cos\theta+\cos\theta)$m²，$\triangle CDP$ 的面积为 $\frac{1}{2}\times2\times40\cos\theta(40-40\sin\theta)$m² $=1600(\cos\theta-\sin\theta\cos\theta)$m²。

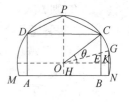

图 2-9

过 $N$ 作 $GN\perp MN$，分别交圆弧和 $OE$ 的延长线于 $G$ 和 $K$，则 $GK=KN=10$m。令 $\angle GOK=\theta_0$，则 $\sin\theta_0=\frac{1}{4}$，$\theta_0\in\left(0,\frac{\pi}{6}\right)$。当 $\theta\in\left[\theta_0,\frac{\pi}{2}\right)$ 时，才能作出满足条件的矩形 $ABCD$，所以 $\sin\theta$ 的取值范围是 $\left[\frac{1}{4},1\right)$。

即矩形 $ABCD$ 的面积为 $800(4\sin\theta\cos\theta+\cos\theta)$m²，$\triangle CDP$ 的面积为 $1600(\cos\theta-\sin\theta\cos\theta)$m²，$\sin\theta$ 的取值范围是 $\left[\frac{1}{4},1\right)$。

（2）因为甲、乙两种蔬菜的单位面积年产值之比为 4∶3，设甲的单位面积的年产值为 $4k$，乙的单位面积的年产值为 $3k(k>0)$，则年总产值为 $4k\times800(4\sin\theta\cos\theta+\cos\theta)+3k\times1600(\cos\theta-\sin\theta\cos\theta)=8000k(\sin\theta\cos\theta+\cos\theta)$，$\theta\in\left[\theta_0,\frac{\pi}{2}\right)$。

设 $f(\theta)=\sin\theta\cos\theta+\cos\theta$，$\theta\in\left[\theta_0,\frac{\pi}{2}\right)$，

则 $f'(\theta)=\cos^2\theta-\sin^2\theta-\sin\theta=-(2\sin^2\theta+\sin\theta-1)=-(2\sin\theta-1)(\sin\theta+1)$。

令 $f'(\theta)=0$，得 $\theta=\frac{\pi}{6}$，当 $\theta\in\left(\theta_0,\frac{\pi}{6}\right)$ 时，$f'(\theta)>0$，所以 $f(\theta)$ 为增函数；当 $\theta\in\left(\frac{\pi}{6},\frac{\pi}{2}\right)$ 时，$f'(\theta)<0$，所以 $f(\theta)$ 为减函数；因此，当 $\theta=\frac{\pi}{6}$ 时，$f(\theta)$ 取到最大值。

即当 $\theta=\frac{\pi}{6}$ 时，能使甲、乙两种蔬菜的年总产值最大。

# 强化训练

### 一、选择题

1. 若函数 $y=f(x)$ 的定义域是 $[-2,4]$,则函数 $g(x)=f(x)+f(-x)$ 的定义域是(　　)。
   A. $[-4,4]$        B. $[-2,2]$
   C. $[-4,-2]$       D. $[2,4]$

2. 已知函数
$$f(x)=\begin{cases} f(x-4), & x>2 \\ e^x, & -2\leq x\leq 2 \\ f(-x), & x<-2 \end{cases}$$
则 $f(-2017)=(\quad)$。
   A. 1        B. e
   C. $\dfrac{1}{e}$        D. $e^2$

3. 已知函数
$$f(x)=\begin{cases} \sqrt{x}, & x>0 \\ -x^2+4x, & x\leq 0 \end{cases}$$
若 $|f(x)|\geq Ax-1$ 恒成立,则实数 $A$ 的取值范围是(　　)。
   A. $(-\infty,-6]$      B. $[-6,0]$
   C. $(-\infty,-1]$      D. $[-1,0]$

4. 定义域为 $\mathbf{R}$ 的函数 $f(x)$ 满足 $f(x+2)=2f(x)$,当 $x\in[0,2)$ 时,有
$$f(x)=\begin{cases} x^2-x, & x\in[0,1), \\ -\left(\dfrac{1}{2}\right)^{\left|x-\frac{3}{2}\right|}, & x\in[1,2), \end{cases}$$
若当 $x\in[-4,-2)$ 时,函数 $f(x)\geq \dfrac{t^2}{4}-t+\dfrac{1}{2}$ 恒成立,则实数 $t$ 的取值范围为(　　)。
   A. $2\leq t\leq 3$      B. $1\leq t\leq 3$
   C. $1\leq t\leq 4$      D. $2\leq t\leq 4$

5. 德国著名数学家狄利克雷在数学领域成就显著,以其名命名的函数
$$f(x)=\begin{cases} 1, & x\text{ 为有理数}, \\ 0, & x\text{ 为无理数}, \end{cases}$$
称为狄利克雷函数,则关于函数 $f(x)$ 有以下四个命题:
   ① $f(f(x))=1$;
   ② 函数 $f(x)$ 是偶函数;
   ③ 任意一个非零有理数 $T$, $f(x+T)=f(x)$ 对任意 $x\in\mathbf{R}$ 恒成立;
   ④ 存在 3 个点 $A(x_1,f(x_1))$, $B(x_2,f(x_2))$, $C(x_3,f(x_3))$,使得 $\triangle ABC$ 为等边三角形。
   其中真命题的个数是(　　)。
   A. 1    B. 2    C. 3    D. 4

6. 已知函数

$$f(x) = \begin{cases} x^2, & x \geq 0, \\ \dfrac{1}{x}, & x < 0, \end{cases}$$

$g(x) = -f(-x)$,则函数 $g(x)$ 的图像是(　　)。

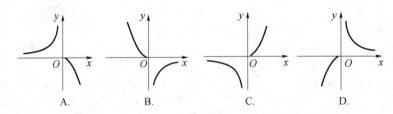

A.　　　　B.　　　　C.　　　　D.

7. 如图 2-10 所示,虚线部分是平面直角坐标系四个象限的角平分线,实线部分是函数 $y = f(x)$ 的部分图像,则 $f(x)$ 可能是(　　)。

A. $x^2 \sin x$

B. $x \sin x$

C. $x^2 \cos x$

D. $x \cos x$

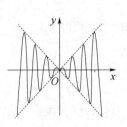

图 2-10

8. 定义在 **R** 上的函数 $f(x)$ 在 $(6, +\infty)$ 上为增函数,且函数 $y = f(x+6)$ 为偶函数,则(　　)。

A. $f(4) < f(7)$　　B. $f(4) > f(7)$　　C. $f(5) > f(7)$　　D. $f(5) < f(7)$

9. 要得到函数 $y = f(2x + \pi)$ 的图像,只须将函数 $y = f(x)$ 的图像(　　)。

A. 向左平移 $\pi$ 个单位,再把所有点的横坐标伸长到原来的 2 倍,纵坐标不变

B. 向右平移 $\pi$ 个单位,再把所有点的横坐标伸长到原来的 2 倍,纵坐标不变

C. 向左平移 $\pi$ 个单位,再把所有点的横坐标缩短到原来的 $\dfrac{1}{2}$,纵坐标不变

D. 向右平移 $\pi$ 个单位,再把所有点的横坐标缩短到原来的 $\dfrac{1}{2}$,纵坐标不变

10. 如果函数 $y = \dfrac{nx+1}{2x+p}$ 的图像关于点 $A(1,2)$ 对称,那么(　　)。

A. $p = -2, n = 4$　　　　　　　　B. $p = 2, n = -4$

C. $p = -2, n = -4$　　　　　　　D. $p = 2, n = 4$

11. 函数 $f(x) = \dfrac{\lg(x+1)}{x-1}$ 的定义域是(　　)。

A. $(-1, +\infty)$　　　　　　　　B. $[-1, +\infty)$

C. $(-1, 1) \cup (1, +\infty)$　　　D. $[-1, 1) \cup (1, +\infty)$

12. 函数 $f(x) = \sqrt{1 - 2^x} + \dfrac{1}{\sqrt{x+3}}$ 的定义域为(　　)。

A. $(-3, 0]$　　　　　　　　　　B. $(-3, 1]$

C. $(-\infty, -3) \cup (-3, 0]$　　D. $(-\infty, -3) \cup (-3, 1]$

13. 下列函数中,其定义域和值域分别与函数 $y=10^{\lg x}$ 的定义域和值域相同的是( )。

A. $y = x$    B. $y = \lg x$    C. $y = 2^x$    D. $y = \dfrac{1}{\sqrt{x}}$

14. 下列函数中,既不是奇函数,也不是偶函数的是( )。

A. $y = x + e^x$    B. $y = x + \dfrac{1}{x}$    C. $y = 2^x + \dfrac{1}{2^x}$    D. $y = \sqrt{1+x^2}$

15. 下列函数中,定义域是 **R** 且为增函数的是( )。

A. $y = e^{-x}$    B. $y = x$    C. $y = \ln x$    D. $y = |x|$

## 二、填空题

1. 函数 $y = \log_2\left(1-\dfrac{1}{x}\right) + \sqrt{2^x - 3}$ 的定义域是_____。

2. 若函数 $f(x) = \log_2(-x^2 + ax)$ 的图像过点 $(2,2)$,则函数 $f(x)$ 的值域为_____。

3. 已知 $f(x)$ 为 **R** 上增函数,且对任意 $x \in \mathbf{R}$,都有 $f[f(x) - 3^x] = 4$,则 $f(\log_3 9) =$ _____。

4. $\dfrac{\lg 32 - \lg 4}{\lg 2} + (27)^{\frac{2}{3}} =$ _____。

5. 已知函数 $f(x) = \log_2 \dfrac{2(1+x)}{x-1}$,若 $f(a) = 2$,$f(-a) =$ _____。

6. 已知 $f(x)$ 在 **R** 上是偶函数,且满足 $f(4-x) = f(x)$,若 $x \in (0,2)$ 时,$f(x) = 2x^2$,则 $f(7) =$ _____。

7. 若函数 $f(x) = x\ln(x + \sqrt{a+x^2})$ 为偶函数,则 $a =$ _____。

8. 若函数 $f(x) = x(x-1)(x+a)$ 为奇函数,则 $a =$ _____。

9. 已知 $x > 0, y > 0$,$\lg 2^x + \lg 8^y = \lg 2$,则 $xy$ 的最大值是_____。

10. 设函数 $f(x) = x^2 - 2ax + 15 - 2a$ 的两个零点分别为 $x_1, x_2$,且在区间 $(x_1, x_2)$ 上恰好有两个正整数,则实数 $a$ 的取值范围是_____。

11. $\lg \sqrt{5} + \lg \sqrt{20} =$ _____。

12. 设 $f^{-1}(x)$ 为 $f(x) = \dfrac{x}{2x+1}$ 的反函数,则 $f^{-1}(2) =$ _____。

13. 关于 $x$ 的方程 $2^{x-1} + 2x^2 + a = 0$ 有两个实数根,则实数 $a$ 的取值范围是_____。

14. 方程 $\log_2(9^{x-1} - 5) = \log_2(3^{x-1} - 2) + 2$ 的解为_____。

15. 已知 $4^a = 2$,$\lg x = a$,则 $x =$ _____。

## 三、解答题

1. 设函数 $y = \log_a\left(\dfrac{x-3}{x+3}\right)$ $(a > 0$ 且 $a \neq 1)$ 的定义域为 $[s,t]$,值域为 $(\log_a a(t-1), \log_a a(s-1))$,求 $a$ 的取值范围。

2. 某种产品每件成本为 6 元,每件售价为 $x$ 元$(x > 6)$,年销量为 $u$ 万件,若已知 $\dfrac{585}{8} - u$ 与 $\left(x - \dfrac{21}{4}\right)^2$ 成正比,且售价为 10 元时,年销量为 28 万件。

(1)写出年销售利润 $y$ 关于 $x$ 的函数关系式;

(2)求售价为多少时,年利润最大,并求出最大年利润。

3. 求函数 $y = \sqrt{2^{-x^2-1} - \dfrac{1}{4}}$ 的值域。

4. 若函数 $y = \sqrt{ax^2 - ax + \dfrac{1}{a}}$ 的定义域是一切实数，求实数 $a$ 的取值范围。

5. 求函数 $y = \log_2(x^2 + 2x + 5)$ 的值域。

6. 设 $x, y, z \in (0, +\infty)$，且 $3^x = 4^y = 6^z$。

   （1）求证 $\dfrac{1}{x} + \dfrac{1}{2y} = \dfrac{1}{z}$；

   （2）比较 $3x, 4y, 6z$ 的大小。

7. 化简：

   （1）$1.5^{-\frac{1}{3}} \times \left(-\dfrac{7}{6}\right)^0 + 8^{0.25} \times \sqrt[4]{2} + (\sqrt[3]{2} \times \sqrt{3})^6 - \sqrt{\left(-\dfrac{2}{3}\right)^{\frac{2}{3}}}$；

   （2）$\dfrac{a^{\frac{4}{3}} - 8a^{\frac{1}{3}}b}{a^{\frac{2}{3}} + 2\sqrt[3]{ab} + 4b^{\frac{2}{3}}} \div \left(1 - 2\sqrt[3]{\dfrac{b}{a}}\right) \times \sqrt[3]{a}$。

8. 若 $f(\sqrt{x} + 1) = x + 2\sqrt{x}$，求 $f(x)$。

9. 设 $g(x) = 1 - 2x, f[g(x)] = \dfrac{1 - x^2}{x^2}(x \neq 0)$，求 $f\left(\dfrac{1}{2}\right)$。

10. 判断 $f(x) = \dfrac{\sqrt{1 + x^2} + x - 1}{\sqrt{1 + x^2} + x + 1}$ 的奇偶性。

11. 已知⊙$O$ 的半径为 $R$，由直径 $AB$ 的端点 $B$ 作圆的切线，从圆周上任一点 $P$ 引该切线的垂线，垂足为 $M$，连 $AP$，设 $AP = x$。

    （1）写出 $AP + 2PM$ 关于 $x$ 的函数关系式；

    （2）求此函数的最值。

12. 某超市为了获取最大利润做了一番实验，若将进货单价为 8 元的商品按 10 元一件的价格出售时，每天可销售 60 件，现在采用提高销售价格减少进货量的办法增加利润，已知这种商品每涨 1 元，其销售量就要减少 10 件，问该商品售价定为多少时才能赚得利润最大，并求出最大利润。

13. 一物体加热到 $T_0℃$ 时移入室内，室温保持常温 $a℃$，这物体逐渐冷却，经过 $t$ min 后，物体的温度是 $T℃$，那么 $T$ 与 $t$ 之间的关系有下列形式：$T = a + (T_0 - a) \cdot e^{-kt}$（$e = 2.71828$，$k$ 为常数）。现有加热到 $100℃$ 的物体，移入常温为 $20℃$ 的室内，经过 20 min 后，物体的温度是 $80℃$，求：

    （1）经过 20 min 后，物体的温度是多少摄氏度？（精确到 $1℃$）

    （2）经过多少分钟（精确到 1 min）物体的温度是 $30℃$？

# 【强化训练解析】

## 一、选择题

1. B。本题考查的是抽象函数的定义域的求法，需要理解定义域的定义，把握好求法。根据题中条件，先求 $f(-x)$ 的定义域，然后再求出两个定义域的交集可得答案。因为函数 $y = f(x)$ 的定义域是 $[-2, 4]$，故 $f(-x)$ 中有 $-x \in [-2, 4]$，则 $x \in [-4, 2]$，因此函数 $g(x) = f(x) + f(-x)$ 的定义域是 $[-2, 4] \cap [-4, 2] = [-2, 2]$，故本题应选 B。

2. B。本题主要考查的是分段函数值的求解。根据函数性质得 $f(-2017) = f(2017) = $

$f(1)$,求出结果,$f(-2017)=f(2017)=f(2017-4)=\cdots=f(1)=e$。故本题应选 B。

3. B。本题主要考查的是分段函数,不等式恒成立问题。

由题意,$|f(x)|\geq Ax-1$ 恒成立,等价于 $y=Ax-1$ 始终在 $y=|f(x)|$ 的下方,即直线夹在与 $y=|-x^2+4x|=x^2-4x(x\leq 0)$ 相切的直线和 $y=-1$ 之间,所以转化为求切线斜率。

由 $\begin{cases}y=x^2-4x\\y=ax-1\end{cases}$ 可得 $x^2-(4+A)x+1=0$,令 $\Delta=(4+A)^2-4=0$,解得 $A=-6$ 或 $A=-2$。当 $A=-6$ 时,$x=-1$ 成立;当 $A=-2$ 时,$x=1$ 不成立。所以实数 $A$ 的取值范围是 $[-6,0]$,故本题应选 B。

4. B。本题主要考查的是分段函数的值域,不等式恒成立问题。将问题转化为求 $f(x)$ 的最小值,利用二次函数与指数函数求分段函数的值域。因为当 $x\in[-4,2)$ 时,函数 $f(x)\geq\dfrac{t^2}{4}-t+\dfrac{1}{2}$ 恒成立,所以 $f(x)_{\min}\geq\dfrac{t^2}{4}-t+\dfrac{1}{2}$。又当 $x\in[-4,-3)$ 时,$f(x)=\dfrac{1}{2}f(x+2)=\dfrac{1}{4}f(x+4)=\dfrac{1}{4}[(x+4)^2-(x+4)]\in[-\dfrac{1}{16},0]$;当 $x\in[-3,-2)$ 时,$f(x)=\dfrac{1}{2}f(x+2)=\dfrac{1}{4}f(x+4)=\dfrac{1}{4}[-\left(\dfrac{1}{2}\right)^{|x+4-\frac{3}{2}|}]\in[-\dfrac{1}{4},-\dfrac{\sqrt{2}}{8}]$。所以 $f(x)_{\min}=-\dfrac{1}{4}$,即 $-\dfrac{1}{4}\geq\dfrac{t^2}{4}-t+\dfrac{1}{2}$,解得 $1\leq t\leq 3$,故本题应选 B。

5. D。本题主要考查的是函数的基本性质。按照简易逻辑的命题和函数的基本性质判断求解。由题可知,无论 $f(x)=1$,还是 $f(x)=0$,均有 $f(0)=f(1)=1$,所以①正确;有理数的相反数是有理数,无理数的相反数是无理数,所以②正确;有理数 $x$ 加 $T$ 后还是有理数,无理数 $x$ 加 $T$ 后还是无理数,所以③正确;取 $A\left(\dfrac{\sqrt{3}}{3},0\right),B(0,1),C\left(-\dfrac{\sqrt{3}}{3},0\right)$,恰好是等边三角形,所以④正确。故选 D。

6. D。本题主要考查的是分段函数的图像。本题先求当 $x\geq 0$ 时,$g(x)=-f(-x)=\dfrac{1}{x}$,当 $x<0$ 时,$g(x)=-f(-x)=-x^2$,再由表达式确定函数的图像,故本题应选 D。

7. B。本题考查的是函数的图像,着重考查函数的奇偶性的应用,突出排除法的应用。由函数的图像可知 $y=f(x)$ 为偶函数,对于 D,$f(x)=x\cos x$ 为奇函数,可排除 D;同理,A 中 $f(x)=x^2\sin x$ 为奇函数,可排除 A;对于 C,$f(x)=x^2\cos x$ 虽然为偶函数,但其曲线上的点 $(2\pi,4\pi^2)$ 在直线 $y=x$ 的右上方,即不在图中的函数曲线上,故可排除 C。故本题应选 B。

8. B。本题主要考查的是抽象函数的性质,考查函数的单调性与奇偶性,数形结合的综合应用。先画出模拟图像(图 2-11),保证函数在 $(6,+\infty)$ 上为增函数,再根据平移,作出关于 $y$ 轴对称的函数图像,利用数形结合即可求解。由图像可知,$f(4)=f(6-2),f(5)=f(6-1),f(7)=f(6+1)$,$f(4)>f(5)=f(7)$,故本题应选 B。

9. C。$f(x)$ 向左平移 π 个单位得到 $f(x+\pi)$,再把所有点的横坐标缩短到原来的 $\dfrac{1}{2}$,纵坐标不变,得到 $f(2x+\pi)$。

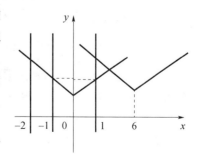

图 2-11

故本题应选 C。

10. A。本题主要考查的是函数图像的对称中心。将函数分离常数,根据反比例函数求出对称中心。

因为函数 $y=\dfrac{nx+1}{2x+p}=\dfrac{n\left(x+\dfrac{1}{n}\right)}{2\left(x+\dfrac{p}{2}\right)}=\dfrac{\dfrac{n}{2}\left(x+\dfrac{1}{n}\right)}{x+\dfrac{p}{2}}=\dfrac{\dfrac{n}{2}\left(x+\dfrac{p}{2}+\dfrac{1}{n}-\dfrac{p}{2}\right)}{x+\dfrac{p}{2}}=\dfrac{n}{2}+\dfrac{\dfrac{1}{2}-\dfrac{np}{4}}{x+\dfrac{p}{2}}$,其对称

中心为 $\left(-\dfrac{p}{2},\dfrac{n}{2}\right)$,再由函数 $y=\dfrac{nx+1}{2x+p}$ 的图像关于点 $A(1,2)$ 对称,可得 $-\dfrac{p}{2}=1,\dfrac{n}{2}=2$,所以 $p=-2,n=4$。故选 A。

11. C。$x+1>0$ 且 $x-1\neq 0$,解得 $x>-1$ 且 $x\neq 1$。故选 C。

12. A。由题意 $\begin{cases}1-2^x\geq 0\\ x+3>0\end{cases}$ 解得 $-3<x\leq 0$。故选 A。

13. D。$y=10^{\lg x}=x$,定义域与值域均为 $(0,+\infty)$,只有 D 满足,故选 D。

14. A。令 $f(x)=x+e^x$,则 $f(1)=1+e$,$f(-1)=-1+e^{-1}$,即 $f(-1)\neq f(1)$,$f(-1)\neq -f(1)$,所以 $y=x+e^x$ 既不是奇函数也不是偶函数,而选项 B、C、D 依次是奇函数、偶函数、偶函数,故选 A。

15. B。A 中函数 $y=e^{-x}$ 是底为 $\dfrac{1}{e}<1$ 的指数函数,该函数为减函数,C 中函数 $y=\ln x$ 定义域不是 R,D 中函数 $y=|x|$ 不具有单调性,故选 B。

二、填空题

1. $[\log_23,+\infty)$。本题主要考查的是函数定义域的求法。要使函数有意义,则有 $\begin{cases}1-\dfrac{1}{x}>0\\ 2^x-3\geq 0\end{cases}$,即 $\begin{cases}x<0\ 或\ x>1\\ x\geq \log_23\end{cases}$,所以 $x\geq \log_23$,故函数的定义域为 $[\log_23,+\infty)$,故答案为 $[\log_23,+\infty)$。

2. $(-\infty,2]$。本题主要考查的是复合函数的定义域、值域。图像经过点 $(2,2)$,解得 $a=4$,所以函数的解析式 $f(x)=\log_2(-x^2+4x)$,定义域为 $(0,4)$,所以,根据对数函数的图像可得,函数的值域为 $(-\infty,2]$。

3. 10。本题主要考查的是函数的单调性。根据题意,设 $f(x)-3^x=m$ 为常数,有 $f(m)=4$,$f(x)=3^x+m$,所以 $3^m+m=4$,得 $m=1$,可得 $f(x)=3^x+1$。所以 $f(\log_39)=f(2)=9+1=10$。综上所述,答案为 10。

4. 12。本题主要考查的是对数运算与指数运算。

5. 0。本题主要考查的是对数运算。

由题意知 $f(a)+f(-a)=\log_2\left[\dfrac{2(1+a)}{a-1}\cdot\dfrac{2(1-a)}{-a-1}\right]=2$,因为 $f(a)=2$,所以 $f(-a)=0$。

6. 2。本题主要考查的是函数的奇偶性、函数图像的对称性,以及求函数值。首先利用函数的性质,由 $f(4-x)=f(x)$,得 $f(7)=f(4-(-3))=f(-3)$;其次利用偶函数的性质,$f(-3)=f(3)$,再利用 $f(4-x)=f(x)$,$f(3)=f(1)$,可得 $f(1)=2$。将自变量向已知函数的解析式中的自变量范围靠近,即可求解。$f(7)=f(4-(-3))=f(-3)=f(3)=f(1)=2$。

8. 1。本题考查的是函数性质中的奇偶性。根据奇函数的定义,列出等式,比较各项的系数,从而得到结果。另外,可以用特值法简化计算。

解法一：$f(-x)=-x(-x-1)(-x+a)=-x(x+1)(x+a)=f(x)$，所以 $a=1$。

解法二：因为是奇函数，所以 $f(-1)=f(1)=0$，所以 $a=1$。

9. $\dfrac{1}{12}$。本题考查对数的运算以及最值问题。根据对数运算得出 $x+3y=1$，再根据均值不等式即可求得 $xy$ 的最大值。由题可得 $2^x \cdot 8^y = 2$，即 $x+3y=1$，所以 $xy = \dfrac{1}{3} \cdot x \cdot 3y \leq \dfrac{1}{3}\left(\dfrac{x+3y}{2}\right)^2 = \dfrac{1}{12}$。

10. $\left(\dfrac{31}{10}, \dfrac{19}{6}\right]$。本题考查函数的零点与根的分布以及解不等式。

函数 $f(x)=x^2-2ax+15-2a$ 的两个零点 $x_1, x_2$，且在区间 $(x_1, x_2)$ 上恰有两个正整数，所以 $\Delta = 4a^2 - 4(15-2a) > 0$，得出 $a<-5, a>3$。当 $a<-5$ 时，在 $(0,+\infty)$ 上 $f(x)>0$ 恒成立，不符合题意；当 $a>3$ 时，$f(3)=24-8a<0$，所以 $f(x)$ 对称轴 $x=a>3$，且恰好 $f(x)$ 有两个正整数根，所以这两个正整数只能是 $3$ 和 $4$，且 $f(2)>0, f(5)>0$，由此可解得 $a$ 的范围为 $\left(\dfrac{31}{10}, \dfrac{19}{6}\right]$。

11. 因为 $\lg\sqrt{5}+\lg\sqrt{20}=\lg\sqrt{5\times20}=\lg\sqrt{100}=\lg 10=1$，所以本题答案为 $1$。

12. 由 $y=f(x)=\dfrac{x}{2x+1}\Rightarrow x=\dfrac{y}{1-2y}\left(y\neq\dfrac{1}{2}\right)$，所以反函数为 $f^{-1}(x)=\dfrac{x}{1-2x}\left(x\neq\dfrac{1}{2}\right)$。所以 $f^{-1}(2)=\dfrac{2}{1-2\times2}=-\dfrac{2}{3}$。

13. 方程可化为 $2^x+4x^2+2a=0$，进而整理得 $2^x=-4x^2-2a$，令 $f(x)=2^x, g(x)=-4x^2-2a$，则原方程有两个实数根，即函数 $f(x)$ 与 $g(x)$ 的图像有两个公共点。由图 2-12 可以看出，要满足条件，只需 $-2a>1$，即 $a<-\dfrac{1}{2}$ 即可。

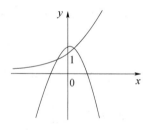

图 2-12

14. $2$。由 $\log_2(9^{x-1}-5)=\log_2(3^{x-1}-2)+2\Rightarrow\log_2(9^{x-1}-5)=\log_2(3^{x-1}-2)+\log_2 4=\log_2[4\times(3^{x-1}-2)]\Rightarrow 9^{x-1}-5=4\times(3^{x-1}-2)\Rightarrow(3^{x-1})^2-4\times3^{x-1}+3=0\Rightarrow(3^{x-1}-1)(3^{x-1}-3)=0\Rightarrow 3^{x-1}=3$ 或 $3^{x-1}=1$，解得 $x=2$ 或者 $x=1$（舍掉，真数小于 $0$）。

15. 因为 $4^a=2^{2a}=2\Rightarrow 2a=1\Rightarrow a=\dfrac{1}{2}$，所以 $\lg x=a=\dfrac{1}{2}$，从而 $x=10^{\frac{1}{2}}=\sqrt{10}$。

三、解答题

1. 解：主要考查根的存在性定理及根的个数的判断，以及对数函数的图像和性质。分析出函数的单调性，可判断出底数的取值范围，进而根据函数的定义域为值域构造出方程组，将其转化为整式方程组后，构造函数，利用二次函数的图像和性质可得出结果。$\because s<t, \therefore at-a>as-a$。又 $\because \log_a(t-1)<\log_a(s-1), \therefore 0<a<1$。令 $u=\dfrac{x-3}{x+3}=1-\dfrac{6}{x+3}$，则 $u$ 在 $[s,t]$ 上单调递增，$\therefore y=\log_a\dfrac{x-3}{x+3}$ 在 $[s,t]$ 上单调递减，$\therefore \dfrac{x-3}{x+3}=ax-a$ 有两个大于 $3$ 的相异的根，即 $ax^2+(2a-1)\cdot x+3-3a=0$ 有两个大于 $3$ 的相异的根。

令 $h(x)=ax^2+(2a-1)x+3-3a$，则有

$$\begin{cases} 0 < a < 1 \\ \Delta = 1 - 4a(2-a) > 0 \\ h(3) = 12a > 0 \\ \dfrac{-2a-1}{2a} > 3 \end{cases}$$

解得 $0 < a < \dfrac{2-\sqrt{3}}{4}$。

2. 解:本题主要考查函数模型的应用。

(1)设 $\dfrac{585}{8} - u = k\left(x - \dfrac{21}{4}\right)^2$,∵ 售价为 10 元时,年销量为 28 万件,∴ $\dfrac{585}{8} - u = k\left(x - \dfrac{21}{4}\right)^2$,解得 $k = 2$,∴ $u = -2\left(x - \dfrac{21}{4}\right)^2 + \dfrac{585}{8} = -2x^2 + 21x + 18$。故年销售利润 $y = (-2x^2 + 21x + 18) \cdot (x - 6) = -2x^3 + 33x^2 - 108x - 108$。

(2) $y = (-2x^2 + 21x + 18)(x - 6) = -2x^3 + 33x^2 - 108x - 108$,$y' = -6x^2 + 66x - 108 = -6(x^2 - 11x + 9) = -6(x-2)(x-9)$,令 $y' = 0$,得 $x = 2$ 或 $x = 9$。显然,当 $x \in (6,9)$ 时,$y' > 0$,当 $x \in (9, +\infty)$ 时,$y' < 0$,∴ 函数 $y = -2x^3 + 33x^2 - 108x - 108$ 在 $(6,9)$ 上是关于 $x$ 的增函数,在 $(9, +\infty)$ 上是关于 $x$ 的减函数。∴ 当 $x = 9$ 时,$y$ 取最大值,且 $y_{\max} = 135$。故售价为 9 元时,年利润最大,最大年利润为 135 万元。

3. 解:要使函数有意义,必须 $2^{-x^2-1} - \dfrac{1}{4} \geq 0$,即 $-x^2 - 1 \geq -2 \Rightarrow -1 \leq x \leq 1$。

∵ $-1 \leq x \leq 1$,∴ $-1 \leq -x^2 \leq 0$,从而 $-2 \leq -x^2 - 1 \leq -1$,

∴ $\dfrac{1}{4} \leq 2^{-x^2-1} \leq \dfrac{1}{2}$,∴ $0 \leq 2^{-x^2-1} - \dfrac{1}{4} \leq \dfrac{1}{4}$,∴ $0 \leq y \leq \dfrac{1}{2}$。

4. 解:$ax^2 - ax + \dfrac{1}{a} \geq 0$ 恒成立,等价于 $\begin{cases} a > 0 \\ \Delta = a^2 - 4a \cdot \dfrac{1}{a} \leq 0 \end{cases} \Rightarrow 0 < a \leq 2$。

5. 因为 $x^2 + 2x + 5$ 对一切实数都恒有 $x^2 + 2x + 5 \geq 4$,所以函数定义域为 **R**,从而 $\log_2(x^2 + 2x + 5) \geq \log_2 4 = 2$,即函数值域为 $y \geq 2$。

6. (1)证明:设 $3^x = 4^y = 6^z = k$,

∵ $x, y, z \in (0, +\infty)$,∴ $k > 1$。

取对数得 $x = \dfrac{\lg k}{\lg 3}, y = \dfrac{\lg k}{\lg 4}, z = \dfrac{\lg k}{\lg 6}$,

∴ $\dfrac{1}{x} + \dfrac{1}{2y} = \dfrac{\lg 3}{\lg k} + \dfrac{\lg 4}{2\lg k} = \dfrac{2\lg 3 + \lg 4}{2\lg k} = \dfrac{2\lg 3 + 2\lg 2}{2\lg k} = \dfrac{\lg 6}{\lg k} = \dfrac{1}{z}$。

(2)解:∵ $3x - 4y = \lg k\left(\dfrac{3}{\lg 3} - \dfrac{4}{\lg 4}\right) = \lg k \cdot \dfrac{\lg 64 - \lg 81}{\lg 3 \lg 4} = \dfrac{\lg k \lg \dfrac{64}{81}}{\lg 3 \lg 4} < 0$,

∴ $3x < 4y$。

又∵ $4y - 6z = \lg k\left(\dfrac{4}{\lg 4} - \dfrac{6}{\lg 6}\right) = \lg k \cdot \dfrac{\lg 36 - \lg 64}{\lg 2 \lg 6} = \dfrac{\lg k \cdot \lg \dfrac{9}{16}}{\lg 2 \lg 6} < 0$,

∴ $4y < 6z$。

综上，$3x < 4y < 6z$。

7. 解：(1) 原式 $= \left(\dfrac{2}{3}\right)^{\frac{1}{3}} + 2^{\frac{3}{4}} \times 2^{\frac{1}{4}} + 2^2 \times 3^3 - \left(\dfrac{2}{3}\right)^{\frac{1}{3}} = 2^1 + 4 \times 27 = 110$。

(2) 原式 $= \dfrac{a^{\frac{1}{3}}(a-8b)}{a^{\frac{2}{3}}+2a^{\frac{1}{3}}b^{\frac{1}{3}}+4b^{\frac{2}{3}}} \times \dfrac{a^{\frac{1}{3}}}{a^{\frac{1}{3}}-2b^{\frac{1}{3}}} \times a^{\frac{1}{3}} = \dfrac{a(a-8b)}{a-8b} = a$。

8. 解：方法一（换元法）：令 $t = \sqrt{x}+1$，则 $x = (t-1)^2$，$t \geq 1$ 代入原式有
$f(t) = (t-1)^2 + 2(t-1) = t^2 - 1$，$\therefore f(x) = x^2 - 1\ (x \geq 1)$。

方法二（定义法）：因为 $x + 2\sqrt{x} = (\sqrt{x}+1)^2 - 1$，$\therefore f(\sqrt{x}+1) = (\sqrt{x}+1)^2 - 1$。
$\because \sqrt{x}+1 \geq 1$，$\therefore f(x) = x^2 - 1\ (x \geq 1)$。

9. 解：方法一：令 $t = 1 - 2x$，则 $x = \dfrac{1-t}{2}$，$\therefore f(t) = \dfrac{1 - \dfrac{(1-t)^2}{4}}{\dfrac{(1-t)^2}{4}} = \dfrac{3+2t-t^2}{1-2t+t^2}$。

从而，$f\left(\dfrac{1}{2}\right) = \dfrac{3+1-\dfrac{1}{4}}{1-1+\dfrac{1}{4}} = 15$。

方法二：令 $1 - 2x = \dfrac{1}{2}$，则 $x = \dfrac{1}{4}$，$\therefore f\left(\dfrac{1}{2}\right) = \dfrac{1-\left(\dfrac{1}{4}\right)^2}{\left(\dfrac{1}{4}\right)^2} = 15$。

10. 解：$\because \sqrt{1+x^2} + x + 1 \neq 0$，$\therefore$ 函数的定义域为 **R** 且
$f(x) + f(-x)$
$= \dfrac{\sqrt{1+x^2}+x-1}{\sqrt{1+x^2}+x+1} + \dfrac{\sqrt{1+(-x)^2}+(-x)-1}{\sqrt{1+(-x)^2}+(-x)+1}$
$= \dfrac{(\sqrt{1+x^2})^2 - (x+1)^2 + (\sqrt{1+x^2})^2 - (x+1)^2}{(\sqrt{1+x^2}+1)^2 - x^2} = 0$。

$\therefore f(x) = -f(-x)$，故 $(x)$ 为奇函数。

注：判断函数奇偶性的又一途径：当 $f(x) + f(-x) = 0$ 时函数为奇函数。

11. 解：(1) 如图 2-13 所示，过 $P$ 作 $PD \perp AB$ 于 $D$，连接 $PB$，设 $AD = a$，则 $x^2 = 2R \cdot a$，
$\therefore a = \dfrac{x^2}{2R}$，$PM = 2R - \dfrac{x^2}{2R}$，
$\therefore f(x) = AP + 2PM = -\dfrac{x^2}{R} + x + 4R\ (0 \leq x \leq 2R)$。

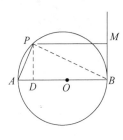

图 2-13

(2) 由 $f(x) = -\dfrac{1}{R}\left(x - \dfrac{R}{2}\right)^2 + \dfrac{17R}{4}$，可得

当 $x = \dfrac{R}{2}$ 时，$f(x)_{\max} = \dfrac{17R}{4}$；

当 $x = 2R$ 时，$f(x)_{\min} = 2R$。

12. 解:设商品售价定为 $x$ 元时,利润为 $y$ 元,则
$y = (x-8)[60-(x-10)10] = -10[(x-12)^2 - 16] = -10(x-12)^2 + 160 \quad (x > 10)$。
当且仅当 $x = 12$ 时,$y$ 有最大值 160,即售价定为 12 元时可获最大利润 160 元。

13. 解:将 $T_0 = 100, T = 80, a = 20, t = 10$ 代入关系式 $T = a + (T_o - a) \cdot e^{-kt}$,
解得 $80 = 20 + (100-20) \cdot e^{-10k}$,化简得 $e^{-10k} = 0.75$。
两边取自然对数并计算得 $-10 \cdot k = \ln 0.75$,所以 $k = 0.0288$。
从而可得 $T = 20 + (100-20) \cdot e^{-0.0288 \cdot t} = 20 + 80 e^{-0.0288 \cdot t}$ \quad (\*)

(1) 把 $t = 20$ 代入(\*)式可得 $T = 20 + (100-20) \cdot e^{-0.0288 \cdot 20} = 20 + 80 e^{-0.576}$。
由计算器得 $T = 64.97\,^\circ\!C$,即经过 20min 后,物体的温度约为 65 ℃。

(2) 把 $T = 30$ 代入(\*)式可得 $30 = 20 + (100-20) \cdot e^{-0.0288 \cdot t}$,则 $e^{-0.0288 \cdot t} = 0.125$。
两边取自然对数并计算得 $t = 72.2$,即物体冷却到 30 ℃ 约经过 72min。

# 第三章 数　　列

## 考试范围与要求

1. 了解数列的概念和几种简单的表示方法(列表、图像、通项公式)。
2. 了解数列是自变量为正整数的一类函数。
3. 理解等差数列、等比数列的概念。
4. 掌握等差数列、等比数列的通项公式与前 $n$ 项和公式。
5. 能在具体的问题情境中识别数列的等差关系或等比关系,并能用有关知识解决相应的问题。

## 主要内容

### 第一节　数列的概念

**1. 基本概念**

按一定次序排列的一列数叫作数列。数列中的每一个数都叫作这个数列的项。数列中的每一个数都对应一个序号;反过来,每一个序号也都对应数列中的一个数。排在第一位的数称为这个数列的第 1 项(即首项),排在第 $n$ 位的数称为这个数列的第 $n$ 项。所以,数列的一般形式可以写成

$$a_1, a_2, \cdots, a_n, \cdots$$

简记为 $\{a_n\}$。其中 $a_n$ 是数列的第 $n$ 项。

数列可以看成以正整数集 $\mathbf{N}^*$ 或它的有限子集 $\{1,2,\cdots,n\}$ 为定义域的函数 $a_n = f(n)$。因此,可以用研究函数的思想方法来研究数列及其相关性质。

如果数列 $\{a_n\}$ 的第 $n$ 项 $a_n$ 与项数 $n$ 之间的关系可以用一个公式 $a_n = f(n)$ 来表示时,那么这个公式就叫作这个数列的通项公式。

并不是每个数列都能写出它的通项公式。

称

$$a_1 + a_2 + \cdots + a_n$$

为数列 $\{a_n\}$ 的前 $n$ 项和,用 $S_n$ 表示,即

$$S_n = a_1 + a_2 + \cdots + a_n$$

数列中 $a_n$ 与 $S_n$ 之间的关系为

$$a_n = \begin{cases} S_1, & n=1 \\ S_n - S_{n-1}, & n \geq 2 \end{cases}$$

**注意**：（1）$a_n$ 与 $\{a_n\}$ 是两个不同的概念。$a_n$ 表示这个数列的第 $n$ 项，而 $\{a_n\}$ 表示数列 $a_1$，$a_2,\cdots,a_n,\cdots$。

（2）数列的项与项数是不同的概念。数列的项是指这个数列中的某一个确定的数，而项数是指这个数在数列中的位置序号。

（3）次序对数列来讲十分重要，有 $n$ 个不相同的数，如果它们排列的次序不同，构成的数列就是不同的数列。这也是数列与数的集合的本质区别。

**2. 数列的分类**

项数有限的数列叫作有穷数列，项数无限的数列叫作无穷数列。

从第 2 项起，每一项都大于它的前一项的数列叫作递增数列；从第 2 项起，每一项都小于它的前一项的数列叫作递减数列；各项相等的数列叫作常数列；从第 2 项起，有些项大于它的前一项，有些项小于它的前一项的数列叫作摆动数列。

**3. 数列的表示方法**

（1）列举法：如 $1,3,5,7,9,\cdots$。

（2）图像法：用 $(n, a_n)$ 孤立点表示。

（3）解析法：用通项公式表示，如 $a_n = 2n^2 - 1$。

（4）递推法：用递推公式表示。已知数列 $\{a_n\}$ 的第 1 项（或前几项），且任一项 $a_n$ 与它的前一项 $a_{n-1}$（或前几项）可以用一个公式来表示，这个公式即是该数列的递推公式。例如，$a_1 = 1$，$a_2 = 2$，$a_n = a_{n-1} + a_{n-2}(n > 2)$。

## 第二节　等差数列

**1. 基本概念**

如果一个数列 $\{a_n\}$ 从第 2 项起，每一项与它的前一项的差等于同一个常数，那么这个数列叫作等差数列。这个常数叫作等差数列的公差。公差通常用字母 $d$ 表示，即 $a_n - a_{n-1} = d(n \geq 2)$。

通项公式：

$$a_n = a_1 + (n-1)d \quad \text{或} \quad a_n = a_m + (n-m)d \quad (m \in \mathbf{N}^*)$$

前 $n$ 项和公式：

$$S_n = \frac{n(a_1 + a_n)}{2} = na_1 + \frac{n(n-1)}{2}d = na_n - \frac{n(n-1)}{2}d$$

**2. 主要性质**

（1）若 $a, A, b$ 成等差数列，则 $A$ 叫作 $a$ 和 $b$ 的等差中项，即

$$A = \frac{a+b}{2}$$

（2）设等差数列 $\{a_n\}$ 公差 $d \neq 0, m+n = p+q(m,n,p,q \in \mathbf{N}^*)$，则

$$a_m + a_n = a_p + a_q$$

（3）设等差数列 $\{a_n\}$ 的前 $n$ 项的和为 $S_n, m \in \mathbf{N}^*$，则 $S_m, S_{2m} - S_m, S_{3m} - S_{2m}, \cdots$ 仍是等差数列。

（4）下标为等差数列的项$(a_k, a_{k+m}, a_{k+2m}, \cdots)$，仍组成等差数列。

（5）若数列$\{a_n\}$是等差数列，则数列$\{\lambda a_n + b\}$（$\lambda, b$为常数）仍是等差数列。

（6）若$\{a_n\}, \{b_n\}$是等差数列，则$\{ka_n + pb_n\}$（$k, p$是非零常数）和$\{a_{p+nq}\}$（$p, q \in \mathbf{N}^*$）也是等差数列。

（7）单调性。若$\{a_n\}$的公差为$d$，则：

① $d > 0 \Leftrightarrow \{a_n\}$为递增数列；

② $d < 0 \Leftrightarrow \{a_n\}$为递减数列；

③ $d = 0 \Leftrightarrow \{a_n\}$为常数列。

**3. 等差数列的判别方法**

（1）定义法：$a_{n+1} - a_n = d$（$d$为常数）$\Leftrightarrow \{a_n\}$为等差数列。

（2）等差中项法：$2a_{n+1} = a_n + a_{n+2}$（$n \in \mathbf{N}^*$）$\Leftrightarrow \{a_n\}$为等差数列。

（3）通项公式：$a_n = np + q$（$p, q$为常数）$\Leftrightarrow \{a_n\}$为等差数列。

（4）前$n$项和公式：$S_n = An^2 + Bn$（$A, B$为常数）$\Leftrightarrow \{a_n\}$为等差数列。

## 第三节　等比数列

**1. 基本概念**

如果一个数列从第2项起，每一项与它的前一项的比等于同一个常数，那么这个数列叫作等比数列。这个常数叫作等比数列的公比，公比通常用字母$q$（$q \neq 0$）表示，即$\dfrac{a_n}{a_{n-1}} = q$（$n \geqslant 2$）。

通项公式：
$$a_n = a_1 q^{n-1} \quad \text{或} \quad a_n = a_m q^{n-m} \quad (m, n \in \mathbf{N}^*)$$

前$n$项和公式：
$$S_n = \begin{cases} na_1, & q = 1 \\ \dfrac{a_1(1-q^n)}{1-q} = \dfrac{a_1 - a_n q}{1-q}, & q \neq 1 \end{cases}$$

**2. 主要性质**

（1）若$a, G, b$成等比数列，则$G$叫作$a$和$b$的等比中项，且$G^2 = ab$（$a, b$同号）。反之不一定成立。

（2）设等比数列$\{a_n\}$，公比$q \neq 1, m, n, r, s \in \mathbf{N}^*$，则
$$a_m \cdot a_n = a_r \cdot a_s \Leftrightarrow m + n = r + s$$

（3）设等比数列$\{a_n\}$的前$n$项的和为$S_n, m \in \mathbf{N}^*$，则$S_m, S_{2m} - S_m, S_{3m} - S_{2m}, \cdots$仍是等比数列。

（4）$a_k, a_{k+m}, a_{k+2m}, \cdots$仍为等比数列，公比为$q^m$（即下标成等差数列，则对应的项成等比数列）。

（5）若数列$\{a_n\}$是公比为$q$的等比数列，则数列$\{\lambda a_n\}$（$\lambda$为不等于零的常数）仍为公比为$q$的等比数列；若数列$\{a_n\}$是公式为$q$的正项等比数列，则数列$\{\lg a_n\}$是公差为$\lg q$的等差数列。

(6) 若数列 $\{a_n\}$ 是等比数列,则数列 $\{ca_n\}$,$\{a_n^2\}$,$\left\{\dfrac{1}{a_n}\right\}$,$\{a_n^r\}$($r \in \mathbf{Z}$) 仍是等比数列,公比依次是 $q,q^2,\dfrac{1}{q},q^r$。

(7) 单调性:

$a_1>0,q>1$ 或 $a_1<0,0<q<1 \Rightarrow \{a_n\}$ 为递增数列;

$a_1>0,0<q<1$ 或 $a_1<0,q>1 \Rightarrow \{a_n\}$ 为递减数列;

$q=1 \Rightarrow \{a_n\}$ 为常数列;

$q<0 \Rightarrow \{a_n\}$ 为摆动数列。

(8) 既是等差数列又是等比数列的数列是常数列。

### 3. 等比数列的判别方法

(1) 定义法:$\dfrac{b_{n+1}}{b_n}=q(q \neq 0$ 为常数$) \Leftrightarrow \{b_n\}$ 为等比数列。

(2) 等比中项法:$b_{n+1}^2=b_n \cdot b_{n+2}(n \in \mathbf{N}^*) \Leftrightarrow \{b_n\}$ 为等比数列。

(3) 通项公式:$b_n=b \cdot B^n(b,B$ 为常数,且不为 $0) \Leftrightarrow \{b_n\}$ 为等比数列。

(4) 前 $n$ 项和公式:$S_n=A-A \cdot B^n$ 或 $S_n=A \cdot B^n-A(A,B$ 为常数$) \Leftrightarrow \{a_n\}$ 为等比数列。

### 4. 求数列通项的常用方法

(1) 方程法:由等差数列的通项公式 $a_n=a_1+(n-1)d$ 和等比数列的通项公式 $b_n=b_1 q^{n-1}$,要确定数列的一般项,关键是确定等差数列的首项 $a_1$、公差 $d$ 或等比数列的首项 $b_1$ 和公比 $q$,求这些量的方法通常是利用已知条件建立方程(组),并求解。

(2) 裂项相消法:指将数列的通项分成两个式子的代数和的形式,然后通过累加抵消中间若干项的方法。裂项相消法适用于形如 $\left\{\dfrac{c}{a_n a_{n+1}}\right\}$(其中$\{a_n\}$ 是各项均不为零的等差数列,$c$ 为常数)的数列。裂项相消法求和,常见的有相邻两项的裂项求和,还有一类隔一项的裂项求和,如 $\dfrac{1}{(n+1)(n+3)}$ 或 $\dfrac{1}{n(n+2)}$。

(3) 错位相减法:若数列的通项公式是由一个等差数列和等比数列乘或除构成的一个新数列,求和时一般要用错位相减法。

对数列的研究源于现实生产、生活的需要,在日常生活中的贷款、储蓄、购房、购物等经济生活中就大量用到数列的知识,注意了解它们在实际生活中的应用。

## 典型例题

**一、选择题**

**例 1** 公差不为零的等差数列 $\{a_n\}$ 的前 $n$ 项和为 $S_n$。若 $a_4$ 是 $a_3$ 与 $a_7$ 的等比中项,$S_8=32$,则 $S_{10}$ 等于(  )。

A. 18　　　　　B. 24　　　　　C. 60　　　　　D. 90

【解析】C。本题主要涉及以下知识点:一是等比中项的概念及性质;二是等差数列的通项公式 $a_n=a_1+(n-1)d$;三是等差数列的前 $n$ 项和公式 $S_n=na_1+\dfrac{n(n-1)}{2}d$;四是二元一次方程组的求解。

由等比中项的定义可知 $a_4^2 = a_3 a_7$，再由等差数列的通项公式 $a_n = a_1 + (n-1)d$ 可知

$$(a_1 + 3b)^2 = (a_1 + 2d)(a_1 + 6d)，化简得 2a_1 + 3d = 0 \qquad (3-1)$$

由等差数列的前 $n$ 项和公式 $S_n = na_1 + \dfrac{n(n-1)}{2}d$ 知

$$S_8 = 8a_1 + \dfrac{56}{2}d = 32，化简可得 2a_1 + 7d = 8 \qquad (3-2)$$

联立①、②得二元一次方程组，求解可得 $d = 2$，$a_1 = -3$，所以 $S_{10} = 10a_1 + \dfrac{90}{2}d = 60$。故选 C。

**例2** 若 $\{a_n\}$ 为等差数列，且 $a_7 - 2a_4 = -1$，$a_3 = 0$，则公差 $d = ($   )。

A. $-2$      B. $-\dfrac{1}{2}$      C. $\dfrac{1}{2}$      D. 2

【解析】B。本题考查的是等差数列中公差 $d$ 的确定，涉及等差中项 $2a_{n+1} = a_n + a_{n+2}$ 的应用。由等差中项的定义结合已知条件可知 $2a_4 = a_3 + a_5$，所以 $2d = a_7 - a_5 = -1$，解得 $d = -\dfrac{1}{2}$，故选 B。

**例3** 已知等差数列 $\{a_n\}$ 的前 $n$ 项和为 $S_n$，$a_1 + a_5 = \dfrac{1}{2}S_5$，且 $a_9 = 20$，则 $S_{11} = ($   )。

A. 260      B. 220      C. 130      D. 110

【解析】D。本题主要涉及以下知识点：一是等差数列前 $n$ 项和的计算，可利用 $S_n = \dfrac{n(a_1 + a_n)}{2}$ 求解；二是等差数列一般项的性质，若 $m + n = p + q$，则 $a_m + a_n = a_p + a_q$。由等差数列前 $n$ 项和的计算公式可知 $S_5 = \dfrac{5(a_1 + a_5)}{2}$，再由条件 $a_1 + a_5 = \dfrac{1}{2}S_5$ 得 $a_1 + a_5 = 0$，所以 $2a_3 = a_1 + a_5 = 0$，即 $a_3 = 0$，因此 $S_{11} = \dfrac{11(a_1 + a_{11})}{2} = \dfrac{11(a_3 + a_9)}{2} = \dfrac{0 + 20}{2} \times 11 = 110$，故选 D。

**例4** 各项均不为零的等差数列 $\{a_n\}$ 中，若 $a_n^2 - a_{n-1} - a_{n+1} = 0 \,(n \in \mathbf{N}^*, n \geq 2)$，则 $S_{2020} = ($   )。

A. 0      B. 2      C. 2020      D. 4040

【解析】D。本题涉及以下知识点：一是等差数列前 $n$ 项和的计算；二是等差数列一般项的性质，若 $m + n = p + q$，则 $a_m + a_n = a_p + a_q$。由等差数列的性质可知 $a_{n-1} + a_{n+1} = 2a_n$，再由条件 $a_n^2 - a_{n-1} - a_{n+1} = 0$，可得 $a_n^2 - 2a_n = 0$。因为 $\{a_n\}$ 的各项均不为零，所以 $a_n = 2$，因此 $S_{2020} = 4040$，故选 D。

**例5** 数列 $\{a_n\}$ 是等比数列，且 $a_n > 0$，$a_2 a_4 + 2a_3 a_5 + a_4 a_6 = 25$，那么 $a_3 + a_5$ 的值等于(   )。

A. 5      B. 10      C. 15      D. 20

【解析】A。本题主要考查等比数列 $\{a_n\}$ 的性质：$a_m a_n = a_r a_s \Leftrightarrow m + n = r + s$。因为 $a_2 a_4 = a_3^2$，$a_4 a_6 = a_5^2$，所以 $a_2 a_4 + 2a_3 a_5 + a_4 a_6 = a_3^2 + 2a_3 a_5 + a_5^2 = (a_3 + a_5)^2 = 25$，所以 $a_3 + a_5 = \pm 5$。又因为 $a_n > 0$，所以 $a_3 + a_5 = 5$，故选 A。

**例6** 首项为1,公差不为0的等差数列$\{b_n\}$中,$b_3,b_4,b_6$是一个等比数列的前三项,则这个等比数列的第四项是( )。

A. 8　　　　　B. -8　　　　　C. -6　　　　　D. 不确定

【解析】B。本题主要涉及以下知识点:一是等差数列$\{b_n\}$一般项的确定,关键是确定公差$d$;二是等比数列$\{b_n\}$的性质,$b_m b_n = b_r b_s \Leftrightarrow m+n = r+s$。因为$b_3,b_4,b_6$是等差数列$\{b_n\}$中的项,设公差为$d$,因为首项$b_1 = 1$,所以$b_3 = 1+2d,b_4 = 1+3d,b_6 = 1+5d$。再由$b_3,b_4,b_6$是一个等比数列的前三项可知$b_4^2 = b_3 b_6$,即$(1+3d)^2 = (1+2d)(1+5d)$。整理可得方程$d(d+1) = 0$,因为公差不为0,所以$d = -1$。因此$b_3 = -1, b_4 = -2$,所以$q = 2$。又因为$b_6 = b_4 q = -4$,故第四项为$b_6 q = -8$。故选B。

## 二、填空题

**例1** 数列$\{a_n\}$的前$n$项和记为$S_n$,$a_1 = 1$,$a_{n+1} = 2S_n + 1 (n \geq 1)$,则$\{a_n\}$的通项公式为_____。

【解析】本题考查的是数列的通项公式的求法以及等比数列的判定。

由$a_{n+1} = 2S_n + 1$,可得$a_n = 2S_{n-1} + 1 (n \geq 2)$,两式相减可得$a_{n+1} - a_n = 2a_n$,$a_{n+1} = 3a_n (n \geq 2)$。又因为$a_1 = 1$,所以$a_2 = 2S_1 + 1 = 3$,即$a_2 = 3a_1$。故$\{a_n\}$是首项为1,公比为3的等比数列,所以$a_n = 3^{n-1}$。

**例2** 已知各项都为正数的等比数列$\{b_n\}$中,$b_2 b_4 = 4$,$b_1 + b_2 + b_3 = 14$,则满足$b_n b_{n+1} b_{n+2} > \dfrac{1}{9}$的最大正整数$n$的值为_____。

【解析】本题主要涉及以下知识点:一是等比数列$\{b_n\}$的性质,$b_m b_n = b_r b_s \Leftrightarrow m+n = r+s$;二是等比数列通项公式$b_n = b_{n-1} q = b_1 q^{n-1}$的应用;三是二元方程组的求解。

依题意设等比数列$\{b_n\}$的公比为$q$,其中$q > 0$。由等比数列的性质可知$b_3^2 = b_2 b_4 = 4$,又$b_3 > 0$,因此$b_3 = b_1 q^2 = 2$,$b_1 + b_1 q + b_1 q^2 = 14$。

解方程组可得$q = \dfrac{1}{2}$,$b_1 = 8$,所以$b_n = 8 \times \left(\dfrac{1}{2}\right)^{n-1} = 2^{4-n}$,因此$b_n b_{n+1} b_{n+2} = 2^{9-3n}$。

由于$2^{-3} = \dfrac{1}{8} > \dfrac{1}{9}$,因此要使$2^{9-3n} > \dfrac{1}{9}$,只要$9 - 3n \geq -3$,即$n \leq 4$。

故满足$b_n b_{n+1} b_{n+2} > \dfrac{1}{9}$的最大正整数$n$的值为4。

**例3** 等比数列$\{b_n\}$的首项为$b_1 = 1$,前$n$项和为$S_n$,若$\dfrac{S_{10}}{S_5} = \dfrac{31}{32}$,则公比$q = $_____。

【解析】本题主要涉及以下知识点:一是比例的性质;二是等比数列$\{b_n\}$的通项$b_n$与公比$q$的关系;三是等比数列求和公式$S_n = \dfrac{b_1(1-q^n)}{1-q}$的应用。

因为$\dfrac{S_{10}}{S_5} = \dfrac{31}{32}$,由比例的性质可知$\dfrac{S_{10} - S_5}{S_5} = \dfrac{31-32}{32} = -\dfrac{1}{32}$　　①

由$S_n = \dfrac{b_1(1-q^n)}{1-q}$可知$\dfrac{S_{10} - S_5}{S_5} = q^5$　　②

联立①、②可得$q^5 = \left(-\dfrac{1}{2}\right)^5$,所以$q = -\dfrac{1}{2}$。

**例 4** 设等比数列 $\{a_n\}$ 的公比 $q = \dfrac{1}{2}$,前 $n$ 项和为 $S_n$,则 $\dfrac{S_4}{a_4} = $ _____。

【解析】本题主要考查等比数列的通项公式 $a_n = a_1 q^{n-1}$ 和前 $n$ 项和公式 $S_n = \dfrac{a_1(1-q^n)}{1-q}$ 及它们之间的联系。因为 $S_4 = \dfrac{a_1(1-q^4)}{1-q}, a_4 = a_1 q^3$,所以 $\dfrac{S_4}{a_4} = \dfrac{1-q^4}{q^3(1-q)} = 15$。

**例 5** 已知等差数列 $\{a_n\}$ 的前 $n$ 项之和记为 $S_n, S_{10} = 10, S_{30} = 70$,则 $S_{40} = $ _____。

【解析】本题主要考查等差数列的通项公式 $a_n = a_1 + (n-1)d$ 以及等差数列求和公式 $S_n = na_1 + \dfrac{n(n-1)}{2}d$ 的应用。

由题意得 $\begin{cases} 10a_1 + \dfrac{10 \times 9}{2}d = 10 \\ 30a_1 + \dfrac{30 \times 29}{2}d = 70 \end{cases}$,解方程组得 $a_1 = \dfrac{2}{2}, d = \dfrac{2}{15}$。

代入求和公式 $S_n = na_1 + \dfrac{n(n-1)}{2}d$ 得

$$S_{40} = 40a_1 + \dfrac{40 \times 39}{2}40d = 120$$

**例 6** 设等比数列 $\{a_n\}$ 的公比 $q > 0$,已知 $a_2 = 1, a_{n+2} + a_{n+1} = 6a_n$,则 $\{a_n\}$ 的前 4 项和 $S_4 = $ _____。

【解析】本题主要涉及以下知识点:一是等比数列的通项公式 $a_n = a_1 q^{n-1}$;二是等比数列的前 $n$ 项和公式 $S_n = \dfrac{a_1(1-q^n)}{1-q}$;三是一元二次方程的求解。

由 $a_n = a_1 q^{n-1}$ 及题目条件 $a_2 = 1, a_{n+2} + a_{n+1} = 6a_n$ 得 $q^{n+1} + q^n = 6q^{n-1}$,即 $q^2 + q - 6 = 0, q > 0$,解一元二次方程得 $q = 2$。又因为 $a_2 = 1$,所以 $a_1 = \dfrac{1}{2}$,故

$$S_4 = \dfrac{\dfrac{1}{2}(1-2^4)}{1-2} = \dfrac{15}{2}$$

### 三、计算题

**例 1** 已知等差数列 $\{a_n\}$ 的前 $n$ 项和为 $S_n$,等比数列 $\{b_n\}$ 的前 $n$ 项和为 $T_n, a_1 = -1, b_1 = 1, a_2 + b_2 = 2$。

(1)若 $a_3 + b_3 = 5$,求 $\{b_n\}$ 的通项公式;

(2)若 $T_3 = 21$,求 $S_3$。

【解析】本题考查等差数列和等比数列的一般项的性质与求解。设等差数列 $\{a_n\}$ 的公差和等比数列 $\{b_n\}$ 的公比分别是 $d$ 和 $q$,则 $a_n = a_1 + (n-1)d, b_n = b_1 q^{n-1}$。要确定一般项,关键是确定等差数列的公差 $d$ 和等比数列的公比 $q$,主要方法是利用已知条件建立方程并求解。

设 $\{a_n\}$ 的公差为 $d, \{b_n\}$ 的公比为 $q$,则由 $a_1 = -1, b_1 = 1$,可得 $a_n = -1 + (n-1)d, b_n = q^{n-1}$。再由 $a_2 + b_2 = 2$ 得 $d + q = 3$ ①

(1)由 $a_3 + b_3 = 5$ 得 $2d + q^2 = 6$ ②

联立①和②解得 $\begin{cases} d=3 \\ q=0 \end{cases}$（舍去），$\begin{cases} d=1 \\ q=2 \end{cases}$。

因此 $\{b_n\}$ 的通项公式 $b_n = 2^{n-1}$。

(2) 由 $b_1 = 1, T_3 = 21$ 得 $q^2 + q - 20 = 0$，解得 $q = -5, q = 4$。

当 $q = -5$ 时，由(1)得 $d = 8$，则 $S_3 = 21$；

当 $q = 4$ 时，由(1)得 $d = -1$，则 $S_3 = -6$。

**例2** 已知 $\{a_n\}$ 是各项均为正数的等比数列，$a_1 = 2, a_3 = 2a_2 + 16$。

(1) 求 $\{a_n\}$ 的通项公式；

(2) 设 $b_n = \log_2 a_n$，求数列 $\{b_n\}$ 的前 $n$ 项和。

【解析】本题主要涉及以下知识点：一是等比数列的通项公式 $a_n = a_1 q^{n-1}$ 的确定，关键是确定公比 $q$；二是一元二次方程求解；三是对数函数的性质；四是等差数列 $\{b_n\}$ 的求和公式 $S_n = \dfrac{n(b_1 + b_n)}{2}$。

(1) 设 $\{a_n\}$ 的公比为 $q$，由题设得 $2q^2 = 4q + 16$，即 $q^2 - 2q - 8 = 0$，解一元二次方程可得 $q = -2$（舍去）或 $q = 4$。因此 $\{a_n\}$ 的通项公式为 $a_n = 2 \times 4^{n-1} = 2^{2n-1}$。

(2) 由(1)得 $b_n = (2n-1)\log_2 2 = 2n - 1$，因此数列 $\{b_n\}$ 的前 $n$ 项和为

$$1 + 3 + \cdots + 2n - 1 = \frac{n(1 + 2n - 1)}{2} = n^2$$

**例3** 记 $S_n$ 为等差数列 $\{a_n\}$ 的前 $n$ 项和，已知 $S_9 = -a_5$。

(1) 若 $a_3 = 4$，求 $\{a_n\}$ 的通项公式；

(2) 若 $a_1 > 0$，求使得 $S_n \geq a_n$ 的 $n$ 的取值范围。

【解析】本题主要涉及以下知识点：一是等差数列的通项公式 $a_n = a_1 + (n-1)d$ 的确定，关键是通过建立方程确定公差 $d$；二是等差数列的前 $n$ 项和公式 $S_n = \dfrac{n(a_1 + a_n)}{2} = na_1 + \dfrac{n(n-1)}{2}d = na_n - \dfrac{n(n-1)}{2}d$ 的应用；三是一元二次不等式的求解。

(1) 设 $\{a_n\}$ 的公差为 $d$，由 $S_9 = -a_5$ 得 $9a_1 + \dfrac{9(9-1)}{2}d = -(a_1 + 4d)$，即 $a_1 + 4d = 0$。由 $a_3 = 4$ 得 $a_1 + 2d = 4$，于是 $a_1 = 8, d = -2$。因此 $\{a_n\}$ 的通项公式为 $a_n = 10 - 2n$。

(2) 由(1)得 $a_1 = -4d$，故 $a_n = (n-5)d, S_n = \dfrac{n(n-9)d}{2}$。

由 $a_1 > 0$ 知 $d < 0$，故 $S_n \geq a_n$ 等价于 $n^2 - 11n + 10 \leq 0$，解得 $1 \leq n \leq 10$。

所以 $n$ 的取值范围是 $\{n \mid 1 \leq n \leq 10, n \in \mathbf{N}\}$。

**例4** 设 $\{a_n\}$ 是等差数列，$\{b_n\}$ 是等比数列，公比大于 0。已知 $a_1 = b_1 = 3, b_2 = a_3, b_3 = 4a_2 + 3$。

(1) 求 $\{a_n\}$ 和 $\{b_n\}$ 的通项公式；

(2) 设数列 $\{c_n\}$ 满足 $c_n = \begin{cases} 1 & (n \text{ 为奇数}) \\ b_{\frac{n}{2}} & (n \text{ 为偶数}) \end{cases}$，求 $a_1 c_1 + a_2 c_2 + \cdots + a_{2n} c_{2n}(n \in \mathbf{N}^*)$。

【解析】本题主要考查等差数列、等比数列的通项公式及其前 $n$ 项求和公式等基础知识，考查数列求和的基本方法和运算求解能力。

（1）设等差数列$\{a_n\}$的公差为$d$，等比数列$\{b_n\}$的公比为$q$。依题意，得
$$\begin{cases} 3q = 3+2d \\ 3q^2 = 15+4d \end{cases}$$
解得$\begin{cases} d=3 \\ q=3 \end{cases}$。

故$a_n = 3+3(n-1) = 3n$，$b_n = 3 \times 3^{n-1} = 3^n$。

所以，$\{a_n\}$的通项公式为$a_n = 3n$，$\{b_n\}$的通项公式为$b_n = 3^n$。

（2）因为$c_n = \begin{cases} 1 & (n\text{为奇数}) \\ b_{\frac{n}{2}} & (n\text{为偶数}) \end{cases}$，所以由（1）可得

$a_1 c_1 + a_2 c_2 + \cdots + a_{2n} c_{2n}$
$= (a_1 + a_3 + \cdots + a_{2n-1}) + (a_2 b_1 + a_4 b_2 + \cdots + a_{2n} b_n)$
$= \left[n \times 3 + \dfrac{n(n-1)}{2} \times 6\right] + (6 \times 3^1 + 12 \times 3^2 + \cdots + 6n \times 3^n)$
$= 3n^2 + 6(1 \times 3^1 + 2 \times 3^2 + \cdots + n \times 3^n)$

记 $\qquad T_n = 1 \times 3^1 + 2 \times 3^2 + \cdots + n \times 3^n \qquad$ ①

则 $\qquad 3T_n = 1 \times 3^2 + 2 \times 3^3 + \cdots + n \times 3^{n+1} \qquad$ ②

②-①得
$$2T_n = -3 - 3^2 - \cdots - 3^n + n \times 3^{n+1}$$
$$= -\dfrac{3(1-3^n)}{1-3} + n \times 3^{n+1} = \dfrac{(2n-1)3^{n+1}+3}{2}$$

所以 $a_1 c_1 + a_2 c_2 + \cdots + a_{2n} c_{2n}$
$= 3n^2 + 6T_n$
$= 3n^2 + 3 \times \dfrac{(2n-1)3^{n+1}+3}{2}$
$= \dfrac{(2n-1)3^{n+2}+6n^2+9}{2} \quad (n \in \mathbf{N}^*)$

**例5** 设$\{a_n\}$是等差数列，$a_1 = -10$，且$a_2+10, a_3+8, a_4+6$成等比数列。

（1）求$\{a_n\}$的通项公式；

（2）记$\{a_n\}$的前$n$项和为$S_n$，求$S_n$的最小值。

【解析】本题主要涉及以下知识点：一是等差数列的通项公式$a_n = a_1 + (n-1)d$的确定，关键是通过建立方程确定公差$d$；二是等比数列的性质；三是一元二次不等式的求解；四是等差数列的前$n$项和的大小与一般项的关系。

（1）设$\{a_n\}$的公差为$d$。因为$a_1 = -10$，所以
$$a_2 = -10+d, \quad a_3 = -10+2d, \quad a_4 = -10+3d$$
又因为$a_2+10, a_3+8, a_4+6$成等比数列，所以
$$(a_3+8)^2 = (a_2+10)(a_4+6)$$
所以$(-2+2d)^2 = d(-4+3d)$，解得$d=2$，所以$a_n = a_1+(n-1)d = 2n-12$。

（2）由（1）知，$a_n = 2n-12$，所以，当$n \geq 7$时$a_n > 0$，当$n \leq 6$时$a_n \leq 0$。

所以$S_n$的最小值为$S_6 = -30$。

**例 6** 设 $\{a_n\}$ 是等差数列，其前 $n$ 项和为 $S_n (n \in \mathbf{N}^*)$；$\{b_n\}$ 是等比数列，公比大于 0，其前 $n$ 项和为 $T_n (n \in \mathbf{N}^*)$。已知 $b_1 = 1, b_3 = b_2 + 2, b_4 = a_3 + a_5, b_5 = a_4 + 2a_6$。

(1) 求 $S_n$ 和 $T_n$；

(2) 若 $S_n + (T_1 + T_2 + \cdots + T_n) = a_n + 4b_n$，求正整数 $n$ 的值。

【解析】本题主要考查等差数列、等比数列的通项公式及前 $n$ 项和公式等基础知识。考查数列求和的基本方法和运算求解能力。

(1) 设等比数列 $\{b_n\}$ 的公比为 $q$，由 $b_1 = 1, b_3 = b_2 + 2$，可得 $q^2 - q - 2 = 0$。因为 $q > 0$，可得 $q = 2$，故 $b_n = 2^{n-1}$，所以 $T_n = \dfrac{1 - 2^n}{1 - 2} = 2^n - 1$。

设等差数列 $\{a_n\}$ 的公差为 $d$，由 $b_4 = a_3 + a_5$，可得 $a_1 + 3d = 4$。由 $b_5 = a_4 + 2a_6$，可得 $3a_1 + 13d = 16$，从而 $a_1 = 1, d = 1$，故 $a_n = n$，所以 $S_n = \dfrac{n(n+1)}{2}$。

(2) 由(1)知

$$T_1 + T_2 + \cdots + T_n = (2^1 + 2^2 + \cdots + 2^n) - n = 2^{n+1} - n - 2$$

由 $S_n + (T_1 + T_2 + \cdots + T_n) = a_n + 4b_n$ 可得

$$\dfrac{n(n+1)}{2} + 2^{n+1} - n - 2 = n + 2^{n+1}$$

整理得 $n^2 - 3n - 4 = 0$，解得 $n = -1$（舍）或 $n = 4$，所以 $n$ 的值为 4。

**例 7** 已知数列 $\{a_n\}$ 满足 $a_1 = 1, na_{n+1} = 2(n+1)a_n$，设 $b_n = \dfrac{a_n}{n}$。

(1) 求 $b_1, b_2, b_3$；

(2) 判断数列 $\{b_n\}$ 是否为等比数列，并说明理由；

(3) 求 $\{a_n\}$ 的通项公式。

【解析】本题主要涉及以下知识点：一是数列通项的确定；二是等比数列的判定方法。

(1) 由条件可得 $a_{n+1} = \dfrac{2(n+1)}{n} a_n$，将 $n = 1$ 代入得 $a_2 = 4a_1$，而 $a_1 = 1$，所以 $a_2 = 4$。

将 $n = 2$ 代入得 $a_3 = 3a_2$，所以 $a_3 = 12$，从而 $b_1 = 1, b_2 = 2, b_3 = 4$。

(2) 由条件可得 $\dfrac{a_{n+1}}{n+1} = \dfrac{2a_n}{n}$，即 $b_{n+1} = 2b_n$。又因为 $b_1 = 1$，所以 $\{b_n\}$ 是首项为 1，公比为 2 的等比数列。

(3) 由(2)可得 $\dfrac{a_n}{n} = 2^{n-1}$，所以 $a_n = n \cdot 2^{n-1}$。

**例 8** 对于无穷数列 $\{a_n\}$ 与 $\{b_n\}$，记 $A = \{x \mid x = a_n, n \in \mathbf{N}^*\}, B = \{x \mid x = b_n, n \in \mathbf{N}^*\}$，若同时满足 $\{a_n\}$ 和 $\{b_n\}$ 均单调递增与 $A \cap B = \varnothing$ 且 $A \cup B = \mathbf{N}^*$ 两个条件，则称 $\{a_n\}$ 与 $\{b_n\}$ 是无穷互补数列。

(1) 若 $a_n = 2n - 1, b_n = 4n - 2$，判断 $\{a_n\}$ 与 $\{b_n\}$ 是否为无穷互补数列，并说明理由；

(2) 若 $a_n = 2^n$，且 $\{a_n\}$ 与 $\{b_n\}$ 是无穷互补数列，求数列 $\{b_n\}$ 的前 16 项的和；

(3) 若 $\{a_n\}$ 与 $\{b_n\}$ 是无穷互补数列，$\{a_n\}$ 为等差数列且 $a_{16} = 36$，求 $\{a_n\}$ 与 $\{b_n\}$ 的通项公式。

【解析】本题涉及以下知识点：一是新定义数列的性质及判别；二是单调递增数列的定义及

判别;三是等差数列的通项公式 $a_n = a_1 + (n-1)d$。

(1) 虽然 $A \cap B = \varnothing$,但 $A \cup B \neq \mathbf{N}^*$,比如 $4 \notin A$,且 $4 \notin B$,即 $4 \notin A \cup B$,从而 $\{a_n\}$ 与 $\{b_n\}$ 不是无穷互补数列。

(2) 因为 $a_4 = 16$,所以 $b_{16} = 16 + 4 = 20$,故数列 $\{b_n\}$ 的前 16 项的和为

$$(1 + 2 + \cdots + 20) - (2 + 2^2 + 2^3 + 2^4) = \frac{1+20}{2} \times 20 - (2^5 - 2) = 180$$

(3) 设 $\{a_n\}$ 的公差为 $d(d \in \mathbf{N}^*)$,则 $a_{16} = a_1 + 15d = 36$。由 $a_1 = 36 - 15d \geq 1$ 得 $d = 1$ 或 $d = 2$。
若 $d = 1$,则 $a_1 = 21$,$a_n = n + 20$,与"$\{a_n\}$ 与 $\{b_n\}$ 是无穷互补数列"矛盾。
若 $d = 2$,则 $a_1 = 6$,$a_n = 2n + 4$,$b_n = \begin{cases} n(n \leq 5), \\ 2n - 5(n > 5) \end{cases}$。

综上,$a_n = 2n + 4$,$b_n = \begin{cases} n(n \leq 5) \\ 2n - 5(n > 5) \end{cases}$。

**例9** 设等差数列 $\{a_n\}$ 的公差为 $d$,点 $(a_n, b_n)$ 在函数 $f(x) = 2^x$ 的图像上 $(n \in \mathbf{N}^*)$。

(1) 若 $a_1 = -2$,点 $(a_8, 4b_7)$ 在函数 $f(x)$ 的图像上,求数列 $\{a_n\}$ 的前 $n$ 项和 $S_n$;

(2) 若 $a_1 = 1$,函数 $f(x)$ 的图像在点 $(a_2, b_2)$ 处的切线在 $x$ 轴上的截距为 $2 - \frac{1}{\ln 2}$,求数列 $\left\{\frac{a_n}{b_n}\right\}$ 的前 $n$ 项和 $T_n$。

【解析】本题涉及以下知识点:一是等差数列的通项公式 $a_n$ 与首项 $a_1$ 和公差 $d$ 的关系 $a_n = a_1 + (n-1)d$;二是等差数列的求和公式 $S_n = na_1 + \frac{n(n-1)}{2}d$;三是指数函数 $2^x$ 的性质及应用;四是切线方程的确定,关键是确定切线的斜率 $k = f'(x_0)$;五是错项相减法求数列的前 $n$ 项和。

(1) 因为点 $(a_n, b_n)$ 在函数 $f(x) = 2^x$ 的图像上,所以 $b_n = 2^{a_n}$。又设等差数列 $\{a_n\}$ 的公差为 $d$,所以 $\frac{b_{n+1}}{b_n} = \frac{2^{a_{n+1}}}{2^{a_n}} = 2^{a_{n+1} - a_n} = 2^d$。因为点 $(a_8, 4b_7)$ 在函数 $f(x)$ 的图像上,所以 $4b_7 = 2^{a_8} = b_8$,所以 $2^d = \frac{b_8}{b_7} = 4 \Rightarrow d = 2$。又 $a_1 = -2$,所以数列 $\{a_n\}$ 的前 $n$ 项和为

$$S_n = na_1 + \frac{n(n-1)}{2}d = -2n + n^2 - n = n^2 - 3n$$

(2) 由 $f(x) = 2^x \Rightarrow f'(x) = 2^x \ln 2$,所以函数 $f(x)$ 的图像在点 $(a_2, b_2)$ 处的切线方程为 $y - b_2 = (2^{a_2} \ln 2)(x - a_2)$,其中 $b_2 = 2^{a_2}$。

故切线在 $x$ 轴上的截距为 $a_2 - \frac{1}{\ln 2}$,从而 $a_2 - \frac{1}{\ln 2} = 2 - \frac{1}{\ln 2}$,故 $a_2 = 2$。

从而 $a_n = n$,$b_n = 2^n$,$\frac{a_n}{b_n} = \frac{n}{2^n}$。

$$T_n = \frac{1}{2} + \frac{2}{2^2} + \cdots + \frac{n}{2^n}$$

上式的两边同乘以 $\frac{1}{2}$ 可得

$$\frac{1}{2}T_n = \frac{1}{2^2} + \frac{2}{2^3} + \cdots + \frac{n}{2^{n+1}}$$

两式错项相减可得

$$\frac{1}{2}T_n = \frac{1}{2} + \frac{1}{2^2} + \cdots + \frac{1}{2^n} - \frac{n}{2^{n+1}} = 1 - \frac{1}{2^n} - \frac{n}{2^{n+1}} = 1 - \frac{n+2}{2^{n+1}}$$

故
$$T_n = 2 - \frac{n+2}{2^n}$$

**例 10** 在等差数列 $\{a_n\}$ 中,$a_3 + a_4 = 4, a_5 + a_7 = 6$。

(1) 求 $\{a_n\}$ 的通项公式;

(2) 设 $b_n = [a_n]$,求数列 $\{b_n\}$ 的前 10 项和,其中 $[x]$ 表示不超过 $x$ 的最大整数,如 $[0.9] = 0, [2.6] = 2$。

**【解析】** 本题涉及以下知识点:一是等差数列的通项公式通项 $a_n$ 与首项 $a_1$ 和公差 $d$ 的关系 $a_n = a_1 + (n-1)d$;二是消元法求解二元一次方程组;三是取整函数的定义及运算;四是分组求和法求数列的前 $n$ 项和。

(1) 设等差数列 $\{a_n\}$ 的公差为 $d$,由 $a_n = a_1 + (n-1)d$ 及 $a_3 + a_4 = 4, a_5 + a_7 = 6$ 可得

$$a_3 + a_4 = a_1 + 2d + a_1 + 3d = 2a_1 + 5d = 4$$
$$a_5 + a_7 = a_1 + 4d + a_1 + 6d = 2a_1 + 10d = 6$$

联立可得方程组

$$\begin{cases} 2a_1 + 5d = 4 \\ 2a_1 + 10d = 6 \end{cases}$$

消元法解方程组可得 $a_1 = 1, d = \frac{2}{5}$。所以等差数列 $\{a_n\}$ 的通项公式为

$$a_n = a_1 + (n-1)d \Rightarrow a_n = 1 + \frac{2(n-1)}{5} = \frac{2n+3}{5}$$

(2) 由于 $b_n = [a_n]$,即 $b_n$ 表示不超过 $a_n$ 的最大整数,分情况讨论:

因为 $a_1 = 1, a_2 = \frac{7}{5}, a_3 = \frac{9}{5}$,所以 $b_1 = b_2 = b_3 = 1$;

因为 $a_4 = \frac{11}{5}, a_5 = \frac{13}{5}$,所以 $b_4 = b_5 = 2$;

因为 $a_6 = 3, a_7 = \frac{17}{5}, a_8 = \frac{19}{5}$,所以 $b_6 = b_7 = b_8 = 3$;

因为 $a_9 = \frac{21}{5}, a_{10} = \frac{23}{5}$,所以 $b_9 = b_{10} = 4$。

由分组求和法可知数列 $\{b_n\}$ 的前 10 项和为

$$S_{10} = 1 \times 3 + 2 \times 2 + 3 \times 3 + 4 \times 2 = 24$$

**例 11** 设数列 $\{a_n\}$ 的前 $n$ 项和为 $S_n$,满足 $S_n = 2na_{n+1} - 3n^2 - 4n (n \in \mathbf{N}^*)$,且 $S_3 = 15$。

(1) 求 $a_1, a_2, a_3$ 的值;

(2) 求数列 $\{a_n\}$ 的通项公式。

**【解析】** 本题涉及以下知识点:一是数列基本量的确定;二是消元法求解二元一次方程;三是数学归纳法的一般步骤及应用。

(1) 由 $S_n = 2na_{n+1} - 3n^2 - 4n(n \in \mathbf{N}^*)$ 可得
$$a_1 = S_1 = 2a_2 - 3 - 4 = 2a_2 - 7$$
$$a_1 + a_2 = S_2 = 4a_3 - 3 \times 2^2 - 4 \times 2 = 4(S_3 - a_1 - a_2) - 20$$
解得 $a_1 = 3, a_2 = 5$,所以 $a_3 = S_3 - a_1 - a_2 = 15 - 8 = 7$。

(2) 由 $S_n = 2na_{n+1} - 3n^2 - 4n(n \in \mathbf{N}^*)$ 可得,当 $n \geq 2$ 时,有
$$S_{n-1} = 2(n-1)a_n - 3(n-1)^2 - 4(n-1)$$
所以 $a_{n+1} = \dfrac{2n-1}{2n}a_n + \dfrac{6n+1}{2n}$。

由 (1) 猜想 $a_n = 2n + 1$,以下用数学归纳法证明此猜想:

① 由 (1) 知当 $n = 1$ 时,$a_1 = 2 \times 1 + 1 = 3$,猜想成立;

② 假设当 $n = k$ 时猜想成立,即 $a_k = 2k + 1$,则当 $n = k + 1$ 时,有
$$a_{k+1} = \dfrac{2k-1}{2k}a_k + \dfrac{6k+1}{2k} = \dfrac{2k-1}{2k}(2k+1) + \dfrac{6k+1}{2k}$$
$$= \dfrac{4k^2-1}{2k} + 3 + \dfrac{1}{2k} = 2k + 3 = 2(k+1) + 1$$

即当 $n = k + 1$ 时猜想也成立,所以对一切 $n \in \mathbf{N}^*$,有 $a_n = 2n + 1$。

## 强化训练

一、选择题

1. 记 $S_n$ 为等差数列 $\{a_n\}$ 的前 $n$ 项和,已知 $S_4 = 0, a_5 = 5$,则( )。
   A. $a_n = 2n - 5$
   B. $a_n = 3n - 10$
   C. $S_n = 2n^2 - 8n$
   D. $S_n = \dfrac{1}{2}n^2 - 2n$

2. 已知各项均为正数的等比数列 $\{a_n\}$ 的前 4 项和为 15,且 $a_5 = 3a_3 + 4a_1$,则 $a_3 = $( )。
   A. 16       B. 8       C. 4       D. 2

3. 设 $\{a_n\}$ 是等比数列,且 $a_1 + a_2 + a_3 = 1, a_2 + a_3 + a_4 = 2$,则 $a_6 + a_7 + a_8 = $( )。
   A. 12       B. 24       C. 30       D. 32

4. 数列 $\{a_n\}$ 中,$a_1 = 2, a_{m+n} = a_m a_n$,若 $a_{k+1} + a_{k+2} + \cdots + a_{k+10} = 2^{15} - 2^5$,则 $k = $( )。
   A. 2       B. 3       C. 4       D. 5

5. 0 - 1 周期序列在通信技术中有着重要应用,序列 $a_1 a_2 \cdots a_n \cdots$ 满足 $a_i \in \{0, 1\}(i = 1, 2, \cdots)$,且存在正整数 $m$,使得 $a_{i+m} = a_i(i = 1, 2, \cdots)$ 成立,则称其为 0 - 1 周期数列,并称满足 $a_{i+m} = a_i(i = 1, 2, \cdots)$ 的最小正周期数 $m$ 为这个序列的周期,对于周期为 $m$ 的 0 - 1 序列 $a_1 a_2 \cdots a_n \cdots$,$C(k) = \dfrac{1}{m}\sum\limits_{i=1}^{m} a_i a_{i+k}(k = 1, 2, \cdots, m-1)$ 是描述其性质的重要指标。下列周期为 5 的 0 - 1 序列中,满足 $C(k) \leq \dfrac{1}{5}(k = 1, 2, 3, 4)$ 的序列是( )。
   A. $11010\cdots$       B. $11011\cdots$       C. $10001\cdots$       D. $11001\cdots$

6. 记 $S_n$ 为等比数列 $\{a_n\}$ 的前 $n$ 项和,若 $a_5 - a_3 = 12, a_6 - a_4 = 24$,则 $\dfrac{S_n}{a_n} = $( )。

A. $2^n - 1$    B. $2 - 2^{1-n}$    C. $2 - 2^{n-1}$    D. $2^{1-n} - 1$

7. 已知数列 $\{a_n\}$ 满足 $a_1 = \dfrac{2}{3}$，且对任意的正整数 $m,n$，都有 $a_{m+n} = a_m \cdot a_n$，若数列 $\{a_n\}$ 的前 $n$ 项和为 $S_n$，则 $S_n = ($ ____ $)$。

A. $2 - \left(\dfrac{2}{3}\right)^{n-1}$    B. $2 - \left(\dfrac{2}{3}\right)^n$    C. $2 - \dfrac{2^n}{3^{n+1}}$    D. $2 - \dfrac{2^{n+1}}{3^n}$

8. 在数列 $\{a_n\}$ 中，$a_1 = 1, a_{n+1} = 3a_n + 2$，则 $\{a_n\}$ 通项公式 $a_n = ($ ____ $)$。

A. $3^n$    B. $3 \times 3^{n-1} - 2$    C. $2 \times 3^n - 1$    D. $2 \times 3^{n-1} - 1$

二、填空题

1. 记 $S_n$ 为等比数列 $\{a_n\}$ 的前 $n$ 项和，若 $a_1 = \dfrac{1}{3}, a_4^2 = a_6$，则 $S_5 = $ _____。

2. 记 $S_n$ 为等差数列 $\{a_n\}$ 的前 $n$ 项和，若 $a_1 \neq 0, a_2 = 3a_1$，则 $\dfrac{S_{10}}{S_5} = $ _____。

3. 记 $S_n$ 为等比数列 $\{a_n\}$ 的前 $n$ 项和，若 $a_1 = 1, S_3 = \dfrac{3}{4}$，则 $S_4 = $ _____。

4. 记 $S_n$ 为等差数列 $\{a_n\}$ 的前 $n$ 项和，若 $a_3 = 5, a_7 = 13$，则 $S_{10} = $ _____。

5. 数列 $\{a_n\}$ 满足 $a_{n+2} + (-1)^n a_n = 3n - 1$，前 16 项和为 540，则 $a_1 = $ _____。

6. 记 $S_n$ 为等差数列 $\{a_n\}$ 的前 $n$ 项和，若 $a_1 = -2, a_2 + a_6 = 2$，则 $S_{10} = $ _____。

7. 若等差数列 $\{a_n\}$ 满足 $a_7 + a_8 + a_9 > 0, a_7 + a_{10} < 0$，则当 $n = $ _____ 时 $\{a_n\}$ 的前 $n$ 项和最大。

8. 若等比数列 $\{a_n\}$ 的各项均为正数，且 $a_{10}a_{11} + a_9a_{12} = 2e^5$，则 $\ln a_1 + \ln a_2 + \cdots + \ln a_{20}$ = _____。

三、解答题

1. 已知数列 $\{a_n\}$ 和 $\{b_n\}$ 满足 $a_1 = 1, b_1 = 0, 4a_{n+1} = 3a_n - b_n + 4, 4b_{n+1} = 3b_n - a_n - 4$。

(1) 证明：$\{a_n + b_n\}$ 是等比数列，$\{a_n - b_n\}$ 是等差数列。

(2) 求 $\{a_n\}$ 和 $\{b_n\}$ 的通项公式。

2. 记 $S_n$ 为等差数列 $\{a_n\}$ 的前 $n$ 项和，已知 $S_9 = -a_5$。

(1) 若 $a_3 = 4$，求 $\{a_n\}$ 的通项公式；

(2) 若 $a_1 > 1$，求使得 $S_n \geq a_n$ 的 $n$ 的取值范围。

3. 已知 $\{a_n\}$ 是各项均为正数的等比数列，$a_1 = 2, a_3 = 2a_2 + 16$。

(1) 求 $\{a_n\}$ 的通项公式；

(2) 设 $b_n = \log_2 a_n$，求数列 $\{b_n\}$ 的前 $n$ 项和。

4. 设 $\{a_n\}$ 是公比不为 1 的等比数列，$a_1$ 为 $a_2$ 和 $a_3$ 的等差中项。

(1) 求 $\{a_n\}$ 的公比；

(2) 若 $a_1 = 1$，求数列 $\{na_n\}$ 的前 $n$ 项和。

5. 设数列 $\{a_n\}$ 满足 $a_1 = 3, a_{n+1} = 3a_n - 4n$。

(1) 计算 $a_2, a_3$，猜想 $\{a_n\}$ 的通项公式并加以证明；

(2) 求数列 $\{2^n a_n\}$ 的前 $n$ 项和 $S_n$。

6. 设等比数列 $\{a_n\}$ 满足 $a_1 + a_2 = 4, a_3 - a_1 = 8$。

(1) 求 $\{a_n\}$ 的通项公式；

(2) 记 $S_n$ 为数列 $\{\log_3 a_n\}$ 的前 $n$ 项和,若 $S_m + S_{m+1} = S_{m+3}$,求 $m$。

7. 已知等差数列 $\{a_n\}$ 和等比数列 $\{b_n\}$ 满足 $a_1 = b_1 = 1, a_2 + a_4 = 10, b_2 b_4 = a_5$。

(1) 求 $\{a_n\}$ 的通项公式;

(2) 求和 $b_1 + b_3 + b_5 + \cdots + b_{2n-1}$。

8. 已知 $\{a_n\}$ 是各项均为正数的等比数列,$\{b_n\}$ 是等差数列,且 $a_1 = b_1 = 1, b_2 + b_3 = 2a_3$,$a_5 - 3b_2 = 7$。

(1) 求 $\{a_n\}$ 和 $\{b_n\}$ 的通项公式;

(2) 设 $c_n = a_n b_n (n \in \mathbf{N}^*)$,求数列 $\{c_n\}$ 的前 $n$ 项和。

9. 设数列 $\{a_n\} (n = 1,2,3,\cdots)$ 的前 $n$ 项和 $S_n$ 满足 $S_n = 2a_n - a_3$,且 $a_1, a_2 + 1, a_3$ 成等差数列。

(1) 求数列 $\{a_n\}$ 的通项公式;

(2) 设数列 $\left\{\dfrac{1}{a_n}\right\}$ 的前 $n$ 项和为 $T_n$,求 $T_n$。

## 【强化训练解析】

### 一、选择题

1. A。由等差数列性质可得 $\begin{cases} S_4 = 4a_1 + 6d = 0 \\ a_5 = a_1 + 4d = 5 \end{cases}$,解得 $\begin{cases} d = 2 \\ a_1 = -3 \end{cases}$,故 $\begin{cases} S_n = n^2 - 4n \\ a_n = 2n - 5 \end{cases}$。

2. C。由 $a_5 = 3a_3 + 4a_1$,得 $a_1 q^4 = 3a_1 q^2 + 4a_1$,即 $q^4 = 3q^2 + 4, q^4 + q^2 = 4q^2 + 4$,得 $q^2 = 4$,由数列各项均为正数得 $q = 2$。

而 $a_1 + a_2 + a_3 + a_4 = a_1(1 + q + q^2 + q^3) = a_1(1 + 2 + 4 + 8) = 15$ 得 $a_1 = 1, a_3 = a_1 q^2 = 4$。

3. D。设等比数列 $\{a_n\}$ 的公比为 $q, a_1 + a_2 + a_3 = 1, a_2 + a_3 + a_4 = 2$,所以 $q(a_1 + a_2 + a_3) = 2$,因此 $q = 2$,所以 $a_6 + a_7 + a_8 = q^5(a_1 + a_2 + a_3) = 2^5 = 32$。

4. C。取 $m = 1$,则 $a_{n+1} = a_1 a_n$。又因为 $a_1 = 2$,所以 $\dfrac{a_{n+1}}{a_n} = 2$。因此 $\{a_n\}$ 是等比数列,则 $a_n = 2^n$,所以 $a_{k+1} + a_{k+2} + \cdots + a_{k+10} = \dfrac{2^{k+1}(1 - 2^{10})}{1 - 2} = 2^{k+11} - 2^{k+1} = 2^{15} - 2^5$,得 $k = 4$。

5. C。对于 A 选项:

$C(1) = \dfrac{1}{5} \sum_{i=1}^{5} a_i a_{i+1} = \dfrac{1}{5}(1 + 0 + 0 + 0 + 0) = \dfrac{1}{5}$;

$C(2) = \dfrac{1}{5} \sum_{i=1}^{5} a_i a_{i+2} = \dfrac{1}{5}(0 + 1 + 0 + 1 + 0) = \dfrac{2}{5} > \dfrac{1}{5}$,不满足,排除。

对于 B 选项:

$C(1) = \dfrac{1}{5} \sum_{i=1}^{5} a_i a_{i+1} = \dfrac{1}{5}(1 + 0 + 0 + 1 + 1) = \dfrac{3}{5} > \dfrac{1}{5}$,不满足,排除。

对于 C 选项:

$C(1) = \dfrac{1}{5} \sum_{i=1}^{5} a_i a_{i+1} = \dfrac{1}{5}(0 + 0 + 0 + 0 + 1) = \dfrac{1}{5}$;

$C(2) = \dfrac{1}{5} \sum_{i=1}^{5} a_i a_{i+2} = \dfrac{1}{5}(0 + 0 + 0 + 0 + 0) = 0$;

$C(3) = \frac{1}{5}\sum_{i=1}^{5} a_i a_{i+3} = \frac{1}{5}(0+0+0+0+0) = 0$；

$C(4) = \frac{1}{5}\sum_{i=1}^{5} a_i a_{i+4} = \frac{1}{5}(1+0+0+0+0) = \frac{1}{5}$，满足。

对于 D 选项：

$C(1) = \frac{1}{5}\sum_{i=1}^{5} a_i a_{i+1} = \frac{1}{5}(1+0+0+0+1) = \frac{2}{5} > \frac{1}{5}$，不满足，排除。

6. B。设等比数列 $\{a_n\}$ 的通项公式为 $a_n = a_1 q^{n-1}$，根据 $a_5 - a_3 = 12, a_6 - a_4 = 24$，解得 $a_1 = 1, q = 2$，故 $a_n = 2^{n-1}, S_n = 2^{n-1}$，可得 $\frac{S_n}{a_n} = 2 - 2^{1-n}$。

7. D。本题涉及以下知识点：一是等比数列的定义及判别，$\{a_n\}$ 为等比数列 $\Leftrightarrow \frac{a_{n+1}}{a_n} = $ 常数；二是等比数列的前 $n$ 项和公式 $S_n = \frac{a_1(1-q^n)}{1-q}$。由已知 $a_{m+n} = a_m \cdot a_n$，取 $m = 1$，得 $a_{1+n} = a_1 \cdot a_n$，即 $\frac{a_{n+1}}{a_n} = a_1 = \frac{2}{3}$，可知数列 $\{a_n\}$ 是首项为 $a_1 = \frac{2}{3}$，公比为 $q = \frac{2}{3}$ 的等比数列，于是 $S_n = \frac{\frac{2}{3}\left[1-\left(\frac{2}{3}\right)^n\right]}{1-\frac{2}{3}} = 2\left[1-\left(\frac{2}{3}\right)^n\right] = 2 - \frac{2^{n+1}}{3^n}$。

8. D。本题涉及以下知识点：一是等比数列的定义及判别；二是等比数列的一般项公式 $a_n = a_1 q^{n-1}$ 的确定，关键是确定首项 $a_1$ 和公比 $q$。由 $a_{n+1} = 3a_n + 2$ 可得 $a_{n+1} + 1 = 3(a_n + 1)$，所以数列 $\{a_n + 1\}$ 是一个首项为 2，公比为 3 的等比数列，从而它的通项公式为 $a_n + 1 = 2 \times 3^{n-1}$，即 $a_n = 2 \times 3^{n-1} - 1$。

二、填空题

1. $\frac{121}{3}$。由等比数列的定义及条件 $a_4^2 = a_6$ 可得 $a_1^2 q^6 = a_1 q^5$，解得 $a_1 q = 1$，即 $q = 3$，故 $S_5 = \frac{a_1(1-q^5)}{1-q} = \frac{121}{3}$。

2. 4。注意 $\{a_n\}$ 是等差数列，由 $a_2 = 3a_1$ 得 $d = 2a_1$，所以 $S_{10} = \frac{10(a_1+a_{10})}{2} = \frac{10(2a_1+9d)}{2} = \frac{10 \times 10d}{2}$，$S_5 = \frac{5(a_1+a_5)}{2} = \frac{5(2a_1+4d)}{2} = \frac{5 \times 5d}{2}$，因此 $\frac{S_{10}}{S_5} = 4$。

3. $\frac{5}{8}$。$S_3 = a_1 + a_2 + a_3 = a_1(1+q+q^2) = \frac{3}{4}$，即 $1 + 4q + 4q^2 = 0$，解得 $q = -\frac{1}{2}$，$S_4 = S_3 + a_1 q^3 = \frac{3}{4} - \frac{1}{8} = \frac{5}{8}$。

4. 100。由 $4d = a_7 - a_3 = 13 - 5 = 8$，得 $d = 2$，故 $a_1 = a_3 - 2d = 5 - 4 = 1$，从而 $S_{10} = \frac{10(a_1+a_{10})}{2} = \frac{10(2a_1+9d)}{2} = 100$。

5. 7。当 $n$ 为偶数时有 $a_{n+2} + a_n = 3n - 1$，所以 $(a_2+a_4) + (a_6+a_8) + (a_{10}+a_{12}) + $

$(a_{14}+a_{16})=5+17+29+41=92$。前 16 项之和为 540,所以 $a_1+a_3+a_5+a_7+a_9+a_{11}+a_{13}+a_{15}=448$。

当 $n$ 为奇数时,有 $a_{n+2}-a_n=3n-1$,由累加法得 $a_{n+2}-a_1=3(1+3+5+\cdots+n)-\frac{1+n}{2}=\frac{3}{4}n^2+n+\frac{1}{4}$,所以 $a_{n+2}=\frac{3}{4}n^2+n+\frac{1}{4}+a_1$,故

$$a_1+\left(\frac{3}{4}\times 1^2+1+\frac{1}{4}+a_1\right)+\left(\frac{3}{4}\times 3^2+3+\frac{1}{4}+a_1\right)+\left(\frac{3}{4}\times 5^2+5+\frac{1}{4}+a_1\right)$$
$$+\left(\frac{3}{4}\times 7^2+7+\frac{1}{4}+a_1\right)+\left(\frac{3}{4}\times 9^2+9+\frac{1}{4}+a_1\right)+\left(\frac{3}{4}\times 11^2+11+\frac{1}{4}+a_1\right)$$
$$+\left(\frac{3}{4}\times 13^2+13+\frac{1}{4}+a_1\right)=448,$$

得 $a_1=7$。

6. 25。由 $a_2+a_6=2$,可得 $a_1+d+a_1+5d=2$,因为 $a_1=-2$,可得 $d=1$,由数列的前 $n$ 项和公式得 $S_{10}=-2\times 10+\frac{10(10-1)}{2}\times 1=-20+45=25$。

7. 8。本题涉及等差数列的性质 $a_{n-m}+a_n+a_{n+m}=3a_n$ 以及数列前 $n$ 项和的性质。由题意可得 $a_7+a_8+a_9=3a_8>0$,即 $a_8>0$;又因为 $a_7+a_{10}<0$,所以 $a_8+a_9=a_7+a_{10}<0$,所以 $a_9<0$,所以 $S_8>S_7, S_8>S_9$,故数列 $\{a_n\}$ 的前 8 项和最大。

8. 50。本题涉及以下知识点:一是等比数列的性质 $a_m a_n=a_r a_s \Leftrightarrow m+n=r+s$;二是对数函数的性质 $\ln a+\ln b=\ln(ab)$。由等比数列的性质可知 $a_{10}a_{11}=a_9 a_{12}$,再由 $a_{10}a_{11}+a_9 a_{12}=2\mathrm{e}^5$ 可得 $a_{10}a_{11}=a_9 a_{12}=\mathrm{e}^5$。设 $S=\ln a_1+\ln a_2+\cdots+\ln a_{20}$,则 $S=\ln a_{20}+\ln a_{19}+\cdots+\ln a_1$,所以

$$2S=2\ln a_1 a_{20}+2\ln a_2 a_{19}+\cdots+2\ln a_{10}a_{11}$$
$$=20\ln a_1 a_{20}=20\ln a_{10}a_{11}=20\ln\mathrm{e}^5=100$$

故 $S=50$。

### 三、解答题

1.(1)证明:由题设得 $4(a_{n+1}+b_{n+1})=2(a_n+b_n)$,$(a_{n+1}+b_{n+1})=\frac{1}{2}(a_n+b_n)$,又因为 $a_1+b_1=1$,所以 $\{a_n+b_n\}$ 是首项为 1,公比为 $\frac{1}{2}$ 的等比数列。

由题设得 $4(a_{n+1}-b_{n+1})=4(a_n-b_n)+8$,$(a_{n+1}-b_{n+1})=(a_n-b_n)+2$,又因为 $a_1-b_1=1$,所以 $\{a_n+b_n\}$ 是首项为 1,公差为 2 的等差数列。

(2)解:由(1)知 $a_n+b_n=\frac{1}{2^{n-1}}$,$a_n-b_n=2n-1$,所以

$$a_n=\frac{1}{2}[(a_n+b_n)+(a_n-b_n)]=\frac{1}{2^n}+n-\frac{1}{2},$$

$$b_n=\frac{1}{2}[(a_n+b_n)-(a_n-b_n)]=\frac{1}{2^n}-n+\frac{1}{2}。$$

2. 解析:(1)设 $\{a_n\}$ 的公差为 $d$,由 $S_9=-a_5$ 计算可得 $a_1+4d=0$,由 $a_3=4$ 得 $a_1+2d=4$。于是 $a_1=8, d=-2$。通项公式为 $a_n=10-2n$。

(2)由(1)得 $a_1 = -4d$,故 $a_n = (n-5)d, S_n = \dfrac{n(n-9)d}{2}$。由 $a_1 > 0$ 知 $d < 0$,故 $S_n \geqslant a_n$ 等价于 $n^2 - 11n + 10 \leqslant 0$,解得 $1 \leqslant n \leqslant 10$,所以 $n$ 的取值范围是 $\{n \mid 1 \leqslant n \leqslant 10, n \in \mathbf{N}^*\}$。

3. 解:(1)设 $\{a_n\}$ 的公比为 $q$,由题设得 $2q^2 = 4q + 16$,解得 $q = -2$(舍去)或 $q = 4$,因此 $\{a_n\}$ 的通项公式为 $a_n = 2 \times 4^{n-1} = 2^{2n-1}$。

(2)由(1)得 $b_n = (2n-1)\log_2 2 = 2n-1$,因此数列 $\{b_n\}$ 的前 $n$ 项和 $1 + 3 + \cdots + 2n - 1 = n^2$。

4. 解:(1)由题意可知 $2a_1 = a_2 + a_3$,即 $2a_1 = a_1 q + a_1 q^2$。因为 $a_1 \neq 1$,故 $q^2 + q - 2 = 0$,解得 $q = -2$ 或 $q = 1$(舍去)。

(2)此时 $a_n = a_1 q^{n-1} = (-2)^{n-1}$,记数列 $\{na_n\}$ 的前 $n$ 项和为 $S_n$。

设数列 $\{na_n\}$ 的前 $n$ 项和为 $S_n, a_1 = 1, a_n = (-2)^{n-1}$,得

$$S_n = 1 \times (-2)^0 + 2 \times (-2)^1 + 3 \times (-2)^2 + \cdots + n(-2)^{n-1} \quad \text{①}$$

$$-2S_n = 0 \times (-2)^0 + 1 \times (-2)^1 + 2 \times (-2)^2 + 3 \times (-2)^3 + \cdots + (n-1)(-2)^{n-1} + n(-2)^n \quad \text{②}$$

①-②得, $3S_n = 1 + (-2) + (-2)^2 + \cdots + (-2)^{n-1} - n(-2)^n = \dfrac{1 - (1+3n)(-2)^n}{3}$,

所以 $S_n = \dfrac{1 - (1+3n)(-2)^n}{9}$。

5. 解:(1)由 $a_1 = 3, a_{n+1} = 3a_n - 4n$,得 $a_2 = 3a_1 - 4 = 5, a_3 = 3a_2 - 4 \times 2 = 7, \cdots$,猜想 $\{a_n\}$ 的通项公式为 $a_n = 2n + 1$。证明如下:

当 $n = 1, 2, 3$ 时显然成立。

假设 $n = k$ 时,即 $a_k = 2k + 1$ 成立($k \in \mathbf{N}^*$)。

则 $n = k + 1$ 时, $a_{k+1} = 3a_k - 4k = 3(2k+1) - 4k = 2(k+1) + 1$,假设成立。

因此 $a_n = 2n + 1$。

(2)令 $b_n = 2^n a_n = (2n+1)2^n$,则前 $n$ 项和

$S_n = b_1 + b_2 + \cdots + b_n = 3 \times 2^1 + 5 \times 2^2 + \cdots + (2n+1)2^n$

上式两边同乘 2 得 $2S_n = 3 \times 2^2 + 5 \times 2^3 + \cdots + (2n-1)2^n + (2n+1)2^{n+1}$,两式相减得

$-S_n = 3 \times 2 + 2 \times 2^2 + \cdots + 2 \times 2^n - (2n+1)2^{n+1} = 6 + \dfrac{2^3(1-2^{n-1})}{1-2} - (2n+1)2^{n+1}$

化简得 $S_n = (2n-1)2^{n+1} + 2$。

6. 解:(1)设公比为 $q$,则由 $\begin{cases} a_1 + a_1 q = 4 \\ a_1 q^2 - a_1 = 8 \end{cases}$ 得 $a_1 = 1, q = 3$,所以 $a_n = 3^{n-1}$。

(2)由(1)有 $\log_3 a_n = n - 1$,是一个以 0 为首项,1 为公差的等差数列,所以 $S_n = \dfrac{n(n-1)}{2}$,所以 $\dfrac{m(m-1)}{2} + \dfrac{(m+1)m}{2} = \dfrac{(m+3)(m+2)}{2}$,解得 $m = 6$ 或 $m = -1$(舍去),所以 $m = 6$。

7. (1) $a_n = 2n - 1$;(2) $\dfrac{3^n - 1}{2}$。

本题涉及以下知识点:一是等差数列通项 $a_n = a_1 + (n-1)d$ 的确定,关键是确定公差 $d$;二

是等比数列 $\{b_n\}$ 的通项公式 $b_n = b_1 q^{n-1}$ 和求和公式 $S_n = \dfrac{b_1(1-q^n)}{1-q}$。

解：(1) 设等差数列 $\{a_n\}$ 的公差为 $d$，则由 $a_2 + a_4 = 10$ 可得
$$a_1 + d + a_1 + 3d = 2a_1 + 4d = 2 + 4d = 10$$
解得 $d = 2$，所以等差数列 $\{a_n\}$ 的通项为
$$a_n = a_1 + (n-1)d = 1 + 2(n-1) = 2n - 1$$

(2) 设等比数列 $\{b_n\}$ 的公比为 $q$，则由 $b_2 b_4 = a_5$ 可得
$$b_1 q \cdot b_1 q^3 = q^4 = a_1 + 4d = 9$$
所以 $q^2 = 3$，所以 $\{b_{2n-1}\}$ 是以 $b_1 = 1$ 为首项，以 $q^2 = 3$ 为公比的等比数列。故
$$b_1 + b_3 + \cdots + b_{2n-1} = \dfrac{b_1(1-q^n)}{1-q^2} = \dfrac{3^n - 1}{2}$$

8. (1) $a_n = 2^{n-1}, b_n = 2n - 1$；(2) $S_n = (2n-3)2^n + 3$。

本题涉及以下知识点：一是等差数列 $\{a_n\}$ 的通项 $a_n$ 与首项 $a_1$ 和公差 $d$ 的关系 $a_n = a_1 + (n-1)d$；二是消元法求解二元一次方程组；三是简单一元二次方程的求解；四是等比数列的通项公式 $b_n = b_1 q^{n-1}$ 的确定，关键是确定首项 $b_1$ 和公比 $q$；五是用错位相减法求数列的前 $n$ 项和。

解：(1) 设 $\{a_n\}$ 的公比为 $q$，$\{b_n\}$ 的公差为 $d$，由题意 $q > 0$，由已知有
$$\begin{cases} 2q^2 - 3d = 2 \\ q^4 - 3d = 10 \end{cases}$$
消去 $d$ 得 $q^4 - 2q^2 - 8 = 0$，解得 $q = 2, d = 2$，所以 $\{a_n\}$ 的通项公式为 $a_n = 2^{n-1}$，$\{b_n\}$ 的通项公式为 $b_n = 2n - 1$。

(2) 由 (1) 有 $c_n = (2n-1)2^{n-1}$，设 $\{c_n\}$ 的前 $n$ 项和为 $S_n$，则
$$S_n = 1 \times 2^0 + 3 \times 2^1 + 5 \times 2^2 + \cdots + (2n-1) \times 2^{n-1}$$
上式两边同乘以 2 得
$$2S_n = 1 \times 2^1 + 3 \times 2^2 + 5 \times 2^3 + \cdots + (2n-1) \times 2^n$$
两式错项相减得
$$-S_n = 1 + 2^2 + 2^3 + \cdots + 2^n - (2n-1) \times 2^n = -(2n-3) \times 2^n - 3$$
所以
$$S_n = (2n-3)2^n + 3$$

9. (1) $a_n = 2^n$；(2) $T_n = 1 - \dfrac{1}{2^n}$。

本题涉及以下知识点：一是数列的前 $n$ 项和 $S_n$ 与通项 $a_n$ 的关系 $a_n = S_n - S_{n-1}$；二是等差中项的性质 $a_{m-k} + a_{m+k} = 2a_m$；三是等比数列的概念及判别；四是等比数列的前 $n$ 项和公式 $S_n = \dfrac{a_1(1-q^n)}{1-q}$。

解：(1) 由已知 $S_n = 2a_n - a_1$，有
$$a_n = S_n - S_{n-1} = 2a_n - 2a_{n-1} \quad (n \geq 2)$$
即 $a_n = 2a_{n-1} (n \geq 2)$，从而 $a_2 = 2a_1, a_3 = 2a_2 = 4a_1$，又因为 $a_1, a_2 + 1, a_3$ 成等差数列，即 $a_1 +

$a_3 = 2(a_2+1)$,所以 $a_1+4a_1 = 2(2a_1+1)$,解得 $a_1 = 2$,所以,数列 $\{a_n\}$ 是首项为 2,公比为 2 的等比数列,故 $a_n = 2^n$。

(2)由(1)得 $\dfrac{1}{a_n} = \dfrac{1}{2^n}$,即 $\left\{\dfrac{1}{a_n}\right\}$ 是以 $\dfrac{1}{2}$ 为首项,以 $\dfrac{1}{2}$ 为公比的等比数列,由等比数列的求和公式 $T_n = \dfrac{a_1(1-q^n)}{1-q}$ 可得

$$T_n = \dfrac{1}{2^1}+\dfrac{1}{2^2}+\cdots+\dfrac{1}{2^n} = \dfrac{\dfrac{1}{2}\left(1-\dfrac{1}{2^n}\right)}{1-\dfrac{1}{2}} = 1-\dfrac{1}{2^n}$$

# 第四章 三角函数与解三角形

## 考试范围与要求

1. 了解任意角和弧度制的概念,能进行弧度与角度的互化。
2. 掌握任意角三角函数(正弦、余弦、正切)的定义。
3. 能画出正弦、余弦、正切函数的图像。
4. 理解正弦函数、余弦函数、正切函数的简单性质(如单调区间、最大值和最小值以及与坐标轴交点等)。
5. 理解同角三角函数的基本关系式。
6. 了解三角函数是描述周期变化现象的重要函数模型,会用三角函数解决简单实际问题。
7. 掌握两角和、两角差和二倍角的正弦、余弦和正切公式,会运用上述公式进行简单的恒等变换。
8. 掌握正弦定理、余弦定理,并能解决有关三角形的实际问题。

## 主要内容

## 第一节 三角函数

### 1. 任意角

角是平面内一条射线绕着端点从一个位置旋转到另一个位置所形成的图形,如图4-1所示,一条射线的端点是$O$,它从起始位置$OA$按逆时针方向旋转到终止位置$OB$,形成一个角$\alpha$,射线$OA$,$OB$分别叫作角$\alpha$的始边和终边,$O$叫作角$\alpha$的顶点。

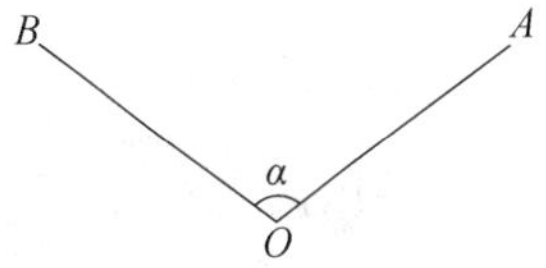

图4-1

规定:射线$OA$按逆时针方向旋转所形成的角叫作正角;射线$OA$按顺时针方向旋转所形成的角叫作负角;当$OA$没有做任何转动时,也认为它形成了一个角,并称这个角为零角,即零角的始边和终边重合。

这样就把角的概念推广到了任意角,包括正角、负角和零角。

数学上常在直角坐标系内讨论角,这时候,我们使角的顶点与坐标原点重合,角的始边在$x$轴的正半轴上,角的终边在第几象限,就说这个角是第几象限的角(或说这个角属于第几象限)。如果角的终边在坐标轴上,就认为这个角不属于任何象限。

第一象限角的集合为$\{\alpha \mid k \cdot 360° < \alpha < k \cdot 360° + 90°, k \in \mathbf{Z}\}$;

第二象限角的集合为 $\{\alpha \mid k \cdot 360° + 90° < \alpha < k \cdot 360° + 180°, k \in \mathbf{Z}\}$；

第三象限角的集合为 $\{\alpha \mid k \cdot 360° + 180° < \alpha < k \cdot 360° + 270°, k \in \mathbf{Z}\}$；

第四象限角的集合为 $\{\alpha \mid k \cdot 360° + 270° < \alpha < k \cdot 360° + 360°, k \in \mathbf{Z}\}$。

一般地，所有与角 $\alpha$ 的终边相同的角，连同角 $\alpha$ 在内，可构成一个集合
$$S = \{\beta \mid \beta = \alpha + k \cdot 360°, k \in \mathbf{Z}\}$$
即任一与角 $\alpha$ 终边相同的角，都可以表示成角 $\alpha$ 与整数个周角的和。

**2. 弧度制**

角度可以用度为单位进行度量，将圆周分成 360 份，规定每一份弧所对圆心角的大小为 1 度，记为 $1°$，即 1 度角为周角的 $\dfrac{1}{360}$，这种用度作为单位来度量角的单位制叫作角度制。

单位换算：$1° = 60'(分), 1' = 60''(秒)$。

把长度等于半径长的圆弧所对的圆心角叫作 1 弧度的角，用符号 rad 表示，读作弧度。如图 4 - 2 所示，$\overset{\frown}{AB}$ 的长等于圆的半径 1，则所对的圆心角 $\angle AOB$ 就是 1 弧度的角。

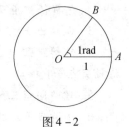

图 4 - 2

一般地，正角的弧度数是一个正数，负角的弧度数是一个负数，零角的弧度数是 0。如果半径为 $r$ 的圆的圆心角 $\alpha$ 所对弧的长为 $l$，则角 $\alpha$ 的弧度数的绝对值是 $|\alpha| = \dfrac{l}{r}$，这里 $\alpha$ 的正负由角 $\alpha$ 的终边的旋转方向决定。

弧度制与角度制的换算公式：

$360° = 2\pi$ 弧度；

$1° = \dfrac{\pi}{180}$ 弧度；

$1$ 弧度 $= \left(\dfrac{180}{\pi}\right)° \approx 57.30° = 57°18'$。

通常用弧度制表示角的时候，"弧度"二字略去不写，而只写这个角所对应的弧度数。

对于一个圆扇形，如果圆的半径为 $R$，圆心角为 $\alpha$（弧度），该角所对的圆弧的长为 $l$，则利用弧度制可以得到：

圆弧的长：$l = |\alpha| R$。

扇形的面积：$S = \dfrac{1}{2} lR = \dfrac{1}{2} |\alpha| R^2$。

采用弧度制后，弧长公式和扇形面积公式简单了，这也是引入弧度制的原因之一。

**3. 任意角的三角函数**

设 $\alpha$ 是一个任意大小的角，以角 $\alpha$ 的顶点为坐标原点，以它的始边为 $x$ 轴的正半轴建立坐标系，在角 $\alpha$ 的终边上任意取一点 $P(x,y)$，它与原点的距离是 $r(r = \sqrt{x^2 + y^2} > 0)$，那么角 $\alpha$ 的正弦、余弦、正切、余切分别是

$$\sin\alpha = \dfrac{y}{r}, \cos\alpha = \dfrac{x}{r}, \tan\alpha = \dfrac{y}{x}(x \neq 0), \cot\alpha = \dfrac{x}{y}(y \neq 0)$$

由相似三角形的定理易知，对于确定的 $\alpha$，这些比值的大小与点 $P$ 在角 $\alpha$ 的终边上的位置没有关系，它们都是以角为自变量，以坐标的比值为函数值的函数，故统称为三角函数。由于在弧度制下，角的集合与实数集 $\mathbf{R}$ 之间可以建立一一对应关系，所以三角函数可以看成是自变量

为实数的函数。

角 $\alpha$ 采用弧度制时，三角函数的定义域如下表。

| 三角函数 | 定义域 |
| --- | --- |
| $\sin\alpha$ | $\{\alpha \mid \alpha \in \mathbf{R}\}$ |
| $\cos\alpha$ | $\{\alpha \mid \alpha \in \mathbf{R}\}$ |
| $\tan\alpha$ | $\left\{\alpha \mid \alpha \in \mathbf{R}, \alpha \neq k\pi + \dfrac{\pi}{2}, k \in \mathbf{Z}\right\}$ |
| $\cot\alpha$ | $\{\alpha \mid \alpha \in \mathbf{R}, \alpha \neq k\pi, k \in \mathbf{Z}\}$ |

由三角函数的定义和各象限内点的坐标的符号可知，各三角函数值在每个象限的符号如图 4-3 所示。

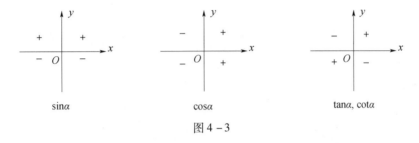

图 4-3

终边相同的角的同一三角函数的值相等。

为了计算方便，特殊角的三角函数值应当熟记，特别是角度为 $0, \dfrac{\pi}{6}, \dfrac{\pi}{4}, \dfrac{\pi}{3}, \dfrac{\pi}{2}, \dfrac{2\pi}{3}, \dfrac{3\pi}{4}, \pi, \dfrac{3\pi}{2}, \cdots$ 时的正弦、余弦、正切函数值。

从图形的角度认识三角函数，如图 4-4 所示，角 $\alpha$ 的终边与以原点为圆心的单位圆交于点 $P$，过点 $P$ 作 $x$ 轴的垂线，垂足为 $M$。当 $MP$ 的方向与 $y$ 轴的正方向一致时，$MP$ 是正的，当 $MP$ 的方向与 $y$ 轴的正方向相反时，$MP$ 是负的；当 $OM$ 的方向与 $x$ 轴的正方向一致时，$OM$ 是正的，当 $OM$ 的方向与 $x$ 轴的正方向相反时，$OM$ 是负的。过点 $A(1,0)$ 作单位圆的切线，设这条切线与角 $\alpha$ 的终边或这条终边的反向延长线交于点 $T$，此时三条有向线段 $MP, OM, AT$ 分别叫作角 $\alpha$ 的正弦线、余弦线、正切线，统称为三角函数线。

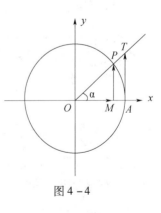

图 4-4

**4. 同角三角函数的基本关系**

在等式两边的函数有意义的情形下，对同一个角，有如下恒等式：

（1）平方关系：$\sin^2\alpha + \cos^2\alpha = 1$。

（2）商数关系：$\tan\alpha = \dfrac{\sin\alpha}{\cos\alpha}$。

（3）倒数关系：$\tan\alpha\cot\alpha = 1$。

## 5. 诱导公式

（1）诱导公式一：
$$\sin(2k\pi+\alpha)=\sin\alpha$$
$$\cos(2k\pi+\alpha)=\cos\alpha \quad （其中：k\in\mathbf{Z}）$$
$$\tan(2k\pi+\alpha)=\tan\alpha$$

（2）诱导公式二：
$$\sin(\pi+\alpha)=-\sin\alpha$$
$$\cos(\pi+\alpha)=-\cos\alpha$$
$$\tan(\pi+\alpha)=\tan\alpha$$

（3）诱导公式三：
$$\sin(-\alpha)=-\sin\alpha$$
$$\cos(-\alpha)=\cos\alpha$$
$$\tan(-\alpha)=-\tan\alpha$$

（4）诱导公式四：
$$\sin(\pi-\alpha)=\sin\alpha$$
$$\cos(\pi-\alpha)=-\cos\alpha$$
$$\tan(\pi-\alpha)=-\tan\alpha$$

（5）诱导公式五：
$$\sin\left(\frac{\pi}{2}-\alpha\right)=\cos\alpha$$
$$\cos\left(\frac{\pi}{2}-\alpha\right)=\sin\alpha$$

（6）诱导公式六：
$$\sin\left(\frac{\pi}{2}+\alpha\right)=\cos\alpha$$
$$\cos\left(\frac{\pi}{2}+\alpha\right)=-\sin\alpha$$

诱导公式可以简记为"奇变偶不变，符号看象限"。具体来说就是，"奇""偶"指的是诱导公式左侧 $k\cdot\dfrac{\pi}{2}\pm\alpha$ 中的 $k$ 是奇数还是偶数，比如 $\sin\left(\dfrac{\pi}{2}+\alpha\right)$ 中 $k=1$ 是奇数，"变""不变"指的是函数名称的变化。若 $k$ 是奇数，则公式中左侧的正弦函数变成右侧的余弦函数，左侧的余弦函数变成右侧的正弦函数；若 $k$ 是偶数，则公式中左右两侧的函数名称不变。"符号看象限"指的是把 $\alpha$ 看成锐角，考查 $k\cdot\dfrac{\pi}{2}\pm\alpha$ 所在的象限，公式中左侧的三角函数在该象限的符号即为公式右侧的符号。

## 6. 三角函数的图像与性质

（1）三角函数的图像，如图 4-5 所示。

（2）正弦曲线和余弦曲线。

正弦函数 $y=\sin x(x\in\mathbf{R})$ 的图像叫正弦曲线。在用描点法作 $y=\sin x(x\in[0,2\pi])$ 的图像时，$(0,0)$，$\left(\dfrac{\pi}{2},1\right)$，$(\pi,0)$，$\left(\dfrac{3\pi}{2},-1\right)$，$(2\pi,0)$ 这五个点在确定图像形状时起着关键的作用，这

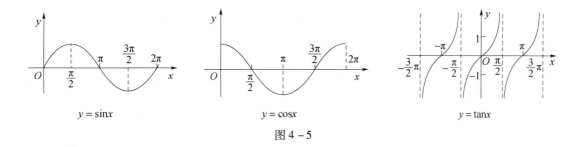

图 4-5

五个点描出后,图像的形状就基本确定了,用光滑曲线将它们连接起来,就得到区间 $[0,2\pi]$ 内的正弦函数简图,这就是"五点(画图)法"。

因为终边相同的角的三角函数值相等,所以正弦函数 $y=\sin x$ 在 $x\in[-2\pi,0)$, $x\in[2\pi,4\pi)$, $x\in[4\pi,6\pi)$, … 时的图像与 $x\in[0,2\pi)$ 时的图像完全一样,只是位置不同。

把 $y=\sin x$ 在 $x\in[0,2\pi)$ 时的图像向左和向右平行移动 $2\pi,4\pi,\cdots$,就可以得到 $y=\sin x$ ($x\in\mathbf{R}$)的图像(图 4-6)。

类似地,也可用五点法作余弦函数 $y=\cos x$ 的简图,确定余弦函数图像形状时起着关键作用的五个点依次是 $(0,1)$,$\left(\dfrac{\pi}{2},0\right)$,$(\pi,-1)$,$\left(\dfrac{3\pi}{2},0\right)$,$(2\pi,1)$。

余弦函数 $y=\cos x(x\in\mathbf{R})$ 的图像叫作余弦曲线(图 4-7)。

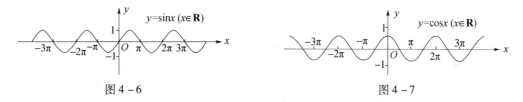

图 4-6　　　　　　　　　　　　　　图 4-7

(3) 三角函数的性质。

周期函数的定义:对于函数 $f(x)$,如果存在一个非零常数 $T$,使得当 $x$ 取定义域内的每一个值时,都有 $f(x+T)=f(x)$,那么函数 $f(x)$ 就叫作周期函数,非零常数 $T$ 叫作这个函数的周期。

如果 $T$ 是一个函数的周期,那么 $kT(k\in\mathbf{Z},k\neq0)$ 也是该函数的周期,也就是说,周期函数的周期不止一个,如果在周期函数 $f(x)$ 的所有周期中存在一个最小的正数,那么这个最小正数就叫作 $f(x)$ 的最小正周期。周期函数不一定存在最小正周期。

| 函数名称 | 正弦函数 | 余弦函数 | 正切函数 |
| --- | --- | --- | --- |
| 函数符号 | $y=\sin x$ | $y=\cos x$ | $y=\tan x$ |
| 定义域 | $\mathbf{R}$ | $\mathbf{R}$ | $\left\{x\,\middle|\,x\neq k\pi+\dfrac{\pi}{2},k\in\mathbf{Z}\right\}$ |
| 值域 | $[-1,1]$ | $[-1,1]$ | $\mathbf{R}$ |
| 最值 | 当 $x=2k\pi+\dfrac{\pi}{2}(k\in\mathbf{Z})$ 时,$y_{\max}=1$;当 $x=2k\pi-\dfrac{\pi}{2}$ $(k\in\mathbf{Z})$ 时,$y_{\min}=-1$ | 当 $x=2k\pi(k\in\mathbf{Z})$ 时,$y_{\max}=1$;当 $x=2k\pi+\pi$ $(k\in\mathbf{Z})$ 时,$y_{\min}=-1$ | 既无最大值也无最小值 |

(续)

| 函数名称 | 正弦函数 | 余弦函数 | 正切函数 |
|---|---|---|---|
| 周期性 | 最小正周期为 $2\pi$ | 最小正周期为 $2\pi$ | 最小正周期为 $\pi$ |
| 奇偶性 | 奇函数 | 偶函数 | 奇函数 |
| 单调性 | 在 $\left[2k\pi-\dfrac{\pi}{2},2k\pi+\dfrac{\pi}{2}\right]$ $(k\in\mathbf{Z})$ 上是增函数；在 $\left[2k\pi+\dfrac{\pi}{2},2k\pi+\dfrac{3\pi}{2}\right]$ $(k\in\mathbf{Z})$ 上是减函数 | 在 $[2k\pi-\pi,2k\pi](k\in\mathbf{Z})$ 上是增函数；在 $[2k\pi,2k\pi+\pi]$ $(k\in\mathbf{Z})$ 上是减函数 | 在 $\left(k\pi-\dfrac{\pi}{2},k\pi+\dfrac{\pi}{2}\right)$ $(k\in\mathbf{Z})$ 上是增函数 |
| 对称性 | 对称中心 $(k\pi,0)(k\in\mathbf{Z})$，对称轴 $x=k\pi+\dfrac{\pi}{2}(k\in\mathbf{Z})$ | 对称中心 $\left(k\pi+\dfrac{\pi}{2},0\right)(k\in\mathbf{Z})$，对称轴 $x=k\pi(k\in\mathbf{Z})$ | 对称中心 $\left(\dfrac{k\pi}{2},0\right)(k\in\mathbf{Z})$，无对称轴 |

**7. 函数 $y=A\sin(\omega x+\varphi)$ 的图像与性质**

函数 $y=A\sin x(A>0$ 且 $A\neq1)$ 的图像可以看作是把 $y=\sin x$ 的图像上所有点的纵坐标伸长（当 $A>1$ 时）或缩短（当 $0<A<1$ 时）到原来的 $A$ 倍（横坐标不变）而得到的；函数 $y=\sin(\omega x)$（$\omega>0$ 且 $\omega\neq1$）的图像，可以看作是把的 $y=\sin x$ 图像上所有点的横坐标缩短（当 $\omega>1$ 时）或伸长（当 $0<\omega<1$ 时）到原来的 $\dfrac{1}{\omega}$（纵坐标不变）而得到的；而函数 $y=\sin(x+\varphi)$（$\varphi\neq0$）的图像，可以看作是把 $y=\sin x$ 的图像上所有的点向左（当 $\varphi>0$ 时）或向右（当 $\varphi<0$ 时）平行移动 $|\varphi|$ 个单位而得到的。

函数 $y=A\sin(\omega x+\varphi)$（$A>0,\omega>0,x\in\mathbf{R}$）的图像可以看作是用下面的方法得到的：先把 $y=\sin x$ 的图像上所有的点向左（$\varphi>0$）或向右（$\varphi<0$）平行移动 $|\varphi|$ 个单位，然后把所得各点的横坐标缩短（$\omega>1$）或伸长（$0<\omega<1$）到原来的 $\dfrac{1}{\omega}$（纵坐标不变），再把所得各点的纵坐标伸长（$A>1$）或缩短（$0<A<1$）到原来的 $\dfrac{1}{A}$（横坐标不变）。

当函数 $y=A\sin(\omega x+\varphi)$（$A>0,\omega>0,x\in[0,+\infty)$）表示一个振动量时，$A$ 就表示这个量振动时离开平衡位置的最大距离，通常把它叫作这个振动的振幅；往复振动一次所需要的时间 $T=\dfrac{2\pi}{\omega}$，叫作振动的周期；单位时间内往复振动的次数 $f=\dfrac{1}{T}=\dfrac{\omega}{2\pi}$，叫作振动的频率；$\omega x+\varphi$ 叫作相位，$\varphi$ 叫作初相（即当 $x=0$ 时的相位）。

函数 $y=A\sin(\omega x+\varphi)+B$，如果在 $x=x_1$ 时，取得最小值为 $y_{\min}$，在 $x=x_2$ 时，取得最大值为 $y_{\max}$，则 $A=\dfrac{1}{2}(y_{\max}-y_{\min})$，$B=\dfrac{1}{2}(y_{\max}+y_{\min})$，$\dfrac{T}{2}=x_2-x_1(x_1<x_2)$。

## 第二节　三角恒等变换

**1. 两角和与差的正弦、余弦和正切公式**

$S_{\alpha\pm\beta}:\sin(\alpha+\beta)=\sin\alpha\cos\beta+\cos\alpha\sin\beta;\sin(\alpha-\beta)=\sin\alpha\cos\beta-\cos\alpha\sin\beta$。

$C_{\alpha\pm\beta}:\cos(\alpha+\beta)=\cos\alpha\cos\beta-\sin\alpha\sin\beta;\cos(\alpha-\beta)=\cos\alpha\cos\beta+\sin\alpha\sin\beta$。

$T_{\alpha\pm\beta}:\tan(\alpha+\beta)=\dfrac{\tan\alpha+\tan\beta}{1-\tan\alpha\tan\beta};\tan(\alpha-\beta)=\dfrac{\tan\alpha-\tan\beta}{1+\tan\alpha\tan\beta}$。

公式 $S_{\alpha\pm\beta}$,$C_{\alpha\pm\beta}$ 具有一般性,即 $\alpha,\beta$ 可为任意角,公式 $T_{\alpha\pm\beta}$ 也具有一般性,但应明确:公式 $T_{\alpha\pm\beta}$ 在 $\alpha\neq k\pi+\dfrac{\pi}{2}$,且 $\beta\neq k\pi+\dfrac{\pi}{2}$,且 $\alpha\pm\beta\neq k\pi+\dfrac{\pi}{2}(k\in\mathbf{Z})$ 时成立,否则不成立。当 $\tan\alpha$,$\tan\beta$ 或 $\tan(\alpha\pm\beta)$ 有一个不存在时,不能用此公式,而只能改用诱导公式或其他方法。

### 2. 二倍角公式

$S_{2\alpha}:\sin(2\alpha)=2\sin\alpha\cos\alpha$。

$C_{2\alpha}:\cos(2\alpha)=\cos^2\alpha-\sin^2\alpha=2\cos^2\alpha-1=1-2\sin^2\alpha$。

$T_{2\alpha}:\tan(2\alpha)=\dfrac{2\tan\alpha}{1-\tan^2\alpha}$。

公式 $S_{2\alpha}$,$C_{2\alpha}$,$T_{2\alpha}$ 分别由公式 $S_{\alpha+\beta}$,$C_{\alpha+\beta}$,$T_{\alpha+\beta}$ 中当 $\alpha=\beta$ 时得出。公式 $S_{2\alpha}$,$C_{2\alpha}$ 具有一般性,即 $\alpha$ 为任意角;公式 $T_{2\alpha}$ 也具有一般性,但只有当 $\alpha\neq\dfrac{k\pi}{2}+\dfrac{\pi}{4}$ 且 $\alpha\neq k\pi+\dfrac{\pi}{2}$ 时成立,否则公式 $T_{2\alpha}$ 不成立。

公式的变形:

升幂公式 $\begin{cases}1+\cos2\alpha=2\cos^2\alpha\\1-\cos2\alpha=2\sin^2\alpha\end{cases}$

降幂公式 $\begin{cases}\cos^2\alpha=\dfrac{1}{2}(1+\cos2\alpha)\\\sin^2\alpha=\dfrac{1}{2}(1-\cos2\alpha)\end{cases}$

### 3. 半角公式

$S_{\frac{\alpha}{2}}:\sin\dfrac{\alpha}{2}=\pm\sqrt{\dfrac{1-\cos\alpha}{2}}$。

$C_{\frac{\alpha}{2}}:\cos\dfrac{\alpha}{2}=\pm\sqrt{\dfrac{1+\cos\alpha}{2}}$。

$T_{\frac{\alpha}{2}}:\tan\dfrac{\alpha}{2}=\pm\sqrt{\dfrac{1-\cos\alpha}{1+\cos\alpha}}=\dfrac{\sin\alpha}{1+\cos\alpha}=\dfrac{1-\cos\alpha}{\sin\alpha}$。

半角公式记忆以 $\sin^2\dfrac{\alpha}{2}=\dfrac{1-\cos\alpha}{2}$,$\cos^2\dfrac{\alpha}{2}=\dfrac{1+\cos\alpha}{2}$,$\tan^2\dfrac{\alpha}{2}=\dfrac{1-\cos\alpha}{1+\cos\alpha}$ 为宜,它在开方时可避免符号上的含糊与失误。应用半角公式时,要特别注意根号前的正负号的选取,它由等号前边 $\dfrac{\alpha}{2}$ 所在象限的三角函数符号确定。如果没有给出限定符号的条件,根号前应保持正、负两个符号。而 $\tan\dfrac{\alpha}{2}=\dfrac{\sin\alpha}{1+\cos\alpha}=\dfrac{1-\cos\alpha}{\sin\alpha}$ 可回避开方运算,应用很广泛。

### 4. 和差化积公式

$$\sin\theta+\sin\varphi=2\sin\dfrac{\theta+\varphi}{2}\cos\dfrac{\theta-\varphi}{2}$$

$$\sin\theta-\sin\varphi=2\cos\dfrac{\theta+\varphi}{2}\sin\dfrac{\theta-\varphi}{2}$$

$$\cos\theta+\cos\varphi=2\cos\dfrac{\theta+\varphi}{2}\cos\dfrac{\theta-\varphi}{2}$$

$$\cos\theta - \cos\varphi = -2\sin\frac{\theta+\varphi}{2}\sin\frac{\theta-\varphi}{2}$$

### 5. 积化和差公式

$$\sin\theta\cos\varphi = \frac{1}{2}\big[\sin(\theta+\varphi)+\sin(\theta-\varphi)\big]$$

$$\cos\theta\sin\varphi = \frac{1}{2}\big[\sin(\theta+\varphi)-\sin(\theta-\varphi)\big]$$

$$\cos\theta\cos\varphi = \frac{1}{2}\big[\cos(\theta+\varphi)+\cos(\theta-\varphi)\big]$$

$$\sin\theta\sin\varphi = -\frac{1}{2}\big[\cos(\theta+\varphi)-\cos(\theta-\varphi)\big]$$

三角变换是运算化简的过程中运用较多的变换,提高三角变换能力,要学会创设条件,灵活运用三角公式,掌握运算、化简的方法和技能。常用的数学思想方法技巧如下:

(1) 角的变换:在三角函数化简、求值、证明时,表达式中往往出现较多的相异角,可根据角与角之间的和差、倍半、互补、互余的关系,运用角的变换,沟通条件与结论中角的差异,使问题获解,对角的变形举例如下。

① $2\alpha$ 是 $\alpha$ 的 2 倍,$4\alpha$ 是 $2\alpha$ 的 2 倍,$\alpha$ 是 $\frac{\alpha}{2}$ 的 2 倍,$\frac{\alpha}{2}$ 是 $\frac{\alpha}{4}$ 的 2 倍;

② $15° = 45° - 30° = 60° - 45° = \frac{30°}{2}$;

③ $\alpha = (\alpha+\beta) - \beta$;

④ $\frac{\pi}{4} + \alpha = \frac{\pi}{2} - \left(\frac{\pi}{4} - \alpha\right)$;

⑤ $2\alpha = (\alpha+\beta) + (\alpha-\beta) = \left(\frac{\pi}{4}+\alpha\right) - \left(\frac{\pi}{4}-\alpha\right)$。

(2) 函数名称变换:三角变形中,常常需要变函数名称为同名函数,如在三角函数中正弦、余弦是基础,通常化切为弦,变异名为同名。

(3) 常数代换:在三角函数的运算、求值、证明中,有时需要将常数转化为三角函数值,例如常数"1"的代换变形有

$$1 = \sin^2\alpha + \cos^2\alpha = \tan\alpha\cot\alpha = \sin 90° = \tan 45°$$

(4) 幂的变换:降幂是三角变换时常用方法,对次数较高的三角函数式,一般采用降幂处理的方法,但降幂并非绝对,有时需要升幂,如对无理式 $\sqrt{1+\cos\alpha}$ 常用升幂化为有理式。

(5) 公式变形:三角公式是变换的依据,应熟练掌握三角公式的顺用、逆用及变形应用。

(6) 三角函数式的化简运算通常从"角、名、形、幂"四方面入手,基本规则是见切化弦,异角化同角,复角化单角,异名化同名,高次化低次,无理化有理,特殊值与特殊角的三角函数互化。

## 第三节 解三角形

### 1. 正弦定理

在 $\triangle ABC$ 中,设内角 $A,B,C$ 的对边分别为 $a,b,c$,其外接圆半径为 $R$,有下列公式和定理成立。

正弦定理及其变形:

$$\frac{a}{\sin A} = \frac{b}{\sin B} = \frac{c}{\sin C} = 2R$$

$$\Leftrightarrow a = 2R\sin A, b = 2R\sin B, c = 2R\sin C$$

$$\Leftrightarrow \sin A = \frac{a}{2R}, \sin B = \frac{b}{2R}, \sin C = \frac{c}{2R}$$

$$\Leftrightarrow a : b : c = \sin A : \sin B : \sin C$$

正弦定理主要解决的两类三角形问题：

（1）已知三角形的两个角和任一边，求其他两边和一角；

（2）已知三角形的两边及其中一边的对角，求第三边和其他两个角。

在解三角形时，如果已知两边和其中一边的对角，所解的三角形有两解、一解、无解三种情况。例如，已知 $a,b$ 和 $A$ 时，解的情形如下：

（1）$A$ 为锐角：

① $a < b\sin A$ 时无解；

② $a = b\sin A$ 时有一解；

③ $b\sin A < a < b$ 时有两解；

④ $a \geq b$ 时有一解。

（2）$A$ 为直角或钝角：

① $a \leq b$ 时无解；

② $a > b$ 时有一解。

## 2. 余弦定理

$a^2 = b^2 + c^2 - 2bc\cos <A$；

$b^2 = c^2 + a^2 - 2ca\cos <B$；

$c^2 = a^2 + b^2 - 2ab\cos <C$。

余弦定理的变形：

$$\cos A = \frac{b^2 + c^2 - a^2}{2bc}, \quad \cos B = \frac{c^2 + a^2 - b^2}{2ac}, \quad \cos C = \frac{a^2 + b^2 - c^2}{2ab}$$

余弦定理主要解决的两类三角问题：

（1）已知三角形的三边求三个角；

（2）已知三角形的两边及其夹角，求第三边和其他两个角。

求解三角形问题时，正弦定理和余弦定理常常结合使用。

## 3. 应用

（1）三角形面积公式：

设 $\triangle ABC$ 的面积为 $S_{\triangle ABC}$，则

$$S_{\triangle ABC} = \frac{1}{2}ab\sin C = \frac{1}{2}bc\sin A = \frac{1}{2}ac\sin B$$

（2）三角形内角和定理。

在 $\triangle ABC$ 中，有 $A + B + C = \pi \Leftrightarrow C = \pi - (A+B) \Leftrightarrow \frac{C}{2} = \frac{\pi}{2} - \frac{A+B}{2} \Leftrightarrow 2C = 2\pi - 2(A+B)$。

（3）在 $\triangle ABC$ 中，$a > b \Leftrightarrow \sin A > \sin B \Leftrightarrow A > B$。

特别注意，在三角函数中，$\sin A > \sin B \Leftrightarrow A > B$ 不成立。

(4) 若 $\sin 2A = \sin 2B$，则 $A = B$ 或 $A + B = \dfrac{\pi}{2}$。

此外，正弦定理和余弦定理在实际测量中有许多应用，比如应用于测量距离、高度、角度等问题。

## 典型例题

一、选择题

**例 1** $\sin 20°\cos 10° - \cos 160°\sin 10° = ($ $)$。

A. $-\dfrac{\sqrt{3}}{2}$ B. $\dfrac{\sqrt{3}}{2}$ C. $-\dfrac{1}{2}$ D. $\dfrac{1}{2}$

【解析】D。本题考查诱导公式，两角和与差的正余弦公式。

原式 $= \sin 20°\cos 10° + \cos 20°\sin 10° = \sin 30° = \dfrac{1}{2}$，故选 D。

**例 2** 若 $\sin\left(\dfrac{\pi}{2} + \alpha\right) = -\dfrac{3}{5}$，且 $\alpha$ 为第二象限角，则 $\tan\alpha = ($ $)$。

A. $-\dfrac{4}{3}$ B. $-\dfrac{3}{4}$ C. $\dfrac{4}{3}$ D. $\dfrac{3}{4}$

【解析】A。本题考查三角函数的诱导公式及同角三角函数基本关系式的应用。由 $\sin\left(\dfrac{\pi}{2} + \alpha\right) = -\dfrac{3}{5}$，得 $\cos\alpha = -\dfrac{3}{5}$。又因为 $\alpha$ 为第二象限角，所以 $\sin\alpha = \sqrt{1 - \cos^2\alpha} = \dfrac{4}{5}$。所以 $\tan\alpha = \dfrac{\sin\alpha}{\cos\alpha} = -\dfrac{4}{3}$，故选 A。

**例 3** 在 $\triangle ABC$ 中，内角 $A, B, C$ 的对边长分别为 $a, b, c$，若 $a^2 + b^2 = 2c^2$，则 $\cos C$ 的最小值为（ ）。

A. $\dfrac{\sqrt{3}}{2}$ B. $\dfrac{\sqrt{2}}{2}$ C. $\dfrac{1}{2}$ D. $-\dfrac{1}{2}$

【解析】C。本题考查余弦定理和均值不等式。

由余弦定理知 $\cos C = \dfrac{a^2 + b^2 - c^2}{2ab} = \dfrac{a^2 + b^2}{4ab} \geq \dfrac{1}{2}$，故选 C。

**例 4** 已知函数 $f(x) = \sin x\cos x$，则（ ）。

A. $f(x)$ 的最小正周期是 $2\pi$，最大值是 $1$

B. $f(x)$ 的最小正周期是 $\pi$，最大值是 $\dfrac{1}{2}$

C. $f(x)$ 的最小正周期是 $2\pi$，最大值是 $\dfrac{1}{2}$

D. $f(x)$ 的最小正周期是 $\pi$，最大值是 $1$

【解析】B。本题考查二倍角公式及正弦函数的性质。$f(x) = \sin x\cos x = \dfrac{1}{2}\sin 2x$，因此函数 $f(x)$ 的最小正周期 $T = \dfrac{2\pi}{2} = \pi$，最大值为 $\dfrac{1}{2}$，故选 B。

**例 5** $\tan 255° = ($ $)$。

A. $-2 - \sqrt{3}$ B. $-2 + \sqrt{3}$ C. $2 - \sqrt{3}$ D. $2 + \sqrt{3}$

【解析】D。本题考查诱导公式、两角和的正切公式。

$\tan 255° = \tan(180° + 75°) = \tan 75° = \tan(30° + 45°) = \dfrac{\tan 30° + \tan 45°}{1 - \tan 30° \tan 45°} = \dfrac{\dfrac{\sqrt{3}}{3} + 1}{1 - \dfrac{\sqrt{3}}{3}} = 2 + \sqrt{3}$，

故选 D。

**例 6** 若 $\sin x < 0$，且 $\sin(\cos x) > 0$，则角 $x$ 是（ ）。

A. 第一象限角　　B. 第二象限角　　C. 第三象限角　　D. 第四象限角

【解析】D。本题考查三角函数中角的象限的确定。

由 $-1 \leqslant \cos x \leqslant 1$，且 $\sin(\cos x) > 0$，得 $0 < \cos x \leqslant 1$。又因为 $\sin x < 0$，所以角 $x$ 是第四象限角，故选 D。

**例 7** 如图 4-8 所示，设 $A, B$ 两点在河的两岸，一测量者在 $A$ 同侧的河岸边选定一点 $C$，测出 $AC$ 的距离为 100m，$\angle ACB = 30°$，$\angle CAB = 105°$ 后，就可以计算出 $A, B$ 两点间的距离为（ ）。

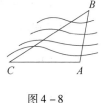

图 4-8

A. $100\sqrt{2}$ m　　B. $100\sqrt{3}$ m　　C. $50\sqrt{2}$ m　　D. $25\sqrt{2}$ m

【解析】C。本题考查正弦定理、三角形的性质。由三角形内角和定理可得 $\angle CBA = 180° - 30° - 105° = 45°$。由正弦定理知 $\dfrac{AC}{\sin \angle CBA} = \dfrac{AB}{\sin \angle ACB}$，$AB = \dfrac{AC \times \sin \angle ACB}{\sin \angle CBA} = \dfrac{100 \times \dfrac{1}{2}}{\dfrac{\sqrt{2}}{2}} = 50\sqrt{2}$，故选 C。

## 二、填空题

**例 1** 已知 $\tan\left(\alpha + \dfrac{\pi}{4}\right) = \dfrac{1}{2}$，且 $-\dfrac{\pi}{2} < \alpha < 0$，则 $\dfrac{2\sin^2\alpha + \sin 2\alpha}{\cos\left(\alpha - \dfrac{\pi}{4}\right)} = $ _____。

【解析】本题考查两角和、差的三角函数展开式，倍角公式。

由 $\tan\left(\alpha + \dfrac{\pi}{4}\right) = \dfrac{\tan\alpha + \tan\dfrac{\pi}{4}}{1 - \tan\alpha \tan\dfrac{\pi}{4}} = \dfrac{1}{2}$，得 $\tan\alpha = \dfrac{\sin\alpha}{\cos\alpha} = -\dfrac{1}{3}$。又由 $\sin^2\alpha + \cos^2\alpha = 1$，可得 $\sin\alpha = -\dfrac{\sqrt{10}}{10}$，$\cos\alpha = \dfrac{3\sqrt{10}}{10}$，由倍角公式 $\sin 2\alpha = 2\sin\alpha\cos\alpha = -\dfrac{3}{5}$，$\cos\left(\alpha - \dfrac{\pi}{4}\right) = \cos\alpha\cos\dfrac{\pi}{4} + \sin\alpha\sin\dfrac{\pi}{4} = \dfrac{\sqrt{5}}{5}$，于是 $\dfrac{2\sin^2\alpha + \sin 2\alpha}{\cos\left(\alpha - \dfrac{\pi}{4}\right)} = -\dfrac{2\sqrt{5}}{5}$。

**例 2** 在 $\triangle ABC$ 中，$\angle B = 120°$，$AB = \sqrt{2}$，$\angle A$ 的角平分线 $AD = \sqrt{3}$，则 $AC = $ _____。

【解析】本题考查正弦定理、三角形内角和定理。

由正弦定理得 $\dfrac{AB}{\sin \angle ADB} = \dfrac{AD}{\sin B}$，即 $\dfrac{\sqrt{2}}{\sin \angle ADB} = \dfrac{\sqrt{3}}{\sin 120°}$，解得 $\sin \angle ADB = \dfrac{\sqrt{2}}{2}$，$\angle ADB = 45°$，从而 $\angle BAD = 15° = \angle DAC$，所以 $C = 180° - 120° - 30° = 30°$，$|AC| = 2|AB|\cos 30° = \sqrt{6}$。

**例3** 在 $\triangle ABC$ 中，内角 $A,B,C$ 的对边分别为 $a,b,c$。若 $a>b$，且 $\sqrt{2}a=2b\sin A$，则 $B=$ _____。

**【解析】** 本题考查正弦定理、三角中的不等关系和一些特殊角的三角函数值。

由正弦定理 $\dfrac{a}{\sin A}=\dfrac{b}{\sin B}$ 知 $a\sin B=b\sin A$，由条件 $\sqrt{2}a=2b\sin A$ 知 $\sin B=\dfrac{\sqrt{2}}{2}$。由 $a>b$ 知 $\sin A>\sin B$，故 $B$ 为锐角，故得 $B=\dfrac{\pi}{4}$。

**例4** 已知 $\alpha$ 为锐角，$2\sin 2\alpha=\cos 2\alpha+1$，则 $\sin\alpha=$ _____。

**【解析】** 本题考查二倍角公式，同角三角函数基本关系。

由已知得 $4\sin\alpha\cos\alpha=2\cos^2\alpha-1+1$，即 $2\sin\alpha\cos\alpha=\cos^2\alpha$。因为 $\alpha$ 为锐角，所以 $2\sin\alpha=\cos\alpha$，与 $\sin^2\alpha+\cos^2\alpha=1$ 联立，解得 $\sin\alpha=\dfrac{\sqrt{5}}{5}$。

**例5** 函数 $f(x)=\cos\left(3x+\dfrac{\pi}{6}\right)$ 在 $[0,\pi]$ 的零点个数为 _____。

**【解析】** 本题考查三角函数的图像与性质。

因为 $0\leqslant x\leqslant\pi$，所以 $\dfrac{\pi}{6}\leqslant 3x+\dfrac{\pi}{6}\leqslant\dfrac{19\pi}{6}$，结合余弦函数的图像可得函数 $f(x)$ 取零点时，$3x+\dfrac{\pi}{6}=\dfrac{\pi}{2}$ 或 $3x+\dfrac{\pi}{6}=\dfrac{3\pi}{2}$ 或 $3x+\dfrac{\pi}{6}=\dfrac{5\pi}{2}$，即 $x=\dfrac{\pi}{9}$ 或 $x=\dfrac{4\pi}{9}$ 或 $x=\dfrac{7\pi}{9}$，因此共有 3 个零点。

### 三、计算题

**例1** 已知 $\alpha\in\left(\dfrac{\pi}{2},\pi\right),\beta\in\left(0,\dfrac{\pi}{2}\right)$，且 $\cos(\alpha-\beta)=\dfrac{4}{5}$，$\sin(\alpha+\beta)=-\dfrac{5}{13}$，求 $\cos 2\alpha$ 的值。

**【解析】** 本题考查两角和与差的三角函数。

因为 $\alpha\in\left(\dfrac{\pi}{2},\pi\right),\beta\in\left(0,\dfrac{\pi}{2}\right)$，

所以 $\alpha-\beta\in(0,\pi)$，$\alpha+\beta\in\left(\dfrac{\pi}{2},\dfrac{3\pi}{2}\right)$，

所以 $\sin(\alpha-\beta)=\sqrt{1-\cos^2(\alpha-\beta)}=\dfrac{3}{5}$，

$\cos(\alpha+\beta)=-\sqrt{1-\sin^2(\alpha+\beta)}=-\dfrac{12}{13}$，

所以 $\cos 2\alpha=\cos[(\alpha-\beta)+(\alpha+\beta)]$

$=\cos(\alpha-\beta)\cos(\alpha+\beta)-\sin(\alpha-\beta)\sin(\alpha+\beta)$

$=\dfrac{4}{5}\times\left(-\dfrac{12}{13}\right)-\dfrac{3}{5}\times\left(-\dfrac{5}{13}\right)$

$=-\dfrac{33}{65}$。

**例2** 设 $\triangle ABC$ 的内角 $A,B,C$ 的对边分别为 $a,b,c$，且 $a+c=6,b=2,\cos B=\dfrac{7}{9}$。

(1) 求 $a,c$ 的值；

(2) 求 $\sin(A-B)$ 的值。

**【解析】** 本题考查正弦定理、余弦定理、三角恒等式、两角差的三角函数公式。

(1) 由余弦定理 $b^2 = a^2 + c^2 - 2ac\cos B$,得 $b^2 = (a+c)^2 - 2ac(1+\cos B)$。

又因为 $a+c=6, b=2, \cos B = \dfrac{7}{9}$,所以 $ac=9$,解得 $a=3, c=3$。

(2) 在 $\triangle ABC$ 中,$\sin B = \sqrt{1-\cos^2 B} = \dfrac{4\sqrt{2}}{9}$,

由正弦定理得 $\sin A = \dfrac{a\sin B}{b} = \dfrac{2\sqrt{2}}{3}$。

因为 $a = c$,所以 $A$ 为锐角,所以 $\cos A = \sqrt{1-\sin^2 A} = \dfrac{1}{3}$。

因此 $\sin(A-B) = \sin A\cos B - \cos A\sin B = \dfrac{10\sqrt{2}}{27}$。

**例 3** 在 $\triangle ABC$ 中,内角 $A, B, C$ 的对边分别为 $a, b, c$。已知 $b+c=2a, 3c\sin B = 4a\sin C$。
(1) 求 $\cos B$ 的值;
(2) 求 $\sin\left(2B + \dfrac{\pi}{6}\right)$ 的值。

**【解析】** 本题考查同角三角函数的基本关系,两角和的正弦公式,以及正弦定理、余弦定理。

(1) 由正弦定理 $\dfrac{b}{\sin B} = \dfrac{c}{\sin C}$ 得 $b\sin C = c\sin B$,又由 $3c\sin B = 4a\sin C$ 得 $3b = 4a$。

又因为 $b+c=2a$,得到 $b = \dfrac{4}{3}a, c = \dfrac{2}{3}a$。由余弦定理可得

$$\cos B = \dfrac{a^2+c^2-b^2}{2ac} = \dfrac{a^2+\left(\dfrac{2}{3}a\right)^2-\left(\dfrac{4}{3}a\right)^2}{2\times a\times \dfrac{2}{3}a} = -\dfrac{1}{4}$$

(2) 由 (1) 可得 $\sin B = \sqrt{1-\cos^2 B} = \dfrac{\sqrt{15}}{4}$,从而 $\sin 2B = 2\sin B\cos B = -\dfrac{\sqrt{15}}{8}$,

$\cos 2B = \cos^2 B - \sin^2 B = -\dfrac{7}{8}$,故 $\sin\left(2B+\dfrac{\pi}{6}\right) = \sin 2B\cos\dfrac{\pi}{6} + \cos 2B\sin\dfrac{\pi}{6} = -\dfrac{\sqrt{15}}{8}\times\dfrac{\sqrt{3}}{2} - \dfrac{7}{8}\times\dfrac{1}{2} = -\dfrac{3\sqrt{5}+7}{16}$。

**例 4** 如图 4-9 所示,在四边形 $ABCD$ 中,$AB=4, BC=5, AC=7, B+D=\pi$。

(1) 求 $\cos D$ 的值;
(2) 若 $AC$ 是 $\angle DAB$ 的平分线,求 $DC$ 的长。

**【解析】** 本题考查余弦定理、正弦定理及三角形性质的综合运用。

(1) 在 $\triangle ABC$ 中,因为 $AB=4, BC=5, AC=7$,由余弦定理可得 $\cos B = \dfrac{AB^2+BC^2-AC^2}{2AB\times BC} = \dfrac{4^2+5^2-7^2}{2\times 4\times 5} = -\dfrac{1}{5}$。又因为 $B+D=\pi$,所以 $\cos D = \cos(\pi - B) = -\cos B = \dfrac{1}{5}$。

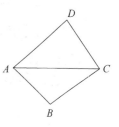

图 4-9

(2)因为 $AC$ 是 $\angle DAB$ 的平分线,所以 $\angle DAC = \angle BAC$。在 $\triangle ABC$ 中,由正弦定理得 $\dfrac{BC}{\sin\angle BAC} = \dfrac{AC}{\sin B}$。在 $\triangle ADC$ 中,由正弦定理得 $\dfrac{DC}{\sin\angle DAC} = \dfrac{AC}{\sin D}$。因为 $\sin\angle DAC = \sin\angle BAC$,且 $\sin B = \sin(\pi - D) = \sin D$,所以 $DC = BC$,即 $DC = 5$。

**例5** 在 $\triangle ABC$ 中,角 $A, B, C$ 的对边分别为 $a, b, c$,且角 $A, B, C$ 成等差数列。

(1) 求 $\cos B$ 的值;

(2) 边 $a, b, c$ 成等比数列,求 $\sin A \sin C$ 的值。

**【解析】** 本题考查特殊角的三角函数值、三角形内角和定理、等差数列、正弦定理及基本运算。

(1) 由三角形内角和定理知 $A + B + C = \pi$,又因为 $A, B, C$ 成等差数列,因此 $2B = A + C$,由此算得 $B = \dfrac{\pi}{3}$,所以 $\cos B = \dfrac{1}{2}$。

(2) $a, b, c$ 成等比数列,所以 $b^2 = ac$,结合正弦定理 $\dfrac{a}{\sin A} = \dfrac{b}{\sin B} = \dfrac{c}{\sin C}$,可得

$\sin A \sin C = \sin^2 B = \dfrac{3}{4}$。

**例6** 在 $\triangle ABC$ 中,内角 $A, B, C$ 所对的边分别为 $a, b, c$,已知 $\triangle ABC$ 的面积为 $\dfrac{a^2}{3\sin A}$。

(1) 求 $\sin B \sin C$ 的值;

(2) 若 $6\cos B \cos C = 1, a = 3$,求 $\triangle ABC$ 的周长。

**【解析】** 本题考查三角形面积公式、三角形内角和定理、正弦定理、余弦定理。

(1) 因为 $S_{\triangle ABC} = \dfrac{1}{2}ac\sin B = \dfrac{a^2}{3\sin A}$,所以 $\sin B = \dfrac{2a}{3c\sin A}$。

由正弦定理知 $\sin B \sin C = \dfrac{b\sin A}{a} \cdot \dfrac{c\sin B}{b} = \dfrac{c\sin A}{a} \cdot \dfrac{2a}{3c\sin A} = \dfrac{2}{3}$。

(2) 因为 $\cos(B+C) = \cos B \cos C - \sin B \sin C = -\dfrac{1}{2}$,所以 $B + C = \dfrac{2\pi}{3}$,因此 $A = \dfrac{\pi}{3}$。

$S_{\triangle ABC} = \dfrac{1}{2}bc\sin A = \dfrac{a^2}{3\sin A}$,解得 $bc = 8$。

由余弦定理知 $b^2 + c^2 - 2bc\cos A = a^2$,于是 $b^2 + c^2 - bc = 9$,配方得

$(b+c)^2 = 9 + 3bc = 33$,因此 $b + c = \sqrt{33}$,所以 $\triangle ABC$ 的周长为 $a + b + c = 3 + \sqrt{33}$。

**例7** 已知函数 $f(x) = \cos^2 x + \sqrt{3}\sin x \cos x$。

(1) 求 $f\left(\dfrac{\pi}{3}\right)$ 的值及 $f(x)$ 的最小正周期;

(2) 若函数 $f(x)$ 在区间 $[0, m]$ 上单调递增,求实数 $m$ 的最大值。

**【解析】** 本题考查三角恒等变换、三角函数的单调性及其应用。

(1) 由已知得 $f\left(\dfrac{\pi}{3}\right) = \cos^2 \dfrac{\pi}{3} + \sqrt{3}\sin\dfrac{\pi}{3}\cos\dfrac{\pi}{3} = \left(\dfrac{1}{2}\right)^2 + \sqrt{3} \times \dfrac{\sqrt{3}}{2} \times \dfrac{1}{2} = 1$。

由二倍角公式及和差化积公式得 $f(x) = \dfrac{1 + \cos 2x}{2} + \dfrac{\sqrt{3}}{2}\sin 2x = \dfrac{1}{2}\cos 2x + \dfrac{\sqrt{3}}{2}\sin 2x + \dfrac{1}{2} = \sin\dfrac{\pi}{6}\cos 2x + \cos\dfrac{\pi}{6}\sin 2x + \dfrac{1}{2} = \sin\left(2x + \dfrac{\pi}{6}\right) + \dfrac{1}{2}$,所以 $f(x)$ 的最小正周期为 $\dfrac{2\pi}{2} = \pi$。

(2) 由于当 $2k\pi - \dfrac{\pi}{2} \leqslant 2x + \dfrac{\pi}{6} \leqslant 2k\pi + \dfrac{\pi}{2}(k \in \mathbf{Z})$ 时，$\sin\left(2x + \dfrac{\pi}{6}\right)$ 单调递增，可得当 $k\pi - \dfrac{\pi}{3} \leqslant x \leqslant k\pi + \dfrac{\pi}{6}(k \in \mathbf{Z})$ 时 $f(x)$ 单调递增。当 $k = 0$ 时，$f(x)$ 的单调递增区间为 $\left[-\dfrac{\pi}{3}, \dfrac{\pi}{6}\right]$，若 $f(x)$ 在区间 $[0, m]$ 上单调递增，则 $[0, m] \subseteq \left[-\dfrac{\pi}{3}, \dfrac{\pi}{6}\right]$，所以实数 $m$ 的最大值为 $\dfrac{\pi}{6}$。

**例8** 已知函数 $f(x) = \left[2\sin\left(x + \dfrac{\pi}{3}\right) + \sin x\right]\cos x - \sqrt{3}\sin^2 x(x \in \mathbf{R})$。

（1）求函数 $f(x)$ 的最小正周期；

（2）若存在 $x_0 \in \left[0, \dfrac{5\pi}{12}\right]$，使不等式 $f(x_0) < m$ 成立，求实数 $m$ 的取值范围。

**【解析】** 本题考查三角恒等变换，三角函数的周期，三角函数的值域和存在问题的求解。

（1）因为 $f(x) = \left[2\sin\left(x + \dfrac{\pi}{3}\right) + \sin x\right]\cos x - \sqrt{3}\sin^2 x$

$= \left[2\left(\sin x\cos\dfrac{\pi}{3} + \cos x\sin\dfrac{\pi}{3}\right) + \sin x\right]\cos x - \sqrt{3}\sin^2 x$

$= (2\sin x + \sqrt{3}\cos x)\cos x - \sqrt{3}\sin^2 x = \sin 2x + \sqrt{3}\cos 2x = 2\sin\left(2x + \dfrac{\pi}{3}\right)$，

所以函数 $f(x)$ 的最小正周期 $T = \dfrac{2\pi}{2} = \pi$。

（2）因为 $x_0 \in \left[0, \dfrac{5\pi}{12}\right]$，所以 $2x_0 + \dfrac{\pi}{3} \in \left[\dfrac{\pi}{3}, \dfrac{7\pi}{6}\right]$，$\sin\left(2x_0 + \dfrac{\pi}{3}\right) \in \left[-\dfrac{1}{2}, 1\right]$，$-1 \leqslant f(x_0) \leqslant 2$。

因为存在 $x_0 \in \left[0, \dfrac{5\pi}{12}\right]$，使 $f(x_0) < m$ 成立，所以 $m > -1$。故实数 $m$ 的取值范围为 $(-1, +\infty)$。

**例9** 设函数 $f(x) = \sin x(x \in \mathbf{R})$。

（1）已知 $\theta \in [0, 2\pi)$，函数 $f(x + \theta)$ 是偶函数，求 $\theta$ 的值；

（2）求函数 $y = \left[f\left(x + \dfrac{\pi}{12}\right)\right]^2 + \left[f\left(x + \dfrac{\pi}{4}\right)\right]^2$ 的值域。

**【解析】** 本题考查三角函数及其恒等变换等基础知识。

（1）因为 $f(x + \theta) = \sin(x + \theta)$ 是偶函数，所以对任意实数 $x$ 都有 $\sin(x + \theta) = \sin(-x + \theta)$，即 $\sin x\cos\theta + \cos x\sin\theta = -\sin x\cos\theta + \cos x\sin\theta$，

故 $2\sin x\cos\theta = 0$，所以 $\cos\theta = 0$。又因为 $\theta \in [0, 2\pi)$，因此 $\theta = \dfrac{\pi}{2}$ 或 $\theta = \dfrac{3\pi}{2}$。

（2）$y = \left[f\left(x + \dfrac{\pi}{12}\right)\right]^2 + \left[f\left(x + \dfrac{\pi}{4}\right)\right]^2 = \sin^2\left(x + \dfrac{\pi}{12}\right) + \sin^2\left(x + \dfrac{\pi}{4}\right)$

$= \dfrac{1 - \cos\left(2x + \dfrac{\pi}{6}\right)}{2} + \dfrac{1 - \cos\left(2x + \dfrac{\pi}{2}\right)}{2} = 1 - \dfrac{1}{2}\left[\cos\left(2x + \dfrac{\pi}{6}\right) + \cos\left(2x + \dfrac{\pi}{2}\right)\right]$

$= 1 - \dfrac{1}{2}\left(\cos 2x\cos\dfrac{\pi}{6} - \sin 2x\sin\dfrac{\pi}{6} - \sin 2x\right) = 1 - \dfrac{1}{2}\left(\dfrac{\sqrt{3}}{2}\cos 2x - \dfrac{3}{2}\sin 2x\right)$

$= 1 - \dfrac{\sqrt{3}}{2}\left(\dfrac{1}{2}\cos 2x - \dfrac{\sqrt{3}}{2}\sin 2x\right) = 1 - \dfrac{\sqrt{3}}{2}\cos\left(2x + \dfrac{\pi}{3}\right)$，

因此,函数的值域为 $\left[1-\frac{\sqrt{3}}{2},1+\frac{\sqrt{3}}{2}\right]$。

**例10** $\triangle ABC$ 的内角 $A,B,C$ 的对边分别为 $a,b,c$,已知 $a\sin\frac{A+C}{2}=b\sin A$。

(1) 求 $B$ 的大小。

(2) 若 $\triangle ABC$ 为锐角三角形,且 $c=1$,求 $\triangle ABC$ 面积的取值范围。

【解析】本题考查正弦定理、倍角公式、三角形的内角和定理及三角形的面积公式等基础知识。

(1) 由已知和正弦定理得 $\sin A\sin\frac{A+C}{2}=\sin B\sin A$,因为 $\sin A\neq 0$,所以 $\sin\frac{A+C}{2}=\sin B$。由 $A+B+C=180°$,可得 $\frac{A+C}{2}=90°-\frac{B}{2}$,即 $\sin\frac{A+C}{2}=\cos\frac{B}{2}$,故 $2\sin\frac{B}{2}\cos\frac{B}{2}=\cos\frac{B}{2}$。因为 $\cos\frac{B}{2}\neq 0$,所以 $\sin\frac{B}{2}=\frac{1}{2}$,因此 $B=60°$。

(2) 由 $c=1$ 及面积公式得 $S_{\triangle ABC}=\frac{1}{2}ac\sin B=\frac{\sqrt{3}}{4}a$,由正弦定理得 $a=\frac{c\sin A}{\sin C}=\frac{\sin(120°-C)}{\sin C}$ $=\frac{\sin 120°\cos C-\cos 120°\sin C}{\sin C}=\frac{\sqrt{3}}{2\tan C}+\frac{1}{2}$。由于 $\triangle ABC$ 为锐角三角形,$0<A<90°,0<C<90°$,由(1)知 $A+C=120°$,所以 $30°<C<90°$,故 $\frac{1}{2}<a<2$,从而 $\frac{\sqrt{3}}{8}<S_{\triangle ABC}<\frac{\sqrt{3}}{2}$。

**例11** 已知函数 $f(x)=2\sin x\cos x+2\sqrt{3}\sin\left(x+\frac{\pi}{4}\right)\cos\left(x+\frac{\pi}{4}\right)$。

(1) 求函数 $f(x)$ 图像的对称轴方程;

(2) 将函数 $f(x)$ 的图像向右平移 $\frac{\pi}{3}$ 个单位长度,得到函数 $g(x)$ 的图像,若关于 $x$ 的方程 $g(x)-1=m$ 在 $\left[0,\frac{\pi}{2}\right]$ 上恰有一解,求实数 $m$ 的取值范围。

【解析】本题主要考查三角恒等变换、正弦函数的最值以及三角函数的平移变换的综合运用。

(1) $f(x)=2\sin x\cos x+2\sqrt{3}\sin\left(x+\frac{\pi}{4}\right)\cos\left(x+\frac{\pi}{4}\right)=\sin 2x+\sqrt{3}\sin\left(2x+\frac{\pi}{2}\right)=\sin 2x+\sqrt{3}\cos 2x=2\left(\frac{1}{2}\sin 2x+\frac{\sqrt{3}}{2}\cos 2x\right)=2\sin\left(2x+\frac{\pi}{3}\right)$。令 $2x+\frac{\pi}{3}=k\pi+\frac{\pi}{2}(k\in\mathbf{Z})$,得 $x=\frac{k\pi}{2}+\frac{\pi}{12}(k\in\mathbf{Z})$,故 $f(x)$ 图像的对称轴方程为 $x=\frac{k\pi}{2}+\frac{\pi}{12}(k\in\mathbf{Z})$。

(2) 函数 $f(x)$ 的图像向右平移 $\frac{\pi}{3}$ 个单位长度,得到函数 $g(x)=2\sin\left[2\left(x-\frac{\pi}{3}\right)+\frac{\pi}{3}\right]$, $g(x)=2\sin\left(2x-\frac{\pi}{3}\right)$。若关于 $x$ 的方程 $g(x)-1=m$ 在 $\left[0,\frac{\pi}{2}\right]$ 上恰有一解,即 $\sin\left(2x-\frac{\pi}{3}\right)=\frac{1+m}{2}$ 在 $\left[0,\frac{\pi}{2}\right]$ 上恰有一解,因为 $x\in\left[0,\frac{\pi}{2}\right]$,所以 $2x-\frac{\pi}{3}\in\left[-\frac{\pi}{3},\frac{2\pi}{3}\right]$。当 $2x-\frac{\pi}{3}\in\left[-\frac{\pi}{3},\frac{\pi}{2}\right]$ 时,函数 $g(x)=2\sin\left(2x-\frac{\pi}{3}\right)$ 单调递增,当 $2x-\frac{\pi}{3}\in\left[\frac{\pi}{2},\frac{2\pi}{3}\right]$ 时,函数 $g(x)=2\sin\left(2x-\frac{\pi}{3}\right)$ 单调递减,

又 $\sin\left(-\frac{\pi}{3}\right)=-\frac{\sqrt{3}}{2}, \sin\frac{\pi}{2}=1, \sin\left(\frac{2\pi}{3}\right)=\frac{\sqrt{3}}{2}$，所以 $-\frac{\sqrt{3}}{2}\leqslant\frac{1+m}{2}\leqslant\frac{\sqrt{3}}{2}$ 或 $\frac{1+m}{2}=1$，解得 $-\sqrt{3}-1\leqslant m\leqslant\sqrt{3}-1$ 或 $m=1$，即实数 $m$ 的取值范围是 $[-\sqrt{3}-1,\sqrt{3}-1]\cup\{1\}$。

**例12** 如图 4-10 所示在四边形 $ABCD$ 中，$AD//BC$，$AB=\sqrt{3}$，$\angle A=120°$，$BD=3$。

(1) 求 $AD$ 的长；
(2) 若 $\angle BCD=105°$，求四边形 $ABCD$ 的面积。

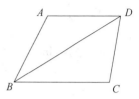

图 4-10

【解析】本题考查余弦定理、正弦定理、三角形面积公式。

(1) 因为在 $\triangle ABC$ 中，$AB=\sqrt{3}$，$\angle A=120°$，$BD=3$，由余弦定理可得 $\cos 120°=\frac{\sqrt{3}^2+AD^2-3^2}{2\times\sqrt{3}\times AD}$，解得 $AD=\sqrt{3}$（$AD=-2\sqrt{3}$（舍去）），所以 $AD=\sqrt{3}$。

(2) 因为 $AD//BC$，$AB=\sqrt{3}=AD$，$\angle A=120°$，$BD=3$，$\angle BCD=105°$，所以 $\angle DBC=\angle ADB=30°$，$\angle BDC=45°$，由正弦定理得 $\frac{BC}{\sin 45°}=\frac{3}{\sin 105°}$。

而 $\sin 105°=\sin 75°=\sin(30°+45°)=\sin 30°\cos 45°+\cos 30°\sin 45°=\frac{\sqrt{2}+\sqrt{6}}{4}$，所以 $BC=3\sqrt{3}-3$，所以四边形 $ABCD$ 的面积 $S=S_{\triangle ABD}+S_{\triangle BDC}=\frac{1}{2}AD\times DB\sin\angle ADB+\frac{1}{2}BD\times BC\sin\angle DBC=\frac{1}{2}\sqrt{3}\times 3\times\frac{1}{2}+\frac{1}{2}\times 3\times(3\sqrt{3}-3)\times\frac{1}{2}=\frac{13\sqrt{3}-9}{4}$。

## 强化训练

一、选择题

1. $\tan\alpha=\frac{1}{3}$，$\tan(\alpha+\beta)=\frac{1}{2}$，则 $\tan\beta=($ ）。

   A. $\frac{1}{7}$　　　B. $\frac{1}{6}$　　　C. $\frac{5}{7}$　　　D. $\frac{5}{6}$

2. 若 $\tan\alpha=2\tan\frac{\pi}{5}$，则 $\frac{\cos\left(\alpha-\frac{3\pi}{10}\right)}{\sin\left(\alpha-\frac{\pi}{5}\right)}=($ ）。

   A. 1　　　B. 2　　　C. 3　　　D. 4

3. 设 $\sin 2\alpha=-\sin\alpha\left(\alpha\in\left(\frac{\pi}{2},\pi\right)\right)$，则 $\tan 2\alpha$ 的值是（　　）。

   A. 1　　　B. $\sqrt{3}$　　　C. $\frac{\sqrt{3}}{2}$　　　D. $\frac{1}{2}$

4. 若 $\alpha$ 是第二象限角，则 $\tan\alpha\cdot\sqrt{\frac{1}{\sin^2\alpha}-1}$ 的化简结果是（　　）。

   A. $-1$　　　B. 1　　　C. $-\tan\alpha$　　　D. $-\tan^2\alpha$

5. 已知 $O$ 为坐标原点，角 $\alpha$ 的终边经过点 $P(-3,m)(m<0)$ 且 $\sin\alpha = \frac{\sqrt{10}}{10}m$，则 $\sin2\alpha$ = （  ）。

　　A. $-\frac{3}{5}$　　　　B. $-\frac{4}{5}$　　　　C. $\frac{3}{5}$　　　　D. $\frac{4}{5}$

6. 已知 $\sin\alpha = \frac{3}{5}\left(\alpha \in \left(\frac{\pi}{2},\pi\right)\right)$，$\tan(\pi-\beta) = \frac{1}{2}$，则 $\tan(\alpha-\beta)$ 的值为（  ）。

　　A. $-\frac{2}{11}$　　　　B. $\frac{2}{11}$　　　　C. $\frac{11}{2}$　　　　D. $-\frac{11}{2}$

7. 若 $\alpha$ 为第四象限角，则（  ）。

　　A. $\cos2\alpha>0$　　　B. $\cos2\alpha<0$　　　C. $\sin2\alpha>0$　　　D. $\sin2\alpha<0$

8. 在 $\triangle ABC$ 中，内角 $A,B,C$ 的对边分别为 $a,b,c$，其中 $b^2=ac$ 且 $\sin C=\sqrt{2}\sin B$，则其最小内角的余弦值为（  ）。

　　A. $-\frac{\sqrt{2}}{4}$　　　B. $\frac{\sqrt{2}}{4}$　　　C. $\frac{5\sqrt{2}}{8}$　　　D. $\frac{3}{4}$

二、填空题

1. 已知 $\alpha$ 是第三象限角，$\sin\alpha = -\frac{1}{3}$，则 $\cot\alpha = $ _____。

2. 如图 4－11 所示，在 $\triangle ABC$ 中，已知点 $D$ 在 $BC$ 边上，$AD \perp AC$，$\sin\angle BAC = \frac{2\sqrt{2}}{3}$，$AB=3\sqrt{2}$，$AD=3$，则 $BD$ 的长为_____。

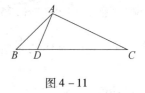

图 4－11

3. 设 $\triangle ABC$ 的三个内角 $A,B,C$ 的对边的长分别是 $a,b,c$，且 $\frac{a}{\cos A} = \frac{c}{\sin C}$，那么 $A = $ _____。

4. 在 $\triangle ABC$ 中，$\angle ABC = \frac{\pi}{4}$，$AB=\sqrt{2}$，$BC=3$，则 $\sin\angle BAC = $ _____。

5. 在 $\triangle ABC$ 中，$a=4,b=5,c=6$，则 $\frac{\sin2A}{\sin C} = $ _____。

6. 设 $\triangle ABC$ 的内角 $A,B,C$ 的对边分别为 $a,b,c$，若 $a=\sqrt{3}$，$\sin B=\frac{1}{2}$，$C=\frac{\pi}{6}$，则 $b=$ _____。

7. 若 $\sin\frac{\alpha}{2} = \frac{\sqrt{3}}{3}$，则 $\cos\alpha = $ _____。

8. 在平面直角坐标系 $xOy$ 中，点 $P(x_0,y_0)$ 在单位圆 $O$ 上，设 $\angle xOP=\alpha$，且 $\alpha \in \left(\frac{\pi}{4},\frac{3\pi}{4}\right)$。若 $\cos\left(\alpha+\frac{\pi}{4}\right) = -\frac{4}{5}$，则 $x_0$ 的值为_____。

9. 设 $\triangle ABC$ 的内角 $A,B,C$ 的对边分别为 $a,b,c$，且 $\frac{\sin A}{\sin B + \sin C} + \frac{b}{a+c} = 1$，则角 $C$ = _____。

10. 我国南宋著名数学家秦九韶在他的著作《数书九章》卷五的"田域类"中写道：问有沙田一段，有三斜，其小斜一十三里，中斜一十四里，大斜一十五里。里法三百步，欲知为田几何。

意思是已知三角形沙田的三边长分别为13里、14里、15里,求三角形沙田的面积。该沙田的面积为_____平方里。

11. 已知角$\alpha$的顶点为坐标原点,始边与$x$轴的非负半轴重合,直线$l:2mx-2y+m-\sqrt{3}=0$恒过点$A$,且点$A$在角$\alpha$的终边上,则$\cos^2\alpha+2\sin2\alpha=$_____。

12. 在$\triangle ABC$中,$a,b,c$分别为内角$A,B,C$的对边,若$\sin A:\sin B:\sin C=4:5:6$,则$\dfrac{2a\cos A}{c}=$_____。

### 三、计算题

1. 在$\triangle ABC$中,三内角分别为$A,B,C$,三边分别为$a,b,c$,满足$\dfrac{\sin(A-B)}{\sin(A+B)}=\dfrac{b+c}{c}$。

   (1) 求角$A$的大小;
   (2) 若$a=6$,求$\triangle ABC$面积最大值。

2. 如图4-12所示,在$\triangle ABC$中,已知$\angle ABC=45°$,$AB=\dfrac{5\sqrt{6}}{2}$,$D$是$BC$边上的一点,$AD=5$,$DC=3$,求$AC$的长。

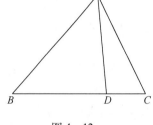

3. 在$\triangle ABC$中,内角$A,B,C$的对边分别是$a,b,c$。已知$\cos 2A-3\cos(B+C)=1$。

   (1) 求角$A$的大小;

图4-12

   (2) 若$\triangle ABC$的面积$S=5\sqrt{3}$,$b=5$,求$\sin B\sin C$的值。

4. 在$\triangle ABC$中,内角$A,B,C$的对边分别为$a,b,c$,且$2\cos^2\dfrac{A-B}{2}\cos B-\sin(A-B)\sin B+\cos(A+C)=-\dfrac{3}{5}$,求$\cos A$的值。

5. 设$\triangle ABC$的内角$A,B,C$的对边分别为$a,b,c$,且$a+b=11$,$c=7$,$\cos A=-\dfrac{1}{7}$。

   (1) 求$a$的值;
   (2) 求$\sin C$和$\triangle ABC$的面积。

6. 设$\triangle ABC$的内角$A,B,C$的对边分别是$a,b,c$,且$(a+b+c)(a-b+c)=ac$。

   (1) 求$B$的大小;
   (2) 若$\sin A\sin C=\dfrac{\sqrt{3}-1}{4}$,求$C$的值。

7. 在锐角$\triangle ABC$中,内角$A,B,C$的对边分别是$a,b,c$,且$2a\sin B=\sqrt{3}b$。

   (1) 求角$A$的大小;
   (2) 若$a=6$,$b+c=8$,求$\triangle ABC$的面积。

8. 如图4-13所示,在$\triangle ABC$中,$\angle B=\dfrac{\pi}{3}$,$AB=8$,点$D$在$BC$边上,且$CD=2$,$\cos\angle ADC=\dfrac{1}{7}$。

   (1) 求$\sin\angle BAD$的值;
   (2) 求$BD,AC$的长。

图4-13

9. 设 $\triangle ABC$ 的内角 $A, B, C$ 的对边的长分别是 $a, b, c$，且 $b=3, c=1$，$\triangle ABC$ 的面积为 $\sqrt{2}$，求 $\cos A$ 与 $a$ 的值。

10. $\triangle ABC$ 的内角 $A, B, C$ 的对边分别是 $a, b, c$，已知 $a = b\cos C + c\sin B$。

  (1) 求 $B$ 的大小的值；

  (2) 若 $b=2$，求 $\triangle ABC$ 面积的最大值。

11. 已知 $a, b, c$ 分别为 $\triangle ABC$ 内角 $A, B, C$ 的对边，$\sin^2 B = 2\sin A \sin C$。

  (1) 若 $a=b$，求 $\cos B$ 的值；

  (2) 设 $B = 90°$，且 $a = \sqrt{2}$，求 $\triangle ABC$ 的面积。

12. 在 $\triangle ABC$ 中，$D$ 是 $BC$ 上的点，$AD$ 平分 $\angle BAC$，$\triangle ABD$ 是 $\triangle ADC$ 面积的 2 倍。

  (1) 求 $\dfrac{\sin \angle B}{\sin \angle C}$ 的值；

  (2) 若 $AD = 1, DC = \dfrac{\sqrt{2}}{2}$，求 $BD$ 和 $AC$ 的长。

13. 在 $\triangle ABC$ 中，内角 $A, B, C$ 的对边分别为 $a, b, c$。已知 $\cos B = \dfrac{\sqrt{3}}{3}, ac = 2\sqrt{3}, \sin(A+B) = \dfrac{\sqrt{6}}{9}$，求 $\sin A$ 和 $c$ 的值。

14. 在 $\triangle ABC$ 中，已知 $AB = 2, AC = 3, A = 60°$。

  (1) 求 $BC$ 的长；

  (2) 求 $\sin 2C$ 的值。

15. $\triangle ABC$ 的内角 $A, B, C$ 的对边分别为 $a, b, c$。

  (1) 若 $a, b, c$ 成等差数列，证明 $\sin A + \sin C = 2\sin(A+C)$；

  (2) 若 $a, b, c$ 成等比数列，求 $\cos B$ 的最小值。

16. 在 $\triangle ABC$ 中，内角 $A, B, C$ 的对边分别为 $a, b, c$，若 $\cos A = \dfrac{\sqrt{10}}{4}, B = 2A, b = \sqrt{15}$。

  (1) 求 $a$ 的长；

  (2) 已知 $M$ 在边 $BC$ 上，且 $\dfrac{CM}{MB} = \dfrac{1}{2}$，求 $\triangle CMA$ 的面积。

17. 在 $\triangle ABC$ 中，$\sin^2 A - \sin^2 B - \sin^2 C = \sin B \sin C$。

  (1) 求 $A$ 的大小；

  (2) 若 $BC = 3$，求 $\triangle ABC$ 周长的最大值。

18. 已知 $\triangle ABC$ 的内角 $A, B, C$ 的对边分别为 $a, b, c$，$\triangle ABC$ 的面积为 $S, a^2 + b^2 - c^2 = 2S$。

  (1) 求 $\cos C$ 的值；

  (2) 若 $a\cos B + b\sin A = c, a = \sqrt{5}$，求 $b$ 的长。

## 【强化训练解析】

一、选择题

1. A。本题考查两角和与差的正切公式。

$\tan(\alpha+\beta)=\dfrac{\tan\alpha+\tan\beta}{1-\tan\alpha\tan\beta}=\dfrac{1}{2}$,代入 $\tan\alpha=\dfrac{1}{3}$,解出 $\tan\beta=\dfrac{1}{7}$

故选 A。

2. C。本题考查诱导公式、两角和与差的正余弦公式。

$$\dfrac{\cos\left(\alpha-\dfrac{3\pi}{10}\right)}{\sin\left(\alpha-\dfrac{\pi}{5}\right)}=\dfrac{\cos\alpha\cos\dfrac{3\pi}{10}+\sin\alpha\sin\dfrac{3\pi}{10}}{\sin\alpha\cos\dfrac{\pi}{5}-\cos\alpha\sin\dfrac{\pi}{5}}=\dfrac{\cos\dfrac{3\pi}{10}+\tan\alpha\sin\dfrac{3\pi}{10}}{\tan\alpha\cos\dfrac{\pi}{5}-\sin\dfrac{\pi}{5}}=\dfrac{\cos\dfrac{3\pi}{10}+2\tan\dfrac{\pi}{5}\sin\dfrac{3\pi}{10}}{2\tan\dfrac{\pi}{5}\cos\dfrac{\pi}{5}-\sin\dfrac{\pi}{5}}$$

$$=\dfrac{\cos\dfrac{\pi}{5}\cos\dfrac{3\pi}{10}+2\sin\dfrac{\pi}{5}\sin\dfrac{3\pi}{10}}{\sin\dfrac{\pi}{5}\cos\dfrac{\pi}{5}}=\dfrac{\dfrac{1}{2}\left(\cos\dfrac{5\pi}{10}+\cos\dfrac{\pi}{10}\right)+\left(\cos\dfrac{\pi}{10}-\cos\dfrac{5\pi}{10}\right)}{\dfrac{1}{2}\sin\dfrac{2\pi}{5}}$$

$$=\dfrac{3\cos\dfrac{\pi}{10}}{\cos\dfrac{\pi}{10}}=3$$

故选 C。

3. B。本题考查正弦函数的二倍角公式,一些特殊函数的三角函数值。

由 $\sin2\alpha=2\sin\alpha\cos\alpha=-\sin\alpha$ 知,$\cos\alpha=-\dfrac{1}{2}$,因此 $\alpha=\dfrac{2\pi}{3}$,所以 $\tan2\alpha=\tan\dfrac{4\pi}{3}=\sqrt{3}$。

故选 B。

4. A。本题考查同角三角函数的基本关系。

因为 $\alpha$ 是第二象限角,所以

$\tan\alpha\cdot\sqrt{\dfrac{1}{\sin^2\alpha}-1}=\tan\alpha\cdot\sqrt{\dfrac{1-\sin^2\alpha}{\sin^2\alpha}}=\tan\alpha\cdot\sqrt{\dfrac{\cos^2\alpha}{\sin^2\alpha}}=\tan\alpha\cdot\dfrac{-\cos\alpha}{\sin\alpha}=-1$。

故选 A。

5. C。本题考查三角函数的定义及二倍角公式。

根据题意得 $\sin\alpha=\dfrac{m}{\sqrt{m^2+9}}=\dfrac{\sqrt{10}}{10}m$,解得 $m=-1$。所以 $P(-3,-1)$,从而 $\sin\alpha=-\dfrac{\sqrt{10}}{10}$,$\cos\alpha=-\dfrac{3\sqrt{10}}{10}$,所以 $\sin2\alpha=2\sin\alpha\cos\alpha=\dfrac{3}{5}$。故选 C。

6. A。本题考查同角三角函数的基本关系、诱导公式及两角差的正切公式。

因为 $\sin\alpha=\dfrac{3}{5}\left(\alpha\in\left(\dfrac{\pi}{2},\pi\right)\right)$,所以 $\cos\alpha=-\sqrt{1-\sin^2\alpha}=-\dfrac{4}{5}$,从而

$\tan\alpha=\dfrac{\sin\alpha}{\cos\alpha}=-\dfrac{3}{4}$。

因为 $\tan(\pi-\beta)=\dfrac{1}{2}=-\tan\beta$,所以 $\tan\beta=-\dfrac{1}{2}$,则

$\tan(\alpha-\beta)=\dfrac{\tan\alpha-\tan\beta}{1-\tan\alpha\tan\beta}=-\dfrac{2}{11}$。

故选 A。

7. D。本题考查三角函数的概念。

因为 $\alpha$ 为第四象限角,所以 $-\dfrac{\pi}{2}+2k\pi<\alpha<2k\pi,(k\in\mathbf{Z})$,从而 $-\pi+4k\pi<\alpha<4k\pi$,即角 $2\alpha$ 的终边在第三、四象限或 $y$ 轴的负半轴上,从而 $\sin 2\alpha<0$,$\cos 2\alpha$ 可正、可负、可为零。故选 D。

8. C。本题考查正弦定理及余弦定理。

由正弦定理及题设条件 $\sin C=\sqrt{2}\sin B$ 得 $c=\sqrt{2}b$。又因为 $b^2=ac$,所以 $c=2a$,所以角 $A$ 为 $\triangle ABC$ 的最小内角。由余弦定理,知

$$\cos A=\dfrac{b^2+c^2-a^2}{2bc}=\dfrac{\left(\sqrt{2}a\right)^2+(2a)^2-a^2}{2\cdot\sqrt{2}a\cdot 2a}=\dfrac{5\sqrt{2}}{8}$$

故选 C。

## 二、填空题

1. $2\sqrt{2}$。本题考查三角恒等式及三角函数之间的关系。

由三角恒等式知 $\cos\alpha=-\sqrt{1-\sin^2\alpha}=-\dfrac{2\sqrt{2}}{3}$,因此 $\cot\alpha=\dfrac{\cos\alpha}{\sin\alpha}=2\sqrt{2}$。

2. $\sqrt{3}$。本题考查诱导公式和余弦定理。

$\sin\angle BAC=\sin\left(\dfrac{\pi}{2}+\angle BAD\right)=\cos\angle BAD=\dfrac{2\sqrt{2}}{3}$,由余弦定理可得 $\cos\angle BAD=\dfrac{AB^2+AD^2-BD^2}{2AB\cdot AD}=\dfrac{2\sqrt{2}}{3}$,代入 $AB=3\sqrt{2}$,$AD=3$,得 $BD=\sqrt{3}$。

3. $\dfrac{\pi}{4}$。本题考查正弦定理、三角形内角范围及一些特殊角的三角函数值。

由正弦定理可得 $\dfrac{a}{\sin A}=\dfrac{c}{\sin C}$,因此 $\sin A=\cos A$。又因为 $A\in(0,\pi)$,从而 $A=\dfrac{\pi}{4}$。

4. $\dfrac{3\sqrt{10}}{10}$。本题考查正弦定理和余弦定理。

由余弦定理可得 $\cos\angle ABC=\cos\dfrac{\pi}{4}=\dfrac{AB^2+BC^2-AC^2}{2AB\cdot BC}$,得 $AC=\sqrt{5}$。

由正弦定理可得 $\dfrac{AC}{\sin\angle ABC}=\dfrac{BC}{\sin\angle BAC}$,因此 $\sin\angle BAC=\dfrac{3\sqrt{10}}{10}$。

5. 1。本题考查正弦定理和余弦定理。

$\dfrac{\sin 2A}{\sin C}=\dfrac{2\sin A\cos A}{\sin C}=\dfrac{2a}{c}\times\dfrac{b^2+c^2-a^2}{2bc}=\dfrac{2\times 4}{6}\times\dfrac{25+36-16}{2\times 5\times 6}=1$。

6. 1。本题考查正弦定理和三角形内角和定理。

$\sin B=\dfrac{1}{2}$,且 $B<\dfrac{5\pi}{6}$,因此 $B=\dfrac{\pi}{6}$,$A=\pi-B-C=\dfrac{2\pi}{3}$,由正弦定理可得 $\dfrac{a}{\sin A}=\dfrac{b}{\sin B}$,得 $b=1$。

7. $\dfrac{1}{3}$。本题考查余弦的二倍角公式。

$\cos\alpha=1-2\sin^2\dfrac{\alpha}{2}=\dfrac{1}{3}$。

8. $-\dfrac{\sqrt{2}}{10}$。本题考查三角函数的定义、同角三角函数的基本关系和两角差的余弦公式。

因为点 $P(x_0,y_0)$ 在单位圆 $O$ 上,设 $\angle xOP=\alpha$,所以 $\cos\alpha=x_0$。因为 $\alpha\in\left(\dfrac{\pi}{4},\dfrac{3\pi}{4}\right)$, $\cos\left(\alpha+\dfrac{\pi}{4}\right)=-\dfrac{4}{5}$,所以 $\sin\left(\alpha+\dfrac{\pi}{4}\right)=\dfrac{3}{5}$,则

$$x_0=\cos\alpha=\cos\left[\left(\alpha+\dfrac{\pi}{4}\right)-\dfrac{\pi}{4}\right]=\cos\left(\alpha+\dfrac{\pi}{4}\right)\cos\dfrac{\pi}{4}+\sin\left(\alpha+\dfrac{\pi}{4}\right)\sin\dfrac{\pi}{4}$$

$$=-\dfrac{4}{5}\times\dfrac{\sqrt{2}}{2}+\dfrac{3}{5}\times\dfrac{\sqrt{2}}{2}=-\dfrac{\sqrt{2}}{10}$$

9. $\dfrac{\pi}{3}$。本题考查正弦定理和余弦定理。

由正弦定理可得 $\dfrac{\sin A}{\sin B+\sin C}+\dfrac{b}{a+c}=\dfrac{a}{b+c}+\dfrac{b}{a+c}=1$,整理得 $a^2+b^2-c^2=ab$。所以由余弦定理的推论可得 $\cos C=\dfrac{a^2+b^2-c^2}{2ab}=\dfrac{ab}{2ab}=\dfrac{1}{2}$。又由 $C\in(0,\pi)$,可得 $C=\dfrac{\pi}{3}$。

10. 84。本题考查余弦定理、同角三角函数的基本关系和三角形的面积公式。

设沙田三角形为 $\triangle ABC$ 且 $AB=13$ 里,$BC=14$ 里,$AC=15$ 里。在 $\triangle ABC$ 中,由余弦定理得

$$\cos B=\dfrac{AB^2+BC^2-AC^2}{2AB\cdot BC}=\dfrac{13^2+14^2-15^2}{2\times 13\times 14}=\dfrac{5}{13}$$

所以 $\sin B=\sqrt{1-\cos^2 B}=\dfrac{12}{13}$,则该沙田的面积 $S=\dfrac{1}{2}AB\cdot BC\cdot\sin B=\dfrac{1}{2}\times 13\times 14\times\dfrac{12}{13}=84$(平方里)。

11. $\dfrac{1}{4}+\sqrt{3}$。本题考查三角函数的定义、直线恒过定点问题及二倍角公式。

直线 $l:2mx-2y+m-\sqrt{3}=0$ 可化为 $y=m\left(x+\dfrac{1}{2}\right)-\dfrac{\sqrt{3}}{2}$,所以直线 $l$ 恒过定点 $\left(-\dfrac{1}{2},-\dfrac{\sqrt{3}}{2}\right)$。又因为点 $A$ 在角 $\alpha$ 的终边上,所以 $\sin\alpha=\dfrac{-\dfrac{\sqrt{3}}{2}}{\sqrt{\left(-\dfrac{1}{2}\right)^2+\left(-\dfrac{\sqrt{3}}{2}\right)^2}}=-\dfrac{\sqrt{3}}{2}$,$\cos\alpha=-\dfrac{1}{2}$,从而 $\cos^2\alpha+2\sin 2\alpha=\cos^2\alpha+4\sin\alpha\cos\alpha=\dfrac{1}{4}+\sqrt{3}$。

12. 1。本题考查正弦定理和余弦定理。

由正弦定理得 $a:b:c=\sin A:\sin B:\sin C=4:5:6$,不妨设 $a=4,b=5,c=6$,则由余弦定理知 $\cos A=\dfrac{b^2+c^2-a^2}{2bc}=\dfrac{25+36-16}{2\times 5\times 6}=\dfrac{3}{4}$,所以 $\dfrac{2a\cos A}{c}=2\times\dfrac{4}{6}\times\dfrac{3}{4}=1$。

三、计算题

1. 本题考查正弦定理、余弦定理、三角形内角和定理、三角形面积公式。

解:(1)由正弦定理知等式可化为

$\dfrac{\sin(A-B)}{\sin(A+B)}=\dfrac{\sin B+\sin C}{\sin C}$。

因为 $\angle A+\angle B+\angle C=180°$,

所以 $\dfrac{\sin(A-B)}{\sin C}=\dfrac{\sin B+\sin(A+B)}{\sin C}$。

故 $\sin B=\sin(A-B)-\sin(A+B)$
$=\sin A\cos B-\cos A\sin B-\sin A\cos B-\cos A\sin B=-2\cos A\sin B$。

又因为 $\sin B\neq 0$，所以 $\cos A=-\dfrac{1}{2}$，从而 $\angle A=120°$。

（2）根据余弦定理得
$a^2=b^2+c^2-2bc\cos A$，

而 $a=6$，$\angle A=120°$，

所以 $36=b^2+c^2-2bc\cos 120°=b^2+c^2+bc\geqslant 3bc$，

即 $bc\leqslant 12$，且当 $b=c=2\sqrt{3}$ 时取等号。

所以 $S_{\triangle ABC}=\dfrac{1}{2}bc\sin A=\dfrac{1}{2}bc\sin 120°=\dfrac{\sqrt{3}}{4}bc\leqslant 3\sqrt{3}$。

故 $\triangle ABC$ 面积的最大值为 $3\sqrt{3}$。

2. 本题考查正弦定理、余弦定理及一些特殊角的三角函数值。

解：在 $\triangle ABD$ 中，由正弦定理得

$\sin\angle ADB=\dfrac{AB\sin\angle B}{AD}=\dfrac{\dfrac{5\sqrt{6}}{2}\times\dfrac{\sqrt{2}}{2}}{5}=\dfrac{\sqrt{3}}{2}$

所以 $\angle ADB=\dfrac{\pi}{3}$ 或 $\dfrac{2\pi}{3}$。

① 若 $\angle ADB=\dfrac{\pi}{3}$，则 $\angle ADC=\dfrac{2\pi}{3}$。

$\triangle ADC$ 中，由余弦定理得
$AC^2=AD^2+DC^2-2AD\cdot DC\cos\angle ADC=49$，

所以 $AC=7$。

② 若 $\angle ADB=\dfrac{2\pi}{3}$，则 $\angle ADC=\dfrac{\pi}{3}$。

$\triangle ADC$ 中，由余弦定理得
$AC^2=AD^2+DC^2-2AD\cdot DC\cos\angle ADC=19$，

所以 $AC=\sqrt{19}$。

3. 本题考查诱导公式、余弦定理、三角形面积公式。

解：（1）由 $\cos 2A-3\cos(B+C)=1$，得 $2\cos^2 A+3\cos A-2=0$，

即 $(2\cos A-1)(\cos A+2)=0$，解得 $\cos A=\dfrac{1}{2}$ 或 $\cos A=-2$（舍去）。

因为 $0<A<\pi$，所以 $A=\dfrac{\pi}{3}$。

（2）由 $S=\dfrac{1}{2}bc\sin A=\dfrac{1}{2}bc\cdot\dfrac{\sqrt{3}}{2}=\dfrac{\sqrt{3}}{4}bc=5\sqrt{3}$，得 $bc=20$。又 $b=5$，知 $c=4$。

由余弦定理得 $a^2=b^2+c^2-2bc\cos A=25+16-20=21$，故 $a=\sqrt{21}$。

又由正弦定理得 $\sin B\sin C = \dfrac{b}{a}\sin A \cdot \dfrac{c}{a}\sin A = \dfrac{bc}{a^2}\sin^2 A = \dfrac{20}{21}\times \dfrac{3}{4} = \dfrac{5}{7}$。

4. 本题考查二倍角公式、两角和与差的三角函数公式。

解：由 $2\cos^2\dfrac{A-B}{2}\cos B - \sin(A-B)\sin B + \cos(A+C) = -\dfrac{3}{5}$，得

$[\cos(A-B)+1]\cos B - \sin(A-B)\sin B - \cos B = -\dfrac{3}{5}$，

即 $\cos(A-B)\cos B - \sin(A-B)\sin B = -\dfrac{3}{5}$，

则 $\cos(A-B+B) = -\dfrac{3}{5}$，

即 $\cos A = -\dfrac{3}{5}$。

5. 本题考查正弦定理、余弦定理、同角三角函数的基本关系以及三角形的面积公式。

解：(1) 由题设条件和余弦定理，$a^2 = b^2 + c^2 - 2bc\cos A$ 可化为

$a^2 = (11-a)^2 + 7^2 - 2\times(11-a)\times 7\times\left(-\dfrac{1}{7}\right)$

解得 $a = 8$。

(2) 因为 $\cos A = -\dfrac{1}{7}$，所以 $\sin A = \sqrt{1-\cos^2 A} = \dfrac{4\sqrt{3}}{7}$。又因为 $\dfrac{a}{\sin A} = \dfrac{c}{\sin C}$，所以 $\sin C = \dfrac{c\sin A}{a} = \dfrac{\sqrt{3}}{2}$。从而 $\triangle ABC$ 的面积 $S = \dfrac{1}{2}bc\sin A = \dfrac{1}{2}\times 3\times 7\times \dfrac{4\sqrt{3}}{7} = 6\sqrt{3}$。

6. 本题考查一些特殊角的三角函数值、余弦定理、两角和差的三角函数公式。

解：(1) 因为 $(a+b+c)(a-b+c) = ac$，

所以 $a^2 + c^2 - b^2 = -ac$。

由余弦定理得 $\cos B = \dfrac{a^2+c^2-b^2}{2ac} = -\dfrac{1}{2}$，

因此 $B = 120°$。

(2) 由(1)知 $A+C = 60°$，所以

$\cos(A-C) = \cos A\cos C + \sin A\sin C$

$= \cos A\cos C - \sin A\sin C + 2\sin A\sin C$

$= \cos(A+C) + 2\sin A\sin C$

$= \dfrac{1}{2} + 2\times \dfrac{\sqrt{3}-1}{4}$

$= \dfrac{\sqrt{3}}{2}$

故 $A - C = 30°$ 或 $A - C = -30°$，

因此 $C = 15°$ 或 $C = 45°$。

7. 本题考查正弦定理、余弦定理、三角形面积公式。

解：(1) 由正弦定理及已知条件得 $2\sin A\sin B = \sqrt{3}\sin B$。

因为 $B\in\left(0,\dfrac{\pi}{2}\right)$，$\sin B\neq 0$，所以 $\sin A=\dfrac{\sqrt{3}}{2}$。又因为 $A\in\left(0,\dfrac{\pi}{2}\right)$，所以 $A=\dfrac{\pi}{3}$。

(2) 由(1)知 $\cos A=\dfrac{1}{2}$，根据余弦定理得

$$36=b^2+c^2-2bc\times\dfrac{1}{2}\Rightarrow(b+c)^2-3bc=36\Rightarrow 64-3bc=36\Rightarrow bc=\dfrac{28}{3}$$

所以 $S_{\triangle ABC}=\dfrac{1}{2}\times\dfrac{28}{3}\times\dfrac{\sqrt{3}}{2}=\dfrac{7\sqrt{3}}{3}$。

8. 本题考查正弦定理、余弦定理、两角差的三角函数公式。

解：(1) 在 $\triangle ADC$ 中，已知 $\cos\angle ADC=\dfrac{1}{7}$，所以 $\sin\angle ADC=\dfrac{4\sqrt{3}}{7}$，因此

$$\begin{aligned}\sin\angle BAD&=\sin(\angle ADC-\angle B)\\&=\sin\angle ADC\cos\angle B-\cos\angle ADC\sin B\\&=\dfrac{4\sqrt{3}}{7}\cdot\dfrac{1}{2}-\dfrac{1}{7}\cdot\dfrac{\sqrt{3}}{2}=\dfrac{3\sqrt{3}}{14}\end{aligned}$$

(2) 因为 $\sin\angle ADB=\sin\angle ADC=\dfrac{4\sqrt{3}}{7}$，

由正弦定理知 $BD=\dfrac{AB\sin\angle BAD}{\sin\angle ADB}=\dfrac{8\times\dfrac{3\sqrt{3}}{14}}{\dfrac{4\sqrt{3}}{7}}=3$。

在 $\triangle ABC$ 中，由余弦定理知
$$\begin{aligned}AC^2&=AB^2+BC^2-2AB\cdot BC\cos B\\&=8^2+5^2-2\times 8\times 5\times\dfrac{1}{2}=49,\end{aligned}$$

所以 $AC=7$。

9. 本题考查三角形面积公式、正弦定理、余弦定理、三角恒等式。

解：由三角形面积公式得 $\dfrac{1}{2}\times 3\times 1\times\sin A=\sqrt{2}$，故 $\sin A=\dfrac{2\sqrt{2}}{3}$，

因此 $\cos A=\pm\sqrt{1-\sin^2 A}=\pm\dfrac{1}{3}$。

(1) 当 $\cos A=\dfrac{1}{3}$ 时，由余弦定理得 $a^2=b^2+c^2-2bc\cos A=3^2+1^2-2\times 3\times 1\times\dfrac{1}{3}=8$，因此 $a=2\sqrt{2}$。

(2) 当 $\cos A=-\dfrac{1}{3}$ 时，由余弦定理得

$$a^2=b^2+c^2-2bc\cos A=3^2+1^2-2\times 3\times 1\times\left(-\dfrac{1}{3}\right)=12,$$

因此 $a=2\sqrt{3}$。

10. 本题考查三角形面积公式、正弦定理、余弦定理、诱导公式、两角和的三角函数公式。

解：(1) 由已知 $a = b\cos C + c\sin B$ 及正弦定理 $\dfrac{a}{\sin A} = \dfrac{b}{\sin B} = \dfrac{c}{\sin C}$ 得

$$\sin A = \sin B\cos C + \sin C\sin B \qquad ①$$

又

$$\sin A = \sin[\pi - (B+C)] = \sin(B+C) = \sin B\cos C + \cos B\sin C \qquad ②$$

联立①、②及 $B,C \in (0,\pi)$ 得 $\sin B = \cos B$，所以 $B = \dfrac{\pi}{4}$。

(2) $\triangle ABC$ 的面积 $S = \dfrac{1}{2}ac\sin B = \dfrac{\sqrt{2}}{4}ac$，

由余弦定理得 $2^2 = a^2 + c^2 - 2ac\cos\dfrac{\pi}{4}$。

又 $a^2 + c^2 \geq 2ac$，故 $ac \leq \dfrac{4}{2-\sqrt{2}}$，当且仅当 $a = c$ 时等号成立，因此 $\triangle ABC$ 面积的最大值为 $\sqrt{2}+1$。

11. 本题考查三角形面积公式、正弦定理、余弦定理。

解：(1) 由题设及正弦定理可得 $b^2 = 2ac$，又 $a = b$，可得 $b = 2c, a = 2c$，

由余弦定理可得 $\cos B = \dfrac{a^2 + c^2 - b^2}{2ac} = \dfrac{1}{4}$。

(2) 由(1)知 $b^2 = 2ac$，因为 $B = 90°$，由勾股定理知 $b^2 = a^2 + c^2$，

故 $a^2 + c^2 = 2ac$，得 $a = c = \sqrt{2}$，所以 $\triangle ABC$ 的面积为 1。

12. 本题考查三角形面积公式、正弦定理、余弦定理。

解：(1) 因为 $S_{\triangle ABD} = \dfrac{1}{2}AB \cdot AD\sin\angle BAD$，

$S_{\triangle ADC} = \dfrac{1}{2}AC \cdot AD\sin\angle CAD$，

又因为 $S_{\triangle ABD} = 2S_{\triangle ADC}$，而 $\angle BAD = \angle CAD$，所以 $AB = 2AC$，由正弦定理得

$\dfrac{\sin\angle B}{\sin\angle C} = \dfrac{AC}{AB} = \dfrac{1}{2}$。

(2) 因为 $S_{\triangle ABD} = \dfrac{1}{2}BD \cdot AD\sin\angle BDA$，$S_{\triangle ADC} = \dfrac{1}{2}CD \cdot AD\sin\angle CDA$，

又因为 $S_{\triangle ABD} = 2S_{\triangle ADC}$，而 $\sin\angle BDA = \sin\angle CDA$，所以 $BD = 2CD = \sqrt{2}$。

在 $\triangle ABD$ 和 $\triangle ACD$ 中，由余弦定理知

$AB^2 = AD^2 + BD^2 - 2AD \cdot BD\cos\angle ADB$，

$AC^2 = AD^2 + CD^2 - 2AD \cdot CD\cos\angle ADC$。

故 $AB^2 + 2AC^2 = 3AD^2 + BD^2 + 2CD^2 = 6$。

由(1)知 $AB = 2AC$，所以 $AC = 1$。

13. 本题考查两角和与差的三角函数、正弦定理。

解：在 $\triangle ABC$ 中，由 $\cos B = \dfrac{\sqrt{3}}{3}$ 得 $\sin B = \dfrac{\sqrt{6}}{3}$。

因为 $A + B + C = \pi$，所以 $\sin C = \sin(A+B) = \dfrac{\sqrt{6}}{9}$。

因为 $\sin C < \sin B$，所以 $C < B$，$C$ 为锐角，$\cos C = \dfrac{5\sqrt{3}}{9}$。

因此 $\sin A = \sin(B+C) = \sin B\cos C + \cos B\sin C = \dfrac{\sqrt{6}}{3}\times\dfrac{5\sqrt{3}}{9}+\dfrac{\sqrt{3}}{3}\times\dfrac{\sqrt{6}}{9}=\dfrac{2\sqrt{2}}{3}$。

由 $\dfrac{a}{\sin A}=\dfrac{c}{\sin C}$ 可得 $a=\dfrac{c\sin A}{\sin C}=\dfrac{\dfrac{2\sqrt{2}}{3}c}{\dfrac{\sqrt{6}}{9}}=2\sqrt{3}c$，又 $ac=2\sqrt{3}$，所以 $c=1$。

14. 本题考查正弦定理、余弦定理、二倍角公式。

解：(1) 由余弦定理知 $BC^2=AB^2+AC^2-2AB\cdot AC\cos A=4+9-2\times2\times3\times\dfrac{1}{2}=7$，所以 $BC=\sqrt{7}$。

(2) 由正弦定理知 $\dfrac{AB}{\sin C}=\dfrac{BC}{\sin A}$，所以 $\sin C=\dfrac{AB\sin A}{BC}=\dfrac{\sqrt{21}}{7}$。

因为 $AB<BC$，所以 $C$ 为锐角，则 $\cos C=\sqrt{1-\sin^2 C}=\dfrac{2\sqrt{7}}{7}$。

因此 $\sin 2C=2\sin C\cos C=2\times\dfrac{\sqrt{21}}{7}\times\dfrac{2\sqrt{7}}{7}=\dfrac{4\sqrt{3}}{7}$。

15. 本题考查等差数列、等比数列的概念和性质，正弦定理，余弦定理，均值不等式。

解：(1) 因为 $a,b,c$ 成等差数列，所以 $2b=a+c$，结合正弦定理 $\dfrac{a}{\sin A}=\dfrac{b}{\sin B}=\dfrac{c}{\sin C}$，

可得 $2\sin B=\sin A+\sin C$。

又因为 $\sin B=\sin[\pi-(A+C)]=\sin(A+C)$，

所以 $\sin A+\sin C=2\sin(A+C)$。

(2) 因为 $a,b,c$ 成等比数列，所以 $b^2=ac$。

由余弦定理知 $\cos B=\dfrac{a^2+c^2-b^2}{2ac}\geq\dfrac{2ac-ac}{2ac}=\dfrac{1}{2}$。

所以 $\cos B$ 的最小值是 $\dfrac{1}{2}$。

16. 本题考查正弦定理、同角三角函数的基本公式、二倍角公式及三角形的面积公式。

解：(1) 由 $0<A<\pi$，$\cos A=\dfrac{\sqrt{10}}{4}$，知 $\sin A=\dfrac{\sqrt{6}}{4}$，所以

$$\sin B=\sin 2A=2\sin A\cos A=2\times\dfrac{\sqrt{6}}{4}\times\dfrac{\sqrt{10}}{4}=\dfrac{\sqrt{15}}{4}$$

由正弦定理可知 $a=\dfrac{b\sin A}{\sin B}=\sqrt{6}$。

(2) 因为 $\cos B=\cos 2A=2\cos^2-1=2\times\left(\dfrac{\sqrt{10}}{4}\right)^2-1=\dfrac{1}{4}$，

$\sin C=\sin(A+B)=\sin A\cos B+\cos A\sin B=\dfrac{\sqrt{6}}{4}\times\dfrac{1}{4}+\dfrac{\sqrt{10}}{4}\times\dfrac{\sqrt{15}}{4}=\dfrac{3\sqrt{6}}{8}$，

$\triangle ABC$ 的面积 $S_{\triangle ABC}=\dfrac{1}{2}ab\sin C=\dfrac{1}{2}\times\sqrt{6}\times\sqrt{15}\times\dfrac{3\sqrt{6}}{8}=\dfrac{9\sqrt{15}}{8}$，又因为 $\dfrac{CM}{MB}=\dfrac{1}{2}$，所以

$$S_{\triangle CMA} = \frac{1}{3} S_{\triangle ABC} = \frac{3\sqrt{15}}{8}。$$

**17.** 本题考查正弦定理、余弦定理、诱导公式及正弦函数的性质。

解：(1) 由正弦定理和题设条件 $\sin^2 A - \sin^2 B - \sin^2 C = \sin B \sin C$ 得

$$BC^2 - AC^2 - AB^2 = AC \cdot AB \qquad ①$$

由余弦定理得 $\qquad BC^2 = AC^2 + AB^2 - 2AC \cdot AB \cos A \qquad ②$

由①和②得 $\cos A = -\frac{1}{2}$。因为 $0 < A < \pi$，所以 $A = \frac{2\pi}{3}$。

(2) 由正弦定理、题设条件 $BC = 3$ 以及 $A = \frac{2\pi}{3}$ 得

$$\frac{AC}{\sin B} = \frac{AB}{\sin C} = \frac{BC}{\sin A} = 2\sqrt{3}$$

从而 $AC = 2\sqrt{3} \sin B, AB = 2\sqrt{3} \sin C = 2\sqrt{3} \sin(\pi - A - B) = 3\cos B - \sqrt{3}\sin B$。则

$$BC + AC + AB = 3 + \sqrt{3}\sin B + 3\cos B = 3 + 2\sqrt{3}\sin\left(B + \frac{\pi}{3}\right)$$

又 $0 < B < \frac{\pi}{3}$，所以当 $B = \frac{\pi}{6}$ 时，$\triangle ABC$ 周长取得最大值 $3 + 2\sqrt{3}$。

**18.** 本题考查正弦定理、余弦定理以及两角和的三角函数公式。

解：(1) 根据余弦定理和正弦定理，$a^2 + b^2 - c^2 = 2S$ 可化为 $2ab\cos C = ab\sin C$，即 $\sin C = 2\cos C$。由 $\sin^2 C + \cos^2 C = 1, \cos C > 0$，解得 $\cos C = \frac{\sqrt{5}}{5}$。

(2) 已知 $a\cos B + b\sin A = c$，由正弦定理可得 $\sin A \cos B + \sin B \sin A = \sin C$。

又 $\sin C = \sin(A+B) = \sin A \cos B + \cos A \sin B$，从而 $\sin B \sin A = \cos A \sin B$。因为 $\sin B \neq 0$，所以 $\sin A = \cos A$。又因为 $A \in (0, \pi)$，所以 $A = \frac{\pi}{4}$。进一步可得

$$\sin B = \sin(A + C) = \sin\left(\frac{\pi}{4} + C\right) = \frac{\sqrt{2}}{2} \times \frac{\sqrt{5}}{5} + \frac{\sqrt{2}}{2} \times \frac{2\sqrt{5}}{5} = \frac{3\sqrt{10}}{10}$$

由正弦定理可得 $b = \dfrac{a \sin B}{\sin A} = \dfrac{\sqrt{5} \times \dfrac{3\sqrt{10}}{10}}{\dfrac{\sqrt{2}}{2}} = 3$。

# 第五章　向量及其应用

## 考试范围与要求

1. 理解向量的概念理解两个向量相等的含义,理解向量的几何表示。
2. 掌握向量加法、减法和数乘运算及其几何意义,理解两个向量共线的含义。
3. 了解平面向量和空间向量的基本定理及其意义。
4. 掌握向量的正交分解及其坐标表示。
5. 会用坐标表示向量的加法、减法与数乘运算。
6. 理解用坐标表示的平面向量共线的条件。
7. 理解平面向量数量积的含义、物理意义及其与向量投影的关系。
8. 掌握数量积的坐标表达式,会进行向量数量积的运算。
9. 能运用数量积表示两个向量的夹角,会用数量积判断两个向量的垂直关系。
10. 会用向量方法解决某些简单的平面几何问题、力学问题与其他一些实际问题。
11. 理解直线的方向向量与平面的法向量。
12. 能用向量语言表述直线与直线、直线与平面、平面与平面的垂直、平行关系。
13. 能用向量方法证明有关直线和平面位置关系的一些定理(包括三垂线定理)。
14. 能用向量方法解决直线与直线、直线与平面、平面与平面的夹角计算问题,了解向量方法在研究立体几何问题中的应用。
15. 了解空间直角坐标系,会用空间直角坐标表示点的位置,会计算空间两点间的距离。

## 主要内容

### 第一节　平面向量的基本概念与线性运算

**1. 平面向量的基本概念**

数学上把既有大小又有方向的量叫作向量(物理学中常称为矢量)。如物理学中的力、位移、速度、加速度等都是向量。把那些只有大小没有方向的量(如年龄、身高、长度、面积、体积、质量等)称为数量(物理学中常称为标量)。

在数学上,往往用一条有方向的线段,即有向线段来表示向量。有向线段包含三个要素:起点、方向、长度。有向线段的长度表示向量的大小,有向线段的方向表示向量的方向。

以 $A$ 为起点,$B$ 为终点的有向线段所表示的向量,记为$\overrightarrow{AB}$。有时也用一个粗体字母或用一个上面加箭头的字母来表示向量。如印刷体用 $a$,书写用 $\vec{a}$ 表示等。

向量的大小(即向量的长度)叫作向量的模。向量 $\overrightarrow{AB},a$ 的模依次记作 $|\overrightarrow{AB}|$,$|a|$。向量的模是非负实数。

模等于 1 的向量,叫作单位向量。

模等于 0 的向量叫作零向量,记作 **0**。零向量的方向可以看成是任意方向。

长度相等且方向相同的向量叫作相等向量。向量 $a$ 与 $b$ 相等,记作 $a=b$。任意两个相等的非零向量,都可用同一条有向线段来表示,并且与有向线段的起点无关。数学中只研究与起点无关的向量,并称这种向量为自由向量。所以说,经过平行移动后能完全重合的向量是相等的。有向线段仅是向量的一种表示方法,并不能说向量就是有向线段。

方向相同或相反的非零向量叫作平行向量。向量 $a$ 与 $b$ 平行,记作 $a /\!/ b$。规定:零向量与任一向量平行。因为任一组平行向量都可以平移到同一直线上,所以平行向量也叫共线向量。

与 $a$ 长度相等方向相反的向量叫作 $a$ 的相反向量(也称负向量),记作 $-a$。显然,零向量的相反向量仍是零向量,$-a$ 的相反向量是 $a$。

向量是既有大小又有方向的量,由于方向不能比较大小,因而"大于""小于"对向量来说是没有意义的,只有相等向量与不相等向量的比较,但是向量的模是数量,可比较大小。凡是向量问题均应从大小与方向两方面进行考虑。

**2. 平面向量的线性运算**

(1)向量加法运算及其几何意义。

如图 5-1 所示,已知向量 $a,b$,在平面内任取一点 $A$,作 $\overrightarrow{AB}=a$,再以 $B$ 为起点作 $\overrightarrow{BC}=b$,连接 $AC$ 两点,则向量 $\overrightarrow{AC}$ 叫作 $a$ 与 $b$ 的和,记作 $a+b$,即 $a+b=\overrightarrow{AB}+\overrightarrow{BC}=\overrightarrow{AC}$。

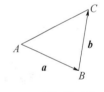

$a+b=\overrightarrow{AB}+\overrightarrow{BC}=\overrightarrow{AC}$

图 5-1

这种作出两向量之和的方法叫作向量相加的三角形法则。

与向量加法的三角形法则等价的平行四边形法则如下:

平行四边形法则:已知向量 $a,b$,以同一点 $A$ 为起点作两个已知向量,再以 $a,b$ 为邻边作平行四边形 $ABCD$,则以 $A$ 为起点的对角线 $\overrightarrow{AC}$ 就是 $a$ 与 $b$ 的和,如图 5-2 所示。

三角形法则的特点:首尾相连。平行四边形法则的特点:共起点。

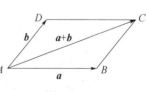

图 5-2

向量加法的运算性质有:

① 交换律:$a+b=b+a$。

② 结合律:$(a+b)+c=a+(b+c)$。

③ $a+\mathbf{0}=\mathbf{0}+a=a$,$a+(-a)=\mathbf{0}$。

④ 三角形不等式:$||a|-|b|| \leqslant |a+b| \leqslant |a|+|b|$。

(2)向量减法运算及其几何意义。

向量 $a$ 加上 $b$ 的相反向量,叫作 $a$ 与 $b$ 的差,即 $a-b=a+(-b)$。

已知向量 $a,b$,在平面内任取一点 $O$,记 $\overrightarrow{OA}=a,\overrightarrow{OB}=b$,则 $\overrightarrow{BA}=a-b$,即 $a,b$ 的起点相同时,$a-b$ 可表示为向量 $b$ 的终点指向向量 $a$ 的终点的向量(图 5-3),这是向量减法的几何意义。

三角形法则作减法的特点:共起点,连终点,方向指向被减向量。

(3) 向量数乘运算及其几何意义。

规定实数 $\lambda$ 与向量 $a$ 的积是一个向量,记作 $\lambda a$,这种运算叫作向量的数乘。它的长度和方向规定如下:

长度(模):$|\lambda a| = |\lambda||a|$。

方向:当 $\lambda > 0$ 时,$\lambda a$ 的方向与 $a$ 的方向相同;当 $\lambda < 0$ 时,$\lambda a$ 的方向与 $a$ 的方向相反;当 $\lambda = 0$ 时,$\lambda a = \mathbf{0}$。

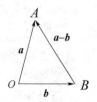

图 5-3

实数与向量乘积的运算性质:

设 $\lambda,\mu$ 是实数,$a,b$ 是向量,则:

① $\lambda(\mu a) = (\lambda\mu)a$;

② $(\lambda + \mu)a = \lambda a + \mu a$;

③ $\lambda(a + b) = \lambda a + \lambda b$。

特别地:

$(-\lambda)a = -(\lambda a) = \lambda(-a)$;

$\lambda(a - b) = \lambda a - \lambda b$。

向量共线定理:向量 $a(a \neq \mathbf{0})$ 与 $b$ 共线,当且仅当有唯一一个实数 $\lambda$,使 $b = \lambda a$。

向量的加、减、数乘运算统称为向量的线性运算。对于任意向量 $a$ 与 $b$,以及任意实数 $\lambda$,$\mu_1,\mu_2$,恒有

$$\lambda(\mu_1 a + \mu_2 b) = \lambda\mu_1 a + \lambda\mu_2 b$$

## 第二节 平面向量的基本定理及坐标表示

**1. 平面向量基本定理**

如果 $e_1,e_2$ 是同一平面内的两个不共线向量,那么对于这一平面内任一向量 $a$,有且只有一对实数 $\lambda_1,\lambda_2$,使 $a = \lambda_1 e_1 + \lambda_2 e_2$。

不共线的向量 $e_1,e_2$ 叫作表示这一平面内所有向量的一组基底。

不共线的向量有不同的方向。它们的位置关系可用夹角来表示。关于向量的夹角,我们规定:

已知两个非零向量 $a$ 和 $b$,作 $\overrightarrow{OA} = a$ 和 $\overrightarrow{OB} = b$,则 $\angle AOB = \theta(0 \leqslant \theta \leqslant \pi)$ 叫作向量 $a$ 和 $b$ 的夹角。

如果向量 $a$ 和 $b$ 的夹角是 $90°$,则称 $a$ 和 $b$ 垂直,记作 $a \perp b$。

**2. 平面向量的正交分解及坐标表示**

在不共线的两个向量中,垂直是一种重要的情形。把一个向量分解为两个互相垂直的向量,叫作把向量正交分解。

在平面上,选取互相垂直的向量作为基底时,会给研究问题带来方便。

在平面直角坐标系内,用 $i$ 表示与 $x$ 轴方向相同的单位向量,用 $j$ 表示与 $y$ 轴方向相同的单位向量,称向量 $i,j$ 为这一坐标系的基本向量。在平面直角坐标系内,以向量 $i,j$ 为基底,对于任一向量 $a$,有且仅有一对实数 $x,y$,使得 $a = xi + yj$。这样,平面内任一向量 $a$ 都可以由 $x,y$ 唯一确定。我们把有序对 $(x,y)$ 叫作向量 $a$ 的坐标,记作 $a = (x,y)$。这种表示法叫作向量 $a$ 的坐

标表示。其中 $x$ 叫作 $a$ 在 $x$ 轴上的坐标，$y$ 叫作 $a$ 在 $y$ 轴上的坐标。

显然，$i=(1,0)$，$j=(0,1)$，$\mathbf{0}=(0,0)$。

特别地：设 $\overrightarrow{OA}=x\boldsymbol{i}+y\boldsymbol{j}$（$O$ 为坐标原点），则向量 $\overrightarrow{OA}$ 的坐标 $(x,y)$ 就是终点 $A$ 的坐标；反过来，若终点 $A$ 的坐标为 $(x,y)$，则向量 $\overrightarrow{OA}$ 的坐标就是 $(x,y)$。因此，在平面直角坐标系下，每一个平面向量都可以用一有序实数对唯一表示。

**3. 平面向量的坐标运算**

若 $\boldsymbol{a}=(x_1,y_1)$，$\boldsymbol{b}=(x_2,y_2)$，$\lambda$ 是实数，则：

① $\boldsymbol{a}+\boldsymbol{b}=(x_1+x_2,y_1+y_2)$。

② $\boldsymbol{a}-\boldsymbol{b}=(x_1-x_2,y_1-y_2)$，即两个向量和（差）的坐标分别等于这两个向量相应坐标的和（差）。

③ $\lambda\boldsymbol{a}=(\lambda x_1,\lambda y_1)$，即实数与向量的积的坐标等于用这个实数乘原来向量的相应坐标。

④ 设 $A,B$ 两点的坐标分别为 $(x_1,y_1)$，$(x_2,y_2)$，则 $\overrightarrow{AB}=(x_2-x_1,y_2-y_1)$。即一个向量的坐标等于表示此向量的有向线段的终点的坐标减去始点的坐标。

⑤ $\boldsymbol{a}\parallel\boldsymbol{b}\Leftrightarrow x_1y_2=x_2y_1$。

**4. 平面向量共线的坐标表示**

（1）设 $\boldsymbol{a}=(x_1,y_1)$，$\boldsymbol{b}=(x_2,y_2)$，其中 $\boldsymbol{b}\neq\boldsymbol{0}$。向量 $\boldsymbol{a},\boldsymbol{b}$ 共线的充要条件是存在实数 $\lambda$，使 $\boldsymbol{a}=\lambda\boldsymbol{b}$，用坐标表示即为 $(x_1,y_1)=\lambda(x_2,y_2)$，整理即得当且仅当 $x_1y_2-x_2y_1=0$ 时，向量 $\boldsymbol{a},\boldsymbol{b}(\boldsymbol{b}\neq\boldsymbol{0})$ 共线。

（2）线段的定比分点公式。

已知点 $P(x,y)$ 是线段 $P_1P_2$ 上的一点，其中 $P_1(x_1,y_1)$，$P_2(x_2,y_2)$，如图 5-4 所示，设 $\overrightarrow{OP_1}=\boldsymbol{a}$，$\overrightarrow{OP_2}=\boldsymbol{b}$，$\overrightarrow{P_1P}=\lambda\overrightarrow{PP_2}$，则有定比分点公式：

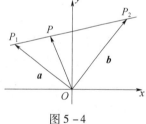

图 5-4

$$\overrightarrow{OP}=\frac{\boldsymbol{a}+\lambda\boldsymbol{b}}{1+\lambda}$$

$$\begin{cases} x=\dfrac{x_1+\lambda x_2}{1+\lambda} \\ y=\dfrac{y_1+\lambda y_2}{1+\lambda} \end{cases}$$

特别地，当 $\lambda=1$ 时，$P$ 为 $P_1,P_2$ 的中点，对应的向量公式有 $\overrightarrow{OP}=\dfrac{\boldsymbol{a}+\boldsymbol{b}}{2}$，中点坐标公式有 $\begin{cases} x=\dfrac{x_1+x_2}{2} \\ y=\dfrac{y_1+y_2}{2} \end{cases}$。

注意：

① 要分清内分点和外分点。当分点 $P$ 在线段 $P_1P_2$ 上时，点 $P$ 叫作 $\overrightarrow{P_1P_2}$ 的内分点，这时 $\lambda>0$；当分点 $P$ 在线段 $P_1P_2$ 或 $P_2P_1$ 的延长线上时，点 $P$ 叫作 $\overrightarrow{P_1P_2}$ 的外分点，这时 $\lambda<0$；当分点 $P$ 在线段 $P_1P_2$ 的延长线上时，$\lambda<-1$；当分点 $P$ 在线段 $P_2P_1$ 的延长线上时，$-1<\lambda<0$。

② 公式中的 $\lambda$ 要和向量的终点坐标相乘，分母都是 $1+\lambda$。

③ 在一个题目中求 λ 或定比分点的坐标时,要注意根据给定的条件,利用平面几何知识的一些结论(如三角形的面积关系、平行线截线段成比例、角的平分线的性质等)进行解题。

(3) 设 $A(x_1,y_1),B(x_2,y_2),C(x_3,y_3)$,则 $\triangle ABC$ 的重心坐标为 $\left(\dfrac{x_1+x_2+x_3}{3},\dfrac{y_1+y_2+y_3}{3}\right)$。

## 第三节 平面向量的数量积

**1. 平面向量数量积的含义**

定义:已知两个非零向量 $\boldsymbol{a}$ 和 $\boldsymbol{b}$,它们的夹角为 $\theta$,则数量 $|\boldsymbol{a}||\boldsymbol{b}|\cos\theta$ 叫作 $\boldsymbol{a}$ 与 $\boldsymbol{b}$ 的数量积(或内积),记作 $\boldsymbol{a}\cdot\boldsymbol{b}=|\boldsymbol{a}||\boldsymbol{b}|\cos\theta$。$|\boldsymbol{b}|\cos\theta$ 叫作向量 $\boldsymbol{b}$ 在 $\boldsymbol{a}$ 方向上的投影,$|\boldsymbol{a}|\cos\theta$ 叫作向量 $\boldsymbol{a}$ 在 $\boldsymbol{b}$ 方向上的投影。规定零向量与任一向量的数量积为 0。

注意:在数量 $a$ 与 $b$ 的运算中,$a\cdot b$ 可以写成 $ab$,但在向量运算中,$\boldsymbol{a}\cdot\boldsymbol{b}$ 中的"·"不能省略。

数量积的有关性质:

(1) $\boldsymbol{a}\cdot\boldsymbol{b}=\boldsymbol{b}\cdot\boldsymbol{a}$(交换律)。

(2) $(\lambda\boldsymbol{a})\cdot\boldsymbol{b}=\boldsymbol{a}\cdot(\lambda\boldsymbol{b})$(结合律)。

(3) $(\boldsymbol{a}+\boldsymbol{b})\cdot\boldsymbol{c}=\boldsymbol{a}\cdot\boldsymbol{c}+\boldsymbol{b}\cdot\boldsymbol{c}$(分配律)。

(4) $\boldsymbol{a}\perp\boldsymbol{b}\Leftrightarrow\boldsymbol{a}\cdot\boldsymbol{b}=0$。

(5) 若 $\boldsymbol{a}$ 与 $\boldsymbol{b}$ 同向,则 $\boldsymbol{a}\cdot\boldsymbol{b}=|\boldsymbol{a}||\boldsymbol{b}|$。特别地,$\boldsymbol{a}\cdot\boldsymbol{a}=|\boldsymbol{a}|^2$ 或 $|\boldsymbol{a}|=\sqrt{\boldsymbol{a}\cdot\boldsymbol{a}}$。

(6) 若 $\boldsymbol{a}$ 与 $\boldsymbol{b}$ 反向,则 $\boldsymbol{a}\cdot\boldsymbol{b}=-|\boldsymbol{a}||\boldsymbol{b}|$。

(7) $|\boldsymbol{a}\cdot\boldsymbol{b}|\leqslant|\boldsymbol{a}||\boldsymbol{b}|$。

**2. 平面向量数量积的坐标表示、模、夹角**

设 $\boldsymbol{a}=(x_1,y_1),\boldsymbol{b}=(x_2,y_2)$,则:

(1) $\boldsymbol{a}\cdot\boldsymbol{b}=x_1x_2+y_1y_2$。

(2) $|\boldsymbol{a}|=\sqrt{x_1^2+y_1^2}$。

(3) $\boldsymbol{a}\perp\boldsymbol{b}\Leftrightarrow\boldsymbol{a}\cdot\boldsymbol{b}=0\Leftrightarrow x_1x_2+y_1y_2=0$。

(4) 两向量的夹角公式:$\cos\theta=\dfrac{\boldsymbol{a}\cdot\boldsymbol{b}}{|\boldsymbol{a}||\boldsymbol{b}|}=\dfrac{x_1x_2+y_1y_2}{\sqrt{x_1^2+y_1^2}\cdot\sqrt{x_2^2+y_2^2}}$。

(5) 设 $A(x_1,y_1),B(x_2,y_2)$,则两点间的距离公式为 $|\overrightarrow{AB}|=\sqrt{(x_2-x_1)^2+(y_2-y_1)^2}$。

## 第四节 平面向量的应用

**1. 应用中的向量方法**

由于向量的线性运算和数量积运算具有鲜明的几何背景和物理意义,平面几何图形的许多性质,如平移、全等、相似、长度、夹角都可以由向量的线性运算及数量积表示出来,因此,可用向量方法解决平面几何和物理中的一些问题。

解决几何问题时:首先用向量表示相应的点、线段、夹角等几何元素;然后通过向量的运算,特别是数量积来研究点、线段等元素之间的关系;最后再把运算结果"翻译"成几何关系,得到几何问题的结论。这就是用向量方法解决平面几何问题的"三部曲":

（1）建立平面几何与向量的联系，用向量表示问题中涉及的几何元素，将平面几何问题转化为向量问题；

（2）通过向量运算，研究几何元素之间的关系，如距离、夹角等问题；

（3）把运算结果"翻译"成几何关系。

### 2. 平移公式

（1）平移：设 $F$ 是坐标平面上一个图形，将 $F$ 上所有点按照同一方向移动同一长度，得到图形 $F'$，这个过程就是图形的平移。

（2）平移公式：$P(x,y)$ 是图形 $F$ 上任意一点，它在平移后的图形 $F'$ 上对应的点为 $P'(x',y')$，设 $\overrightarrow{PP'}=(h,k)$，则

$$\begin{cases} x'=x+h \\ y'=y+k \end{cases}$$

称向量 $\boldsymbol{a}=(h,k)$ 为平移向量。

图形平移时，给定平移向量 $\boldsymbol{a}=(h,k)$ 后，由旧解析式求新解析式，用公式 $\begin{cases} x=x'-h \\ y=y'-k \end{cases}$ 代入旧解析式中，整理得到关于 $x',y'$ 的新解析式，然后将 $x',y'$ 换成 $x,y$ 即可。由新解析式求旧解析式时，先将 $x,y$ 换成 $x',y'$，再将公式 $\begin{cases} x'=x+h \\ y'=y+k \end{cases}$ 代入新解析式，整理得到关于 $x,y$ 的旧解析式。

## 第五节　空间向量

### 1. 空间向量及其运算

空间向量与平面向量没有本质的区别，许多知识可由平面向量的知识推广得到，比如空间向量、零向量、单位向量、相反向量、相等向量、共线向量等概念，以及向量加减运算、数乘运算、数量积等均与平面向量的定义类似。

（1）直线的方向向量。

若 $A,B$ 是直线 $l$ 上的任意两点，则 $\overrightarrow{AB}$ 为直线 $l$ 的一个方向向量，与 $\overrightarrow{AB}$ 平行的任意非零向量也是直线 $l$ 的方向向量。

（2）平面的法向量。

若向量 $\boldsymbol{n}$ 所在直线垂直于平面 $\alpha$，则称这个向量垂直于平面 $\alpha$，记作 $\boldsymbol{n}\perp\alpha$。如果 $\boldsymbol{n}\perp\alpha$，那么向量 $\boldsymbol{n}$ 叫作平面 $\alpha$ 的法向量。

（3）平面的法向量的求法（待定系数法）：

① 建立适当的坐标系；

② 设平面 $\alpha$ 的法向量为 $\boldsymbol{n}=(x,y,z)$；

③ 求出平面内两个不共线向量的坐标 $\boldsymbol{a}=(a_1,a_2,a_3)$，$\boldsymbol{b}=(b_1,b_2,b_3)$；

④ 根据法向量定义建立方程组 $\begin{cases} \boldsymbol{n}\cdot\boldsymbol{a}=0 \\ \boldsymbol{n}\cdot\boldsymbol{b}=0 \end{cases}$；

⑤ 解方程组，取其中一组解，即得平面 $\alpha$ 的法向量（图5-5）。

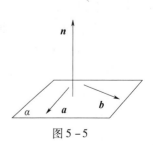

图 5-5

## 2. 空间向量的坐标表示

在空间平行于同一平面的向量,叫作共面向量。

**空间向量基本定理**:如果三个向量 $e_1,e_2,e_3$ 不共面,那么对空间任一向量 $a$,有且只有一组实数 $x,y,z$,使 $a = xe_1 + ye_2 + ze_3$。

不共面的向量 $e_1,e_2,e_3$ 叫作空间的一个基底,$e_1,e_2,e_3$ 都是基向量。空间任何三个不共面的向量都可构成空间的一个基底。

在空间直角坐标系内,用 $i$ 表示与 $x$ 轴方向相同的单位向量,用 $j$ 表示与 $y$ 轴方向相同的单位向量,用 $k$ 表示与 $z$ 轴方向相同的单位向量,称向量 $i,j,k$ 为这一坐标系的基本向量。

在空间直角坐标系内,以向量 $i,j,k$ 为基底,对于任一向量 $a$,有且仅有一组实数 $x,y,z$,使得 $a = xi + yj + zk$。把 $(x,y,z)$ 叫作空间向量 $a$ 的坐标,记作 $a = (x,y,z)$。其中 $x$ 叫作 $a$ 在 $x$ 轴上的坐标,$y$ 叫作 $a$ 在 $y$ 轴上的坐标,$z$ 叫作 $a$ 在 $z$ 轴上的坐标。显然,$i = (1,0,0)$,$j = (0,1,0)$,$k = (0,0,1)$,$\mathbf{0} = (0,0,0)$。

特别地:设 $\overrightarrow{OA} = xi + yj + zk$($O$ 为坐标原点),则向量 $\overrightarrow{OA}$ 的坐标 $(x,y,z)$ 就是点 $A$ 的坐标;反过来,若点 $A$ 的坐标为 $(x,y,z)$,则向量 $\overrightarrow{OA}$ 的坐标就是 $(x,y,z)$。

若 $a = (x_1,y_1,z_1)$,$b = (x_2,y_2,z_2)$,$\lambda$ 是实数,则:

① $a + b = (x_1 + x_2, y_1 + y_2, z_1 + z_2)$。

② $a - b = (x_1 - x_2, y_1 - y_2, z_1 - z_2)$。

③ $\lambda a = (\lambda x_1, \lambda y_1, \lambda z_1)$。

④ $a \cdot b = x_1 x_2 + y_1 y_2 + z_1 z_2$。

⑤ $|a| = \sqrt{a \cdot a} = \sqrt{x_1^2 + y_1^2 + z_1^2}$。

⑥ $\cos\theta = \dfrac{a \cdot b}{|a||b|} = \dfrac{x_1 x_2 + y_1 y_2 + z_1 z_2}{\sqrt{x_1^2 + y_1^2 + z_1^2}\sqrt{x_2^2 + y_2^2 + z_2^2}}$。

⑦ 两个向量平行的充要条件:$a \parallel b \Leftrightarrow a = \lambda b \Leftrightarrow x_1 = \lambda x_2, y_1 = \lambda y_2, z_1 = \lambda z_2$ 或 $\dfrac{x_1}{x_2} = \dfrac{y_1}{y_2} = \dfrac{z_1}{z_2}$,这个分式只是形式上的表示,若 $x_2,y_2,z_2$ 中的某一个为 0,则表示相应分子上的那个数也是 0。

⑧ 两个向量垂直的充要条件:$a \perp b \Leftrightarrow a \cdot b = 0 \Leftrightarrow x_1 x_2 + y_1 y_2 + z_1 z_2 = 0$。

⑨ 两点间的距离公式。设空间两点 $P_1,P_2$ 的坐标分别为 $(x_1,y_1,z_1)$ 和 $(x_2,y_2,z_2)$,则 $P_1$ 与 $P_2$ 两点间的距离为 $|\overrightarrow{P_1P_2}| = \sqrt{(x_1-x_2)^2 + (y_1-y_2)^2 + (z_1-z_2)^2}$。

## 3. 用向量方法判定空间中的平行关系

(1)线线平行。

设直线 $l_1,l_2$ 的方向向量分别是 $a,b$,则要证明 $l_1 \parallel l_2$,只需证明 $a \parallel b$,即 $a = kb(k \in \mathbf{R})$。

即两直线平行或重合⇔两直线的方向向量共线。

(2)线面平行。

①(方法一)设直线 $l$ 的方向向量是 $a$,平面 $\alpha$ 的法向量是 $u$,则要证明 $l \parallel \alpha$,只需证明 $a \perp u$,即 $a \cdot u = 0$。

即直线与平面平行⇔直线的方向向量与该平面的法向量垂直且直线在平面外。

②(方法二)要证明一条直线和一个平面平行,也可以在平面内找一个向量与已知直线的方向向量是共线向量即可。

（3）面面平行。

若平面 $\alpha$ 的法向量为 $u$，平面 $\beta$ 的法向量为 $v$，要证明 $\alpha // \beta$，只需证明 $u // v$，即证明 $u = \lambda v$。
即两平面平行或重合⇔两平面的法向量共线。

### 4. 用向量方法判定空间的垂直关系

（1）线线垂直。

设直线 $l_1, l_2$ 的方向向量分别是 $a, b$，则要证明 $l_1 \perp l_2$，只需证明 $a \perp b$，即 $a \cdot b = 0$。
即两直线垂直⇔两直线的方向向量垂直。

（2）线面垂直。

① （方法一）设直线 $l$ 的方向向量是 $a$，平面 $\alpha$ 的法向量是 $u$，则要证明 $l \perp \alpha$，只需证明 $a // u$，即 $a = \lambda u$。

② （方法二）设直线 $l$ 的方向向量是 $a$，平面 $\alpha$ 内的两个相交向量分别为 $m, n$，若 $\begin{cases} a \cdot m = 0 \\ a \cdot n = 0 \end{cases}$，则 $l \perp \alpha$。

即直线与平面垂直⇔直线的方向向量与平面的法向量共线⇔直线的方向向量与平面内两条不共线直线的方向向量都垂直。

（3）面面垂直。

若平面 $\alpha$ 的法向量为 $u$，平面 $\beta$ 的法向量为 $v$，要证明 $\alpha \perp \beta$，只需证明 $u \perp v$，即证明 $u \cdot v = 0$。
即两平面垂直⇔两平面的法向量垂直。

### 5. 利用向量求空间角

（1）求异面直线所成的角。

已知 $a, b$ 为两异面直线，$A, C$ 与 $B, D$ 分别是 $a, b$ 上的任意两点，$a, b$ 所成的角为 $\theta$，则 $\cos\theta = \dfrac{|\overrightarrow{AC} \cdot \overrightarrow{BD}|}{|\overrightarrow{AC}||\overrightarrow{BD}|}$。

（2）求直线和平面所成的角。

① 定义：平面的一条斜线和它在平面上的射影所成的锐角叫作这条斜线和这个平面所成的角。

② 求法：设直线 $l$ 的方向向量为 $a$，平面 $\alpha$ 的法向量为 $u$，直线与平面所成的角为 $\theta$，$a$ 与 $u$ 的夹角为 $\varphi$，则 $\theta$ 为 $\varphi$ 的余角或 $\varphi$ 的补角的余角，即 $\sin\theta = |\cos\varphi| = \dfrac{|a \cdot u|}{|a||u|}$（图 5-6）。

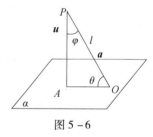

图 5-6

（3）求二面角。

① 定义：平面内的一条直线把平面分为两个部分，其中的每一部分叫作半平面；从一条直线出发的两个半平面所组成的图形叫作二面角，这条直线叫作二面角的棱，每个半平面叫作二面角的面。

二面角的平面角是指在二面角 $\alpha-l-\beta$ 的棱上任取一点 $O$，分别在两个半平面内作射线 $AO \perp l, BO \perp l$，则 $\angle AOB$ 为二面角 $\alpha-l-\beta$ 的平面角（图 5-7）。

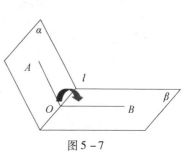

图 5-7

② 求法：设二面角 $\alpha-l-\beta$ 的两个半平面的法向量分别

为 $m,n$,再设 $m,n$ 的夹角为 $\varphi$,二面角 $\alpha-l-\beta$ 的平面角为 $\theta$,则二面角 $\theta$ 为 $m,n$ 的夹角 $\varphi$ 或其补角 $\pi-\varphi$。

根据具体图形确定 $\theta$ 是锐角或是钝角:

如果 $\theta$ 是锐角,则 $\cos\theta=|\cos\varphi|=\dfrac{|m\cdot n|}{|m||n|}$,即 $\theta=\arccos\dfrac{|m\cdot n|}{|m||n|}$;

如果 $\theta$ 是钝角,则 $\cos\theta=-|\cos\varphi|=-\dfrac{|m\cdot n|}{|m||n|}$,即 $\theta=\arccos\left(-\dfrac{|m\cdot n|}{|m||n|}\right)$。

### 6. 利用法向量求空间距离

(1) 点 $Q$ 到直线 $l$ 距离。

若 $Q$ 为直线 $l$ 外的一点,$P$ 在直线 $l$ 上,$a$ 为直线 $l$ 的方向向量,$b=\overrightarrow{PQ}$,则点 $Q$ 到直线 $l$ 距离为 $h=\dfrac{1}{|a|}\sqrt{(|a||b|)^2-(a\cdot b)^2}$。

(2) 点 $P$ 到平面 $\alpha$ 的距离。

若点 $P$ 为平面 $\alpha$ 外一点,点 $M$ 为平面 $\alpha$ 内任一点,平面 $\alpha$ 的法向量为 $n$,则 $P$ 到平面 $\alpha$ 的距离就等于 $\overrightarrow{MP}$ 在法向量 $n$ 方向上的投影的绝对值,即

$$d=|\overrightarrow{MP}||\cos\langle n,\overrightarrow{MP}\rangle|$$

$$=|\overrightarrow{MP}|\cdot\dfrac{|n\cdot\overrightarrow{MP}|}{|n||\overrightarrow{MP}|}$$

$$=\dfrac{|n\cdot\overrightarrow{MP}|}{|n|}$$

(3) 直线 $a$ 与平面 $\alpha$ 之间的距离。

当一条直线和一个平面平行时,直线上的各点到平面的距离相等。由此可知,直线到平面的距离可转化为求直线上任一点到平面的距离,即转化为点面距离,即 $d=\dfrac{|n\cdot\overrightarrow{MP}|}{|n|}$。

(4) 两平行平面 $\alpha,\beta$ 之间的距离。

利用两平行平面间的距离处处相等,可将两平行平面间的距离转化为求点面距离,即

$$d=\dfrac{|n\cdot\overrightarrow{MP}|}{|n|}$$

(5) 异面直线间的距离。

设向量 $n$ 与两异面直线 $a,b$ 都垂直,$M\in a,P\in b$,则两异面直线 $a,b$ 间的距离 $d$ 就是 $\overrightarrow{MP}$ 在向量 $n$ 方向上投影的绝对值,即

$$d=\dfrac{|n\cdot\overrightarrow{MP}|}{|n|}$$

### 7. 三垂线定理及其逆定理

(1) 三垂线定理:在平面内的一条直线,如果它和这个平面的一条斜线的射影垂直,那么它也和这条斜线垂直,如图 5-8 所示。

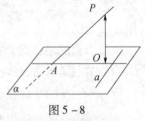

图 5-8

推理模式:$\begin{rcases}PO \perp \alpha(O \in \alpha) \\ PA \cap \alpha = A \\ a \subset \alpha(a \perp OA)\end{rcases} \Rightarrow a \perp PA$。

概括为垂直于射影就垂直于斜线。

(2) 三垂线定理的逆定理:在平面内的一条直线,如果和这个平面的一条斜线垂直,那么它也和这条斜线的射影垂直。

推理模式:$\begin{rcases}PO \perp \alpha(O \in \alpha) \\ PA \cap \alpha = A \\ a \subset \alpha(a \perp AP)\end{rcases} \Rightarrow a \perp AO$。

概括为垂直于斜线就垂直于射影。

## 典型例题

### 一、选择题

**例1** 设点 $P$ 在 $\triangle ABC$ 所在平面内,且满足 $(\overrightarrow{PA} - \overrightarrow{PB}) \cdot (\overrightarrow{CB} + \overrightarrow{CA}) = 0$,则 $\triangle ABC$ 的形状一定是( )。

A. 等边三角形　　B. 直角三角形　　C. 等腰三角形　　D. 等腰直角三角形

【解析】C。考查向量的加法运算及向量垂直的充要条件。$\overrightarrow{PA} - \overrightarrow{PB} = \overrightarrow{BA}, \overrightarrow{CB} + \overrightarrow{CA} = 2\overrightarrow{CO}$,其中 $O$ 为 $AB$ 中点,由 $(\overrightarrow{PA} - \overrightarrow{PB}) \cdot (\overrightarrow{CB} + \overrightarrow{CA}) = 0$ 可知 $\overrightarrow{BA}$ 与 $\overrightarrow{CO}$ 垂直,因此中线高线合一,三角形为等腰三角形。

**例2** 已知等差数列 $\{a_n\}$ 的前 $n$ 项的和为 $S_n$,且 $S_2 = 10, S_5 = 55$,则过点 $P(n, a_n)$ 和 $Q(n+2, a_{n+2})(n \in \mathbf{N}^*)$ 的直线的一个方向向量的坐标是( )。

A. $\left(2, \dfrac{1}{2}\right)$　　B. $\left(-\dfrac{1}{2}, -2\right)$　　C. $\left(-\dfrac{1}{2}, -1\right)$　　D. $(-1, -1)$

【解析】B。考查等差数列的通项公式及两向量平行的充要条件。由 $S_2 = 10, S_5 = 55$ 可知 $5a_1 + 10d = 55, 2a_1 + d = 10$,得 $a_1 = 3, d = 4$,因此 $a_n = 3 + 4(n-1), \overrightarrow{PQ} = (2, 2d) = (2, 8)$,故与 $\overrightarrow{PQ}$ 平行的向量为 $\left(-\dfrac{1}{2}, -2\right)$。

**例3** 在 $\triangle ABC$ 中,$AD$ 为 $BC$ 边上的中线,$E$ 为 $AD$ 的中点,则 $\overrightarrow{EB} = ($ )。

A. $\dfrac{3}{4}\overrightarrow{AB} - \dfrac{1}{4}\overrightarrow{AC}$　　B. $\dfrac{1}{4}\overrightarrow{AB} - \dfrac{3}{4}\overrightarrow{AC}$　　C. $\dfrac{3}{4}\overrightarrow{AB} + \dfrac{1}{4}\overrightarrow{AC}$　　D. $\dfrac{1}{4}\overrightarrow{AB} + \dfrac{3}{4}\overrightarrow{AC}$

【解析】A。考查向量的加法和减法运算法则。$\overrightarrow{EB} = \overrightarrow{AB} - \overrightarrow{AE} = \overrightarrow{AB} - \dfrac{1}{2}\overrightarrow{AD} = \overrightarrow{AB} - \dfrac{1}{4}(\overrightarrow{AB} + \overrightarrow{AC}) = \dfrac{3}{4}\overrightarrow{AB} - \dfrac{1}{4}\overrightarrow{AC}$。

**例4** 如图 5-9 所示,在 $\triangle OAB$ 中,$P$ 为线段 $AB$ 上的一点,$\overrightarrow{OP} = x\overrightarrow{OA} + y\overrightarrow{OB}$,且 $\overrightarrow{BP} = 2\overrightarrow{PA}$,则( )。

A. $x = \dfrac{2}{3}, y = \dfrac{1}{3}$

B. $x = \dfrac{1}{3}, y = \dfrac{2}{3}$

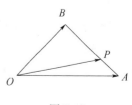

图 5-9

C. $x=\dfrac{1}{4}, y=\dfrac{3}{4}$

D. $x=\dfrac{3}{4}, y=\dfrac{1}{4}$

【解析】A。考查平面向量的概念及其几何意义。

因为 $\overrightarrow{BP}=2\overrightarrow{PA}$,即 $\overrightarrow{OP}-\overrightarrow{OB}=2(\overrightarrow{OA}-\overrightarrow{OP})$,得 $3\overrightarrow{OP}=\overrightarrow{OB}+2\overrightarrow{OA}$,所以 $\overrightarrow{OP}=\dfrac{1}{3}\overrightarrow{OB}+\dfrac{2}{3}\overrightarrow{OA}$,可得 $x=\dfrac{2}{3}, y=\dfrac{1}{3}$。故选 A。

**例 5** 在长方体 $ABCD-A_1B_1C_1D_1$ 中,$AB=BC=1, AA_1=\sqrt{3}$,则异面直线 $AD_1$ 与 $DB_1$ 所成角的余弦值为( )。

A. $\dfrac{1}{5}$      B. $\dfrac{\sqrt{5}}{6}$      C. $\dfrac{\sqrt{5}}{5}$      D. $\dfrac{\sqrt{2}}{2}$

【解析】C。先建立空间直角坐标系,设立各点坐标,利用向量数量积求向量夹角,再根据向量夹角与线线角相等或互补关系求结果。

以 $D$ 为坐标原点,$DA, DC, DD_1$ 为 $x, y, z$ 轴建立空间直角坐标系,则 $D(0,0,0), A(1,0,0), B_1(1,1,\sqrt{3}), D_1(0,0,\sqrt{3})$,所以 $\overrightarrow{AD_1}=(-1,0,\sqrt{3}), \overrightarrow{DB_1}=(1,1,\sqrt{3})$。

因为 $\cos\langle\overrightarrow{AD_1}, \overrightarrow{DB_1}\rangle=\dfrac{\overrightarrow{AD_1}\cdot\overrightarrow{DB_1}}{|\overrightarrow{AD_1}||\overrightarrow{DB_1}|}=\dfrac{\sqrt{5}}{5}$,所以异面直线 $AD_1$ 与 $DB_1$ 所成角的余弦值为 $\dfrac{\sqrt{5}}{5}$。

**例 6** 若向量 $\boldsymbol{a},\boldsymbol{b}$ 满足 $|\boldsymbol{a}|=|\boldsymbol{b}|=2$,且 $\boldsymbol{a},\boldsymbol{b}$ 的夹角为 $60°$,$\boldsymbol{a}\cdot(\boldsymbol{a}+\boldsymbol{b})$ 等于( )。

A. 4      B. 6      C. $2+\sqrt{2}$      D. $4+2\sqrt{3}$

【解析】B。由于 $\cos\dfrac{\pi}{3}=\dfrac{\boldsymbol{a}\cdot\boldsymbol{b}}{|\boldsymbol{a}||\boldsymbol{b}|}=\dfrac{\boldsymbol{a}\cdot\boldsymbol{b}}{4}=\dfrac{1}{2}$,因此 $\boldsymbol{a}\cdot\boldsymbol{b}=2$,所以 $\boldsymbol{a}\cdot(\boldsymbol{a}+\boldsymbol{b})=|\boldsymbol{a}|^2+\boldsymbol{a}\cdot\boldsymbol{b}=4+\boldsymbol{a}\cdot\boldsymbol{b}=6$。

**例 7** $\triangle ABC$ 的三内角 $A,B,C$ 的对边长分别是 $a,b,c$,设向量 $\boldsymbol{n}=(\sqrt{3}a+c, \sin B-\sin A)$,$\boldsymbol{m}=(a+b, \sin C)$,若 $\boldsymbol{m}\parallel\boldsymbol{n}$,则角 $B$ 的大小为( )。

A. $\dfrac{\pi}{6}$      B. $\dfrac{\pi}{3}$      C. $\dfrac{5\pi}{6}$      D. $\dfrac{2\pi}{3}$

【解析】C。若 $\boldsymbol{m}\parallel\boldsymbol{n}$,则 $(a+b)(\sin B-\sin A)-\sin C(\sqrt{3}a+c)=0$,由正弦定理可得 $(a+b)(b-a)-c(\sqrt{3}a+c)=0$,化简可得 $a^2+c^2-b^2=-\sqrt{3}ac$,故 $\cos B=\dfrac{a^2+c^2-b^2}{2ac}=-\dfrac{\sqrt{3}}{2}$。又因为 $B\in(0,\pi)$,所以 $B=\dfrac{5\pi}{6}$,故选 C。

**例 8** 已知向量 $\boldsymbol{a},\boldsymbol{b}$ 满足 $|\boldsymbol{a}|=1, \boldsymbol{a}\cdot\boldsymbol{b}=-1$,则 $\boldsymbol{a}\cdot(2\boldsymbol{a}-\boldsymbol{b})=(\quad)$。

A. 4      B. 3      C. 2      D. 0

【解析】B。根据向量模的性质以及向量乘法得 $\boldsymbol{a}\cdot(2\boldsymbol{a}-\boldsymbol{b})=2|\boldsymbol{a}|^2-\boldsymbol{a}\cdot\boldsymbol{b}=2+1=3$。

**例 9** 已知圆 $C:(x-4)^2+y^2=4$,从动圆 $M:(x-4-7\cos\theta)^2+(y-7\sin\theta)^2=1$ 上的动点 $P$ 向圆 $C$ 引切线,切点分别是 $E,F$,则 $\overrightarrow{CE}\cdot\overrightarrow{CF}$ 的最小值为( )。

A. $-\dfrac{7}{2}$      B. $-\dfrac{28}{9}$      C. $\dfrac{4}{7}$      D. $-\dfrac{4}{7}$

【解析】A。本题考查了直线与圆的位置关系和两向量的数量积的知识。

根据题意,由圆 $C:(x-4)^2+y^2=4$,得其圆心为$(4,0)$,半径为$2$,由动圆 $M:$ $(x-4-7\cos\theta)^2+(y-7\sin\theta)^2=1$,得动圆圆心为$(4+7\cos\theta,7\sin\theta)$,可知两个圆心的距离为定值,且为 $\sqrt{(7\sin\theta)^2+(7\cos\theta)^2}=7$,连接两圆心与动圆的交点 $P$,此时满足 $\overrightarrow{CE}\cdot\overrightarrow{CF}=|\overrightarrow{CE}||\overrightarrow{CF}|\cos\langle\overrightarrow{CE},\overrightarrow{CF}\rangle$ 取得最小值,且为 $-\dfrac{7}{2}$,故选 A。

**例10** 如图 5-10 所示,已知$\triangle ABC$中,$D$是$BC$边的中点,过点$D$的直线分别交直线$AB,AC$于点$E,F$,若$\overrightarrow{AE}=\lambda\overrightarrow{AB}$,$\overrightarrow{AF}=\mu\overrightarrow{AC}$,其中 $\lambda>0,\mu>0$,则 $\lambda\mu$ 的最小值是( )。

A. 1  B. $\dfrac{1}{2}$

C. $\dfrac{1}{3}$  D. $\dfrac{1}{4}$

图 5-10

【解析】A。考查向量的运算。

由已知得$\overrightarrow{AD}=\dfrac{1}{2}\overrightarrow{AB}+\dfrac{1}{2}\overrightarrow{AC}=\dfrac{1}{2\lambda}\overrightarrow{AE}+\dfrac{1}{2\mu}\overrightarrow{AF}$,因为$D,E,F$三点共线,所以$\dfrac{1}{2\lambda}+\dfrac{1}{2\mu}=1$。由重要不等式得$\dfrac{1}{2\lambda}+\dfrac{1}{2\mu}\geq 2\sqrt{\dfrac{1}{2\lambda}\cdot\dfrac{1}{2\mu}}=\sqrt{\dfrac{1}{\lambda}\cdot\dfrac{1}{\mu}}$,因此 $\lambda\mu\geq 1$。

**例11** 已知点 $A(1,3),B(4,-1)$,则与向量$\overrightarrow{AB}$同方向的单位向量为( )。

A. $\left(\dfrac{3}{5},-\dfrac{4}{5}\right)$  B. $\left(\dfrac{4}{5},-\dfrac{3}{5}\right)$  C. $\left(-\dfrac{3}{5},\dfrac{4}{5}\right)$  D. $\left(-\dfrac{4}{5},\dfrac{3}{5}\right)$

【解析】A。本题考查平面向量的基本定理及坐标表示。

因为$\overrightarrow{AB}=(3,-4)$,所以与$\overrightarrow{AB}=(3,-4)$同向的单位向量是 $\boldsymbol{n}=\dfrac{\overrightarrow{AB}}{|\overrightarrow{AB}|}=\left(\dfrac{3}{5},-\dfrac{4}{5}\right)$。故答案是 A。

**例12** 在$\triangle ABC$中,$P_0$是边$AB$上一定点,满足$P_0B=\dfrac{1}{4}AB$,且对于边$AB$上任一点$P$,恒有 $\overrightarrow{PB}\cdot\overrightarrow{PC}\geq\overrightarrow{P_0B}\cdot\overrightarrow{P_0C}$,则( )。

A. $\angle ABC=90°$  B. $\angle BAC=90°$  C. $AB=AC$  D. $AC=BC$

【解析】D。本题考查平面向量的数乘和几何意义。

以$AB$所在直线为$x$轴,以$AB$的中垂线为$y$轴建立直角坐标系,

设 $AB=4,C(a,b),P(x,0)$,

可得 $BP_0=1,A(-2,0),B(2,0),P_0=(1,0),\overrightarrow{P_0B}=(1,0),\overrightarrow{PB}=(2-x,0),\overrightarrow{PC}=(a-x,b)$,$\overrightarrow{P_0C}=(a-1,b)$,

恒有$\overrightarrow{PB}\cdot\overrightarrow{PC}\geq\overrightarrow{P_0B}\cdot\overrightarrow{P_0C}$,

所以$(2-x)(a-x)\geq a-1$ 恒成立。

整理可得 $x^2-(a+2)x+a+1\geq 0$ 恒成立。

因此 $\Delta=(a+2)^2-4(a+1)\leq 0$,即 $a^2\leq 0$,

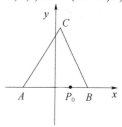

所以 $a=0$，即 $C$ 在 $AB$ 的垂直平分线上，从而 $\triangle ABC$ 为等腰三角形。

故选 D。

**例 13** 在平面直角坐标系中，$O$ 为原点，$A(-1,0)$，$B(0,\sqrt{3})$，$C(3,0)$，动点 $D$ 满足 $|\overrightarrow{CD}|=1$，则 $|\overrightarrow{OA}+\overrightarrow{OB}+\overrightarrow{OD}|$ 的取值范围是（　　）。

A. $[4,6]$　　　　　　　　　　B. $[\sqrt{19}-1,\sqrt{19}+1]$

C. $[2\sqrt{3},2\sqrt{7}]$　　　　　　　D. $[\sqrt{7}-1,\sqrt{7}+1]$

【解析】D。动点 $D$ 的轨迹为以 $C$ 为圆心的单位圆，设为 $(3+\cos\theta,\sin\theta)(\theta\in[0,2\pi))$，则 $|\overrightarrow{OA}+\overrightarrow{OB}+\overrightarrow{OC}|=\sqrt{(3+\cos\theta-1)^2+(\sin\theta+\sqrt{3})^2}=\sqrt{8+2(2\cos\theta+\sqrt{3}\sin\theta)}$。

因为 $2\cos\theta+\sqrt{3}\sin\theta$ 的取值范围为 $[-\sqrt{2^2+(\sqrt{3})^2},\sqrt{2^2+(\sqrt{3})^2}]=[-\sqrt{7},\sqrt{7}]$，

且 $\sqrt{8+2\sqrt{7}}=\sqrt{(1+\sqrt{7})^2}=1+\sqrt{7}$，$\sqrt{8-2\sqrt{7}}=\sqrt{(1-\sqrt{7})^2}=\sqrt{7}-1$，

所以 $|\overrightarrow{OA}+\overrightarrow{OB}+\overrightarrow{OC}|$ 的取值范围为 $[\sqrt{7}-1,\sqrt{7}+1]$。故选 D。

**例 14** 在平面直角坐标系中，$O(0,0)$，$P(6,8)$，将向量 $\overrightarrow{OP}$ 按逆时针旋转 $\dfrac{3\pi}{4}$ 后得向量 $\overrightarrow{OQ}$，则点 $Q$ 的坐标是（　　）。

A. $(-7\sqrt{2},-\sqrt{2})$　　B. $(-7\sqrt{2},\sqrt{2})$　　C. $(-4\sqrt{6},-2)$　　D. $(-4\sqrt{6},2)$

【解析】A。本题考查平面向量与三角函数交汇的运算问题。

由于点 $O(0,0)$，$P(6,8)$，因此 $\overrightarrow{OP}=(6,8)$，故可设

$\overrightarrow{OP}=(10\cos\theta,10\sin\theta)$，可知 $\cos\theta=\dfrac{3}{5}$，$\sin\theta=\dfrac{4}{5}$。因为将向量 $\overrightarrow{OP}$ 按逆时针旋转 $\dfrac{3\pi}{4}$ 后得向量

$\overrightarrow{OQ}$，所以 $\overrightarrow{OQ}=\left(10\cos\left(\theta+\dfrac{3\pi}{4}\right),10\sin\left(\theta+\dfrac{3\pi}{4}\right)\right)=\left(10\cos\theta\cos\dfrac{3\pi}{4}-10\sin\theta\sin\dfrac{3\pi}{4},10\sin\theta\cos\dfrac{3\pi}{4}+\right.$

$\left.10\cos\theta\sin\dfrac{3\pi}{4}\right)=(-7\sqrt{2},-\sqrt{2})$。故选 A。

**例 15** 已知菱形 $ABCD$ 的边长为 2，$\angle BAD=120°$，点 $E,F$ 分别在边 $BC,DC$ 上，$BE=\lambda BC$，$DF=\mu DC$。若 $\overrightarrow{AE}\cdot\overrightarrow{AF}=1$，$\overrightarrow{CE}\cdot\overrightarrow{CF}=-\dfrac{2}{3}$，则 $\lambda+\mu=$（　　）。

A. $\dfrac{1}{2}$　　　　　　B. $\dfrac{2}{3}$　　　　　　C. $\dfrac{5}{6}$　　　　　　D. $\dfrac{7}{12}$

【解析】C。本题考查两向量的数量积及线性运算。

因为 $\angle BAD=120°$，所以 $\overrightarrow{AB}\cdot\overrightarrow{AD}=|\overrightarrow{AB}|\cdot|\overrightarrow{AD}|\cdot\cos 120°=-2$。

因为 $BE=\lambda BC$，所以 $\overrightarrow{AE}=\overrightarrow{AB}+\lambda\overrightarrow{AD}$，$\overrightarrow{AF}=\mu\overrightarrow{AB}+\overrightarrow{AD}$。

因为 $\overrightarrow{AE}\cdot\overrightarrow{AF}=1$，所以 $(\overrightarrow{AB}+\lambda\overrightarrow{AD})\cdot(\mu\overrightarrow{AB}+\overrightarrow{AD})=1$。

即 $2\lambda+2\mu-\lambda\mu=\dfrac{3}{2}$　　　　　　　　　　　　　　　　　　　　　　　　　　①

同理可得 $\lambda\mu-\lambda-\mu=-\dfrac{2}{3}$　　　　　　　　　　　　　　　　　　　　　　②

①+②解得 $\lambda + \mu = \dfrac{5}{6}$。故选 C。

**例 16** 设 $a,b$ 是非零向量,"$a \cdot b = |a||b|$"是"$a // b$"的(  )。

A. 充分而不必要条件　　　　B. 必要而不充分条件

C. 充分必要条件　　　　　　D. 既不充分也不必要条件

【解析】A。本题考查两向量平行的充分必要条件。

因为 $a \cdot b = |a| \cdot |b| \cos <a,b>$,由已知得 $\cos <a,b> = 1$,故向量之间的夹角为 0,即两向量 $a // b$。

而当 $a // b$ 时,$<a,b>$ 还可能是 $\pi$,此时 $a \cdot b = -|a||b|$,故"$a \cdot b = |a||b|$"是"$a // b$"的充分而不必要条件。故选 A。

## 二、填空题

**例 1** 已知向量 $a,b$ 不共线,且 $c = \lambda a + b, d = a + (2\lambda - 1)b$,若 $c$ 与 $d$ 共线反向,则实数 $\lambda = $ _____。

【解析】考查平面向量的概念及线性运算。

由于 $c$ 与 $d$ 共线反向,则存在实数 $k$,使 $c = kd(k<0)$,于是 $\lambda a + b = k[a + (2\lambda - 1)b]$,整理得 $\lambda a + b = ka + (2\lambda k - k)b$。$a,b$ 不共线,所以有 $\begin{cases} \lambda = k \\ 2\lambda k - k = 1 \end{cases}$,整理得 $2\lambda^2 - \lambda - 1 = 0$,解得 $\lambda = 1$ 或 $\lambda = -\dfrac{1}{2}$。又因为 $k < 0$,所以 $\lambda < 0$,故 $\lambda = -\dfrac{1}{2}$。

**例 2** 直角坐标系 $xOy$ 中,若定点 $A(1,2)$ 与动点 $P(x,y)$ 满足 $\overrightarrow{OP} \cdot \overrightarrow{OA} = 4$,则点 $P$ 的轨迹方程是_____。

【解析】本题考查向量的表示以及向量的数量积。

设 $\overrightarrow{OP} = (x,y)$,则依题意有 $\overrightarrow{OA} = (1,2)$,$\overrightarrow{OP} \cdot \overrightarrow{OA} = x + 2y = 4$,故答案为 $x + 2y = 4$。

**例 3** 设平面内的两个向量 $a,b$ 互相垂直,且 $|a| = 2, |b| = 1$,又 $k$ 与 $t(t \geq 0)$ 是两个不同时为零的实数,若向量 $x = a + (3-t)b$ 与 $y = -ka + t^2 b$ 互相垂直,则 $k$ 的最大值为_____。

【解析】考查两向量垂直的充要条件及函数的最值。$x \cdot y = -k|a|^2 + (3-t)t^2 |b|^2 = -4k + (3-t)t^2 = 0$,则 $k = \dfrac{1}{4}(3-t)t^2$,$k$ 关于 $t$ 求导,得 $k' = \dfrac{3}{4}(2-t)t$,当 $t = 2$ 时 $k$ 取得最大值 1。故答案为 1。

**例 4** 设 $a,b$ 是两个不共线的向量,若 $\overrightarrow{AB} = 2a + kb, \overrightarrow{CB} = a + 3b, \overrightarrow{CD} = 2a - b$,且 $A,B,D$ 三点共线,则 $k = $ _____。

【解析】$\overrightarrow{BD} = \overrightarrow{CD} - \overrightarrow{CB} = a - 4b, \overrightarrow{AB} = 2a + kb$,由于 $A,B,D$ 三点共线,因此可设 $m\overrightarrow{BD} = \overrightarrow{AB}$,即 $m = 2, -4m = k, k = -8$。故答案为 $-8$。

**例 5** 已知向量 $a = (1,2), b = (2,-2), c = (1,\lambda)$,若 $c // 2a + b$,则 $\lambda = $ _____。

【解析】两向量平行的充要条件是对应分量成比例。$2a + b = (4,2)$,且 $c // 2a + b$,因此 $\dfrac{1}{4} = \dfrac{\lambda}{2}, \lambda = \dfrac{1}{2}$。故答案为 $\dfrac{1}{2}$。

**例 6** 已知非零向量 $a,b$,其中向量 $a = (\sqrt{3},1)$,且 $2|a| = |b|, |\sqrt{3}a - b| = 2$,求向量 $a,b$ 的夹角为_____。

【解析】因为 $a = (\sqrt{3},1)$,所以 $|a| = 2$。又因为 $2|a| = |b|$,所以 $|b| = 4$。由 $|\sqrt{3}a - b| = 2$

两边平方化简得 $\cos\langle a,b\rangle = \dfrac{\sqrt{3}}{2}$，所以向量 $a,b$ 的夹角为 $\dfrac{\pi}{6}$。故答案为 $\dfrac{\pi}{6}$。

**例 7** 已知平行四边形 $ABCD$ 中，$\angle BAD = 120°$，$AB = 1$，$AD = 2$，点 $P$ 是线段 $BC$ 上的一个动点，则 $\overrightarrow{AP} \cdot \overrightarrow{DP}$ 的取值范围是_____。

【解析】以 $B$ 为坐标原点，以 $BC$ 所在的直线为 $x$ 轴，建立如图 5-11 所示的直角坐标系，作 $AE \perp BC$，垂足为 $E$。

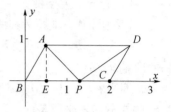

图 5-11

∵ $\angle BAD = 120°$，$AB = 1$，$AD = 2$，∴ $\angle ABC = 60°$，

∴ $AE = \dfrac{\sqrt{3}}{2}$，$BE = \dfrac{1}{2}$，∴ $A\left(\dfrac{1}{2}, \dfrac{\sqrt{3}}{2}\right)$，$D\left(\dfrac{5}{2}, \dfrac{\sqrt{3}}{2}\right)$。

∵ 点 $P$ 是线段 $BC$ 上的一个动点，设点 $P(x,0)$，$0 \leq x \leq 2$，

∴ $\overrightarrow{AP} = \left(x - \dfrac{1}{2}, -\dfrac{\sqrt{3}}{2}\right)$，$\overrightarrow{DP} = \left(x - \dfrac{5}{2}, -\dfrac{\sqrt{3}}{2}\right)$，

∴ $\overrightarrow{AP} \cdot \overrightarrow{DP} = \left(x - \dfrac{1}{2}\right)\left(x - \dfrac{5}{2}\right) + \dfrac{3}{4} = \left(x - \dfrac{3}{2}\right)^2 - \dfrac{1}{4}$。

∴ 当 $x = \dfrac{3}{2}$ 时有最小值 $-\dfrac{1}{4}$，当 $x = 0$ 时有最大值 2，则 $\overrightarrow{AP} \cdot \overrightarrow{DP}$ 的取值范围为 $\left[-\dfrac{1}{4}, 2\right]$。

**例 8** 在 $\triangle ABC$ 中，若 $|\overrightarrow{AB}| = 1$，$|\overrightarrow{AC}| = \sqrt{3}$，$|\overrightarrow{AB} + \overrightarrow{AC}| = |\overrightarrow{BC}|$，则 $|\overrightarrow{AC} - \overrightarrow{BC}| = $_____。

【解析】由 $|\overrightarrow{AB} + \overrightarrow{AC}| = |\overrightarrow{BC}| = |\overrightarrow{AC} - \overrightarrow{AB}|$，两边平方得 $\overrightarrow{AB} \cdot \overrightarrow{AC} = 0$，所以 $AB \perp AC$，因此 $|\overrightarrow{AC} - \overrightarrow{BC}| = |\overrightarrow{AB}| = 1$。故答案为 1。

**例 9** 若平面向量 $a,b$ 满足 $|a+b| = 1$，$a+b$ 平行于 $x$ 轴，$b = (2,-1)$，则 $a = $_____。

【解析】设 $a = (x,y)$，则 $(x+2)^2 + (y-1)^2 = 1$。又因为 $a+b = (x+2, y-1)//x$ 轴，因此 $y-1 = 0$，得 $y = 1$，代入 $(x+2)^2 + (y-1)^2 = 1$，可得 $x = -1$ 或 $-3$，因此 $a = (-1,1)$ 或 $(-3,1)$。故答案为 $(-1,1)$ 或 $(-3,1)$。

**例 10** 设 $D, E$ 分别是 $\triangle ABC$ 的边 $AB, BC$ 上的点，$AD = \dfrac{1}{2}AB$，$BE = \dfrac{2}{3}BC$，若 $\overrightarrow{DE} = \lambda_1 \overrightarrow{AB} + \lambda_2 \overrightarrow{AC}$（$\lambda_1, \lambda_2$ 为实数），则 $\lambda_1 + \lambda_2$ 的值为_____。

【解析】本题考查平面向量的线性运算。

因为 $\overrightarrow{DE} = \overrightarrow{DB} + \overrightarrow{BE} = \dfrac{1}{2}\overrightarrow{AB} + \dfrac{2}{3}\overrightarrow{BC} = \dfrac{1}{2}\overrightarrow{AB} + \dfrac{2}{3}(\overrightarrow{AC} - \overrightarrow{AB}) = -\dfrac{1}{6}\overrightarrow{AB} + \dfrac{2}{3}\overrightarrow{AC}$，所以 $\lambda_1 + \lambda_2 = \dfrac{2}{3} - \dfrac{1}{6} = \dfrac{1}{2}$。故答案为 $\dfrac{1}{2}$。

**例 11** 已知向量 $\overrightarrow{AB}$ 与 $\overrightarrow{AC}$ 的夹角为 $120°$，且 $|\overrightarrow{AB}| = 3$，$|\overrightarrow{AC}| = 2$，若 $\overrightarrow{AP} = \lambda\overrightarrow{AB} + \overrightarrow{AC}$，且 $\overrightarrow{AP} \perp \overrightarrow{BC}$，则实数 $\lambda$ 的值为_____。

【解析】本题考查向量垂直的充要条件、向量积的运算。

由 $\overrightarrow{AP} \perp \overrightarrow{BC}$，可知 $\overrightarrow{AP} \cdot \overrightarrow{BC} = 0$，即 $(\lambda \overrightarrow{AB} + \overrightarrow{AC}) \cdot \overrightarrow{BC} = 0$。根据向量积的运算公式及 $\overrightarrow{AB}$ 与 $\overrightarrow{AC}$ 夹角为 $120°$，以及 $\overrightarrow{BC} = \overrightarrow{AC} - \overrightarrow{AB}$，解得 $\lambda = \dfrac{7}{12}$。

**例 12** 在平行四边形 $ABCD$ 中，$AD = 1$，$\angle BAD = 60°$，$E$ 为 $CD$ 的中点。若 $\overrightarrow{AD} \cdot \overrightarrow{BE} = 1$，则 $AB$ 的长为_____。

【解析】本题考查平面向量的运算。

设 $|AB|=x(x>0)$，则 $\overrightarrow{AB}\cdot\overrightarrow{AD}=\dfrac{1}{2}x$。又 $\overrightarrow{AC}\cdot\overrightarrow{BE}=(\overrightarrow{AB}+\overrightarrow{AD})\cdot\left(\overrightarrow{AD}-\dfrac{1}{2}\overrightarrow{AB}\right)=1-\dfrac{1}{2}x^2+\dfrac{1}{4}x=1$，

解得 $x=\dfrac{1}{2}$。故答案为 $\dfrac{1}{2}$。

**例 13** 已知单位向量 $e_1,e_2$ 的夹角为 $\alpha$，且 $\cos\alpha=\dfrac{1}{3}$，若向量 $\boldsymbol{a}=3e_1-2e_2$，则 $|\boldsymbol{a}|=$ _____。

【解析】本题考查向量的模长与数量积的运算。

由 $|\boldsymbol{a}|^2=\boldsymbol{a}^2=(3e_1-2e_2)^2=(3e_1)^2+(2e_2)^2-12e_1\cdot e_2=9+4-12\cos\alpha=9$，

解得 $|\boldsymbol{a}|=3$。

**例 14** 设向量 $\boldsymbol{a}_k=\left(\cos\dfrac{k\pi}{6},\sin\dfrac{k\pi}{6}+\cos\dfrac{k\pi}{6}\right)(k=0,1,2,\cdots,12)$，则 $\displaystyle\sum_{k=0}^{11}(\boldsymbol{a}_k\cdot\boldsymbol{a}_{k+1})$ 的值为 _____。

【解析】本题考查向量数量积、三角函数性质。

$\boldsymbol{a}_k\cdot\boldsymbol{a}_{k+1}=\left(\cos\dfrac{k\pi}{6},\sin\dfrac{k\pi}{6}+\cos\dfrac{k\pi}{6}\right)\cdot\left(\cos\dfrac{(k+1)\pi}{6},\sin\dfrac{(k+1)\pi}{6}+\cos\dfrac{(k+1)\pi}{6}\right)$

$=\cos\dfrac{\pi}{6}+\sin\dfrac{2k\pi+\pi}{6}+\cos\dfrac{k\pi}{6}\cos\dfrac{(k+1)\pi}{6}=\dfrac{3\sqrt{3}}{4}+\sin\dfrac{2k\pi+\pi}{6}+\dfrac{1}{2}\cos\dfrac{(2k+1)\pi}{6}$

因此，$\displaystyle\sum_{k=0}^{11}\boldsymbol{a}_k\cdot\boldsymbol{a}_{k+1}=\dfrac{3\sqrt{3}}{4}\times 12=9\sqrt{3}$。

**例 15** 设向量 $\boldsymbol{a},\boldsymbol{b}$ 不平行，向量 $\lambda\boldsymbol{a}+\boldsymbol{b}$ 与 $\boldsymbol{a}+2\boldsymbol{b}$ 平行，则实数 $\lambda=$ _____。

【解析】本题考查两平面向量平行的充要条件。

因为向量 $\lambda\boldsymbol{a}+\boldsymbol{b}$ 与 $\boldsymbol{a}+2\boldsymbol{b}$ 平行，所以 $\lambda\boldsymbol{a}+\boldsymbol{b}=k(\boldsymbol{a}+2\boldsymbol{b})$，则 $\begin{cases}\lambda=k\\1=2k\end{cases}$，所以 $\lambda=\dfrac{1}{2}$。

**例 16** 如图 5-12 所示，已知点 $O(0,0),A(1,0),B(0,-1)$，$P$ 是曲线 $y=\sqrt{1-x^2}$ 上一个动点，则 $\overrightarrow{OP}\cdot\overrightarrow{BA}$ 的取值范围是 _____。

【解析】本题考查数量积的运算和数形结合的思想。

由题意，设 $P(\cos\alpha,\sin\alpha),\alpha\in[0,\pi]$，

则 $\overrightarrow{OP}=(\cos\alpha,\sin\alpha)$。又因为 $\overrightarrow{BA}=(1,1)$，

所以 $\overrightarrow{OP}\cdot\overrightarrow{BA}=\cos\alpha+\sin\alpha=\sqrt{2}\sin\left(\alpha+\dfrac{\pi}{4}\right)\in[-1,\sqrt{2}]$。

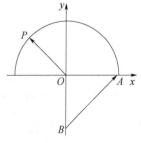

图 5-12

### 三、解答题

**例 1** 已知 $\boldsymbol{a}=(\cos\alpha,\sin\alpha),\boldsymbol{b}=(\cos\beta,\sin\beta)$。

(1) 求证：$(\boldsymbol{a}+\boldsymbol{b})\perp(\boldsymbol{a}-\boldsymbol{b})$。

(2) 若 $\boldsymbol{a}+\boldsymbol{b}=\left(\dfrac{1}{3},\dfrac{1}{2}\right)$，求 $\boldsymbol{a}\cdot\boldsymbol{b}$。

(3) 若 $|\boldsymbol{a}+\boldsymbol{b}|=1$，且 $0<\alpha<\beta<\pi$，求 $\beta-\alpha$ 的值。

【解析】(1) 证明：$\boldsymbol{a}+\boldsymbol{b}=(\cos\alpha+\cos\beta,\sin\alpha+\sin\beta),\boldsymbol{a}-\boldsymbol{b}=(\cos\alpha-\cos\beta,\sin\alpha-\sin\beta)$，

$(\boldsymbol{a}+\boldsymbol{b})\cdot(\boldsymbol{a}-\boldsymbol{b})=(\cos\alpha+\cos\beta,\sin\alpha+\sin\beta)\cdot(\cos\alpha-\cos\beta,\sin\alpha-\sin\beta)=\cos^2\alpha-\cos^2\beta+$

$\sin^2\alpha - \sin^2\beta = 0$,因此$(\boldsymbol{a}+\boldsymbol{b}) \perp (\boldsymbol{a}-\boldsymbol{b})$。

(2)因为$\boldsymbol{a} \cdot \boldsymbol{b} = (\cos\alpha, \sin\alpha) \cdot (\cos\beta, \sin\beta) = \cos(\alpha-\beta)$,

由$\boldsymbol{a}+\boldsymbol{b} = (\cos\alpha+\cos\beta, \sin\alpha+\sin\beta) = \left(\dfrac{1}{3}, \dfrac{1}{2}\right)$,可知$\cos\alpha + \cos\beta = \dfrac{1}{3}$,$\sin\alpha + \sin\beta = \dfrac{1}{2}$,两式两边分别平方得$\cos^2\alpha + \cos^2\beta + 2\cos\alpha\cos\beta = \dfrac{1}{9}$,$\sin^2\alpha + \sin^2\beta + 2\sin\alpha\sin\beta = \dfrac{1}{4}$,相加得$2 + 2\cos\alpha\cos\beta + 2\sin\alpha\sin\beta = \dfrac{1}{9} + \dfrac{1}{4}$,即$2\cos(\alpha-\beta) = \dfrac{13}{36} - 2 = -\dfrac{59}{36}$,所以$\boldsymbol{a} \cdot \boldsymbol{b} = \cos(\alpha-\beta) = -\dfrac{59}{72}$。

(3)因为$|\boldsymbol{a}+\boldsymbol{b}| = \sqrt{(\cos\alpha+\cos\beta)^2 + (\sin\alpha+\sin\beta)^2} = \sqrt{2+2\cos(\alpha-\beta)} = 1$,有$\cos(\alpha-\beta) = -\dfrac{1}{2}$,又因为$0 < \alpha < \beta < \pi$,所以$\beta - \alpha = \dfrac{2\pi}{3}$。

**例2** 设两个非零向量$\boldsymbol{e}_1$与$\boldsymbol{e}_2$不共线。

(1)如果$\overrightarrow{AB} = \boldsymbol{e}_1 - \boldsymbol{e}_2, \overrightarrow{BC} = 3\boldsymbol{e}_1 + 2\boldsymbol{e}_2, \overrightarrow{CD} = -8\boldsymbol{e}_1 - 2\boldsymbol{e}_2$,求证:$A,C,D$三点共线。

(2)如果$\overrightarrow{AB} = \boldsymbol{e}_1 + \boldsymbol{e}_2, \overrightarrow{BC} = 2\boldsymbol{e}_1 - 3\boldsymbol{e}_2, \overrightarrow{CD} = 2\boldsymbol{e}_1 - k\boldsymbol{e}_2$,且$A,C,D$三点共线,求实数$k$的值。

**【解析】** 考查平面向量的基本定理。

(1)由于$\overrightarrow{AB} = \boldsymbol{e}_1 - \boldsymbol{e}_2, \overrightarrow{BC} = 3\boldsymbol{e}_1 + 2\boldsymbol{e}_2, \overrightarrow{CD} = -8\boldsymbol{e}_1 - 2\boldsymbol{e}_2$,则$\overrightarrow{AC} = \overrightarrow{AB} + \overrightarrow{BC} = 4\boldsymbol{e}_1 + \boldsymbol{e}_2 = -\dfrac{1}{2}(-8\boldsymbol{e}_1 - 2\boldsymbol{e}_2) = -\dfrac{1}{2}\overrightarrow{CD}$,所以$\overrightarrow{AC}$与$\overrightarrow{CD}$共线。又因为$\overrightarrow{AC}$与$\overrightarrow{CD}$有公共点$C$,所以$A,C,D$三点共线。

(2)$\overrightarrow{AC} = \overrightarrow{AB} + \overrightarrow{BC} = 3\boldsymbol{e}_1 - 2\boldsymbol{e}_2$,因为$A,C,D$三点共线,所以$\overrightarrow{AC}$与$\overrightarrow{CD}$共线,从而存在实数$\lambda$,使得$\overrightarrow{AC} = \lambda\overrightarrow{CD}$,即$3\boldsymbol{e}_1 - 2\boldsymbol{e}_2 = \lambda(2\boldsymbol{e}_1 - k\boldsymbol{e}_2)$。由平面向量基本定理得$\begin{cases}3 = 2\lambda \\ -2 = -k\lambda\end{cases}$,解得$\lambda = \dfrac{3}{2}, k = \dfrac{4}{3}$。故实数$k$的值为$\dfrac{4}{3}$。

**例3** 已知斜率为$k$的直线$l$与椭圆$C: \dfrac{x^2}{4} + \dfrac{y^2}{3} = 1$交于$A,B$两点,线段$AB$的中点为$M(1,m)(m>0)$。

(1)证明:$k < -\dfrac{1}{2}$。

(2)设$F$为$C$的右焦点,$P$为$C$上一点,且$\overrightarrow{FP} + \overrightarrow{FA} + \overrightarrow{FB} = \boldsymbol{0}$。证明:$|\overrightarrow{FA}|, |\overrightarrow{FP}|, |\overrightarrow{FB}|$成等差数列,并求该数列的公差。

**【解析】** (1)设$A(x_1, y_1), B(x_2, y_2)$,则$\dfrac{x_1^2}{4} + \dfrac{y_1^2}{3} = 1, \dfrac{x_2^2}{4} + \dfrac{y_2^2}{3} = 1$。

两式相减,并由$\dfrac{y_1 - y_2}{x_1 - x_2} = k$得$\dfrac{x_1 + x_2}{4} + \dfrac{y_1 + y_2}{3} \cdot k = 0$。

由题设知$\dfrac{x_1 + x_2}{2} = 1, \dfrac{y_1 + y_2}{2} = m$,于是$k = -\dfrac{3}{4m}$。    ①

由题设得$0 < m < \dfrac{3}{2}$,故$k < -\dfrac{1}{2}$。

(2)由题意得$F(1,0)$,设$P(x_3, y_3)$,则$(x_3 - 1, y_3) + (x_1 - 1, y_1) + (x_2 - 1, y_2) = (0, 0)$。

由(1)及题设得$x_3 = 3 - (x_1 + x_2) = 1, y_3 = -(y_1 + y_2) = -2m < 0$。

又点 $P$ 在椭圆 $C$ 上,所以 $m = \dfrac{3}{4}$,从而 $P\left(1, -\dfrac{3}{2}\right)$,$|\overrightarrow{FP}| = \dfrac{3}{2}$,于是 $|\overrightarrow{FA}| = \sqrt{(x_1-1)^2 + y_1^2} = \sqrt{(x_1-1)^2 + 3\left(1 - \dfrac{x_1^2}{4}\right)} = 2 - \dfrac{x_1}{2}$。

同理 $|\overrightarrow{FB}| = 2 - \dfrac{x_2}{2}$。

所以 $|\overrightarrow{FA}| + |\overrightarrow{FB}| = 4 - \dfrac{1}{2}(x_1 + x_2) = 3$,故 $2|\overrightarrow{FP}| = |\overrightarrow{FA}| + |\overrightarrow{FB}|$,即 $|\overrightarrow{FA}|$,$|\overrightarrow{FP}|$,$|\overrightarrow{FB}|$ 成等差数列。

设该数列的公差为 $d$,则

$$2|d| = ||\overrightarrow{FB}| - |\overrightarrow{FA}|| = \dfrac{1}{2}|x_1 - x_2| = \dfrac{1}{2}\sqrt{(x_1+x_2)^2 - 4x_1 x_2} \qquad ②$$

将 $m = \dfrac{3}{4}$ 代入式①得 $k = -1$。

所以 $l$ 的方程为 $y = -x + \dfrac{7}{4}$,代入椭圆 $C$ 的方程,并整理得 $7x^2 - 14x + \dfrac{1}{4} = 0$。

故 $x_1 + x_2 = 2$,$x_1 x_2 = \dfrac{1}{28}$,代入式②解得 $|d| = \dfrac{3\sqrt{21}}{28}$。

所以该数列的公差为 $\dfrac{3\sqrt{21}}{28}$ 或 $-\dfrac{3\sqrt{21}}{28}$。

**例 4** 设数列 $\{a_n\}$ 的前 $n$ 项和为 $S_n$,点 $(a_n, S_n)(n \in \mathbf{N}^*)$ 在直线 $2x - y - 1 = 0$ 上。

(1) 求证:数列 $\{a_n\}$ 是等比数列,并求其通项公式。

(2) 设直线 $x = a_n$ 与函数 $f(x) = x^2$ 的图像交于点 $A_n$,与函数 $g(x) = \log_2 x$ 图像交于点 $B_n$,记 $b_n = \overrightarrow{OA_n} \cdot \overrightarrow{OB_n}$(其中 $O$ 为坐标原点),求数列 $\{b_n\}$ 前 $n$ 项和 $T_n$。

**【解析】**(1) 因为点 $(a_n, S_n)$ 在直线 $2x - y - 1 = 0$ 上,所以

$$2a_n - S_n - 1 = 0 \qquad ①$$

当 $n = 1$ 时,$2a_1 - S_1 - 1 = 0$,$a_1 = 1$。

当 $n \geq 2$ 时,$2a_{n-1} - S_{n-1} - 1 = 0$。 ②

①-②,得 $a_n = 2a_{n-1}$,$\dfrac{a_n}{a_{n-1}} = 2 (n \geq 2)$。

所以数列 $\{a_n\}$ 为首项为 1、公比为 2 的等比数列,$a_n = 2^{n-1}$。

(2) $A_n(2^{n-1}, 4^{n-1})$,$B_n(2^{n-1}, n-1)$,$b_n = \overrightarrow{OA_n} \cdot \overrightarrow{OB_n} = 4^{n-1} + (n-1) \times 4^{n-1} = n \times 4^{n-1}$

$$T_n = 1 + 2 \times 4 + 3 \times 4^2 + \cdots + n \times 4^{n-1} \qquad ③$$

$$4T_n = 1 \times 4 + 2 \times 4^2 + \cdots + (n-1) \times 4^{n-1} + n \times 4^n \qquad ④$$

③-④得 $-3T_n = 1 - n \times 4^n + (4 + 4^2 + \cdots + 4^{n-1}) = 1 - n \times 4^n + \dfrac{4(1 - 4^{n-1})}{1-4} = 1 - n \times 4^n + \dfrac{1}{3}(4^n - 4) = -\dfrac{1}{3} + \left(\dfrac{1}{3} - n\right) \times 4^n$。

所以 $T_n = \dfrac{1}{9} + \dfrac{3n-1}{9} \times 4^n$。

**例 5** 在 $\triangle ABC$ 中,内角 $A,B,C$ 的对边分别为 $a,b,c$,向量 $\boldsymbol{p}=(\sin A,b+c)$,$\boldsymbol{q}=(a-c,\sin C-\sin B)$,满足 $|\boldsymbol{p}+\boldsymbol{q}|=|\boldsymbol{p}-\boldsymbol{q}|$。

(1) 求 $\angle B$ 的大小;

(2) 设 $\boldsymbol{m}=\left(\sin\left(C+\dfrac{\pi}{3}\right),\dfrac{1}{2}\right)$,$\boldsymbol{n}=(2k,\cos 2A)(k>1)$,$\boldsymbol{m}\cdot\boldsymbol{n}$ 有最大值为 3,求 $k$ 的值。

【解析】本题考查了向量的坐标运算及正余弦定理。

(1) 由条件 $|\boldsymbol{p}+\boldsymbol{q}|=|\boldsymbol{p}-\boldsymbol{q}|$,两边平方得 $\boldsymbol{p}\cdot\boldsymbol{q}=0$,而 $\boldsymbol{p}=(\sin A,b+c)$,$\boldsymbol{q}=(a-c,\sin C-\sin B)$,有 $(a-c)\sin A+(b+c)(\sin C-\sin B)=0$。

根据正弦定理,可化为 $a(a-c)+(b+c)(c-b)=0$,即 $a^2+c^2-b^2=ac$。又由余弦定理 $=a^2+c^2-b^2=2ac\cos B$,所以 $\cos B=\dfrac{1}{2}$,$B=\dfrac{\pi}{3}$。

(2) $\boldsymbol{m}=\left(\sin\left(C+\dfrac{\pi}{3}\right),\dfrac{1}{2}\right)$,$\boldsymbol{n}=(2k,\cos 2A)(k>1)$,$\boldsymbol{m}\cdot\boldsymbol{n}=2k\sin\left(C+\dfrac{\pi}{3}\right)+\dfrac{1}{2}\cos 2A=2k\sin(C+B)+\dfrac{1}{2}\cos 2A=2k\sin A+\cos^2 A-\dfrac{1}{2}=2k\sin A-\sin^2 A+\dfrac{1}{2}=-(\sin A-k)^2+k^2+\dfrac{1}{2}$,而 $0<A<\dfrac{2}{3}\pi$,$\sin A\in(0,1]$,因此当 $\sin A=1$ 时,$\boldsymbol{m}\cdot\boldsymbol{n}$ 取最大值为 $2k-\dfrac{1}{2}=3$,得 $k=\dfrac{7}{4}$。

**例 6** 如图 5-13 所示,在四棱锥 $P-ABCD$ 中,$PA\perp$ 底面 $ABCD$,$AD\perp AB$,$AB\parallel DC$,$AD=DC=AP=2$,$AB=1$,点 $E$ 为棱 $PC$ 的中点。

(1) 证明:$BE\perp DC$。

(2) 求直线 $BE$ 与平面 $PBD$ 所成角的正弦值。

(3) 若 $F$ 为棱 $PC$ 上一点,满足 $BF\perp AC$,求二面角 $F-AB-P$ 的余弦值。

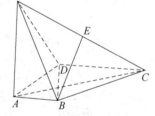

图 5-13

【解析】依题意,以点 $A$ 为原点以 $AB,AD,AP$ 分别为 $x,y,z$ 轴的正半轴建立空间直角坐标系,可得 $B(1,0,0)$,$C(2,2,0)$,$D(0,2,0)$,$P(0,0,2)$。由 $E$ 为棱 $PC$ 的中点,得 $E(1,1,1)$。

(1) 证明:向量 $\overrightarrow{BE}=(0,1,1)$,$\overrightarrow{DC}=(2,0,0)$,因为 $\overrightarrow{BE}\cdot\overrightarrow{DC}=0$,所以 $BE\perp DC$。

(2) 解:向量 $\overrightarrow{BD}=(-1,2,0)$,$\overrightarrow{PB}=(1,0,-2)$。

设 $\boldsymbol{n}=(x,y,z)$ 为平面 $PBD$ 的法向量,则 $\begin{cases}\boldsymbol{n}\cdot\overrightarrow{BD}=0\\ \boldsymbol{n}\cdot\overrightarrow{PB}=0\end{cases}$,即 $\begin{cases}-x+2y=0\\ x-2z=0\end{cases}$。

不妨令 $y=1$,可得 $\boldsymbol{n}=(2,1,1)$ 为平面 $PBD$ 的一个法向量。

于是有 $\sin\langle\boldsymbol{n},\overrightarrow{BE}\rangle=\dfrac{\boldsymbol{n}\cdot\overrightarrow{BE}}{|\boldsymbol{n}|\cdot|\overrightarrow{BE}|}=\dfrac{2}{\sqrt{6}\times\sqrt{2}}=\dfrac{\sqrt{3}}{3}$。

所以,直线 $BE$ 与平面 $PBD$ 所成角的正弦值为 $\dfrac{\sqrt{3}}{3}$。

(3) 解:向量 $\overrightarrow{BC}=(1,2,0)$,$\overrightarrow{CP}=(-2,-2,2)$,$\overrightarrow{AC}=(2,2,0)$,$\overrightarrow{AB}=(1,0,0)$。

由点 $F$ 在棱 $PC$ 上,设 $\overrightarrow{CF}=\lambda\overrightarrow{CP}$,$(0\leqslant\lambda\leqslant 1)$,故 $\overrightarrow{BF}=\overrightarrow{BC}+\overrightarrow{CF}=\overrightarrow{BC}+\lambda\overrightarrow{CP}=(1-2\lambda,2-$

$2\lambda,2\lambda)$。

由 $BF \perp AC$,得$\overrightarrow{BF} \cdot \overrightarrow{AC} = 0$。

因此 $2(1-2\lambda) + 2(2-2\lambda) = 0$,解得 $\lambda = \dfrac{3}{4}$,即 $\overrightarrow{BF} = \left(-\dfrac{1}{2}, \dfrac{1}{2}, \dfrac{3}{2}\right)$。

设 $\boldsymbol{n}_1 = (x,y,z)$ 为平面 $FAB$ 的法向量,则 $\begin{cases} \boldsymbol{n}_1 \cdot \overrightarrow{AB} = 0 \\ \boldsymbol{n}_1 \cdot \overrightarrow{BF} = 0 \end{cases}$,即 $\begin{cases} x = 0 \\ -\dfrac{1}{2}x + \dfrac{1}{2}y + \dfrac{3}{2}z = 0 \end{cases}$。

不妨令 $z = 1$,可得 $\boldsymbol{n}_1 = (0,-3,1)$ 为平面 $FAB$ 的一个法向量。

取平面 $ABP$ 的法向量 $\boldsymbol{n}_2 = (0,1,0)$,则

$$\cos\langle \boldsymbol{n}_1, \boldsymbol{n}_2 \rangle = \dfrac{\boldsymbol{n}_1 \cdot \boldsymbol{n}_2}{|\boldsymbol{n}_1| \cdot |\boldsymbol{n}_1|} = \dfrac{-3}{\sqrt{10} \times 1} = -\dfrac{3\sqrt{10}}{10}$$

易知,二面角 $F-AB-P$ 是锐角,所以其余弦值为 $\dfrac{3\sqrt{10}}{10}$。

**例 7** 已知正方形 $ABCD$ 边长为 $1$,$PD$ 垂直于平面 $ABCD$,且 $PD = 1$,$E$,$F$ 分别为 $AB$,$BC$ 的中点。

(1) 求点 $D$ 到平面 $PEF$ 的距离;

(2) 求直线 $AC$ 到平面 $PEF$ 的距离。

【解析】本题考查利用空间向量求点到平面的距离和直线到平面的距离。

(1) 以 $D$ 为坐标原点,$DA$,$DC$,$DP$ 分别为 $x,y,z$ 轴正半轴建立空间直角坐标系,

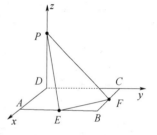

图 5 - 14

则 $D(0,0,0)$,$P(0,0,1)$,$A(1,0,0)$,$C(0,1,0)$,$E\left(1,\dfrac{1}{2},0\right)$,$F\left(\dfrac{1}{2},1,0\right)$。

因此 $\overrightarrow{PE} = \left(1,\dfrac{1}{2},-1\right)$,$\overrightarrow{EF} = \left(-\dfrac{1}{2},\dfrac{1}{2},0\right)$,$\overrightarrow{DP} = (0,0,1)$。

设平面 $PEF$ 的法向量为 $\boldsymbol{n} = (x,y,z)$,则有 $\begin{cases} \boldsymbol{n} \cdot \overrightarrow{PE} = 0 \\ \boldsymbol{n} \cdot \overrightarrow{EF} = 0 \end{cases} \Rightarrow \begin{cases} x + \dfrac{y}{2} - z = 0 \\ -\dfrac{x}{2} + \dfrac{y}{2} = 0 \end{cases} \Rightarrow \begin{cases} z = \dfrac{3}{2}x \\ y = x \end{cases}$

令 $x = 1$,则 $\boldsymbol{n} = \left(1,1,\dfrac{3}{2}\right)$,所以点 $D$ 到平面 $PEF$ 的距离为 $d = \dfrac{|\overrightarrow{DP} \cdot \boldsymbol{n}|}{|\boldsymbol{n}|} = \dfrac{3\sqrt{17}}{17}$。

(2) 由(1)知 $\overrightarrow{AC} = (-1,1,0)$,$\overrightarrow{EF} = \left(-\dfrac{1}{2},\dfrac{1}{2},0\right)$,

所以 $\overrightarrow{AC} = 2\overrightarrow{EF} \Rightarrow AC /\!/ EF$。

而 $AC \not\subset$ 平面 $PEF$,$EF \subset$ 平面 $PEF$,所以 $AC /\!/$ 平面 $PEF$。

故直线 $AC$ 到平面 $PEF$ 的距离即为点 $A$ 到平面 $PEF$ 的距离。

又 $\overrightarrow{AE} = \left(0,\dfrac{1}{2},0\right)$,平面 $PEF$ 的一个法向量为 $\boldsymbol{n} = \left(1,1,\dfrac{3}{2}\right)$,

所以点 $A$ 到平面 $PEF$ 的距离为 $d_1 = \dfrac{|\overrightarrow{AE} \cdot \boldsymbol{n}|}{|\boldsymbol{n}|} = \dfrac{\sqrt{17}}{17}$,

故直线 $AC$ 到平面 $PEF$ 的距离为 $\frac{\sqrt{17}}{17}$。

## 强化训练

**一、选择题**

1. 若 $\overrightarrow{AB}=(3,5),\overrightarrow{AC}=(1,7)$，则 $\overrightarrow{BC}=(\quad)$。
   A．$(-2,-2)$　　B．$(-2,2)$　　C．$(4,12)$　　D．$(-4,-12)$

2. 已知平面向量 $\boldsymbol{a}=(1,1),\boldsymbol{b}=(1,-1)$，则向量 $\frac{1}{2}\boldsymbol{a}-\frac{3}{2}\boldsymbol{b}=(\quad)$。
   A．$(-2,-1)$　　B．$(-2,1)$　　C．$(-1,0)$　　D．$(-1,2)$

3. 设 $\boldsymbol{a}=(1,-2),\boldsymbol{b}=(-3,4),\boldsymbol{c}=(3,2)$，则 $(\boldsymbol{a}-2\boldsymbol{b})\cdot\boldsymbol{c}=(\quad)$。
   A．$(10,-8)$　　B．$0$　　C．$1$　　D．$(21,-20)$

4. 已知四边形 $ABCD$ 的三个顶点 $A(0,2),B(-1,-2),C(3,1)$，且 $\overrightarrow{BC}=2\overrightarrow{AD}$，则顶点 $D$ 的坐标为（　　）。
   A．$\left(2,\frac{7}{2}\right)$　　B．$\left(2,-\frac{1}{2}\right)$　　C．$(3,2)$　　D．$(1,3)$

5. 已知平面向量 $\boldsymbol{a}=(1,-3),\boldsymbol{b}=(4,-2),\lambda\boldsymbol{a}+\boldsymbol{b}$ 与 $\boldsymbol{a}$ 垂直，则 $\lambda$ 是（　　）。
   A．$-1$　　B．$1$　　C．$-2$　　D．$2$

6. 若平面向量 $\boldsymbol{b}$ 与向量 $\boldsymbol{a}=(1,-2)$ 的夹角是 $180°$，且 $|\boldsymbol{b}|=3\sqrt{5}$，则 $\boldsymbol{b}=(\quad)$。
   A．$(-1,2)$　　B．$(-3,6)$　　C．$(3,-6)$　　D．$(-3,6)$ 或 $(3,-6)$

7. 在 $\triangle ABC$ 中，若 $\overrightarrow{AB}\cdot\overrightarrow{BC}+\overrightarrow{AB}^2=0$，则 $\triangle ABC$ 是（　　）。
   A．锐角三角形　　　　　　　　B．直角三角形
   C．钝角三角形　　　　　　　　D．等腰直角三角形

8. 在 $\triangle ABC$ 中，已知向量 $\overrightarrow{AB}=(0,2),\overrightarrow{BC}=(3,4)$，则三角形的 $AB$ 与 $BC$ 所成角 $\alpha$ 的余弦值等于（　　）。
   A．$-\frac{4}{5}$　　B．$\frac{4}{5}$　　C．$-\frac{3}{5}$　　D．$\frac{3}{5}$

9. 关于平面向量 $\boldsymbol{a},\boldsymbol{b},\boldsymbol{c}$，有下列三个命题：
   ① 若 $\boldsymbol{a}\cdot\boldsymbol{b}=\boldsymbol{a}\cdot\boldsymbol{c}$，则 $\boldsymbol{b}=\boldsymbol{c}$。
   ② 若 $\boldsymbol{a}=(1,k),\boldsymbol{b}=(-2,6),\boldsymbol{a}//\boldsymbol{b}$，则 $k=-3$。
   ③ 若非零向量 $\boldsymbol{a}$ 和 $\boldsymbol{b}$ 满足 $|\boldsymbol{a}|=|\boldsymbol{b}|=|\boldsymbol{a}-\boldsymbol{b}|$，则 $\boldsymbol{a}$ 与 $\boldsymbol{a}+\boldsymbol{b}$ 的夹角为 $60°$。
   其中真命题的个数有（　　）。
   A．$0$　　B．$1$　　C．$2$　　D．$3$

10. 直角坐标平面内三点 $A(1,2),B(3,-2),C(9,7)$，若 $E,F$ 为线段 $BC$ 的三等分点，则 $\overrightarrow{AE}\cdot\overrightarrow{AF}=(\quad)$。
    A．$20$　　B．$21$　　C．$22$　　D．$23$

11. 如图 $5-15$ 所示，在平行四边形 $ABCD$ 中，$\overrightarrow{AC}=(1,2),\overrightarrow{BD}=(-3,2)$，则 $\overrightarrow{AD}\cdot\overrightarrow{AC}=(\quad)$。

A. 1    B. 3    C. 5    D. 6

12. 如图 5-16 所示,在平行四边形 $ABCD$ 中,$AC$ 与 $BD$ 交于点 $O$,$E$ 是线段 $OD$ 的中点,$AE$ 的延长线与 $CD$ 交于点 $F$。若 $\vec{AC}=a,\vec{BD}=b$,则 $\vec{AF}=(\quad)$。

A. $\dfrac{1}{4}a+\dfrac{1}{2}b$    B. $\dfrac{2}{3}a+\dfrac{1}{3}b$    C. $\dfrac{1}{2}a+\dfrac{1}{4}b$    D. $\dfrac{1}{3}a+\dfrac{2}{3}b$

13. 设向量 $a=(2\tan\alpha,\tan\beta)$,向量 $b=(4,-3)$,且 $a+b=0$,则 $\tan(\alpha+\beta)=(\quad)$。

A. $\dfrac{1}{7}$    B. $-\dfrac{1}{5}$    C. $\dfrac{1}{5}$    D. $-\dfrac{1}{7}$

14. 已知向量 $a=(t+1,1,t),b=(t-1,t,1)$,则 $|a-b|$ 的最小值为( )。

A. $\sqrt{2}$    B. $\sqrt{3}$    C. 2    D. 4

15. 如图 5-17 所示,四面体 $OABC$ 中,$OB=OC$,且 $\angle AOB=\angle AOC=\dfrac{\pi}{3}$,则 $\cos\langle\vec{OA},\vec{BC}\rangle$ 的值为( )。

A. 0    B. $\dfrac{1}{2}$    C. $\dfrac{\sqrt{3}}{2}$    D. $\dfrac{\sqrt{2}}{2}$

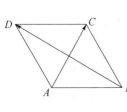
图 5-15

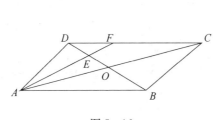
图 5-16

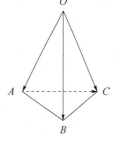
图 5-17

## 二、填空题

1. 已知向量 $a=(4,2)$,向量 $b=(x,3)$,且 $a\parallel b$,则 $x=$ _____。

2. 若 $a,b$ 的夹角为 $120°$,$|a|=1$,$|b|=3$,则 $|3a-b|=$ _____。

3. 定义 $a\times b$ 为两个向量 $a$ 和 $b$ 的"向量积",它的长度 $|a\times b|=|a||b|\sin\theta$,其中 $\theta$ 为向量 $a$ 和 $b$ 的夹角。若 $u=(2,0),u-v=(1,-\sqrt{3})$,则 $|u\times(u+v)|=$ _____。

4. 已知点 $O$ 在 $\triangle ABC$ 内部,且有 $\vec{OA}+2\vec{OB}+4\vec{OC}=\mathbf{0}$,则 $\triangle OAB$ 与 $\triangle OBC$ 的面积之比为 _____。

5. 如图 5-18 所示,已知空间四面体 $O-ABC$,点 $M,N$ 分别为 $OA,BC$ 的中点,且 $\vec{OA}=a$,$\vec{OB}=b,\vec{OC}=c$,用 $a,b,c$ 表示 $\vec{MN}$,则 $\vec{MN}=$ _____。

6. 已知向量 $a=(1,-1,2),b=(-1,0,1)$,且满足 $(ka+b)\perp(a-b)$,则 $k$ 的值为 _____。

## 三、解答题

1. 已知向量 $a=(\sin\theta,\sqrt{3}),b=(1,\cos\theta),\theta\in\left(-\dfrac{\pi}{2},\dfrac{\pi}{2}\right)$。

(1) 若 $a\perp b$,求 $\theta$;

(2) 求 $|\boldsymbol{a}+\boldsymbol{b}|$ 的最大值。

2. 已知 $A(3,0), B(0,3), C(\cos\alpha, \sin\alpha)$。

(1) 若 $\overrightarrow{AC} \cdot \overrightarrow{BC} = -1$，求 $\sin\left(\alpha + \dfrac{\pi}{4}\right)$ 的值；

(2) $O$ 为坐标原点，若 $|\overrightarrow{OA} - \overrightarrow{OC}| = \sqrt{13}$，且 $\alpha \in (0, \pi)$，求 $\overrightarrow{OB}$ 与 $\overrightarrow{OC}$ 的夹角。

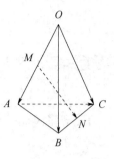

图 5-18

3. 在四面体 $P-ABC$ 中，$PA, PB, PC$ 两两垂直，设 $PA = PB = PC = a$，计算点 $P$ 到平面 $ABC$ 的距离。

4. 已知向量 $\boldsymbol{a} = (\cos x, \sin x)$，$\boldsymbol{b} = (\sin 2x, 1 - \cos 2x)$，$\boldsymbol{c} = (0, 1)$，$x \in (0, \pi)$。

(1) 向量 $\boldsymbol{a}, \boldsymbol{b}$ 是否共线？证明你的结论；

(2) 若函数 $f(x) = |\boldsymbol{b}| - (\boldsymbol{a} + \boldsymbol{b}) \cdot \boldsymbol{c}$，求 $f(x)$ 的最小值，并指出取得最小值时的 $x$ 的值。

5. 四边形 $ABCD$ 中，$\overrightarrow{AB} = (6, 1)$，$\overrightarrow{BC} = (x, y)$，$\overrightarrow{CD} = (-2, -3)$。

(1) 若 $\overrightarrow{BC} \parallel \overrightarrow{DA}$，试求 $x$ 与 $y$ 满足的关系式；

(2) 满足(1)的同时又有 $\overrightarrow{AC} \perp \overrightarrow{BD}$，求 $x, y$ 的值及四边形 $ABCD$ 的面积。

6. 在棱长为 2 的正方体 $ABCD - A_1B_1C_1D_1$ 中，$G$ 为 $AA_1$ 的中点，计算直线 $BD$ 与平面 $GB_1D_1$ 的距离。

7. 已知 $\boldsymbol{e}_1, \boldsymbol{e}_2$ 是平面内两个不共线的非零向量，$\overrightarrow{AB} = 2\boldsymbol{e}_1 + \boldsymbol{e}_2$，$\overrightarrow{BE} = -\boldsymbol{e}_1 + \lambda\boldsymbol{e}_2$，$\overrightarrow{EC} = -2\boldsymbol{e}_1 + \boldsymbol{e}_2$，且 $A, E, C$ 三点共线。

(1) 求实数 $\lambda$ 的值；

(2) 已知点 $D(2, 4)$，$\boldsymbol{e}_1 = (-2, -1)$，$\boldsymbol{e}_2 = (-2, 2)$，若 $A, B, C, D$ 四点按顺时针顺序构成平行四边形，求点 $A$ 的坐标。

## 【强化训练解析】

### 一、选择题

1. B。$\overrightarrow{BC} = \overrightarrow{AC} - \overrightarrow{AB} = (-2, 2)$。故选 B。

2. D。$\dfrac{1}{2}\boldsymbol{a} - \dfrac{3}{2}\boldsymbol{b} = \dfrac{1}{2}(1,1) - \dfrac{3}{2}(1,-1) = (-1,2)$。故选 D。

3. C。$\boldsymbol{a} - 2\boldsymbol{b} = (1,-2) - (-6,8) = (7,-10)$，$(\boldsymbol{a} - 2\boldsymbol{b}) \cdot \boldsymbol{c} = 1$。故选 C。

4. A。$\because \overrightarrow{BC} = (4,3), \overrightarrow{AD} = (x, y-2)$，且 $\overrightarrow{BC} = 2\overrightarrow{AD}, \therefore \begin{cases} 2x = 4 \\ 2y - 4 = 3 \end{cases} \Rightarrow \begin{cases} x = 2 \\ y = \dfrac{7}{2} \end{cases}$。故选 A。

5. A。$\because \lambda\boldsymbol{a} + \boldsymbol{b} = (\lambda + 4, -3\lambda - 2), \boldsymbol{a} = (1, -3), \lambda\boldsymbol{a} + \boldsymbol{b} \perp \boldsymbol{a}$，
$\therefore (\lambda + 4) - 3(-3\lambda - 2) = 0$，即 $10\lambda + 10 = 0, \therefore \lambda = -1$。故选 A。

6. B。由条件 $|\boldsymbol{b}|=3\sqrt{5}$，而且与向量 $\boldsymbol{a}=(1,-2)$ 的夹角是 $180°$，所以与 $\boldsymbol{a}$ 的方向相反，直接选 B。

7. B。因为 $\overrightarrow{AB}\cdot\overrightarrow{BC}+\overrightarrow{AB}^2=\overrightarrow{AB}(\overrightarrow{BC}+\overrightarrow{AB})=\overrightarrow{AB}(\overrightarrow{BC}-\overrightarrow{BA})=\overrightarrow{AB}\cdot\overrightarrow{AC}=0$，所以 $AB\perp AC$。故选 B。

8. A。由 $\overrightarrow{AB}=(0,2)$ 得 $\overrightarrow{BA}=(0,-2)$，边 $AB$ 与 $BC$ 所成角就是向量 $\overrightarrow{BA}$ 与 $\overrightarrow{BC}$ 所成角，故 $\cos\alpha=\dfrac{\overrightarrow{BA}\cdot\overrightarrow{BC}}{|\overrightarrow{BA}|\cdot|\overrightarrow{BC}|}=\dfrac{-8}{2\times 5}=-\dfrac{4}{5}$。故选 A。

9. B。只有②正确。故选 B。

10. C。由已知得 $E(5,1),F(7,4)$，则 $\overrightarrow{AE}\cdot\overrightarrow{AF}=(4,-1)\cdot(6,2)=22$。故选 C。

11. B。令 $\overrightarrow{AB}=\boldsymbol{a},\overrightarrow{AD}=\boldsymbol{b}$，则 $\begin{cases}\boldsymbol{a}+\boldsymbol{b}=(1,2)\\-\boldsymbol{a}+\boldsymbol{b}=(-3,2)\end{cases}\Rightarrow\boldsymbol{a}=(2,0),\boldsymbol{b}=(-1,2)$，所以 $\overrightarrow{AD}\cdot\overrightarrow{AC}=\boldsymbol{b}\cdot(\boldsymbol{a}+\boldsymbol{b})=3$。故选 B。

12. B。$\overrightarrow{AO}=\dfrac{1}{2}\boldsymbol{a},\overrightarrow{AD}=\overrightarrow{AO}+\overrightarrow{OD}=\dfrac{1}{2}\boldsymbol{a}+\dfrac{1}{2}\boldsymbol{b}$，

$\overrightarrow{AE}=\dfrac{1}{2}(\overrightarrow{AO}+\overrightarrow{AD})=\dfrac{1}{2}\left(\dfrac{1}{2}\boldsymbol{a}+\dfrac{1}{2}\boldsymbol{b}+\dfrac{1}{2}\boldsymbol{a}\right)=\dfrac{1}{2}\boldsymbol{a}+\dfrac{1}{4}\boldsymbol{b}$。

由 $A,E,F$ 三点共线，知 $\overrightarrow{AF}=\lambda\overrightarrow{AE},\lambda>1$。
而满足此条件的选项只有 B，故选 B。

13. A。本题考查平面向量的基本定理及坐标表示。

由 $\boldsymbol{a}+\boldsymbol{b}=0$，得 $2\tan\alpha+4=0,\tan\beta-3=0$，所以 $\tan\alpha=-2,\tan\beta=3$，所以 $\tan(\alpha+\beta)=\dfrac{\tan\alpha+\tan\beta}{1-\tan\alpha\tan\beta}=\dfrac{-2+3}{1-(-2)\times 3}=\dfrac{1}{7}$。故选 A。

14. C。本题考查空间向量的线性运算和函数的最值。因为 $\boldsymbol{a}=(t+1,1,t),\boldsymbol{b}=(t-1,t,1)$，所以 $\boldsymbol{a}-\boldsymbol{b}=(2,1-t,t-1)$，则 $|\boldsymbol{a}-\boldsymbol{b}|=\sqrt{4+2(t-1)^2}\geqslant 2$，当且仅当 $t=1$ 时取等号，即 $|\boldsymbol{a}-\boldsymbol{b}|$ 的最小值为 $2$，故选 C。

15. A。本题考查空间向量的数量积运算和异面直线的夹角运算。

设 $\overrightarrow{OA}=\boldsymbol{a},\overrightarrow{OB}=\boldsymbol{b},\overrightarrow{OC}=\boldsymbol{c}$，由已知条件可得 $\langle\boldsymbol{a},\boldsymbol{b}\rangle=\langle\boldsymbol{a},\boldsymbol{c}\rangle=\dfrac{\pi}{3}$，且 $|\boldsymbol{b}|=|\boldsymbol{c}|$，$\overrightarrow{OA}\cdot\overrightarrow{BC}=\boldsymbol{a}\cdot(\boldsymbol{c}-\boldsymbol{b})=\boldsymbol{a}\cdot\boldsymbol{c}-\boldsymbol{a}\cdot\boldsymbol{b}=\dfrac{1}{2}|\boldsymbol{a}||\boldsymbol{c}|-\dfrac{1}{2}|\boldsymbol{a}||\boldsymbol{b}|=0$，所以 $\cos\langle\overrightarrow{OA},\overrightarrow{BC}\rangle=0$。故选 A。

二、填空题

1. $6$。依题意，得 $2x-12=0$，解得 $x=6$。

2. $3\sqrt{3}$。$|3\boldsymbol{a}-\boldsymbol{b}|^2=(3\boldsymbol{a}-\boldsymbol{b})^2=9\boldsymbol{a}^2-6\boldsymbol{a}\cdot\boldsymbol{b}+\boldsymbol{b}^2=9\times 1^2-6\times 1\times 3\times\left(-\dfrac{1}{2}\right)+3^2$，$|3\boldsymbol{a}-\boldsymbol{b}|=3\sqrt{3}$。

3. $2\sqrt{3}$。依题意,得 $\boldsymbol{v}=(1,\sqrt{3}),\boldsymbol{u}+\boldsymbol{v}=(3,\sqrt{3})$,设 $\boldsymbol{u}$ 与 $\boldsymbol{u}+\boldsymbol{v}$ 的夹角为 $\theta$,则 $\cos\theta=$
$\dfrac{6}{2\times\sqrt{9+3}}=\dfrac{\sqrt{3}}{2},\sin\theta=\dfrac{1}{2}$,则 $|\boldsymbol{u}\times(\boldsymbol{u}+\boldsymbol{v})|=2\times 2\sqrt{3}\times\dfrac{1}{2}=2\sqrt{3}$。

4. $4:1$。如图 5-19 所示,作向量 $\overrightarrow{OC'}=4\overrightarrow{OC},\overrightarrow{OB'}=2\overrightarrow{OB}$,
$\overrightarrow{OA'}=-\overrightarrow{OA}$,则 $S_{\triangle OBC}=\dfrac{1}{4}S_{\triangle OBC'}=\dfrac{1}{8}S_{\triangle OB'C'}=\dfrac{1}{8}S_{\triangle OB'A'}=\dfrac{1}{8}S_{\triangle OB'A}$
$=\dfrac{1}{4}S_{\triangle OAB}$。

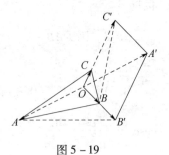

图 5-19

5. $-\dfrac{1}{2}\boldsymbol{a}+\dfrac{1}{2}\boldsymbol{b}+\dfrac{1}{2}\boldsymbol{c}$。考查空间向量的线性运算。

由于 $\overrightarrow{OM}=\dfrac{1}{2}\overrightarrow{OA}=\dfrac{1}{2}\boldsymbol{a},\overrightarrow{ON}=\dfrac{1}{2}(\overrightarrow{OB}+\overrightarrow{OC})=\dfrac{1}{2}(\boldsymbol{b}+\boldsymbol{c})$,则有

$\overrightarrow{MN}=\overrightarrow{ON}-\overrightarrow{OM}=\dfrac{1}{2}(\boldsymbol{b}+\boldsymbol{c})-\dfrac{1}{2}\boldsymbol{a}=\dfrac{1}{2}(\boldsymbol{b}+\boldsymbol{c}-\boldsymbol{a})=-\dfrac{1}{2}\boldsymbol{a}+\dfrac{1}{2}\boldsymbol{b}+\dfrac{1}{2}\boldsymbol{c}$。

6. $\dfrac{1}{5}$。本题考查空间向量的数量积运算。利用向量垂直的充要条件及空间向量数量积的坐标表示列方程,解方程组即可求得 $k$ 的值。

依题意,$k\boldsymbol{a}+\boldsymbol{b}=(k-1,-k,2k+1),\boldsymbol{a}-\boldsymbol{b}=(2,-1,1)$,由于 $(k\boldsymbol{a}+\boldsymbol{b})\perp(\boldsymbol{a}-\boldsymbol{b})$,所以

$(k\boldsymbol{a}+\boldsymbol{b})\cdot(\boldsymbol{a}-\boldsymbol{b})=0$,即 $(k-1,-k,2k+1)\cdot(2,-1,1)=2k-2+k+2k+1=0$,解得 $k=\dfrac{1}{5}$。

三、解答题

1. 解:(1) 因为 $\boldsymbol{a}\perp\boldsymbol{b}$,所以 $\sin\theta+\sqrt{3}\cos\theta=0$,解得 $\tan\theta=-\sqrt{3}$。

又 $\theta\in\left(-\dfrac{\pi}{2},\dfrac{\pi}{2}\right)$,所以 $\theta=-\dfrac{\pi}{3}$。

(2) 因为 $|\boldsymbol{a}+\boldsymbol{b}|^2=(\sin\theta+1)^2+(\cos\theta+\sqrt{3})^2=5+4\sin\left(\theta+\dfrac{\pi}{3}\right)$,

所以当 $\theta=\dfrac{\pi}{6}$ 时,$|\boldsymbol{a}+\boldsymbol{b}|^2$ 的最大值为 $5+4=9$,故 $|\boldsymbol{a}+\boldsymbol{b}|$ 的最大值为 3。

2. 解:(1) $\because \overrightarrow{AC}=(\cos\alpha-3,\sin\alpha),\overrightarrow{BC}=(\cos\alpha,\sin\alpha-3)$,

$\therefore \overrightarrow{AC}\cdot\overrightarrow{BC}=(\cos\alpha-3)\cos\alpha+\sin\alpha(\sin\alpha-3)=-1$,

得 $\cos^2\alpha+\sin^2\alpha-3(\cos\alpha+\sin\alpha)=-1$,

$\therefore \cos\alpha+\sin\alpha=\dfrac{2}{3},\therefore \sin\left(\alpha+\dfrac{\pi}{4}\right)=\dfrac{\sqrt{2}}{3}$。

(2) $\because |\overrightarrow{OA}-\overrightarrow{OC}|=\sqrt{13}$,

$\therefore (3-\cos\alpha)^2+\sin^2\alpha=13,\therefore \cos\alpha=-\dfrac{1}{2}$。

$\because \alpha\in(0,\pi),\therefore \alpha=\dfrac{2}{3}\pi,\sin\alpha=\dfrac{\sqrt{3}}{2},\therefore C\left(-\dfrac{1}{2},\dfrac{\sqrt{3}}{2}\right),\therefore \overrightarrow{OB}\cdot\overrightarrow{OC}=\dfrac{3\sqrt{3}}{2}$。

设 $\overrightarrow{OB}$ 与 $\overrightarrow{OC}$ 的夹角为 $\theta$,则 $\cos\theta=\dfrac{\overrightarrow{OB}\cdot\overrightarrow{OC}}{|\overrightarrow{OB}||\overrightarrow{OC}|}=\dfrac{\dfrac{3\sqrt{3}}{2}}{3}=\dfrac{\sqrt{3}}{2}$。

∵ $\theta \in (0, \pi)$,∴ $\theta = \dfrac{\pi}{6}$ 即为所求。

3. 本题考查空间直角坐标系中点到平面的距离。

解法一：根据题意，可建立如图 5-20 所示的空间直角坐标系 $P-xyz$，则 $P(0,0,0), A(a,0,0), B(0,a,0), C(0,0,a)$。过点 $P$ 作 $PH \perp$ 平面 $ABC$，交平面 $ABC$ 于点 $H$，则 $PH$ 的长即为点 $P$ 到平面 $ABC$ 的距离。因为 $PA = PB = PC$，所以 $H$ 为 $\triangle ABC$ 的外心。又因为 $\triangle ABC$ 为正三角形，所以 $H$ 为 $\triangle ABC$ 的重心，可得 $H$ 的坐标为 $\left(\dfrac{a}{3}, \dfrac{a}{3}, \dfrac{a}{3}\right)$，所以 $PH = \sqrt{\left(0-\dfrac{a}{3}\right)^2 + \left(0-\dfrac{a}{3}\right)^2 + \left(0-\dfrac{a}{3}\right)^2} = \dfrac{\sqrt{3}}{3}a$，

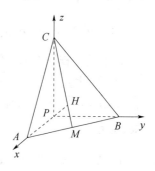

图 5-20

所以点 $P$ 到平面 $ABC$ 的距离为 $\dfrac{\sqrt{3}a}{3}$。

解法二：易求平面 $ABC$ 的法向量 $\boldsymbol{n} = (1,1,1)$，则所求距离 $d = \dfrac{|\boldsymbol{n} \cdot \overrightarrow{PA}|}{|\boldsymbol{n}|} = \dfrac{a}{\sqrt{3}} = \dfrac{\sqrt{3}a}{3}$。

4. 解：(1) 由三角恒等式可得
$\boldsymbol{b} = (\sin 2x, 1-\cos 2x) = (2\sin x\cos x, 2\sin^2 x) = 2\sin x(\cos x, \sin x) = 2\sin x \cdot \boldsymbol{a}$，
所以 $\boldsymbol{a} \parallel \boldsymbol{b}$，即向量 $\boldsymbol{a}, \boldsymbol{b}$ 共线。

(2) $\boldsymbol{a} + \boldsymbol{b} = (\cos x + 2\sin x\cos x, \sin x + 2\sin^2 x)$，$|\boldsymbol{b}| = 2\sin x$，

所以 $f(x) = 2\sin x - (\sin x + 2\sin^2 x) = \sin x - 2\sin^2 x = -2\left(\sin x - \dfrac{1}{4}\right)^2 + \dfrac{1}{8}$。

又因为 $x \in (0, \pi)$，所以 $\sin x \in (0, 1]$。

因此，当 $\sin x = 1$，即 $x = \dfrac{\pi}{2}$ 时，$f(x)$ 取最小值 $-1$。

5. 解：$\overrightarrow{BC} = (x, y)$，$\overrightarrow{DA} = -\overrightarrow{AD} = -(\overrightarrow{AB} + \overrightarrow{BC} + \overrightarrow{CD}) = -(x+4, y-2) = (-x-4, -y+2)$。

(1) 因为 $\overrightarrow{BC} \parallel \overrightarrow{DA}$，则有 $x \cdot (-y+2) - y \cdot (-x-4) = 0$，化简得 $x + 2y = 0$。

(2) $\overrightarrow{AC} = \overrightarrow{AB} + \overrightarrow{BC} = (x+6, y+1)$，$\overrightarrow{BD} = \overrightarrow{BC} + \overrightarrow{CD} = (x-2, y-3)$，

又 $\overrightarrow{AC} \perp \overrightarrow{BD}$，则 $(x+6) \cdot (x-2) + (y+1) \cdot (y-3) = 0$，
化简得 $x^2 + y^2 + 4x - 2y - 15 = 0$。

联立 $\begin{cases} x + 2y = 0 \\ x^2 + y^2 + 4x - 2y - 15 = 0 \end{cases}$，解得 $\begin{cases} x = -6 \\ y = 3 \end{cases}$ 或 $\begin{cases} x = 2 \\ y = -1 \end{cases}$。

因为 $\overrightarrow{BC} \parallel \overrightarrow{DA}$，$\overrightarrow{AC} \perp \overrightarrow{BD}$，则四边形 $ABCD$ 为对角线互相垂直的梯形

当 $\begin{cases} x = -6 \\ y = 3 \end{cases}$，$\overrightarrow{AC} = (0, 4)$，$\overrightarrow{BD} = (-8, 0)$，此时 $S_{ABCD} = \dfrac{1}{2} \cdot |\overrightarrow{AC}| \cdot |\overrightarrow{BD}| = 16$。

当 $\begin{cases} x = 2 \\ y = -1 \end{cases}$，$\overrightarrow{AC} = (8, 0)$，$\overrightarrow{BD} = (0, -4)$，此时 $S_{ABCD} = \dfrac{1}{2} \cdot |\overrightarrow{AC}| \cdot |\overrightarrow{BD}| = 16$。

6. 本题考查空间直线与平面的距离。

解：如图 5-21 所示建立空间直角坐标系 $D-xyz$，则 $B(2,2,0), G(2,0,1), B_1(2,2,2), D_1$

$(0,0,2)$。所以 $\overrightarrow{D_1B_1}=(2,2,0)$,$\overrightarrow{D_1G}=(2,0,-1)$,$\overrightarrow{BB_1}=(0,0,2)$。
设平面 $GB_1D_1$ 的法向量 $\boldsymbol{n}=(x,y,z)$,则 $\boldsymbol{n}\cdot\overrightarrow{D_1B_1}=0$,$\boldsymbol{n}\cdot\overrightarrow{D_1G}=0$,所以 $2x+2y=0,2x-z=0$,即 $y=-x,z=2x$。令 $x=1$,则 $\boldsymbol{n}=(1,-1,2)$。所以 $BD$ 与平面 $GB_1D_1$ 的距离 $d=\dfrac{|\overrightarrow{BB_1}\cdot\boldsymbol{n}|}{|\boldsymbol{n}|}=\dfrac{2\sqrt{6}}{3}$。

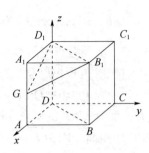

图 5-21

7. 本题考查平面向量的基本定理及坐标表示。

解:(1)因为 $\overrightarrow{AB}=2\boldsymbol{e}_1+\boldsymbol{e}_2$,$\overrightarrow{BE}=-\boldsymbol{e}_1+\lambda\boldsymbol{e}_2$,$\overrightarrow{EC}=-2\boldsymbol{e}_1+\boldsymbol{e}_2$,所以 $\overrightarrow{AE}=\overrightarrow{AB}+\overrightarrow{BE}=\boldsymbol{e}_1+(1+\lambda)\boldsymbol{e}_2$。因为 $A,E,C$ 三点共线,所以存在实数,使得 $\overrightarrow{AE}=k\overrightarrow{EC}$,即 $\boldsymbol{e}_1+(1+\lambda)\boldsymbol{e}_2=k(-2\boldsymbol{e}_1+\boldsymbol{e}_2)$,得 $(1+2k)\boldsymbol{e}_1+(1+\lambda-k)\boldsymbol{e}_2=\boldsymbol{0}$,因为 $\boldsymbol{e}_1,\boldsymbol{e}_2$ 是平面内两个不共线的非零向量,所以 $\begin{cases}1+2k=0\\1+\lambda-k=0\end{cases}$,解得 $k=-\dfrac{1}{2},\lambda=-\dfrac{3}{2}$。

(2)因为 $A,B,C,D$ 四点按顺时针顺序构成平行四边形,所以 $\overrightarrow{AD}=\overrightarrow{BC}$。设 $A(x,y)$,则 $\overrightarrow{AD}=(2-x,4-y)$,因为 $\overrightarrow{BC}=\overrightarrow{BE}+\overrightarrow{EC}=-3\boldsymbol{e}_1-\dfrac{1}{2}\boldsymbol{e}_2=(6,3)+(1,-1)=(7,2)$,所以 $\begin{cases}2-x=7\\4-y=2\end{cases}$,解得 $x=-5,y=2$,所以点 $A$ 的坐标为 $(-5,2)$。

# 第六章　不等式

## 考试范围与要求

1. 会从实际情景中抽象出一元二次不等式模型。
2. 通过函数图像了解一元二次不等式与相应的二次函数、一元二次方程的联系。
3. 会解一元二次不等式和绝对值不等式。
4. 了解二元一次不等式的几何意义，能用平面区域表示二元一次不等式组。
5. 会用基本不等式解决简单的最大(小)值问题。

## 主要内容

### 第一节　不等关系与不等式

**1. 实数大小的比较**

如果在数轴上两个不同的点 $A$ 与 $B$ 分别对应不同的实数 $a$ 与 $b$，那么右边的点表示的实数比左边的点表示的实数大。

关于实数 $a,b$ 大小的比较，有如下事实：

如果 $a-b$ 是正数，那么 $a>b$；如果 $a-b$ 等于零，那么 $a=b$；如果 $a-b$ 是负数，那么 $a<b$。反之也成立。即

$$a-b>0 \Leftrightarrow a>b$$
$$a-b=0 \Leftrightarrow a=b$$
$$a-b<0 \Leftrightarrow a<b$$

符号"$\Leftrightarrow$"表示"等价于"，即可以互相推出。以上性质表明，要比较两个实数的大小，可以考查这两个实数的差。这是研究不等式关系的一个主要出发点。

**2. 不等式的性质**

**性质 1**（对称性）　如果 $a>b$，那么 $b<a$；如果 $b<a$，那么 $a>b$。即

$$a>b \Leftrightarrow b<a$$

**性质 2**（传递性）　如果 $a>b, b>c$，那么 $a>c$。即

$$a>b, b>c \Rightarrow a>c$$

对于性质 2，要正确处理带等号的情况：由 $a>b, b\geqslant c$ 或 $a\geqslant b, b>c$，均可得出 $a>c$；而有了 $a\geqslant b, b\geqslant c$，才可能有 $a\geqslant c$；当且仅当 $a=b=c$ 时，才会有 $a=c$。

**性质 3**（可加性）　不等式两边都加上同一个实数，所得不等式与原不等式同向。即

$$a > b \Leftrightarrow a + c > b + c$$

一般地,不等式中任何一项可以改变符号后移到不等式的另一边。

**性质 4**(可积性) 如果 $a > b, c > 0$,那么 $ac > bc$。如果 $a > b, c < 0$,那么 $ac < bc$。

**性质 5**(同向可加性) 如果 $a > b, c > d$,那么 $a + c > b + d$。即,两个同向不等式相加,所得不等式与原不等式同向。

**性质 6**(同向正数可乘性) 如果 $a > b > 0, c > d > 0$,那么 $ac > bd$。即,两边都是正数的同向不等式相乘,所得不等式与原不等式同向。

**性质 7**(乘方法则) 如果 $a > b > 0$,那么 $a^n > b^n (n \in \mathbf{N}, n \geq 2)$。即,当不等式两边都是正数时,不等式两边同时乘方所得不等式与原不等式同向。

**性质 8**(开方法则) 如果 $a > b > 0$,那么 $\sqrt[n]{a} > \sqrt[n]{b} (n \in \mathbf{N}, n \geq 2)$。即,当不等式两边都是正数时,不等式两边同时开方所得不等式与原不等式同向。

**性质 9**(倒数法则) 如果 $a > b > 0$,那么 $\frac{1}{a} < \frac{1}{b}$。如果 $a < b < 0$,那么 $\frac{1}{a} > \frac{1}{b}$。

以上这些不等式的性质是解决不等式问题的基本依据。

代数式的大小比较或证明中通常用作差比较法:作差、化积(商)、判断、结论。在字母比较的选择或填空题中,常采用特值法验证。

**3. 常用不等式及应用**

(1) 若 $a \in \mathbf{R}$,则 $a^2 \geq 0, |a| \geq 0$。

(2) 基本不等式:设 $a, b$ 都是正实数,则 $\frac{a+b}{2} \geq \sqrt{ab}$,当且仅当 $a = b$ 时取等号。

把 $\frac{a+b}{2}$ 称为正数 $a, b$ 的算术平均数,$\sqrt{ab}$ 称为正数 $a, b$ 的几何平均数。该基本不等式也叫均值定理。

(3) 基本不等式的变形公式:设 $a, b$ 都是正实数,则 $a + b \geq 2\sqrt{ab}, ab \leq \left(\frac{a+b}{2}\right)^2$。

(4) 对任意的 $a, b \in \mathbf{R}$,则 $a^2 + b^2 \geq 2ab$,当且仅当 $a = b$ 时取等号。

(5) 均值定理的应用:

设 $a > 0, b > 0$:若 $ab = P$(常数,积为定值),则当且仅当 $a = b = \sqrt{P}$ 时,$a + b$ 取得最小值,且 $(a+b)_{\min} = 2\sqrt{P}$;若 $a + b = S$(常数,和为定值),则当且仅当 $a = b = \frac{S}{2}$ 时,$ab$ 取得最大值,且 $(ab)_{\max} = \frac{S^2}{4}$。

利用基本不等式求最值时(积定和最小,和定积最大),要注意满足三个条件"一正、二定、三相等"。

**4. 不等式证明的基本方法**

不等式证明的常用方法有比较法、综合法和分析法。

(1) 比较法。

① 求差比较法。理论依据是 $a - b > 0 \Leftrightarrow a > b, a < b \Leftrightarrow a - b < 0$。

基本步骤是作差、变形、判定差式的正负。其中变形是关键,常用方法有配方法、因式分解法等。

② 求商比较法。理论依据是与不等式相关的运算性质：$\frac{a}{b}>1,b>0 \Rightarrow a>b$；$\frac{a}{b}>1,b<0 \Rightarrow a<b$。

基本步骤是作商、变形，判定商值是大于1或小于1。其中变形是关键，可以确定商式的符号是应用求商比较法的前提。

（2）综合法。利用题设和基本不等式作为基础，再运用不等式的性质推导出所要证明的不等式的方法称为综合法。

（3）分析法。分析法是从求证不等式出发，分析使这个不等式成立的条件，只要使不等式成立的条件已具备，就可以断定原不等式成立。

使用分析法通常采用"欲证—只须—已知"的格式，在表达中一定要十分重视符号"⇐"的方向，使用规范的表述方式。

以上三种基本方法不是相互孤立的，它们是相互联系和互为补充的。对一个具体问题，只有充分考虑条件、结论的特点及其相互关系以及式子的形式特征，合理选用基本方法，灵活选用变形手段，才能得出正确的结论。

其他方法有换元法、反证法、放缩法、构造法、函数单调性法、数学归纳法等。

常见不等式的放缩方法：

① 舍去或加上一些项，如：$\left(a+\frac{1}{2}\right)^2 + \frac{3}{4} > \left(a+\frac{1}{2}\right)^2$。

② 将分子或分母放大（缩小），如：

$\frac{1}{k^2} < \frac{1}{k(k-1)}, \frac{1}{k^2} > \frac{1}{k(k+1)}$，

$\frac{2}{\sqrt{k}+\sqrt{k-1}} > \frac{2}{\sqrt{k}+\sqrt{k}} = \frac{2}{2\sqrt{k}} = \frac{1}{\sqrt{k}}$，

$\frac{1}{\sqrt{k}} > \frac{2}{\sqrt{k}+\sqrt{k+1}}(k \in \mathbf{N}^*, k>1)$等。

## 第二节　不等式的解法

### 1. 同解不等式

同解不等式：如果两个不等式的解集相等，那么这两个不等式就叫作同解不等式。

解不等式的过程就是根据不等式的性质进行同解变形的过程，不等式的同解变形原理主要包括不等式的如下性质：

（1）不等式两边都加上（或减去）同一个数或同一个整式，所得不等式与原不等式同解。

（2）不等式两边都乘以（或除以）同一个正数或同一个大于零的整式，所得不等式与原不等式同解。

（3）不等式两边都乘以（或除以）同一个负数或同一个小于零的整式，并把不等号反向后，所得不等式与原不等式同解。

### 2. 含绝对值的不等式的解法

（1）定义法：$|a| = \begin{cases} a(a \geq 0) \\ -a(a<0) \end{cases}$。

(2) 平方法：$|f(x)| \leq |g(x)| \Leftrightarrow f^2(x) \leq g^2(x)$。

(3) 同解变形法，其同解定理有：

① $|x| \leq a \Leftrightarrow -a \leq x \leq a (a \geq 0)$；

② $|x| \geq a \Leftrightarrow x \geq a$ 或 $x \leq -a (a \geq 0)$；

③ $|f(x)| \leq g(x) \Leftrightarrow -g(x) \leq f(x) \leq g(x) (g(x) \geq 0)$；

④ $|f(x)| \geq g(x) \Leftrightarrow f(x) \geq g(x)$ 或 $f(x) \leq -g(x)(g(x) \geq 0)$。

特别地，对于不等式 $|ax+b|<c, |ax+b|>c(c>0)$，把 $ax+b$ 看成一个整体，化成 $|x|<a$，$|x|>a(a>0)$ 型不等式来求解。

(4) 含有两个(或两个以上)绝对值的不等式的解法。

对于形如 $|x-a|+|x-b|>m$ 或 $|x-a|+|x-b|<m$ 的不等式求解，常利用实数绝对值的几何意义求解较为方便，也可采用零点分段法。

所谓零点分段法，是将不等式中所包含的各个绝对值取零，解得一系列的点，用这些点将数轴划分为若干区间，通过对各区间取值情况的讨论，去掉绝对值的符号，从而求解。

规律：找零点、划区间、分段讨论去绝对值、每段中取交集，最后取各段的并集。

注：求解含有绝对值的不等式的关键是去掉绝对值的符号。

**3. 一元一次不等式的解法**

一元一次不等式 $ax>b(a \neq 0)$ 的解集：当 $a>0$ 时，解集是 $\left\{x \mid x > \dfrac{b}{a}\right\}$；当 $a<0$ 时，解集是 $\left\{x \mid x < \dfrac{b}{a}\right\}$。

不等式组的解集是不等式组中所有不等式解集的交集，解一个不等式组，先把各个不等式的解集求出来，然后再求它们的交集。

**4. 一元二次不等式的解法**

(1) 定义。

形如 $ax^2+bx+c>0$ 或 $ax^2+bx+c<0(a \neq 0)$，只含有一个未知数，并且未知数的最高次数是 2 的不等式，称为关于 $x$ 的一元二次不等式。

(2) 解集。

一元二次不等式 $ax^2+bx+c>0(a>0)$ 的解集如下：

当 $\Delta = b^2-4ac < 0$ 时，解集为 $\mathbf{R}$；

当 $\Delta = b^2-4ac = 0$ 时，方程 $ax^2+bx+c=0$ 有两个相等的实根，记为 $x_1 = x_2 = -\dfrac{b}{2a}$，原不等式的解集为 $\left\{x \mid x \in \mathbf{R}, \text{且 } x \neq -\dfrac{b}{2a}\right\}$；

当 $\Delta = b^2-4ac > 0$ 时，方程 $ax^2+bx+c=0$ 有两个不相等的实数根，记为 $x_1, x_2$，且设 $x_1 < x_2$，则原不等式的解集为 $\{x \mid x < x_1 \text{ 或 } x > x_2\}$。

一元二次不等式 $ax^2+bx+c<0(a>0)$ 的解集：

当 $\Delta = b^2-4ac \leq 0$ 时，解集为空集 $\varnothing$；

当 $\Delta = b^2-4ac > 0$ 时，方程 $ax^2+bx+c=0$ 有两个不相等的实根，记为 $x_1, x_2$，且设 $x_1 < x_2$，则原不等式的解集为 $\{x \mid x_1 < x < x_2\}$。

（3）求解步骤。

求一元二次不等式 $ax^2+bx+c>0$（或 $<0$）$(a\neq 0,\Delta=b^2-4ac>0)$ 解集的步骤如下。

"一化"：化二次项前的系数为正数，即标准形式 $ax^2+bx+c>0(a>0)$。

"二判"：判断对应一元二次方程的根。

"三求"：求对应方程的根。

"四画"：画出对应二次函数的图像。

"五解集"：根据图像写出不等式的解集。

规律：当二次项系数为正时，小于取中间，大于取两边。

（4）一元二次不等式与二次函数。

一元二次不等式的解集的确定可以借助二次函数 $y=ax^2+bx+c$ 的图像与 $x$ 轴的关系来进行（见表）。这里给出 $a>0$ 时的结论，当 $a<0$ 时，可以利用不等式运算的性质化归为 $a>0$ 的情形。

| 判别式 $\Delta=b^2-4ac$ | $\Delta>0$ | $\Delta=0$ | $\Delta<0$ |
| --- | --- | --- | --- |
| 二次函数 $y=ax^2+bx+c(a>0)$ 的图像 | | | |
| 一元二次方程 $ax^2+bx+c=0(a>0)$ 的根 | $x_{1,2}=\dfrac{-b\pm\sqrt{b^2-4ac}}{2a}$ $(x_1<x_2)$ | $x_1=x_2=-\dfrac{b}{2a}$ | 无实根 |
| $ax^2+bx+c>0(a>0)$ 的解集 | $\{x\mid x<x_1\ \text{或}\ x>x_2\}$ | $\left\{x\mid x\neq -\dfrac{b}{2a}\right\}$ | **R** |
| $ax^2+bx+c<0(a>0)$ 的解集 | $\{x\mid x_1<x<x_2\}$ | $\varnothing$ | $\varnothing$ |

**5. 分式不等式的解法**

分式不等式的解法的基本思路是化为一元一次或一元二次不等式组来求解，或化为高次不等式。

$$\frac{f(x)}{g(x)}>0 \Leftrightarrow f(x)g(x)>0,\quad \frac{f(x)}{g(x)}<0 \Leftrightarrow f(x)g(x)<0$$

$$\frac{f(x)}{g(x)}\geq 0 \Leftrightarrow \begin{cases}f(x)g(x)\geq 0\\ g(x)\neq 0\end{cases},\quad \frac{f(x)}{g(x)}\leq 0 \Leftrightarrow \begin{cases}f(x)g(x)\leq 0\\ g(x)\neq 0\end{cases}$$

**6. 无理不等式的解法**

无理不等式的解法的关键是化为有理不等式，基本方法有：

$$\sqrt{f(x)}<g(x) \Leftrightarrow \begin{cases}f(x)\geq 0\\ g(x)>0\\ f(x)<[g(x)]^2\end{cases}$$

$$\sqrt{f(x)}>g(x) \Leftrightarrow \begin{cases}f(x)\geq 0\\ g(x)<0\end{cases}\ \text{或}\ \begin{cases}f(x)>[g(x)]^2\\ g(x)\geq 0\end{cases}$$

$$\sqrt{f(x)}>\sqrt{g(x)} \Leftrightarrow \begin{cases}f(x)\geq 0\\ g(x)\geq 0\\ f(x)>g(x)\end{cases}$$

**7. 指数不等式的解法**

（1）当 $a>1$ 时，$a^{f(x)}>a^{g(x)} \Leftrightarrow f(x)>g(x)$；

（2）当 $0<a<1$ 时，$a^{f(x)}>a^{g(x)} \Leftrightarrow f(x)<g(x)$。

规律：根据指数函数的性质转化。

**8. 对数不等式的解法**

（1）当 $a>1$ 时，$\log_a f(x) > \log_a g(x) \Leftrightarrow \begin{cases} f(x)>0 \\ g(x)>0 \\ f(x)>g(x) \end{cases}$；

（2）当 $0<a<1$ 时，$\log_a f(x) > \log_a g(x) \Leftrightarrow \begin{cases} f(x)>0 \\ g(x)>0 \\ f(x)<g(x) \end{cases}$。

规律：根据对数函数的性质转化。

解不等式的基础是解一元一次和一元二次不等式，必须达到正确、熟练的程度。解其他形式的不等式的关键是要善于根据不等式的有关性质或定理、概念进行同解变形，转化为一元一次或一元二次不等式的求解。

## 第三节　二元一次不等式组

把含有两个未知数，并且未知数的次数是 1 的不等式称为二元一次不等式。由几个二元一次不等式组成的不等式组称为二元一次不等式组。

满足二元一次不等式（组）的 $x$ 和 $y$ 的取值构成有序数对 $(x,y)$，所有这样的有序数对 $(x,y)$ 构成的集合称为二元一次不等式（组）的解集。有序数对可以看成直角坐标平面内点的坐标。因此，二元一次不等式（组）的解集就是直角坐标系内的点构成的集合。

一般地，在平面直角坐标系中，二元一次不等式 $Ax+By+C>0$ 表示直线 $Ax+By+C=0$ 某一侧所有点组成的平面区域。该直线画成虚线，表示区域不包括边界。

不等式 $Ax+By+C \geq 0$ 表示包括边界的平面区域，所以把直线画成实线。

对于直线 $Ax+By+C=0$ 同一侧的所有点，把它的坐标 $(x,y)$ 代入 $Ax+By+C$ 后计算，所得的符号都相同，因此只需要在直线 $Ax+By+C=0$ 的同一侧取某个 $(x_0,y_0)$ 特殊点作为测试点，由 $Ax_0+By_0+C$ 的符号就可以断定 $Ax+By+C>0$ 表示的是直线 $Ax+By+C=0$ 哪一侧的平面区域。

### 典型例题

**一、选择题**

**例1** 记不等式组 $\begin{cases} x+y \geq 6 \\ 2x-y \geq 0 \end{cases}$ 表示的平面区域为 $D$，命题 $p: \exists (x,y) \in D, 2x+y \geq 9$；命题 $q: \forall (x,y) \in D, 2x+y \leq 12$，下面给出了四个命题：

① $p \vee q$；② $\neg p \vee q$；③ $p \wedge \neg q$；④ $\neg p \wedge \neg q$。

这四个命题中,所有真命题的编号是(　　)。

A. ①③　　　　B. ①②　　　　C. ②③　　　　D. ③④

**【解析】** A。根据题中的不等式组可作出可行域,如图 6-1 中阴影部分所示。

记直线 $l_1:y=-2x+9,l_2:y=-2x+12$。

由图可知,$\exists(x,y)\in D,2x+y\geqslant 9,\exists(x,y)\in D,2x+y>12$。

所以 $p$ 为真命题,$q$ 为假命题。

所以 $\neg p$ 为假命题,$\neg q$ 为真命题。

所以 $p\vee q$ 为真命题,$\neg p\vee q$ 为假命题,$p\wedge\neg q$ 为真命题,$\neg p\wedge\neg q$ 为假命题。

所以所有真命题的编号是①③。故选 A。

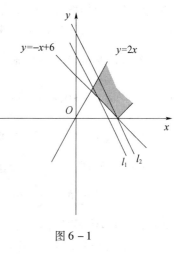

图 6-1

**例 2**　设变量 $x,y$ 满足约束条件 $\begin{cases}x+y-2\leqslant 0\\x-y+2\geqslant 0\\x\geqslant-1\\y\geqslant-1\end{cases}$,则目标函数 $z=-4x+y$ 的最大值为(　　)。

A. 2　　　　B. 3　　　　C. 5　　　　D. 6

**【解析】** C。已知不等式组表示的平面区域如图 6-2 中的阴影部分。

目标函数的几何意义是直线 $y=4x+z$ 在 $y$ 轴上的截距,故目标函数在点 $A$ 处取得最大值。

由 $\begin{cases}x-y+2=0\\x=-1\end{cases}$ 得 $A(-1,1)$,所以 $z_{\max}=-4\times(-1)+1=5$。故选 C。

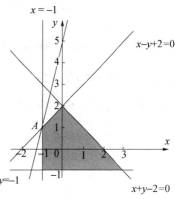

图 6-2

**例 3**　设 $x\in\mathbf{R}$,则"$0<x<5$"是"$|x-1|<1$"的(　　)。

A. 充分不必要条件

B. 必要不充分条件

C. 充要条件

D. 既不充分也不必要条件

**【解析】** B。$|x-1|<1$ 等价于 $0<x<2$,故 $0<x<5$ 推不出 $|x-1|<1$。

由 $|x-1|<1$ 能推出 $0<x<5$,

故"$0<x<5$"是"$|x-1|<1$"的必要不充分条件。故选 B。

**例 4**　已知奇函数 $f(x)$ 在 $\mathbf{R}$ 上是增函数,若 $a=-f\left(\log_2\dfrac{1}{5}\right),b=f(\log_2 4.1),c=f(2^{0.8})$,则 $a,b,c$ 的大小关系为(　　)。

A. $a<b<c$　　　B. $b<a<c$　　　C. $c<b<a$　　　D. $c<a<b$

**【解析】** C。由题意可得 $a=f\left(-\log_2\dfrac{1}{5}\right)=f(\log_2 5)$,且 $\log_2 5>\log_2 4.1>2,1<2^{0.8}<2$,所以 $\log_2 5>\log_2 4.1>2^{0.8}$。结合函数的单调性,可得 $f(\log_2 5)>f(\log_2 4.1)>f(2^{0.8})$,即 $a>b>c$,即

$c<b<a$。故选 C。

**例 5** 16 世纪中叶,英国数学家雷科德在《砺智石》一书中首先把"="作为等号使用,后来英国数学家哈利奥特首次使用">"和"<"符号,并逐渐被数学界接受,不等号的引入对不等式的发展影响深远。若 $a,b,c\in \mathbf{R}$,则下列命题正确的是( )。

A. 若 $ab\neq 0$ 且 $a<b$,则 $\dfrac{1}{a}>\dfrac{1}{b}$  B. 若 $0<a<1$,则 $a^3<a$

C. 若 $a>b>0$,则 $\dfrac{b+1}{a+1}<\dfrac{b}{a}$  D. 若 $c<b<a$ 且 $ac<0$,则 $cb^2<ab^2$

【解析】B。对于选项 A,取 $a=-2,b=1$,则 $\dfrac{1}{a}>\dfrac{1}{b}$ 不成立;对于选项 B,若 $0<a<1$,则 $a^3-a=a(a^2-1)<0$,所以 $a^3<a$,因此 B 正确;对于选项 C,若 $a>b>0$,则 $a(b+1)-b(a+1)=a-b>0$,所以 $a(b+1)-b(a+1)>0$,所以 $\dfrac{b+1}{a+1}>\dfrac{b}{a}$,C 不正确;对于选项 D,若 $c<b<a$,且 $ac<0$,则 $a>0,c<0$,而 $b$ 可能为 0,因此 $cb^2<ab^2$ 不正确。故选 B。

**例 6** 已知 $x>y>0$,则( )。

A. $\dfrac{1}{x}>\dfrac{1}{y}$  B. $\left(\dfrac{1}{2}\right)^x>\left(\dfrac{1}{2}\right)^y$

C. $\cos x>\cos y$  D. $\ln(x+1)>\ln(y+1)$

【解析】D。根据反比例函数的性质可得 $\dfrac{1}{x}<\dfrac{1}{y}$,选项 A 错误;根据指数函数的性质可得 $\left(\dfrac{1}{2}\right)^x<\left(\dfrac{1}{2}\right)^y$,选项 B 错误;因为余弦函数是周期函数,故 $\cos x$ 与 $\cos y$ 大小不能确定,选项 C 错误;由对数函数的单调性可知选项 D 正确。

**例 7** 设 $x\in\mathbf{R}$,且 $x\neq 0$,则"$x>1$"是"$x+\dfrac{1}{x}>2$"成立的( )。

A. 充分不必要条件  B. 必要不充分条件
C. 充分必要条件  D. 既不充分也不必要条件

【解析】A。当 $x<0$ 时,不等式 $x+\dfrac{1}{x}>2$ 不成立。当 $x>0$ 时,$x+\dfrac{1}{x}\geq 2\sqrt{x\cdot\dfrac{1}{x}}=2$,当且仅当 $x=\dfrac{1}{x}$,即 $x=1$ 时,取等号。当 $x>1$ 时,不等式 $x+\dfrac{1}{x}>2$ 成立,反之不一定成立。所以,"$x>1$"是"$x+\dfrac{1}{x}>2$"成立的充分不必要条件。故选 A。

**例 8** 设 $a,b$ 为非零实数,若 $a<b$,则下列不等式成立的是( )。

A. $a^2<b^2$  B. $a^2b<ab^2$  C. $\dfrac{1}{ab^2}<\dfrac{1}{a^2b}$  D. $\dfrac{b}{a}<\dfrac{a}{b}$

【解析】C。取 $a=-2,b=1$,有 $a<b$,显然选项 A,B,D 错误。对于选项 C,因为 $\dfrac{1}{ab^2}-\dfrac{1}{a^2b}=\dfrac{a-b}{a^2b^2}<0$,所以 $\dfrac{1}{ab^2}<\dfrac{1}{a^2b}$。故选 C。

**例 9** 若 $x\neq 2$ 或 $y\neq -1$,$M=x^2+y^2-4x+2y$,$N=-5$,则 $M$ 与 $N$ 的大小关系是( )。

A. $M>N$  B. $M<N$  C. $M=N$  D. 不能确定

【解析】A。依题意有 $M-N=x^2+y^2-4x+2y-(-5)=(x-2)^2+(y+1)^2$,因为 $x\neq 2$ 或 $y\neq -1$,所以 $x-2\neq 0$ 或 $y+1\neq 0$,所以 $(x-2)^2$ 或 $(y+1)^2$ 均非负,且至少一个大于零,所以 $M>N$。故选 A。

## 二、填空题

**例1** 函数 $y=\sqrt{3-2x-x^2}$ 的定义域是_____。

【解析】若函数有意义,则 $3-2x-x^2\geq 0$,即 $x^2+2x-3\leq 0$,解得 $-3\leq x\leq 1$。

**例2** 若 $x,y$ 满足 $\begin{cases} x\leq 2 \\ y\geq -1 \\ 4x-3y+1\geq 0 \end{cases}$,则 $y-x$ 的最小值为_____,最大值为_____。

【解析】根据题中所给约束条件作出可行域,如图 6-3 中阴影部分所示。

设 $y-x=z$,则 $y=x+z$,求出满足在可行域范围内 $z$ 的最大值、最小值即可,即在可行域内,当直线 $y=x+z$ 的纵截距最大时,$z$ 有最大值,当直线 $y=x+z$ 的纵截距最小时,$z$ 有最小值。

由图 6-3 可知,当直线 $y=x+z$ 过点 $A$ 时,$z$ 有最大值。

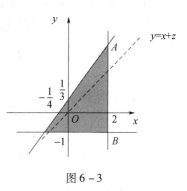

图 6-3

联立 $\begin{cases} x=2 \\ 4x-3y+1=0 \end{cases}$,

可得 $\begin{cases} x=2 \\ y=3 \end{cases}$,即 $A(2,3)$,

所以 $z_{max}=3-2=1$。

当直线 $y=x+z$ 过点 $B(2,-1)$ 时,$z$ 有最小值,

所以 $z_{min}=-1-2=-3$。

**例3** 设 $x>0,y>0,x+2y=4$,则 $\dfrac{(x+1)(2y+1)}{xy}$ 的最小值为_____。

【解析】因为 $\dfrac{(x+1)(2y+1)}{xy}=\dfrac{2xy+2y+x+1}{xy}=\dfrac{2xy+5}{xy}=2+\dfrac{5}{xy}$,

又因为 $x>0,y>0,x+2y=4$,

所以 $x+2y=4\geq 2\sqrt{x\cdot 2y}$。

即 $\sqrt{2xy}\leq 2,0<xy\leq 2$,当且仅当 $x=2,y=1$ 时等号成立。

又因为 $2+\dfrac{5}{xy}\geq 2+5\times\dfrac{1}{2}=\dfrac{9}{2}$,

所以 $\dfrac{(x+1)(2y+1)}{xy}$ 的最小值为 $\dfrac{9}{2}$。

**例4** 已知不等式 $|x-m|<1$ 成立的充分不必要条件是 $\dfrac{1}{3}<x<\dfrac{1}{2}$,则实数 $m$ 的取值范围是_____。

【解析】由 $|x-m|<1$ 得 $-1<x-m<1$,即 $m-1<x<m+1$。因为 $\dfrac{1}{3}<x<\dfrac{1}{2}$ 是 $m-1<x<m+1$ 的充分不必要条件,所以 $\left(\dfrac{1}{3},\dfrac{1}{2}\right)\subseteq(m-1,m+1)$,所以 $\begin{cases} m-1\leq\dfrac{1}{3} \\ m+1\geq\dfrac{1}{2} \end{cases}$,解得 $-\dfrac{1}{2}\leq m\leq\dfrac{4}{3}$。

**例 5**  已知 $a, b \in \mathbf{R}$,且 $a - 3b + 6 = 0$,则 $2^a + \dfrac{1}{8^b}$ 的最小值为_____。

【解析】由 $a - 3b + 6 = 0$ 可知 $a - 3b = -6$,且 $2^a + \dfrac{1}{8^b} = 2^a + 2^{-3b}$。

因为对于任意 $x, 2^x > 0$ 恒成立,结合基本不等式的结论可得 $2^a + 2^{-3b} \geqslant 2 \times \sqrt{2^a \times 2^{-3b}} = 2 \times \sqrt{2^{-6}} = \dfrac{1}{4}$。当且仅当 $\begin{cases} 2^a = 2^{-3b} \\ a - 3b = 6 \end{cases}$,即 $\begin{cases} a = 3 \\ b = -1 \end{cases}$ 时等号成立。

综上可得 $2^a + \dfrac{1}{8^b}$ 的最小值为 $\dfrac{1}{4}$。

**例 6**  在 $\triangle ABC$ 中,内角 $A, B, C$ 的对边分别为 $a, b, c$,$\angle ABC = 120°$,$\angle ABC$ 的平分线交 $AC$ 于点 $D$,且 $BD = 1$,则 $4a + c$ 的最小值为_____。

【解析】由题意可知,$S_{\triangle ABC} = S_{\triangle ABD} + S_{\triangle BCD}$,由角平分线性质和三角形面积公式得 $\dfrac{1}{2} ac \sin 120° = \dfrac{1}{2} a \times 1 \times \sin 60° + \dfrac{1}{2} c \times 1 \times \sin 60°$,化简得 $ac = a + c$,$\dfrac{1}{a} + \dfrac{1}{c} = 1$。

因此 $4a + c = (4a + c)\left(\dfrac{1}{a} + \dfrac{1}{c}\right) = 5 + \dfrac{c}{a} + \dfrac{4a}{c} \geqslant 5 + 2\sqrt{\dfrac{c}{a} \cdot \dfrac{4a}{c}} = 9$,

当且仅当 $c = 2a = 3$ 时取等号,则 $4a + c$ 的最小值为 9。

**例 7**  不等式 $\dfrac{x-1}{x} > 1$ 的解集为_____。

【解析】由题意,不等式 $\dfrac{x-1}{x} > 1$,得 $1 - \dfrac{1}{x} > 1 \Rightarrow \dfrac{1}{x} < 0 \Rightarrow x < 0$,所以不等式的解集为 $(-\infty, 0)$。

**例 8**  已知 $-3 < b < a < -1$,$-2 < c < -1$,则 $(a - b)c^2$ 的取值范围是_____。

【解析】由题意得 $0 < a - b < 2$,$1 < c^2 < 4$,所以 $0 < (a - b)c^2 < 8$。

**例 9**  若关于 $x$ 的不等式 $mx^2 - 2x - 1 < 0$ 恒成立,则实数 $m$ 的取值范围是_____。

【解析】当 $m = 0$ 时,解得 $x > -\dfrac{1}{2}$,不恒成立;当 $m \neq 0$ 时,则 $\begin{cases} m < 0 \\ \Delta = 4 - 4m(-1) < 0 \end{cases}$,解得 $m < -1$。

**例 10**  某公司一年购买某种货物 600t,每次购买 $x$t,运费为 6 万元/次,一年的总储存费用为 $4x$ 万元。要使一年的总运费与总储存费用之和最小,则 $x$ 的值是_____。

【解析】总费用为 $4x + \dfrac{600}{x} \times 6 = 4\left(x + \dfrac{900}{x}\right) \geqslant 4 \times 2\sqrt{900} = 240$,当且仅当 $x = \dfrac{900}{x}$,即 $x = 30$ 时等号成立。即答案为 30。

### 三、解答题

**例 1**  已知 $a, b, c$ 为正数,且满足 $abc = 1$,证明:

(1) $\dfrac{1}{a} + \dfrac{1}{b} + \dfrac{1}{c} \leqslant a^2 + b^2 + c^2$;

(2) $(a+b)^3 + (b+c)^3 + (c+a)^3 \geqslant 24$。

【解析】(1) 因为 $a^2 + b^2 \geqslant 2ab$,$b^2 + c^2 \geqslant 2bc$,$c^2 + a^2 \geqslant 2ac$,又 $abc = 1$,故有

$$a^2 + b^2 + c^2 \geqslant ab + bc + ca = \dfrac{ab + bc + ca}{abc} = \dfrac{1}{a} + \dfrac{1}{b} + \dfrac{1}{c}$$

所以 $\dfrac{1}{a}+\dfrac{1}{b}+\dfrac{1}{c} \leqslant a^2+b^2+c^2$。

(2) 因为 $a,b,c$ 为正数且 $abc=1$，故有

$$(a+b)^3+(b+c)^3+(c+a)^3 \geqslant 3\sqrt[3]{(a+b)^3(b+c)^3(a+c)^3}$$
$$=3(a+b)(b+c)(a+c)$$
$$\geqslant 3\times(2\sqrt{ab})\times(2\sqrt{bc})\times(2\sqrt{ac})=24$$

所以 $(a+b)^3+(b+c)^3+(c+a)^3 \geqslant 24$。

**例2** 已知 $f(x)=|x-a|x+|x-2|(x-a)$。

(1) 当 $a=1$ 时，求不等式 $f(x)<0$ 的解集；

(2) 若 $x\in(-\infty,1)$ 时，$f(x)<0$，求 $a$ 的取值范围。

【解析】(1) 当 $a=1$ 时，$f(x)=|x-1|x+|x-2|(x-1)$。

当 $x<1$ 时，$f(x)=-2(x-1)^2<0$；当 $x\geqslant 1$ 时，$f(x)\geqslant 0$。

所以，不等式 $f(x)<0$ 的解集为 $(-\infty,1)$。

(2) 因为 $f(a)=0$，所以 $a\geqslant 1$。

当 $a\geqslant 1$，$x\in(-\infty,1)$ 时，$f(x)=(a-x)x+(2-x)(x-a)=2(a-x)(x-1)<0$。

所以，$a$ 的取值范围是 $[1,+\infty)$。

**例3** 设 $x,y,z\in\mathbf{R}$，且 $x+y+z=1$。

(1) 求 $(x-1)^2+(y+1)^2+(z+1)^2$ 的最小值。

(2) 若 $(x-2)^2+(y-1)^2+(z-a)^2\geqslant\dfrac{1}{3}$ 成立，证明：$a\leqslant -3$ 或 $a\geqslant -1$。

【解析】(1) 由于 $[(x-1)+(y+1)+(z+1)]^2$

$=(x-1)^2+(y+1)^2+(z+1)^2+2[(x-1)(y+1)+(y+1)(z+1)+(z+1)(x-1)]$

$\leqslant 3[(x-1)^2+(y+1)^2+(z+1)^2]$，

故由已知得 $(x-1)^2+(y+1)^2+(z+1)^2\geqslant\dfrac{4}{3}$，当且仅当 $x=\dfrac{5}{3}$，$y=-\dfrac{1}{3}$，$z=-\dfrac{1}{3}$ 时等号成立。

所以 $(x-1)^2+(y+1)^2+(z+1)^2$ 的最小值为 $\dfrac{4}{3}$。

(2) 由于 $[(x-2)+(y-1)+(z-a)]^2$

$=(x-2)^2+(y-1)^2+(z-a)^2+2[(x-2)(y-1)+(y-1)(z-a)+(z-a)(x-2)]$

$\leqslant 3[(x-2)^2+(y-1)^2+(z-a)^2]$，

故由已知 $(x-2)^2+(y-1)^2+(z-a)^2\geqslant\dfrac{(2+a)^2}{3}$，当且仅当 $x=\dfrac{4-a}{3}$，$y=\dfrac{1-a}{3}$，$z=\dfrac{2a-2}{3}$ 时等号成立。

因此 $(x-2)^2+(y-1)^2+(z-a)^2$ 的最小值为 $\dfrac{(2+a)^2}{3}$。

由题设知 $\dfrac{(2+a)^2}{3}\geqslant\dfrac{1}{3}$，解得 $a\leqslant -3$ 或 $a\geqslant -1$。

**例4** 已知不等式 $x^2+bx+c>0$ 的解集为 $\{x|x>2$ 或 $x<1\}$。

(1) 求 $b$ 和 $c$ 的值；

(2)求不等式 $cx^2+bx+1\leq 0$ 的解集。

**【解析】**(1)由不等式的解集为 $\{x|x>2$ 或 $x<1\}$,可知 2 和 1 是一元二次方程 $x^2+bx+c=0$ 的两根,所以 $\begin{cases} 2+1=-b \\ 2\times 1=c \end{cases}$,即 $b=-3,c=2$。

(2)由(1)知所求不等式即为 $2x^2-3x+1\leq 0$。方程式 $2x^2-3x+1=0$ 的两根分别是 1 和 $\dfrac{1}{2}$,所以所求不等式的解集为 $\left\{x\left|\dfrac{1}{2}\leq x\leq 1\right.\right\}$。

**例 5** 已知 $f(x)=|x+1|-|ax-1|$。
(1)当 $a=1$ 时,求不等式 $f(x)>1$ 的解集;
(2)若 $x\in(0,1)$ 时不等式 $f(x)>x$ 成立,求 $a$ 的取值范围。

**【解析】**(1)当 $a=1$ 时,$f(x)=|x+1|-|x-1|$,即 $f(x)=\begin{cases} -2(x\leq -1) \\ 2x(-1<x<1) \\ 2(x\geq 1) \end{cases}$。

故不等式 $f(x)>1$ 的解集为 $\left\{x\left|x>\dfrac{1}{2}\right.\right\}$。

(2)当 $x\in(0,1)$ 时 $|x+1|-|ax-1|>x$ 成立等价于当 $x\in(0,1)$ 时 $|ax-1|<1$ 成立。
若 $a\leq 0$,则当 $x\in(0,1)$ 时 $|ax-1|\geq 1$;
若 $a>0$,$|ax-1|<1$ 的解集为 $0<x<\dfrac{2}{a}$,所以 $\dfrac{2}{a}\geq 1$,故 $0<a\leq 2$。

综上,$a$ 的取值范围为 $(0,2]$。

**例 6** 设函数 $f(x)=5-|x+a|-|x-2|$。
(1)当 $a=1$ 时,求不等式 $f(x)\geq 0$ 的解集;
(2)若 $f(x)\leq 1$,求 $a$ 的取值范围。

**【解析】**(1)当 $a=1$ 时,$f(x)=\begin{cases} 2x+4(x\leq -1) \\ 2(-1<x\leq 2) \\ -2x+6(x>2) \end{cases}$。

可得 $f(x)\geq 0$ 的解集为 $\{x|-2\leq x\leq 3\}$。

(2)$f(x)\leq 1$ 等价于 $|x+a|+|x-2|\geq 4$,
而 $|x+a|+|x-2|\geq |a+2|$,且当 $x=2$ 时等号成立,故 $f(x)\leq 1$ 等价于 $|a+2|\geq 4$。
由 $|a+2|\geq 4$ 可得 $a\leq -6$ 或 $a\geq 2$,所以 $a$ 的取值范围是 $(-\infty,-6]\cup[2,+\infty)$。

**例 7** 设函数 $f(x)=|2x+1|+|x-1|$。
(1)画出 $y=f(x)$ 的图像;
(2)当 $x\in[0,+\infty),f(x)\leq ax+b$,求 $a+b$ 的最小值。

**【解析】**(1)$f(x)=\begin{cases} -3x\left(x<-\dfrac{1}{2}\right) \\ x+2\left(-\dfrac{1}{2}\leq x<1\right) \\ 3x(x\geq 1) \end{cases}$,$y=f(x)$ 的图像如图 6-4 所示。

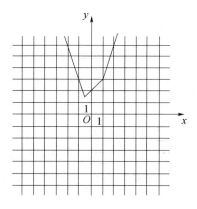

图 6-4

(2) 由(1)知,$y=f(x)$ 的图像与 $y$ 轴交点的纵坐标为 2,且各部分所在直线斜率的最大值为 3,故当且仅当 $a \geqslant 3$ 且 $b \geqslant 2$ 时,$f(x) \leqslant ax+b$ 在 $[0,+\infty)$ 成立,因此 $a+b$ 的最小值为 5。

**例 8** 若 $x,y,z$ 为实数,且 $x+2y+2z=6$,求 $x^2+y^2+z^2$ 的最小值。

【解析】由柯西不等式得 $(x^2+y^2+z^2)(1^2+2^2+2^2) \geqslant (x+2y+2z)^2$。

因为 $x+2y+2z=6$,所以 $x^2+y^2+z^2 \geqslant 4$。

当且仅当 $\dfrac{x}{1}=\dfrac{y}{2}=\dfrac{z}{2}$ 时,不等式取等号,此时 $x=\dfrac{2}{3},y=\dfrac{4}{3},z=\dfrac{4}{3}$。

所以 $x^2+y^2+z^2$ 的最小值为 4。

**例 9** 设 $a,b,c \in \mathbf{R}, a+b+c=0, abc=1$。

(1) 证明:$ab+bc+ca<0$。

(2) 用 $\max\{a,b,c\}$ 表示 $a,b,c$ 的最大值,证明:$\max\{a,b,c\} \geqslant \sqrt[3]{4}$。

【解析】(1) 由 $a+b+c=0,abc=1$,得 $a+b=-c$,且 $a,b,c$ 均不为 0,所以 $ab+bc+ca = ab+c(a+b) = ab-(a+b)^2 = -a^2-ab-b^2 = -\left(a+\dfrac{b}{2}\right)^2 - \dfrac{3}{4}b^2 < 0$,即 $ab+bc+ca<0$。

(2) 由 $a+b+c=0,abc=1$,知 $a,b,c$ 中必有两个负数、一个正数。不妨设 $a<0,b<0,c>0$,则 $\max\{a,b,c\}=c, c=\dfrac{1}{ab}, c=-(a+b), \dfrac{1}{ab}=-(a+b)=-a-b \geqslant 2\sqrt{ab}$(当且仅当 $a=b$ 时等号成立),所以 $c \geqslant 2\sqrt{\dfrac{1}{c}}$,所以 $c^3 \geqslant 4$,所以 $c \geqslant \sqrt[3]{4}$,故 $\max\{a,b,c\} \geqslant \sqrt[3]{4}$。

# 强化训练

**一、选择题**

1. 已知函数 $f(x)=x^3+ax^2+bx+c$,且 $0<f(-1)=f(-2)=f(-3) \leqslant 3$,则( )。

A. $c \leqslant 3$      B. $3<c \leqslant 6$      C. $6<c \leqslant 9$      D. $c>9$

2. 不等式组 $\begin{cases} x^2-1<0 \\ x^2-3x<0 \end{cases}$ 的解集是( )。

A. $\{x \mid -1<x<1\}$      B. $\{x \mid 0<x<3\}$

C. $\{x \mid 0 < x < 1\}$   D. $\{x \mid -1 < x < 3\}$

3. 不等式 $(1+x)(1-|x|) > 0$ 的解集是( )。

   A. $\{x \mid 0 \leqslant x < 1\}$   B. $\{x \mid x < 0, 且 x \neq -1\}$
   C. $\{x \mid -1 < x < 1\}$   D. $\{x \mid x < 1, 且 x \neq -1\}$

4. 不等式 $\dfrac{x-1}{x-3} > 0$ 的解集为( )。

   A. $\{x \mid x < 1\}$   B. $\{x \mid x > 3\}$
   C. $\{x \mid x < 1 \text{ 或 } x > 3\}$   D. $\{x \mid 1 < x < 3\}$

5. 已知不等式 $ax^2 + bx + 2 > 0$ 的解集为 $\{x \mid -1 < x < 2\}$，则不等式 $2x^2 + bx + a < 0$ 的解集为( )。

   A. $x\{x \mid x < -2 \text{ 或 } x > 1\}$   B. $\left\{x \mid x < -1 \text{ 或 } x > \dfrac{1}{2}\right\}$
   C. $\{x \mid -2 < x < 1\}$   D. $\left\{x \mid -1 < x < \dfrac{1}{2}\right\}$

6. 若 $a, b$ 为实数，则 $a > b > 0$ 是 $a^2 > b^2$ 的( )。

   A. 充分不必要条件   B. 必要不充分条件
   C. 充要条件   D. 既非充分条件也非必要条件

7. 若 $a > b > 1, P = \sqrt{\lg a \cdot \lg b}, Q = \dfrac{1}{2}(\lg a + \lg b), R = \lg\left(\dfrac{a+b}{2}\right)$，则( )。

   A. $R < P < Q$   B. $P < Q < R$   C. $Q < P < R$   D. $P < R < Q$

8. 若关于 $x$ 的不等式 $x^2 - 4x - 2 - a > 0$ 在区间 $(1, 4)$ 内有解，则实数 $a$ 的取值范围是( )。

   A. $(-\infty, -2)$   B. $(-2, +\infty)$   C. $(-6, +\infty)$   D. $(-\infty, -6)$

9. 若方程 $x^2 + (m+2)x + m + 5 = 0$ 只有正根，则 $m$ 的取值范围是( )。

   A. $m \leqslant -4 \text{ 或 } m \geqslant 4$   B. $-5 < m \leqslant -4$
   C. $-5 \leqslant m \leqslant -4$   D. $-5 < m < -2$

10. 若 $f(x) = \lg(x^2 - 2ax + 1 + a)$ 在区间 $(-\infty, 1]$ 上递减，则 $a$ 范围为( )。

    A. $[1, 2)$   B. $[1, 2]$   C. $[1, +\infty)$   D. $[2, +\infty)$

11. 不等式 $\lg x^2 < \lg^2 x$ 的解集是( )。

    A. $\left(\dfrac{1}{100}, 1\right)$   B. $(100, +\infty)$
    C. $\left(\dfrac{1}{100}, 1\right) \cup (100, +\infty)$   D. $(0, 1) \cup (100, +\infty)$

12. 若不等式 $x^2 - \log_a x < 0$ 在 $\left(0, \dfrac{1}{2}\right)$ 内恒成立，则 $a$ 的取值范围是( )。

    A. $\dfrac{1}{16} \leqslant a < 1$   B. $\dfrac{1}{16} < a < 1$   C. $0 < a \leqslant \dfrac{1}{16}$   D. $0 < a < \dfrac{1}{16}$

13. 若不等式 $0 \leqslant x^2 - ax + a \leqslant 1$ 有唯一解，则 $a$ 的取值为( )。

    A. 0   B. 2   C. 4   D. 6

14. 已知不等式 $x^2 - 2x - 3 < 0$ 的解集为 $A$，不等式 $x^2 + x - 6 < 0$ 的解集为 $B$，不等式 $x^2 + ax + b < 0$ 的解集为 $A \cap B$，则 $a + b = ($   )。

    A. $-3$   B. $1$   C. $-1$   D. $3$

15. 某城市对一种售价为每件160元的商品征收附加税,税率为 $R\%$ (即每销售100元征税 $R$ 元),若年销售量为 $(30-2.5R)$ 万件,要使附加税不少于128万元,则 $R$ 的取值范围是(　　)。

　　A. $[4,8]$　　　　B. $[6,10]$　　　　C. $[4\%,8\%]$　　　　D. $[6\%,10\%]$

## 二、填空题

1. 函数 $y=\sqrt{x-1}+\lg(2-x)$ 的定义域是_____。

2. 函数 $f(x)=x^2+2x+a$,若对任意 $x\in[1,+\infty)$,$f(x)>0$ 恒成立,则实数 $a$ 的取值范围是_____。

3. 定义符号函数 $\operatorname{sgn}x=\begin{cases}1(x>0)\\0(x=0)\\-1(x<0)\end{cases}$,则不等式 $x+2>(2x-1)^{\operatorname{sgn}x}$ 的解集是_____。

4. 若关于 $x$ 的不等式 $|ax-2|<3$ 的解集为 $\left\{x\left|-\dfrac{5}{3}<x<\dfrac{1}{3}\right.\right\}$,则 $a=$ _____。

5. 已知函数 $f(x)=x^2+mx-1$,若对于任意 $x\in[m,m+1]$,都有 $f(x)<0$ 成立,则实数 $m$ 的取值范围是_____。

6. 设函数 $f(x)=\begin{cases}x^2+x(x<0)\\-x^2(x\geq 0)\end{cases}$,若 $f(f(a))\leq 2$,则实数 $a$ 的取值范围是_____。

7. 定义运算"$\otimes$":$x\otimes y=\dfrac{x^2-y^2}{xy}(x,y\in\mathbf{R},xy\neq 0)$。当 $x>0,y>0$ 时,$x\otimes y+(2y)\otimes x$ 的最小值为_____。

8. 设 $a,b>0,a+b=5$,则 $\sqrt{a+1}+\sqrt{b+3}$ 的最大值为_____。

9. 若 $\triangle ABC$ 的内角满足 $\sin A+\sqrt{2}\sin B=2\sin C$,则 $\cos C$ 的最小值是_____。

10. 给出下列四个命题:①若 $a<b$,则 $a^2<b^2$;②若 $a\geq b>-1$,则 $\dfrac{a}{1+a}\geq\dfrac{b}{1+b}$;③若正整数 $m,n$ 满足 $m<n$,则 $\sqrt{m(n-m)}\leq\dfrac{n}{2}$;④若 $x>0$,则 $\ln x+\dfrac{1}{\ln x}\geq 2$。其中正确命题的序号是_____。

11. 若正数 $x,y$ 满足 $2x+y-3=0$,则 $\dfrac{x+2y}{xy}$ 的最小值为_____。

12. 若不等式 $x^2+mx-1<0$ 对于任意 $x\in[m,m+1]$ 都成立,则实数 $m$ 的取值范围是_____。

13. 某产品的总成本 $y$(单位:万元)与产量 $x$(单位:台)之间的函数关系式是 $y=3000+20x-0.1x^2(x\in(0,240))$,若每台产品的售价为25万元,则生产者不亏本时(销售收入不小于总成本)的最低产量是_____台。

14. 不等式 $\log_2(2^x-1)\cdot\log_2(2^{x+1}-2)<2$ 的解集是_____。

15. 已知 $a\geq 0,b\geq 0,a+b=1$,则 $\sqrt{a+\dfrac{1}{2}}+\sqrt{b+\dfrac{1}{2}}$ 的范围是_____。

16. 设 $x\neq 0$,则函数 $y=\left(x+\dfrac{1}{x}\right)^2-1$ 在 $x=$ _____时有最小值_____。

17. 不等式 $\sqrt{4-x^2}+\dfrac{|x|}{x}\geqslant 0$ 的解集是_____。

### 三、解答题

1. 已知关于 $x$ 的不等式 $ax^2-3x+2>0$ 的解集为 $\{x|x<1 \text{ 或 } x>b\}$。

   (1) 求 $a,b$ 的值；

   (2) 当 $c\in\mathbf{R}$ 时,解关于 $x$ 的不等式 $ax^2-(ac+b)x+bc<0$(用 $c$ 表示)。

2. 已知不等式 $x^2-5ax+b>0$ 的解集为 $\{x|x>4 \text{ 或 } x<1\}$。

   (1) 求实数 $a,b$ 的值；

   (2) 若 $0<x<1,f(x)=\dfrac{a}{x}+\dfrac{b}{1-x}$,求 $f(x)$ 的最小值。

3. 已知函数 $f(x)=|x-2|-|x-5|$。

   (1) 证明：$-3\leqslant f(x)\leqslant 3$。

   (2) 求不等式 $f(x)\geqslant x^2-8x+15$ 的解集。

4. 已知 $a+b+c=1$,求证：$a^2+b^2+c^2\geqslant\dfrac{1}{3}$。

5. 解不等式 $|x+3|-|x-2|\geqslant 3$。

6. 设不等式 $|x-2|<a(a\in\mathbf{N}^*)$ 的解集为 $A$,且 $\dfrac{3}{2}\in A,\dfrac{1}{2}\notin A$。

   (1) 求 $a$ 的值；

   (2) 求函数 $f(x)=|x+a|+|x-2|$ 的最小值。

7. 若函数 $f(x)=\log_a\left(x+\dfrac{a}{x}-4\right)(a>0,\text{且 }a\neq 1)$ 的值域为 $\mathbf{R}$,求实数 $a$ 的取值范围。

8. 解不等式：$\log_2\left(x+\dfrac{1}{x}+6\right)\leqslant 3$。

9. 某商品每件成本价为 80 元,售价为 100 元,每天售出 100 件。若售价降低 $x$ 成(1 成 = 10%),售出商品数量就增加 $\dfrac{8}{5}x$ 成。要求售价不能低于成本价。

   (1) 设该商店一天的营业额为 $y$ 元,试求 $y$ 与 $x$ 之间的函数关系式 $y=f(x)$,并写出定义域；

   (2) 若要求该商品一天营业额至少为 10260 元,求 $x$ 的取值范围。

10. 求函数 $f(x)=(e^x-a)^2+(e^{-x}-a)^2(0<a<2)$ 的最小值。

## 【强化训练解析】

### 一、选择题

1. C。根据题意,有 $\begin{cases}f(-1)=f(-2)\\f(-1)=f(-3)\end{cases}$,则有 $\begin{cases}3a-b=7\\4a-b=13\end{cases}$,解得 $\begin{cases}a=6\\b=11\end{cases}$。则有 $f(-1)=c-6$,由 $0<f(-1)\leqslant 3$,得 $6<c\leqslant 9$。故选 C。

2. C。原不等式等价于 $\begin{cases}x^2<1\\x(x-3)<0\end{cases}\Rightarrow\begin{cases}-1<x<1\\0<x<3\end{cases}\Rightarrow 0<x<1$。故选 C。

3. D。原不等式化为 $\begin{cases}1+x>0\\1-|x|>0\end{cases}$ ① 或 $\begin{cases}1+x<0\\1-|x|<0\end{cases}$ ②

① 解得 $\begin{cases} x > -1 \\ |x| < 1 \end{cases} \Leftrightarrow -1 < x < 1$。

② 解得 $\begin{cases} x < -1 \\ |x| > 1 \end{cases}, \Leftrightarrow x < -1$。

所以原不等式的解集为 $\{x \mid x < 1, 且 x \neq -1\}$。故选 D。

4. C。由已知 $\dfrac{x-1}{x-3} > 0 \Leftrightarrow (x-1)(x-3) > 0$,

所以 $x < 1$ 或 $x > 3$。

故原不等式的解集为 $\{x \mid x < 1 \text{ 或 } x > 3\}$。故选 C。

5. D。由已知条件可知方程 $ax^2 + bx + 2 = 0$ 的两个根是 $x_1 = -1, x_2 = 2$,所以 $x_1 \cdot x_2 = \dfrac{2}{a} = -2, x_1 + x_2 = -\dfrac{b}{a} = 1$,解得 $a = -1, b = 1$。所以 $2x^2 + x - 1 < 0$,解不等式得 $-1 < x < \dfrac{1}{2}$。故选 D。

6. A。由 $a > b > 0$ 得 $a^2 > b^2$,反过来 $a^2 > b^2$ 则可能 $a < b < 0$,故 $a > b > 0$ 是 $a^2 > b^2$ 的充分不必要条件。故选 A。

7. B。 $\because \lg a > \lg b > 0, \therefore \dfrac{1}{2}(\lg a + \lg b) > \sqrt{\lg a \cdot \lg b}$,即 $Q > P$。

又 $\because a > b > 1, \therefore \dfrac{a+b}{2} > \sqrt{ab}$,

$\therefore \lg\left(\dfrac{a+b}{2}\right) > \lg\sqrt{ab} = \dfrac{1}{2}(\lg a + \lg b)$,即 $R > Q$,所以有 $P < Q < R$,故选 B。

8. A。不等式 $x^2 - 4x - 2 - a > 0$ 在区间 $(1,4)$ 内有解,所以 $a < x^2 - 4x - 2$ 在区间 $(1,4)$ 内有解,函数 $y = x^2 - 4x - 2$ 在 $(1,2)$ 上单调递减,在 $(2,4)$ 上单调递增,当 $x = 4$ 时,$y = -2$,所以 $a < -2$。故选 A。

9. B。由 $\begin{cases} \Delta = (m+2)^2 - 4(m+5) \geq 0 \\ x_1 + x_2 = -(m+2) > 0 \\ x_1 x_2 = m+5 > 0 \end{cases}$ 得 $-5 < m \leq -4$。故选 B。

10. A。令 $u = x^2 - 2ax + 1 - a$,$(-\infty, 1]$ 是其递减区间,得 $a \geq 1$。

而 $u > 0$ 须恒成立,所以 $u_{\min} = 2 - a > 0$,即 $a < 2$,所以 $1 \leq a < 2$。故选 A。

11. D。 $2\lg x < \lg^2 x, \lg x > 2$ 或 $\lg x < 0, x > 100$ 或 $0 < x < 1$。故选 D。

12. A。 $x^2 < \log_a x$ 在 $x \in \left(0, \dfrac{1}{2}\right)$ 恒成立,得 $0 < a < 1$,

则 $\log_a x \geq x^2_{\max} = \dfrac{1}{4}, (\log_a x)_{\min} = \log_a \dfrac{1}{2} \geq \dfrac{1}{4} \Rightarrow \dfrac{1}{16} \leq a < 1$。故选 A。

13. B。当 $x^2 - ax + a = 0$ 仅有一实数根,$\Delta = a^2 - 4a = 0, a = 0$ 或 $a = 4$,代入检验,不成立。或 $x^2 - ax + a = 1$ 仅有一实数根,$\Delta = a^2 - 4a + 4 = 0, a = 2$,代入检验,成立。故选 B。

14. A。由于 $A = (-1,3), B = (-3,2)$,故 $A \cap B = (-1,2)$,根据题意可知 $x^2 + ax + b = 0$ 的两根分别为 $-1, 2$。由根与系数的关系可知,$a = -1, b = -2$,所以 $a + b = -3$。故选 A。

15. A。根据题意,要使附加税不少于 128 万元,需 $(30 - 2.5R) \times 160 \times R\% \geq 128$,整理得

$R^2-12R+32\leqslant 0$,解得$4\leqslant R\leqslant 8$,即$R\in[4,8]$。故选 A。

二、填空题

1. $[1,2)$。

由题意得$\begin{cases}x-1\geqslant 0\\2-x>0\end{cases}$,解得$1\leqslant x<2$。

2. $(-3,+\infty)$。解法一:原问题等价于$a>-x^2-2x$ 在区间$[1,+\infty)$上恒成立,则$a>(-x^2-2x)_{\max}$。结合二次函数的性质可知,当$x=1$时,$(-x^2-2x)_{\max}=-3$,则实数$a$的取值范围是$a>-3$,表示为区间形式即$(-3,+\infty)$。

解法二:易知$f(x)=x^2+2x+a$的图像为开口方向向上的抛物线,且对称轴为$x=-1$,则当$x\in[1,+\infty)$时,$f(x)_{\min}=f(1)=3+a>0$,则$a>-3$。

3. $\left\{x\,\Big|\,-\dfrac{3+\sqrt{33}}{4}<x<3\right\}$。

不等式等价于$\begin{cases}x+2>(2x-1)^1\,(x>0)\\0+2>(2\times 0-1)^0\,(x=0)\\x+2>(2x-1)^{-1}\,(x<0)\end{cases}$,注意:当$x<0$时,$2x-1<0$。

化简得$\begin{cases}x<3\,(x>0)\\2>1\,(x=0)\\\dfrac{-3-\sqrt{33}}{4}<x<\dfrac{-3+\sqrt{33}}{4}\,(x<0)\end{cases}$。

综合得不等式的解集为$-\dfrac{3+\sqrt{33}}{4}<x<3$。

4. $-3$。

由$|ax-2|<3$,得$-1<ax<5$。若$a\geqslant 0$,显然不符合题意;当$a<0$时,解得$\dfrac{5}{a}<x<-\dfrac{1}{a}$。故$-\dfrac{1}{a}=\dfrac{1}{3}$,$\dfrac{5}{a}=-\dfrac{5}{3}$,解得$a=-3$。

5. $\left(-\dfrac{\sqrt{2}}{2},0\right)$。

由题意,得$\begin{cases}f(m)=m^2+m^2-1<0\\f(m+1)=(m+1)^2+m(m+1)-1<0\end{cases}$,解得$-\dfrac{\sqrt{2}}{2}<m<0$。

6. $(-\infty,\sqrt{2}]$。

由题意得$\begin{cases}f(a)<0\\f^2(a)+f(a)\leqslant 2\end{cases}$或$\begin{cases}f(a)\geqslant 0\\-f^2(a)\leqslant 2\end{cases}$,即$\begin{cases}a<0\\a^2+a\geqslant -2\end{cases}$或$\begin{cases}a\geqslant 0\\-a^2\geqslant -2\end{cases}$,解得$a\leqslant\sqrt{2}$。

7. $\sqrt{2}$。

由题意得$x\otimes y+(2y)\otimes x=\dfrac{x^2-y^2}{xy}+\dfrac{(2y)^2-x^2}{2yx}=\dfrac{x^2+2y^2}{2xy}\geqslant\dfrac{2\sqrt{x^2\cdot 2y^2}}{2xy}=\sqrt{2}$,当且仅当$x=\sqrt{2}y$时取等号。

8. $3\sqrt{2}$。

$\because a,b>0,a+b=5,\therefore(\sqrt{a+1}+\sqrt{b+3})^2=a+b+4+2\sqrt{a+1}\sqrt{b+3}\leqslant a+b+4+$

$(\sqrt{a+1})^2 + (\sqrt{b+3})^2 = a+b+4+a+b+4 = 18$,当且仅当 $a = \dfrac{7}{2}, b = \dfrac{3}{2}$ 时,等号成立,则 $\sqrt{a+1} + \sqrt{b+3} \leqslant 3\sqrt{2}$,即 $\sqrt{a+1} + \sqrt{b+3}$ 最大值为 $3\sqrt{2}$。

9. $\dfrac{\sqrt{6}-\sqrt{2}}{4}$。

由 $\sin A + \sqrt{2}\sin B = 2\sin C$ 及正弦定理可得 $a + \sqrt{2}b = 2c$。故 $\cos C = \dfrac{a^2+b^2-c^2}{2ab} = \dfrac{a^2+b^2-\left(\dfrac{a+\sqrt{2}b}{2}\right)^2}{2ab} = \dfrac{3a^2+2b^2-2\sqrt{2}ab}{8ab} \geqslant \dfrac{2\sqrt{6}ab-2\sqrt{2}ab}{8ab} = \dfrac{\sqrt{6}-\sqrt{2}}{4}$,当且仅当 $3a^2 = 2b^2$,即 $\dfrac{a}{b} = \dfrac{\sqrt{2}}{\sqrt{3}}$ 时等号成立。所以 $\cos C$ 的最小值为 $\dfrac{\sqrt{6}-\sqrt{2}}{4}$。

10. ②③。

①中,若 $a < b < 0$,不成立;②中,若 $a \geqslant b > -1$,则 $a+1 \geqslant b+1 > 0$,则 $a(1+b) - b(1+a) = a - b \geqslant 0$,即 $a(1+b) \geqslant b(1+a)$,所以 $\dfrac{a}{1+a} \geqslant \dfrac{b}{1+b}$,故②正确;③中,正整数 $m, n$ 满足 $m < n$,有均值不等式得 $\sqrt{m(n-m)} \leqslant \dfrac{n}{2}$,故③正确;④中,$0 < x < 1$ 时,$\ln x < 0$,结论不成立。

综上,正确命题的序号是②③。

11. 3。

因为正数 $x, y$ 满足 $2x + y - 3 = 0$,

所以 $\dfrac{1}{3}(2x+y) = 1, \dfrac{x+2y}{xy} = \dfrac{1}{3}(2x+y)\dfrac{x+2y}{xy} = \dfrac{1}{3}\left(\dfrac{2x}{y} + \dfrac{2y}{x} + 5\right) \geqslant 3$。

12. $\left(-\dfrac{\sqrt{2}}{2}, 0\right)$。由题意得,函数 $f(x) = x^2 + mx - 1 < 0$ 在 $x \in [m, m+1]$ 上恒成立,又抛物线 $f(x) = x^2 + mx - 1 < 0$ 开口向上,结合图像可知,只需 $\begin{cases} f(m) = m^2 + m^2 - 1 < 0 \\ f(m+1) = (m+1)^2 + m(m+1) - 1 < 0 \end{cases}$,即 $\begin{cases} 2m^2 - 1 < 0 \\ 2m^2 + 3m < 0 \end{cases}$,解得 $-\dfrac{\sqrt{2}}{2} < m < 0$。故实数 $m$ 的取值范围是 $\left(-\dfrac{\sqrt{2}}{2}, 0\right)$。

13. 150。由题意知,产量为 $x$ 台时,总售价为 $25x$ 万元;欲使生产者不亏本,必须满足总售价大于或等于总成本,即 $25x \geqslant 3000 + 20x - 0.1x^2$,整理得 $x^2 + 50x - 30000 \geqslant 0$,解得 $x \geqslant 150$ 或 $x \leqslant -200$(舍掉)。故欲使生产者不亏本,最低产量是 150 台。

14. $\left(\log_2 \dfrac{5}{4}, \log_2 3\right)$。

由 $\log_2(2^x - 1) \cdot \log_2[2(2^x - 1)] < 2$ 得 $\log_2(2^x - 1) \cdot [1 + \log_2(2^x - 1)] < 2$,

$\log_2^2(2^x - 1) + \log_2(2^x - 1) - 2 < 0, -2 < \log_2(2^x - 1) < 1$,

$\dfrac{1}{4} < 2^x - 1 < 2, \dfrac{5}{4} < 2^x < 3, \log_2 \dfrac{5}{4} < x < \log_2 3$。

15. $\left[\dfrac{\sqrt{2}+\sqrt{6}}{2}, 2\right]$。

令 $y = \sqrt{a+\dfrac{1}{2}} + \sqrt{b+\dfrac{1}{2}}$,则 $y^2 = 2 + 2\sqrt{ab+\dfrac{3}{4}}$,而 $0 \leq ab \leq \dfrac{1}{4}$,

所以 $2+\sqrt{3} \leq y^2 \leq 4$, $\dfrac{\sqrt{2}+\sqrt{6}}{2} \leq y \leq 2$。

16. $\pm 1, 3$。

$x + \dfrac{1}{x} \geq 2$ 或 $x + \dfrac{1}{x} \leq -2 \Rightarrow \left(x+\dfrac{1}{x}\right)^2 \geq 4 \Rightarrow y = \left(x+\dfrac{1}{x}\right)^2 - 1 \geq 3$。故最小值为 $3$,求解

$\left(x+\dfrac{1}{x}\right)^2 - 1 = 3$,得 $x = \pm 1$。

17. $[-\sqrt{3}, 0) \cup (0, 2]$。

当 $x > 0$ 时 $\sqrt{4-x^2} + 1 \geq 0$,得 $0 < x \leq 2$;

当 $x < 0$ 时 $\sqrt{4-x^2} - 1 \geq 0$,得 $-\sqrt{3} \leq x < 0$。

∴ $x \in [-\sqrt{3}, 0) \cup (0, 2]$。

三、解答题

1. 解:(1)已知 $1, b$ 是方程 $ax^2 - 3x + 2 = 0$ 的两个实数根,且 $b > 1, a > 0$,

所以 $\begin{cases} 1+b = \dfrac{3}{a} \\ 1 \times b = \dfrac{2}{a} \end{cases}$,即 $\begin{cases} a = 1 \\ b = 2 \end{cases}$。

(2) 由(1)得原不等式可化为 $x^2 - (2+c)x + 2c < 0$,

即 $(x-2)(x-c) < 0$,所以:

当 $c > 2$ 时,所求不等式的解集为 $\{x | 2 < x < c\}$;

当 $c < 2$ 时,所求不等式的解集为 $\{x | c < x < 2\}$;

当 $c = 2$ 时,所求不等式的解集为 $\varnothing$。

2. 解:(1)依题意可得 $\begin{cases} 4+1 = 5a \\ 4 \times 1 = b \end{cases}$,即 $\begin{cases} a = 1 \\ b = 4 \end{cases}$。

(2) 由(1)知 $f(x) = \dfrac{1}{x} + \dfrac{4}{1-x}$。

∵ $0 < x < 1$,∴ $0 < 1-x < 1$,$\dfrac{1}{x} > 0$,$\dfrac{4}{1-x} > 0$,

∴ $\dfrac{1}{x} + \dfrac{4}{1-x} = \left(\dfrac{1}{x} + \dfrac{4}{1-x}\right)[x + (1-x)] = \dfrac{1-x}{x} + \dfrac{4x}{1-x} + 5 \geq 9$,

当且仅当 $\dfrac{1-x}{x} = \dfrac{4x}{1-x}$,即 $x = \dfrac{1}{3}$ 时,等号成立。

∴ $f(x)$ 的最小值为 $9$。

3. (1)证明:$f(x) = |x-2| - |x-5| = \begin{cases} -3 & (x \leq 2) \\ 2x-7 & (2 < x < 5) \\ 3 & (x \geq 5) \end{cases}$,当 $2 < x < 5$ 时, $-3 < 2x-7 < 3$。

所以 $-3 \leq f(x) \leq 3$。

(2) 解:由(1)可知:

当 $x \leq 2$ 时, $f(x) \geq x^2 - 8x + 15$ 的解集为 $\varnothing$;

当 $2 < x < 5$ 时, $f(x) \geq x^2 - 8x + 15$ 的解集为 $\{x \mid 5 - \sqrt{3} \leq x < 5\}$;

当 $x \geq 5$ 时, $f(x) \geq x^2 - 8x + 15$ 的解集为 $\{x \mid 5 \leq x \leq 6\}$。

综上,不等式 $f(x) \geq x^2 - 8x + 15$ 的解集为 $\{x \mid 5 - \sqrt{3} \leq x \leq 6\}$。

4. 证明: $\because a^2 + b^2 + c^2 = (a+b+c)^2 - (2ab + 2bc + 2ac) \geq (a+b+c)^2 - 2(a^2 + b^2 + c^2)$,

$\therefore 3(a^2 + b^2 + c^2) \geq (a+b+c)^2 = 1$,

$\therefore a^2 + b^2 + c^2 \geq \dfrac{1}{3}$。

5. 解:当 $x < -3$ 时,原不等式即为 $-(x+3) + (x-2) \geq 3 \Rightarrow -5 \geq 3$,

所以 $x < -3$ 不是不等式的解。

当 $-3 \leq x \leq 2$ 时,原不等式即为 $(x+3) + (x-2) \geq 3 \Rightarrow x \geq 1$。

又因为 $-3 \leq x \leq 2$,所以 $1 \leq x \leq 2$。

当 $x > 2$ 时,原不等式即为 $(x+3) - (x-2) \geq 3 \Rightarrow 5 \geq 3$,恒成立,

所以 $x > 2$ 适合。

综上,不等式的解集为 $\{x \mid 1 \leq x \leq 2 \text{ 或 } x > 2\}$,即 $\{x \mid x \geq 1\}$。

6. 解:(1) 因为 $\dfrac{3}{2} \in A$,且 $\dfrac{1}{2} \notin A$,所以 $\left|\dfrac{3}{2} - 2\right| < a$,且 $\left|\dfrac{1}{2} - 2\right| \geq a$。

解得 $\dfrac{1}{2} < a \leq \dfrac{3}{2}$,又因为 $a \in \mathbf{N}^*$,所以 $a = 1$。

(2) 因为 $|x+1| + |x-2| \geq |(x+1) - (x-2)| = 3$。

当且仅当 $(x+1)(x-2) \leq 0$ 即 $-1 \leq x \leq 2$ 时取到等号,所以 $f(x)$ 的最小值为 $3$。

7. 解:令 $u = x + \dfrac{a}{x} - 4$,则 $u$ 须取遍所有的正实数,即 $u_{\min} \leq 0$,

而 $u_{\min} = 2\sqrt{a} - 4 \Rightarrow 2\sqrt{a} - 4 \leq 0 \Rightarrow 0 < a \leq 4$ 且 $a \neq 1$,

所以 $a \in (0,1) \cup (1,4]$。

8. 解:由 $0 < x + \dfrac{1}{x} + 6 \leq 8$ 得 $\begin{cases} x + \dfrac{1}{x} \leq 2 \\ x + \dfrac{1}{x} > -6 \end{cases}$。

当 $x > 0$ 时, $x + \dfrac{1}{x} \geq 2$,所以 $x + \dfrac{1}{x} = 2 \Rightarrow x = 1$;

当 $x < 0$ 时, $-6 < x + \dfrac{1}{x} \leq -2$,所以 $-2\sqrt{2} - 3 < x < 2\sqrt{2} - 3$。

综上 $x \in (-3 - 2\sqrt{2}, -3 + 2\sqrt{2}) \cup \{1\}$。

9. 解:利用"营业额 = 售价 × 数量"进行求解。

(1) 由题意得 $y = 100\left(1 - \dfrac{x}{10}\right) \times 100\left(1 + \dfrac{8}{5} \times \dfrac{x}{10}\right) = 20(10-x)(50+8x)$。因为售价不能低于成本价,所以 $100\left(1 - \dfrac{x}{10}\right) - 80 \geq 0$,得 $x \leq 2$。所以 $y = f(x) = 20(10-x)(50+8x)$,定义域为 $[0,2]$。

(2)由题意得 $20(10-x)(50+8x) \geq 10260$,化简得 $8x^2 - 30x + 13 \leq 0$,解得 $\frac{1}{2} \leq x \leq \frac{13}{4}$。结合(1),可得 $x$ 的取值范围是 $\left[\frac{1}{2}, 2\right]$。

10. 解:$f(x) = e^{2x} + e^{-2x} - 2a(e^x + e^{-x}) + 2a^2 = (e^x + e^{-x})^2 - 2a(e^x + e^{-x}) + 2a^2 - 2$。

令 $e^x + e^{-x} = t(t \geq 2)$,$y = f(x)$,则 $y = t^2 - 2at + 2a^2 - 2$。

对称轴 $t = a(0 < a < 2)$,而 $t \geq 2$。

$[2, +\infty)$ 是 $y$ 的递增区间,当 $t = 2$ 时,$y_{\min} = 2(a-1)^2$,

所以 $f(x)_{\min} = 2(a-1)^2$。

# 第七章 立体几何初步

## 考试范围与要求

1. 理解空间直线、平面位置关系的定义,并了解可作为推理依据的公理和定理。
2. 认识和理解空间中的线面平行、垂直的有关性质和判定定理。
3. 能运用公理、定理和已获得的结论证明一些空间图形的位置关系的简单命题。
4. 认识柱、锥、台、球及其简单组合体的结构特征,并能运用这些特征描述现实生活中简单物体的结构。
5. 能画出简单空间图形(长方体、球、圆柱、圆锥、棱柱等的简易组合)的三视图,能识别上述三视图所表示的立体模型,会用斜二侧法画出它们的直观图。
6. 会用平行投影与中心投影两种方法画出简单空间图像的三视图与直观图,了解空间图形的不同表示形式。
7. 了解球、棱柱、棱锥、台的表面积和体积的计算公式及其简单应用。

## 主要内容

### 第一节 点、直线、平面之间的位置关系

点、直线、平面是空间图形的基本要素。

**1. 平面**

(1) 基本概念。

生活中的一些物体通常呈平面形,如课桌面、黑板面、海面都给我们以平面的形象。几何里所说的"平面"就是从这样的一些物体中抽象出来的。

平面是一个描述而不定义的概念,是由现实生活中的实物抽象出来的数学概念。但又与这些实物有根本的区别。平面具有无限延展性(也就是说它既没有边界,也没有大小、宽窄、厚薄之分),平面的这种性质与直线的无限延展性又是相通的。

水平平面通常画成一个平行四边形。平行四边形的锐角通常画成 45°,且横边长等于其邻边长的 2 倍(图 7 - 1)。平面通常用希腊字母 $\alpha, \beta, \gamma$ 等表示,如平面 $\alpha$、平面 $\beta$ 等,也可以用表示平面的平行四边形的四个顶点或者相对的两个顶点的大写字母来表示,如平面 $AC$、平面 $ABCD$ 等。由于平面的无限延展性,平行四边形只表示平面的一部分,这同画直线时只画一段来表示直线的道理是一样

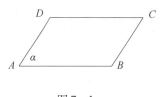

图 7 - 1

的。另外,有时根据需要,也可用三角形或封闭的曲线图形表示平面。

在立体图形的直观图中,被遮住的部分画成虚线或者不画。对于作辅助线,可见部分不画成虚线,被遮住部分同上述处理,这是与平面几何作图的一大区别。

平面内有无数个点,平面可以看成点的集合。点 $P$ 在平面 $\alpha$ 内,记作 $P\in\alpha$;点 $Q$ 在平面 $\alpha$ 外,记作 $Q\notin\alpha$。

(2) 公理及其推论。

从生产、生活中人们经过长期观察与实践,总结出的关于平面的一些基本性质,把它作为公理。这些公理是进一步推理的基础。

**公理 7-1**　如果一条直线上的两点在一个平面内,那么这条直线上的所有点都在这个平面内(图 7-2)。

此公理可以用来判断直线是否在平面内。

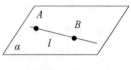

图 7-2

点动成线,线动成面。直线、平面都可以看成点的集合。点 $P$ 在直线 $l$ 上,记作 $P\in l$;点 $P$ 在直线 $l$ 外,记作 $P\notin l$。如果直线 $l$ 上所有点都在平面 $\alpha$ 内,就说直线 $l$ 在平面 $\alpha$ 内,或者说平面 $\alpha$ 经过直线 $l$,记作 $l\subset\alpha$;否则,就说直线 $l$ 在平面 $\alpha$ 外,记作 $l\not\subset\alpha$。

公理 7-1 用符号表示: $A\in l, B\in l$,且 $A\in\alpha, B\in\alpha \Rightarrow l\subset\alpha$。

**公理 7-2**　经过不在一条直线上的三点,有且只有一个平面(图 7-3)。

公理 7-2 刻画了平面特有的基本性质,它给出了确定一个平面的依据。

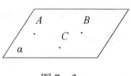

图 7-3

公理 7-2 用符号表示: $A,B,C$ 三点不共线 $\Rightarrow$ 有且只有一个平面 $\alpha$,使 $A\in\alpha, B\in\alpha, C\in\alpha$。

**公理 7-3**　如果两个不重合的平面有一个公共点,那么它们有且只有一条过该点的公共直线(图 7-4)。

公理 7-3 表明,如果两个不重合的平面有一个公共点,那么这两个平面一定相交,且其交线一定过这个公共点。即,如果两个平面有一个公共点,那么它们必定还有另外一个公共点,只要找出这两个平面的两个公共点,就找出了它们的交线。

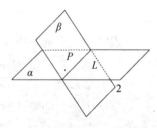

图 7-4

公理 7-3 用符号表示: $P\in\alpha\cap\beta \Rightarrow \alpha\cap\beta=L$,且 $P\in L$。

公理 7-3 作用:判定两个平面是否相交的依据。

**推论 7-1**　经过一条直线和直线外一点,有且只有一个平面。

**推论 7-2**　经过两条相交直线,有且只有一个平面。

**推论 7-3**　经过两条平行直线,有且只有一个平面。

平面几何中的定理中所指的图形都是平面图形。在立体几何中这些定理的使用必须满足"在同一平面内"这一前提条件时才能使用,否则就可能得出错误的结论。如空间中"两组对边分别相等的四边形是平行四边形"和"有三个角是直角的四边形是矩形"等都是错误的。

**2. 空间中直线与直线之间的位置关系**

(1) 空间直线的关系。

空间的两条直线有且只有如下三种关系:

共面直线 $\begin{cases} 相交直线:同一平面内,有且只有一个公共点。\\ 平行直线:同一平面内,没有公共点。 \end{cases}$

异面直线:不同在任何一个平面内,没有公共点。

从异面直线的定义可以看出,异面直线是既不相交也不平行的两条直线。在作图时,通常用一个或两个平面衬托异面直线。

**异面直线判定定理** 过平面外一点和平面内一点的直线和平面内不经过该点的直线是异面直线。

如图 7-5 所示,直线 $AB$ 与直线 $l$ 异面。

**公理 7-4(空间平行线的传递性)** 平行于同一条直线的两条直线互相平行。

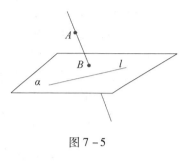

图 7-5

公理 7-4 表明,空间平行于一条已知直线的所有直线都互相平行,实质上是说平行具有传递性,在平面、空间这个性质都适用。它给出了判断空间两条直线平行的依据。

公理 7-4 用符号表示:设 $a,b,c$ 是三条直线,则 $a//b,b//c \Rightarrow a//c$。

**定理 7-1** 空间中如果两个角的两边分别对应平行,那么这两个角相等或互补。

(2)异面直线的夹角。

已知两条异面直线 $a,b$,经过空间任一点 $O$ 作直线 $a'//a, b'//b$,把 $a'$ 与 $b'$ 所成的锐角(或直角)叫作异面直线 $a$ 与 $b$ 所成的角(或夹角),其取值范围是 $(0°,90°]$。

为了简便,点 $O$ 常取在两条异面直线中的一条上。例如,如图 7-6 所示,点 $O$ 取在直线 $b$ 上,然后经过点 $O$ 作直线 $a'//a$,则 $a'$ 与 $b$ 所成的锐角(或直角)就是异面直线 $a$ 与 $b$ 所成的角。

注意:

① 异面直线 $a,b$ 所成的角的大小只由 $a,b$ 的相互位置来确定,与 $O$ 的选择无关;

② 两条直线互相垂直,有共面垂直与异面垂直两种情形;

③ 如果两条异面直线 $a,b$ 所成的角是直角,那么称这两条异面直线互相垂直,记作 $a \perp b$;

图 7-6

④ 计算中,通常把两条异面直线所成的角转化为两条相交直线所成的角。

**3. 空间中直线与平面、平面与平面之间的位置关系**

(1)直线和平面的位置关系。

一条直线和一个平面的位置关系有且只有以下三种(图 7-7):

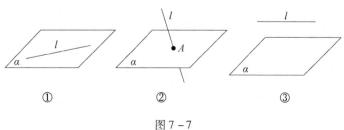

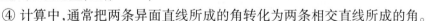

图 7-7

① 直线在平面内——有无数个公共点;

② 直线和平面相交——有且只有一个公共点;

③ 直线和平面平行——没有公共点。

直线与平面相交或平行的情况统称为直线在平面外。

直线 $l$ 与平面 $\alpha$ 相交于点 $A$，记作 $l \cap \alpha = A$；直线 $l$ 与平面 $\alpha$ 平行，记作 $l // \alpha$；直线 $l$ 在平面 $\alpha$ 内，记作 $l \subset \alpha$；直线 $l$ 不在平面 $\alpha$ 内，记作 $l \not\subset \alpha$。

（2）平面和平面的位置关系。

空间两个平面的位置关系有且只有两种：

① 两平面平行——没有公共点；

② 两平面相交——有一条公共直线。

## 第二节 直线、平面平行的判定及其性质

**1. 直线与平面平行的判定及性质**

**定理 7-2（直线与平面平行的判定定理）** 如果平面外一条直线和平面内一条直线平行，那么该直线和这个平面平行（简称线线平行，则线面平行）。

定理 7-2 用符号表示（图 7-8）：$a \not\subset \alpha, b \subset \alpha$，且 $a // b \Rightarrow a // \alpha$。

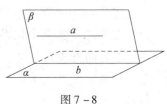

图 7-8

**性质 7-1** 如果一条直线和一个平面平行，经过这条直线的平面和该平面相交，那么这条直线和交线平行（简称线面平行，则线线平行）。

即，$a \not\subset \alpha, a \subset \beta, \alpha \cap \beta = b$，且 $a // \alpha \Rightarrow a // b$。

直线与平面平行的判定定理揭示了直线与平面平行中蕴含着直线与直线平行。通过直线与平面平行可得到直线与直线平行，这给出了一种作平行线的重要方法。

**2. 平面与平面平行的判定及性质**

**定理 7-3（平面与平面平行的判定定理）** 如果一个平面内有两条相交直线都平行于另一个平面，那么这两个平面平行（简称线面平行，则面面平行）。

由此可知，可以由直线与平面平行判定平面与平面平行。

定理 7-3 用符号表示（图 7-9）：$a \subset \beta, b \subset \beta, a \cap b = P$，且 $a // \alpha, b // \alpha, \alpha // \beta$。

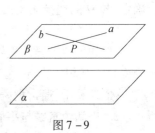

图 7-9

**性质 7-2** 如果两个平行平面同时和第三个平面相交，那么它们的交线平行（简称面面平行，则线线平行）。

性质 7-2 用符号表示（图 7-10）：$\alpha // \beta$，且 $\alpha \cap \gamma = a, \beta \cap \gamma = b \Rightarrow a // b$。

即，可由平面与平面平行得出直线与直线平行。

**定理 7-4** 平行于同一平面的两个平面平行。

**性质 7-3** 如果一条直线垂直于两个平行平面中的一个平面，那么它也垂直于另一个平面。

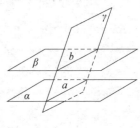

图 7-10

**性质 7-4** 经过平面外一点有且只有一个平面和已知平面平行。

**性质 7-5** 夹在两个平行平面间的平行线段的长相等。

**性质 7-6** 如果两个平面平行，那么在其中一个平面内的直线必平行于另一个平面。

## 第三节 直线、平面垂直的判定及其性质

**1. 直线与平面垂直的判定及性质**

**定义 7-1** 若一条直线 $l$ 和一个平面 $\alpha$ 内的任何一条直线都垂直,则称该直线 $l$ 和这个平面 $\alpha$ 互相垂直,记作 $l\perp\alpha$。这条直线 $l$ 叫平面 $\alpha$ 的垂线,这个平面 $\alpha$ 叫作该直线 $l$ 的垂面。直线与平面垂直时,它们唯一的公共点 $P$ 叫作垂足(图 7-11)。

**定义 7-2** 如果一条直线 $PA$ 和一个平面 $\alpha$ 相交,但不和它垂直,那么这条直线叫作这个平面的斜线,斜线和平面的交点 $A$ 叫作斜足。

**定义 7-3** 经过斜线上斜足以外的一点向平面引垂线 $PO$,过垂足 $O$ 和斜足 $A$ 的直线 $AO$ 叫作斜线在平面内的射影。

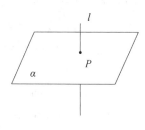

图 7-11

**定义 7-4** 平面的一条斜线和它在这个平面内的射影所成的锐角,叫作这条斜线和这个平面所成的角。

**定理 7-5(直线与平面垂直的判定定理)** 如果一条直线和一个平面内的两条相交直线都垂直,那么这条直线垂直于这个平面(简称线线垂直,则线面垂直)。

注意:

(1)定理 7-5 中的"两条相交直线"这一条件不可忽视。

(2)定理 7-5 体现了"直线与平面垂直"与"直线与直线垂直"互相转化的数学思想。

(3)定理 7-5 用符号表示:$a\subset\alpha, b\subset\alpha, a\cap b=P$,且 $c\perp a, c\perp b\Rightarrow c\perp\alpha$。

**性质 7-7** 垂直于同一个平面的两条直线平行。

**性质 7-8** 如果两条平行线中的一条垂直于一个平面,那么另一条也垂直于同一个平面。

**性质 7-9** 垂直于同一条直线的两个平面平行。

**定理 7-6(三垂线定理)** 在平面内的一条直线,如果和这个平面的一条斜线的射影垂直,那么它也和这条斜线垂直。

如图 7-12 所示,已知直线 $a$ 在平面 $\alpha$ 内,$PA\perp$ 平面 $\alpha$,直线 $AB$ 是直线 $PB$ 在平面 $\alpha$ 内的射影,如果 $a\perp AB$,那么 $a\perp PB$。

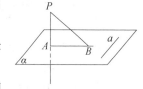

图 7-12

**定理 7-7(三垂线定理的逆定理)** 在平面内的一条直线,如果和这个平面的一条斜线垂直,那么它也和这条斜线的射影垂直。

三垂线定理及其逆定理中的"三垂线"是指定理条件中的垂线、射影、面内直线,这三条直线满足两两垂直关系:$PA\perp AB, AB\perp a, a\perp PA$。

**定理 7-8** 从平面外一点向这个平面所引的垂线段和斜线段中:射影相等的两条斜线段相等;射影较长的斜线段也较长;相等的斜线段射影相等;较长的斜线段的射影也较长。在连接平面外一点和平面内各点的所有线段中,垂线段最短。

**2. 平面与平面垂直的判定及性质**

**定义 7-5** 平面内的一条直线把这个平面分成两部分,其中一部分叫作半平面。从一条直线出发的两个半平面所组成的图形叫作二面角。这条直线叫作二面角的棱,这两个半平面叫作二面角的面。

**定义 7-6** 以二面角的棱上任意一点为端点,在两个半平面内分别作垂直于棱的两条射

线,这两条射线所成的角叫作二面角的平面角。

**定义 7-7**　平面角是直角的二面角叫作直二面角。

如图 7-13 所示,棱为 $l$,面分别是 $\alpha,\beta$ 的二面角记作二面角 $\alpha-l-\beta$。在棱 $l$ 上任取一点 $B$,以点 $B$ 为垂足,在半平面 $\alpha$ 和 $\beta$ 内分别作垂直于棱 $l$ 的射线 $BP$ 和 $BA$,则射线 $BP$ 和 $BA$ 构成的角 $\angle ABP$ 为二面角 $\alpha-l-\beta$ 的平面角。

规定:二面角的大小,等于二面角的平面角,其取值范围是 $[0°,180°]$。

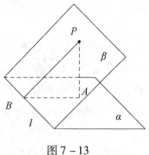

图 7-13

二面角的平面角有如下作法:

(1) 根据二面角的平面角的定义,过棱上一点分别在两个面内作棱的垂直线,这两条垂线所成的角就是该二面角的平面角。

(2) 过棱上一点作棱的垂面,则垂面与这两个平面相交,两条交线所成的角即为二面角的平面角。

**定义 7-8**　两个平面相交,如果所成的二面角是直二面角,那么这两个平面相互垂直。

**定理 7-9(两个平面互相垂直的判定定理)**　如果一个平面经过另一个平面的一条垂线,那么这两个平面垂直(简称线面垂直,则面面垂直)。

**性质 7-10**　两个平面互相垂直,则一个平面内垂直于交线的直线垂直于另一个平面(简称面面垂直,则线面垂直)。

## 3. 距离

(1) 两点之间的距离:就是两点之间线段的长。

(2) 点到直线的距离:过一点作直线的垂线,该点与垂足之间的距离。

(3) 点与面间的距离:过一点作平面的垂线,该点与垂足之间的距离。

和两条异面直线(或平行)都垂直相交的直线,叫作这两条异面直线(或平行)的公垂线。

(4) 异面直线的距离:两条异面直线的公垂线夹在这两条异面直线间的线段的长度。

(5) 平行直线的距离:夹在这两条平行直线之间的公垂线的长度。

(6) 平行于平面的直线到平面的距离:如果一条直线和一个平面平行,那么直线上任意一点到平面的距离相等,这个距离称为该直线到这个平面的距离。

(7) 平行平面间的距离:如果两个平面平行,那么在一个平面内的任意一点到另一个平面的距离相等,并称该距离为两个平行平面间的距离。

# 第四节　空间几何体

## 1. 空间几何体的结构

只考虑实际物体的形状和大小而抽象出来的空间图形就叫作空间几何体。

把由若干个平面多边形围成的几何体叫作多面体。围成多面体的各个多边形叫作多面体的面;相邻两个面的公共边叫作多面体的棱;棱与棱的公共点叫作多面体的顶点。把多面体的任何一个面伸展为平面,如果所有其他各面都在这个平面的同侧,这样的多面体叫作凸多面体。

每个面都是边数相同的正多边形,且以每个顶点为其一端都有相同数目的棱的多面体叫作正多面体。

把由一个平面图形绕它所在平面内的一条定直线旋转所形成的封闭几何体叫作旋转体。这条定直线叫作旋转体的轴。

常见的多面体有棱柱、棱锥、棱台；常见的旋转体有圆柱、圆锥、圆台、球。

凸多面体与多面体的关系如图 7-14 所示。

(1) 棱柱。

有两个面互相平行，其余各面都是四边形，并且每相邻两个四边形的公共边互相平行，由这些面所围成的几何体叫作棱柱。

如图 7-15 所示，在一个棱柱中：互相平行的这两个面叫作棱柱的底面，简称底；除底面外的其余各面都叫作棱柱的侧面；每两个面的公共边叫作棱柱的棱；相邻两个侧面的公共边叫作棱柱的侧棱；底面多边形的顶点，叫作棱柱的顶点；不相邻的两个侧棱所确定的平面叫作棱柱的对角面；不在同一底面也不在同一侧面上的两个顶点的连线叫作棱柱的对角线；两个底面间的距离叫作棱柱的高。

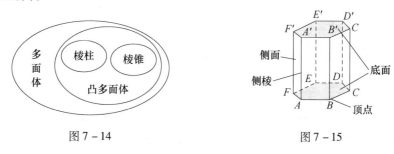

图 7-14    图 7-15

根据侧棱与底面是否垂直，可将棱柱分为斜棱柱与直棱柱。

斜棱柱：侧棱不垂直于底面的棱柱。

直棱柱：侧棱垂直于底面的棱柱。

根据底面多边形的边数，可将棱柱分为三棱柱、四棱柱等。

底面是正 $n(n \geqslant 3)$ 边形的直棱柱叫作正 $n$ 棱柱。

底面是平行四边形的四棱柱叫作平行六面体；侧棱垂直于底面的平行六面体叫作直平行六面体；底面是矩形的直平行六面体叫作长方体；底面是正方形的长方体叫作正四棱柱；棱长都相等的长方体叫作正方体。它们都是特殊的四棱柱。

棱柱的性质：①两个底面是对应边平行且全等的多边形；②侧面、对角面都是平行四边形；③侧棱互相平行且相等；④平行于底面的截面是与底面全等的多边形。

设 $c$ 为直棱柱的底面周长，$h$ 为直棱柱的高，$S_c$ 为直棱柱的侧面积，则 $S_c = ch$。

设 $S_d$ 为棱柱的底面积，$h$ 为棱柱的高，$V$ 为棱柱的体积，则 $V = S_d h$。

长方体除具有直平行六面体的性质外，还有：①四条对角线长相等；②设 $a, b, c$ 分别为长方体的长、宽、高，$l$ 为对角线的长，则有关系 $l^2 = a^2 + b^2 + c^2$。

(2) 棱锥。

有一个面是多边形，其余各面是有一个公共顶点的三角形的几何体叫作棱锥，如图 7-16 所示。这个多边形叫作棱锥的底面或底，除底面外的其余各面叫作棱锥的侧面，相邻两个侧面的公共边叫作棱锥的侧棱，各侧面的公共点叫作棱锥的顶点，不相邻的两个侧棱所确定的平面叫作棱锥的对角面。

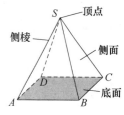

图 7-16

底面是三角形、四边形、五边形……的棱锥分别叫作三棱锥、四棱锥、五棱锥……其中三棱锥又叫四面体。

底面是正多边形,且顶点在底面的射影是底面正多边形中心的棱锥叫作正棱锥。正棱锥的侧面(等腰三角形)的高叫作棱锥的斜高。所有棱长都相等的棱锥叫作正四面体。

棱锥的性质:①棱锥的底面是多边形,侧面是三角形;②棱锥的各侧棱相交于一点;③棱锥的对角面是三角形;④棱锥的平行于底面的截面是与底面相似的多边形;⑤正棱锥的底面是正多边形,各侧面是全等的等腰三角形,对角面是等腰三角形;⑥正棱锥的侧棱长都相等,顶点与底面正多边形中心的连线垂直于底面。

棱锥的体积:$V = \frac{1}{3}Sh$($S$ 为底面积,$h$ 为棱锥的高)。

正棱锥的侧面积:$S_c = \frac{1}{2}ch'$($c$ 为底周长,$h'$ 为斜高)。

(3)棱台。

用一个平行于棱锥底面的平面去截棱锥,底面与截面之间的部分,形成的多面体叫作棱台,如图 7-17 所示。原棱锥的底面和截面分别叫作棱台的下底面和上底面。

(4)圆柱。

以矩形的一边所在的直线为旋转轴,其余三边旋转而成的面所围成的旋转体叫作圆柱,如图 7-18 所示。旋转轴叫作圆柱的轴;垂直于轴的边旋转而成的圆面叫作圆柱的底面;平行于轴的边旋转而成的曲面叫作圆柱的侧面;无论旋转到什么位置,不垂直于轴的边都叫作圆柱侧面的母线。

圆柱和棱柱统称为柱体。

设圆柱的底面半径为 $r$,母线长为 $l$,则:

圆柱侧面展开是一个矩形,其侧面积:$S_{侧面} = 2\pi \cdot r \cdot l$。

圆柱的表面积:$S_{表面积} = 2\pi r^2 + 2\pi \cdot r \cdot l = 2\pi r(r+l)$。

圆柱的体积:$V = \pi r^2 l$。

(5)圆锥。

以直角三角形的一条直角边所在直线为旋转轴,其余两边旋转形成的面所围成的旋转体叫作圆锥,如图 7-19 所示。

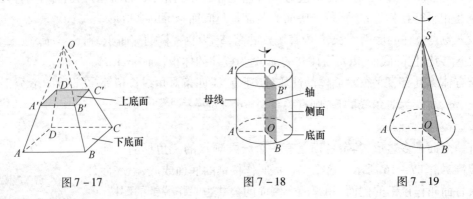

图 7-17　　　　　图 7-18　　　　　图 7-19

设圆锥的底面半径为 $r$,母线长为 $l$,高为 $h$,则:

圆锥侧面积:$S_{侧} = \pi rl$。

圆锥的表面积：$S = \pi r l + \pi r^2$。

锥体的体积：$V = \dfrac{1}{3}S_{底} \times h$。

（6）圆台。

与棱台类似,用平行于圆锥底面的平面去截圆锥,底面与截面之间的部分叫作圆台,如图 7-20 所示。

设圆台的上、下底面半径分别为 $r,R$,母线长为 $l$,高为 $h$,则：

圆台的侧面展开是一个扇环,其侧面积：$S_{侧面} = \pi r l + \pi R l$。

圆台的表面积：$S = \pi r l + \pi r^2 + \pi R l + \pi R^2$。

台体的体积：$V = \dfrac{1}{3}(S_{上} + \sqrt{S_{上}S_{下}} + S_{下}) \times h$。

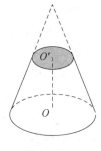

图 7-20

（7）球。

以半圆的直径所在的直线为旋转轴,半圆旋转一周所成的曲面叫作球面,如图 7-21 所示。球面所围成的几何体叫作球体,简称球。半圆的圆心叫作球心。球面上任一点与球心所连接的线段叫作球的半径,连接球面上经过球心的两点的线段叫作球的直径。

球的性质：①球的任意截面都是圆,其中过球心的截面叫球的大圆,不过球心的截面叫球的小圆；②球心与截面小圆的圆心连线垂直于截面；③设 $R$ 为球半径,$r$ 为截面小圆半径,$d$ 为球心与截面圆圆心的线段长,则 $d = \sqrt{R^2 - r^2}(0 \leqslant d \leqslant R)$。

过球面上两点的球的大圆被两点分成的两段弧中,劣弧长叫作这两点的球面距离。

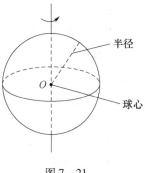

图 7-21

球面面积公式：$S = 4\pi R^2$（$R$ 为球半径）。

球的体积公式：$V = \dfrac{4}{3}\pi R^3$（$R$ 为球半径）。

解与球有关的组合体的问题一般有两种：一种是内切；另一种是外接。解题时要认真分析图形,明确切点和接点的位置,确定有关元素间的数量关系并作出合适的截面图。如球内切于正方体,切点为正方体各面的中心。正方体的棱长等于球的直径,球外接于正方体,正方体的顶点均在球面上,正方体的对角线等于球的直径。球与旋转体的组合体,通常作它们的轴截面解题。球与多面体的结合体,通过多面体的一条侧棱和球心,或"切点"或"接点"作出一个截面图。

（8）简单组合体。

现实世界中还有大量的几何体是由柱体、锥体、台体和球体等简单几何体组合而成,这些几何体叫作简单组合体。

简单组合体的构成有两种基本形式：一种是由简单几何体拼接而成；另一种是由简单几何体截去或挖去一部分而成。

**2. 三视图和直观图**

常用三视图和直观图表示空间几何体。三视图是观察者从三个不同的位置观察同一个空间几何体而画出的图形；直观图是观察者站在某一点观察一个空间几何体而画出的图形。

把光由一点向外散射形成的投影叫中心投影,中心投影的投影线交于一点;把在一束平行光线照射下的投影叫平行投影,平行投影的投影线是平行的。在平行投影中,投影线正对着投影面时,叫作正投影;否则叫作斜投影。

画实际效果图时,一般用中心投影法,画立体几何中的图形时,一般用平行投影法。

在平行投影下,与投影面平行的平面图形留下的影子,与这个平面图形的形状和大小是完全相同的。

可以用平行投影的方法,画出空间几何体的三视图和直观图。

(1) 简单几何体的三视图。

光线从几何体的前面向后面正投影,得到的投影图叫作几何体的正视图;光线从几何体的左面向右面正投影,得到的投影图叫作几何体的侧视图;光线从几何体的上面向下面正投影,得到的投影图叫作几何体的俯视图。几何体的正视图、侧视图和俯视图统称为几何体的三视图。

画三视图时,以正视图为准,俯视图在正视图的正下方,侧视图在正视图的正右方,正、俯、侧三个视图之间必须互相对齐,不能错位。

正视图反映物体的长度和高度,俯视图反映物体的长度和宽度,侧视图反映物体的宽度和高度,由此,每两个视图之间有一定的对应关系,根据这种对应关系得到三视图的画法规则:

① 正、俯视图都反映物体的长度——"长对正";

② 正、侧视图都反映物体的高度——"高平齐";

③ 俯、侧视图都反映物体的宽度——"宽相等"。

球的三视图都是圆(图7-22),长方体的三视图都是矩形(图7-23)。

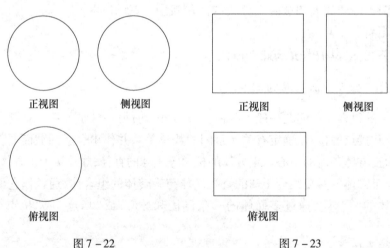

图 7-22　　　　　　　　图 7-23

圆柱和圆锥的三视图分别如图7-24、图7-25所示。

(2) 简单组合体的三视图。

对于简单几何体的组合体,一定要仔细观察,先认识它的基本结构,然后再画三视图。画简单组合体的三视图的要点:

① 从正面看,由哪几个基本几何体组成,画出正视图;

② 从上向下看,有哪几个基本几何体,画出俯视图;

③ 从左向右看,有哪几个基本几何体,画出侧视图;

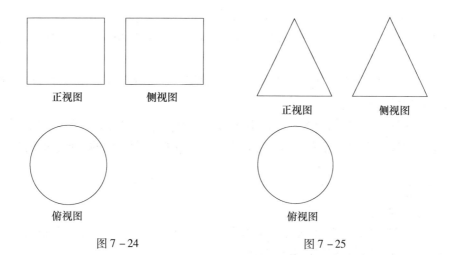

图 7-24　　　　　　　　　图 7-25

④ 凡有边线、轮廓线或点,都应画出,被遮的画虚线,未被遮的画实线。

（3）空间几何体的直观图。

空间几何体的直观图通常是在平行投影下画出的空间图形。画直观图的方法称为斜二测法。

平面多边形画直观图的步骤如下:

① 在已知图形中取互相垂直的 $x$ 轴和 $y$ 轴,两轴相交于点 $O$。画直观图时,把它们画成对应的 $x'$ 轴和 $y'$ 轴,两轴相交于点 $O'$,且使 $\angle x'O'y' = 45°$（或 $135°$）,它们确定的平面表示水平面。

② 已知图形中平行于 $x$ 轴或 $y$ 轴的线段,在直观图中分别画成平行于 $x'$ 轴或 $y'$ 轴的线段。

③ 已知图形中平行于 $x$ 轴的线段,在直观图中保持原长度不变,平行于 $y$ 轴的线段,长度为原来的一半。

空间立体图形画直观图的步骤如下:

① 在已知图形中,取互相垂直的 $x$ 轴和 $y$ 轴,两轴相交于点 $O$。再取 $z$ 轴,垂直于 $xOy$ 平面,且与平面 $xOy$ 相交于点 $O$。

② 画直观图时,把它们画成对应的 $x'$ 轴、$y'$ 轴和 $z'$ 轴,三轴相交于点 $O'$,且使 $\angle x'O'y' = 45°$（或 $135°$）,$x'O'y'$ 确定的平面表示水平面。$z'$ 轴垂直于 $x'O'y'$ 平面,且与平面 $x'O'y'$ 相交于点 $O'$。

③ 已知图形中平行于 $x$ 轴、$y$ 轴或 $z$ 轴的线段,在直观图中分别画成平行于 $x'$ 轴、$y'$ 轴或 $z'$ 轴的线段。

④ 已知图形中平行于 $x$ 轴和 $z$ 轴的线段,在直观图中保持原长度不变;平行于 $y$ 轴的线段,长度为原来的一半。

⑤ 擦去作为辅助线的坐标轴,就得到了空间几何体的直观图。

斜二测画法保留了原图形中的三个性质:

① 平行性不变,即在原图中平行的线在直观图中仍然平行。

② 共点性不变,即在原图中相交的直线仍然相交。

③ 平行于 $x$ 轴和 $z$ 轴的长度不变。

用斜二测画法画出长方体的步骤:①画轴;②画底面;③画侧棱;④成图。

（4）三视图与直观图的联系与区别。

三视图与直观图都是用平面图形来刻画空间图形的位置特征与度量特征的,二者有以下

区别:

① 三视图从细节上刻画了空间几何体的结构,由三视图可以得到一个精确的几何体,如零件、建筑图纸等都是三视图。

② 直观图是对空间几何体的整体刻画的,可视性高、立体感强,由此可以想象实物的形状。

(5) 已知三视图画直观图。

三视图和直观图是空间几何体的两种不同的表现形式。直观图是在某一定点观察到的图形,三视图是投射线从不同位置将物体按正投影向投影面投射所得到的图形,对于同一个物体,两者可以相互转换。

由三视图画直观图,一般可分为两步:

第一步:想象空间几何体的形状。

三视图是按照正投影的规律,使平行光线分别从物体的正面、侧面和上面投射到投影面后得到的投影图,包括正视图、侧视图和俯视图。

正视图反映出物体的长和高,侧视图反映出物体高和宽,所以正视图和侧视图可以确定几何体的基本形状,如柱体、锥体或台体等。俯视图反映出物体的长和宽。对于简单几何体来说:当俯视图是圆形时,该几何体是旋转体;当俯视图是多边形时,该几何体是多面体。

第二步:利用斜二测画法画出直观图。

当几何体的形状确定后,用斜二测画法画出相应物体的直观图。注意用实线表示看得见的部分,用虚线表示看不见的部分。画完直观图后还应注意检验。

## 典型例题

一、选择题

**例 1** 已知两条直线 $l,m$ 与两个平面 $\alpha,\beta$,下列命题正确的是( )。

A. 若 $l//\alpha, l \perp m$,则 $m \perp \alpha$
B. 若 $l \perp \alpha, l//\beta$,则 $\alpha \perp \beta$
C. 若 $l//\alpha, m//\alpha$,则 $l//m$
D. 若 $\alpha//\beta, m//\alpha$,则 $m//\beta$

【解析】B。选项 A 中,直线 $m$ 与平面 $\alpha$ 的位置关系都有可能,故 A 错;选项 C 中直线 $l$ 与直线 $m$ 的位置关系也是都有可能;选项 D,判断直线与平面平行,要注意直线是不是在平面外,本题中有可能 $m \subset \beta$;根据面面垂直的判定定理,可知 B 正确。

**例 2** 已知 $\alpha$ 和 $\beta$ 是两个不同平面, $\alpha \cap \beta = l, l_1, l_2$ 是与 $l$ 不同的两条直线,且 $l_1 \subset \alpha, l_2 \subset \beta$, $l_1 // l_2$,那么下列命题正确的是( )。

A. $l$ 与 $l_1, l_2$ 都不相交
B. $l$ 与 $l_1, l_2$ 都相交
C. $l$ 恰与 $l_1, l_2$ 中的一条相交
D. $l$ 至少与 $l_1, l_2$ 中的一条相交

【解析】A。由 $l_1, l_2$ 是与 $l$ 不同的两条直线,且 $l_1 \subset \alpha$,知 $l_1 \not\subset \beta$。又因为 $l_2 \subset \beta, l_1 // l_2$,所以 $l_1 // \beta$。再由 $l_1 \subset \alpha, \alpha \cap \beta = l$,得到 $l_1 // l, l_1 // l // l_2$,故选 A。

**例 3** 已知相互垂直的平面 $\alpha, \beta$ 交于直线 $l$,若直线 $m, n$ 满足 $m // \alpha, n \perp \beta$,则( )。

A. $m // l$
B. $m // n$
C. $n \perp l$
D. $m \perp n$

【解析】C。因为 $\alpha \cap \beta = l$,所以 $l \subset \beta$。又因为 $n \perp \beta$,所以 $n \perp l$,故选 C。

**例4** 某四棱锥的三视图如图7-26所示(单位:cm),在此四棱锥的侧面中,直角三角形的个数为(  )。

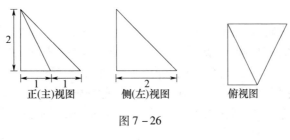

图7-26

A. 1    B. 2    C. 3    D. 4

【解析】C。由三视图可知,此四棱锥的直观图如图7-27所示,在正方体中,$\triangle PAD$,$\triangle PCD$,$\triangle PAB$均为直角三角形,$PB=3$,$BC=\sqrt{5}$,$PC=2\sqrt{2}$,故$\triangle PBC$不是直角三角形。

**例5** 某几何体的三视图如图7-28所示(单位:cm),则该几何体的体积(单位:cm³)是(  )。

A. 2    B. 4    C. 6    D. 8

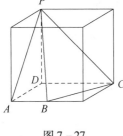

图7-27

图7-28

【解析】C。根据三视图,该几何体为底面为直角梯形的四棱柱。故该几何体的体积为$V=\dfrac{1}{2}(1+2)\times 2\times 2=6$。

**例6** 如图7-29所示的直观图中,$O'A'=O'B'=2$,则其平面图形的面积是(  )。

A. 4    B. $4\sqrt{2}$
C. $2\sqrt{2}$    D. 8

【解析】A。本题考查斜二测法。由斜二测法可知原图为两条直角边长分别为2和4的直角三角形,所以其面积为$S=\dfrac{1}{2}\times 2\times 4=4$,故选A。

**例7** 已知$\alpha,\beta$是两个不同的平面,直线$m\subset\alpha$,则下列命题正确的是(  )。

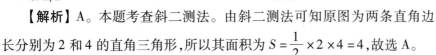

【解析】D。如图7-30所示,在正方体$ABCD-A_1B_1C_1D_1$中,令平面$ABB_1A_1$为平面$\alpha$,平面$ABCD$为平面$\beta$,则$\alpha\perp\beta$。连接$A_1B$,若$A_1B$所在的直线为直线$m$,则$m\subset\alpha$,此时直线$m$与平面$\beta$既不平行也不垂直,因此选项A,B均不正确。若$A_1B_1$所在直线为直线$m$,则$m\subset\alpha$且$m/\!/\beta$,但此时平面$\alpha$与平面$\beta$不平行,故选项C也不正确。由"如果一个平面经

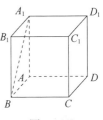

图7-30

过另一个平面的垂线,则这两个平面垂直"知 D 正确,故选 D。

**例 8** 设 $a,b$ 为两条不重合的直线,$\alpha,\beta$ 为两个不重合的平面,下列命题中为真命题的是( )。

A. 若 $a$,$b$ 与 $\alpha$ 所成的角相等,则 $a//b$　　B. 若 $a//\alpha,b//\beta,\alpha//\beta$,则 $a//b$

C. 若 $a\subset\alpha,b\subset\beta,a//b$,则 $\alpha//\beta$　　D. 若 $a\perp\alpha,b\perp\beta,\alpha\perp\beta$,则 $a\perp b$

【解析】D。选项 A 中,$a$,$b$ 还可能相交或异面,所以 A 是假命题;选项 B 中,$a$,$b$ 还可能相交或异面,所以 B 是假命题;选项 C 中,$\alpha$,$\beta$ 还可能相交,所以 C 是假命题;选项 D 中,由于 $a\perp\alpha,\alpha\perp\beta$,则 $a//\beta$ 或 $a\subset\beta$,则 $\beta$ 内存在直线 $l//a$,又 $b\perp\beta$,则 $b\perp l$,所以 $a\perp b$。故选 D。

**例 9** 如图 7 - 31 所示,正方形 $SG_1G_2G_3$ 中,$E$,$F$ 分别是 $G_1G_2$,$G_2G_3$ 的中点,$D$ 是 $EF$ 的中点,现在沿 $SE$,$SF$ 及 $EF$ 把这个正方形折成一个四面体,使得 $G_1$,$G_2$,$G_3$ 三点重合,记为 $G$,则四面体 $SEFG$ 中必有( )。

A. $GD\perp\triangle SEF$ 所在平面　　B. $SD\perp\triangle EFG$ 所在平面

C. $GF\perp\triangle SEF$ 所在平面　　D. $SG\perp\triangle EFG$ 所在平面

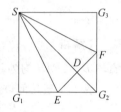

图 7 - 31

【解析】D。折叠后的四面体 $SEFG$ 如图 7 - 32 所示,由已知得 $SG\perp GE,SG\perp GF,GE\cap GF=G$,故 $SG\perp$ 平面 $EFG$,故 D 正确,且有 $SG\perp GD$。若 $GD\perp$ 平面 $SEF$,则 $GD\perp SD$,与 $SG\perp GD$ 矛盾,故 A 错误。同理,若 $SD\perp$ 平面 $EFG$,则 $SD\perp GD$,与 $SG\perp GD$ 矛盾,故 B 错误。若 $GF\perp$ 平面 $SEF$,则 $GF\perp EF$,由图形的对称性,也必有 $GE\perp EF$,$GF\perp EF$ 与 $GE\perp EF$ 不能同时成立,故 C 错误。故选 D。

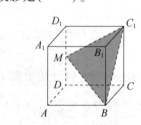

图 7 - 32

**例 10** 已知平面 $\alpha$,直线 $m,n$ 满足 $m\not\subset\alpha,n\subset\alpha$,则"$m//n$"是"$m//\alpha$"的( )。

A. 充分不必要条件　　B. 必要不充分条件

C. 充分必要条件　　D. 既不充分也不必要条件

【解析】A。由 $m//n$ 且 $m\not\subset\alpha,n\subset\alpha$,根据直线与平面位置关系知,$m//\alpha$;而 $m//\alpha,n\subset\alpha$,知 $m$ 与 $n$ 位置关系为平行或异面直线 D。故选 A。

**例 11** 如图 7 - 33 所示,在正方体 $ABCD-A_1B_1C_1D_1$ 中,$M$ 是 $DD_1$ 的中点,则图中阴影部分 $BC_1M$ 在平面 $BCC_1B_1$ 上的正投影是( )。

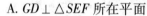

图 7 - 33

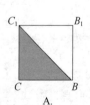 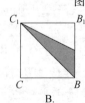 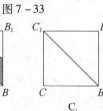 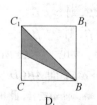

A.　　　　B.　　　　C.　　　　D.

【解析】D。本题考查平面在另一平面上的正投影。由题意可知,点 $M$ 在平面 $BCC_1B_1$ 上的

正投影是 $CC_1$ 的中点,点 $B$ 和点 $C_1$ 的投影是其本身,连接三个投影点即可,故选 D。

**例 12** 某几何体的三视图如图 7-34 所示(单位:cm),则该几何体的体积为( )。

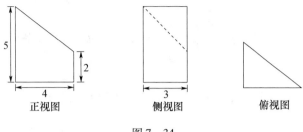

图 7-34

A. 12  
B. 18  
C. 24  
D. 36

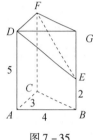

图 7-35

【解析】C。本题考查由三视图得直观图,并求体积。由三视图可知,该几何体为如图 7-35 所示的多面体 $ABC-DEF$,它是由直三棱柱 $ABC-DGF$ 截去三棱锥 $E-DGF$ 后所剩的几何体,所以其体积 $V = \dfrac{1}{2} \times 3 \times 4 \times 5 - \dfrac{1}{3} \times \dfrac{1}{2} \times 3 \times 4 \times (5-2) = 24$,故选 C。

**例 13** 中国古建筑借助榫卯将木构件连接起来,构件的凸出部分叫榫头,凹进部分叫卯眼,图 7-36 中木构件右边的小长方体是榫头。若如图 7-36 摆放的木构件与某一带卯眼的木构件咬合成长方体,则咬合时带卯眼的木构件的俯视图可以是( )。

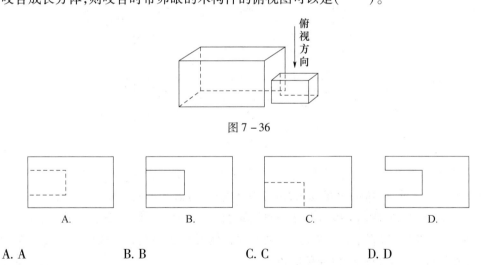

图 7-36

A. A  B. B  C. C  D. D

【解析】A。注意咬合,通俗点说就是小长方体要完全嵌入大长方体中,嵌入后最多只能看到小长方体的一个面,而 B 答案能看见小长方体的上面和左面,C 答案至少能看见小长方体的左面和前面,D 答案本身就不对,外围轮廓不可能有缺失。

**例 14** 我国古代名著《张丘建算经》中记载:今有方锥下广二丈,高三丈,欲斩末为方亭,令上方六尺,问亭几何? 大致意思:有一个正四棱锥,下底边长为二丈,高三丈,现从上面截去一段,使之成为正四棱台状方亭,且正四棱台的上底边长为六尺,则该正四棱台的体积是(注:1 丈 =10 尺)( )。

A. 1946 立方尺  B. 3892 立方尺  C. 7784 立方尺  D. 11676 立方尺

【解析】B。本题考查棱台的体积公式。由题意可知正四棱台的高为30,所截得正四棱台的下底面边长为20,上底面边长为6。如图7－37

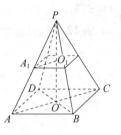

图7－37

所示,由$\triangle PA_1O_1 \backsim \triangle PAO$可得$\dfrac{PO_1}{PO} = \dfrac{A_1O_1}{AO} = \dfrac{6 \times \dfrac{\sqrt{2}}{2}}{20 \times \dfrac{\sqrt{2}}{2}}$,解得$PO_1 = 9$,可得正四棱台的体积$V = \dfrac{1}{3} \times 20^2 \times 30 - \dfrac{1}{3} \times 6^2 \times 9 = 3892$(立方尺),故选B。

## 二、填空题

**例1** 已知$l,m$是平面$\alpha$外的两条不同直线。给出下列三个论断:①$l \perp m$;②$m // \alpha$;③$l \perp \alpha$。

以其中的两个论断作为条件,余下的一个论断作为结论,写出一个正确的命题:_____。

【解析】若$l \perp \alpha, l \perp m$,则$m // \alpha$。由$l,m$是平面$\alpha$外的两条不同直线,并由线面平行的判定定理得:若$l \perp \alpha, l \perp m$,则$m // \alpha$。

**例2** 如图7－38所示,现有编号为①②③的三个三棱锥(底面水平放置),俯视图分别为图①、图②、图③,则至少存在一个侧面与底面互相垂直的三棱锥的所有编号有_____。

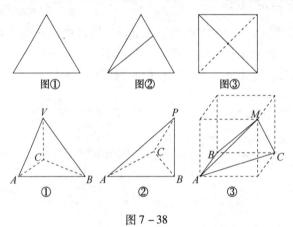

图7－38

【解析】本题考查三视图与直观图。编号为①的三棱锥,其俯视图是图①,侧棱$VC \perp$底面$ABC$,则侧面$VAC \perp$底面$ABC$,满足题意;编号为②的三棱锥,其俯视图是图②,点$P$在底面$ABC$的投影在线段$BC$上,则侧面$PBC \perp$底面$ABC$,满足题意;编号为③的三棱锥,其俯视图是图③,顶点$M$在底面$ABC$的投影不在底面边上,则不存在侧面与底面垂直。故至少存在一个侧面与底面互相垂直的三棱锥的所有编号有①②。

**例3** 如图7－39所示,已知正方体$ABCD-A_1B_1C_1D_1$的棱长为1,则四棱柱$A_1-BB_1D_1D$的体积为_____。

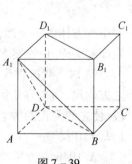

图7－39

【解析】四棱锥的底面$BB_1D_1D$为矩形,其面积为$1 \times \sqrt{2} = \sqrt{2}$,又点$A_1$到底面$BB_1D_1D$的距离,即四棱锥$A-BB_1D_1D$的高为$\dfrac{1}{2}A_1C_1 = \dfrac{\sqrt{2}}{2}$,所以四棱锥$A-BB_1D_1D$的体积为$V = \dfrac{1}{3} \times \sqrt{2} \times \dfrac{\sqrt{2}}{2} = \dfrac{1}{3}$。

**例 4** 如图 7-40 所示,长方体 $ABCD-A_1B_1C_1D_1$ 的体积是 120,$E$ 为 $CC_1$ 的中点,则三棱锥 $E-BCD$ 的体积是_____。

【解析】∵ 长方体 $ABCD-A_1B_1C_1D_1$ 的体积是 120,$E$ 为 $CC_1$ 的中点,

∴ $V_{ABCD-A_1B_1C_1D_1} = AB \times BC \times DD_1 = 120$,

∴ 三棱锥 $E-BCD$ 的体积为

$$V_{E-BCD} = \frac{1}{3} \times S_{\triangle BCD} \times CE$$

$$= \frac{1}{3} \times \frac{1}{2} \times BC \times DC \times CE$$

$$= \frac{1}{12} \times AB \times BC \times DD_1$$

$$= 10$$

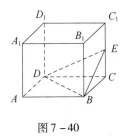

图 7-40

即答案为 10。

**例 5** 底面半径都是 3 且高都是 4 的圆锥和圆柱的表面积之比为_____。

【解析】本题考查圆锥和圆柱的表面积。圆柱与圆锥的底面半径 $R=3$,圆柱与圆锥的高 $h=4$,可得圆锥的母线长为 $\sqrt{R^2+h^2}=5$,则圆锥的表面积为 $\pi R^2 + \frac{1}{2} \times 2\pi R \times 5 = 9\pi + 15\pi = 24\pi$,圆柱的表面积为 $2\pi R^2 + 2\pi Rh = 18\pi + 24\pi = 42\pi$,所以圆锥的表面积与圆柱的表面积之比为 $24\pi : 42\pi = 4 : 7$。

**例 6** 古希腊数学家阿基米德是世界上公认的三位最伟大的数学家之一。据传其墓碑上刻着他认为最满意的一个数学发现,一个"圆柱容球"的几何图形,即圆柱容器里放了一个球,该球顶天立地,四周碰边,如图 7-41 所示。在此图中,球的体积是圆柱体积的 $\frac{2}{3}$,并且球的表面积也是圆柱表面积的 $\frac{2}{3}$。若圆柱的表面积是 $6\pi$,现在向圆柱和球的缝隙里注水,则最多可以注入的水的体积为_____。

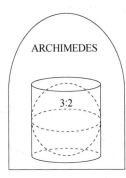

图 7-41

【解析】本题考查球的表面积公式、体积公式和柱体的体积公式。设球的半径为 $r$,则由题意可得球的表面积为 $4\pi r^2 = \frac{2}{3} \times 6\pi$,求得 $r=$ 1,所以圆柱的底面半径为 1,高为 2,所以最多可以注入的水的体积为 $\pi \times 1^2 \times 2 - \frac{4}{3} \times \pi \times 1^3 = \frac{2}{3}\pi$。

### 三、解答题

**例 1** 已知圆柱的上、下底面的中心分别为 $O_1, O_2$,过直线 $O_1O_2$ 的平面截该圆柱所得的截面是面积为 8 的正方形,则该圆柱的表面积是多少?体积是多少?

【解析】设圆柱的底面半径为 $r$,高为 $h$,由题意可知 $2r = h = 2\sqrt{2}$,

所以圆柱的表面积 $S = 2\pi r^2 + 2\pi r \cdot h = 4\pi + 8\pi = 12\pi$,

圆柱的体积 $V = \pi r^2 \cdot h = 4\sqrt{2}\pi$。

**例 2** 农历五月初五是端午节,民间有吃粽子的习惯,粽子古称"角黍",是端午节大多数人都会品尝的食品,传说这是为了纪念战国时期楚国大臣、爱国主义诗人屈原。如图 7-42①所

示,平行四边形形状的纸片是由6个边长为1的正三角形构成的,将它沿虚线折起来,可以得到如图7-42②所示粽子形状的六面体。

(1)计算该六面体的体积;
(2)若该六面体内有一球,求该球体积的最大值。

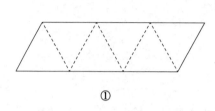
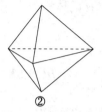

图 7-42

【解析】本题考查棱锥和球的体积公式。

(1)该六面体是由两个完全相同的正四面体拼接而成,如图7-43所示,过点$P$作平面$ABC$的垂线,垂足为$O$,过$O$作$AB$的垂线,垂足为$Q$,由对称性知$O$是正三角形$ABC$的中心,$PQ \perp AB$,$OQ = AQ \times \tan \angle OAQ = \frac{1}{2} \times \frac{\sqrt{3}}{3} = \frac{\sqrt{3}}{6}$,$PQ = PA \times \sin \angle PAQ = 1 \times \frac{\sqrt{3}}{2} = \frac{\sqrt{3}}{2}$,由此得$PO = \sqrt{PQ^2 - OQ^2} = \sqrt{\left(\frac{\sqrt{3}}{2}\right)^2 - \left(\frac{\sqrt{3}}{6}\right)^2} = \frac{\sqrt{6}}{3}$,$S_{\triangle ABC} = S_{\triangle ABP} = \frac{1}{2} \times AB \times PQ = \frac{\sqrt{3}}{4}$,因此该六面体的体积$V = 2 \times \frac{1}{3} \times S_{\triangle ABC} \times PO = \frac{\sqrt{2}}{6}$。

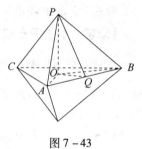

图 7-43

(2)该六面体内有一个球,则当球与该六面体内切时,该球的体积最大。由对称性知,该球的球心为正三角形$ABC$的中心$O$,设内切球的半径为$r$,则$\frac{1}{2} \times PO \times OQ = \frac{1}{2} \times PQ \times r$,得$r = \frac{PO \times OQ}{PQ} = \frac{\sqrt{6}}{9}$,所以球的体积的最大值$V = \frac{4}{3}\pi r^3 = \frac{4}{3}\pi \left(\frac{\sqrt{6}}{9}\right)^3 = \frac{8\sqrt{6}}{729}\pi$。

**例3** 如图7-44所示,在平行六面体$ABCD-A_1B_1C_1D_1$中,$AA_1 = AB$,$AB_1 \perp B_1C_1$。

求证:
(1)$AB$∥平面$A_1B_1C$;
(2)平面$ABB_1A_1 \perp$平面$A_1BC$。

【证明】(1)在平行六面体$ABCD-A_1B_1C_1D_1$中,$AB$∥$A_1B_1$。

∵$AB \not\subset$平面$A_1B_1C$,$A_1B_1 \subset$平面$A_1B_1C$,

∴$AB$∥平面$A_1B_1C$。

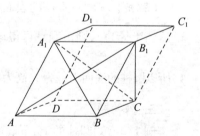

图 7-44

(2)在平行六面体$ABCD-A_1B_1C_1D_1$中,四边形$ABB_1A_1$为平行四边形。

∵$AA_1 = AB$,∴四边形$ABB_1A_1$为菱形,

∴$AB_1 \perp A_1B$。

∵$AB_1 \perp B_1C_1$,$BC$∥$B_1C_1$,

∴ $AB_1 \perp BC$。

∵ $A_1B \cap BC = B, A_1B \subset$ 平面 $A_1BC, BC \subset$ 平面 $A_1BC$,

∴ $AB_1 \perp$ 平面 $A_1BC$。

∵ $AB_1 \subset$ 平面 $ABB_1A_1$,

∴ 平面 $ABB_1A_1 \perp$ 平面 $A_1BC$。

**例 4** 如图 7-45 所示,在直三棱柱 $ABC-A_1B_1C_1$ 中,$D,E$ 分别为 $BC,AC$ 的中点,$AB=BC$。

求证:(1) $A_1B_1 /\!/$ 平面 $DEC_1$;

(2) $BE \perp C_1E$。

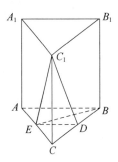

图 7-45

【证明】(1) ∵ 在直三棱柱 $ABC-A_1B_1C_1$ 中,$D,E$ 分别为 $BC,AC$ 的中点,

∴ $DE /\!/ AB, AB /\!/ A_1B_1$,∴ $DE /\!/ A_1B_1$。

∵ $DE \subset$ 平面 $DEC_1, A_1B_1 \not\subset$ 平面 $DEC_1$,

∴ $A_1B_1 /\!/$ 平面 $DEC_1$。

(2) ∵ 在直三棱柱 $ABC-A_1B_1C_1$ 中,$E$ 是 $AC$ 的中点,$AB=BC$。

∴ $BE \perp AA_1, BE \perp AC$ 即 $BE \perp AC$。

又 ∵ $AA_1 \cap AC = A$,∴ $BE \perp$ 平面 $ACC_1A_1$。

∵ $C_1E \subset$ 平面 $ACC_1A_1$,∴ $BE \perp C_1E$。

**例 5** 如图 7-46 所示,在六面体 $ABCD-A_1B_1C_1D_1$ 中,平面 $ABB_1A_1 \perp$ 平面 $ABCD$,平面 $ADD_1A_1 \perp$ 平面 $ABCD$。

(1) $AA_1 /\!/ CC_1$,求证:$BB_1 /\!/ DD_1$。

(2) $AA_1 \perp$ 平面 $ABCD$。

【解析】本题考查空间线面关系。

(1) 因为 $AA_1 /\!/ CC_1, AA_1 \not\subset$ 平面 $C_1CDD_1, CC_1 \subset$ 平面 $C_1CDD_1$,所以 $AA_1 /\!/$ 平面 $C_1CDD_1$。因为平面 $A_1ADD_1 \cap$ 平面 $C_1CDD_1 = DD_1$,所以 $AA_1 /\!/ DD_1$。同理可知 $AA_1 /\!/ BB_1$,所以 $BB_1 /\!/ DD_1$。

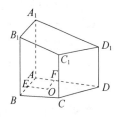

图 7-46

(2) 如图 7-46 所示,在四边形 $ABCD$ 内任取一点 $O$,过点 $O$ 作 $OE \perp AB$ 于点 $E, OF \perp AD$ 于点 $F$。平面 $ABB_1A_1 \perp$ 平面 $ABCD, OE \subset$ 平面 $ABCD$,平面 $ABB_1A_1 \cap$ 平面 $ABCD = AB, OE \perp AB$,所以 $OE \perp$ 平面 $ABB_1A_1$。又因为 $AA_1 \subset$ 平面 $ABB_1A_1$,所以 $AA_1 \perp OE$。同理可得 $AA_1 \perp OF$。因为 $OE, OF \subset$ 平面 $ABCD, OF \cap OE = O$,所以 $AA_1 \perp$ 平面 $ABCD$。

**例 6** 图 7-47①是由矩形 $ADEB$,Rt$\triangle ABC$ 和菱形 $BFGC$ 组成的平面图形,其中 $AB=1, BE=BF=2, \angle FBC=60°$。将其沿 $AB, BC$ 折起,使得 $BE$ 和 $BF$ 重合,连接 $DG$,如图 7-47②所示。

(1) 证明:图 7-47②中 $A,C,G,D$ 四点共面,且平面 $ABC \perp$ 平面 $BCGE$。

(2) 求图 7-47②中四边形 $ACGD$ 的面积。

【解析】本题考查线面关系。

(1) 由已知得 $AD /\!/ BE, CG /\!/ BE$,所以 $AD /\!/ CG$,故 $AD, CG$ 确定一个平面,从而 $A,C,G,D$ 四点共面。由已知得 $AB \perp BE, AB \perp BC$,故 $AB \perp$ 平面 $BCGE$,又因为 $AB \subset$ 平面 $ABC$,所以平面 $ABC \perp$ 平面 $BCGE$。

(2) 如图 7-48 所示,取 $CG$ 的中点 $M$,连接 $EM,DM$,因为 $AB\!/\!/DE,AB\perp$ 平面 $BCGE$,所以 $DE\perp$ 平面 $BCGE$,故 $DE\perp CG$。由已知,四边形 $BCGE$ 是菱形,且 $\angle EBC=\angle EGC=60°$,得 $EM\perp CG$,故 $CG\perp$ 平面 $DEM$。因此 $DM\perp CG$。在 Rt$\triangle DEM$ 中,$DE=1,EM=\sqrt{3}$,故 $DM=2$,所以四边形 $ACGD$ 的面积为 $CG\times DM=4$。

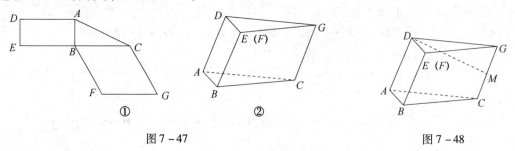

图 7-47　　　　　　　　　　　　图 7-48

## 强化训练

**一、选择题**

1. 以下说法(其中 $a,b$ 表示直线,$\alpha$ 表示平面)中,其中正确说法的个数是(　　)。

① 若 $a\!/\!/b,b\subset\alpha$,则 $a\!/\!/\alpha$;
② 若 $a\!/\!/\alpha,b\!/\!/\alpha$,则 $a\!/\!/b$;
③ 若 $a\!/\!/b,b\!/\!/\alpha$,则 $a\!/\!/\alpha$;
④ 若 $a\!/\!/\alpha,b\subset\alpha$,则 $a\!/\!/b$。

A. 0　　　　　B. 1　　　　　C. 2　　　　　D. 3

2. 设 $\alpha,\beta$ 是两个不重合的平面,$m,n$ 是两条不重合的直线,则 $m\perp\alpha$ 的一个充分条件是(　　)。

A. $m\perp n,n\subset\alpha$　　　　　　　B. $m\!/\!/\beta,\alpha\perp\beta$
C. $n\perp\alpha,n\!/\!/\beta,m\perp\beta$　　　D. $\alpha\cap\beta=n,\alpha\perp\beta,m\perp n$

3. 下列命题中正确的个数为(　　)。

① 梯形一定是平面图形;
② 若两条直线和第三条直线所成的角相等,则这两条直线平行;
③ 两两相交的三条直线最多可以确定三个平面;
④ 若两个平面有三个公共点,则这两个平面重合。

A. 0　　　　　B. 1　　　　　C. 2　　　　　D. 3

4. 在正方体 $ABCD-A_1B_1C_1D_1$ 中与平面 $D_1AC$ 不平行的是(　　)。

A. $A_1B$　　　B. $BB_1$　　　C. $BC_1$　　　D. $A_1C_1$

5. 过平行六面体 $ABCD-A_1B_1C_1D_1$ 任意两条棱的中点作直线,其中与平面 $DBB_1D_1$ 平行的直线共有(　　)。

A. 4 条　　　B. 6 条　　　C. 8 条　　　D. 12 条

6. 如果平面 $\alpha$ 外有两点 $A,B$,它们到平面 $\alpha$ 的距离都是 $a$,则直线 $AB$ 和平面 $\alpha$ 的位置关系一定是(　　)。

A. 平行　　　B. 相交　　　C. 平行或相交　　　D. $AB\subset\alpha$

7. 以下结论正确的个数为(　　)。

① 直线 $a/\!/$ 平面 $\alpha$，直线 $b\subset\alpha$，则 $a/\!/b$；

② 若 $a\subset\alpha,b\not\subset\alpha$，则 $a,b$ 无公共点；

③ 若 $a\not\subset\alpha$，则 $a/\!/\alpha$ 或 $a$ 与 $\alpha$ 相交；

④ 若 $a\cap\alpha=A$，则 $a\not\subset\alpha$。

A. 1 个　　　　　B. 2 个　　　　　C. 3 个　　　　　D. 4 个

8. 两个平面平行的条件是(　　)。

A. 一个平面内一条直线平行于另一个平面

B. 一个平面内两条直线平行于另一个平面

C. 一个平面内的任意一条直线平行于另一个平面

D. 两个平面都平行于同一条直线

9. 下列命题中,真命题的个数是(　　)。

① 如果两个平面没有公共点,那么这两个平面平行；

② 如果两个平面平行,那么这两个平面没有公共点；

③ 如果两个平面不相交,那么这两个平面平行；

④ 如果两个平面不平行,那么这两个平面相交。

A. 1　　　　　B. 2　　　　　C. 3　　　　　D. 4

10. 下列命题错误的是(　　)。

A. 不在同一直线上的三点确定一个平面

B. 两两相交且不共点的三条直线确定一个平面

C. 如果两个平面垂直,那么其中一个平面内的直线一定垂直于另一个平面

D. 如果一个平面内的两条相交直线与另一个平面平形,那么这两个平面平行

11. 已知直线 $l\not\subset$ 平面 $\alpha$，直线 $m\subset$ 平面 $\alpha$，则以下说法中,正确说法的个数是(　　)。

① 若 $l$ 与 $m$ 不垂直,则 $l$ 与 $\alpha$ 一定不垂直；

② 若 $l$ 与 $m$ 所成的角为 $30°$，则 $l$ 与 $\alpha$ 所成的角也为 $30°$；

③ $l/\!/m$ 是 $l/\!/\alpha$ 的充分不必要条件；

④ 若 $l$ 与 $\alpha$ 相交,则 $l$ 与 $m$ 一定是异面直线。

A. 1　　　　　B. 2　　　　　C. 3　　　　　D. 4

12. 如图 7-49 所示,正方体 $EFGH-E_1F_1G_1H_1$ 中,下列四对截面中,彼此平行的一对截面是(　　)。

A. 平面 $E_1FG_1$ 与平面 $EGH_1$

B. 平面 $FHG_1$ 与平面 $F_1H_1G$

C. 平面 $F_1H_1H$ 与平面 $FHE_1$

D. 平面 $E_1HG_1$ 与平面 $EH_1G$

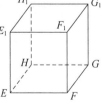

图 7-49

13. 下列命题中,正确的有(　　)。

① 如果一条直线垂直于平面内的两条直线,那么这条直线和这个平面垂直；

② 过直线 $l$ 外一点 $P$，有且仅有一个平面与 $l$ 垂直；

③ 如果三条共点直线两两垂直,那么其中一条直线垂直于另两条直线确定的平面；

④ 垂直于角的两边的直线必垂直角所在的平面；

⑤ 过点 $A$ 垂直于直线 $a$ 的所有直线都在过点 $A$ 垂直于 $a$ 的平面内。

  A. 2 个     B. 3 个     C. 4 个     D. 5 个

14. 在 $\triangle ABC$ 中, $AB = AC = 5$, $BC = 6$, $PA \perp$ 平面 $ABC$, $PA = 8$, 则 $P$ 到 $BC$ 的距离是(   )。

  A. $\sqrt{5}$     B. $2\sqrt{5}$     C. $3\sqrt{5}$     D. $4\sqrt{5}$

15. 设直线 $m$ 与平面 $\alpha$ 相交但不垂直, 则下列说法中, 正确的是(   )。

  A. 在平面 $\alpha$ 内有且只有一条直线与直线 $m$ 垂直

  B. 过直线 $m$ 有且只有一个平面与平面 $\alpha$ 垂直

  C. 与直线 $m$ 垂直的直线不可能与平面 $\alpha$ 平行

  D. 与直线 $m$ 平行的平面不可能与平面 $\alpha$ 垂直

16. 如图 7 - 50 所示, 点 $N$ 为正方形 $ABCD$ 的中心, $\triangle ECD$ 为正三角形, 平面 $ECD \perp$ 平面 $ABCD$, $M$ 是线段 $ED$ 的中点, 则(   )。

  A. $BM = EN$, 且直线 $BM, EN$ 是相交直线

  B. $BM \neq EN$, 且直线 $BM, EN$ 是相交直线

  C. $BM = EN$, 且直线 $BM, EN$ 是异面直线

  D. $BM \neq EN$, 且直线 $BM, EN$ 是异面直线

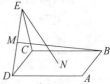

图 7 - 50

17. 正方体的六个面中相互平行的平面有(   )。

  A. 2 对     B. 3 对     C. 4 对     D. 5 对

18. 已知棱长为 1 的正方体的俯视图是一个面积为 1 的正方形, 则此正方体的正视图的面积不可能等于(   )。

  A. 1     B. $\sqrt{2}$     C. $\dfrac{\sqrt{2}-1}{2}$     D. $\dfrac{\sqrt{2}+1}{2}$

19. 如图 7 - 51 所示, 矩形 $O'A'B'C'$ 是水平放置的一个平面图形的直观图, 其中 $O'A' = 6\text{cm}$, $O'C' = 2\text{cm}$, 则原图形是(   )。

  A. 正方形     B. 矩形

  C. 菱形     D. 一般的平行四边形

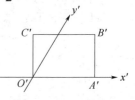

图 7 - 51

20. 某几何体三视图如图 7 - 52 所示, 其中三角形的三边长与圆的直径均为 2, 则此几何体体积为(   )。

  A. $\dfrac{32 + 8\sqrt{3}}{3}\pi$   B. $\dfrac{32 + \sqrt{3}}{3}\pi$   C. $\dfrac{4 + 3\sqrt{3}}{3}\pi$   D. $\dfrac{4 + \sqrt{3}}{3}\pi$

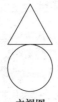  

   主视图      左视图      俯视图

图 7 - 52

21. 某几何体的三视图如图 7 - 53 所示, 其中正视图中 $\triangle ABC$ 是边长为 1 的等边三角形, 俯视图为正六边形, 则此几何体的侧视图的面积为(   )。

图 7-53

A. $\dfrac{3}{8}$  B. $\dfrac{3}{4}$  C. 1  D. $\dfrac{\sqrt{3}}{2}$

22. 某几何体的三视图(单位:cm)如图 7-54 所示,则此几何体的表面积是( )。

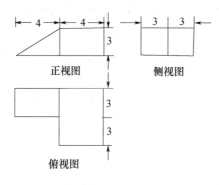

图 7-54

A. $90\text{cm}^2$  B. $129\text{cm}^2$  C. $132\text{cm}^2$  D. $138\text{cm}^2$

23. 《算数书》竹简于 20 世纪 80 年代在湖北省江陵县张家山出土,这是我国现存最早的有系统的数学典籍,其中记载有求"囷盖"的术:置如其周,令相乘也。又以高乘之,三十六成一。该术相当于给出了由圆锥的底面周长 $L$ 与高 $h$ ,计算其体积 $V$ 的近似公式 $V\approx\dfrac{1}{36}L^2h$。它实际上是将圆锥体积公式中的圆周率 $\pi$ 近似取为 3。那么,近似公式 $V\approx\dfrac{2}{75}L^2h$ 相当于将圆锥体积公式中的 $\pi$ 近似取为( )。

A. $\dfrac{22}{7}$

B. $\dfrac{25}{8}$

C. $\dfrac{157}{50}$

D. $\dfrac{355}{113}$

24. 沙漏是我国古代的一种计时工具,是用两个完全相同的圆锥顶对顶叠放在一起组成的(图 7-55)。在一个圆锥中装满沙子,放在上方,沙子就从顶点处漏到另一个圆锥中。假定沙子漏下来的速度是恒定的,已知一个沙漏中沙子全部从一个圆锥中漏到另一个圆锥中需用时 10min,那么经过 5min 后,沙漏上方圆锥中沙子的高度与下方圆锥中沙子的高度之比是(假定沙堆的底面是水平的)( )。

图 7-55

A. $1:2$  B. $(\sqrt{2}+1):1$

C. $1:\sqrt{2}$  D. $1:(\sqrt[3]{2}-1)$

## 二、填空题

1. $AB, BC, CD$ 是不在同一平面内的三条线段，经过它们中点的平面和 $AC$ 的位置关系是_____，和 $BD$ 的位置关系是_____。

2. 一个封闭的棱长为 2 的正方体容器水平放置时，如图 7-56 所示，水面的高度正好为棱长的一半。若将该正方体容器任意旋转，则容器里水面的最大高度为_____。

3. （1）$a, b, c$ 是三条直线，$\alpha, \beta$ 是两个平面，若 $a \parallel b \parallel c, a \subset \alpha, b \subset \beta, c \subset \beta$，则 $\alpha$ 与 $\beta$ 的位置关系是_____。

   （2）平面 $\alpha$ 内有两条直线 $a, b$，且 $a \parallel \beta, b \parallel \beta$，则 $\alpha$ 与 $\beta$ 的位置关系是_____。

4. 如图 7-57 所示，在正方体 $ABCD-A_1B_1C_1D_1$ 中，$E, F, G, H$ 分别是棱 $CC_1, C_1D_1, D_1D, CD$ 的中点，$N$ 是 $BC$ 的中点，点 $M$ 在四边形 $EFGH$ 及其内部运动，则 $M$ 满足_____时，有 $MN \parallel$ 平面 $B_1BDD_1$。

5. 如图 7-58 所示，在正方体 $ABCD-A_1B_1C_1D_1$ 中，异面直线 $AC$ 和 $A_1B$ 所成角为_____。

6. 一个平面内不共线的三点到另一个平面的距离相等且不为零，则这两个平面的位置关系是_____。

7. 表面积为 $3\pi$ 的圆锥，它的侧面展开图是一个半圆，则该圆锥的底面直径为_____。

8. 学生到工厂劳动实践，利用 3D 打印技术制作模型。如图 7-59 所示，该模型为长方体 $ABCD-A_1B_1C_1D_1$ 挖去四棱锥 $O-EFGH$ 后所得的几何体，其中 $O$ 为长方体的中心，$E, F, G, H$ 分别为所在棱的中点，$AB = BC = 6\text{cm}, AA_1 = 4\text{cm}$，3D 打印所用原料密度为 $0.9\text{g/cm}^3$。不考虑打印损耗，制作该模型所需原料的质量为_____ g。

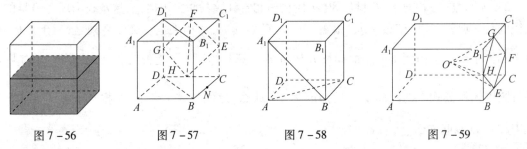

图 7-56　　　图 7-57　　　图 7-58　　　图 7-59

9. 某四棱锥的三视图如图 7-60 所示，则该四棱锥的最长棱的长度为_____。

10. 如图 7-61 所示，正方体 $ABCD-A_1B_1C_1D_1$ 的顶点 $A, B$ 在平面 $\alpha$ 上，$AB = \sqrt{2}$。若平面 $A_1B_1C_1D_1$ 与平面 $\alpha$ 所成角为 $30°$，由如图 7-61 所示的俯视方向，正方体 $ABCD-A_1B_1C_1D_1$ 在平面 $\alpha$ 上的俯视图的面积为_____。

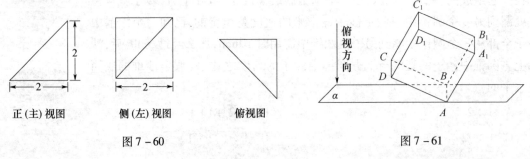

图 7-60　　　　　　　　　图 7-61

11. 由一个长方体和两个 $\frac{1}{4}$ 圆柱体构成的几何体的三视图如图 7-62 所示,则该几何体的体积为_____。

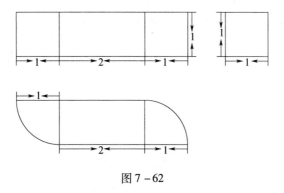

图 7-62

### 三、计算题

1. 已知由半圆的四分之三截成的扇形的面积为 $B$,由这个扇形围成一个圆锥,若圆锥的表面积为 $A$,则 $A:B$ 等于多少?

2. 圆台的上、下底面半径分别为 10cm 和 20cm。它的侧面展开图扇环的圆心角为 180°,那么圆台的表面积是多少?(结果中保留 $\pi$)

3. 《九章算术》中,将底面为长方形且有一条侧棱与底面垂直的四棱锥称为阳马,将四个面都为直角三角形的四面体称为鳖臑。如图 7-63 所示,四棱锥 $P-ABCD$ 中,$PD\perp$ 底面 $ABCD$,$AB/\!/CD$,$AB\perp BC$,$AB=3$,$BC=CD=2$。

(1) 过 $PD$ 作个截面,将四棱锥 $P-ABCD$ 分成一个阳马和一个鳖臑,并说明理由;

(2) 若 $\tan\angle PAD=\dfrac{\sqrt{5}}{5}$,分别求出 (1) 中阳马和鳖臑的体积。

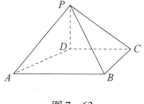

图 7-63

4. 如图 7-64 所示,$\triangle ABC$,$\triangle ABD$,$\triangle BCE$ 都是边长为 2 的正三角形,且平面 $ABD\perp$ 平面 $ABC$,平面 $BCE\perp$ 平面 $ABC$。

(1) 求证:$DE/\!/$ 平面 $ABC$。

(2) 求多面体 $ABCED$ 的体积。

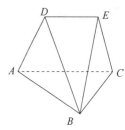

图 7-64

5. 如图 7-65 所示,已知三棱柱 $ABC-A'B'C'$ 的底面为直角三角形,两条直角边 $AC$ 和 $BC$ 的长分别为 4 和 3,侧棱 $AA'$ 的长为 10。

(1) 若侧棱 $AA'$ 垂直于底面,求该三棱柱的表面积;

(2) 若侧棱 $AA'$ 与底面所成的角为 60°,求该三棱柱的体积。

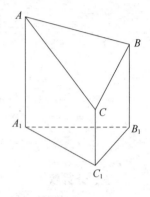

图 7-65

### 四、证明题

1. 如图 7-66 所示,在多面体 $ABCDEF$ 中,底面 $ABCD$ 为矩形,侧面 $ADEF$ 为梯形,$AF \mathbin{/\mkern-4mu/} DE, DE \perp AD$。

(1) 求证:$AD \perp CE$。

(2) 求证:$BF \mathbin{/\mkern-4mu/}$ 平面 $CDE$。

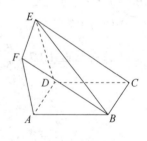

图 7-66

2. 如图 7-67 所示,在正方体 $ABCD-A_1B_1C_1D_1$ 中,$S$ 是 $B_1D_1$ 的中点,$E, F, G$ 分别是 $BC$,$DC$ 和 $SC$ 的中点。

求证:平面 $EFG \mathbin{/\mkern-4mu/}$ 平面 $BDD_1B_1$。

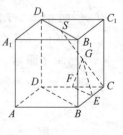

图 7-67

3. 如图 7-68 所示,在正方体 $ABCD-A_1B_1C_1D_1$ 中,$E,F$ 分别是棱 $B_1C_1,B_1B$ 的中点。求证:$CF \perp$ 平面 $EAB$。

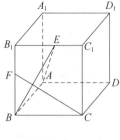

图 7-68

4. 如图 7-69 所示,$PA \perp$ 平面 $ABCD$,四边形 $ABCD$ 是矩形,$PA=AB=1$,$AD=2$,点 $F$ 是 $PB$ 的中点,点 $E$ 在边 $BC$ 上移动。
(1) 求三棱锥 $E-PAD$ 的体积。
(2) 证明:无论点 $E$ 在边 $BC$ 的何处,都有 $AF \perp PE$。

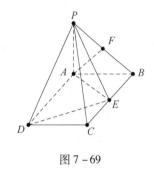

图 7-69

## 【强化训练解析】

### 一、选择题

1. A。①$a \subset \alpha$ 也可能成立;②$a,b$ 还有可能相交或异面;③$a \subset \alpha$ 也可能成立;④$a,b$ 还有可能异面。故选 A。

2. C。本题考查线面位置关系的判断。若 $m \perp n, n \subset \alpha$,则 $m$ 与 $\alpha$ 相交或平行或 $m \subset \alpha$,故 A 错误。若 $m // \beta, \alpha \perp \beta$,则 $m$ 与 $\alpha$ 相交或平行或 $m \subset \alpha$,故 B 错误。若 $n \perp \alpha, n \perp \beta$,则 $\alpha // \beta$。又因为 $m \perp \beta$,所以 $m \perp \alpha$,所以 C 正确。若 $\alpha \cap \beta = n, \alpha \perp \beta, m \perp n$,则 $m$ 与 $\alpha$ 相交或平行或 $m \subset \alpha$,故 D 错误。故选 C。

3. C。本题主要考查空间直线、平面的位置关系。对于①,由于两条平行直线确定一个平面,所以梯形可以确定一个平面,故①正确。对于②,两条直线和第三条直线所成的角相等,则这两条直线或异面或相交,故②错误。对于③,两两相交的三条直线最多确定三个平面,故③正确。对于④,若两个平面有三个公共点,则这两平面相交或重合,故④错误。故选 C。

4. B。$\because A_1B // D_1C, \therefore A_1B //$ 平面 $D_1AC$。$\because BC_1 // AD_1, \therefore BC_1 //$ 平面 $D_1AC$。$\because A_1C_1 // AC, \therefore A_1C_1 //$ 平面 $D_1AC$。故选 B。

5. D。如图 7-70 所示,与 $BD$ 平行的有 4 条,与 $BB_1$ 平行的有 4 条,四边形 $GHFE$ 的对角线

与面 $BB_1D_1D$ 平行。同等位置有 4 条,总共 12 条,故选 D。

6. C。如果在同侧是平行,如果在两侧是相交,故选 C。

7. B。其中③④正确,故正确答案为 B。

8. C。选项 A、B、D 的条件下两个平面可能相交,所以只能选 C。

9. D。①②都符合平面平行的特征,③④是两个平面位置关系的分类,所以都正确。故选 D。

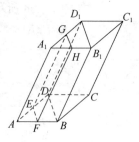

图 7-70

10. C。本题考查空间点、线、面的位置关系。由公理 7-2 知过不在一条直线上的三点,有且只有一个平面,故 A 正确;两两相交且不共点的三条直线确定一个平面,故 B 正确;由面面垂直的性质知 C 不正确;由面面平行的判定定理知 D 正确。故选 C。

11. B。对于①,当 $l$ 与 $m$ 不垂直时,假设 $l \perp \alpha$,那么由 $l \perp \alpha$ 一定能得到 $l \perp m$,这与已知矛盾,因此 $l$ 与 $\alpha$ 一定不垂直,故①正确。显然②错误。对于③,由 $l // m$ 可以推出 $l // \alpha$,但是由 $l // \alpha$ 不一定能推出 $l // m$,因此 $l // m$ 是 $l // \alpha$ 的充分不必要条件,故③正确。对于④,若 $l$ 与 $\alpha$ 相交,则 $l$ 与 $m$ 相交或异面,④错误。①③正确,故选 B。

12. A。只有平面 $E_1FG_1$ 与平面 $EGH_1$ 符合平面平行的条件,所以选 A。

13. C。②③④⑤正确,①中当这无数条直线都平行时,结论不成立。故选 C。

14. D。如图 7-71 所示,作 $PD \perp BC$ 于 $D$,连接 $AD$。

$\because PA \perp \triangle ABC, \therefore PA \perp CD。 \therefore CB \perp 面 PAD, \therefore AD \perp BC。$

在 $\triangle ACD$ 中,$AC=5,CD=3, \therefore AD=4$,在 $\text{Rt} \triangle PAD$ 中,$PA=8, AD=4$,

$\therefore PD = \sqrt{8^2+4^2} = 4\sqrt{5}$。故选 D。

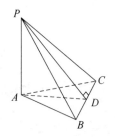

15. B。由题意,$m$ 与 $\alpha$ 斜交,令其在 $\alpha$ 内的射影为 $m'$,则在 $\alpha$ 内可作无数条与 $m'$ 垂直的直线,它们都与 $m$ 垂直,A 错;如图 7-72(1) 所示,在 $\alpha$ 外,可作与 $\alpha$ 内直线 $l$ 平行的直线,C 错。

如图 7-72(2) 所示,$m \subset \beta, \alpha \perp \beta$。可作 $\beta$ 的平行平面 $\gamma$,则 $m // \gamma$ 且 $\gamma \perp \alpha$,D 错。故选 B。

图 7-71

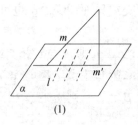
(1)

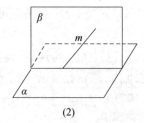
(2)

图 7-72

16. B。本题考查面面垂直的性质、空间线段长的计算及直线位置关系的判断。如图 7-73 所示,连接 $BD, BE$,因为 $N$ 为正方形 $ABCD$ 的中心,所以 $N \in BD$。又因为 $M$ 是 $ED$ 的中点,所以 $M \in ED$,即 $M, N \in$ 平面 $EBD$,由图知 $BM$ 与 $EN$ 相交。不妨设正方形 $ABCD$ 的边长为 2,过点 $E$ 作 $EO \perp CD$ 于点 $O$,连接 $ON$,因为 $\triangle ECD$ 为正三角形,$EO \perp CD$,平面 $ECD \perp$

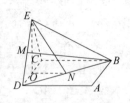

图 7-73

平面$ABCD$,所以$O$是$CD$的中点,且$EO \perp ON$,$EO = \sqrt{3}$,$ON = 1$,可得$EN = \sqrt{EO^2 + ON^2} = 2$。因为平面$ECD \perp$平面$ABCD$,$BC \perp CD$,所以$BC \perp$平面$ECD$,得$BC \perp EC$,$EB = \sqrt{EC^2 + BC^2} = 2\sqrt{2}$。又因为$BD = 2\sqrt{2}$,所以$\triangle EBD$是等腰三角形。由已知$M$是线段$ED$的中点,得$BM = \sqrt{BE^2 - EM^2} = \sqrt{7}$,故$BM \neq EN$。故选B。

**17.** B。前后两个面、左右两个面、上下两个面都平行。故选B。

**18.** C。正视图的面积$1 \leq S \leq \sqrt{2}$,观察选项知$\dfrac{\sqrt{2}-1}{2}$不在此区间内,故选C。

**19.** C。如图7-74所示,在原图形$OABC$中,
应有$OD = 4\sqrt{2}$,$CD = 2$,$\therefore OC = 6$,
$\therefore OA = OC$,故四边形$OABC$是菱形,故选C。

**20.** D。根据三视图可知,该几何体上部分是圆锥,下部分是球,所以体积为$\dfrac{4+\sqrt{3}}{3}\pi$,故选D。

**21.** A。本题考查由三视图还原直观图,并求侧视图的面积。由三视图可知该几何体为正六棱锥,其直观图如图7-75所示,该正六棱锥的底面正六边形的边长为$\dfrac{1}{2}$,侧棱长为1,高为$\dfrac{\sqrt{3}}{2}$。侧视图的底面边长为底面正六边形的高,为$\dfrac{\sqrt{3}}{2}$,则该几何体的侧视图的面积为$\dfrac{1}{2} \times \dfrac{\sqrt{3}}{2} \times \dfrac{\sqrt{3}}{2} = \dfrac{3}{8}$,故选A。

**22.** D。由三视图可知该几何体由一个直三棱柱与一个长方体组合而成(图7-76),其表面积为$S = 3 \times 5 + 2 \times \dfrac{1}{2} \times 4 \times 3 + 4 \times 3 + 3 \times 3 + 2 \times 4 \times 3 + 2 \times 4 \times 6 + 3 \times 6 = 138(\text{cm}^2)$。故选D。

**23.** B。由$V_{圆锥} = \dfrac{1}{3}\pi r^2 h = \dfrac{1}{12\pi}(4\pi^2 r^2)h = \dfrac{1}{12\pi}L^2 h$,$V_{圆锥} = \dfrac{1}{12}L^2 h = \dfrac{2}{75}L^2 h$,得$\pi = \dfrac{25}{8}$。故选B。

**24.** D。本题考查空间几何体。因为时间刚好是5min,是总时间的一半,而沙子漏下来的速度是恒定的,所以漏下来的沙子是全部沙子的一半(图7-77),下方圆锥的空白部分就是上方圆锥中的沙子部分,所以可以单独研究下方圆锥。下方圆锥被沙子的上表面分成体积相等的两部分。由于$r_上 : r_下 = h_上 : h_全$,设其比值为$c$,则$r_上 = cr_下$,$h_上 = ch_全$,而$V_上 = \dfrac{1}{3}\pi r_上^2 h_上$,$V_全 = \dfrac{1}{3} \cdot \pi r_下^2 h_全$,由$\dfrac{V_上}{V_全} = \dfrac{1}{2}$,得$c^3 = \dfrac{1}{2}$,故$\dfrac{h_上}{h_全} = \sqrt[3]{\dfrac{1}{2}} = \dfrac{1}{\sqrt[3]{2}}$,即$\dfrac{h_上}{h_下} = \sqrt[3]{\dfrac{1}{2}} = \dfrac{1}{\sqrt[3]{2}-1}$,故选D。

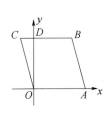

图7-74

图7-75

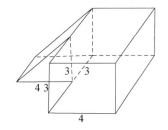

图7-76

图7-77

## 二、填空题

1. 平行；平行。因为所涉及直线都是中位线，平行关系成立，所以所在平面必然平行。所以都填"平行"。

2. $\sqrt{3}$。本题考查几何体体积。由水的体积为容器体积的一半可知水面高度为容器新位置高度的一半，而容器新位置高度的最大值为正方体的对角线。正方体容器的对角线长为 $\sqrt{2^2+2^2+2^2}=2\sqrt{3}$，故正方体容器旋转的新位置的最大高度为 $2\sqrt{3}$。又因为水的体积是正方体容器体积的一半，所以容器里水面的最大高度为正方体容器的对角线的一半，即最大高度为 $\sqrt{3}$。

3. (1) 平行或相交；(2) 平行或相交。
根据两个平面的位置关系的分类进行讨论。

4. $M\in$ 线段 $FH$。$\because HN // BD, HF // DD_1, HN\cap HF=H, BD\cap DD_1=D, \therefore$ 平面 $NHF //$ 平面 $B_1BDD_1$，故线段 $FH$ 上任意点 $M$ 与 $N$ 连接，有 $MN //$ 平面 $B_1BDD_1$，所以填"$M\in$ 线段 $FH$"。

5. $60°$ 或 $\frac{\pi}{3}$。本题考查异面直线所成的角。如图 7-78 所示，连接 $A_1C_1, BC_1$，因为 $A_1C_1 // AC$，所以 $\angle BA_1C_1$ 是异面直线 $AC$ 和 $A_1B$ 所成的角（或补角）。因为 $A_1C_1=A_1B=BC_1$，故 $\angle BA_1C_1=60°\left(\frac{\pi}{3}\right)$。

6. 平行或相交。由平面的位置关系知，平行和相交都有可能。所以填平行或相交。

7. 2。设圆锥的母线为 $l$，圆锥底面半径为 $r$，则 $\frac{1}{2}\pi l^2+\pi r^2=3\pi, \pi l=2\pi r, \therefore r=1$，即圆锥的底面直径为 2。

8. 118.8。本题考查空间几何在实际中的应用。依题知长方体 $ABCD-A_1B_1C_1D_1$ 的体积 $V_1=6\times 6\times 4=144(\text{cm}^3)$，四边形 $EFGH$ 的面积 $S=\frac{1}{2}\times 6\times 4=12(\text{cm}^2)$，四棱锥 $O-EFGH$ 的体积 $V_2=\frac{1}{3}\times S\times 3=12(\text{cm})^3$，故 3D 模型的体积 $V=V_1-V_2=132\text{ cm}^3$，制作改模所需原料的质量为 $0.9\times V=0.9\times 132=118.8(\text{g})$。

9. $2\sqrt{3}$。几何体四棱锥如图 7-79 所示，最长棱为正方体的对角线，即 $l=\sqrt{2^2+2^2+2^2}=2\sqrt{3}$。

10. $1+\sqrt{3}$。本题考查用平行投影法与三视图。正方体的俯视图如图 7-80 所示。由题意得 $AB$ 在平面 $\alpha$ 内，且平面 $\alpha$ 与平面 $ABCD$ 所成角为 $30°$，与平面 $ABB_1A_1$ 所成角为 $60°$，$AD$ 在平面 $\alpha$ 上的投影 $A'D'=AD\times\cos 30°=\frac{\sqrt{6}}{2}$，$AA_1$ 在平面 $\alpha$ 上的投影线 $A'A_1'=AA_1\times\cos 60°=\frac{\sqrt{2}}{2}$，故所求俯视图的面积 $S=\sqrt{2}\left(\frac{\sqrt{6}}{2}+\frac{\sqrt{2}}{2}\right)=1+\sqrt{3}$。

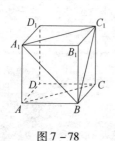

图 7-78

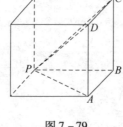

图 7-79

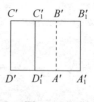

图 7-80

11. $\dfrac{\pi}{2}+2$。该几何体的体积为 $V=\dfrac{1}{4}\pi\times1^2\times1\times2+2\times1\times1=\dfrac{\pi}{2}+2$。

### 三、计算题

1. 解：设圆锥的底面半径为 $r$，母线长为 $l$，则 $2\pi r=\dfrac{3}{4}\pi l$，则 $l=\dfrac{8}{3}r$，

所以 $B=\dfrac{1}{2}\left(\dfrac{8}{3}r\right)^2\times\dfrac{3\pi}{4}=\dfrac{8}{3}\pi r^2$，$A=\dfrac{8}{3}\pi r^2+\pi r^2=\dfrac{11}{3}\pi r^2$，

得 $A:B=11:8$。

2. 解：如图 7-81 所示，设圆台的上底面周长为 $c$。

∵ 扇环的圆心角是 $180°$，故 $c=\pi\cdot SA=10\times2\pi$，

∴ $SA=20$。同理可得 $SB=40$，∴ $AB=SB-SA=20$，

∴ $S_{表面积}=1100\pi(\text{cm}^2)$。故圆台的表面积为 $1100\pi\ \text{cm}^2$。

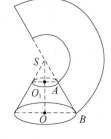

图 7-81

3. 解：(1) 在平面 $ABCD$ 内，过点 $D$ 作 $DE\perp AB$ 于点 $E$，连接 $PE$，如图 7-82 所示，则四棱锥 $P-BCDE$ 为阳马，四面体 $PADE$ 为鳖臑。

因为 $AB\parallel CD$，$AB\perp BC$，且 $DE\perp AB$，所以四边形 $BCDE$ 为长方形。又因为 $PD\perp$ 底面 $BCDE$，所以四棱锥 $P-BCDE$ 为阳马。因为 $PD\perp$ 底面 $ABCD$，所以 $PD\perp DA$，$PD\perp DE$，$PD\perp AE$。又因为 $DE\perp AE$，$PD\cap DE=D$，所以 $AE\perp$ 平面 $PDE$，所以 $PE\perp AE$，所以四面体 $PADE$ 的四个面都是直角三角形，即四面体 $PADE$ 为鳖臑。

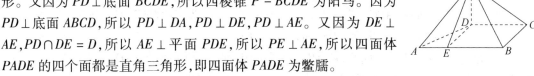

(2) 由 (1) 知，在 $\text{Rt}\triangle ADE$ 中，$AD=\sqrt{DE^2+AE^2}=\sqrt{2^2+1^2}=$

$\sqrt{5}$。因为 $PD\perp$ 底面 $ABCD$，所以 $PD\perp DA$，所以 $\tan\angle PAD=\dfrac{PD}{AD}=\dfrac{\sqrt{5}}{5}$，

图 7-82

即 $PD=1$。在直角梯形 $ABCD$ 中，$AE=1$，$DE=CD=2$，且 $PE\perp AB$，所以阳马（四棱锥 $P-BCDE$）的体积 $V_1=\dfrac{1}{3}\times DE\times DC\times PD=\dfrac{1}{3}\times2\times2\times1=\dfrac{4}{3}$，鳖臑（四面体 $PADE$）的体积 $V_2=\dfrac{1}{3}\times\dfrac{1}{2}\times AE\times DE\times PD=\dfrac{1}{3}\times\dfrac{1}{2}\times1\times2\times1=\dfrac{1}{3}$。

4. (1) 证明：分别取 $AB$，$BC$ 的中点 $M$，$N$，连接 $DM$，$EN$，$MN$，如图 7-83 所示，由 $\triangle ABD$，$\triangle BCE$ 都是边长为 2 的正三角形，得 $DM=EN=\sqrt{3}$，且 $DM\perp AB$，$EN\perp BC$。又因为平面 $ABD\perp$ 平面 $ABC$，平面 $BCE\perp$ 平面 $ABC$，平面 $ABD\cap$ 平面 $ABC=AB$，平面 $BCE\cap$ 平面 $ABC=BC$，所以 $DM\perp$ 平面 $ABC$，$EN\perp$ 平面 $ABC$，所以 $DM\parallel EN$，因此四边形 $MNED$ 是平行四边形，所以 $DE\parallel MN$。又 $MN\subset$ 平面 $ABC$，$DE\not\subset$ 平面 $ABC$，所以 $DE\parallel$ 平面 $ABC$。

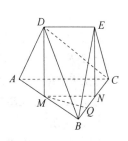

图 7-83

(2) 解：由 (1) 知，$DE\parallel MN$，$MN\parallel AC$，所以 $DE\parallel AC$，所以四边形 $ACED$ 是平面四边形，连接 $CD$，如图 7-83 所示，则多面体 $ABCED$ 的体积 $V=V_{D-ABC}+V_{D-EBC}$。由 (1) 知，$DM\perp$ 平面 $ABC$，且 $DM=\sqrt{3}$，所以 $V_{D-ABC}=\dfrac{1}{3}S_{\triangle ABC}\cdot DM=\dfrac{1}{3}$

$\times\dfrac{1}{2}\times2\times\sqrt{3}\times\sqrt{3}=1$。由 (1) 知，$DM\parallel EN$，所以 $DM\parallel$ 平面 $BCE$，所以点 $D$ 到平面 $BCE$ 的距离

等于点 $M$ 到平面 $BCE$ 的距离。过点 $M$ 作 $MQ \perp BC$，交 $BC$ 于点 $Q$，因为平面 $BCE \perp$ 平面 $ABC$，平面 $BCE \cap$ 平面 $ABC = BC$，所以 $MQ \perp$ 平面 $BCE$，且 $MQ = \dfrac{\sqrt{3}}{2}$，所以 $V_{D-EBC} = \dfrac{1}{3} S_{\triangle BCE} \cdot MQ = \dfrac{1}{3} \times \dfrac{1}{2} \times 2 \times \sqrt{3} \times \dfrac{\sqrt{3}}{2} = \dfrac{1}{2}$。故多面体 $ABCED$ 的体积 $V = V_{D-ABC} + V_{D-EBC} = 1 + \dfrac{1}{2} = \dfrac{3}{2}$。

5. 解：(1) 因为侧棱 $AA' \perp$ 底面 $ABC$，所以三棱柱的高 $h$ 等于侧棱 $AA'$ 的长，而底面 $\triangle ABC$ 的面积 $S = \dfrac{1}{2} AC \cdot BC = 6$，周长 $c = 4 + 3 + 5 = 12$，于是三棱柱的表面积 $S_{全} = ch + 2S_{\triangle ABC} = 132$。

(2) 如图 7-84 所示，过 $A'$ 作平面 $ABC$ 的垂线，垂足为 $H$，$A'H$ 为三棱柱的高。

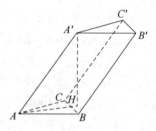

图 7-84

因为侧棱 $AA'$ 与底面所成的角为 $60°$，所以 $\angle A'AH = 60°$，可计算得 $A'H = AA' \cdot \sin 60° = 5\sqrt{3}$。又底面 $\triangle ABC$ 的面积 $S = 6$，故三棱柱的体积 $V = S \cdot A'H = 6 \times 5\sqrt{3} = 30\sqrt{3}$。

### 四、证明题

1. 证明：(1) 因为底面 $ABCD$ 为矩形，所以 $AD \perp CD$。因为 $DE \perp AD$，且 $CD \cap DE = D$，所以 $AD \perp$ 平面 $CDE$。又因为 $CE \subset$ 平面 $CDE$，所以 $AD \perp CE$。

(2) 因为 $AB // CD$，$CE \subset$ 平面 $CDE$，$AB \not\subset$ 平面 $CDE$，所以 $AB //$ 平面 $CDE$。又因为 $AF // DE$，$DE \subset$ 平面 $CDE$，$AF \not\subset$ 平面 $CDE$，所以 $AF //$ 平面 $CDE$。因为 $AB \cap AF = A$，$AB, AF \subset$ 平面 $ABF$，所以平面 $ABF //$ 平面 $CDE$。又因为 $BF \subset$ 平面 $ABF$，所以 $BF //$ 平面 $CDE$。

2. 证明：如图 7-85 所示，连接 $SB, SD$。

$\because F, G$ 分别是 $DC, SC$ 的中点，$\therefore FG // SD$。

又 $\because SD \subset$ 平面 $BDD_1B_1$，$FG \not\subset$ 平面 $BDD_1B_1$，

$\therefore$ 直线 $FG //$ 平面 $BDD_1B_1$。

同理可证 $EG //$ 平面 $BDD_1B_1$。

又 $\because EG \subset$ 平面 $EFG$，$FG \subset$ 平面 $EFG$，$EG \cap FG = G$，

$\therefore$ 平面 $EFG //$ 平面 $BDD_1B_1$。

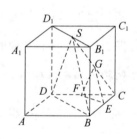

图 7-85

3. 证明：在平面 $B_1BCC_1$ 中，

$\because E, F$ 分别是 $B_1C_1, B_1B$ 的中点，$\therefore \triangle BB_1E \cong \triangle CBF$，

$\therefore \angle B_1BE = \angle BCF$，

$\therefore \angle BCF + \angle EBC = 90°$，

$\therefore CF \perp BE$。

又因为 $AB \perp$ 平面 $B_1BCC_1$，$CF \subset$ 平面 $B_1BCC_1$，

$\therefore AB \perp CF$，$AB \cap BE = B$，$\therefore CF \perp$ 平面 $EAB$。

4. (1) 解：因为 $BC // AD$，所以 $BC //$ 平面 $PAD$，所以 $BC$ 上任意一点到平面 $PAD$ 的距离相等，就是 $AB$。所以 $V_{E-PAD} = \dfrac{1}{3} \cdot S_{\triangle PAD} \cdot AB = \dfrac{1}{3}$。

(2) 证明：因为 $PA = AB$，点 $F$ 是 $PB$ 的中点，所以 $AF \perp PB$。又因为 $BC \perp AB$，$BC \perp PA$，所以 $BC \perp$ 平面 $PAB$，所以 $BC \perp AF$，则 $AF \perp$ 平面 $PBC$。因为 $PE \subsetneq$ 平面 $PBC$，所以 $AF \perp PE$。

# 第八章 直线与圆的方程

## 考试范围与要求

1. 在平面直角坐标系中,结合具体图形,确定直线位置的几何要素。
2. 理解直线的倾斜角和斜率的概念,掌握过两点的直线斜率的计算公式。
3. 能根据两条直线的斜率判定这两条直线平行或垂直。
4. 掌握直线方程的几种形式(点斜式、两点式和一般式),了解斜截式与一次函数的关系。
5. 能用解方程组的方法求两直线的交点坐标。
6. 掌握两点间的距离公式、点到直线的距离公式,会求两条平行直线间的距离。
7. 掌握圆的标准方程与一般方程。
8. 能根据给定直线、圆的方程判断直线与圆的位置关系;能根据给定两个圆的方程判断两圆的位置关系。
9. 能用直线和圆的方程解决一些简单的问题。
10. 初步了解用代数方法处理几何问题的思想。
11. 了解空间直角坐标系,会用空间直角坐标表示点的位置,会推导空间两点间的距离公式。
12. 了解极坐标,能在极坐标系中用极坐标表示点的位置,能进行极坐标和直角坐标的互化。

## 主要内容

### 第一节 直线与方程

本章用坐标法研究几何问题。坐标法是以坐标系为桥梁,把几何问题转化为代数问题,通过代数运算研究几何图形性质的方法。它是解析几何中最基本的研究方法。

**1. 直线的倾斜角与斜率**

一条直线 $l$ 向上的方向与 $x$ 轴的正方向所成的最小的正角叫作这条直线的倾斜角。

确定平面直角坐标系中一条直线位置的几何要素是:直线上的一个定点以及它的倾斜角。

当直线 $l$ 与 $x$ 轴平行(或重合)时,规定它的倾斜角为 $0°$。因此,直线的倾斜角 $\alpha$ 的取值范围是 $[0°,180°)$。

倾斜角不是 $90°$ 的直线,它的倾斜角的正切值叫作这条直线的斜率,常用 $k$ 表示,即 $k=\tan\alpha$ ($\alpha\neq 90°$)。倾斜角是 $90°$ 的直线没有斜率。即一条直线 $l$ 的倾斜角 $\alpha$ 一定存在,但是斜率 $k$ 不一定存在。

经过两点 $P_1(x_1,y_1)$，$P_2(x_2,y_2)(x_1\neq x_2)$ 的直线的斜率为

$$k=\frac{y_2-y_1}{x_2-x_1} \quad (x_1\neq x_2)$$

需要注意的几个问题：

（1）要弄清楚倾斜角定义中的三个条件：①直线向上的方向；②$x$ 轴的正方向；③最小的正角。这样的定义可以使平面上任何一条直线都有唯一的倾斜角。

（2）直线的倾斜角、斜率都可以表示一条直线相对于 $x$ 轴的倾斜程度。倾斜角是 90° 的直线没有斜率或者说斜率不存在。

（3）每一条直线都有唯一的倾斜角，但并不是每一条直线都存在斜率。所以在研究直线的有关问题时，应考虑到斜率存在与不存在这两种情况，否则会产生漏解。

**2. 直线的方程**

（1）直线的点斜式方程。

由直线上一定点及其斜率确定的方程称为直线的点斜式方程，简称点斜式。

过已知点 $P_0(x_0,y_0)$，斜率为 $k$ 的直线方程为

$$y-y_0=k(x-x_0)$$

当直线的倾斜角是 90°，即斜率不存在时，不能用点斜式表示，此时直线方程可以写成 $x=x_0$ 的形式。

（2）直线的斜截式方程。

直线 $l$ 与 $y$ 轴的交点 $(0,b)$ 的纵坐标 $b$ 叫作直线 $l$ 在 $y$ 轴上的截距。由直线的斜率 $k$ 与它在 $y$ 轴上的截距 $b$ 确定的方程叫作直线的斜截式方程，简称斜截式，即

$$y=kx+b$$

（3）直线的两点式方程。

已知直线经过两点 $P_1(x_1,y_1)$，$P_2(x_2,y_2)(x_1\neq x_2,y_1\neq y_2)$，则直线方程可以写成

$$\frac{y-y_1}{y_2-y_1}=\frac{x-x_1}{x_2-x_1}$$

此即直线的两点式方程，简称两点式。

直线的两点式方程存在的条件是 $x_1\neq x_2,y_1\neq y_2$，即不包括平行于 $x$ 轴与 $y$ 轴的直线。

（4）直线的截距式方程。

直线 $l$ 与 $x$ 轴的交点 $(a,0)$ 的横坐标 $a$ 叫作直线 $l$ 在 $x$ 轴上的截距。已知直线在 $x$ 轴与 $y$ 轴上的截距分别是 $a,b(a\neq 0,b\neq 0)$，则直线的方程可以写成

$$\frac{x}{a}+\frac{y}{b}=1$$

这种由直线 $l$ 在两个坐标轴上的截距 $a$ 和 $b$ 确定的方程称为直线的截距式方程。

直线的截距式是过 $(a,0)$，$(0,b)$ 两点的两点式，用截距式不但形式简便好看，且易于作图。注意"截距"并不是"距离"，截距可正可负，也可为 0。对于平行于坐标轴或过原点的直线，不能用截距式方程。

（5）直线的一般式方程。

把关于 $x,y$ 的二元一次方程

$$Ax + By + C = 0$$

(其中 $A,B$ 不同时为 0)叫作直线的一般式方程,简称一般式。

在平面直角坐标系内:任何一条直线的方程均可以写成二元一次方程的形式;反之,任何一个二元一次方程都表示一条直线。点斜式、斜截式、两点式、截距式均可化为一般式。

直角坐标系是把方程和直线联系起来的桥梁。在代数中研究方程,着重研究方程的解。建立平面直角坐标系后,二元一次方程的每一组解都可以看成平面直角坐标系中一个点的坐标,这个方程的全体解组成的集合,就是坐标满足二元一次方程的全体点的集合,这些点的集合就组成了一条直线。这样就可以用代数的方法研究直线上的点,对直线进行定量研究。

**3. 两条直线的位置关系**

设两条直线的方程为:

$l_1 : y = k_1 x + b_1$ 或 $A_1 x + B_1 y + C_1 = 0$。

$l_2 : y = k_2 x + b_2$ 或 $A_2 x + B_2 y + C_2 = 0$。

(1)两条直线的平行与垂直。

$l_1 // l_2 \Leftrightarrow k_1 = k_2$ 且 $b_1 \neq b_2$ 或 $\dfrac{A_1}{A_2} = \dfrac{B_1}{B_2} \neq \dfrac{C_1}{C_2}$。

当 $k_1 = k_2$ 且 $b_1 = b_2$ 或 $\dfrac{A_1}{A_2} = \dfrac{B_1}{B_2} = \dfrac{C_1}{C_2}$ 时,两直线重合。

$l_1 \perp l_2 \Leftrightarrow k_1 \cdot k_2 = -1$ 或 $A_1 A_2 + B_1 B_2 = 0$。

若两条直线的斜率都不存在,则两条直线平行(或重合),若一条直线的斜率不存在,另一直线的斜率为零,则两直线垂直。证明两直线垂直,使用 $A_1 A_2 + B_1 B_2 = 0$ 更为方便,因为无论直线的斜率是否存在,该式都成立。

(2)两直线所成的角。

把直线 $l_1$ 依逆时针方向旋转到与 $l_2$ 重合时所转过的角,叫作 $l_1$ 到 $l_2$ 的角,其范围是 $[0°, 180°)$。

直线 $l_1$ 与 $l_2$ 所成的角,是指 $l_1$ 与 $l_2$ 相交所成的四个角中不大于直角的角,也称两直线的夹角。它的取值范围是 $(0°, 90°]$。

① 若 $\theta$ 为 $l_1$ 到 $l_2$ 的角,则

$$\tan\theta = \dfrac{k_2 - k_1}{1 + k_1 k_2} \quad \text{或} \quad \tan\theta = \dfrac{A_1 B_2 - A_2 B_1}{A_1 A_2 + B_1 B_2}$$

② 若 $\theta$ 为 $l_1$ 与 $l_2$ 的夹角,则

$$\tan\theta = \left| \dfrac{k_2 - k_1}{1 + k_1 k_2} \right| \quad \text{或} \quad \tan\theta = \left| \dfrac{A_1 B_2 - A_2 B_1}{A_1 A_2 + B_1 B_2} \right|$$

③ 当 $1 + k_1 k_2 = 0$ 或 $A_1 A_2 + B_1 B_2 = 0$ 时,$\theta = 90°$。

在上述与 $k$ 有关的公式中,其前提是两直线斜率都存在,而且两直线互不垂直,当一条直线斜率不存在时,用数形结合法处理。

直线 $l_1$ 到 $l_2$ 的角 $\theta$ 与 $l_1$ 和 $l_2$ 的夹角 $\alpha$ 的关系是

$$\alpha = \theta (\theta \leq 90°) \quad \text{或} \quad \alpha = 180° - \theta \ (\theta > 90°)$$

**4. 直线的交点坐标与距离公式**

(1)当 $k_1 \neq k_2$ 或 $A_1 B_2 \neq A_2 B_1$ 时,$l_1$ 与 $l_2$ 相交,交点坐标为方程组

$\begin{cases} y = k_1 x + b_1 \\ y = k_2 x + b_2 \end{cases}$ 或 $\begin{cases} A_1 x + B_1 y + C_1 = 0 \\ A_2 x + B_2 y + C_2 = 0 \end{cases}$ 的解。

(2) 点到直线的距离。

已知点 $P_0(x_0, y_0)$ 和直线 $l: Ax + By + C = 0$，则点 $P_0$ 到 $l$ 的距离为 $d = \dfrac{|Ax_0 + By_0 + C|}{\sqrt{A^2 + B^2}}$。

(3) 两条平行直线之间的距离。

已知两条平行直线 $l_1$ 和 $l_2$ 的一般式方程为 $l_1: Ax + By + C_1 = 0, l_2: Ax + By + C_2 = 0$，则它们之间的距离为 $d = \dfrac{|C_1 - C_2|}{\sqrt{A^2 + B^2}}$。

## 第二节 圆与方程

通过方程研究圆，圆的几何特征得到定量化的描述。这是"数形结合"思想的完美体现。

### 1. 曲线和方程

在一个平面内建立直角坐标系后，平面内的动点都可以用有序实数对 $(x, y)$ 即坐标来表示，当动点按某种约束条件运动而形成曲线时，动点坐标中的 $x$ 与 $y$ 之间存在着某种制约关系，这种制约关系用代数形式表示出来，就是含有变量 $x, y$ 的方程。

一般地，在直角坐标系中，如果某曲线 $C$（看作适合某种条件的点的集合或轨迹）上的点与一个二元方程 $f(x, y) = 0$ 的实数解建立了如下的关系，那么这个方程叫作曲线的方程，这条曲线叫作这个方程的曲线（图形）。

(1) 曲线上点的坐标都是这个方程的解；

(2) 以这个方程的解作为坐标的点都是曲线上的点。

曲线和方程是相互依存的，它们是同一运动形式下的两种不同的表现形式。曲线的性质完全反映在它的方程上，而方程的性质也完全反映在它的曲线上。

这种用坐标法研究几何图形的知识形成的学科叫作解析几何。这也说明了几何问题和代数问题可以互相转化，这也是解析几何的基本思想和方法。解析几何研究的主要问题是：

(1) 根据已知条件，求出表示曲线的方程；

(2) 通过曲线的方程，研究曲线的性质。

### 2. 圆的标准方程

(1) 圆的定义。

平面内与定点的距离等于定长的点的集合（轨迹）叫作圆。定点叫作圆心，定长是圆的半径。

(2) 圆的标准方程。

圆的标准方程为 $(x-a)^2 + (y-b)^2 = r^2 (r > 0)$，其中圆心为 $C(a, b)$，圆的半径为 $r$。圆可用符号 $\odot C$ 表示，读作"圆 $C$"。

(3) 圆的一般方程。

圆的一般方程为 $x^2 + y^2 + Dx + Ey + F = 0$，其中心坐标为 $\left(-\dfrac{D}{2}, -\dfrac{E}{2}\right)$，半径 $r =$

$\frac{1}{2}\sqrt{D^2+E^2-4F}$。

在圆的一般式方程 $x^2+y^2+Dx+Ey+F=0$ 中,只有当 $D^2+E^2-4F>0$ 时方程才表示圆,而当 $D^2+E^2-4F=0$ 时方程表示点 $\left(-\frac{D}{2},-\frac{E}{2}\right)$,当 $D^2+E^2-4F<0$ 时方程不表示任何图形。

(4) 圆的方程的特点。

圆的一般方程具有如下特点:

① $x^2$ 和 $y^2$ 项的系数相等,且不等于零;

② 没有 $xy$ 这样的二次项。

在圆的标准方程和一般方程中,都有三个参变量。前者是 $a,b,r$,后者是 $D,E,F$,它们分别是确定圆的方程的三个独立条件,只要求出这三个参变量,圆的方程就被确定,其中圆心是圆的定位条件,半径就是定形条件。

(5) 待定系数法。

在使用标准式和一般式求圆的方程时:若已知圆心和圆的半径,用标准式较好;若已知圆经过三点时,用一般式较好。

求圆的方程常用"待定系数法"。用"待定系数法"求圆的方程的大致步骤是:

① 根据题意,选择标准方程或一般方程;

② 根据条件列出关于 $a,b,r$ 或 $D,E,F$ 的方程组;

③ 解出 $a,b,r$ 或 $D,E,F$,代入标准方程或一般方程。

(6) 圆的参数方程。

圆心在 $A(0,0)$,半径为 $r$ 的圆的参数方程:

$$\begin{cases} x=r\cos\theta \\ y=r\sin\theta \end{cases}(\theta\text{ 为参数},0\leq\theta<2\pi)$$

圆心在 $A(a,b)$,半径为 $r$ 的圆的参数方程:

$$\begin{cases} x=a+r\cos\theta \\ y=b+r\sin\theta \end{cases}(\theta\text{ 为参数},0\leq\theta<2\pi)$$

圆的参数方程与普通方程是圆的方程的不同形式,它们都是表示曲线上的点的横坐标 $x$ 与纵坐标 $y$ 之间的等量关系,参数方程是间接的表示出曲线上点的纵、横坐标之间的关系,而普通方程是直接表示曲线上点的纵、横坐标之间的关系。圆的普通方程与参数方程可以互相转化。

### 3. 直线、圆的位置关系

(1) 点与圆的位置关系。

给定点 $P(x_0,y_0)$ 和 $\odot C:(x-a)^2+(y-b)^2=r^2$,则点 $P(x_0,y_0)$ 和 $\odot C$ 具有如下的位置关系:

点 $P$ 在 $\odot C$ 上 $\Leftrightarrow (x_0-a)^2+(y_0-b)^2=r^2$;

点 $P$ 在 $\odot C$ 内 $\Leftrightarrow (x_0-a)^2+(y_0-b)^2<r^2$;

点 $P$ 在 $\odot C$ 外 $\Leftrightarrow (x_0-a)^2+(y_0-b)^2>r^2$。

(2) 直线与圆的位置关系。

由平面几何可知,直线与圆有三种位置关系:

① 直线与圆相交,有两个公共点;

② 直线与圆相切,只有一个公共点;

③ 直线与圆相离,没有公共点。

给定直线 $l: Ax+By+C=0$ 和 $\odot C: (x-a)^2+(y-b)^2=r^2$。设圆心 $C$ 到直线 $l$ 的距离为 $d$,由直线 $l$ 的方程和 $\odot C$ 的方程联立成方程组,消去 $x$(或 $y$)后,得到一个一元二次方程,其判别式为 $\Delta$,则它们的位置关系如下:

直线 $l$ 与 $\odot C$ 相离 $\Leftrightarrow d>r \Leftrightarrow \Delta<0$;

直线 $l$ 与 $\odot C$ 相切 $\Leftrightarrow d=r \Leftrightarrow \Delta=0$;

直线 $l$ 与 $\odot C$ 相交 $\Leftrightarrow d<r \Leftrightarrow \Delta>0$。

直线 $l$ 与 $\odot C$ 相交时,直线被圆截得的弦长公式为

$$l=2\sqrt{r^2-d^2}=\sqrt{1+k^2}\sqrt{(x_1-x_2)^2-4x_1x_2}$$

用 $d$ 与 $r$ 的关系判定直线与圆的位置关系称为几何法,利用 $\Delta$ 判定直线与圆的位置关系称为代数法。

(3) 圆与圆的位置关系。

① 代数法。解两个圆的方程所组成的二元二次方程组。若方程组有两组不同的解,则两圆相交;若方程组有两组相同的实数解,则两圆相切;若无实数解,则两圆相离。

② 几何法。设 $\odot O_1$ 的半径为 $r_1$,$\odot O_2$ 的半径为 $r_2$,则:

两圆外离 $\Leftrightarrow |O_1O_2|>r_1+r_2$;

两圆外切 $\Leftrightarrow |O_1O_2|=r_1+r_2$;

两圆相交 $\Leftrightarrow |r_2-r_1|<|O_1O_2|<r_1+r_2$;

两圆内切 $\Leftrightarrow |O_1O_2|=|r_2-r_1|$;

两圆内含 $\Leftrightarrow |O_1O_2|<|r_2-r_1|$;

两圆同心 $\Leftrightarrow |O_1O_2|=0$。

**4. 直线与圆的方程的应用**

直线与圆的方程在生产、生活实践以及数学中有着广泛的应用。

用坐标法解决几何问题的步骤如下:

第一步:先用坐标和方程表示相应的几何元素(点、直线、圆),将几何问题转化为代数问题。

第二步:通过代数运算,解决代数问题。

第三步:解释代数运算结果的几何含义,得到几何问题的结论,即将代数运算结果"翻译"成几何结论。

## 第三节　空间直角坐标

**1. 空间直角坐标系**

为了确定空间点的位置,在空间中取一点 $O$ 作为原点,过 $O$ 点作三条两两垂直的数轴,通常用 $x,y,z$ 表示。

轴的方向通常这样选择:从 $z$ 轴的正方向看,$x$ 轴的半轴沿逆时针方向转 $90°$ 能与 $y$ 轴的半轴重合。这样就在空间建立了一个直角坐标系 $O-xyz$,$O$ 叫作坐标原点,$x$ 轴、$y$ 轴、$z$ 轴叫作坐标轴。通过两个坐标轴的平面叫作坐标面,分别称为 $xOy$ 平面、$yOz$ 平面、$xOz$ 平面。

如果让右手拇指指向 $x$ 轴的正方向,食指指向 $y$ 轴的正方向,中指指向 $z$ 轴的正方向,那么称这个坐标系为右手直角坐标系,一般情况下,建立的坐标系都是右手直角坐标系。

在平面上画空间直角坐标系 $O-xyz$ 时,一般情况下使 $\angle xOy = 135°$,$\angle yOz = 90°$。

如图 8-1 所示,设点 $M$ 为空间的一个定点,过点 $M$ 分别作垂直于 $x$ 轴、$y$ 轴、$z$ 轴的平面,依次交 $x$ 轴、$y$ 轴、$z$ 轴于点 $P$,$Q$ 和 $R$。设点 $P$,$Q$ 和 $R$ 分别在 $x$ 轴、$y$ 轴和 $z$ 轴上的坐标为 $x$,$y$ 和 $z$,则空间上的点 $M$ 和有序实数组 $(x,y,z)$ 一一对应,把有序实数组 $(x,y,z)$ 叫作点 $M$ 在此空间直角坐标系中的坐标,记作 $M(x,y,z)$。其中 $x$,$y$ 和 $z$ 分别叫作点 $M$ 的横坐标、纵坐标和竖坐标。

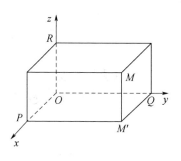

图 8-1

$xOy$ 平面是坐标形如 $(x,y,0)$ 的点构成的点集,其中 $x$,$y$ 为任意实数;$yOz$ 平面是坐标形如 $(0,y,z)$ 的点构成的点集,其中 $y$,$z$ 为任意实数;$xOz$ 平面是坐标形如 $(x,0,z)$ 的点构成的点集,其中 $x$,$z$ 为任意实数。

$x$ 轴是坐标形如 $(x,0,0)$ 的点构成的点集,其中 $x$ 为任意实数;$y$ 轴是坐标形如 $(0,y,0)$ 的点构成的点集,其中 $y$ 为任意实数;$z$ 轴是坐标形如 $(0,0,z)$ 的点构成的点集,其中 $z$ 为任意实数。

在空间直角坐标系中,三个坐标平面把空间分成八部分,每一部分称为一个卦限。

在坐标平面 $xOy$ 上方的四个象限对应的卦限称为第 Ⅰ 卦限、第 Ⅱ 卦限、第 Ⅲ 卦限、第 Ⅳ 卦限;在下面的卦限称为第 Ⅴ 卦限、第 Ⅵ 卦限、第 Ⅶ 卦限、第 Ⅷ 卦限。

在每个卦限内,点的坐标的各分量的符号是不变的,例如:在第 Ⅰ 卦限,三个坐标分量 $x$,$y$,$z$ 都为正数;在第 Ⅱ 卦限,$x$ 为负数,$y$,$z$ 均为正数。

八个卦限中点的坐标符号分别为:

Ⅰ:$(+,+,+)$;Ⅱ:$(-,+,+)$;Ⅲ:$(-,-,+)$。

Ⅳ:$(+,-,+)$;Ⅴ:$(+,+,-)$;Ⅵ:$(-,+,-)$。

Ⅶ:$(-,-,-)$;Ⅷ:$(+,-,-)$。

**2. 空间两点间的距离公式**

空间两点 $A(x_1,y_1,z_1)$,$B(x_2,y_2,z_2)$ 的距离公式:$d(A,B) = \sqrt{(x_2-x_1)^2 + (y_2-y_1)^2 + (z_2-z_1)^2}$。特别地,点 $A(x,y,z)$ 到原点的距离公式为 $d(O,A) = \sqrt{x^2+y^2+z^2}$。

# 第四节 极坐标

**1. 极坐标系**

如图 8-2 所示,在平面内任取一个定点 $O$,称为极点,引一条射线 $Ox$,称为极轴,在 $Ox$ 上规定单位长度和角度正方向(通常取逆时针方向)。对于平面内任何一点 $M$,用 $\rho$ 表示线段 $OM$ 的长度,$\theta$ 表示从 $Ox$ 到 $OM$ 的角度,$\rho$ 叫作点 $M$ 的极径,$\theta$ 叫作点 $M$ 的极角,有序数对 $(\rho,\theta)$ 就叫作点 $M$ 的极坐标,这样建立的坐标系叫作极坐标系。

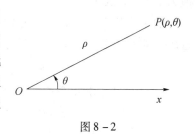

图 8-2

### 2. 极坐标与直角坐标的互化

若极点与直角坐标系的原点重合,极轴与 $x$ 轴正方向重合,那么在这两种坐标系下,点的坐标可根据需要相互转化:

$$\begin{cases} x = \rho\cos\theta \\ y = \rho\sin\theta \end{cases}, \quad \begin{cases} \rho^2 = x^2 + y^2 \\ \tan\theta = \dfrac{y}{x}(x \neq 0) \end{cases}$$

### 3. 极坐标方程

过极点且倾斜角为 $\alpha$ 的直线方程为 $\theta = \alpha$;以极点为圆心,半径为 $r$ 的圆的方程为 $\rho = r$。

## 典型例题

**一、选择题**

**例1** 两条平行直线 $12x - 5y + 10 = 0$ 与 $12x - 5y - 16 = 0$ 间的距离为( )。

A. 4　　　　　B. 6　　　　　C. 2　　　　　D. 5

【解析】C。本题考查两条平行直线间的距离。

由两条平行直线之间的距离公式可得 $d = \dfrac{|10 - (-16)|}{\sqrt{12^2 + (-5)^2}} = 2$,故选 C。

**例2** 已知圆 $C_1:(x+a)^2 + (y-2)^2 = 1$ 与圆 $C_2:(x-b)^2 + (y-2)^2 = 4$ 外切,$a,b$ 为正实数,则 $ab$ 的最大值为( )。

A. $2\sqrt{3}$　　　　B. $\dfrac{9}{4}$　　　　C. $\dfrac{3}{2}$　　　　D. $\dfrac{\sqrt{6}}{2}$

【解析】B。本题考查圆与圆之间的位置关系。

由已知得圆 $C_1:(x+a)^2 + (y-2)^2 = 1$ 的圆心为 $C_1(-a,2)$,半径 $r_1 = 1$,圆 $C_2:(x-b)^2 + (y-2)^2 = 4$ 的圆心为 $C_2(b,2)$,半径 $r_2 = 2$。因为两圆外切,所以 $|C_1C_2| = r_1 + r_2$,即 $|a+b| = 3$。由 $a^2 + b^2 \geq 2ab$ 得 $(a+b)^2 \geq 4ab$,因此 $ab \leq \dfrac{(a+b)^2}{4} = \dfrac{9}{4}$,当且仅当 $a = b$ 时等号成立,故选 B。

**例3** 直线 $x = 2$ 被圆 $(x-a)^2 + y^2 = 4$ 所截得的弦长为 $2\sqrt{3}$,则 $a$ 的值为( )。

A. $-1$ 或 $\sqrt{3}$　　　　　　　　B. $\sqrt{2}$ 或 $-\sqrt{2}$

C. 1 或 3　　　　　　　　　　　D. $\sqrt{3}$

【解析】C。本题考查直线与圆相交所得弦的问题。圆心坐标为 $(a,0)$,$r = 2$,则圆心到直线的距离 $d = |a-2|$,且满足关系式 $\sqrt{r^2 - d^2}$ 等于弦长的一半,即 $\sqrt{4 - (a-2)^2} = \sqrt{3}$,解得 $a$ 的值为 1 或 3。故选 C。

**例4** 直线 $x + y + 2 = 0$ 分别与 $x$ 轴、$y$ 轴交于 $A,B$ 两点,点 $P$ 在圆 $(x-2)^2 + y^2 = 2$ 上,则 $\triangle PAB$ 面积的取值范围是( )。

A. $[2, 6]$　　　B. $[4, 8]$　　　C. $[\sqrt{2}, 3\sqrt{2}]$　　　D. $[2\sqrt{2}, 3\sqrt{2}]$

【解析】A。本题考查直线与圆的应用,点到直线的距离公式。

因为直线 $x + y + 2 = 0$ 分别与 $x$ 轴、$y$ 轴交于 $A,B$ 两点,所以 $A(-2, 0)$,$B(0, -2)$,$|AB| = 2\sqrt{2}$。因为点 $P$ 在圆 $(x-2)^2 + y^2 = 2$ 上,圆心为 $(2, 0)$,半径为 $\sqrt{2}$,设圆心到直线 $x +$

$y+2=0$ 距离为 $d_1$，则 $d_1=\dfrac{|2+0+2|}{\sqrt{2}}=2\sqrt{2}$。由于圆的半径为 $\sqrt{2}$，故点 $P$ 到直线 $x+y+2=0$ 距离为 $d_2$ 的范围是 $[\sqrt{2},3\sqrt{2}]$，因此 $S_{\triangle PAB}=\dfrac{1}{2}|AB|d_2\in[2,6]$。故选 A。

**例 5** 设 $a,b,c$ 分别是 $\triangle ABC$ 中 $\angle A,\angle B,\angle C$ 的对边长，则直线 $x\sin A+ay+c=0$ 与 $bx-y\sin B+\sin C=0$ 的位置关系是（　　）。

A. 平行　　　　　　　　　　　　B. 重合
C. 垂直　　　　　　　　　　　　D. 相交但不垂直

【解析】C。本题考查两直线垂直关系的判断，用到了三角形正弦定理知识点。由三角形中角和边长的关系 $\dfrac{a}{\sin A}=\dfrac{b}{\sin B}$ 得 $\sin A\ b+a\cdot(-\sin B)=0$，由两直线的位置关系知两直线垂直。故选 C。

**例 6** 如果圆 $C:(x+m)^2+(y+m)^2=8$ 上总存在到点 $(0,0)$ 的距离为 $\sqrt{2}$ 的点，则实数 $m$ 的取值范围是（　　）。

A. $[-3,3]$　　　　　　　　　　B. $(-3,3)$
C. $(-3,-1)\cup(1,3)$　　　　　　D. $[-3,-1]\cup[1,3]$

【解析】D。本题考查圆与圆的相交问题。

由题意，圆 $C:(x+m)^2+(y+m)^2=8$ 上总存在到点 $(0,0)$ 的距离为 $\sqrt{2}$ 的点，转化为圆 $C:(x+m)^2+(y+m)^2=8$ 与圆 $x^2+y^2=2$ 存在公共点的问题，所以 $2\sqrt{2}-\sqrt{2}\leqslant\sqrt{(-m-0)^2+(-m-0)^2}\leqslant 2\sqrt{2}+\sqrt{2}$，解得 $-3\leqslant m\leqslant-1$ 或 $1\leqslant m\leqslant 3$，故选 D。

**例 7** 直线 $y=kx$ 交曲线 $y=\sqrt{-x^2+4x-3}$ 于 $P,Q$ 两点，$O$ 为坐标原点，点 $P$ 在线段 $OQ$ 上。若 $|OP|=2|PQ|$，则 $k$ 的值为（　　）。

A. $\dfrac{1}{5}$　　　　B. $\dfrac{\sqrt{3}}{5}$　　　　C. $\dfrac{\sqrt{5}}{5}$　　　　D. $\dfrac{\sqrt{7}}{5}$

【解析】D。本题考查直线与圆的位置关系，点到直线的距离问题。

由 $y=\sqrt{-x^2+4x-3}$，可得 $(x-2)^2+y^2=1$。因为 $y\geqslant 0$，所以曲线 $y=\sqrt{-x^2+4x-3}$ 为圆心在 $(2,0)$，半径为 $1$ 的上半圆周。设圆心 $C$ 到直线 $y=kx$ 的距离为 $d$，过点 $C$ 作直线 $y=kx$ 的垂线，且垂足为 $M$。因为 $|OP|=2|PQ|$，所以 $|OM|=5|PM|$，即 $\sqrt{2^2-d^2}=5\sqrt{1^2-d^2}$，解得 $d^2=\dfrac{7}{8}$，即 $\left(\dfrac{|2k|}{\sqrt{1+k^2}}\right)^2=\dfrac{7}{8}$，所以 $k^2=\dfrac{7}{25}$。又因为 $y\geqslant 0$，所以 $k\geqslant 0$，所以 $k=\dfrac{\sqrt{7}}{5}$。故选 D。

**例 8** 曲线的极坐标方程 $\rho=6\cos\theta$，化成直角坐标方程为（　　）。

A. $x^2+(y+3)^2=9$　　　　　　B. $x^2+(y-3)^2=9$
C. $(x-3)^2+y^2=9$　　　　　　D. $(x+3)^2+y^2=9$

【解析】C。本题考查极坐标方程转化成直角坐标方程。极坐标方程 $\rho=6\cos\theta$，化为 $\rho^2=6\rho\cos\theta$，即 $x^2+y^2=6x$。配方得 $(x-3)^2+y^2=9$。故选 C。

**例 9** 点 $P$ 的直角坐标为 $(-\sqrt{2},\sqrt{2})$，则极坐标可表示为（　　）。

A. $\left(2,\dfrac{\pi}{4}\right)$　　　　B. $\left(2,\dfrac{3\pi}{4}\right)$　　　　C. $\left(2,\dfrac{5\pi}{4}\right)$　　　　D. $\left(2,\dfrac{7\pi}{4}\right)$

【解析】B。本题考查直角坐标转化为极坐标。因为点$(-\sqrt{2},\sqrt{2})$在第二象限,且$\tan\theta = -1$,所以$\theta = \dfrac{3\pi}{4}, \rho = 2$。所以极坐标可表示为$\left(2, \dfrac{3\pi}{4}\right)$。故选 B。

**例 10** 在极坐标系中,圆$\rho = 5\cos\theta - 5\sqrt{3}\sin\theta$的圆心的极坐标是(　　)。

A. $\left(5, \dfrac{5\pi}{3}\right)$ 　　　　　　　　　　　　B. $\left(5, \dfrac{\pi}{3}\right)$

C. $\left(5, -\dfrac{\pi}{3}\right)$ 　　　　　　　　　　　D. $\left(5, -\dfrac{5\pi}{3}\right)$

【解析】A。考查极坐标系下圆心的表示形式。圆$\rho = 5\cos\theta - 5\sqrt{3}\sin\theta$在直角坐标系下的方程为$x^2 + y^2 - 5x + 5\sqrt{3}y = 0$,即$\left(x - \dfrac{5}{2}\right)^2 + \left(y + \dfrac{5\sqrt{3}}{2}\right)^2 = 5^2$,圆心的直角坐标为$\left(\dfrac{5}{2}, -\dfrac{5\sqrt{3}}{2}\right)$。注意圆心在第四象限,化为极坐标为$\left(5, \dfrac{5\pi}{3}\right)$。故选 A。

**例 11** 若点$P$的坐标是$(5\cos\theta, 4\sin\theta)$,圆$C$的方程为$x^2 + y^2 = 25$,则点$P$与圆$C$的位置关系为(　　)。

A. 点$P$在圆$C$内　　　　　　　　　　B. 点$P$在圆$C$上

C. 点$P$在圆$C$内或点$P$在圆$C$上　　D. 点$P$在圆$C$外

【解析】C。本题考查判断点与圆的位置关系,点给定的是极坐标形式。圆心$(0,0)$与$P$点的距离$d = \sqrt{(5\cos\theta)^2 + (4\sin\theta)^2} = \sqrt{9\cos^2\theta + 16\cos^2\theta + 16\sin^2\theta} = \sqrt{9\cos^2\theta + 16}$。因为$0 \leqslant \cos^2\theta \leqslant 1$,所以$4 \leqslant d \leqslant 5$。即点$P$在圆$C$内或点$P$在圆$C$上。故选 C。

**例 12** 直线$3x - 4y - 5 = 0$和圆$\begin{cases} x = 1 + 2\cos\theta \\ y = -3 + 2\sin\theta \end{cases}$($\theta$为参数)的位置关系是(　　)。

A. 直线与圆相切　　　　　　　　　　B. 直线与圆相交但不过圆心

C. 直线与圆相交并过圆心　　　　　　D. 直线与圆相离

【解析】A。本题考查判断直线与圆的位置关系,圆给定的是参数形式。圆的圆心为$(1, -3)$,半径$r = 2$,则圆心到直线的距离$d = \dfrac{|3 \times 1 - 4 \times (-3) - 5|}{\sqrt{3^2 + 4^2}} = 2 = r$,所以直线与圆相切。故选 A。

**例 13** 过直线$y = x$上的一点作圆$(x - 5)^2 + (y - 1)^2 = 2$的两条切线$l_1, l_2$。当$l_1, l_2$关于$y = x$对称时,它们之间的夹角为(　　)。

A. 30° 　　　　B. 45° 　　　　C. 60° 　　　　D. 90°

【解析】C。本题考查圆的两条外切线的夹角。$(x - 5)^2 + (y - 1)^2 = 2$的圆心坐标为$(5, 1)$,半径$r = \sqrt{2}$,过$(5, 1)$与$y = x$垂直的直线方程为$x + y - 6 = 0$,它与$y = x$的交点坐标为$N(3, 3)$。$N$到圆心的距离$d = 2\sqrt{2}$,而半径$r = \sqrt{2}$,所以$l_1, l_2$之间的夹角为60°。故选 C。

**例 14** 若过点$A(4, 0)$的直线$l$与曲线$(x - 2)^2 + y^2 = 1$有公共点,则直线$l$的斜率的取值范围为(　　)。

A. $[-\sqrt{3}, \sqrt{3}]$ 　　　　　　　　　　B. $(-\sqrt{3}, \sqrt{3})$

C. $\left[-\dfrac{\sqrt{3}}{3}, \dfrac{\sqrt{3}}{3}\right]$ 　　　　　　　　　D. $\left(-\dfrac{\sqrt{3}}{3}, \dfrac{\sqrt{3}}{3}\right)$

**【解析】**C。本题考查直线与圆的位置关系、直线的斜率。圆$(x-2)^2+y^2=1$的圆心坐标为$(2,0)$,半径$r=1$。因为点$A(4,0)$到圆心的距离$d=2>1$,所以点$A(4,0)$在圆外。设直线$l$的方程为$y=kx-4k$,当直线与圆相切时,圆心到直线的距离$d=\dfrac{|k\cdot 2-0-4k|}{\sqrt{k^2+1}}=1$,得$k=\pm\dfrac{\sqrt{3}}{3}$。所以直线$l$与圆$(x-2)^2+y^2=1$有公共点时,直线$l$的斜率的取值范围为$\left[\dfrac{-\sqrt{3}}{3},\dfrac{\sqrt{3}}{3}\right]$。故选C。

**例15** 若圆$C$的半径为1,圆心在第一象限,且与直线$4x-3y=0$和$x$轴相切,则该圆的标准方程是( )。

A. $(x-3)^2+\left(y-\dfrac{7}{3}\right)^2=1$     B. $(x-2)^2+(y-1)^2=1$

C. $(x-1)^2+(y-3)^2=1$     D. $\left(x-\dfrac{3}{2}\right)^2+(y-1)^2=1$

**【解析】**B。本题考查圆与直线的位置关系。设圆心坐标为$(a,b)$,因为圆心在第一象限,所以$a>0,b>0$。因为圆与直线$4x-3y=0$和$x$轴相切,所以$\dfrac{|4\cdot a-3b|}{\sqrt{4^2+3^2}}=|b|=1$,解得$b=1$,$a=2$,所以圆的标准方程是$(x-2)^2+(y-1)^2=1$。故选B。

**例16** 极坐标方程$\rho\cos\theta=2\sin 2\theta$表示的曲线为( )。

A. 一条直线       B. 一个圆

C. 一条直线和一个圆    D. 无法判断

**【解析】**C。本题考查极坐标系下曲线的图形。极坐标方程$\rho\cos\theta=2\sin 2\theta$可简化为$\rho\cos\theta=4\sin\theta\cos\theta$,所以$\rho\cos\theta-4\sin\theta\cos\theta=0$,即$(\rho-4\sin\theta)\cos\theta=0$,所以$\cos\theta=0$或$\rho=4\sin\theta$。由$\cos\theta=0$知$\theta=\dfrac{\pi}{2}$或$\theta=\dfrac{3\pi}{2}$表示一条直线;$\rho=4\sin\theta$表示圆。故选C。

## 二、填空题

**例1** 在平面直角坐标系中,经过三点$(0,0),(1,1),(2,0)$的圆的方程为_____。

**【解析】**本题考查圆的方程的确定。

方法一:设所求圆的方程为$x^2+y^2+Dx+Ey+F=0$,将已知三点$(0,0),(1,1),(2,0)$代入方程可得$\begin{cases}F=0\\1+1+D+E+F=0\\4+2D+F=0\end{cases}$,解得$\begin{cases}D=-2\\E=0\\F=0\end{cases}$,故所求圆的方程为$x^2+y^2-2x=0$。

方法二:设已知三点为$O(0,0),A(1,1),B(2,0)$。$OA$的垂直平分线方程为$y-\dfrac{1}{2}=-\left(x-\dfrac{1}{2}\right)$,即$y=-x+1$。又$OB$的垂直平分线方程为$x=1$,联立方程$\begin{cases}y=-x+1\\x=1\end{cases}$,解得$\begin{cases}x=1\\y=0\end{cases}$,即所求圆的圆心坐标为$C(1,0)$,半径$r=|OC|=1$,故所求圆的方程为$(x-1)^2+y^2=1$,即$x^2+y^2-2x=0$。

方法三:设已知三点为$O(0,0),A(1,1),B(2,0)$。因为$O(0,0),B(2,0)$在圆上,所以圆心一定在$OB$的垂直平分线方程$x=1$上,故设圆心坐标为$C(1,b)$。由半径$r=|OC|=|AC|$得

$\sqrt{1^2+b^2}=\sqrt{(1-1)^2+(b-1)^2}$,解得 $b=0$,则圆心坐标为 $C(1,0)$,半径 $r=|OC|=1$,故所求圆的方程为 $(x-1)^2+y^2=1$,即 $x^2+y^2-2x=0$。

方法四:设已知三点为 $O(0,0),A(1,1),B(2,0)$。因为 $|OA|^2=2,|AB|^2=2,|OB|^2=4$,所以 $|OA|^2+|AB|^2=|OB|^2$,所以 $\triangle OAB$ 为直角三角形,且 $OB$ 为斜边,于是所求圆的圆心坐标为 $OB$ 的中点 $C(1,0)$,半径 $r=\dfrac{|OB|}{2}=1$,故所求圆的方程为 $(x-1)^2+y^2=1$,即 $x^2+y^2-2x=0$。

**例2** 设 $a$ 为实数,若直线 $ax-y+2=0$ 和圆 $\begin{cases} x=2+2\cos\theta \\ y=1+2\sin\theta \end{cases}$($\theta$ 为参数)相切,则 $a$ 的值为_____。

【解析】本题考查圆的参数方程、直线与圆的位置关系、点到直线的距离公式。

由圆的参数方程可知,圆心为 $C(2,1)$,半径 $r=2$,由于直线与圆相切,则圆心 $C$ 到直线 $ax-y+2=0$ 的距离 $d=\dfrac{|2a-1+2|}{\sqrt{a^2+1}}=r=2$,解得 $a=\dfrac{3}{4}$。

**例3** 已知直线 $x-2y+2k=0$ 与两个坐标轴围成的三角形面积不大于1,则 $k$ 的取值范围是_____。

【解析】本题考查直线的截距式方程,结合三角形面积、解不等式。

直线 $x-2y+2k=0$ 的截距式为 $\dfrac{x}{-2k}+\dfrac{y}{k}=1$,所以直线 $x-2y+2k=0$ 与两个坐标轴围成的三角形面积 $S_\triangle=\dfrac{1}{2}\cdot|-2k||k|=k^2$,即满足 $k^2\leqslant 1$,所以 $k$ 的取值范围是 $-1\leqslant k\leqslant 1$。

**例4** 已知圆 $C$ 的圆心坐标为 $(0,m)$,半径长为 $r$。若直线 $2x-y+3=0$ 与圆 $C$ 相切于点 $A(-2,-1)$,则 $m=$ _____,$r=$ _____。

【解析】本题考查直线与圆的位置关系、两点间的距离公式和点到直线的距离公式。

由题意知,$r$ 既等于圆心到直线的距离,又等于 $OA$ 的长度,即 $r=\dfrac{|-m+3|}{\sqrt{5}}=\sqrt{4+(m+1)^2}$,解得 $m=-2,r=\sqrt{5}$。

**例5** 设抛物线 $y^2=4x$ 的焦点为 $F$,准线为 $l$。已知点 $C$ 在 $l$ 上,以 $C$ 为圆心的圆与 $y$ 轴的正半轴相切于点 $A$。若 $\angle FAC=120°$,则圆的方程为_____。

【解析】本题考查抛物线的基本性质、直线与圆的应用。

抛物线 $y^2=4x$ 的焦点为 $F(1,0)$,准线为 $l:x=-1$。因为圆心 $C$ 在 $l$ 上,可设 $C$ 为 $(-1,b)$,圆的方程为 $(x+1)^2+(y-b)^2=r^2$。因为圆与 $y$ 轴的正半轴相切于点 $A$,所以 $r=1$,$A$ 为 $(0,b)(b>0)$。因为 $\angle FAC=120°$,所以 $\angle FAO=30°$。又因为 $|OF|=1$,所以 $|OA|=\sqrt{3}$,即 $b=\sqrt{3}$。所以圆的方程为 $(x+1)^2+(y-\sqrt{3})^2=1$。

**例6** 在极坐标系中,直线 $\rho\cos\theta+\rho\sin\theta=a(a>0)$ 与圆 $\rho=2\cos\theta$ 相切,则 $a=$ _____。

【解析】直线 $\rho\cos\theta+\rho\sin\theta=a(a>0)$ 写成直角坐标系方程为 $x+y=a(a>0)$,圆 $\rho=2\cos\theta$ 的直角坐标系方程为 $x^2+y^2=2x$,即 $(x-1)^2+y^2=1$。根据题意,直线和圆相切知圆心 $(1,0)$ 到直线的距离等于半径1,即 $d=\dfrac{|1-0-a|}{\sqrt{1^2+(-1)^2}}=1$,解得 $a=1+\sqrt{2}$。

**例7** 在极坐标系中,直线 $l$ 的方程为 $\rho\sin\theta = 3$,则点 $\left(2, \dfrac{\pi}{6}\right)$ 到直线 $l$ 的距离为_____。

【解析】将直线和点转化为直角坐标系下坐标,可得直线方程为 $y=3$,点 $\left(2,\dfrac{\pi}{6}\right)$ 的坐标为 $\left(2\cos\dfrac{\pi}{6},2\sin\dfrac{\pi}{6}\right) = (\sqrt{3},1)$,得点到直线的距离为 $3-1=2$。

**例8** 在极坐标系中,曲线 $\rho = \cos\theta$ 与 $\rho = \sin\theta\left(\rho>0, 0\leqslant\theta\leqslant\dfrac{\pi}{2}\right)$ 的交点的极坐标为_____。

【解析】$\left(\dfrac{\sqrt{2}}{2},\dfrac{\pi}{4}\right)$。曲线 $\rho=\cos\theta$ 与 $\rho=\sin\theta\left(\rho>0,0\leqslant\theta\leqslant\dfrac{\pi}{2}\right)$ 可得直角坐标方程为 $x^2+y^2=x, x^2+y^2=y, x\geqslant 0, y\geqslant 0, x^2+y^2\geqslant 0$。

联立解得 $x=y=\dfrac{1}{2}$。

$\therefore$ 交点 $P\left(\dfrac{1}{2},\dfrac{1}{2}\right)$,化为极坐标为 $\rho=\sqrt{\left(\dfrac{1}{2}\right)^2+\left(\dfrac{1}{2}\right)^2}=\dfrac{\sqrt{2}}{2}, \theta=\dfrac{\pi}{4}$。

$\therefore$ 极坐标为 $\left(\dfrac{\sqrt{2}}{2},\dfrac{\pi}{4}\right)$。

**例9** 将圆 $x^2+y^2=1$ 沿 $x$ 轴正向平移 1 个单位后得到圆 $C$,则圆 $C$ 的方程为 $(x-1)^2+y^2=1$;若过点 $(3,0)$ 的直线 $l$ 和圆 $C$ 相切,则直线 $l$ 的斜率 $k$ 为_____。

【解析】本题考查圆的平移、直线和圆的位置关系、点到直线的距离。

将圆 $x^2+y^2=1$ 沿 $x$ 轴正向平移 1 个单位后得到圆 $C$,所以圆 $C$ 的方程为 $(x-1)^2+y^2=1$,所以圆 $C$ 的圆心为 $(1,0)$,半径 $r=1$。设直线 $l$ 的方程为 $y=kx-3k$,因为直线 $l$ 和圆 $C$ 相切,所以圆心到直线的距离 $d=\dfrac{|k\cdot 1-0-3k|}{\sqrt{k^2+1}}=1$,解得 $k=\pm\dfrac{\sqrt{3}}{3}$。

**例10** 在极坐标系中,已知直线 $3\rho\cos\theta+4\rho\sin\theta+a=0$ 与圆 $\rho=2\cos\theta$ 相交,则实数 $a$ 的范围为_____。

【解析】本题考查直线与圆的位置关系、点到直线的距离。

在直角坐标系中,直线方程为 $3x+4y+a=0$,圆的方程为 $x^2+y^2=2x$,即 $(x-1)^2+y^2=1$,圆心为 $(1,0)$,半径 $r=1$,所以满足圆心到直线的距离 $d=\dfrac{|3\cdot 1+4\cdot 0+a|}{\sqrt{3^2+4^2}}<1$,解得 $-8<a<2$。

### 三、解答题

**例1** 已知点 $P$ 是圆 $C:(x-3)^2+y^2=4$ 上的动点,点 $A$ 坐标为 $(-3,0)$,$M$ 是线段 $AP$ 的中点。

(1) 求点 $M$ 的轨迹方程;

(2) 若点 $M$ 的轨迹与直线 $l:2x-y+n=0$ 交于 $E$、$F$ 两点,且 $OE\perp OF$,求 $n$ 的值。

【解析】本题考查直线与圆的应用。

(1) 设 $M(x,y)$ 为所求轨迹上的任意一点,$P$ 点坐标为 $(x_1,y_1)$,则 $(x_1-3)^2+y_1^2=4$。又因为 $M$ 是线段 $AP$ 的中点,所以 $\begin{cases}x=\dfrac{x_1-3}{2}\\ y=\dfrac{y_1}{2}\end{cases}$,即 $\begin{cases}x_1=2x+3\\ y_1=2y\end{cases}$,代入 $(x_1-3)^2+y_1^2=4$ 得 $x^2+y^2=1$。

(2) 联立 $\begin{cases} x^2 + y^2 = 1 \\ 2x - y + n = 0 \end{cases}$，消去 $y$ 得 $5x^2 + 4nx + n^2 - 1 = 0$。由 $\Delta > 0$ 得 $-\sqrt{5} < n < \sqrt{5}$。设 $E(x_1, y_1), F(x_2, y_2)$，则 $\begin{cases} x_1 + x_2 = -\dfrac{4n}{5} \\ x_1 x_2 = \dfrac{n^2 - 1}{5} \end{cases}$。由 $OE \perp OF$，可得 $x_1 x_2 + y_1 y_2 = 0$。因为 $y = 2x + n$，代入上式得 $x_1 x_2 + (2x_1 + n)(2x_2 + n) = 0$，即 $5 x_1 x_2 + 2n(x_1 + x_2) + n^2 = 0$。

将 $x_1 + x_2 = -\dfrac{4n}{5}, x_1 x_2 = \dfrac{n^2 - 1}{5}$ 代入可得 $5 \times \dfrac{n^2 - 1}{5} + 2n \times \left(-\dfrac{4n}{5}\right) + n^2 = 0$，化简得 $n^2 = \dfrac{5}{2}$。因为 $-\sqrt{5} < n < \sqrt{5}$，所以 $n = \pm \dfrac{\sqrt{10}}{2}$。

**例 2** 已知点 $A(0,2), B\left(0, \dfrac{1}{2}\right)$，点 $P$ 为曲线 $\varGamma$ 上任意一点，且满足 $|PA| = 2|PB|$。

(1) 求曲线 $\varGamma$ 的方程。

(2) 设曲线 $\varGamma$ 与 $y$ 轴交于 $M, N$ 两点，点 $R$ 是曲线 $\varGamma$ 上异于 $M, N$ 的任意一点，直线 $MR, NR$ 分别交直线 $l : y = 3$ 于点 $F, G$。试问：在 $y$ 轴上是否存在一个定点 $S$，使得 $\overrightarrow{SF} \cdot \overrightarrow{SG} = 0$？若存在，求出点 $S$ 的坐标；若不存在，请说明理由。

【解析】本题考查圆与直线的应用。

(1) 设 $P(x, y)$，由 $|PA| = 2|PB|$ 得 $\sqrt{x^2 + (y - 2)^2} = 2\sqrt{x^2 + \left(y - \dfrac{1}{2}\right)^2}$，整理得 $x^2 + y^2 = 1$，所以曲线 $\varGamma$ 的方程为 $x^2 + y^2 = 1$。

(2) 由题意得，$M(0, 1), N(0, -1)$。设点 $R(x_0, y_0)(x_0 \neq 0)$，因为点 $R$ 在曲线 $\varGamma$ 上，所以 $x_0^2 + y_0^2 = 1$。直线 $RM$ 的方程为 $y - 1 = \dfrac{y_0 - 1}{x_0} x$，所以直线 $RM$ 与直线 $y = 3$ 的交点为 $F\left(\dfrac{2x_0}{y_0 - 1}, 3\right)$。直线 $RN$ 的方程为 $y + 1 = \dfrac{y_0 + 1}{x_0} x$，所以直线 $RN$ 与直线 $y = 3$ 的交点为 $G\left(\dfrac{4x_0}{y_0 + 1}, 3\right)$。假设存在点 $S(0, m)$，使得 $\overrightarrow{SF} \cdot \overrightarrow{SG} = 0$ 成立，则 $\overrightarrow{SF} = \left(\dfrac{2x_0}{y_0 - 1}, 3 - m\right), \overrightarrow{SG} = \left(\dfrac{4x_0}{y_0 + 1}, 3 - m\right)$，从而 $\dfrac{2x_0}{y_0 - 1} \cdot \dfrac{4x_0}{y_0 + 1} + (3 - m)^2 = 0$，整理得 $\dfrac{8x_0^2}{y_0^2 - 1} + (3 - m)^2 = 0$。因为 $x_0^2 + y_0^2 = 1$，所以 $-8 + (3 - m)^2 = 0$，解得 $m = 3 \pm 2\sqrt{2}$。所以存在点 $S$ 使得 $\overrightarrow{SF} \cdot \overrightarrow{SG} = 0$ 成立，点 $S$ 的坐标为 $(0, 3 \pm 2\sqrt{2})$。

**例 3** 在直角坐标系 $xOy$ 中，以 $O$ 为圆心的圆与直线 $x - \sqrt{3} y = 4$ 相切。

(1) 求圆 $O$ 的方程；

(2) 圆 $O$ 与 $x$ 轴相交于 $A, B$ 两点，圆内的动点 $P$ 使 $|PA|, |PO|, |PB|$ 成等比数列，求 $\overrightarrow{PA} \cdot \overrightarrow{PB}$ 的取值范围。

【解析】本题考查圆的方程的求解，点与圆的位置关系，用到等比数列与向量的数量积知识。

(1) 依题设，圆 $O$ 的半径 $r$ 等于原点 $O$ 到直线 $x - \sqrt{3} y = 4$ 的距离，即 $r = \dfrac{4}{\sqrt{1 + 3}} = 2$。得圆 $O$ 的方程为 $x^2 + y^2 = 4$。

(2) 不妨设 $A(x_1, 0), B(x_2, 0), x_1 < x_2$。由 $x^2 = 4$，得 $A(-2, 0), B(2, 0)$。设 $P(x, y)$，由 $|PA|, |PO|, |PB|$ 成等比数列，得 $\sqrt{(x + 2)^2 + y^2} \cdot \sqrt{(x - 2)^2 + y^2} = x^2 + y^2$，即 $x^2 - y^2 = 2$。$\overrightarrow{PA} \cdot \overrightarrow{PB} =$

$(-2-x,-y)(2-x,-y) = x^2 - 4 + y^2 = 2(y^2-1)$。由于点$P$在圆$O$内,故$\begin{cases} x^2+y^2<4 \\ x^2-y^2=2 \end{cases}$。由此得$y^2<1$,所以$\overrightarrow{PA} \cdot \overrightarrow{PB}$的取值范围为$[-2,0)$。

**例4** 设$O$为坐标原点,曲线$x^2+y^2+2x-6y+1=0$上有两点$P,Q$,满足关于直线$x+my+4=0$对称,且$\overrightarrow{OP} \cdot \overrightarrow{OQ}=0$。

(1)求$m$的值;

(2)求直线$PQ$的方程。

【解析】本题考查直线与圆的位置关系问题。

(1) $x^2+y^2+2x-6y+1=0$的标准方程为$(x+1)^2+(y-3)^2=9$,所以曲线是以$(-1,3)$为圆心,3为半径的圆。由已知得直线过圆心,所以$-1+3m+4=0$,解得$m=-1$。

(2) 由于$P,Q$关于直线$x-y+4=0$对称,故可设直线$PQ$方程为$y=-x+b$,联立$\begin{cases} x^2+y^2+2x-6y+1=0 \\ y=-x+b \end{cases}$,得$2x^2+2(4-b)x+b^2-6b+1=0$。设$P(x_1,y_1),Q(x_2,y_2)$,则有$x_1+x_2=b-4$,$x_1 x_2 = \dfrac{b^2-6b+1}{2}$。又因为$\overrightarrow{OP} \cdot \overrightarrow{OQ}=0$,所以$x_1 x_2 + y_1 y_2 = 0$,即$2x_1 x_2 - b(x_1+x_2) + b^2 = 0$,将$x_1+x_2=b-4, x_1 x_2=\dfrac{b^2-6b+1}{2}$代入上式得$b^2-2b+1=0$,所以$b=1$,直线$PQ$的方程为$y=-x+1$。

**例5** 已知圆$C: x^2+y^2+2x-3=0$,直线$l_1$与圆$C$相交于不同的两点$A,B,M(0,1)$是线段$AB$的中点。

(1)求直线$l_1$的方程。

(2)是否存在与直线$l_1$平行的直线$l_2$,使得$l_2$与圆$C$相交于不同的两点$E,F(l_2$不经过圆心$C)$,且$\triangle CEF$的面积$S$最大?若存在,求出$l_2$的方程及对应的$\triangle CEF$的面积$S$;若不存在,请说明理由。

【解析】本题考查直线与圆的位置关系问题。

(1) 圆$C: x^2+y^2+2x-3=0$可化为$(x+1)^2+y^2=4$,则$C(-1,0)$。而$M(0,1)$是弦$AB$的中点,所以$l_1 \perp CM$,所以直线$l_1$的斜率为$-1$,则直线$l_1$的方程为$y=-x+1$。

(2) 设直线$l_2$的方程为$y=-x+b$,则点$C$到$l_2$的距离为$d=\dfrac{|-1-b|}{\sqrt{2}}=\dfrac{|1+b|}{\sqrt{2}}<2$,所以$|EF|=2\sqrt{4-d^2}$,所以$\triangle CEF$的面积$S=\dfrac{1}{2} \times 2 \times d \times \sqrt{4-d^2}=\sqrt{d^2(4-d^2)} \leq \dfrac{d^2+(4-d^2)}{2}=2$。当且仅当$d^2=4-d^2$,即$d=\sqrt{2}$时,$\triangle CEF$的面积$S$最大,最大面积为2,此时$d=\dfrac{|1+b|}{\sqrt{2}}=\sqrt{2}$,解得$b=1$或$b=-3$。当$b=1$时,直线$y=-x+1$与直线$l_1$重合,所以直线$l_2$的方程为$y=-x-3$,即$x+y+3=0$。

# 强化训练

**一、选择题**

1. 若直线$l: y=kx-\sqrt{3}$与直线$2x+3y-6=0$的交点位于第一象限,则直线的倾斜角的取值范围是( )。

A. $\left[\dfrac{\pi}{6},\dfrac{\pi}{3}\right]$  B. $\left(\dfrac{\pi}{6},\dfrac{\pi}{2}\right)$

C. $\left(\dfrac{\pi}{3},\dfrac{\pi}{2}\right)$  D. $\left[\dfrac{\pi}{6},\dfrac{\pi}{2}\right]$

2. 设 $A,B$ 是 $x$ 轴上的两点，点 $P$ 的横坐标为 2，且 $|PA|=|PB|$，若直线 $PA$ 的方程为 $x-y+1=0$，则直线 $PB$ 的方程是( )。

A. $x+y-5=0$  B. $2x-y-1=0$

C. $2y-x-4=0$  D. $2x+y-7=0$

3. 若直线 $2x-y-4=0$ 绕它与 $x$ 轴的交点逆时针旋转 $\dfrac{\pi}{4}$，则所得直线的方程是( )。

A. $x-3y-2=0$  B. $3x-y+6=0$

C. $x-y-2=0$  D. $3x+y-6=0$

4. 已知直线 $l$ 过圆 $x^2+(y-3)^2=4$ 的圆心，且与直线 $x+y+1=0$ 垂直，则 $l$ 的方程是( )。

A. $x+y-2=0$  B. $x-y+2=0$  C. $x+y-3=0$  D. $x-y+3=0$

5. 圆心为 $(1,1)$ 且过原点的圆的方程是( )。

A. $(x-1)^2+(y-1)^2=1$  B. $(x+1)^2+(y+1)^2=1$

C. $(x+1)^2+(y+1)^2=2$  D. $(x-1)^2+(y-1)^2=2$

6. 已知一圆过点 $A(5,2),B(3,2)$，且圆心在直线 $2x-y-3=0$ 上，则圆的方程为( )。

A. $(x-4)^2+(y-5)^2=10$  B. $(x-4)^2+(y+5)^2=10$

C. $(x+4)^2+(y-5)^2=10$  D. $(x+4)^2+(y+5)^2=10$

7. 已知两点 $A(3,0),B(0,4)$，动点 $P(x,y)$ 在线段 $AB$ 上运动，则 $xy$ 的最大值是( )。

A. 2  B. 3  C. 4  D. 5

8. 如果直线 $l_1,l_2$ 的斜率分别为方程 $x^2-4x+1=0$ 的两个根，则 $l_1$ 与 $l_2$ 的夹角为( )。

A. $\dfrac{\pi}{3}$  B. $\dfrac{\pi}{4}$  C. $\dfrac{\pi}{6}$  D. $\dfrac{\pi}{8}$

二、填空题

1. 在极坐标系中，点 $\left(2,\dfrac{\pi}{6}\right)$ 到直线 $\rho\sin\theta=2$ 的距离等于_____。

2. 设 $a$ 为实数，若直线 $5x-12y+a=0$ 与圆 $\begin{cases}x=1+\cos\theta\\y=\sin\theta\end{cases}$（$\theta$ 为参数）相切，则 $a$ 的值为_____。

3. 直线 $l_1:y=x+a$ 和 $l_2:y=x+b$ 将单位圆 $C:x^2+y^2=1$ 分成长度相等的四段弧，则 $a^2+b^2=$ _____。

4. 设 $m\in\mathbf{R}$，过定点 $A$ 的动直线 $x+my=0$ 和过定点 $B$ 的动直线 $mx-y-m+3=0$ 交于点 $P(x,y)$，则 $|PA|\cdot|PB|$ 的最大值是_____。

5. 若圆 $C_1:x^2+y^2=1$ 与圆 $C_2:x^2+y^2-6x-8y+m=0$ 相外切，则 $m=$ _____。

6. 圆心在直线 $x-2y=0$ 上的圆 $C$ 与 $y$ 轴的正半轴相切，圆 $C$ 截 $x$ 轴所得弦的长为 $2\sqrt{3}$，则圆 $C$ 的标准方程为_____。

7. 直线 $l$ 过点 $P(-2,3)$，且与 $x$ 轴、$y$ 轴分别交于 $A,B$ 两点，若 $\overrightarrow{AP}:\overrightarrow{PB}=-2$，则直线 $l$ 的

方程为_____。

8. 已知两点 $A(-2,-3),B(3,0)$,若直线 $y-2=k(x+1)$ 与线段 $AB$ 总有公共点,则斜率 $k$ 的取值范围是_____。

### 三、解答题

1. 圆 $x^2+y^2=4$ 的切线与 $x$ 轴正半轴、$y$ 轴正半轴围成一个三角形,当该三角形面积最小时,切点为 $P$(图 8-3)。求点 $P$ 的坐标。

2. 点 $P(1,2,3)$ 关于 $y$ 轴的对称点为 $P_1$,$P$ 关于坐标平面 $xOz$ 的对称点为 $P_2$,求 $|P_1P_2|$。

3. 已知圆 $C$ 的方程为 $x^2+(y-4)^2=4$,点 $O$ 是坐标原点。直线 $l:y=kx$ 与圆 $C$ 交于 $M,N$ 两点。

（1）求 $k$ 的取值范围;

（2）设 $Q(m,n)$ 是线段 $MN$ 上的点,且 $\dfrac{2}{|OQ|^2}=\dfrac{1}{|OM|^2}+\dfrac{1}{|ON|^2}$,请将 $n$ 表示为 $m$ 的函数。

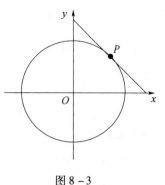

图 8-3

4. 已知曲线 $C_1$ 的参数方程为 $\begin{cases} x=4+5\cos t \\ y=5+5\sin t \end{cases}$（$t$ 为参数）,以坐标原点为极点,$x$ 轴的正半轴为极轴建立极坐标系,曲线 $C_2$ 的极坐标方程为 $\rho=2\sin\theta$。

（1）把 $C_1$ 的参数方程化为极坐标方程;

（2）求 $C_1$ 与 $C_2$ 交点的极坐标($\rho\geq 0,0\leq\theta<2\pi$)。

5. 过点 $P(3,1)$ 的两条互相垂直的直线中,一条直线的倾斜角为 $\alpha$($\alpha$ 为锐角)。当 $\alpha$ 为何值时,这两条直线与 $y$ 轴的交点间的距离最小,并求出此时两条直线的方程。

6. 已知直线 $l_1:2x+y-6=0$ 和点 $A(1,-1)$,过点 $A$ 作直线 $l$,与已知直线 $l_1$ 相交于点 $B$,且 $|AB|=5$,求直线 $l$ 的方程。

## 【强化训练解析】

### 一、选择题

1. B。本题考查直线与直线相交、象限点的特征。

两直线的交点为方程组 $\begin{cases} y=kx-\sqrt{3} \\ 2x+3y-6=0 \end{cases}$ 的解 $\begin{cases} x=\dfrac{3(2+\sqrt{3})}{2+3k} \\ y=\dfrac{6k-2\sqrt{3}}{2+3k} \end{cases}$。因为交点在第一象限,所以 $\begin{cases} x>0 \\ y>0 \end{cases}$ 即 $\begin{cases} x=\dfrac{3(2+\sqrt{3})}{2+3k}>0 \\ y=\dfrac{6k-2\sqrt{3}}{2+3k}>0 \end{cases}$,所以 $k>\dfrac{\sqrt{3}}{3}$,倾斜角范围为 $\left(\dfrac{\pi}{6},\dfrac{\pi}{2}\right)$。故选 B。

2. A。本题考查两点间距离公式、直线的两点式方程。

依题意,设 $A,B,P$ 的坐标分别为 $A(a,0),B(b,0),P(2,p)$,则 $|PA|=\sqrt{(a-2)^2+p^2}$,

$|PB|=\sqrt{(b-2)^2+p^2}$。由 $|PA|=|PB|$ 可得 $a=4-b$。又因为 $A(a,0),P(2,p)$ 在直线 $x-y+1=0$ 上,所以有 $a+1=0,2-p+1=0$,即 $A(-1,0),B(5,0),P(2,3)$,直线 $PB$ 的方程是 $x+y-5=0$。故选 A。

3. D。本题考查直线的点斜式方程,结合两角和的正切公式。

直线 $2x-y-4=0$ 的斜率为 2,设倾斜角为 $\theta$,即 $\tan\theta=2$,绕它与 $x$ 轴的交点 $(2,0)$ 逆时针旋转 $\dfrac{\pi}{4}$,所得直线的倾斜角等于 $\theta+\dfrac{\pi}{4}$,故所求直线的斜率为 $\tan\left(\theta+\dfrac{\pi}{4}\right)=\dfrac{\tan\theta+1}{1-\tan\theta}=-3$,故所求直线方程为 $y-0=-3(x-2)$,即 $3x+y-6=0$。故选 D。

4. D。本题考查两直线垂直的要求及直线的点斜式方程。

两直线垂直,所以斜率互为负倒数,因此所求直线斜率为 1。又知直线过圆心 $(0,3)$,所以,所求直线方程为 $y-3=x$。故选 D。

5. D。本题考查圆的标准方程。

由题意,圆心到圆周上的点的距离为圆的半径,因此圆的半径为 $r=\sqrt{2}$,则圆的标准方程为 $(x-1)^2+(y-1)^2=2$。故选 D。

6. A。本题考查两点间距离公式,点与直线位置关系。

设圆心为 $P(a,b)$,由 $|PA|=|PB|$ 得 $(a-5)^2+(b-2)^2=(a-3)^2+(b-2)^2$。又 $P(a,b)$ 在直线 $2x-y-3=0$ 上,所以 $2a-b-3=0$ 上,解得 $a=4,b=5$,即所求圆的圆心为 $(4,5)$,半径 $r=|PA|=\sqrt{10}$,故所求圆的方程为 $(x-4)^2+(y-5)^2=10$。故选 A。

7. B。本题考查直线的截距式方程,结合不等式知识点。

$AB$ 所在的直线方程为 $\dfrac{x}{3}+\dfrac{y}{4}=1$,所以 $\dfrac{x}{3}\cdot\dfrac{y}{4}\leq\dfrac{1}{4}\left(\dfrac{x}{3}+\dfrac{y}{4}\right)^2=\dfrac{1}{4}$,所以 $xy\leq 3$。当且仅当 $\dfrac{x}{3}=\dfrac{y}{4}$,即 $x=\dfrac{3}{2},y=2$ 时取等号。所以 $xy$ 的最大值是 3。故选 B。

8. A。本题考查两直线的夹角,结合两角差的正切公式。

设直线 $l_1,l_2$ 的倾斜角分别为 $\theta_1,\theta_2,l_1$ 与 $l_2$ 的夹角为 $\theta$。则由题意得 $\tan\theta_1+\tan\theta_2=4$,$\tan\theta_1\cdot\tan\theta_2=1$,所以 $\tan\theta_1=2-\sqrt{3}$,$\tan\theta_2=2+\sqrt{3}$,则 $\tan\theta=\left|\dfrac{\tan\theta_2-\tan\theta_1}{1+\tan\theta_1\cdot\tan\theta_2}\right|=\sqrt{3}$,所以 $\theta=\dfrac{\pi}{3}$。故选 A。

**二、填空题**

1. 1。本题考查直角坐标与极坐标之间的转化关系、点到直线的位置关系。

根据直角坐标与极坐标之间的关系 $\begin{cases}x=\rho\cos\theta\\y=\rho\sin\theta\end{cases}$,点 $\left(2,\dfrac{\pi}{6}\right)$ 对应直角坐标下的点坐标为 $(\sqrt{3},1)$,直线 $\rho\sin\theta=2$ 在直角坐标系下的方程为 $y=2$,这是一条垂直于 $x$ 轴的直线,因此点到直线的距离为 1。

2. $-18$ 或 8。本题考查圆的参数方程与标准方程的转化、点到直线的距离公式。

由圆的参数方程 $\begin{cases}x=1+\cos\theta\\y=\sin\theta\end{cases}$ 可得圆的方程为 $x^2-2x+y^2=0$,即 $(x-1)^2+y^2=1$,圆心为 $(1,0)$,半径 $r=1$。因为直线与圆相切,所以圆心到直线的距离 $d=\dfrac{|5\cdot 1-12\cdot 0+a|}{\sqrt{5^2+12^2}}=1$,解得

$a$ 的值为 $-18$ 或 $8$。

3. 2。本题考查圆与直线的位置关系。

如图,根据对称性可知,两直线的位置分别在 $y=x+1$ 和 $y=x-1$,因此 $a^2+b^2=2$。

4. 5。本题考查两直线的位置关系。

$A(0,0),B(1,3)$,由已知条件知,两直线互相垂直,因此 $PA \perp PB$,所以 $|PA|^2+|PB|^2=|AB|^2=10$。

故 $|PA|\cdot|PB|\leqslant\dfrac{|PA|^2+|PB|^2}{2}=5$(当且仅当 $|PA|=|PB|=\sqrt{5}$ 时取"=")。

5. 9。本题考查一元二次方程表示圆的条件和圆与圆的位置关系。

圆 $C_2:x^2+y^2-6x-8y+m=0$,标准化为 $(x-3)^2+(y-4)^2=25-m$,因此要求 $25-m>0$,即 $m<25$。又因为两圆外切,所以两圆心之间的距离等于两圆半径之和,$\sqrt{(3-0)^2+(4-0)^2}=1+\sqrt{25-m}$,算得 $m=9$。

6. $(x-2)^2+(y-1)^2=4$。本题考查圆的标准方程,圆与坐标轴相切时方程的特点,圆截坐标轴所得弦长的计算。

由题设圆心坐标 $(2y_0,y_0)$,圆与 $y$ 轴相切于 $y$ 轴正半轴,因此 $y_0>0$,且圆的半径为 $2y_0$。圆的方程为 $(x-2y_0)^2+(y-y_0)^2=4y_0^2$,当 $y=0$ 时,圆与 $x$ 轴交点坐标为 $((2\pm\sqrt{3})y_0,0)$,弦长 $(2+\sqrt{3})y_0-(2-\sqrt{3})y_0=2\sqrt{3}$,解得 $y_0=1$,所求圆的标准方程为 $(x-2)^2+(y-1)^2=4$。

7. $y=-\dfrac{3}{4}x+\dfrac{3}{2}$。本题考查直线的两点式方程,结合向量知识点。

设 $A,B$ 两点的坐标分别为 $(a,0),(0,b)$,则 $\overrightarrow{AP}=(-2-a,3),\overrightarrow{PB}=(2,b-3)$,因为 $\overrightarrow{AP}:\overrightarrow{PB}=-2$,所以 $\begin{cases}\dfrac{-2-a}{2}=-2\\\dfrac{3}{b-3}=-2\end{cases}$,得 $a=2,b=\dfrac{3}{2}$,所以直线 $l$ 的方程为 $y=-\dfrac{3}{4}x+\dfrac{3}{2}$。

8. $-\infty<k\leqslant-\dfrac{1}{2}$ 或 $5\leqslant k<+\infty$。本题考查斜率公式,斜率与倾斜角的关系。

已知直线 $y-2=k(x+1)$ 过定点 $P(-1,2)$,则 $k_{PA}=5,k_{PB}=-\dfrac{1}{2}$,所以 $k$ 的取值范围是 $-\infty<k\leqslant-\dfrac{1}{2}$ 或 $5\leqslant k<+\infty$。

**三、解答题**

1. 本题考查圆与其切线之间的关系。

解法一:设切点为 $(a,b)(a>0,b>0)$,根据圆心到切线的弦与切线垂直知,切线的斜率为 $-\dfrac{a}{b}$,所以切线方程为 $y-b=-\dfrac{a}{b}(x-a)$,得切线与两坐标轴的交点坐标为 $\left(\dfrac{a^2+b^2}{a},0\right),\left(0,\dfrac{a^2+b^2}{b}\right)$。

所围三角形的面积为 $S=\dfrac{1}{2}\cdot\dfrac{a^2+b^2}{a}\cdot\dfrac{a^2+b^2}{b}=\dfrac{8}{ab}$(点 $(a,b)$ 在圆周上)。

由均值不等式可知 $S=\dfrac{1}{2}\cdot\dfrac{a^2+b^2}{a}\cdot\dfrac{a^2+b^2}{b}=\dfrac{8}{ab}\geqslant 2ab$。

当 $a=b$ 时,等号成立。因此,当 $a=b=\sqrt{2}$ 时,三角形面积取最小值。所求点 $P$ 的坐标为 $(\sqrt{2},\sqrt{2})$。

解法二:将圆 $x^2+y^2=4$ 表示成参数方程为 $\begin{cases} x=2\cos\theta \\ y=2\sin\theta \end{cases}$,由题意设切点 $P$ 的坐标为 $(2\cos\theta,2\sin\theta)\left(0<\theta<\dfrac{\pi}{2}\right)$,则切线方程为 $\dfrac{\cos\theta}{2}\cdot x+\dfrac{\sin\theta}{2}\cdot y=1$,它在 $x$ 轴、$y$ 轴上的截距分别为 $\dfrac{2}{\cos\theta}$,$\dfrac{2}{\sin\theta}$,三角形的面积为 $S_\triangle=\dfrac{1}{2}\dfrac{2}{|\cos\theta|}\dfrac{2}{|\sin\theta|}=\dfrac{4}{|\sin 2\theta|}$。当 $|\sin 2\theta|=1$ 时,$S_\triangle$ 取得最小值 $4$。当 $|\sin 2\theta|=1$ 时,对应的 $\theta=\dfrac{\pi}{4}$,因而切点 $P$ 的坐标为 $(\sqrt{2},\sqrt{2})$。

2. 本题考查一点关于坐标轴和坐标面的对称点坐标和空间两点间距离公式。

解:点 $P$ 关于 $y$ 轴的对称点 $P_1(-1,2,-3)$,点 $P$ 关于 $xOz$ 面的对称点 $P_2(1,-2,3)$,于是 $|P_1P_2|=\sqrt{(1-(-1))^2+(-2-2)^2+(3-(-3))^2}=2\sqrt{14}$。

3. 本题考查圆与直线的位置关系。

解:(1) 将 $y=kx$ 代入 $x^2+(y-4)^2=4$ 得 $(1+k^2)x^2-8kx+12=0$。 （*）

直线与圆有两个交点,所以 $\Delta=(-8k)^2-4(1+k^2)\times 12>0$ 得 $k^2>3$。

所以 $k$ 的取值范围是 $(-\infty,-\sqrt{3})\cup(\sqrt{3},+\infty)$。

(2) 因为 $M,N$ 在直线 $l$ 上,可设点 $M,N$ 的坐标分别为 $(x_1,kx_1),(x_2,kx_2)$,则 $|OM|^2=(1+k^2)x_1^2$,$|ON|^2=(1+k^2)x_2^2$。又 $|OQ|^2=m^2+n^2=(1+k^2)m^2$。

由 $\dfrac{2}{|OQ|^2}=\dfrac{1}{|OM|^2}+\dfrac{1}{|ON|^2}$ 得 $\dfrac{2}{(1+k^2)m^2}=\dfrac{1}{(1+k^2)x_1^2}+\dfrac{1}{(1+k^2)x_2^2}$,

所以 $\dfrac{2}{m^2}=\dfrac{1}{x_1^2}+\dfrac{1}{x_2^2}=\dfrac{(x_1+x_2)^2-2x_1x_2}{x_1^2x_2^2}$。

由(*)式知 $x_1+x_2=\dfrac{8k}{1+k^2}$,$x_1x_2=\dfrac{12}{1+k^2}$,

所以 $m^2=\dfrac{36}{5k^2-3}$。

因为点 $Q$ 在直线 $l$ 上,所以 $k=\dfrac{n}{m}$,代入 $m^2=\dfrac{36}{5k^2-3}$ 可得 $5n^2-3m^2=36$。

由 $m^2=\dfrac{36}{5k^2-3}$ 及 $k^2>3$ 得 $0<m^2<3$,即 $m\in(-\sqrt{3},0)\cup(0,\sqrt{3})$。

依题意,点 $Q$ 在圆 $C$ 内,则 $n>0$,所以 $n=\sqrt{\dfrac{36+3m^2}{5}}=\dfrac{\sqrt{15m^2+180}}{5}$,

于是,$n$ 与 $m$ 的函数关系为 $n=\dfrac{\sqrt{15m^2+180}}{5}$ $(m\in(-\sqrt{3},0)\cup(0,\sqrt{3}))$。

4. 本题考查圆的参数方程和极坐标方程、点的极坐标。

解:(1) 将 $\begin{cases} x=4+5\cos t \\ y=5+5\sin t \end{cases}$ 消去参数 $t$,化为普通方程 $(x-4)^2+(y-5)^2=25$。

即 $C_1:x^2+y^2-8x-10y+16=0$。

将 $\begin{cases} x = \rho\cos\theta \\ y = \rho\sin\theta \end{cases}$ 代入 $x^2 + y^2 - 8x - 10y + 16 = 0$ 得

$$\rho^2 - 8\rho\cos\theta - 10\rho\sin\theta + 16 = 0$$

所以 $C_1$ 极坐标方程为

$$\rho^2 - 8\rho\cos\theta - 10\rho\sin\theta + 16 = 0$$

（2） $C_2$ 的普通方程为 $x^2 + y^2 - 2y = 0$。

由 $\begin{cases} x^2 + y^2 - 8x - 10y + 16 = 0 \\ x^2 + y^2 - 2y = 0 \end{cases}$ 解得 $\begin{cases} x = 1 \\ y = 1 \end{cases}$ 或 $\begin{cases} x = 0 \\ y = 2 \end{cases}$。

所以 $C_1$ 与 $C_2$ 交点的极坐标为 $\left(\sqrt{2}, \dfrac{\pi}{4}\right), \left(2, \dfrac{\pi}{2}\right)$。

5. 本题考查直线的点斜式方程、两点间的距离公式，结合不等式知识点。

解：因为 $\alpha$ 为锐角，所以 $\tan\alpha = k > 0$。设两条直线的方程分别为 $y - 1 = k(x - 3)$ 和 $y - 1 = -\dfrac{1}{k}(x - 3)$，它们与 $y$ 轴的交点分别为 $(0, 1 - 3k)$ 和 $\left(0, 1 + \dfrac{3}{k}\right)$，此两点间的距离为 $|y_1 - y_2| = 3\left(k + \dfrac{1}{k}\right) \geq 6$，当 $k = \dfrac{1}{k}$ 时等号成立。所以 $k = 1$，即 $\alpha = \dfrac{\pi}{4}$ 时，距离取得最小值 6，此时所求直线的方程为 $y = x - 2$ 和 $y = -x + 4$。

6. 本题考查直线的点斜式方程、两点间距离公式、两直线的位置关系。

解：设过点 $A(1, -1)$ 的直线 $l$ 的方程为 $y + 1 = k(x - 1)$，解方程组 $\begin{cases} 2x + y - 6 = 0 \\ y + 1 = k(x - 1) \end{cases}$ 得 $l_1$ 与 $l$ 的交点坐标为 $\begin{cases} x = \dfrac{k + 7}{k + 2} \\ y = \dfrac{4k - 2}{k + 2} \end{cases}$，显然 $k \neq -2$，否则 $l_1$ 与 $l$ 平行。因为 $|AB| = 5$，解得 $k = -\dfrac{3}{4}$，所以 $l$ 的方程为 $y + 1 = -\dfrac{3}{4}(x - 1)$，即 $3x + 4y + 1 = 0$。

又因为过点 $A(1, -1)$ 与 $x$ 轴垂直的直线方程为 $x = 1$，它与直线 $l_1$ 的交点坐标是方程组 $\begin{cases} x = 1 \\ 2x + y - 6 = 0 \end{cases}$ 的解，解得交点坐标为 $B(1, 4)$，此时 $|AB| = 5$ 也成立，故方程 $x = 1$ 也适合直线 $l$ 的题设条件。因此，所求直线 $l$ 的方程分别为 $3x + 4y + 1 = 0$ 或 $x = 1$。

# 第九章　圆锥曲线

## 考试范围与要求

1. 掌握椭圆、抛物线的定义、几何图形、标准方程及简单性质。
2. 了解双曲线的定义、几何图形和标准方程,知道它的简单几何性质。
3. 了解圆锥曲线的简单应用。
4. 理解数形结合的思想。
5. 了解方程的曲线与曲线的方程的对应关系。

## 主要内容

### 第一节　椭　圆

**1. 椭圆的定义**

平面内到两个定点 $F_1$ 与 $F_2$ 的距离之和等于常数 $2a$（$2a > |F_1F_2|$）的点的轨迹叫作椭圆。$F_1$ 与 $F_2$ 这两个定点叫作椭圆的焦点,两焦点间的距离 $|F_1F_2|$ 叫作椭圆的焦距。

**2. 椭圆的几何性质**

椭圆的简单几何性质如下表所示。

| 焦点位置 | 焦点在 $x$ 轴上 | 焦点在 $y$ 轴上 |
| --- | --- | --- |
| 图形 | | |
| 标准方程 | $\dfrac{x^2}{a^2} + \dfrac{y^2}{b^2} = 1\,(a > b > 0)$ | $\dfrac{y^2}{a^2} + \dfrac{x^2}{b^2} = 1\,(a > b > 0)$ |
| 范围 | $-a \leqslant x \leqslant a$ 且 $-b \leqslant y \leqslant b$ | $-b \leqslant x \leqslant b$ 且 $-a \leqslant y \leqslant a$ |
| 对称性 | 关于 $x$ 轴、$y$ 轴、原点对称 | |

(续)

| 焦点位置 | 焦点在 $x$ 轴上 | 焦点在 $y$ 轴上 |
|---|---|---|
| 顶点 | $A_1(-a,0),A_2(a,0)$<br>$B_1(0,-b),B_2(0,b)$ | $A_1(0,-a),A_2(0,a)$<br>$B_1(-b,0),B_2(b,0)$ |
| 轴长 | 长轴的长 $=2a$，短轴的长 $=2b$ | |
| 焦点 | $F_1(-c,0),F_2(c,0)$ | $F_1(0,-c),F_2(0,c)$ |
| 焦距 | $\|F_1F_2\|=2c(c^2=a^2-b^2)$ | |
| 离心率 | $e=\dfrac{c}{a}=\sqrt{1-\dfrac{b^2}{a^2}}(0<e<1)$ | |
| 准线 | $x=\pm\dfrac{a^2}{c}$ | $y=\pm\dfrac{a^2}{c}$ |

（1）椭圆既是轴对称图形，又是中心对称图形。椭圆的对称中心叫作椭圆的中心。

（2）中心在坐标原点，焦点在坐标轴上的椭圆方程称为椭圆的标准方程。

（3）标准方程下，坐标轴是椭圆的对称轴，原点是椭圆的对称中心。

（4）椭圆与它的对称轴的四个交点叫作椭圆的顶点，线段 $A_1A_2,B_1B_2$ 分别叫作椭圆的长轴和短轴。椭圆的中心是长轴和短轴的交点。

（5）标准方程中的两个参数 $a,b$ 分别是椭圆的长半轴长和短半轴长，其大小确定了椭圆的形状和大小，它们总有关系 $a>b>0$，与坐标系的选择无关，是椭圆的定形条件。$2a,2b$ 分别是椭圆的长轴长和短轴长。

（6）椭圆的焦点总在长轴上，$c$ 表示椭圆的半焦距，无论焦点在哪一个坐标轴上，$a,b,c$ 三者总满足关系 $c^2=a^2-b^2$。

（7）椭圆的离心率刻画了椭圆的扁平程度，可以形象地理解为，在椭圆的长轴长不变的前提下，两个焦点离开中心的程度。离心率 $e$ 越接近 $1$，则 $c$ 越接近 $a$，因此椭圆越扁；反之，离心率 $e$ 越接近 $0$，则 $c$ 越接近 $0$，$b$ 越接近 $a$，这时椭圆就越接近圆。

**3. 椭圆的第二定义**

平面内点 $M(x,y)$ 与一定点 $F(c,0)$ 的距离和它到一条定直线 $l:x=\dfrac{a^2}{c}$ 的距离之比是常数 $e=\dfrac{c}{a}(a>c>0)$ 时，这个点 $M(x,y)$ 的轨迹叫作椭圆。定点 $F(c,0)$ 是椭圆的一个焦点，定直线 $l:x=\dfrac{a^2}{c}$ 叫作相应于焦点 $F(c,0)$ 的准线，常数 $e$ 叫作椭圆的离心率。由椭圆的对称性，相应于焦点 $F'(-c,0)$，椭圆的准线为 $l':x=-\dfrac{a^2}{c}$。此时，椭圆的标准方程为 $\dfrac{x^2}{a^2}+\dfrac{y^2}{b^2}=1(a>b>0)$。

**4. 椭圆的参数方程**

（1）$\dfrac{x^2}{a^2}+\dfrac{y^2}{b^2}=1(a>b>0)$ 对应的参数方程是

$$\begin{cases}x=a\cos\varphi\\y=b\sin\varphi\end{cases}(\varphi\text{ 为参数})$$

（2）$\dfrac{y^2}{a^2}+\dfrac{x^2}{b^2}=1(a>b>0)$ 对应的参数方程是

$$\begin{cases} x = b\sin\varphi \\ y = a\cos\varphi \end{cases} (\varphi \text{ 为参数})$$

## 第二节  双曲线

**1. 双曲线及其标准方程**

平面内与两定点 $F_1, F_2$ 距离之差的绝对值等于常数 $2a(0 < 2a < |F_1F_2|)$ 的点的轨迹叫作双曲线。这两个定点叫双曲线的焦点，两焦点的距离叫作焦距。

双曲线标准方程指的是中心在原点，坐标轴为对称轴的双曲线的方程。选择恰当的坐标系，建立双曲线的标准方程如下：

（1）当焦点在 $x$ 轴上时，标准方程是

$$\frac{x^2}{a^2} - \frac{y^2}{b^2} = 1 (a > 0, b > 0)$$

其中焦点坐标分别是 $F_1(-c, 0), F_2(c, 0), c^2 = a^2 + b^2$。

（2）当焦点在 $y$ 轴上时，标准方程是

$$\frac{y^2}{a^2} - \frac{x^2}{b^2} = 1 (a > 0, b > 0)$$

**2. 双曲线的几何性质**

双曲线的简单几何性质如下表所示。

| 焦点的位置 | 焦点在 $x$ 轴上 | 焦点在 $y$ 轴上 |
| --- | --- | --- |
| 图形 | | |
| 标准方程 | $\frac{x^2}{a^2} - \frac{y^2}{b^2} = 1(a>0, b>0)$ | $\frac{y^2}{a^2} - \frac{x^2}{b^2} = 1(a>0, b>0)$ |
| 范围 | $x \leq -a$ 或 $x \geq a, y \in \mathbf{R}$ | $y \leq -a$ 或 $y \geq a, x \in \mathbf{R}$ |
| 对称性 | 关于 $x$ 轴、$y$ 轴、原点对称 | |
| 顶点 | $A_1(-a, 0), A_2(a, 0)$ | $A_1(0, -a), A_2(0, a)$ |
| 轴长 | 虚轴的长 $= 2b$，实轴的长 $= 2a$ | |
| 焦点 | $F_1(-c, 0), F_2(c, 0)$ | $F_1(0, -c), F_2(0, c)$ |
| 焦距 | $|F_1F_2| = 2c(c^2 = a^2 + b^2)$ | |
| 离心率 | $e = \frac{c}{a} = \sqrt{1 + \frac{b^2}{a^2}}(e > 1)$ | |
| 渐近线方程 | $y = \pm \frac{b}{a}x$ | $y = \pm \frac{a}{b}x$ |

（1）双曲线关于 $x$ 轴、$y$ 轴和原点都是对称的。坐标轴是双曲线的对称轴，原点是双曲线的对称中心。双曲线的对称中心叫作双曲线的中心。

（2）双曲线与对称轴的两个交点叫作双曲线的顶点。

（3）两个顶点之间的线段叫作双曲线的实轴，其长度为 $2a$，$a$ 叫作双曲线的半实轴长。在双曲线方程 $\dfrac{x^2}{a^2} - \dfrac{y^2}{b^2} = 1$ 中，令 $x = 0$ 时，$y^2 = -b^2$，方程没有实数根，即双曲线与 $y$ 轴无交点。记 $B_1(0, -b), B_2(0, b)$，则线段 $B_1B_2$ 叫作双曲线的虚轴，它的长等于 $2b$，$b$ 叫作双曲线的半虚轴长。

（4）应用双曲线的标准方程时，要根据焦点是在 $x$ 轴上还是在 $y$ 轴上来确定标准方程的形式，或根据方程中 $x^2$ 和 $y^2$ 前面符号的正负来确定。

（5）双曲线的焦距与实轴长的比

$$e = \dfrac{c}{a} = \sqrt{\dfrac{a^2 + b^2}{a^2}} = \sqrt{1 + \left(\dfrac{b}{a}\right)^2}$$

叫作双曲线的离心率，$e$ 表示双曲线开口的大小，$e$ 越大，双曲线的开口越大。

（6）设双曲线上的点到某一直线的距离为 $d$，当点趋向于无穷远时，$d$ 能趋向于零，则这条直线称为该双曲线的渐近线。双曲线与它的渐近线无限接近，但永不相交。

双曲线 $\dfrac{x^2}{a^2} - \dfrac{y^2}{b^2} = 1$ 的渐近线方程为 $y = \pm \dfrac{b}{a}x$。

渐近线是双曲线的特有性质，利用双曲线的渐近线来画双曲线的图像特别方便并且较为精确。只要作出双曲线的两个顶点和两条渐近线，就能画出它的近似图形。

渐近线方程的求法：以 $\dfrac{x^2}{a^2} - \dfrac{y^2}{b^2} = 1$ 为例，将右边的"1"改为"0"，得 $\dfrac{x^2}{a^2} - \dfrac{y^2}{b^2} = 0$，分解因式可得渐近线方程 $y = \pm \dfrac{b}{a}x$。

当双曲线的方程确定时，那么它的渐近线方程也就确定了。但已知双曲线的渐近线，双曲线却是不确定的。因为以已知直线为渐近线的双曲线有无数条。具有共同渐近线的双曲线叫作共渐近线的双曲线系。若公共渐近线为 $y = \pm \dfrac{b}{a}x$，则双曲线系方程为 $\dfrac{x^2}{a^2} - \dfrac{y^2}{b^2} = \lambda (\lambda \neq 0)$。这一形式的有效运用往往可简化解题过程。

（7）在方程 $\dfrac{x^2}{a^2} - \dfrac{y^2}{b^2} = 1$ 中，如果 $a = b$，那么双曲线的方程为 $x^2 - y^2 = a^2$，它的实轴和虚轴都等于 $2a$。这种实轴和虚轴等长的双曲线叫作等轴双曲线。

（8）如果一双曲线的实轴及虚轴分别为另一双曲线的虚轴及实轴，则此二双曲线互为共轭双曲线。$\dfrac{x^2}{a^2} - \dfrac{y^2}{b^2} = 1$ 和 $\dfrac{x^2}{a^2} - \dfrac{y^2}{b^2} = -1$ 是共轭双曲线。它们有相同的渐近线，并且 4 个焦点共圆。

**3. 双曲线的第二定义**

平面内与一个定点的距离和到一条定直线的距离的比是常数 $e = \dfrac{c}{a}(c > a > 1)$ 的点的轨迹叫作双曲线，定点是双曲线的焦点，定直线叫作双曲线的准线，常数 $e$ 是双曲线的离心率。它和双曲线的定义是等价的。

## 第三节　抛物线

**1. 抛物线的定义**

平面内与一个定点 $F$ 和一条定直线 $l$（$l$ 不经过点 $F$）距离相等的点的轨迹叫作抛物线。点 $F$ 叫作抛物线的焦点，直线 $l$ 叫作抛物线的准线。

**2. 抛物线的几何性质**

抛物线的标准方程及几何性质如下表所示。

| 标准方程 | $y^2=2px$ ($p>0$) | $y^2=-2px$ ($p>0$) | $x^2=2py$ ($p>0$) | $x^2=-2py$ ($p>0$) |
|---|---|---|---|---|
| 图形 | | | | |
| 顶点 | (0,0) | | | |
| 对称轴 | $x$ 轴 | | $y$ 轴 | |
| 焦点 | $F\left(\dfrac{p}{2},0\right)$ | $F\left(-\dfrac{p}{2},0\right)$ | $F\left(0,\dfrac{p}{2}\right)$ | $F\left(0,-\dfrac{p}{2}\right)$ |
| 准线方程 | $x=-\dfrac{p}{2}$ | $x=\dfrac{p}{2}$ | $y=-\dfrac{p}{2}$ | $y=\dfrac{p}{2}$ |
| 离心率 | $e=1$ | | | |
| 范围 | $x\geq 0$ | $x\leq 0$ | $y\geq 0$ | $y\leq 0$ |

设抛物线的标准方程为 $y^2=2px(p>0)$，则：

（1）抛物线定义中的"定点"$F$应该在"定直线"$l$之外，如果定点在定直线上，则动点的轨迹是过定点 $F$ 且与直线 $l$ 垂直的一条直线。

（2）抛物线关于 $x$ 轴或 $y$ 轴对称。抛物线的对称轴叫作抛物线的轴。

（3）抛物线的标准方程有四种不同形式，其特点有：①都以原点为顶点，以一条坐标轴为对称轴；②方程不同，开口方向不同；③焦点在对称轴上，顶点到焦点的距离等于顶点到准线的距离。

（4）抛物线和它的轴的交点叫作抛物线的顶点。

（5）$p$ 表示焦点到准线距离，永远为正，$p$ 越大，开口越大。根据抛物线的开口方向，可以确定标准方程的形式。

（6）表中所列抛物线的顶点均在原点，且以一条坐标轴为对称轴。若顶点不在原点，尽管以一条坐标轴为对称轴，其方程也不是表中的任何一个，但可通过图像平移法求得其方程或图像。

（7）二次函数 $y=ax^2+bx+c(a\neq 0)$ 的图像是一条抛物线，它的对称轴方程为 $x=-\dfrac{b}{2a}$，顶点坐标是 $\left(-\dfrac{b}{2a},\dfrac{4ac-b^2}{4a}\right)$。

**3. 圆锥曲线的统一定义**

若平面内一个动点 $M$ 到一个定点 $F$ 和一条定直线 $l(F\notin l)$ 的距离之比等于一个常数 $e(e>0)$，则动点 $M$ 的轨迹为圆锥曲线，并且：

当 $0<e<1$ 时，轨迹是椭圆；

当 $e=1$ 时，轨迹是抛物线；

当 $e>1$ 时，轨迹为双曲线。

其中，定点 $F$ 为焦点，定直线 $l$ 为准线，比值 $e$ 为离心率。

# 典型例题

**一、选择题**

**例1** 已知点 $O(0,0),A(-2,0),B(2,0)$，设点 $P$ 满足 $|PA|-|PB|=2$，且 $P$ 为函数 $y=3\sqrt{4-x^2}$ 图像上的点，则 $|OP|=(\quad)$。

A. $\dfrac{4\sqrt{10}}{5}$  B. $\sqrt{7}$  C. $\dfrac{\sqrt{22}}{2}$  D. $\sqrt{10}$

【解析】D。本题考查双曲线的定义。

由双曲线定义可知，点 $P$ 在以 $A,B$ 为焦点、实轴长为 2 的双曲线的右支上。设 $P(x,y)$，则 $x^2-\dfrac{y^2}{3}=1(x\geq 1)$，将 $y=3\sqrt{4-x^2}$ 代入可得 $x^2=\dfrac{13}{4}$，所以 $y^2=3(x^2-1)=\dfrac{27}{4}$，从而 $|OP|=\sqrt{x^2+y^2}=\sqrt{10}$。故选 D。

**例2** 设双曲线 $C:\dfrac{x^2}{a^2}-\dfrac{y^2}{b^2}=1(a>0,b>0)$ 的左、右焦点分别为 $F_1,F_2$，离心率为 $\sqrt{5}$。$P$ 是 $C$ 上一点，且 $F_1P\perp F_2P$。若 $\triangle PF_1F_2$ 的面积为 4，则 $a=(\quad)$。

A. 1  B. 2  C. 4  D. 8

【解析】A。本题考查双曲线的几何性质。

设 $|F_1P|=r,|F_2P|=s$，不妨设 $r>s$，则 $r-s=2a$，进一步有 $r^2-2rs+s^2=4a^2$。由于 $F_1P\perp F_2P$，则 $r^2+s^2=(2c)^2$。将上面两个结论相减，得 $rs=2b^2$。

$\triangle PF_1F_2$ 的面积 $S_{\triangle PF_1F_2}=\dfrac{1}{2}rs=b^2=4$，解得 $b=2$。又离心率 $e=\dfrac{c}{a}=\sqrt{5}$，可解得 $a=1$。故选 A。

**例3** 已知双曲线 $C:\dfrac{x^2}{3}-y^2=1$，$O$ 为坐标原点，$F$ 为 $C$ 的右焦点，过 $F$ 的直线与 $C$ 的两条渐近线的交点分别为 $M,N$。若 $\triangle OMN$ 为直角三角形，则 $|MN|=(\quad)$。

A. $\dfrac{3}{2}$  B. 3  C. $2\sqrt{3}$  D. 4

【解析】B。本题考查双曲线的几何性质。

由双曲线 $C:\dfrac{x^2}{3}-y^2=1$ 可知其渐近线方程为 $y=\pm\dfrac{\sqrt{3}}{3}x$，所以 $\angle MOx=30°$，$\angle MON=60°$。不妨设 $\angle OMN=90°$，则易知焦点 $F$ 到渐近线的距离为 $b$，即 $|MF|=b=1$。又知 $|OF|=c=2$，所

以 $|OM|=\sqrt{3}$,则在 $Rt\triangle OMN$ 中,$|MN|=|OM|\cdot\tan\angle MON=3$。

**例 4** 已知椭圆 $C$ 的焦点为 $F_1(-1,0),F_2(1,0)$,过 $F_2$ 的直线与 $C$ 交于 $A,B$ 两点。若 $|AF_2|=2|F_2B|,|AB|=|BF_1|$,则 $C$ 的方程为( )。

A. $\dfrac{x^2}{2}+y^2=1$ B. $\dfrac{x^2}{3}+\dfrac{y^2}{2}=1$

C. $\dfrac{x^2}{4}+\dfrac{y^2}{3}=1$ D. $\dfrac{x^2}{5}+\dfrac{y^2}{4}=1$

【解析】B。本题考查椭圆的性质,根据椭圆的定义以及余弦定理列方程可解。

$\because |AF_2|=2|BF_2|,\therefore |AB|=3|BF_2|$。

又$\because |AB|=|BF_1|,\therefore |BF_1|=3|BF_2|$。

又$\because |BF_1|+|BF_2|=2a,\therefore |BF_2|=\dfrac{a}{2}$,

$\therefore |AF_2|=a,|BF_1|=\dfrac{3a}{2}$。

在 $Rt\triangle AF_2O$ 中,$\cos\angle AF_2O=\dfrac{1}{a}$。

在 $\triangle BF_1F_2$ 中,由余弦定理可得 $\cos\angle BF_2F_1=\dfrac{4+\left(\dfrac{a}{2}\right)^2-\left(\dfrac{3a}{2}\right)^2}{2\times 2\times\dfrac{a}{2}}$。

根据 $\cos\angle AF_2O+\cos\angle BF_2F_1=0$,可得 $\dfrac{1}{a}+\dfrac{4-2a^2}{2a}=0$,解得 $a=\sqrt{3}$。

所以 $b^2=a^2-c^2=3-1=2$,椭圆 $C$ 的方程为 $\dfrac{x^2}{3}+\dfrac{y^2}{2}=1$。

**例 5** 已知抛物线 $x^2=4y$ 上有一条长为 6 的动弦 $AB$,则 $AB$ 的中点到 $x$ 轴的最短距离为( )。

A. $\dfrac{3}{4}$ B. 2 C. 1 D. $\dfrac{3}{2}$

【解析】B。设 $AB$ 的中点为 $M$,焦点为 $F(0,1)$。过 $M$ 作准线 $l:y=-1$ 的垂线 $MN$,过 $A$ 点作 $AC\perp l$ 于 $C$,过 $B$ 点作 $BD\perp l$ 于 $D$,则 $|MN|=\dfrac{|AC|+|BD|}{2}=\dfrac{|AF|+|BF|}{2}\geqslant\dfrac{|AB|}{2}=3$,所以 $AB$ 的中点到 $x$ 轴的最短距离为 $3-1=2$,此时动弦 $AB$ 过焦点 $F$,故选 B。

**例 6** 若实数 $k$ 满足 $0<k<9$,则曲线 $\dfrac{x^2}{25}-\dfrac{y^2}{9-k}=1$ 与曲线 $\dfrac{x^2}{25-k}-\dfrac{y^2}{9}=1$ 的( )。

A. 离心率相等 B. 虚半轴长相等
C. 实半轴长相等 D. 焦距相等

【解析】D。本题考查双曲线的几何性质。$\because 0<k<9,\therefore 9-k>0,25-k>0$,从而两曲线均为双曲线。又 $c^2=25+(9-k)=34-k=(25-k)+9$,故两双曲线的焦距相等,故选 D。

二、填空题

**例 1** 抛物线 $C:y^2=2px(p>0)$ 的焦点为 $F$,点 $O$ 是坐标原点,过点 $O,F$ 的圆与抛物线 $C$ 的准线相切,且该圆的面积为 $36\pi$,则抛物线的方程为_____。

【解析】$y^2=16x$。本题考查抛物线的几何性质。

因为圆的面积为 $36\pi$，所以半径 $r=6$。圆过 $O,F$ 两点，所以圆心在直线 $x=\dfrac{p}{4}$ 上。又圆与抛物线准线相切，所以 $\dfrac{p}{4}+\dfrac{p}{2}=6$，即 $p=8$。所以抛物线方程为 $y^2=16x$。

**例 2** 双曲线 $\dfrac{x^2}{m}-\dfrac{y^2}{2}=1\,(m>0)$ 与椭圆 $x^2+\dfrac{y^2}{2}=1$ 的离心率互为倒数，则此双曲线的渐近线方程为_____。

【解析】$y=\pm x$。本题考查双曲线和椭圆的几何性质。

由题设易知椭圆的离心率为 $\dfrac{\sqrt{2}}{2}$，双曲线为 $\dfrac{\sqrt{m+2}}{\sqrt{m}}$，从而有 $\dfrac{\sqrt{m+2}}{\sqrt{m}}=\sqrt{2}$，解得 $m=2$，即双曲线方程为 $\dfrac{x^2}{2}-\dfrac{y^2}{2}=1$，它的渐近线方程为 $y=\pm x$。

**例 3** 设 $F_1,F_2$ 为椭圆 $C:\dfrac{x^2}{36}+\dfrac{y^2}{20}=1$ 的两个焦点，$M$ 为 $C$ 上一点且在第一象限。若 $\triangle MF_1F_2$ 为等腰三角形，则 $M$ 坐标为_____。

【解析】本题考查椭圆的定义和几何意义。

不妨设 $F_1,F_2$ 分别为椭圆的左、右焦点，由 $M$ 点在第一象限，$\triangle MF_1F_2$ 是等腰三角形，知 $|F_1M|=|F_1F_2|$。又由椭圆方程 $C:\dfrac{x^2}{36}+\dfrac{y^2}{20}=1$，知 $|F_1F_2|=8$，$|F_1M|+|F_2M|=2\times 6=12$，所以 $|F_1M|=|F_1F_2|=8$，$|F_2M|=4$。

设 $M(x_0,y_0)\,(x_0>0,y_0>0)$，

则 $\begin{cases}(x_0+4)^2+y_0^2=64\\(x_0-4)^2+y_0^2=16\end{cases}$，解得 $x_0=3$，$y_0=\sqrt{15}$。

**例 4** 在平面直角坐标系 $xOy$ 中，若双曲线 $\dfrac{x^2}{a^2}-\dfrac{y^2}{b^2}=1\,(a>0,b>0)$ 的右焦点 $F(c,0)$ 到一条渐近线的距离为 $\dfrac{\sqrt{3}}{2}c$，则其离心率的值是_____。

【解析】本题考查双曲线的性质。双曲线的一条渐近线为 $bx-ay=0$，则 $F(c,0)$ 到这条渐近线的距离为 $\dfrac{|bc|}{\sqrt{b^2+(-a)^2}}=\dfrac{\sqrt{3}}{2}c$，所以 $b=\dfrac{\sqrt{3}}{2}c$，有 $c^2=a^2+b^2$，得 $c^2=4a^2$，即 $e=\dfrac{c}{a}=2$。

**例 5** 直角坐标方程 $y^2=4x$ 的极坐标方程为_____。

【解析】$\rho\sin^2\theta=4\cos\theta$。本题考查极坐标与直角坐标的互化。

将 $x=\rho\cos\theta$，$y=\rho\sin\theta$ 代入 $y^2=4x$，得 $(\rho\sin\theta)^2=4\rho\cos\theta$，化简得 $\rho\sin^2\theta=4\cos\theta$。

### 三、解答题

**例 1** 已知抛物线 $C:y^2=2px$ 经过点 $P(1,2)$，过点 $Q(0,1)$ 的直线 $l$ 与抛物线 $C$ 有两个不同的交点 $A,B$，且直线 $PA$ 交 $y$ 轴于 $M$，直线 $PB$ 交 $y$ 轴于 $N$。

(1) 求直线 $l$ 的斜率的取值范围。

(2) 设 $O$ 为原点，$\overrightarrow{QM}=\lambda\overrightarrow{QO}$，$\overrightarrow{QN}=\mu\overrightarrow{QO}$，求证：$\dfrac{1}{\lambda}+\dfrac{1}{\mu}$ 为定值。

【解析】(1) 因为抛物线 $C:y^2=2px$ 经过点 $P(1,2)$，

所以 $2p=4$,解得 $p=2$,所以抛物线的方程为 $y^2=4x$。

由题意可知直线 $l$ 的斜率存在且不为 $0$。

设直线 $l$ 的方程为 $y=kx+1(k\neq 0)$,

由 $\begin{cases} y^2=4x \\ y=kx+1 \end{cases}$ 得 $k^2x^2+(2k-4)x+1=0$。

依题意 $\Delta=(2k-4)^2-4\times k^2\times 1>0$,解得 $k<0$ 或 $0<k<1$。

又 $PA$,$PB$ 与 $y$ 轴相交,故直线 $l$ 不过点 $(1,-2)$,从而 $k\neq -3$,

所以直线 $l$ 斜率的取值范围是 $(-\infty,-3)\cup(-3,0)\cup(0,1)$。

(2) 设 $A(x_1,y_1)$,$B(x_2,y_2)$。

由 (1) 知 $x_1+x_2=-\dfrac{2k-4}{k^2}$,$x_1x_2=\dfrac{1}{k^2}$,

直线 $PA$ 的方程为 $y-2=\dfrac{y_1-2}{x_1-1}(x-1)$。

令 $x=0$,得点 $M$ 的纵坐标为 $y_M=\dfrac{-y_1+2}{x_1-1}+2=\dfrac{-kx_1+1}{x_1-1}+2$。

同理得点 $N$ 的纵坐标为 $y_N=\dfrac{-kx_2+1}{x_2-1}+2$。

由 $\overrightarrow{QM}=\lambda\overrightarrow{QO}$,$\overrightarrow{QN}=\mu\overrightarrow{QO}$,得 $\lambda=1-y_M$,$\mu=1-y_N$,

所以 $\dfrac{1}{\lambda}+\dfrac{1}{\mu}=\dfrac{1}{1-y_M}+\dfrac{1}{1-y_N}=\dfrac{x_1-1}{(k-1)x_1}+\dfrac{x_2-1}{(k-1)x_2}$

$=\dfrac{1}{k-1}\cdot\dfrac{2x_1x_2-(x_1+x_2)}{x_1x_2}=\dfrac{1}{k-1}\cdot\dfrac{\dfrac{2}{k^2}+\dfrac{2k-4}{k^2}}{\dfrac{1}{k^2}}=2$

所以 $\dfrac{1}{\lambda}+\dfrac{1}{\mu}$ 为定值。

**例 2** 设椭圆 $C:\dfrac{x^2}{2}+y^2=1$ 的右焦点为 $F$,过 $F$ 的直线 $l$ 与 $C$ 交于 $A$,$B$ 两点,点 $M$ 的坐标为 $(2,0)$。

(1) 当 $l$ 与 $x$ 轴垂直时,求直线 $AM$ 的方程。

(2) 设 $O$ 为坐标原点,证明:$\angle OMA=\angle OMB$。

【解析】(1) 由已知得 $F(1,0)$,$l$ 的方程为 $x=1$。

由已知可得,点 $A$ 的坐标为 $\left(1,\dfrac{\sqrt{2}}{2}\right)$ 或 $\left(1,-\dfrac{\sqrt{2}}{2}\right)$。

所以 $AM$ 的方程为 $y=-\dfrac{\sqrt{2}}{2}x+\sqrt{2}$ 或 $y=\dfrac{\sqrt{2}}{2}x-\sqrt{2}$。

(2) 当 $l$ 与 $x$ 轴重合时,$\angle OMA=\angle OMB=0°$。

当 $l$ 与 $x$ 轴垂直时,$OM$ 为 $AB$ 的垂直平分线,所以 $\angle OMA=\angle OMB$。

当 $l$ 与 $x$ 轴不重合也不垂直时,设 $l$ 的方程为 $y=k(x-1)(k\neq 0)$,$A(x_1,y_1)$,$B(x_2,y_2)$,则 $x_1<\sqrt{2}$,$x_2<\sqrt{2}$,直线 $MA$,$MB$ 的斜率之和为 $k_{MA}+k_{MB}=\dfrac{y_1}{x_1-2}+\dfrac{y_2}{x_2-2}$。

由 $y_1 = kx_1 - k, y_2 = kx_2 - k$ 得

$$k_{MA} + k_{MB} = \frac{2kx_1x_2 - 3k(x_1 + x_2) + 4k}{(x_1 - 2)(x_2 - 2)}$$

将 $y = k(x-1)$ 代入 $\frac{x^2}{2} + y^2 = 1$ 得

$$(2k^2 + 1)x^2 - 4k^2x + 2k^2 - 2 = 0$$

所以,$x_1 + x_2 = \frac{4k^2}{2k^2 + 1}, x_1x_2 = \frac{2k^2 - 2}{2k^2 + 1}$。

则 $2kx_1x_2 - 3k(x_1 + x_2) + 4k = \frac{4k^3 - 4k - 12k^3 + 8k^3 + 4k}{2k^2 + 1} = 0$。

从而 $k_{MA} + k_{MB} = 0$,故 $MA, MB$ 的倾斜角互补,所以 $\angle OMA = \angle OMB$。

综上,$\angle OMA = \angle OMB$。

**例3** 已知 $A(-2, 0), P\left(1, \frac{3}{2}\right)$ 为椭圆 $M: \frac{x^2}{a^2} + \frac{y^2}{b^2} = 1(a > b > 0)$ 上两点,过点 $P$ 且斜率为 $k$,$-k(k > 0)$ 的两条直线与椭圆 $M$ 的交点分别为 $B, C$。

(1) 求椭圆 $M$ 的方程及离心率;

(2) 若四边形 $PABC$ 为平行四边形,求 $k$ 的值。

【解析】本题考查椭圆的性质。

(1) 由题意得 $\begin{cases} a = 2 \\ \frac{1}{a^2} + \frac{9}{4b^2} = 1 \end{cases}$,解得 $\begin{cases} a = 2 \\ b = \sqrt{3} \end{cases}$。

所以椭圆 $M$ 的方程为 $\frac{x^2}{4} + \frac{y^2}{3} = 1$。

又 $c = \sqrt{a^2 - b^2} = 1$,所以离心率 $e = \frac{c}{a} = \frac{1}{2}$。

(2) 设直线 $PB$ 的方程为 $y = kx + m(k > 0), B(x_1, y_1), C(x_2, y_2)$。

由 $\begin{cases} y = kx + m \\ \frac{x^2}{4} + \frac{y^2}{3} = 1 \end{cases}$,消去 $y$,整理得 $(3 + 4k^2)x^2 + 8kmx + (4m^2 - 12) = 0$。

当 $\Delta > 0$ 时,$1 \cdot x_1 = \frac{4m^2 - 12}{3 + 4k^2}$,即 $x_1 = \frac{4m^2 - 12}{3 + 4k^2}$。

将 $P\left(1, \frac{3}{2}\right)$ 代入 $y = kx + m$,整理得 $m = \frac{3}{2} - k$,所以

$$x_1 = \frac{4k^2 - 12k - 3}{3 + 4k^2}, \quad y_1 = kx_1 + m = \frac{-12k^2 - 12k + 9}{2(3 + 4k^2)}$$

所以 $B$ 坐标为 $\left(\frac{4k^2 - 12k - 3}{3 + 4k^2}, \frac{-12k^2 - 12k + 9}{2(3 + 4k^2)}\right)$。

同理得 $C$ 坐标为 $\left(\frac{4k^2 + 12k - 3}{3 + 4k^2}, \frac{-12k^2 + 12k + 9}{2(3 + 4k^2)}\right)$。

所以直线 $BC$ 的斜率 $k_{BC} = \frac{y_2 - y_1}{x_2 - x_1} = \frac{1}{2}$。

又因为直线 $PA$ 的斜率 $k_{PA} = \dfrac{\dfrac{3}{2} - 0}{1 - (-2)} = \dfrac{1}{2} = k_{BC}$,所以 $PA // BC$。

因为四边形 $PABC$ 为平行四边形,$|PA| = |BC|$,

所以 $\left| \dfrac{4k^2 + 12k - 3}{3 + 4k^2} - \dfrac{4k^2 - 12k - 3}{3 + 4k^2} \right| = |1 - (-2)|$,解得 $k = \dfrac{3}{2}$ 或 $k = \dfrac{1}{2}$。

$k = \dfrac{1}{2}$ 时,$B(-2, 0)$ 与 $A$ 重合,不符合题意,舍去。

所以 $k = \dfrac{3}{2}$。

**例 4** 已知椭圆 $C: \dfrac{x^2}{a^2} + \dfrac{y^2}{b^2} = 1 (a > b > 0)$ 的一个焦点为 $(\sqrt{5}, 0)$,离心率为 $\dfrac{\sqrt{5}}{3}$。

(1) 求椭圆 $C$ 的标准方程;

(2) 若动点 $P(x_0, y_0)$ 为椭圆外一点,且点 $P$ 到椭圆 $C$ 的两条切线相互垂直,求点 $P$ 的轨迹方程。

【解析】(1) 因为 $c = \sqrt{5}, e = \dfrac{c}{a} = \dfrac{\sqrt{5}}{a} = \dfrac{\sqrt{5}}{3}$,

∴ $a = 3, b^2 = a^2 - c^2 = 9 - 5 = 4$,

∴ 椭圆 $C$ 的标准方程为 $\dfrac{x^2}{9} + \dfrac{y^2}{4} = 1$。

(2) 若一切线垂直于 $x$ 轴,则另一切线垂直于 $y$ 轴,则这样的点 $P$ 共 4 个,它们的坐标分别为 $(-3, \pm 2), (3, \pm 2)$。

若两切线不垂直于坐标轴,设切线方程为 $y - y_0 = k(x - x_0)$,即 $y = k(x - x_0) + y_0$。

将之代入椭圆方程 $\dfrac{x^2}{9} + \dfrac{y^2}{4} = 1$ 并整理,得 $(9k^2 + 4)x^2 + 18k(y_0 - kx_0)x + 9 \cdot [(y_0 - kx_0)^2 - 4] = 0$。

依题意,$\Delta = 0$,即 $(18k)^2 (y_0 - kx_0)^2 - 36[(y_0 - kx_0)^2 - 4](9k^2 + 4) = 0$,

即 $4(y_0 - kx_0)^2 - 4(9k^2 + 4) = 0$,∴ $(x_0^2 - 9)k^2 - 2x_0 y_0 k + y_0^2 - 4 = 0$。

∵ 两切线相互垂直,∴ $k_1 k_2 = -1$,即 $\dfrac{y_0^2 - 4}{x_0^2 - 9} = -1$,

∴ $x_0^2 + y_0^2 = 13$,显然 $(-3, 2), (-3, -2), (3, 2), (3, -2)$ 这 4 点也满足以上方程,

∴ 点 $P$ 的轨迹方程为 $x^2 + y^2 = 13$。

**例 5** 已知抛物线 $C: y^2 = 3x$ 的焦点为 $F$,斜率为 $\dfrac{3}{2}$ 的直线 $l$ 与 $C$ 的交点为 $A, B$,与 $x$ 轴的交点为 $P$。

(1) 若 $|AF| + |BF| = 4$,求 $l$ 的方程;

(2) 若 $\overrightarrow{AP} = 3\overrightarrow{PB}$,求 $|AB|$。

【解析】本题考查抛物线的性质。

(1) 设直线 $l$ 的方程为 $y = \dfrac{3}{2}(x - t)$,将其代入抛物线 $y^2 = 3x$ 得

$$\frac{9}{4}x^2 - \left(\frac{9}{2}t+3\right)x + \frac{9}{4}t^2 = 0$$

设 $A(x_1,y_1), B(x_2,y_2)$，则

$$x_1 + x_2 = \frac{\frac{9}{2}t+3}{\frac{9}{4}} = 2t + \frac{4}{3} \quad ①$$

$$x_1 x_2 = t^2 \quad ②$$

由抛物线的定义可得 $|AF|+|BF| = x_1 + x_2 + p = 2t + \frac{4}{3} + \frac{3}{2} = 4$，解得 $t = \frac{7}{12}$，

故直线 $l$ 的方程为 $y = \frac{3}{2}x - \frac{7}{8}$。

(2) 若 $\vec{AP} = 3\vec{PB}$，则 $y_1 = -3y_2$，

∴ $\frac{3}{2}(x_1 - t) = -3 \times \frac{3}{2}(x_2 - t)$。

化简得 $x_1 = -3x_2 + 4t$。 ③

由①②③解得 $t=1, x_1=3, x_2=\frac{1}{3}$，

∴ $|AB| = \sqrt{1+\frac{9}{4}}\sqrt{\left(3+\frac{1}{3}\right)^2 - 4} = \frac{4\sqrt{13}}{3}$。

**例6** 过点 $D(2,0)$ 的任一直线 $l$ 与抛物线 $C: y^2 = 2px(p>0)$ 交于两点 $A,B$，且 $\vec{OA} \cdot \vec{OB} = -4$。
(1) 求 $p$ 的值；
(2) 若点 $E$ 的坐标为 $(-2,1)$，当 $\vec{EA} \cdot \vec{EB}$ 最小时，求直线 $l$ 的方程。

【解析】本题考查抛物线的性质、数形结合思想及向量数量积的计算方法。

(1) 设 $A(x_1,y_1), B(x_2,y_2)$，直线 $l$ 的方程为 $x = ny+2$，与抛物线方程联立，并整理得 $y^2 - 2pny - 4p = 0$，所以 $y_1+y_2 = 2pn, y_1 y_2 = -4p$，从而 $\vec{OA} \cdot \vec{OB} = x_1 x_2 + y_1 y_2 = \frac{y_1^2 y_2^2}{4p^2} + y_1 y_2 = 4 - 4p = -4$，解得 $p=2$。

(2) 由(1)得 $y_1+y_2 = 4n, y_1 y_2 = -8$。$x_1+x_2 = n(y_1+y_2) + 4 = 4n^2+4$，$x_1 x_2 = \frac{y_1^2 y_2^2}{4p^2} = 4$，

所以
$$\begin{aligned}\vec{EA} \cdot \vec{EB} &= (x_1+2)(x_2+2) + (y_1-1)(y_2-1)\\ &= x_1 x_2 + 2(x_1+x_2) + 4 + y_1 y_2 - (y_1+y_2) + 1\\ &= 4 + 8n^2 + 8 + 4 - 8 - 4n + 1 = 8n^2 - 4n + 9 = 8\left(n-\frac{1}{4}\right)^2 + \frac{17}{2}\end{aligned}$$

当且仅当 $n = \frac{1}{4}$ 时，$\vec{EA} \cdot \vec{EB}$ 取最小值 $\frac{17}{2}$。此时直线 $l$ 的方程为 $x = \frac{y}{4} + 2$，即 $4x - y - 8 = 0$。

**例7** 已知椭圆 $C_1: \frac{x^2}{a^2} + \frac{y^2}{b^2} = 1 (a>b>0)$ 的右焦点 $F$ 与抛物线 $C_2$ 的焦点重合，$C_1$ 的中心与 $C_2$ 的顶点重合。过 $F$ 且与 $x$ 轴垂直的直线交 $C_1$ 于 $A,B$ 两点，交 $C_2$ 于 $C,D$ 两点，且 $|CD| = \frac{4}{3}|AB|$。

(1) 求 $C_1$ 的离心率；

(2) 设 $M$ 是 $C_1$ 与 $C_2$ 的公共点，若 $|MF|=5$，求 $C_1$ 与 $C_2$ 的标准方程。

【解析】本题考查椭圆和抛物线的几何性质。

(1) 由已知可设 $C_2$ 的方程为 $y^2=4cx$，其中 $c=\sqrt{a^2-b^2}$。不妨设 $A,C$ 在第一象限，由题设得：$A,B$ 的纵坐标分别为 $\frac{b^2}{a},-\frac{b^2}{a}$；$C,D$ 的纵坐标分别为 $2c,-2c$，故 $|AB|=\frac{2b^2}{a}$，$|CD|=4c$。由 $|CD|=\frac{4}{3}|AB|$ 得 $4c=\frac{8b^2}{3a}$，即 $3\times\frac{c}{a}=2-2\left(\frac{c}{a}\right)^2$，解得 $\frac{c}{a}=\frac{1}{2}\left(\frac{c}{a}=-2\text{ 舍去}\right)$，所以 $C_1$ 的离心率为 $\frac{1}{2}$。

(2) 由 (1) 知 $a=2c,b=\sqrt{3}c$，故 $C_1:\frac{x^2}{4c^2}+\frac{y^2}{3c^2}=1$。设 $M(x_0,y_0)$，则 $\frac{x_0^2}{4c^2}+\frac{y_0^2}{3c^2}=1$，$y_0^2=4cx_0$，故 $\frac{x_0^2}{4c^2}+\frac{4x_0}{3c}=1$。因为 $C_2$ 的准线为 $x=-c$，所以 $|MF|=x_0+c$。又 $|MF|=5$，故 $x_0=5-c$，把它代入 $\frac{x_0^2}{4c^2}+\frac{4x_0}{3c}=1$ 得 $\frac{(5-c)^2}{4c^2}+\frac{4(5-c)}{3c}=1$，即 $c^2-2c-3=0$，解得 $c=3(c=-1\text{ 舍去})$。所以 $C_1$ 的标准方程为 $\frac{x^2}{36}+\frac{y^2}{27}=1$，$C_2$ 的标准方程为 $y^2=12x$。

**例 8** 已知椭圆 $C:\frac{x^2}{a^2}+\frac{y^2}{b^2}=1(a>b>0)$，四点 $P_1(1,1)$，$P_2(0,1)$，$P_3\left(-1,\frac{\sqrt{3}}{2}\right)$，$P_4\left(1,\frac{\sqrt{3}}{2}\right)$ 中恰有三点在椭圆 $C$ 上。

(1) 求 $C$ 的方程。

(2) 设直线 $l$ 不经过 $P_2$ 点且与 $C$ 相交于 $A,B$ 两点，若直线 $P_2A$ 与直线 $P_2B$ 的斜率的和为 $-1$，证明：$l$ 过定点。

【解析】本题考查椭圆的标准方程，直线与圆锥曲线的位置关系（直线过定点问题）。

(1) 由于 $P_3,P_4$ 两点关于 $y$ 轴对称，故由题设知 $C$ 经过 $P_3,P_4$ 两点。

又由 $\frac{1}{a^2}+\frac{1}{b^2}>\frac{1}{a^2}+\frac{3}{4b^2}$ 知，$C$ 不经过点 $P_1$，所以点 $P_2$ 在 $C$ 上。

因此 $\begin{cases}\frac{1}{b^2}=1\\ \frac{1}{a^2}+\frac{3}{4b^2}=1\end{cases}$，解得 $\begin{cases}a^2=4\\ b^2=1\end{cases}$。故 $C$ 的方程为 $\frac{x^2}{4}+y^2=1$。

(2) 设直线 $P_2A$ 与直线 $P_2B$ 的斜率分别为 $k_1,k_2$，如果 $l$ 与 $x$ 轴垂直，设 $l:x=t$，由题设知 $t\neq 0$，且 $|t|<2$，可得 $A,B$ 的坐标分别为 $\left(t,\frac{\sqrt{4-t^2}}{2}\right),\left(t,-\frac{\sqrt{4-t^2}}{2}\right)$。则 $k_1+k_2=\frac{\sqrt{4-t^2}-2}{2t}-\frac{\sqrt{4-t^2}+2}{2t}=-1$，得 $t=2$，不符合题设。

从而可设 $l:y=kx+m(m\neq 1)$。将 $y=kx+m$ 代入 $\frac{x^2}{4}+y^2=1$ 得

$$(4k^2+1)x^2+8kmx+4m^2-4=0$$

由题设可知 $\Delta=16(4k^2-m^2+1)>0$，设 $A(x_1,y_1),B(x_2,y_2)$，

则 $x_1+x_2=-\dfrac{8km}{4k^2+1},x_1x_2=\dfrac{4m^2-4}{4k^2+1}$。

而 $k_1+k_2=\dfrac{y_1-1}{x_1}+\dfrac{y_2-1}{x_2}=\dfrac{kx_1+m-1}{x_1}+\dfrac{kx_2+m-1}{x_2}=\dfrac{2kx_1x_2+(m-1)(x_1+x_2)}{x_1x_2}$，

由题设 $k_1+k_2=-1$，故 $(2k+1)x_1x_2+(m-1)(x_1+x_2)=0$，

即 $(2k+1)\cdot\dfrac{4m^2-4}{4k^2+1}+(m-1)\cdot\dfrac{-8km}{4k^2+1}=0$。

解得 $k=-\dfrac{m+1}{2}$。

当且仅当 $m>-1$ 时，$\Delta>0$，于是 $l:y=-\dfrac{m+1}{2}x+m$，即 $y+1=-\dfrac{m+1}{2}(x-2)$，所以 $l$ 过定点 $(2,-1)$。

**例 9** 在平面直角坐标系 $xOy$ 中，椭圆 $E:\dfrac{x^2}{a^2}+\dfrac{y^2}{b^2}=1(a>b>0)$ 的离心率为 $\dfrac{\sqrt{2}}{2}$，焦距为 2。

（1）求椭圆 $E$ 的方程。

（2）如图 9-1 所示，动直线 $l:y=k_1x-\dfrac{\sqrt{3}}{2}$ 交椭圆 $E$ 于 $A,B$ 两点，$C$ 是椭圆 $E$ 上一点，直线 $OC$ 的斜率为 $k_2$，且 $k_1k_2=\dfrac{\sqrt{2}}{4}$，$M$ 是线段 $OC$ 延长线上一点，且 $|MC|:|AB|=2:3$，$\odot M$ 的半径为 $|MC|$，$OS,OT$ 是 $\odot M$ 的两条切线，切点分别为 $S,T$。求 $\angle SOT$ 的最大值，并求取得最大值时直线 $l$ 的斜率。

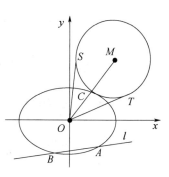

图 9-1

【解析】本题考查求椭圆的标准方程、求函数的最值。

（1）由题意知 $e=\dfrac{c}{a}=\dfrac{\sqrt{2}}{2},2c=2$，所以 $a=\sqrt{2},b=1$，因此椭圆 $E$ 的方程为 $\dfrac{x^2}{2}+y^2=1$。

（2）设 $A(x_1,y_1),B(x_2,y_2)$，联立方程 $\begin{cases}\dfrac{x^2}{2}+y^2=1\\ y=k_1x-\dfrac{\sqrt{3}}{2}\end{cases}$，得 $(4k_1^2+2)x^2-4\sqrt{3}k_1x-1=0$。

由题意知 $\Delta>0$，且 $x_1+x_2=\dfrac{2\sqrt{3}k_1}{2k_1^2+1},x_1x_2=-\dfrac{1}{2(2k_1^2+1)}$，

所以 $|AB|=\sqrt{1+k_1^2}|x_1-x_2|=\sqrt{2}\dfrac{\sqrt{1+k_1^2}\sqrt{1+8k_1^2}}{2k_1^2+1}$。

又由题意知 $k_1k_2=\dfrac{\sqrt{2}}{4}$，所以 $k_2=\dfrac{\sqrt{2}}{4k_1}$，由此直线 $OC$ 的方程为 $y=\dfrac{\sqrt{2}}{4k_1}x$。

联立方程 $\begin{cases} \dfrac{x^2}{2} + y^2 = 1 \\ y = \dfrac{\sqrt{2}}{4k_1}x \end{cases}$,得 $x^2 = \dfrac{8k_1^2}{1+4k_1^2}, y^2 = \dfrac{1}{1+4k_1^2}$,因此 $|OC| = \sqrt{x^2+y^2} = \sqrt{\dfrac{1+8k_1^2}{1+4k_1^2}}$。

由题意可知 $\sin\dfrac{\angle SOT}{2} = \dfrac{r}{r+|OC|} = \dfrac{1}{1+\dfrac{|OC|}{r}}$,

而 $\dfrac{|OC|}{r} = \dfrac{\sqrt{\dfrac{1+8k_1^2}{1+4k_1^2}}}{\dfrac{2\sqrt{2}}{3}\dfrac{\sqrt{1+k_1^2}\sqrt{1+8k_1^2}}{2k_1^2+1}} = \dfrac{3\sqrt{2}}{4}\dfrac{1+2k_1^2}{\sqrt{1+4k_1^2}\sqrt{1+k_1^2}}$,

令 $t = 1+2k_1^2$,则 $t>1, \dfrac{1}{t} \in (0,1)$,因此

$\dfrac{|OC|}{r} = \dfrac{3}{2}\dfrac{t}{\sqrt{2t^2+t-1}} = \dfrac{3}{2}\dfrac{1}{\sqrt{2+\dfrac{1}{t}-\dfrac{1}{t^2}}} = \dfrac{3}{2}\dfrac{1}{\sqrt{-\left(\dfrac{1}{t}-\dfrac{1}{2}\right)^2+\dfrac{9}{4}}} \geq 1$

当且仅当 $\dfrac{1}{t} = \dfrac{1}{2}$,即 $t=2$ 时等号成立,此时 $k_1 = \pm\dfrac{\sqrt{2}}{2}$,所以 $\sin\dfrac{\angle SOT}{2} \leq \dfrac{1}{2}$,

因此 $\dfrac{\angle SOT}{2} \leq \dfrac{\pi}{6}$,所以 $\angle SOT$ 最大值为 $\dfrac{\pi}{3}$。

综上所述:$\angle SOT$ 的最大值为 $\dfrac{\pi}{3}$,取得最大值时直线 $l$ 的斜率为 $k_1 = \pm\dfrac{\sqrt{2}}{2}$。

**例10** 已知椭圆 $C: \dfrac{x^2}{a^2} + \dfrac{y^2}{b^2} = 1 (a>b>0)$ 过点 $M(2,3)$,点 $A$ 为其左顶点,且 $AM$ 的斜率为 $\dfrac{1}{2}$。

(1)求 $C$ 的方程;

(2)点 $N$ 为椭圆上任意一点,求 $\triangle AMN$ 的面积的最大值。

**【解析】** 本题考查椭圆的几何性质及相关最值。

(1)由题意可知直线 $AM$ 的方程为 $y-3 = \dfrac{1}{2}(x-2)$,即 $x-2y = -4$。当 $y=0$ 时,解得 $x = -4$,所以 $a=4$。由椭圆 $C: \dfrac{x^2}{a^2} + \dfrac{y^2}{b^2} = 1 (a>b>0)$ 过点 $M(2,3)$,可得 $\dfrac{4}{16} + \dfrac{9}{b^2} = 1$,解得 $b^2 = 12$,所以 $C$ 的方程为 $\dfrac{x^2}{16} + \dfrac{y^2}{12} = 1$。

(2)设与直线 $AM$ 平行的直线方程为 $x-2y = m$,当直线与椭圆相切时,与 $AM$ 距离比较远的直线与椭圆的切点为 $N$,此时 $\triangle AMN$ 的面积取得最大值。

联立 $\begin{cases} x-2y = m \\ \dfrac{x^2}{16} + \dfrac{y^2}{12} = 1 \end{cases}$ 消去 $x$,得 $16y^2 + 12my + 3m^2 - 48 = 0$,所以 $\Delta = 144m^2 - 4 \times 16 \cdot (3m^2-48) = 0$,即 $m^2 = 64$,解得 $m = \pm 8$,与 $AM$ 距离比较远的直线方程为 $x-2y = 8$。两平行直

线 $AM$ 和 $x-2y=8$ 之间的距离为 $d=\dfrac{|8+4|}{\sqrt{1+4}}=\dfrac{12\sqrt{5}}{5}$，$|AM|=\sqrt{(2+4)^2+3^2}=3\sqrt{5}$，所以 $\triangle AMN$ 的面积的最大值为 $\dfrac{1}{2}\times 3\sqrt{5}\times\dfrac{12\sqrt{5}}{5}=18$。

**例 11** 在极坐标系下，已知圆 $O:\rho=\cos\theta+\sin\theta$ 和直线 $l:\rho\sin\left(\theta-\dfrac{\pi}{4}\right)=\dfrac{\sqrt{2}}{2}$。

（1）求圆 $O$ 和直线 $l$ 的直角坐标方程；

（2）当 $\theta\in(0,\pi)$ 时，求直线 $l$ 与圆 $O$ 公共点的一个极坐标。

**【解析】** 本题考查极坐标与直角坐标的互化。

（1）圆 $O:\rho=\cos\theta+\sin\theta$，等式两边同时乘 $\rho$，得 $\rho^2=\rho\cos\theta+\rho\sin\theta$，转化为直角坐标为 $x^2+y^2=x+y$，所以圆 $O$ 的直角坐标方程为 $x^2+y^2-x-y=0$。直线 $l:\rho\sin\left(\theta-\dfrac{\pi}{4}\right)=\dfrac{\sqrt{2}}{2}$，即 $\rho\sin\theta-\rho\cos\theta=1$，转化为直角坐标为 $y-x=1$，所以直线 $l$ 的直角坐标方程为 $x-y+1=0$。

（2）由 $\begin{cases}\rho=\cos\theta+\sin\theta,\\ \rho\sin\theta-\rho\cos\theta=1\end{cases}$ 消去 $\rho$，得 $\sin^2\theta-\cos^2\theta=1$，又 $\theta\in(0,\pi)$，解得 $\theta=\dfrac{\pi}{2}$，进而 $\rho=1$，直线 $l$ 与圆 $O$ 公共点的一个极坐标为 $\left(1,\dfrac{\pi}{2}\right)$。

# 强化训练

## 一、选择题

1. 已知 $F_1,F_2$ 是双曲线 $E:\dfrac{x^2}{a^2}-\dfrac{y^2}{b^2}=1$ 的左、右焦点，点 $M$ 在 $E$ 上，$MF_1$ 与 $x$ 轴垂直，$\sin\angle MF_2F_1=\dfrac{1}{3}$，则 $E$ 的离心率为（　　）。

A. $\sqrt{2}$  B. $\dfrac{3}{2}$  C. $\sqrt{3}$  D. $2$

2. 双曲线 $x^2-\dfrac{y^2}{m}=1$ 的离心率大于 $\sqrt{2}$ 的充分必要条件是（　　）。

A. $m>\dfrac{1}{2}$  B. $m\geq 1$  C. $m>1$  D. $m>2$

3. 已知双曲线 $\dfrac{x^2}{a^2}-\dfrac{y^2}{b^2}=1(a>0,b>0)$ 的左焦点为 $F$，离心率为 $\sqrt{2}$。若经过 $F$ 和 $P(0,4)$ 两点的直线平行于双曲线的一条渐近线，则双曲线的方程为（　　）。

A. $\dfrac{x^2}{4}-\dfrac{y^2}{4}=1$  B. $\dfrac{x^2}{8}-\dfrac{y^2}{8}=1$  C. $\dfrac{x^2}{4}-\dfrac{y^2}{8}=1$  D. $\dfrac{x^2}{8}-\dfrac{y^2}{4}=1$

4. 已知椭圆 $C:\dfrac{x^2}{a^2}+\dfrac{y^2}{b^2}=1(a>b>0)$ 的左、右顶点分别为 $A_1,A_2$，且以线段 $A_1A_2$ 为直径的圆与直线 $bx-ay+2ab=0$ 相切，则 $C$ 的离心率为（　　）。

A. $\dfrac{\sqrt{6}}{3}$  B. $\dfrac{\sqrt{3}}{3}$  C. $\dfrac{\sqrt{2}}{3}$  D. $\dfrac{1}{3}$

5. 已知圆 $C_1:(x-4)^2+y^2=25$，圆 $C_2:(x+4)^2+y^2=1$，动圆 $M$ 与 $C_1$，$C_2$ 都外切，则动圆圆心 $M$ 的轨迹方程为（　　）。

A. $\dfrac{x^2}{4}-\dfrac{y^2}{12}=1(x<0)$　　　　B. $\dfrac{x^2}{4}-\dfrac{y^2}{12}=1(x>0)$

C. $\dfrac{x^2}{3}-\dfrac{y^2}{5}=1(x<0)$　　　　D. $\dfrac{x^2}{3}-\dfrac{y^2}{5}=1(x>0)$

6. 记椭圆 $\dfrac{x^2}{4}+\dfrac{ny^2}{4n+1}=1$ 围成的区域（含边界）为 $\Omega_n(n=1,2,\cdots)$，当点 $(x,y)$ 分别在 $\Omega_1$，$\Omega_2$，$\cdots$ 上时，$x+y$ 的最大值分别是 $M_1,M_2,\cdots$，则 $\lim\limits_{n\to\infty}M_n=$（　　）。

A. 0　　　　　B. $\dfrac{1}{4}$　　　　　C. 2　　　　　D. $2\sqrt{2}$

## 二、填空题

1. 设 $O$ 为坐标原点，直线 $x=a$ 与双曲线 $C:\dfrac{x^2}{a^2}-\dfrac{y^2}{b^2}=1(a>0,b>0)$ 的两条渐近线分别交于 $D,E$ 两点。若 $\triangle ODE$ 的面积为 8，则 $C$ 的焦距的最小值为_____。

2. 平面直角坐标系 $xOy$ 中，双曲线 $C_1:\dfrac{x^2}{a^2}-\dfrac{y^2}{b^2}=1(a>0,b>0)$ 的渐近线与抛物线 $C_2:x^2=2py(p>0)$ 交于点 $O,A,B$，若 $\triangle OAB$ 的垂心为 $C_2$ 的焦点，则 $C_1$ 的离心率为_____。

3. 过双曲线 $C:\dfrac{x^2}{a^2}-\dfrac{y^2}{b^2}=1(a>0,b>0)$ 的右焦点作一条与其渐近线平行的直线，交 $C$ 于点 $P$。若点 $P$ 的横坐标为 $2a$，则 $C$ 的离心率为_____。

4. 已知 $F$ 是双曲线 $C:x^2-\dfrac{y^2}{8}=1$ 的右焦点，$P$ 是 $C$ 的左支上一点，点 $A$ 坐标为 $(0,6\sqrt{6})$。当 $\triangle APF$ 周长最小时，该三角形的面积为_____。

5. 已知 $P(1,1)$ 为椭圆 $\dfrac{x^2}{4}+\dfrac{y^2}{2}=1$ 内一定点，经过 $P$ 引一条弦，使此弦被 $P$ 平分，则此弦所在的直线方程为_____。

## 三、解答题

1. 如图 9-2 所示，已知抛物线 $x^2=y$，点 $A$ 坐标为 $\left(-\dfrac{1}{2},\dfrac{1}{4}\right)$，点 $B$ 坐标为 $\left(\dfrac{3}{2},\dfrac{9}{4}\right)$，抛物线上有一点 $P(x,y)\left(-\dfrac{1}{2}<x<\dfrac{3}{2}\right)$。过点 $B$ 作直线 $AP$ 的垂线，垂足为 $Q$。

（1）求直线 $AP$ 斜率的取值范围；

（2）求 $|PA|\cdot|PQ|$ 的最大值。

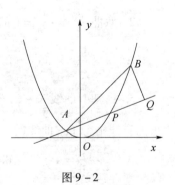

图 9-2

2. 已知椭圆 $C:\dfrac{x^2}{a^2}+\dfrac{y^2}{b^2}=1(a>b>0)$ 的离心率 $e=\dfrac{1}{2}$，点 $A$ 坐标为 $(b,0)$，点 $B,F$ 分别为椭圆的上顶点和左焦点，且 $|BF|\cdot|BA|=2\sqrt{6}$。

（1）求椭圆 $C$ 的方程。

（2）若过定点 $M(0,2)$ 的直线 $l$ 与椭圆 $C$ 交于 $G,H$ 两点（$G$ 在 $M,H$ 之间），设直线 $l$ 的斜率

$k>0$,在 $x$ 轴上是否存在点 $P(m,0)$,使得以 $PG,PH$ 为邻边的平行四边形为菱形?如果存在,求出 $m$ 的取值范围;如果不存在,请说明理由。

3. 过抛物线 $E:x^2=2py(p>0)$ 的焦点 $F$ 作斜率分别为 $k_1,k_2$ 的两条不同的直线 $l_1,l_2$,且 $k_1+k_2=2$,$l_1$ 与 $E$ 相交于点 $A,B$,$l_2$ 与 $E$ 相交于点 $C,D$。以 $AB,CD$ 分别为直径的圆 $M$、圆 $N$ ($M,N$ 为圆心)的公共弦所在的直线记为 $l$。

(1)若 $k_1>0,k_2>0$,证明:$\vec{FM}\cdot\vec{FN}<2p^2$。

(2)若点 $M$ 到直线 $l$ 的距离的最小值为 $\dfrac{7\sqrt{5}}{5}$,求抛物线 $E$ 的方程。

4. 平面直角坐标系 $xOy$ 中,已知椭圆 $C:\dfrac{x^2}{a^2}+\dfrac{y^2}{b^2}=1(a>b>0)$ 的离心率为 $\dfrac{\sqrt{3}}{2}$,且点 $\left(\sqrt{3},\dfrac{1}{2}\right)$ 在椭圆 $C$ 上。

(1)求椭圆 $C$ 的方程。

(2)设椭圆 $E:\dfrac{x^2}{4a^2}+\dfrac{y^2}{4b^2}=1$,$P$ 为椭圆 $C$ 上任意一点,过点 $P$ 的直线 $y=kx+m$ 交椭圆 $E$ 于 $A,B$ 两点,射线 $PO$ 交椭圆 $E$ 于点 $Q$。

① 求 $\dfrac{|\vec{OQ}|}{|\vec{OP}|}$ 的值;

② 求 $\triangle ABQ$ 面积的最大值。

5. 如图 9-3 所示,在平面直角坐标系 $xOy$ 中,已知椭圆 $\dfrac{x^2}{a^2}+\dfrac{y^2}{b^2}=1(a>b>0)$ 的离心率为 $\dfrac{\sqrt{2}}{2}$,且右焦点 $F$ 到左准线 $l$ 的距离为 3。

(1)求椭圆的标准方程;

(2)过 $F$ 的直线与椭圆交于 $A,B$ 两点,线段 $AB$ 的垂直平分线分别交直线 $l$ 和 $AB$ 于点 $P,C$,若 $PC=2AB$,求直线 $AB$ 的方程。

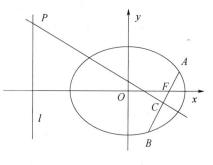

图 9-3

6. 如图 9-4 所示,已知椭圆 $x^2+2y^2=1$,过原点的两条直线 $l_1$ 和 $l_2$ 分别与椭圆交于 $A,B$ 和 $C,D$,设 $\triangle AOC$ 的面积为 $S$。

(1)设 $A(x_1,y_1),C(x_2,y_2)$,用 $A,C$ 的坐标表示点 $C$ 到直线 $l_1$ 的距离,并证明 $S=\dfrac{1}{2}|x_1y_2-x_2y_1|$;

(2)设 $l_1:y=kx,C\left(\dfrac{\sqrt{3}}{3},\dfrac{\sqrt{3}}{3}\right)$,$S=\dfrac{1}{3}$,求 $k$ 的值;

(3)设 $l_1$ 与 $l_2$ 的斜率之积为 $m$,求 $m$ 的值,使得无论 $l_1$ 与 $l_2$ 如何变动,面积 $S$ 保持不变。

7. 设椭圆 $\dfrac{x^2}{a^2}+\dfrac{y^2}{3}=1(a>\sqrt{3})$ 的右焦点为 $F$,右顶点为 $A$,已知 $\dfrac{1}{|OF|}+\dfrac{1}{|OA|}=\dfrac{3e}{|FA|}$,其中 $O$ 为原点,$e$ 为椭圆的离心率。

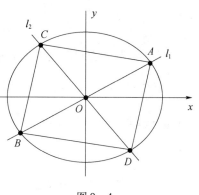

图 9-4

(1) 求椭圆的方程;

(2) 设过点 $A$ 的直线 $l$ 与椭圆交于点 $B(B$ 不在 $x$ 轴上$)$,垂直于 $l$ 的直线与 $l$ 交于点 $M$,与 $y$ 轴交于点 $H$,若 $BF \perp HF$,且 $\angle MOA \leqslant \angle MAO$,求直线 $l$ 的斜率的取值范围。

8. 已知椭圆 $C: \dfrac{x^2}{a^2} + \dfrac{y^2}{b^2} = 1(a > b > 0)$ 的焦距为 $4$,且过点 $P(\sqrt{2}, \sqrt{3})$。

(1) 求椭圆 $C$ 的方程。

(2) 设 $Q(x_0, y_0)(x_0 y_0 \neq 0)$ 为椭圆 $C$ 上一点,过点 $Q$ 作 $x$ 轴的垂线,垂足为 $E$。取点 $A(0, 2\sqrt{2})$,连接 $AE$,过点 $A$ 作 $AE$ 的垂线交 $x$ 轴于点 $D$。点 $G$ 是点 $D$ 关于 $y$ 轴的对称点,作直线 $QG$,问这样作出的直线 $QG$ 是否与椭圆 $C$ 一定有唯一的公共点?并说明理由。

9. 已知抛物线 $C$ 的顶点为原点,其焦点 $F(0, c)(c > 0)$ 到直线 $l: x - y - 2 = 0$ 的距离为 $\dfrac{3\sqrt{2}}{2}$。设 $P$ 为直线 $l$ 上的点,过点 $P$ 作抛物线 $C$ 的两条切线 $PA, PB$,其中 $A, B$ 为切点。

(1) 求抛物线 $C$ 的方程;

(2) 当点 $P(x_0, y_0)$ 为直线 $l$ 上的定点时,求直线 $AB$ 的方程;

(3) 当点 $P$ 在直线 $l$ 上移动时,求 $|AF| \cdot |BF|$ 的最小值。

10. 已知椭圆 $C: x^2 + 3y^2 = 3$,过点 $D(1, 0)$ 且不过点 $E(2, 1)$ 的直线与椭圆 $C$ 交于 $A, B$ 两点,直线 $AE$ 与直线 $x = 3$ 交于点 $M$。

(1) 求椭圆 $C$ 的离心率;

(2) 若 $AB$ 垂直于 $x$ 轴,求直线 $BM$ 的斜率;

(3) 试判断直线 $BM$ 与直线 $DE$ 的位置关系,并说明理由。

# 【强化训练解析】

## 一、选择题

1. A。本题考查双曲线的性质、离心率。

因为 $MF_1$ 垂直于 $x$ 轴,所以 $|MF_1| = \dfrac{b^2}{a}$,$|MF_2| = 2a + \dfrac{b^2}{a}$,因为 $\sin \angle MF_2 F_1 = \dfrac{1}{3}$,即

$\dfrac{|MF_1|}{|MF_2|} = \dfrac{\dfrac{b^2}{a}}{2a + \dfrac{b^2}{a}} = \dfrac{1}{3}$,化简得 $b = a$,故双曲线离心率 $e = \sqrt{1 + \dfrac{b}{a}} = \sqrt{2}$。故选 A。

2. C。本题考查双曲线的离心率的范围。

由方程可知 $a = 1, b = \sqrt{m}$,因此 $c = \sqrt{a^2 + b^2} = \sqrt{1 + m}$,离心率为 $e = \dfrac{c}{a} = \sqrt{1 + m}$,由 $\sqrt{1 + m} > \sqrt{2}$ 可知 $m > 1$。故选 C。

3. B。由题意得 $a = b, \dfrac{4}{-c} = -1 \Rightarrow c = 4, a = b = 2\sqrt{2} \Rightarrow \dfrac{x^2}{8} - \dfrac{y^2}{8} = 1$,故选 B。

4. A。本题考查椭圆离心率。

以线段 $A_1 A_2$ 为直径的圆是 $x^2 + y^2 = a^2$,直线 $bx - ay + 2ab = 0$ 与圆相切,所以圆心到直线的

距离 $d=\dfrac{2ab}{\sqrt{a^2+b^2}}$，整理为 $a^2=3b^2$，即 $a^2=3(a^2-c^2)$，$\dfrac{c^2}{a^2}=\dfrac{2}{3}$，因此 $e=\dfrac{c}{a}=\dfrac{\sqrt{6}}{3}$。故选 A。

5. A。本题考查双曲线的定义和几何性质。

设动圆 $M$ 的半径为 $r$，由题意知，$|MC_1|=r+5$，$|MC_2|=r+1$，则 $|MC_1|-|MC_2|=4<|C_1C_2|=8$，所以 $M$ 点的轨迹是以 $C_1,C_2$ 为焦点的双曲线的左支，且 $a=2,c=4$，则 $b^2=12$，则动圆圆心 $M$ 的轨迹方程为 $\dfrac{x^2}{4}-\dfrac{y^2}{12}=1(x<0)$，故选 A。

6. D。本题考查椭圆的参数方程、数列的极限、三角函数的最大值。

把椭圆的直角坐标方程 $\dfrac{x^2}{4}+\dfrac{ny^2}{4n+1}=1$ 化为参数方程得 $\begin{cases}x=2\cos\theta\\y=\sqrt{4+\dfrac{1}{n}}\sin\theta\end{cases}$（$\theta$ 为参数），所以 $x+y=2\cos\theta+\sqrt{4+\dfrac{1}{n}}\sin\theta$，其最大值为 $M_n=\sqrt{2^2+4+\dfrac{1}{n}}=\sqrt{8+\dfrac{1}{n}}$，因此 $\lim\limits_{n\to\infty}M_n=\lim\limits_{n\to\infty}\sqrt{8+\dfrac{1}{n}}=2\sqrt{2}$。故选 D。

## 二、填空题

1. 8。本题考查双曲线的几何性质。

直线 $x=a$ 与双曲线 $C$ 的两条渐近线 $y=\pm\dfrac{b}{a}x$ 分别于 $D,E$ 两点，则 $|DE|=|y_D-y_E|=2b$，所以 $S_{\triangle ODE}=\dfrac{1}{2}\times a\times 2b=ab$，即 $ab=8$。

$c^2=a^2+b^2\geqslant 2ab=16$，当且仅当 $a=b$ 时取等号，即 $c$ 的最小值为 $4$。所以双曲线 $C$ 的焦距 $2c$ 的最小值为 $8$。

2. $\dfrac{3}{2}$。本题考查双曲线的离心率。

$C_1:\dfrac{x^2}{a^2}-\dfrac{y^2}{b^2}=1(a>0,b>0)$ 的渐近线为 $y=\pm\dfrac{b}{a}x$，则 $A\left(\dfrac{2pb}{a},\dfrac{2pb^2}{a^2}\right)$，$B\left(-\dfrac{2pb}{a},\dfrac{2pb^2}{a^2}\right)$。

$C_2:x^2=2py(p>0)$ 的焦点为 $F\left(0,\dfrac{p}{2}\right)$，则 $k_{AF}=\dfrac{\dfrac{2pb^2}{a^2}-\dfrac{p}{2}}{\dfrac{2pb}{a}}=\dfrac{a}{b}$，即 $\dfrac{b^2}{a^2}=\dfrac{5}{4}$，$\dfrac{c^2}{a^2}=\dfrac{a^2+b^2}{a^2}=\dfrac{9}{4}$，$e=\dfrac{c}{a}=\dfrac{3}{2}$。

3. $2+\sqrt{3}$。本题考查双曲线的几何性质、直线方程。

双曲线 $C:\dfrac{x^2}{a^2}-\dfrac{y^2}{b^2}=1$ 的右焦点为 $(c,0)$，不妨设所作直线与双曲线的渐近线 $y=\dfrac{b}{a}x$ 平行，其方程为 $y=\dfrac{b}{a}(x-c)$，代入 $\dfrac{x^2}{a^2}-\dfrac{y^2}{b^2}=1$ 求得点 $P$ 的横坐标为 $x=\dfrac{a^2+c^2}{2c}$，由 $\dfrac{a^2+c^2}{2c}=2a$ 得 $\left(\dfrac{c}{a}\right)^2-4\dfrac{c}{a}+1=0$，解得 $\dfrac{c}{a}=2+\sqrt{3}$，$\dfrac{c}{a}=2-\sqrt{3}$（舍去）。

4. $12\sqrt{6}$。本题考查双曲线的几何性质，双曲线与直线的位置关系，点到直线的距离。

设 $F'$ 是双曲线 $C:x^2-\dfrac{y^2}{8}=1$ 的左焦点,而 $P$ 是 $C$ 的左支上一点,则 $|PF|=|PF'|+2$, $\triangle APF$ 周长等于 $|PA|+|PF|+|AF|=|PA|+|PF'|+|AF|+2\geqslant|AF'|+|AF|+2=32$,当且仅当点 $P,F',A$ 共线时等号成立,点 $P$ 在线段 $F'A$ 上,线段 $F'A:y=2\sqrt{6}x+6\sqrt{6}(-3\leqslant x\leqslant 0)$,代入 $x^2-\dfrac{y^2}{8}=1$ 可得 $8x^2-(2\sqrt{6}x+6\sqrt{6})^2=8$,即 $x^2+9x+14=0$,解得 $x=-2,x=-7$(舍去),则 $P(-2,2\sqrt{6})$ 到直线 $FA:y=-2\sqrt{6}x+6\sqrt{6}$ 的距离为 $d=\dfrac{8\sqrt{6}}{5}$,因此 $S=\dfrac{1}{2}\cdot d\cdot|AF|=\dfrac{1}{2}\cdot\dfrac{8\sqrt{6}}{5}\cdot 15=12\sqrt{6}$。

5. $x+2y-3=0$。本题考查直线与椭圆的位置关系。

易知此弦所在直线的斜率存在,所以设其方程为 $y-1=k(x-1)$,弦的两端点为 $A(x_1,y_1)$, $B(x_2,y_2)$。由 $\begin{cases}y-1=k(x-1)\\\dfrac{x^2}{4}+\dfrac{y^2}{2}=1\end{cases}$ 消去 $y$,得 $(2k^2+1)x^2-4k(k-1)x+2(k^2-2k-1)=0$,

所以 $x_1+x_2=\dfrac{4k(k-1)}{2k^2+1}$。又 $x_1+x_2=2$,解得 $k=-\dfrac{1}{2}$。所以此弦所在的直线方程为 $y-1=-\dfrac{1}{2}(x-1)$,即 $x+2y-3=0$。

### 三、解答题

1. 本题考查直线与圆锥曲线的位置关系、最值问题。

解:(1)设直线 $AP$ 的斜率为 $k$,$k=\dfrac{x^2-\dfrac{1}{4}}{x+\dfrac{1}{2}}=x-\dfrac{1}{2}$,因为 $-\dfrac{1}{2}<x<\dfrac{3}{2}$,所以直线 $AP$ 斜率的取值范围是 $(-1,1)$。

(2)联立直线 $AP$ 与 $BQ$ 的方程 $\begin{cases}kx-y+\dfrac{1}{2}k+\dfrac{1}{4}=0\\x+ky-\dfrac{9}{4}k-\dfrac{3}{2}=0\end{cases}$,

解得点 $Q$ 的横坐标是 $x_Q=\dfrac{-k^2+4k+3}{2(k^2+1)}$。

因为 $|PA|=\sqrt{1+k^2}\left(x+\dfrac{1}{2}\right)=\sqrt{1+k^2}(k+1)$,

$|PQ|=\sqrt{1+k^2}(x_Q-x)=-\dfrac{(k-1)(k+1)^2}{\sqrt{1+k^2}}$,

所以 $|PA|\cdot|PQ|=(k-1)(k+1)^3$。

令 $f(k)=(k-1)(k+1)^3$,因为 $f'(k)=-(4k-2)(k+1)^2$,

所以 $f(k)$ 在区间 $\left(-1,\dfrac{1}{2}\right)$ 上单调递增,在区间 $\left(\dfrac{1}{2},1\right)$ 上单调递减。

因此当 $k=\dfrac{1}{2}$ 时,$|PA|\cdot|PQ|$ 取得最大值 $\dfrac{27}{16}$。

2. 本题考查椭圆的标准方程及直线与椭圆的位置关系。

解:(1)设椭圆焦距为 $2c$,依据 $e=\dfrac{c}{a}=\dfrac{1}{2}$,有 $a=2c$。 ①

由 $|BF|\cdot|BA|=2\sqrt{6}$ 有 $a\cdot\sqrt{b^2+b^2}=2\sqrt{6}$,有 $ab=2\sqrt{3}$。 ②

又 $a^2-b^2=c^2$, ③

由①②③可得 $a^2=4,b^2=3$,所以椭圆 $C$ 的方程为 $\dfrac{x^2}{4}+\dfrac{y^2}{3}=1$。

(2)由已知得直线 $l$ 的方程为 $y=kx+2(k>0)$,两交点 $G,H$ 满足 $\begin{cases}y=kx+2\\\dfrac{x^2}{4}+\dfrac{y^2}{3}=1\end{cases}$,消去 $y$,得

$(3+4k^2)x^2+16kx+4=0$,由 $\Delta>0$ 及 $k>0$ 得 $k>\dfrac{1}{2}$。设 $G(x_1,y_1),H(x_2,y_2),x_1>x_2$,则 $x_1+x_2=-\dfrac{16k}{4k^2+3},\overrightarrow{PG}+\overrightarrow{PH}=(x_1+x_2-2m,k(x_1+x_2)+4),\overrightarrow{GH}=(x_2-x_1,y_2-y_1)=(x_2-x_1,k(x_2-x_1))$。因为菱形对角线相互垂直,所以 $(\overrightarrow{PG}+\overrightarrow{PH})\cdot\overrightarrow{GH}=0$,即 $(x_1+x_2-2m)(x_2-x_1)+[k(x_1+x_2)+4][k(x_2-x_1)]=0$。又知 $x_1>x_2$,所以 $(1+k^2)(x_1+x_2)+4k-2m=0$,即 $m=-\dfrac{2}{4k+\dfrac{3}{k}}$。因为 $k>\dfrac{1}{2}$,所以 $-\dfrac{\sqrt{3}}{6}\leq m<0$,当且仅当 $4k=\dfrac{3}{k}$,即 $k=\dfrac{\sqrt{3}}{2}$ 时,等号成立。所以存在满足条件的实数 $m$,$m$ 的取值范围为 $-\dfrac{\sqrt{3}}{6}\leq m<0$。

3. 本题考查圆锥曲线方程、直线方程、二次函数求最值。

(1)证明:由已知得 $F\left(0,\dfrac{p}{2}\right)$。设 $A(x_1,y_1),B(x_2,y_2),C(x_3,y_3),D(x_4,y_4),M(x_{12},y_{12}),N(x_{34},y_{34})$,直线 $l_1$ 方程:$y=k_1x+\dfrac{p}{2}$,与抛物线 $E$ 方程联立,化简整理得 $-x^2+2pk_1x+p^2=0$

$\Rightarrow x_1+x_2=2k_1p,x_1\cdot x_2=-p^2=0$

$\Rightarrow x_{12}=\dfrac{x_1+x_2}{2}=k_1p,y_{12}=k_1^2p+\dfrac{p}{2}\Rightarrow\overrightarrow{FM}=(k_1p,-k_1^2p)$

同理,$\Rightarrow x_{34}=\dfrac{x_1+x_2}{2}=k_2p,y_{34}=k_2^2p+\dfrac{p}{2}\Rightarrow\overrightarrow{FN}=(k_2p,-k_2^2p)$

$\Rightarrow\overrightarrow{FM}\cdot\overrightarrow{FN}=k_1k_2p^2+k_1^2k_2^2p^2=p^2k_1k_2(k_1k_2+1)$

$\because k_1>0,k_2>0,k_1\neq k_2,2=k_1+k_2\geq 2\sqrt{k_1k_2}\Rightarrow k_1k_2\leq 1$,

$\therefore \overrightarrow{FM}\cdot\overrightarrow{FN}=p^2k_1k_2(k_1k_2+1)<p^2\cdot 1\cdot(1+1)=2p^2$,$\therefore \overrightarrow{FM}\cdot\overrightarrow{FN}<2p^2$ 成立。

(2)解:设圆 $M,N$ 的半径分别为 $r_1,r_2$,则

$\Rightarrow r_1=\dfrac{1}{2}\left[\left(\dfrac{p}{2}+y_1\right)+\left(\dfrac{p}{2}+y_2\right)\right]=\dfrac{1}{2}\left[p+2\left(k_1^2p+\dfrac{p}{2}\right)\right]=k_1^2p+p$

$\Rightarrow r_1=k_1^2p+p$,同理 $r_2=k_2^2p+p$。

设圆 $M,N$ 的半径分别为 $r_1,r_2$,则 $M,N$ 的方程分别为 $(x-x_{12})^2+(y-y_{12})^2=r_1^2$,$(x-x_{34})^2+(y-y_{34})^2=r_2^2$,直线 $l$ 的方程为

$$2(x_{34}-x_{12})x+2(y_{34}-y_{12})y+x_{12}^2-x_{34}^2+y_{12}^2-y_{34}^2-r_1^2+r_2^2=0$$
$$\Rightarrow 2p(k_2-k_1)x+2p(k_2^2-k_1^2)y+(x_{12}-x_{34})(x_{12}-x_{34})+$$
$$(y_{12}-y_{34})(y_{12}-y_{34})+(r_2-r_1)(r_2+r_1)=0$$
$$\Rightarrow 2p(k_2-k_1)x+2p(k_2^2-k_1^2)y+2p^2(k_1-k_2)+p^2(k_1^2-k_2^2)(k_1^2+k_2^2+1)+$$
$$p^2(k_2^2-k_1^2)(k_1^2+k_2^2+2)=0$$
$$\Rightarrow x+2y-p-p(k_1^2+k_2^2+1)+p(k_1^2+k_2^2+2)=0\Rightarrow x+2y=0, 点 M(x_{12},y_{12}) 到直线 l 的$$

距离 $d=\left|\dfrac{x_{12}+2y_{12}}{\sqrt{5}}\right|=p\cdot\left|\dfrac{2k_1^2+k_1+1}{\sqrt{5}}\right|\geqslant p\cdot\dfrac{2\left(-\dfrac{1}{4}\right)^2+\left(-\dfrac{1}{4}\right)+1}{\sqrt{5}}=\dfrac{7p}{8\sqrt{5}}=\dfrac{7}{5}\sqrt{5}\Rightarrow p=8\Rightarrow$
抛物线的方程为 $x^2=16y$。

4. 本题考查椭圆的标准方程及其几何性质，直线与椭圆的位置关系，距离与三角形面积、转化与化归思想。

解：(1) 由题意知 $\dfrac{3}{a^2}+\dfrac{1}{4b^2}=1$，又 $\dfrac{\sqrt{a^2-b^2}}{a}=\dfrac{\sqrt{3}}{2}$，解得 $a^2=4, b^2=1$。故椭圆 $C$ 的方程为 $\dfrac{x^2}{4}+y^2=1$。

(2) 由(1)知椭圆 $E$ 的方程为 $\dfrac{x^2}{16}+\dfrac{y^2}{4}=1$。

① 设 $P(x_0,y_0)$，$\dfrac{|\overrightarrow{OQ}|}{|\overrightarrow{OP}|}=\lambda$，由题意知 $Q(-\lambda x_0,-\lambda y_0)$。

根据 $\dfrac{x_0^2}{4}+y_0^2=1$ 及 $\dfrac{(-\lambda x_0)^2}{16}+\dfrac{(-\lambda y_0)^2}{4}=1$，知 $\lambda=2$，即 $\dfrac{|\overrightarrow{OQ}|}{|\overrightarrow{OP}|}=2$。

② 设 $A(x_1,y_1), B(x_2,y_2)$，将 $y=kx+m$ 代入椭圆 $E$ 的方程，可得 $(1+4k^2)x^2+8kmx+4m^2-16=0$，由 $\Delta>0$，可得 $m^2<4+16k^2$。 (a)

应用韦达定理计算得 $|x_1-x_2|=\dfrac{4\sqrt{16k^2+4-m^2}}{1+4k^2}$ 及 $\triangle OAB$ 的面积为

$$S=\dfrac{1}{2}|m||x_1-x_2|=\dfrac{2|m|\sqrt{16k^2+4-m^2}}{1+4k^2}=\dfrac{2\sqrt{(16k^2+4-m^2)m^2}}{1+4k^2}=2\sqrt{\left(4-\dfrac{m^2}{1+4k^2}\right)\dfrac{m^2}{1+4k^2}}$$

设 $\dfrac{m^2}{1+4k^2}=t$ 将直线 $y=kx+m$ 代入椭圆 $C$ 的方程，可得 $(1+4k^2)x^2+8kmx+4m^2-4=0$，由 $\Delta\geqslant 0$ 可得 $m^2\leqslant 1+4k^2$。 (b)

由(a)(b)可知 $0<t\leqslant 1, S=2\sqrt{(4-t)t}=2\sqrt{-t^2+4t}$。

当且仅当 $t=1$，即 $m^2=1+4k^2$ 时取得最大值 $2\sqrt{3}$。

由(1)知，$\triangle ABQ$ 的面积为 $3S$，即得 $\triangle ABQ$ 面积的最大值为 $6\sqrt{3}$。

5. 本题考查椭圆方程、直线与椭圆位置关系。

解：(1) 由题意得 $\dfrac{c}{a}=\dfrac{\sqrt{2}}{2}$ 且 $c+\dfrac{a^2}{c}=3$，解得 $a=\sqrt{2}, c=1\Rightarrow b=1$，因此椭圆的标准方程为 $\dfrac{x^2}{2}+y^2=1$。

(2) 当 $AB \perp x$ 轴时,$AB = \sqrt{2}$,又 $CP = 3$,不合题意。

当 $AB$ 与 $x$ 轴不垂直时,设直线 $AB$ 的方程为 $y = k(x-1)$,设点 $A(x_1, y_1)$,设点 $B(x_2, y_2)$,

将 $AB$ 的方程代入椭圆方程,得 $(1+2k^2)x^2 - 4k^2 x + 2(k^2-1) = 0$,

则 $x_{1,2} = \dfrac{2k^2 \pm \sqrt{2(1+k^2)}}{1+2k^2}$,点 $C$ 的坐标为 $\left(\dfrac{2k^2}{1+2k^2}, \dfrac{-k}{1+2k^2}\right)$,且

$AB = \sqrt{(x_1-x_2)^2 + (y_1-y_2)^2} = \sqrt{1+k^2}\,|x_1-x_2| = \dfrac{2\sqrt{2}(1+k^2)}{1+2k^2}$。

若 $k=0$,则线段 $AB$ 的垂直平分线为 $y$ 轴,与左准线平行,不合题意。

从而 $k \neq 0$,故直线 $PC$ 的方程为 $y + \dfrac{k}{1+2k^2} = -\dfrac{1}{k}\left(x - \dfrac{2k^2}{1+2k^2}\right)$,

则点 $P$ 的坐标为 $\left(-2, \dfrac{(5k^2+2)}{k(1+2k^2)}\right)$,从而 $PC = \dfrac{2(3k^2+1)\sqrt{1+k^2}}{|k|(1+2k^2)}$。

因为 $PC = 2AB$,所以 $\dfrac{2(3k^2+1)\sqrt{1+k^2}}{|k|(1+2k^2)} = \dfrac{4\sqrt{2}(k^2+1)}{(1+2k^2)}$,解得 $k = \pm 1$。

此时直线 $AB$ 方程为 $y = x - 1$ 或 $y = -x + 1$。

6. 本题考查椭圆的性质、直线与椭圆的位置关系。

解:(1) 直线 $l_1$ 的方程为 $y_1 x - x_1 y = 0$,由点到直线的距离公式可知点 $C$ 到 $l_1$ 的距离为

$d = \dfrac{|y_1 x_2 - x_1 y_2|}{\sqrt{x_1^2 + y_1^2}}$,因为 $|OA| = \sqrt{x_1^2 + y_1^2}$,所以 $S = \dfrac{1}{2}|OA| \cdot d = \dfrac{|y_1 x_2 - x_1 y_2|}{2}$。

(2) 由 $\begin{cases} y = kx \\ x^2 + 2y^2 = 1 \end{cases}$ 消去 $y$ 解得 $x_1^2 = \dfrac{1}{1+2k^2}$。

由(1)得 $S = \dfrac{1}{2}|x_1 y_2 - x_2 y_1| = \dfrac{1}{2}\left|\dfrac{\sqrt{3}}{3}x_1 - \dfrac{\sqrt{3}}{3}kx_1\right| = \dfrac{\sqrt{3}|k-1|}{6\sqrt{1+2k^2}}$,由题意知 $\dfrac{\sqrt{3}|k-1|}{6\sqrt{1+2k^2}} = \dfrac{1}{3}$,

解得 $k = -1$ 或 $k = -\dfrac{1}{5}$。

(3) 设 $l_1: y = kx$,则 $l_2: y = \dfrac{m}{k}x$,设 $A(x_1, y_1), C(x_2, y_2)$。

由 $\begin{cases} y = kx \\ x^2 + 2y^2 = 1 \end{cases}$ 得 $x_1^2 = \dfrac{1}{1+2k^2}$。

同理 $x_2^2 = \dfrac{1}{1+2\left(\dfrac{m}{k}\right)^2} = \dfrac{k^2}{k^2+2m^2}$。

由(1)知,$S = \dfrac{1}{2}|x_1 y_2 - x_2 y_1| = \dfrac{1}{2}\left|\dfrac{x_1 \cdot mx_1}{k} - x_2 \cdot kx_1\right| = \dfrac{1}{2} \cdot \dfrac{|k^2-m|}{|k|} \cdot |x_1 x_2|$

$= \dfrac{|k^2-m|}{2\sqrt{1+2k^2} \cdot \sqrt{k^2+2m^2}}$。

整理得 $(8S^2-1)k^4 + (4S^2 + 16S^2 m^2 + 2m)k^2 + (8S^2-1)m^2 = 0$。

由题意知 $S$ 与 $k$ 无关,则 $\begin{cases} 8S^2 - 1 = 0 \\ 4S^2 + 16S^2 m^2 + 2m = 0 \end{cases}$,解得 $\begin{cases} S^2 = \dfrac{1}{8} \\ m = -\dfrac{1}{2} \end{cases}$。

所以 $m=-\dfrac{1}{2}$。

7. 本题考查椭圆的标准方程和几何性质、直线方程。

解：(1) 设点 $F(c,0)$，由 $\dfrac{1}{|OF|}+\dfrac{1}{|OA|}=\dfrac{3c}{|FA|}$，即 $\dfrac{1}{c}+\dfrac{1}{a}=\dfrac{3c}{a(a-c)}$，可得 $a^2-c^2=3c^2$。

又 $a^2-c^2=b^2=3$，所以 $c^2=1$，因此 $a^2=4$，所以椭圆的方程为 $\dfrac{x^2}{4}+\dfrac{y^2}{3}=1$。

(2) 设直线 $l$ 的斜率为 $k(k\neq 0)$，则直线 $l$ 的方程为 $y=k(x-2)$。设点 $B(x_B,y_B)$，由方程组 $\begin{cases}\dfrac{x^2}{4}+\dfrac{y^2}{3}=1\\ y=k(x-2)\end{cases}$ 消去 $y$，整理得 $(4k^2+3)x^2-16k^2x+16k^2-12=0$。

解得 $x=2$ 或 $x=\dfrac{8k^2-6}{4k^2+3}$，由题意得 $x_B=\dfrac{8k^2-6}{4k^2+3}$，从而 $y_B=\dfrac{-12k}{4k^2+3}$。

由(1)知，点 $F(1,0)$，设点 $H(0,y_H)$，有 $\overrightarrow{FH}=(-1,y_H)$，$\overrightarrow{BF}=\left(\dfrac{9-4k^2}{4k^2+3},\dfrac{12k}{4k^2+3}\right)$。由 $BF\perp HF$，得 $\overrightarrow{BF}\cdot\overrightarrow{HF}=0$，所以 $\dfrac{9-4k^2}{4k^2+3}+\dfrac{12ky_H}{4k^2+3}=0$，解得 $y_H=\dfrac{9-4k^2}{12k}$。因此直线 $MH$ 的方程为 $y=-\dfrac{1}{k}x+\dfrac{9-4k^2}{12k}$。

设点 $M(x_M,y_M)$，由方程组 $\begin{cases}y=-\dfrac{1}{k}x+\dfrac{9-4k^2}{12k}\\ y=k(x-2)\end{cases}$ 消去 $y$，解得 $x_M=\dfrac{20k^2+9}{12(k^2+1)}$。在 $\triangle MAO$ 中，$\angle MOA\leq\angle MAO\Leftrightarrow |MA|\leq |MO|$，即 $(x_M-2)^2+y_M^2\leq x_M^2+y_M^2$，化简得 $x_M\geq 1$，即 $\dfrac{20k^2+9}{12(k^2+1)}\geq 1$，解得 $k\leq -\dfrac{\sqrt{6}}{4}$ 或 $k\geq \dfrac{\sqrt{6}}{4}$。

所以，直线 $l$ 的斜率的取值范围为 $\left(-\infty,-\dfrac{\sqrt{6}}{4}\right]\cup\left[\dfrac{\sqrt{6}}{4},+\infty\right)$。

8. 解：(1) 因为椭圆过点 $P(\sqrt{2},\sqrt{3})$，所以 $\dfrac{2}{a^2}+\dfrac{3}{b^2}=1$ 且 $a^2=b^2+c^2$，

所以 $a^2=8,b^2=4,c^2=4$，椭圆 $C$ 的方程是 $\dfrac{x^2}{8}+\dfrac{y^2}{4}=1$。

(2) 由题意，各点的坐标如图 9-5 所示，则 $QG$ 的直线方程为 $\dfrac{y-0}{y_0}=\dfrac{x-\dfrac{8}{x_0}}{x_0-\dfrac{8}{x_0}}$，化简得 $x_0y_0x-(x_0^2-8)y-8y_0=0$。又因为 $x_0^2+2y_0^2=8$，所以 $x_0x+2y_0y-8=0$，代入 $\dfrac{x^2}{8}+\dfrac{y^2}{4}=1$，求得 $\Delta=0$，所以直线 $QG$ 与椭圆只有一个公共点。

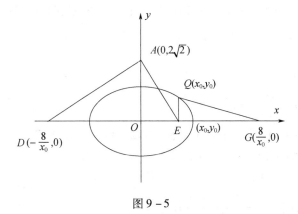

图 9-5

9. 解:(1) 依题意 $d = \dfrac{|0-c-2|}{\sqrt{2}} = \dfrac{3\sqrt{2}}{2}$,解得 $c = 1$(负根舍去),

∴ 抛物线 $C$ 的方程为 $x^2 = 4y$。

(2) 设点 $A(x_1, y_1), B(x_2, y_2), P(x_0, y_0)$,

由 $x^2 = 4y$,即 $y = \dfrac{1}{4}x^2$,得 $y' = \dfrac{1}{2}x$。

∴ 抛物线 $C$ 在点 $A$ 处的切线 $PA$ 的方程为 $y - y_1 = \dfrac{x_1}{2}(x - x_1)$,

即 $y = \dfrac{x_1}{2}x + y_1 - \dfrac{1}{2}x_1^2$。

∵ $y_1 = \dfrac{1}{4}x_1^2$,∴ $y = \dfrac{x_1}{2}x - y_1$。

∴ $y_0 = \dfrac{x_1}{2}x_0 - y_1$,∵ 点 $P(x_0, y_0)$ 在切线 $l_1$ 上  ①

同理得 $y_0 = \dfrac{x_2}{2}x_0 - y_2$  ②

综合①、②得,点 $A(x_1, y_1), B(x_2, y_2)$ 的坐标都满足方程 $y_0 = \dfrac{x}{2}x_0 - y$。

∵ 经过 $A(x_1, y_1), B(x_2, y_2)$ 两点的直线是唯一的,

∴ 直线 $AB$ 的方程为 $y_0 = \dfrac{x}{2}x_0 - y$,即 $x_0 x - 2y - 2y_0 = 0$。

(3) 由抛物线的定义可知 $|AF| = y_1 + 1, |BF| = y_2 + 1$,

所以 $|AF| \cdot |BF| = (y_1 + 1)(y_2 + 1) = y_1 + y_2 + y_1 y_2 + 1$。

联立 $\begin{cases} x^2 = 4y \\ x_0 x - 2y - 2y_0 = 0 \end{cases}$,消去 $x$ 得 $y^2 + (2y_0 - x_0^2)y + y_0^2 = 0$,

∴ $y_1 + y_2 = x_0^2 - 2y_0, y_1 y_2 = y_0^2$。∵ $x_0 - y_0 - 2 = 0$,

∴ $|AF| \cdot |BF| = y_0^2 - 2y_0 + x_0^2 + 1 = y_0^2 - 2y_0 + (y_0 + 2)^2 + 1 = 2y_0^2 + 2y_0 + 5 = 2\left(y_0 + \dfrac{1}{2}\right)^2 + \dfrac{9}{2}$。

∴ 当 $y_0 = -\dfrac{1}{2}$ 时,$|AF| \cdot |BF|$ 取得最小值为 $\dfrac{9}{2}$。

10. 本题考查椭圆的标准方程及其几何性质、直线的斜率、两直线的位置关系。

解：(1) 椭圆 $C$ 的标准方程为 $\dfrac{x^2}{3}+y^2=1$。

所以 $a=\sqrt{3}$，$b=1$，$c=\sqrt{2}$。

椭圆 $C$ 的离心率 $e=\dfrac{c}{a}=\dfrac{\sqrt{6}}{3}$。

(2) 因为 $AB$ 过点 $D(1,0)$ 且垂直于 $x$ 轴，所以可设 $A(1,y_1)$，$B(1,-y_1)$。

直线 $AE$ 的方程为 $y-1=(1-y_1)(x-2)$。

令 $x=3$，得 $M(3,2-y_1)$。

所以直线 $BM$ 的斜率 $k_{BM}=\dfrac{2-y_1+y_1}{3-1}=1$。

(3) 直线 $BM$ 与直线 $DE$ 平行，证明如下：

当直线 $AB$ 的斜率不存在时，由(2)可知 $k_{BM}=1$。

又因为直线 $DE$ 的斜率 $k_{DE}=\dfrac{1-0}{2-1}=1$，所以 $BM\parallel DE$。

当直线 $AB$ 的斜率存在时，设其方程为 $y=k(x-1)(k\neq 1)$。

设 $A(x_1,y_1)$，$B(x_2,y_2)$，则直线 $AE$ 的方程为 $y-1=\dfrac{y_1-1}{x_1-2}(x-2)$。

令 $x=3$，得点 $M\left(3,\dfrac{y_1+x_1-3}{x_1-2}\right)$。

由 $\begin{cases}x^2+3y^2=3\\y=k(x-1)\end{cases}$ 得 $(1+3k^2)x^2-6k^2x+3k^2-3=0$。

所以 $x_1+x_2=\dfrac{6k^2}{1+3k^2}$，$x_1x_2=\dfrac{3k^2-3}{1+3k^2}$。

直线 $BM$ 的斜率为 $k_{BM}=\dfrac{\dfrac{y_1+x_1-3}{x_1-2}-y_2}{3-x_2}$，因为

$k_{BM}-1=\dfrac{k(x_1-1)+x_1-3-k(x_1-1)(x_1-2)-(3-x_2)(x_1-2)}{(3-x_2)(x_1-2)}$

$=\dfrac{(k-1)\left[-x_1x_2+2(x_1+x_2)-3\right]}{(3-x_2)(x_1-2)}=\dfrac{(k-1)\left[\dfrac{-3k^2+3}{1+3k^2}+\dfrac{12k^2}{1+3k^2}-3\right]}{(3-x_2)(x_1-2)}=0$

所以 $k_{BM}=1=k_{DE}$，可知 $BM\parallel DE$。

# 第十章　排列、组合与二项式定理

## 考试范围与要求

1. 理解分类加法计数原理与分步乘法计数原理。
2. 会用分类加法计数原理和分步乘法计数原理分析和解决一些简单的实际问题。
3. 理解排列、组合的概念。
4. 能利用计数原理推导排列数公式和组合数公式。
5. 能用排列、组合的概念解决一些简单的实际问题。
6. 掌握二项式定理的定义及展开式的第 $k+1$ 项通项公式。
7. 理解二项式系数与项的系数的差异。
8. 会用二项式定理解决与二项式展开式有关的简单问题(知二项式求其特定项系数,知二项式求其项的系数的和)。

## 主要内容

### 第一节　排列与组合

**1. 分类计数原理与分步计数原理**

分类计数原理(加法原理):做一件事,完成它可以有 $n$ 类办法,在第一类办法中有 $m_1$ 种不同的方法,在第二类办法中有 $m_2$ 种不同的方法,……,在第 $n$ 类办法中有 $m_n$ 种不同的方法,那么完成这件事共有 $N = m_1 + m_2 + \cdots + m_n$ 种不同的办法。

分步计数原理(乘法原理):做一件事,完成它需要分成 $n$ 个步骤,做第一步有 $m_1$ 种不同的方法,做第二步有 $m_2$ 种不同的方法,……,做第 $n$ 步有 $m_n$ 种不同的方法,那么完成这件事共有 $N = m_1 \cdot m_2 \cdot \cdots \cdot m_n$ 种不同的办法。

如果任何一类办法中的任何一种方法都能完成这件事,则选用分类计数原理,即类与类之间是相互独立的,即"分类完成"。如果只有当几个步骤都完成,这件事才能完成,则选用分步计数原理,即步与步之间是相互依存的、连续的,即"分步完成"。

**2. 排列与排列数公式**

(1) 排列。

从 $n$ 个不同元素中,任取 $m(m \leqslant n)$ 个元素,按照一定的顺序排成一列,叫作从 $n$ 个不同元素中取出 $m$ 个元素的一个排列。从 $n$ 个不同元素中取出 $n$ 个元素排成一列,称为 $n$ 个元素的一个全排列。

说明:①"$n$ 个元素"是互不相同的 $n$ 个元素;②取出的"$m$ 个元素"可以是这 $n$ 个元素中的任何 $m$ 个元素;③"排成一列"要求有"一定的顺序",即要符合某种特定的顺序要求,即排列与元素的顺序有关;④这里的 $m$ 是有范围的,即 $m \leqslant n$。

(2) 排列数公式。

自然数 1 到 $n$ 的连乘积,叫作 $n$ 的阶乘,记作 $n!$,即 $n! = 1 \times 2 \times 3 \times \cdots \times (n-1) \times n$。

从 $n$ 个不同元素中,取出 $m(m \leqslant n)$ 个元素的排列数记作 $A_n^m$,且

$$A_n^m = n(n-1)(n-2)\cdots(n-m+1) = \frac{n!}{(n-m)!}$$

全排列数:$A_n^n = n(n-1)(n-2)\cdots 3 \times 2 \times 1 = n!$。

规定 $0! = 1$。

**3. 组合和组合数公式**

(1) 组合。

从 $n$ 个不同元素中任取 $m(m \leqslant n)$ 个元素并成一组,叫作从 $n$ 个不同元素中取出 $m$ 个元素的一个组合。

(2) 组合数公式。

从 $n$ 个不同的元素中任取 $m(m \leqslant n)$ 个元素的所有组合的个数称为从 $n$ 个不同元素中取出 $m$ 个元素的组合数,记作 $C_n^m$,且

$$C_n^m = \frac{A_n^m}{A_m^m} = \frac{n(n-1)(n-2)\cdots(n-m+1)}{m!} = \frac{n!}{m!(n-m)!}$$

一般地,公式 $C_n^m = \dfrac{n!}{m!(n-m)!}$ 多用于证明组合数之间的关系,而计算组合数时则使用公式 $C_n^m = \dfrac{n(n-1)(n-2)\cdots(n-m+1)}{m!}$。

规定 $C_n^0 = 1$。

组合数的性质:

① $C_n^m = C_n^{n-m}$ ($m \leqslant n$);

② $C_{n+1}^m = C_n^m + C_n^{m-1}$ ($m \leqslant n$)。

**4. 解排列与组合的应用问题**

(1) 弄清排列与组合的区别与联系。

排列与元素的顺序有关,组合与元素的顺序无关。

两个不同的排列是指:或者两个排列所含的元素不完全相同,或者是所含元素相同而排列的顺序不相同。

两个不同的组合是指:这两个组合所含的元素不完全相同。

(2) 解排列或组合的题目要注意的几个问题。

① 分清是用"分类计数原理"还是用"分步计数原理":若能把事件划分为若干独立的"类",则用分类计数原理;若能把事件划分为若干相互依赖的"步",则用分步计数原理。

② 判明是排列问题还是组合问题,两者的区别要看实际问题是否与顺序有关,与顺序有关就是排列问题,与顺序无关就是组合问题。

③ 注意题中隐含的约束条件,一般要优先考虑有约束条件的元素的排列或组合;合理选用

"直接法"与"排除法"解有约束条件的应用题。

④ 防止重复和遗漏,合理选用"元素分析法"与"位置分析法",较复杂的问题从"元素"或"位置"出发分析各种可能性。

⑤ 在应用排列数、组合数公式时,$A_n^m, C_n^m$ 中的 $m, n$ 要满足"$m \leqslant n, m, n \in \mathbf{N}$"这一要求。

## 第二节　二项式定理

**1. 二项式定理**

$$(a+b)^n = C_n^0 a^n + C_n^1 a^{n-1} b^1 + \cdots + C_n^r a^{n-r} b^r + \cdots + C_n^n b^n (n \in \mathbf{N}^*)$$

此式称为二项式定理,其右边的多项式 $C_n^0 a^n + C_n^1 a^{n-1} b^1 + \cdots + C_n^r a^{n-r} b^r + \cdots + C_n^n b^n$ 称为二项式 $(a+b)^n$ 的展开式,它一共有 $n+1$ 项。展开式的系数 $C_n^r (r=0,1,\cdots,n)$ 称为二项式系数。展开式中第 $r+1$ 项为 $C_n^r a^{n-r} b^r$,称为二项展开式的通项,记为 $T_{r+1}$。即二项展开式的通项公式表示的是第 $r+1$ 项,而不是第 $r$ 项。

特别地,当 $a=1, b=x$ 时,定理变形为

$$(1+x)^n = C_n^0 + C_n^1 x + C_n^2 x^2 + \cdots + C_n^r x^r + \cdots + C_n^n x^n$$

**2. 二项展开式系数的性质**

二项展开式中的 $C_n^0, C_n^1, C_n^2, \cdots, C_n^n$ 分别称为第 1 项,第 2 项,第 3 项,…,第 $n+1$ 项的二项式系数,二项式系数的主要性质有:

(1) 对称性。在二项展开式中,与首末两端"等距离"的两项的二项式系数相等,即

$$C_n^0 = C_n^n, C_n^1 = C_n^{n-1}, C_n^2 = C_n^{n-2}, \cdots, C_n^r = C_n^{n-r}$$

(2) 增减性与最大值。在二项式展开式中,二项式系数先增后减,且在中间取得最大值。如果二项式的幂指数是偶数,即当 $n$ 为偶数时,中间一项即 $\frac{n}{2}+1$ 项的系数最大,最大值为 $C_n^{\frac{n}{2}}$;如果二项式的幂指数是奇数,即当 $n$ 是奇数时,中间两项即 $\frac{n+1}{2}$ 项及 $\frac{n+1}{2}+1$ 项的二项式系数相等且最大,最大值为 $C_n^{\frac{n-1}{2}} = C_n^{\frac{n+1}{2}}$。

(3) 二项式展开式中所有二项式系数的和等于 $2^n$,即

$$C_n^0 + C_n^1 + C_n^2 + \cdots + C_n^r + \cdots + C_n^n = 2^n$$

(4) 所有奇数项的二项式系数之和等于所有偶数项的二项式系数之和,即

$$C_n^0 + C_n^2 + C_n^4 + \cdots = C_n^1 + C_n^3 + C_n^5 + \cdots = 2^{n-1}$$

注意:在求解有关二项式的问题时,首先要弄清基本概念,如"二项式系数"与二项式展开式中"某项的系数"的区别与联系,前者依次是 $C_n^0, C_n^1, C_n^2, \cdots, C_n^r, \cdots, C_n^n$,仅与二项式的指数与项数有关,与 $a, b$ 无关,后者不但与二项式的指数与项数有关,还与 $a, b$ 有关。例如,$(1+2x)^6$ 展开式中第 3 项 $x^2$ 的系数为 $C_6^2 \cdot 2^2 = 60$,而第 3 项的二项式系数是 $C_6^2 = 15$。

## 典型例题

**一、填空题**

**例 1**　下列说法正确的是(　　)。

A. 所有元素完全相同的两个排列为相同排列
B. 一个组合中取出的元素讲究元素的先后顺序
C. 若组合式 $C_n^x = C_n^m$，则 $x = m$ 成立
D. $kC_n^k = nC_{n-1}^{k-1}$

【解析】D。元素相同但顺序不同的排列是不同的排列，故 A 错误。一个组合中的元素不讲究顺序，元素相同即为同一组合，故 B 错误。若 $C_n^x = C_n^m$，则 $x = m$ 或 $x = n - m$，故 C 错误。$kC_n^k = k\dfrac{n!}{k!(n-k)!} = \dfrac{n!}{(k-1)!(n-k)!} = n\dfrac{(n-1)!}{(k-1)![(n-1)-(k-1)]!} = nC_{n-1}^{k-1}$，故 D 正确。故选 D。

**例 2** 下列结论正确的个数为(　　)。
① 在分类加法计数原理中，两个不同方案中的方法可以相同；
② 在分类加法计数原理中，每类方案中的方法都能直接完成这件事；
③ 在分步乘法计数原理中，每个步骤中完成这个步骤的方法是各不相同的；
④ 在分步乘法计数原理中，事情是分两步完成的，其中任何一个单独的步骤都能完成这件事。

A. 1　　　　B. 2　　　　C. 3　　　　D. 4

【解析】B。根据两个基本计数原理的定义可知②③正确。故选 B。

**例 3** 在 $\left(\sqrt{x} - \dfrac{1}{\sqrt[3]{x}}\right)^{18}$ 的展开式中，$x$ 的幂指数不是整数的项共有(　　)。

A. 13 项　　　　　　　　　　B. 14 项
C. 15 项　　　　　　　　　　D. 16 项

【解析】C。由于二项式 $\left(\sqrt{x} - \dfrac{1}{\sqrt[3]{x}}\right)^{18}$ 的展开式的通项为 $T_{r+1} = C_{18}^r (\sqrt{x})^{18-r}\left(-\dfrac{1}{\sqrt[3]{x}}\right)^r = (-1)^r C_{18}^r \cdot x^{9 - \frac{5}{6}r}(r = 0, 1, 2, \cdots, 18)$。只有 $r = 0, 6, 12, 18$ 时，$x$ 的幂指数是整数。因此 $x$ 的幂指数不是整数的项共有 $19 - 4 = 15$ 项，故选 C。

**例 4** 甲、乙、丙、丁、戊、己 6 名同学站成一排照毕业照，要求甲不站在两侧，而且乙与丙相邻，丁与戊相邻，则不同的站法种数为(　　)。

A. 60　　　　B. 96　　　　C. 48　　　　D. 72

【解析】C。依题意，可分两步进行：第一步，先把乙和丙、丁和戊看作两个整体，和己进行全排列，共有 $A_3^3 A_2^2 A_2^2$ 种站法；第二步，安排甲所在的位置，因为甲不能站在两侧，所以从乙和丙整体、丁和戊整体、己之间的两个空中任取一个，共有 2 种站法，所以共有 $2A_3^3 A_2^2 A_2^2 = 48$ 种不同的站法，故选 C。

**例 5** 下列说法正确的个数为(　　)。
① $C_n^k a^{n-k} b^k$ 是 $(a+b)^n$ 的二项展开式的第 $k$ 项；
② $(a+b)^n$ 的二项展开式中，系数最大的项为中间一项或中间两项；
③ $(a+b)^n$ 的展开式中某一项的二项式系数与 $a, b$ 无关；
④ $(a+b)^n$ 的某项的系数是该项中非变量因数部分，包括符号等，与该项的二项式系数不同。

A. 1　　　　B. 2　　　　C. 3　　　　D. 4

【解析】B。$(a+b)^n$ 的二项展开式中 $C_n^k a^{n-k} b^k$ 是第 $k+1$ 项，二项式系数最大的项为中间一项或中间两项，故①②均不正确。由项的系数与二项式系数的概念可知，③④正确。故选 B。

**例 6** 已知 $(3x+1)^2(2-x)^7 = a_0 + a_1 x + \cdots + a_8 x^8 + a_9 x^9$，则 $a_0 + a_1 + \cdots + a_8$ 的值为（　　）。

A. 24　　　　B. 25　　　　C. 26　　　　D. 27

【解析】B。由 $(3x+1)^2(2-x)^7 = a_0 + a_1 x + \cdots + a_8 x^8 + a_9 x^9$，令 $x=1$，得 $(3+1)^2(2-1)^7 = a_0 + a_1 + \cdots + a_8 + a_9 = 16$，且 $x^9$ 的系数为 $3^2 \times (-1)^7 = -9$，故 $a_0 + a_1 + \cdots + a_8 = 16 - (-9) = 25$，故选 B。

**例 7** $(2x-3)\left(1+\dfrac{1}{x}\right)^6$ 的展开式中剔除常数项后的各项系数和为（　　）。

A. $-73$　　　　　　　　　　B. $-61$

C. $-55$　　　　　　　　　　D. $-63$

【解析】A。令 $x=1$，可得 $(2x-3)\left(1+\dfrac{1}{x}\right)^6$ 的展开式中所有项的系数和为 $(2-3)(1+1)^6 = -64$，而 $\left(1+\dfrac{1}{x}\right)^6 = C_6^0 \left(\dfrac{1}{x}\right)^0 + C_6^1 \left(\dfrac{1}{x}\right)^1 + C_6^2 \left(\dfrac{1}{x}\right)^2 + \cdots + C_6^6 \left(\dfrac{1}{x}\right)^6$，所以，$(2x-3)\left(1+\dfrac{1}{x}\right)^6 = (2x-3)\left(1 + \dfrac{6}{x} + \dfrac{15}{x^2} + \cdots + \dfrac{1}{x^6}\right)$，因此，展开式中的常数项为 $-3 + 12 = 9$，所以展开式中剔除常数项后的各项系数和为 $-64 - 9 = -73$，故选 A。

## 二、填空题

**例 1** 某地区高考改革实行"3+1+2"模式，"3"指语文、数学、外语三门必考科目，"1"指在物理、历史两门科目中必选一门科目，"2"指在化学、生物、政治、地理以及除了必选一门以外的历史或物理这五门科目中任意选择两门科目，则一名学生的不同选科组合有_____种。

【解析】若一名学生只选物理和历史中的一门，则有 $C_2^1 C_4^2 = 12$ 种组合；若一名学生物理和历史都选，则有 $C_4^1 = 4$ 种组合，因此共有 $12 + 4 = 16$ 种组合。

**例 2** 从 1,3,5,7,9 中任取 2 个数字，从 0,2,4,6 中任取 2 个数字，一共可以组成_____个没有重复数字的四位数。

【解析】分两类：第一类，若取的 4 个数字不包括 0，则可以组成的四位数的个数为 $C_5^2 C_3^2 A_4^4$；第二类，若取的 4 个数字包括 0，则可以组成的四位数的个数为 $C_5^2 C_3^1 C_3^1 A_3^3$（注意 0 不能放在千位）。综上，一共可以组成的没有重复数字的四位数的个数为 $C_5^2 C_3^2 A_4^4 + C_5^2 C_3^1 C_3^1 A_3^3 = 720 + 540 = 1260$。

**例 3** 在二项式 $(1-2x)^n$ 的展开式中，偶数项的二项式系数之和为 128，则展开式的中间项的系数为_____。

【解析】根据题意，奇数项的二项式系数之和也应为 128，所以在 $(1-2x)^n$ 的展开式中，二项式系数之和应为 256，即 $2^n = 256$，$n=8$，则 $(1-2x)^8$ 展开式的中间项为第 5 项，且 $T_5 = C_8^5 (-2)^4 x^4 = 1120 x^4$，所以展开式的中间项的系数为 1120。

**例 4** 方程 $3A_x^3 = 2A_{x+1}^2 + 6A_x^2$ 的解为_____。

【解析】由排列数公式可知 $3x(x-1)(x-2) = 2(x+1)x + 6x(x-1)$，且 $x \geq 3, x \in \mathbf{N}$。整理得 $3x^2 - 17x + 10 = 0$，解得 $x=5$ 或 $x = \dfrac{2}{3}$（舍去），因此解为 $x=5$。

**例 5** 用数字 $0,1,2,3,4$ 能组成多少个没有重复数字且大于 3000 的四位数。

【解析】先考虑四位数的首位,当首位排数字 $4,3$ 时,其他三个数位上可以从剩余的 4 个数中任选 3 个进行全排列,得到的四位数都满足大于 3000 的条件,所以满足题意要求的四位数共有 $2A_4^3 = 2 \times 4 \times 3 \times 2 = 48$ 个。

**例 6** $(1+2x^2)(1+x)^4$ 的展开式中 $x^3$ 的系数为_____。

【解析】由题知 $(1+2x^2)(1+x)^4 = (1+x)^4 + 2x^2(1+x)^4$,$(1+x)^4$ 的展开式中 $x^3$ 的系数为 $C_4^3 = 4$,而 $2x^2(1+x)^4$ 的展开式中 $x^3$ 的系数为 $2C_4^1 = 2 \times 4 = 8$,因此 $(1+2x^2)(1+x)^4$ 的展开式中 $x^3$ 的系数为 $4+8 = 12$。

**例 7** 已知 $(ax+1)^n$ 的展开式中,二项式系数之和为 32,各项系数之和为 243,则 $n = $ _____, $a = $ _____。

【解析】由题意,根据二项式系数和为 $2^n = 32$,得 $n = 5$。令 $x = 1$,得各项系数之和为 $(a+1)^5 = 243$,所以 $a+1 = 3, a = 2$。

**例 8** 在二项式 $(\sqrt{2}+x)^9$ 的展开式中,常数项是_____,系数为有理数的项的个数是_____。

【解析】二项式 $(\sqrt{2}+x)^9$ 的展开式的通项为 $C_9^r(\sqrt{2})^{9-r}x^r = 2^{\frac{9-r}{2}}C_9^r x^r$,则二项展开式的常数项为 $2^{\frac{9}{2}} = 16\sqrt{2}$,当 $r = 1,3,5,7,9$ 时,系数为有理数,共有 5 项。

### 三、解答题

**例 1** 男运动员 6 名,女运动员 4 名,其中男、女队长各 1 名。现选派 5 人外出参加比赛,在下列情形中各有多少种选派方法?

(1) 男运动员 3 名,女运动员 2 名;

(2) 至少有 1 名女运动员;

(3) 队长中至少有 1 人参加;

(4) 既要有队长,又要有女运动员。

【解析】(1) 分两步完成:第一步,选 3 名男运动员,有 $C_6^3$ 种选法;第二步,选 2 名女运动员,有 $C_4^2$ 种选法。由分步乘法计数原理可得,共有 $C_6^3 C_4^2 = 120$ 种。

(2) 解法一:"至少有 1 名女运动员"包括以下四种情况:1 女 4 男,2 女 3 男,3 女 2 男,4 女 1 男。由分类加法计数原理可得总选法共有 $C_4^1 C_6^4 + C_4^2 C_6^3 + C_4^3 C_6^2 + C_4^4 C_6^1 = 246$ 种。

解法二:"至少有 1 名女运动员"的反面为"全是男运动员",可用间接法求解。从 10 人中任选 5 人有 $C_{10}^5$ 种选法,其中全是男运动员的选法有 $C_6^5$ 种,所以"至少有 1 名女运动员"的选法有 $C_{10}^5 - C_6^5 = 246$ 种。

(3) 解法一(直接法):可分类求解。"只有男队长"的选法种数为 $C_8^4$,"只有女队长"的选法种数为 $C_8^4$,"男、女队长都入选"的选法种数为 $C_8^3$,所以共有 $2C_8^4 + C_8^3 = 196$ 种。

解法二(间接法):10 人中任选 5 人有 $C_{10}^5$ 种选法。其中不选队长的方法有 $C_8^5$ 种,所以"至少 1 名队长"的选法有 $C_{10}^5 - C_8^5 = 196$ 种。

(4) 当有女队长时,其他人任意选,共有 $C_9^4$ 种选法;当不选女队长时,必选男队长,共有 $C_8^4$ 种选法,其中不含女运动员的选法有 $C_5^4$ 种,所以不选女队长时的选法共有 $C_8^4 - C_5^4$ 种。所以既要有队长又要有女运动员的选法共有 $C_9^4 + C_8^4 - C_5^4 = 191$ 种。

**例 2** 用 $0,1,2,3,4,5$ 这 6 个数字,可以组成多少个无重复数字的三位数?也可以组成多少个能被 5 整除且无重复数字的五位数?

【解析】本题容易忽略 0 的特殊性而导致错误。

第一问:第一步,先确定三位数的最高位上的数,有 $C_5^1 = 5$ 种方法;第二步,确定另外两个数位上的数,有 $A_5^2 = 20$ 种方法。所以可以组成 $5 \times 20 = 100$ 个无重复数字的三位数。

第二问:能被 5 整除且无重复数字的五位数的个位数上的数有 2 种情况。当个位数上的数字是 0 时,其他数位上的数有 $A_5^4 = 120$ 种;当个位数上的数字是 5 时,先确定最高数位上的数,有 $C_4^1 = 4$ 种方法,而后确定其他三个数位上的数有 $A_4^3 = 24$ 种方法,所以共有 $4 \times 24 = 96$ 个数。根据分类加法计算原理,可得共有 $120 + 96 = 216$ 个数。

**例 3** 要从甲、乙等 8 人中选 4 人在座谈会上发言,若甲、乙都被选中,且他们发言中间恰好间隔一人,那么不同的发言顺序共有多少种?

【解析】第一步,从除甲、乙之外的 6 人中选出 1 人,安排在甲、乙两人之间,有 $C_6^1$ 种方法,再将甲、乙进行排列,有 $A_2^2$ 种方法;第二步,从其余的 5 人中任选 1 人,有 $C_5^1$ 种方法,再把甲、乙及第一步中所选出的人视为一个整体与第二步中所选出的这个人进行排列,有 $A_2^2$ 种方法。故满足题意的不同的发言顺序共有 $C_6^1 A_2^2 C_5^1 A_2^2 = 120$ 种。

**例 4** 从 1,2,3,4,5,6 这 6 个数中,每次取出不同的两个数,分别记作 $a,b$,共可以得到 $\lg a - \lg b$ 的不同的数值的个数是多少?

【解析】依题意,$\lg a - \lg b = \lg \dfrac{a}{b}$,从 1,2,3,4,5,6 这 6 个数中,每次取出不同的两个数,可得到 $A_6^2 = 30$ 个 $\dfrac{a}{b}$,其中 $\dfrac{1}{2} = \dfrac{2}{4} = \dfrac{3}{6}, \dfrac{2}{1} = \dfrac{4}{2} = \dfrac{6}{3}, \dfrac{1}{3} = \dfrac{2}{6}, \dfrac{3}{1} = \dfrac{6}{2}, \dfrac{2}{3} = \dfrac{4}{6}, \dfrac{3}{2} = \dfrac{6}{4}$,因此得到不同的 $\dfrac{a}{b}$ 的值共有 $30 - (2 + 2 + 1 + 1 + 1 + 1) = 22$(个),即共可以得到 $\lg a - \lg b$ 的不同的数值的个数是 22。

**例 5** 已知 $\left(ax - \dfrac{1}{x}\right)^5$ 的展开式中各项系数的和为 32,求展开式中系数最大的项。

【解析】令 $x = 1$,得 $(a-1)^5 = 32$,解得 $a = 3$。$\left(3x - \dfrac{1}{x}\right)^5$ 的展开式中共有 6 项,其中奇数项为正项,偶数项为负项,所以比较奇数项的系数。奇数项分别为 $C_5^0 (3x)^5 = 243x^5, C_5^2 (3x)^3 \cdot \left(-\dfrac{1}{x}\right)^2 = 270x, C_5^4 (3x)^1 \left(-\dfrac{1}{x}\right)^4 = 15x^{-3}$,所以系数最大的项为 $270x$。

**例 6** 在 $(2x - 3y)^{10}$ 的展开式中,求:

(1) 二项式系数的和;

(2) 各项系数的和;

(3) 奇数项的二项式系数的和与偶数项的二项式系数的和;

(4) 奇数项的系数的和与偶数项的系数的和。

【解析】设 $(2x - 3y)^{10} = a_0 x^{10} + a_1 x^9 y + a_2 x^8 y^2 + \cdots + a_{10} y^{10}$。

(1) 二项式系数的和为 $C_{10}^0 + C_{10}^1 + C_{10}^2 + \cdots + C_{10}^{10} = 2^{10}$;

(2) 令 $x = y = 1$,各项系数的和为 $a_0 + a_1 + a_2 + \cdots + a_{10} = (2-3)^{10} = 1$。

(3) 奇数项的二项式系数的和为 $C_{10}^0 + C_{10}^2 + \cdots + C_{10}^{10} = 2^9$。

偶数项的二项式系数的和为 $C_{10}^1 + C_{10}^3 + \cdots + C_{10}^9 = 2^9$。

(4) 令 $x=y=1$,得 $a_0+a_1+a_2+\cdots+a_{10}=1$ ①

令 $x=1,y=-1$ 得 $a_0-a_1+a_2-a_3+\cdots+a_9-a_{10}=5^{10}$ ②

①+②得 $2(a_0+a_2+\cdots+a_{10})=1+5^{10}$,奇数项的系数的和为 $\dfrac{1+5^{10}}{2}$。

①-②得 $2(a_1+a_3+\cdots+a_9)=1-5^{10}$,奇数项的系数的和为 $\dfrac{1-5^{10}}{2}$。

**例7** 在 $(x+y+z)^6$ 的展开式中,所有形如 $x^a y^b z^2(a,b\in\mathbf{N})$ 的项的系数之和是多少?

【解析】由于 $(x+y+z)^6=[(x+y)+z]^6$,而 $[(x+y)+z]^6$ 的二项展开式的通项为 $T_{r+1}=\mathrm{C}_6^r(x+y)^{6-r}z^r$,含 $z^2$ 的项为 $\mathrm{C}_6^2(x+y)^4 z^2$,则形如 $x^a y^b z^2$ 的项的系数之和即为 $\mathrm{C}_6^2(x+y)^4$ 展开式的系数之和。令 $x=1,y=1$,得 $\mathrm{C}_6^2(x+y)^4=\mathrm{C}_6^2\times 2^4=240$。因此所有形如 $x^a y^b z^2(a,b\in\mathbf{N})$ 的项的系数之和是 240。

**例8** 甲与四位同事各有一辆私家车,车牌尾数分别是 9,0,2,1,5,为遵守当地某月 5 日至 9 日 5 天的限行规定(奇数日车牌尾数为奇数的车通行,偶数日车牌尾数为偶数的车通行),五人商议拼车出行,每天任选一辆符合规定的车,但甲的车最多只能用 1 天,则共有多少种不同的用车方案?

【解析】5 日至 9 日,日期尾数分别为 5,6,7,8,9,有 3 天是奇数日,2 天是偶数日。第一步,安排偶数日出行,每天都有 $\mathrm{C}_2^1=2$ 种选择,共有 $2^2=4$ 种;第二步,安排奇数日出行,分两类,第一类,选 1 天安排甲的车,另外 2 天安排其他车,有 $\mathrm{C}_3^1\mathrm{C}_2^1\mathrm{C}_2^1=12$ 种,第二类,不安排甲的车,每天都有 2 种选择,共有 $\mathrm{C}_2^1\mathrm{C}_2^1\mathrm{C}_2^1=8$ 种,共计 $12+8=20$ 种。根据分步乘法计数原理,不同的用车方案种数为 $4\times 20=80$。

因此共有 80 种不同的用车方案。

**例9** 有 3 女 2 男共 5 名志愿者要全部分到 3 个社区去参加志愿服务,每个社区 1 到 2 人,其中,甲、乙两名女志愿者需到同一社区,男志愿者到不同社区,则不同的分法种数为_____。

【解析】根据题意,先将 5 名志愿者分成 3 组,由于甲、乙两名女志愿者需到同一社区,将甲、乙看成第一组,将第三名女志愿者与一名男志愿者作为第二组,剩下的男志愿者作为第三组,则有 $\mathrm{C}_2^2\mathrm{C}_2^1\mathrm{C}_1^1=2$ 种分组方法,再将分好的三组全排列,对应 3 个社区,有 $\mathrm{A}_3^3=6$ 种情况,则不同的分法种数为 $2\times 6=12$。

**例10** $A,B,C,D,E,F$ 六人围坐在一张圆桌周围开会,$A$ 是会议的发言人,必须坐在最北面的椅子上,$B,C$ 二人必须坐相邻的两把椅子,其余三人坐剩下的三把椅子,共有多少种不同的坐法?

【解析】由于 $A$ 座位固定,问题转化 $B,C,D,E,F$ 五人坐 5 把椅子的问题。将 $B,C$ 二人看成一个整体,与其他三人一起安排座位,共有 $\mathrm{A}_4^4$ 种坐法,$B,C$ 之间有 $\mathrm{A}_2^2$ 种坐法,因此不同的坐法有 $\mathrm{A}_4^4\mathrm{A}_2^2=48$ 种。

**例11** 已知二项式 $(2x^2+a)\left(x-\dfrac{1}{x}\right)^6$ 的展开式中 $x^2$ 的系数是 $-10$,试求 $a$ 的值。

【解析】当 $(2x^2+a)$ 中选 $2x^2$ 时,$\left(x-\dfrac{1}{x}\right)^6$ 应选常数项 $T_{3+1}=\mathrm{C}_6^3(x)^3\left(-\dfrac{1}{x}\right)^3$,当 $(2x^2+a)$ 中选 $a$ 时,$\left(x-\dfrac{1}{x}\right)^6$ 应选 $x^2$ 项 $T_{2+1}=\mathrm{C}_6^2(x)^4\left(-\dfrac{1}{x}\right)^2$,因此 $x^2$ 的系数是 $2\times\mathrm{C}_6^3\times(-1)^3+a\times$

$C_6^2 \times (-1)^2 = -40 + 15a$,由题意 $-40 + 15a = -10$,得 $a = 2$。

**例 12** 在 $\left(x^3 - 2x + \dfrac{1}{x}\right)^4$ 的展开式中,常数项是多少?

【解析】解法一:$\left(x^3 - 2x + \dfrac{1}{x}\right)^4$ 的展开式的通项公式为 $T_{r+1} = C_4^r (x^3 - 2x)^{4-r}(x)^{-r}$,其中 $0 \leq r \leq 4$ 且 $r$ 为整数,$(x^3 - 2x)^{4-r}$ 的展开式的通项公式为 $T_{k+1} = C_{4-r}^k (x^3)^{4-r-k}(-2x)^k = (-2)^k C_{4-r}^k \cdot x^{12-3r-2k}$,其中 $0 \leq k \leq 4-r$ 且 $k$ 为整数。令 $(-r) + (12 - 3r - 2k) = 12 - 4r - 2k = 0$,可得 $r = 3, k = 0$ 或者 $r = 2, k = 2$。所以 $\left(x^3 - 2x + \dfrac{1}{x}\right)^4$ 的展开式中,常数项为 $C_4^3 C_1^0 + (-2)^2 C_4^2 C_2^2 = 28$。

解法二:$\left(x^3 - 2x + \dfrac{1}{x}\right)^4 = \left(\dfrac{x^4 - 2x^2 + 1}{x}\right)^4 = \left[\dfrac{(x^2-1)^2}{x}\right]^4 = (x^{\frac{3}{2}} - x^{-\frac{1}{2}})^8$,其展开式的通项为 $T_{r+1} = C_8^r (-1)^r x^{\frac{3}{2}(8-r) - \frac{1}{2}r}$,令 $\dfrac{3}{2}(8-r) - \dfrac{1}{2}r = 0$,得 $r = 6$,所以展开式中的常数项为 $C_8^6 (-1)^6 = 28$。

**例 13** 若 $x^9 = a_0 + a_1(x-1) + a_2(x-1)^2 + \cdots + a_9(x-1)^9$,则 $\dfrac{a_1 + a_3 + a_5 + a_7 + a_9}{a_7}$ 的值等于多少?

【解析】令 $x = 2$,则 $2^9 = a_0 + a_1 + \cdots + a_9$。令 $x = 0$,则 $0 = a_0 - a_1 + a_2 - \cdots + a_8 - a_9$。因而 $a_1 + a_3 + a_5 + a_7 + a_9 = a_0 + a_2 + a_4 + a_6 + a_8 = 2^8$。又 $x^9 = [1 + (x-1)]^9$,其中 $T_8 = C_9^7 (x-1)^7$,因而 $a_7 = C_9^7 = 36$,因此 $\dfrac{a_1 + a_3 + a_5 + a_7 + a_9}{a_7} = \dfrac{2^8}{36} = \dfrac{64}{9}$。

**例 14** 若多项式 $a_6 x^6 + a_5 x^5 + \cdots + a_1 x + a_0$ 分解因式为 $(x-2)(x+2)^5$,求 $a_5$ 的值。

【解析】二项式 $(x+2)^5$ 展开式为 $x^5 + C_5^1 \times x^4 \times 2 + C_5^2 \times x^3 \times 2^2 + C_5^3 \times x^2 \times 2^3 + C_5^4 \times x \times 2^4 + 2^5$,$(x-2)(x+2)^5 = (x-2)(x^5 + 10x^4 + 40x^3 + 80x^2 + 80x + 32) = a_6 x^6 + a_5 x^5 + \cdots + a_1 x + a_0$,故 $a_5 = 10 - 2 = 8$。

**例 15** 在 $\left(x - \dfrac{1}{x} - 1\right)^4$ 的展开式中,试确定常数项的值。

【解析】$\left(x - \dfrac{1}{x} - 1\right)^4 = \left[-1 + \left(x - \dfrac{1}{x}\right)\right]^4$ 展开式的通项为 $T_{r+1} = C_4^r (-1)^{4-r} \cdot \left(x - \dfrac{1}{x}\right)^r$,其中 $r = 0, 1, 2, 3, 4$。当 $r = 0$ 时,$T_1 = 1$,当 $r \neq 0$ 时,$\left(x - \dfrac{1}{x}\right)^r$ 展开式的通项为 $T_{k+1} = C_r^k x^{r-k} \cdot \left(-\dfrac{1}{x}\right)^k = (-1)^k \cdot C_r^k x^{r-2k} (k = 0, 1, \cdots, r)$,令 $r - 2k = 0$,得 $r = 2k$。因此,$r = 2, k = 1$ 或者 $r = 4, k = 2$,所以,常数项为 $1 - C_2^1 \times C_4^2 + C_4^2 \times 1 = -5$。

## 强化训练

**一、选择题**

1. 小明和小红都计划在国庆节的 7 天假期中到上海"两日游",若他们不能同一天出现在上海,则他们出游的不同方案共有(   )。

A. 16 种   B. 18 种
C. 20 种   D. 24 种

2. 将五辆车停在 5 个车位上,其中 A 车不停在 1 号车位,B 车要停在 2 号车位上,不同的停车方案有(    )。

   A. 6 种　　　　B. 18 种　　　　C. 24 种　　　　D. 78 种

3. 我国第一艘航空母舰"辽宁舰"在某次舰载机起降飞行训练中,有 5 架歼 15 飞机准备着舰,如果甲、乙两机必须相邻着舰,而丙、丁两机不能相邻着舰,则不同的着舰方法有(    )。

   A. 12 种　　　　B. 18 种　　　　C. 24 种　　　　D. 48 种

4. $(x+y)(2x-y)^5$ 的展开式中 $x^3y^3$ 的系数为(    )。

   A. $-80$　　　　B. $-40$　　　　C. 40　　　　D. 80

5. $\left(2x^3+\dfrac{1}{x^2}\right)^n$ $(n\in \mathbf{N}^*)$ 的展开式中,若存在常数项,则 $n$ 的最小值是(    )。

   A. 3　　　　B. 5　　　　C. 8　　　　D. 10

6. 若 $(3x-1)^7=a_7x^7+a_6x^6+\cdots+a_1x+a_0$,则 $a_7+a_6+\cdots+a_1=$ (    )。

   A. 1　　　　B. 129　　　　C. 128　　　　D. 127

7. 若 $C_n^0+C_n^2+C_n^4+\cdots+C_n^n=32$,则 $n$ 等于(    )。

   A. 5　　　　B. 6　　　　C. 4　　　　D. 10

8. 已知 $\left(2x^2-\dfrac{1}{x}\right)^n$ 的二项式系数之和等于 128,那么其展开式中含 $\dfrac{1}{x}$ 项的系数是(    )。

   A. $-84$　　　　B. $-14$　　　　C. 14　　　　D. 84

9. 在 $\left(1-x^2+\dfrac{2}{x}\right)^7$ 的展开式中的 $x^3$ 的系数为(    )。

   A. 210　　　　B. $-210$　　　　C. $-910$　　　　D. 280

10. 在 $(1-x^3)(1+x)^{10}$ 的展开式中,$x^5$ 的系数是(    )。

    A. $-297$　　　　B. $-252$　　　　C. 297　　　　D. 207

二、填空题

1. 一件工作可以用 2 种方法完成,有 5 人会用第一种方法完成,另有 4 人会用第二种方法完成,从中选出 1 人来完成这件工作,不同选法的种数是_____。

2. 将 5 个不同的球放入 4 个不同的盒子中,每个盒子至少放 1 个球,则不同的放法共有_____种。

3. 如图 10-1 所示,用五种不同的颜色分别给 $A,B,C,D$ 四个区域涂色,相邻区域必须涂不同颜色,若允许同一种颜色多次使用,则不同的涂色方法有_____种。

图 10-1

4. 将红、黄、蓝、白、黑 5 种颜色的小球分别放入红、黄、蓝、白、黑 5 种颜色的小口袋中,若不允许空袋,要求红口袋中不能装入红球,则有_____种不同放法。

5. 现有 3 名学生和 4 个课外小组,每名学生只参加 1 个课外小组,共有_____种不同的方法。

6. 某校从 8 名教师中选派 4 名教师同时去 4 个边远地区支教(每地 1 人),其中甲和乙不同去,则不同的选派方案共有_____种。

7. 甲、乙、丙 3 位同学选修课程,从 4 门课程中,甲选修 2 门,乙、丙各选修 3 门,则不同的选修方案共有_____种。

8. 由数字 $1,2,3,4,5$ 组成没有重复数字的五位数，其中小于 50000 的偶数总共有_____个。

9. $(\sqrt{x}+2)^n$ 的展开式中第 5 项的系数是第 4 项系数的 2 倍，则展开式中系数最大的项是_____。

10. 在 $(\sqrt{x}+\sqrt[3]{x})^{10}$ 展开式中 $x^4$ 项的系数为_____。

11. 已知多项式 $(x+1)^3(x+2)^2 = x^5 + a_1x^4 + a_2x^3 + a_3x^2 + a_4x + a_5$，则 $a_4 = $ _____，$a_5 = $ _____。

12. 已知 $\left(\dfrac{a}{x} - \sqrt{\dfrac{x}{2}}\right)^9$ 的展开式中，$x^3$ 的系数为 $\dfrac{9}{4}$，则常数 $a = $ _____。

13. 已知 $(1+x)^8$ 展开式里，中间连续 3 项成等差数列，则 $x = $ _____。

14. 在 $\left(x + \dfrac{3}{\sqrt{x}}\right)^n$ 的展开式中，各项系数和与二项式系数和之比为 64，则 $x^3$ 的系数为_____。

三、解答题

1. 解方程：

（1）已知 $A_{2n+1}^4 = 140 A_n^3$，求 $n$；

（2）已知 $C_{m+2}^m + C_m^{m-2} = C_6^3 + C_3^3$，求 $m$。

2. 在 100 件产品中，有 98 件合格品，2 件次品。从这 100 件产品中任意抽出 3 件。

（1）一共有多少种不同的抽法？

（2）抽出的 3 件中恰好有 1 件是次品的抽法有多少种？

（3）抽出的 3 件中至少有 1 件是次品的抽法有多少种？

3. 某信号兵用红、黄、蓝 3 面旗从上到下挂在竖直的旗杆上表示信号，每次可以任挂 1 面、2 面或 3 面，并且不同的顺序表示不同的信号，一共可以表示多少种不同的信号？

4. 将 4 个颜色互不相同的球全部放入编号为 1 和 2 的两个盒子里，使得放入每个盒子里的球的个数不小于该盒子的编号，求一共有多少种不同的放球方法。

5. 安排 5 名学生去 3 个社区进行志愿服务，且每人只去 1 个社区，要求每个社区至少有 1 名学生进行志愿服务，则不同的安排方式共有多少种？

6. 四面体的顶点和各棱中点共 10 个点，在其中取 4 个不共面的点，不同的取法共有多少种？

7. 在所有的两位数中，求个位数字大于十位数字的两位数的个数。

8. 某外语组有 9 人，每人至少会英语和日语中的一门，其中 7 人会英语，3 人会日语，从中选出会英语和日语的各 1 人，有多少种不同的选法？

9. 一个小组有 10 名同学，其中 4 名男生，6 名女生，现从中选出 3 名代表。

（1）至少有 1 名男生的选法有几种？

（2）至多有 1 名男生的选法有几种？

10. $(a+b)^n$ 展开式中的第 5 项与第 11 项的二项展开式系数相等，求 $n$ 的值。

11. 若 $(x^2 - a)\left(x + \dfrac{1}{x}\right)^{10}$ 的展开式中 $x^6$ 的系数为 30，确定 $a$ 的值。

12. 求 $\left(|x| + \dfrac{1}{|x|} - 2\right)^3$ 的展开式的常数项。

13. 若二项式 $\left(\dfrac{1}{2} + 2x\right)^n$ 展开式中第 5 项、第 6 项、第 7 项的二项式系数成等差数列,求展开式中二项式系数最大项的系数。

14. 设 $(1+x)^n = a_0 + a_1 x + a_2 x^2 + \cdots + a_n x^n (n \geqslant 4, n \in \mathbf{N}^*)$,已知 $a_3^2 = 2a_2 a_4$,求 $n$ 的值。

## 【强化训练解析】

### 一、选择题

1. C。记 7 天国庆假期分别为①、②、③、④、⑤、⑥、⑦,任意相邻两天组合在一起共有 6 种情况:①②、②③、③④、④⑤、⑤⑥、⑥⑦。可分成两种情况考虑:

(1)若小明选①②或者⑥⑦,则小红有 4 种选择,共有 $C_2^1 \cdot C_4^1 = 8$ 种情况;

(2)若小明选②③、③④、④⑤、⑤⑥中的一种情况,则小红有 3 种选择,共有 $C_4^1 \cdot C_3^1 = 12$ 种情况。

由分类加法计数原理可知,共有 $12 + 8 = 20$ 种不同方案,故选 C。

2. B。$A_4^4 - A_3^3 = 18$ 种或 $3A_3^3 = 18$ 种。

3. C。

4. C。$(2x-y)^5$ 的展开式的通项为 $T_{r+1} = C_5^r \times (2x)^{5-r} \times (-y)^r = (-1)^r \times 2^{5-r} C_5^r \times x^{5-r} y^r$,其中 $x^2 y^3$ 项的系数为 $(-1)^3 \times 2^2 \times C_5^3 = -40$,$x^3 y^2$ 的系数为 $(-1)^2 \times 2^3 \times C_5^2 = 80$,于是 $(x+y)(2x-y)^5$ 的展开式中 $x^3 y^3$ 的系数为 $-40 + 80 = 40$。

5. B。

6. B。

7. B。

8. A。由题意知,二项式的系数之和 $2^n = 128$,$\therefore n = 7$,$\therefore \left(2x^2 - \dfrac{1}{x}\right)^n = \left(2x^2 - \dfrac{1}{x}\right)^7$,则 $T_{r+1} = C_7^r \times (2x^2)^{7-r} \times \left(-\dfrac{1}{x}\right)^r = (-1)^r \times 2^{7-r} C_7^r \times x^{14-3r}$,令 $14 - 3r = -1$,得 $r = 5$。

所以,展开式中含 $\dfrac{1}{x}$ 项的系数是 $-4 \times C_7^5 = -84$。故选 A。

9. C。因 $T_{r+1} = C_7^r \cdot \left(\dfrac{2}{x} - x^2\right)^r$,其中 $0 \leqslant r \leqslant 7$ 且 $r$ 为整数,$\left(\dfrac{2}{x} - x^2\right)^r$ 的展开式的通项公式为 $T_{k+1} = C_r^k \left(\dfrac{2}{x}\right)^{r-k} (-x^2)^k = (-1)^k C_r^k \times 2^{r-k} \times x^{3k-r}$,其中 $0 \leqslant k \leqslant r$ 且 $k$ 为整数。令 $3k - r = 3$,得 $k = 2, r = 3$ 或者 $k = 3, r = 6$,因此展开式中 $x^3$ 的系数为 $C_7^3 (-1)^2 \times C_3^2 \times 2 + C_7^6 (-1)^3 \times C_6^3 \times 2^3 = -910$。

10. D。题设是两个因式相乘的组合,因而要求的 $x^5$ 的系数应由 $(1+x)^{10}$ 的展开式中 $x^2$ 的系数 $C_{10}^2$ 和 $x^5$ 的系数 $C_{10}^5$ 组合而成,注意到第一项 $x^3$ 的系数为 $-1$,所以 $x^5$ 的系数应是 $C_{10}^5 - C_{10}^2 = 207$。故选 D。

## 二、填空题

1. 9。

2. 240。将5个不同的球放入4个不同的盒子中,每个盒子至少放1个球,则必须有2个球放入1个盒子,其余的球各单独放入1个盒子,分两步进行分析:①先将5个球分成4组,共有 $C_5^2 = 10$ 种分法;②将分好的4组全排列,放入4个盒子中,共有 $A_4^4 = 24$ 种情况。因此,5个不同的球放入4个不同盒子的放法有 $10 \times 24 = 240$ 种。

3. 180。按区域分成四步:

第一步,$A$ 区域有5种颜色可选;

第二步,$B$ 区域有4种颜色可选;

第三步,$C$ 区域有3种颜色可选;

第四步,$D$ 区域可以使用区域 $A$ 已选择的颜色,故也有3种颜色可选。

由分布乘法计数原理知,共有 $5 \times 4 \times 3 \times 3 = 180$ 种涂色方法。

4. 96。

5. 64。

6. 1320。

7. 96。

8. 36。因为个位上的数字只能取2,4之一,首位上的数字只能取1,2,3,4之一,故先排个位,有2种方法,再排首位,有3种方法,其余数位上有 $A_3^3$ 种排法,从而有 $2 \times 3 \times A_3^3 = 36$ 个适合条件的五位数。

9. $672x$。

10. 210。

11. 16;4。设 $(x+1)^3 = x^3 + 3x^2 + 3x + 1$,$(x+2)^2 = x^2 + 4x + 4$,则 $x$ 的系数 $a_4 = 3 \times 4 + 1 \times 4 = 16$,$a_5 = 1 \times 4 = 4$。

12. 4。$T_{r+1} = C_9^r \left(\dfrac{a}{x}\right)^{9-r} \left(-\sqrt{\dfrac{x}{2}}\right)^r = (-1)^r C_9^r a^{9-r} \times 2^{-\frac{r}{2}} \times x^{\frac{3}{2}r - 9}$,

由 $\dfrac{3}{2}r - 9 = 3$ 得 $r = 8$。由 $(-1)^8 C_9^8 a \times 2^{-4} = \dfrac{9}{4}$,解得 $a = 4$。

13. 2或者 $\dfrac{1}{2}$。

14. 135。在 $\left(x + \dfrac{3}{\sqrt{x}}\right)^n$ 中,令 $x = 1$,得各项系数的和为 $4^n$。又因为展开式的二项式系数和为 $2^n$,各项系数的和与二项式系数的和之比为64,因此,$\dfrac{4^n}{2^n} = 64$,解得 $n = 6$。所以,二项式的展开式的通项为 $T_{r+1} = C_6^r \times 3^r \times x^{6 - \frac{3}{2}r}$。令 $6 - \dfrac{3}{2}r = 3$,得 $r = 2$,故展开式中 $x^3$ 的系数为 $C_6^2 \times 3^2 = 135$。

## 三、解答题

1. 解:(1)由排列数公式,有
$$(2n+1)(2n)(2n-1)(2n-2) = 140n(n-1)(n-2)$$
整理得 $4n^2 - 35n + 69 = 0$,即 $(4n - 23)(n - 3) = 0$,

所以 $n=3$ 或 $n=\dfrac{23}{4}$，因为 $n$ 是自然数，所以 $n=3$。

(2) $\because C_n^m = C_n^{n-m}, \therefore C_{m+2}^m + C_m^{m-2} = C_{m+2}^2 + C_m^2$，

即有 $\dfrac{(m+2)(m+1)}{2!} + \dfrac{m(m-1)}{2!} = 21$，整理得 $m^2 + m - 20 = 0$，

所以 $m=4$ 或 $m=-5$，因为 $m$ 是自然数，所以 $m=4$。

2. 解：(1) 所求的不同抽法的种数就是从 100 件产品中取出 3 件的组合数，即

$$C_{100}^3 = \dfrac{100 \times 99 \times 98}{3 \times 2 \times 1} = 161700(种)$$

故共有 161700 种抽法。

(2) 从 2 件次品中抽出 1 件次品的抽法有 $C_2^1$ 种，从 98 件合格品中抽出 2 件合格品的抽法有 $C_{98}^2$ 种，因此抽出的 3 件中恰好有 1 件是次品的抽法的种数是

$$C_2^1 \cdot C_{98}^2 = 2 \times 4753 = 9506(种)$$

故 3 件中恰好有 1 件是次品的抽法有 9506 种。

(3) 方法一：从 100 件产品抽出的 3 件中至少有 1 件是次品，包括有 1 件次品和有 2 件次品这两种情况。

在第(2)问中已求得其中 1 件是次品的抽法有 $C_2^1 \cdot C_{98}^2$ 种。

同理，抽出 3 件中恰好有 2 件是次品的抽法有 $C_2^2 \cdot C_{98}^1$ 种。

因此根据分类计数原理，抽出 3 件中至少有 1 件是次品的抽法的总数是

$$C_2^1 \cdot C_{98}^2 + C_2^2 \cdot C_{98}^1 = 9506 + 98 = 9604(种)$$

方法二：抽出的 3 件中至少有 1 件是次品的抽法的种数，也就是从 100 件中抽出 3 件的抽法的种数减去 3 件中都是合格品的抽法的种数，即

$$C_{100}^3 - C_{98}^3 = 161700 - 152096 = 9604(种)$$

3. 解：如果把 3 面旗看成 3 个元素，则从 3 个元素里每次取出 1 个、2 个或 3 个元素的一个排列对应一种信号。

于是，用 1 面旗表示的信号有 $A_3^1$ 种，用 2 面旗表示的信号有 $A_3^2$ 种，用 3 面旗表示的信号有 $A_3^3$ 种。根据分类计数原理，所求的信号种数是

$$A_3^1 + A_3^2 + A_3^3 = 3 + 3 \times 2 + 3 \times 2 \times 1 = 15(种)$$

故一共可以表示 15 种不同的信号。

4. 解：依题意放入编号为 1 的盒子里的球的个数可以为 1 个或 2 个，相应的放入编号为 2 的盒子里的球的个数为 3 个或 2 个，故满足要求的放法共有

$$C_4^1 C_3^3 + C_4^2 C_2^2 = 10 \text{ 种}$$

5. 解：分两步分析：先将 5 名学生分成 3 组，有两种分组方法：若分成 3,1,1 的 3 组，则有 $C_5^3 = 10$ 种分组方法；若分成 1,2,2 的 3 组，则有 $\dfrac{C_5^1 C_4^2 C_2^2}{A_2^2} = 15$ 种分组方法。则一共有 $10 + 15 = 25$ 种分组方法。再将分好的 3 组全排列，对应 3 个社区，有 $A_3^3 = 6$ 种情况，则有 $25 \times 6 = 150$ 种不同的安排方式。

6. 解法一：10 个点任取 4 个点取法有 $C_{10}^4$ 种，其中面 $ABC$ 内的 6 个点中任意 4 个点都共面，从这 6 个点中任取 4 个点有 $C_6^4$ 种，同理在其余 3 个面内也有 $C_6^4$ 种，又每条棱与相对棱中点

共面有6种,各棱中点中4个点共面的有3种,故10个点中取4点,不共面的取法共有
$$C_{10}^4 - 4C_6^4 - 6 - 3 = 141(种)$$

解法二:四面体记为$A-BCD$,设平面$BCD$为$\alpha$,那么从10个点中取4个不共面的点的情况共有四类:

① 恰有3个点在$\alpha$上,有$4(C_6^3-3)=68$种取法;

② 恰有2个点在$\alpha$上,可分2种情况:该2个点在四面体的同一条棱上时有$3C_3^2(C_4^2-3)=27$种,该2个点不在同一条棱上,有$(C_6^2-3C_3^2)\cdot(C_4^2-1)=30$种;

③ 恰有1个点在$\alpha$上,可分2种情况,该点是棱的中点时有$3\times3=9$种,该点是棱的端点时有$3\times2=6$种;

④ 4个点全不在$\alpha$上,只有1种取法。

根据分类计数原理得,不同的取法共有$68+27+30+9+6+1=141$种。

7. 解:根据题意,将十位上的数字(分别是1,2,3,4,5,6,7,8的情况)分成8类,在每一类中满足题目条件的两位数分别是8个、7个、6个、5个、4个、3个、2个、1个。由分类计数原理知,符合题意的两位数的个数共有$8+7+6+5+4+3+2+1=36$个。

8. 解:由题意知,有1人既会英语又会日语,6人只会英语,2人只会日语。

第一类,从只会英语的6人中选1人说英语有6种方法,则会日语的有3种方法,此时共有18种方法;

第二类,不从只会英语的6人中选1人说英语有1种方法,此时选会日语的有2种方法,故共有2种方法。

所以由分类计数原理知共有$18+2=20$种不同的选法。

9. (1)解法一:直接法。

第一类,3名代表中有1名男生,则选法种数为$C_4^1\cdot C_6^2=60$种;

第二类,3名代表中有2名男生,则选法种数为$C_4^2\cdot C_6^1=36$种;

第三类,3名代表中有3名男生,则选法种数为$C_4^3\cdot C_6^0=4$种。

所以共有$C_4^1\cdot C_6^2+C_4^2\cdot C_6^1+C_4^3\cdot C_6^0=4+36+60=100$种选法。

解法二:间接法。

从10名学生中选出3名学生的选法种数为$C_{10}^3$种,其中不合适条件的有$C_6^3$,故共有$C_{10}^3-C_{10}^3=100$种。

(2)解:第一类,3名代表中有1名男生,则选法种数为$C_4^1\cdot C_6^2=60$种;

第二类,3名代表中无男生,则选法种数为$C_6^3=20$种。

故共有$C_4^1\cdot C_6^2+C_6^3=20+60=80$种。

10. 解:由已知有$C_n^4=C_n^{10}$,$\therefore 4=n-10,n=14$。

11. 解:$\left(x+\dfrac{1}{x}\right)^{10}$的展开式的通项为$T_{r+1}=C_{10}^r\cdot x^{10-r}\cdot\left(\dfrac{1}{x}\right)^r=C_{10}^r\cdot x^{10-2r}$,令$10-2r=4$,解得$r=3$。所以$x^4$项的系数为$C_{10}^3$,令$10-2r=6$,解得$r=2$,$x^6$项的系数为$C_{10}^2$,所以$(x^2-a)\cdot\left(x+\dfrac{1}{x}\right)^{10}$的展开式中$x^6$的系数为$C_{10}^3-aC_{10}^2=30$,解得$a=2$。

12. 解法一:$\left(|x|+\dfrac{1}{|x|}-2\right)^3=\left(\sqrt{|x|}-\dfrac{1}{\sqrt{|x|}}\right)^6$,

其展开式的通项为 $T_{r+1}=(-1)^{r}C_{6}^{r}|x|^{\frac{6-r}{2}}\left(\frac{1}{|x|}\right)^{\frac{r}{2}}=(-1)^{r}C_{6}^{r}|x|^{\frac{6-2r}{2}}$。

令 $\frac{6-2r}{2}=0$，得 $r=3$。所以，常数项为 $T_{4}=-20$。

解法二：进行变形 $\left(|x|+\frac{1}{|x|}-2\right)^{3}=\left(|x|+\frac{1}{|x|}-2\right)\left(|x|+\frac{1}{|x|}-2\right)\left(|x|+\frac{1}{|x|}-2\right)$，得到常数项的情况有：

① 三个括号中全取 $-2$，得 $(-2)^{3}=-8$；

② 一个括号取 $|x|$，一个括号取 $\frac{1}{|x|}$，一个括号取 $-2$，得 $C_{3}^{1}C_{2}^{1}(-2)=-12$。

因此常数项为 $-20$。

13. 解：$\because C_{n}^{4}+C_{n}^{6}=2C_{n}^{5}$，$\therefore n=7$ 或 $n=14$。

当 $n=7$ 时，展开式中二项式系数最大的项是 $T_{4}$ 和 $T_{5}$：

$T_{4}$ 的系数 $=C_{7}^{3}\left(\frac{1}{2}\right)^{4}2^{3}=\frac{35}{2}$；$T_{5}$ 的系数 $=C_{7}^{4}\left(\frac{1}{2}\right)^{3}2^{4}=70$。

当 $n=14$ 时，展开式中二项式系数最大的项是 $T_{8}$：

$T_{8}$ 的系数 $=C_{14}^{7}\left(\frac{1}{2}\right)^{7}2^{7}=3432$。

14. 解：因为 $(1+x)^{n}=C_{n}^{0}+C_{n}^{1}x+C_{n}^{2}x^{2}+\cdots+C_{n}^{n}x^{n}(n\geqslant 4)$，其中，$a_{2}=C_{n}^{2}=\frac{n(n-1)}{2}$，$a_{3}=C_{n}^{3}=\frac{n(n-1)(n-2)}{6}$，$a_{4}=C_{n}^{4}=\frac{n(n-1)(n-2)(n-3)}{24}$。根据题意，已知 $a_{3}^{2}=2a_{2}a_{4}$，所以 $\left[\frac{n(n-1)(n-2)}{6}\right]^{2}=2\times\frac{n(n-1)}{2}\times\frac{n(n-1)(n-2)(n-3)}{24}$，解得 $n=5$。

# 第十一章 概率与统计

## 考试范围与要求

1. 了解概率的意义、频率与概率的区别。
2. 理解古典概型及其概率计算公式,会计算一些随机事件所含的基本事件数及事件发生的概率。
3. 了解几何概型的意义。
4. 了解互斥事件和相互独立事件的意义,会用互斥事件的概率加法公式计算一些事件的概率。
5. 理解 $n$ 次独立重复试验的模型,并能解决一些简单的实际问题。
6. 理解取有限个值的离散型随机变量及其分布列的概念,了解分布列对于刻画随机现象的重要性。
7. 了解条件概率的概念。
8. 理解取有限值的离散型随机变量的数学期望(均值)、方差的概念,会求一些简单实际问题中离散型随机变量的数学期望(均值)、方差。
9. 理解随机抽样的必要性和重要性;会用简单随机抽样方法从总体中抽取样本;了解分层抽样和系统抽样方法。
10. 了解分布的意义和作用,会列频率分布表,会画频率分布直方图、频率折线图、茎叶图,理解它们各自的特点。
11. 理解样本数据标准差的意义和作用,会计算数据标准差。
12. 能从样本数据中抽取出基本的数字特征(如平均数、标准差),并给出合理的解释。
13. 会用样本的频率分布估计总体分布,会用样本的基本数字特征估计总体的基本数字特征,理解用样本估计总体的思想。
14. 会用随机抽样的基本方法和样本估计总体的思想解决一些简单的实际问题。

## 主要内容

### 第一节 概 率

**1. 随机事件**

在一定条件下所出现的某种结果叫作事件。

(1) 随机事件:在一定条件下可能发生也可能不发生的事件叫作随机事件。

(2) 必然事件:在一定条件下必然要发生的事件叫作必然事件。

(3) 不可能事件:在一定条件下不可能发生的事件叫不可能事件。

**2. 随机事件的概率**

(1) 频率:在 $n$ 次重复试验中,事件 $A$ 发生的次数 $m$ 与试验总次数 $n$ 的比值 $\dfrac{m}{n}$ 叫作事件 $A$ 发生(或出现)的频率。

(2) 概率:随着试验次数 $n$ 的增大,事件 $A$ 发生的频率 $\dfrac{m}{n}$ 总是接近于某个常数,并在它附近做微小摆动。称这个常数为事件 $A$ 发生的概率,记作 $P(A)$。显然, $0 \leqslant P(A) \leqslant 1$。

若 $A$ 为必然事件,则 $P(A) = 1$;若 $A$ 为不可能事件,则 $P(A) = 0$。

(3) 等可能事件的概率。

如果一次试验中可能出现的结果共有 $n$ 个,而且所有结果(基本事件)出现的可能性都相等,那么每一个基本事件发生的概率都是 $\dfrac{1}{n}$。若某个事件 $A$ 包含 $m$ 个基本事件,则事件 $A$ 发生的概率为 $P(A) = \dfrac{m}{n}$。

(4) 互斥事件的概率。

不可能同时发生的两个事件叫作互斥事件。如果事件 $A_1, A_2, \cdots, A_n$ 中任何两个都是互斥的,就称事件 $A_1, A_2, \cdots, A_n$ 彼此互斥。

如果事件 $A, B$ 互斥,那么事件 $A + B$ 发生(即 $A$ 和 $B$ 中至少有一个发生)的概率等于事件 $A$ 和 $B$ 分别发生的概率之和,即

$$P(A + B) = P(A) + P(B)$$

如果事件 $A_1, A_2, \cdots, A_n$ 彼此互斥,那么事件 $A_1, A_2, \cdots, A_n$ 发生的概率等于这 $n$ 个事件分别发生的概率的和,即

$$P(A_1 + A_2 + \cdots + A_n) = P(A_1) + P(A_2) + \cdots + P(A_n)$$

(5) 对立事件的概率。

如果事件 $A$ 与 $B$ 不能同时发生,且事件 $A$ 与 $B$ 必有一个发生,则称事件 $A$ 与 $B$ 互为对立事件。事件 $A$ 的对立事件通常记作 $\overline{A}$。

两个对立事件的概率和等于 1,即 $P(A) + P(\overline{A}) = 1$ 或 $P(\overline{A}) = 1 - P(A)$。

(6) 相互独立事件同时发生的概率。

若事件 $A$ 是否发生对事件 $B$ 发生的概率没有影响(或事件 $B$ 是否发生对事件 $A$ 发生的概率没有影响),则称事件 $A$ 与事件 $B$ 是相互独立事件。

如果 $A$ 与 $B$ 两个事件相互独立,则事件 $AB$ 发生(表示 $A$ 与 $B$ 同时发生)的概率,等于每个事件发生的概率之积,即

$$P(AB) = P(A)P(B)$$

推广:如果事件 $A_1, A_2, \cdots, A_n$ 相互独立,那么这 $n$ 个事件同时发生的概率等于这 $n$ 个事件分别发生的概率的积,即

$$P(A_1 A_2 \cdots A_n) = P(A_1)P(A_2) \cdots P(A_n)$$

(7) $n$ 次独立重复试验中,事件 $A$ 恰好发生 $k$ 次的概率。

在同样的条件下,重复地、各次之间相互独立地进行的一种试验叫作独立重复试验。

已知 $A$ 是某随机试验中可能出现的事件,如果在一次试验中,事件 $A$ 发生的概率是 $p$,那么在 $n$ 次独立重复试验中,事件 $A$ 恰好发生 $k$ 次的概率记为 $P_n(k)$,则

$$P_n(k) = C_n^k p^k (1-p)^{n-k}$$

## 第二节 概率与统计

**1. 随机变量相关知识**

(1) 随机变量。

如果随机试验的结果可以用一个变量来表示,那么这样的变量叫作随机变量。随机变量常用希腊字母 $\xi,\eta$ 等表示。

(2) 离散型随机变量。

如果某一随机变量可能取的值可以按一定次序一一列出,那么这种随机变量叫作离散型随机变量。

在一次随机试验中,随机变量的取值实质上是试验结果对应的数,试验前虽不知具体取值是多少,但这个数的所有可能取值是预先知道的。

(3) 连续型随机变量。

如果某一随机变量可以取某一区间内的一切值,那么这种随机变量叫作连续型随机变量。

(4) 离散型随机变量的分布列。

设离散型随机变量 $\xi$ 所有可能取的值为 $x_1, x_2, \cdots, x_i, \cdots$,$\xi$ 取每一个值 $x_i(i=1,2,\cdots)$ 的概率分别为 $P(\xi = x_i) = P_i$,则称下表为随机变量 $\xi$ 的概率分布,简称为 $\xi$ 的分布列。

| $\xi$ | $x_1$ | $x_2$ | $x_3$ | $\cdots$ | $x_n$ | $\cdots$ |
|---|---|---|---|---|---|---|
| $P$ | $P_1$ | $P_2$ | $P_3$ | $\cdots$ | $P_n$ | $\cdots$ |

离散型随机变量分布列的两个性质:① $P_i \geqslant 0 (i=1,2,\cdots)$;② $P_1 + P_2 + \cdots = 1$。

(5) 离散型随机变量的期望。

若离散型随机变量 $\xi$ 的概率分布如下表所列,则称 $E\xi = x_1 P_1 + x_2 P_2 + \cdots + x_n P_n + \cdots$ 为 $\xi$ 的数学期望。

| $\xi$ | $x_1$ | $x_2$ | $x_3$ | $\cdots$ | $x_n$ | $\cdots$ |
|---|---|---|---|---|---|---|
| $P$ | $P_1$ | $P_2$ | $P_3$ | $\cdots$ | $P_n$ | $\cdots$ |

数学期望简称为期望,也称为均值。数学期望是离散型随机变量的一个特征数,它反映了离散型随机变量取值的平均水平。

(6) 离散型随机变量的方差。

如果离散型随机变量 $\xi$ 所有可能取的值是 $x_1, x_2, \cdots, x_n, \cdots$,且取这些值的概率分别是 $P_1, P_2, \cdots, P_n, \cdots$,那么把

$$D\xi = (x_1 - E\xi)^2 P_1 + (x_2 - E\xi)^2 P_2 + \cdots + (x_n - E\xi)^2 P_n + \cdots$$

叫作随机变量 $\xi$ 的均方差,简称方差。

$D\xi$ 的算术平方根 $\sqrt{D\xi}$ 叫作随机变量 $\xi$ 的标准差,记作 $\delta\xi$。

(7) 均值、方差的性质。

$E(a\xi+b)=aE\xi+b, D(a\xi+b)=a^2D\xi$（其中 $a,b$ 为常数），

$D\xi=E(\xi^2)-(E\xi)^2$。

**2. 数理统计**

(1) 简单随机抽样。

设一个总体的个数为 $N$，若通过逐个抽取的方法从中抽取一个样本，且每次抽取时每个个体被抽到的概率相等，则称这样的抽样为简单随机抽样。

如果用简单随机抽样从个体数为 $N$ 的总体中抽取一个容量为 $n$ 的样本，那么每个个体被抽到的概率都等于 $\dfrac{n}{N}$。实施简单随机抽样，常用的方法有两种。

① 抽签法。一般地，抽签法就是把总体中的 $N$ 个个体编号，把号码写在号签上，将号签放在一个容器中，搅拌均匀后，每次从中抽取一个号签，连续抽取 $n$ 次，就得到一个容量为 $n$ 的样本，这种抽样方法称为抽签法。

② 随机数表法。利用随机数表、随机数骰子或计算机产生的随机数进行抽样的方法，叫作随机数表法。

(2) 系统抽样。

当总体中的个体数 $N$ 较大时，可将总体均衡分成 $n$ 个部分，然后按照预先定出的规则，从每一部分抽取一个个体，得到所需要的样本，这种抽样叫作系统抽样。

(3) 分层抽样。

当已知总体由差异明显的几部分组成时，为了使样本更充分地反映总体的情况，常将总体分成几部分，然后按照各部分所占的比例进行抽样，这种抽样叫作分层抽样，其中所分成的各部分叫作层（由定义知分层抽样实际上就是按比例抽样）。

由于分层抽样充分利用了已知信息，使样本具有较好的代表性，而且在各层抽样时，可以根据具体情况采用不同的抽样方法，因此，分层抽样在实践中有着广泛的应用。

分层抽样的操作步骤为总体分层、按照比例、独立抽取、组成样本。

(4) 三种抽样方法及它们之间的联系和区别如下表所列。

| 类别 | 共同点 | 各自特点 | 相互联系 | 适用范围 |
| --- | --- | --- | --- | --- |
| 简单随机抽样 | 抽样过程中每个个体被抽取的概率相等 | 从总体中逐个抽取 | | 总体中的个体数较少 |
| 系统抽样 | | 将总体均分成几部分，按先确定的规则在各部分抽取 | 在起始部分抽样时采用简单随机抽样 | 总体中个体数较多 |
| 分层抽样 | | 将总体分成几层，分层进行抽取 | 各层抽样时采用简单随机抽样或系统抽样 | 总体由差异明显的几部分组成 |

(5) 统计。

① 统计图表包括条形图、折线图、饼图、茎叶图。

② 刻画一组数据集中趋势的统计量有极差、方差、标准差。

③ 如果有 $n$ 个数据 $x_1,x_2,\cdots,x_n$，那么 $\bar{x}=\dfrac{1}{n}(x_1+x_2+\cdots+x_n)$ 叫作这 $n$ 个数据的平均数。

④ 方差的计算方法：

对于一组数据 $x_1, x_2, \cdots, x_n$，则 $S^2 = \dfrac{(x_1-\bar{x})^2+(x_2-\bar{x})^2+\cdots+(x_n-\bar{x})^2}{n}$ 叫作这组数据的方差。

方差的算术平方根 $S = \sqrt{\dfrac{(x_1-\bar{x})^2+(x_2-\bar{x})^2+\cdots+(x_n-\bar{x})^2}{n}}$ 称为标准差。

方差计算也可用公式 $S^2 = \dfrac{1}{n}[(x_1{}^2+x_2{}^2+\cdots+x_n{}^2)-n\bar{x}^2]$。

(6) 总体分布。

① 总体。在统计中，通常把被研究的对象的全体叫作总体。

每一个考查对象为个体；从总体中所抽取的一部分个体叫作总体的一个样本，样本中个体的数目叫作样本的容量。

在统计里通常不是直接研究总体本身，而是从总体中抽取一个样本，再根据样本的特性去估计总体的相应特性。

② 频率分布的概念。频率分布是指一个样本数据在各个小范围内所占比例的大小。一般用频率分布直方图反映样本的频率分布。

③ 总体分布。从总体中抽取一个个体，就是一次随机试验；从总体中抽取一个容量为 $n$ 的样本，就是进行了 $n$ 次试验；试验连同所出现的结果叫随机事件；所有这些事件的概率分布规律称为总体分布。

## 典型例题

### 一、选择题

**例1** 某军校大四学生进行毕业考试心理素质测试，场景相同的条件下每次通过测试的概率为 $\dfrac{4}{5}$，则连续测试4次，至少有3次通过的概率为(　　)。

A. $\dfrac{512}{625}$    B. $\dfrac{256}{625}$    C. $\dfrac{64}{625}$    D. $\dfrac{64}{125}$

【解析】A。利用 $n$ 次独立重复试验中事件 $A$ 恰好发生 $k$ 次的概率计算公式，可求出连续测试4次，至少有3次通过的概率 $P = C_4^3 \left(\dfrac{4}{5}\right)^3 \left(\dfrac{1}{5}\right)^1 + C_4^4 \left(\dfrac{4}{5}\right)^4 = \dfrac{512}{625}$，故选 A。

**例2** 某军校为了解1000名新生的身体素质，将这些学生编号为 $1,2,\cdots,1000$，从这些新生中用系统抽样方法等距抽取100名学生进行体质测验。若46号学员被抽到，则下面4名学员中被抽到的是(　　)。

A. 8号学员    B. 200号学员    C. 616号学员    D. 815号学员

【解析】C。本题考查系统抽样。由题意可知，抽样间隔为 $\dfrac{1000}{100}=10$。因为46号学员被抽到，所以被抽到的学员的编号为 $6,16,\cdots,6+10(n-1), n\in \mathbf{N}^*$，代入四个选项知，只有抽到616号学员时，$n=62$，为整数，故选 C。

**例3** 两位男同学和两位女同学随机排成一列，则两位女同学相邻的概率是(　　)。

A. $\dfrac{1}{6}$    B. $\dfrac{1}{4}$    C. $\dfrac{1}{3}$    D. $\dfrac{1}{2}$

【解析】D。本题考查古典概型。将两位男同学分别记为 $A_1, A_2$，两位女同学分别记为 $B_1, B_2$，则四位同学排成一列，情况有 $A_1A_2B_1B_2, A_1A_2B_2B_1, A_1B_1A_2B_2, A_1B_1B_2A_2, A_1B_2A_2B_1$, $A_1B_2B_1A_2, A_2A_1B_1B_2, A_2A_1B_2B_1, A_2B_1A_1B_2, A_2B_1B_2A_1, A_2B_2A_1B_1, A_2B_2B_1A_1, B_1A_1A_2B_2, B_1A_1B_2A_2$, $B_1A_2A_1B_2, B_1A_2B_2A_1, B_1B_2A_1A_2, B_1B_2A_2A_1, B_2A_1A_2B_1, B_2A_1B_1A_2, B_2A_2A_1B_1, B_2A_2B_1A_1, B_2B_1A_1A_2$, $B_2B_1A_2A_1$，共有 24 种，其中两位女同学相邻的有 12 种，所以所求概率 $P = \dfrac{1}{2}$。故选 D。

**例 4** 生物实验室有 5 只兔子，其中只有 3 只测量过某项指标，若从这 5 只兔子中随机取出 3 只，则恰有 2 只测量过该指标的概率为（　　）。

A. $\dfrac{2}{3}$　　　　B. $\dfrac{3}{5}$　　　　C. $\dfrac{2}{5}$　　　　D. $\dfrac{1}{5}$

【解析】B。本题考查古典概型的概率。将测量过某项指标的 3 只兔子分别记为 $A_1, A_2, A_3$，剩下的记为 $B_1, B_2$，共有 5 只。从这 5 只兔子中任取 3 只所包含的基本事件总数 $n = 10$，基本事件为 $(A_1,A_2,A_3), (A_1,A_2,B_1), (A_1,A_2,B_2), (A_1,A_3,B_1), (A_1,A_3,B_2), (A_2,A_3,B_1), (A_2,A_3,B_2)$, $(A_1,B_1,B_2), (A_2,B_1,B_2), (A_3,B_1,B_2)$。记 $M$ 为"恰有 2 只兔子测量过该指标"，则事件 $M$ 发生所包含的基本事件数 $m = 6$，记 $(A_1,A_2,B_1), (A_1,A_2,B_2), (A_1,A_3,B_1), (A_1,A_3,B_2), (A_2,A_3,B_1)$, $(A_2,A_3,B_2)$。所以所求概率 $P = \dfrac{m}{n} = \dfrac{6}{10} = \dfrac{3}{5}$。

**例 5** 从某地区年龄在 25～55 岁的人员中，随机抽取 100 人，了解他们对今年两会的热点问题的看法，绘制出频率分布直方图如图 11-1 所示，则下列说法正确的是（　　）。

A. 抽取的 100 人中，年龄在 40～45 岁的人数大约为 20

B. 抽取的 100 人中，年龄在 35～45 岁的人数大约为 30

C. 抽取的 100 人中，年龄在 40～50 岁的人数大约为 40

D. 抽取的 100 人中，年龄在 35～50 岁的人数大约为 50

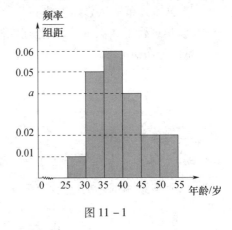

图 11-1

【解析】A。根据频率分布直方图的性质得 $(0.01 + 0.05 + 0.06 + a + 0.02 + 0.02) \times 5 = 1$，解得 $a = 0.04$，所以抽取的 100 人中，年在 40～45 岁的人数大约为 $0.04 \times 5 \times 100 = 20$，所以 A 正确；年龄在 35～45 岁的人数大约为 $(0.06 + 0.04) \times 5 \times 100 = 50$，所以 B 不正确；年龄在 40～50 岁的人数大约为 $(0.02 + 0.04) \times 5 \times 100 = 30$，所以 C 不正确；年龄在 35～50 岁的人数大约为 $(0.02 + 0.04 + 0.06) \times 5 \times 100 = 60$，所以 D 不正确。故选 A。

**例 6** 同时抛掷两个质地均匀的骰子，向上的点数之和小于 5 的概率为（　　）。

A. $\dfrac{1}{6}$　　　　　　　　　　　　B. $\dfrac{5}{18}$

C. $\dfrac{1}{9}$　　　　　　　　　　　　D. $\dfrac{5}{12}$

【解析】A。同时抛掷两个质地均匀的骰子，情况有 $(1,1), (1,2), (1,3), (1,4), (1,5)$, $(1,6), (2,1), (2,2), (2,3), (2,4), (2,5), (2,6), (3,1), (3,2), (3,3), (3,4), (3,5)$,

(3,6),(4,1),(4,2),(4,3),(4,4),(4,5),(4,6),(5,1),(5,2),(5,3),(5,4),(5,5),(5,6),(6,1),(6,2),(6,3),(6,4),(6,5),(6,6),共 36 种,其中向上的点数之和小于 5 的情况有(1,1),(1,2),(1,3),(2,1),(2,2),(3,1),共 6 种,由古典概型的概率计算公式得所求的概率为 $\dfrac{6}{36} = \dfrac{1}{6}$。故选 A。

**例 7** 若某群体中的成员只用现金支付的概率为 0.45,既用现金支付也用非现金支付的概率为 0.15,则不用现金支付的概率为( )。

A. 0.3　　　　B. 0.4　　　　C. 0.6　　　　D. 0.7

【解析】B。设事件 $A$ 为只用现金支付,事件 $B$ 为不用现金支付,事件 $C$ 为既用现金支付又用非现金支付,则 $A,B,C$ 刚好组成全事件,且 $A,B,C$ 为互斥事件,则 $P(B) = 1 - P(A) - P(C) = 1 - 0.15 - 0.45 = 0.4$。故选 B。

**例 8** 设 $0 < p < 1$,随机变量 $\xi$ 的分布列如下表,则当 $p$ 在 $(0,1)$ 内增大时,( )。

| $\xi$ | 0 | 1 | 2 |
| --- | --- | --- | --- |
| $P$ | $\dfrac{1-p}{2}$ | $\dfrac{1}{2}$ | $\dfrac{p}{2}$ |

A. $D(\xi)$ 减小　　　　　　　　　　B. $D(\xi)$ 增大

C. $D(\xi)$ 先减小后增大　　　　　　D. $D(\xi)$ 先增大后减小

【解析】D。由题意得,$E(\xi) = 0 \times \dfrac{1-p}{2} + 1 \times \dfrac{1}{2} + 2 \times \dfrac{p}{2} = \dfrac{1}{2} + p$,

$$D(\xi) = \left[0 - \left(\dfrac{1}{2} + p\right)\right]^2 \cdot \dfrac{1-p}{2} + \left[1 - \left(\dfrac{1}{2} + p\right)\right]^2 \cdot \dfrac{1}{2} + \left[2 - \left(\dfrac{1}{2} + p\right)\right]^2 \cdot \dfrac{p}{2}$$

$$= \dfrac{1}{8}[(1+2p)^2(1-p) + (1-2p)^2 + (3-2p)^2 \cdot p] = -p^2 + p + \dfrac{1}{4} = -\left(p - \dfrac{1}{2}\right)^2 + \dfrac{1}{2}。$$

由 $\begin{cases} 0 < \dfrac{1-p}{2} < 1 \\ 0 < \dfrac{p}{2} < 1 \\ \dfrac{1-p}{2} + \dfrac{1}{2} + \dfrac{p}{2} = 1 \end{cases}$ 可得 $0 < p < 1$。

所以,$D(\xi)$ 在 $\left(0, \dfrac{1}{2}\right)$ 上单调递增,在 $\left(\dfrac{1}{2}, 1\right)$ 上单调递减,故选 D。

**例 9** 设 $O$ 为正方形 $ABCD$ 的中心,在 $O,A,B,C,D$ 中任选 3 点,则取到的 3 点共线的概率为( )。

A. $\dfrac{1}{5}$　　　　　　　　　　　B. $\dfrac{2}{5}$

C. $\dfrac{1}{2}$　　　　　　　　　　　D. $\dfrac{4}{5}$

图 11-2

【解析】A。根据题意作出图形,如图 11-2 所示,在 $O,A,B,C,D$ 中任取 3 点,有 10 种可能情况,分别为 $(OAB),(OAC),(OAD),(OBC),(OBD),(OCD),(ABC),(ABD),(ACD),(BCD)$,其中取到的 3 点共线有 $(OAC)$ 和 $(OBD)$ 2 种可能情况,所以在 $O,A,B,$

$C,D$ 中任选 3 点,则取到的 3 点共线的概率为 $\frac{2}{10}=\frac{1}{5}$。故选 A。

**例 10** 意大利数学家斐波那契的《算盘全书》中记载了一个有趣的问题:已知一对兔子每个月可以生一对兔子,而一对兔子在出生两个月后就开始生小兔子。假如没有发生死亡现象,那么兔子对数依次为 1,1,2,3,5,8,13,21,34,55,89,144,…,这就是著名的斐波那契数列,它的递推公式是 $a_n=a_{n-2}+a_{n-1}(n\geq 3,n$ 是正整数$),a_1=1,a_2=1$。若从该数列的前 100 项中随机抽取一个数,则这个数是偶数的概率为( )。

A. $\frac{1}{3}$  
B. $\frac{33}{100}$  
C. $\frac{1}{2}$  
D. $\frac{67}{100}$  

【解析】B。由题意知,斐波那契数列从第 1 项起每 3 项有 1 个偶数,且偶数是 3 项中的最后一项,所以前 100 项中有 33 个偶数,所以所求概率 $P=\frac{33}{100}$。故选 B。

**例 11** 从含有 10 件正品、2 件次品的 12 件产品中,任意抽取 3 件,则必然事件是( )。

A. 3 件都是正品  
B. 3 件都是次品  
C. 至少有 1 件次品  
D. 至少有 1 件正品  

【解析】D。本题考查必然事件、不可能事件、随机事件的判断。从含有 10 件正品、2 件次品的 12 件产品中,任意抽取 3 件,则必然事件是至少有 1 件正品。故选 D。

**例 12** 为评估共享单车的使用情况,选了 $n$ 座城市作试验基地,这 $n$ 座城市共享单车的使用(单位:人次/天)分别为 $x_1,x_2,\cdots,x_n$。下面给出的指标中可用来评估共享单车使用量的稳定程度的是( )。

A. $x_1,x_2,\cdots,x_n$ 的标准差  
B. $x_1,x_2,\cdots,x_n$ 的平均数  
C. $x_1,x_2,\cdots,x_n$ 的最大值  
D. $x_1,x_2,\cdots,x_n$ 的中位数  

【解析】A。因为平均数、中位数、众数描述样本数据的集中趋势,方差和标准差描述其波动大小,所以表示一组数据 $x_1,x_2,\cdots,x_n$ 的稳定程度的是方差或标准差,故选 A。

## 二、填空题

**例 1** 从 3 名男同学和 2 名女同学中任选 2 名同学参加志愿者服务,则选出的 2 名同学中至少有 1 名女同学的概率是_____。

【解析】本题考查古典概型。记 3 名男同学分别为 $A,B,C$,2 名女同学分别为 $a,b$,则从中任选 2 名学生有 $AB,AC,Aa,Ab,BC,Ba,Bb,Ca,Cb,ab$,共 10 种。其中至少有 1 名女同学的有 $Aa,Ab,Ba,Bb,Ca,Cb,ab$,共 7 种,故至少有 1 名女同学的概率为 $\frac{7}{10}$。故答案为 $\frac{7}{10}$。

**例 2** 某公司有大量客户,且不同龄段客户对其服务的评价有较大差异。为了解客户的评价,该公司准备进行抽样调查,可供选择的抽样方法有简单随机抽样、分层抽样和系统抽样,则最合适的抽样方法是_____。

【解析】因为客户数量较大,且不同年龄段客户对服务评价有较大的差异,所以应采用分层抽样。即答案为分层抽样。

**例 3** 已知函数 $f(x)=\sqrt{2-2x^2}$ 的定义域为 $M$,$y=f(f(x))$ 的定义域为 $P$,在 $M$ 上随机取一个数 $x$,则 $x\in P$ 的概率是_____。

【解析】本题考查与长度有关的几何概型。要使函数 $f(x) = \sqrt{2-2x^2}$ 有意义,则需 $2-2x^2 \geq 0$,解得 $-1 \leq x \leq 1$,即 $M = [-1, 1]$。要使函数 $y = f(f(x))$ 有意义,需满足 $-1 \leq 2-2x^2 \leq 1$,解得 $-1 \leq x \leq -\frac{\sqrt{2}}{2}$ 或 $\frac{\sqrt{2}}{2} \leq x \leq 1$,即 $P = \left[-1, -\frac{\sqrt{2}}{2}\right] \cup \left[\frac{\sqrt{2}}{2}, 1\right]$。记"在 $M$ 上随机取一个数 $x$,则 $x \in P$"为事件 $A$,由几何概型中的线段型可得所求概率 $P(A) = \dfrac{2 \times \left(1-\frac{\sqrt{2}}{2}\right)}{1-(-1)} = \dfrac{2-\sqrt{2}}{2}$。即答案为 $\dfrac{2-\sqrt{2}}{2}$。

**例4** 随机变量 $\xi$ 的取值为 $0,1,2$。若 $P(\xi=0) = \dfrac{1}{5}$,$E(\xi) = 1$,则 $D(\xi) = $ _____。

【解析】设 $P(\xi=1) = p$,则 $P(\xi=2) = \dfrac{4}{5} - p$,从而 $E(\xi) = 0 \times \dfrac{1}{5} + 1 \times p + 2 \times \left(\dfrac{4}{5} - p\right) = 1$,得 $p = \dfrac{3}{5}$。

故 $D(\xi) = (0-1)^2 \times \dfrac{1}{5} + (1-1)^2 \times \dfrac{3}{5} + (2-1)^2 \times \dfrac{1}{5} = \dfrac{2}{5}$。故答案为 $\dfrac{2}{5}$。

**例5** 甲、乙两人下棋,两人下成和棋的概率是 $\dfrac{1}{2}$,甲获胜的概率是 $\dfrac{1}{3}$。则甲不输的概率为_____。

【解析】设事件 $A$ 表示"两人下成和棋",设事件 $B$ 表示"甲获胜",设事件 $C$ 表示"甲不输",则 $A,B$ 互斥,且 $C = A + B$,由两个事件互斥的概率加法公式知 $P(C) = P(A) + P(B) = \dfrac{1}{2} + \dfrac{1}{3} = \dfrac{5}{6}$,故甲不输的概率为 $\dfrac{5}{6}$。

**例6** 设每次独立重复试验中事件 $A$ 出现的概率相同。若 4 次独立重复试验中,事件 $A$ 至少出现 1 次的概率是 $\dfrac{65}{81}$,则事件 $A$ 在每次试验中出现的概率为_____。

【解析】设事件 $A$ 在每次试验中出现的概率为 $p$,因为事件 $A$ 在 4 次试验中都不出现为事件 $A$ 至少出现 1 次的对立事件,所以 $P_4(k \geq 1) = 1 - P_4(0) = 1 - (1-p)^4 = \dfrac{65}{81}$,即 $(1-p)^4 = \dfrac{16}{81}$,得 $p = \dfrac{1}{3}$。

**例7** 已知总体的各个体的值由小到大依次为 $2,3,3,7,a,b,12,13.7,18.3,20$,且总体的中位数为 10.5。若要使该总体的方差最小,则 $a,b$ 的取值分别是_____。

【解析】首先要搞清中位数与总体的方差这两个概念,由中位数为 10.5 可知 $a+b=21$,然后求出这 10 个数的平均值,再写出总体方差的表达式,看看它取得最小值的条件,即可确定 $a,b$ 的值。

因为 $2,3,3,7,a,b,12,13.7,18.3,20$ 的中位数为 10.5,所以有 $\dfrac{a+b}{2} = 10.5$,即 $a+b=21$。

所以平均数为 $\bar{x} = \dfrac{1}{10}(2+3+3+7+a+b+12+13.7+18.3+20) = 10$

总体方差为 $\delta^2 = \dfrac{1}{10}[8^2 + 7^2 + 7^2 + 3^2 + (a-10)^2 + (b-10)^2 + 2^2 + 3.7^2 + 8.3^2 + 10^2]$

$= \dfrac{1}{10}(\Delta + a^2 + b^2)$（其中 $\Delta$ 为一常数）

$\geqslant \dfrac{1}{10}(\Delta + 2ab)$

因为 $a+b=21$，要使 $\delta^2$ 达到最小，也就是要 $ab$ 达到最小，故只有当 $a=b=10.5$ 时，该总体的方差 $\delta^2$ 最小。

**例 8** 一个单位共有职工 200 人，其中不超过 45 岁的有 120 人，超过 45 岁的有 80 人。为了调查职工的健康状况，用分层抽样的方法从全体职工中抽取一个容量为 25 的样本，应抽取超过 45 岁的职工_____人。

【解析】分层抽样通常适用总体由差异明显的几部分组成的情形，抽样时是按照各部分所占的比例进行的，所以本题在计算时，就应先计算超过 45 岁的职工所占全体职工的比例，然后乘以样本的容量即可。

∵ 单位共有职工 200 人，超过 45 岁的有 80 人，抽取的样本容量为 25，

∴ 应抽取超过 45 岁的职工人数为 $\dfrac{80}{200} \times 25 = 10$。

故应填 10。

**例 9** 分形的部分与整体以某种相似的方式呈现。谢尔宾斯基三角形是一种分形，由波兰数学家谢尔宾斯基于 1915 年提出。具体操作是取一个实心三角形，沿三角形的三边中点连线，将它分成 4 个小三角形，去掉中间的那一个小三角形后，对其余 3 个小三角形重复上述过程逐次得到各个图形，如图 11-3 所示。

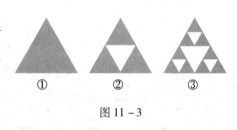

图 11-3

在上述图 3 中随机选取一点，则此点取自阴影部分的概率为_____。

【解析】由题意可知每次挖去等边三角形的 $\dfrac{1}{4}$，设图 11-3①中三角形的面积为 1，则图 11-3②中阴影部分的面积为 $1 - \dfrac{1}{4} = \dfrac{3}{4}$，图 11-3③中阴影部分的面积为 $\dfrac{3}{4} \times (1 - \dfrac{1}{4}) = \dfrac{9}{16}$，故在图 11-3③中随机选取一点，此点来自阴影部分的概率为 $\dfrac{9}{16}$。

**例 10** 设一组样本数据 $x_1, x_2, \cdots, x_n$ 的方差为 0.01，则数据 $10x_1, 10x_2, \cdots, 10x_n$ 的方差为_____。

【解析】因为样本数据 $x_1, x_2, \cdots, x_n$ 的方差为 0.01，由 $D(aX) = a^2 D(X)$，得数据 $10x_1, 10x_2, \cdots, 10x_n$ 的方差为 $10^2 \times 0.01 = 1$。

**例 11** 某学校从编号依次为 $01, 02, \cdots, 90$ 的 90 名学生中用系统抽样（等间距抽样）的方法抽取一个样本，已知样本中相邻的两个组的编号分别为 14，23，则该样本中来自第四组的学生的编号为_____。

【解析】由题意可知相邻的两个组的编号分别为 14，23，所以样本间隔为 $23 - 14 = 9$，所以第一组的编号为 $14 - 9 = 5$，所以第四组的编号为 $5 + 3 \times 9 = 32$。

## 三、解答题

**例1** 端午节吃粽子是我国的传统习俗。设一盘中装有10个粽子,其中豆沙粽2个,肉粽3个,白粽5个,这三种粽子的外观完全相同。从中任意选取3个。

(1) 求三种粽子各取到1个的概率;

(2) 设 $X$ 表示取到的豆沙粽个数,求 $X$ 的分布列与数学期望。

**【解析】**(1) 令 $A$ 表示事件"三种粽子各取到1个",则由古典概型的概率计算公式有 $P(A) = \dfrac{C_2^1 C_3^1 C_5^1}{C_{10}^3} = \dfrac{1}{4}$。

(2) $X$ 的所有可能值为 $0,1,2$,且 $P(X=0) = \dfrac{C_8^3}{C_{10}^3} = \dfrac{7}{15}$,$P(X=1) = \dfrac{C_2^1 C_8^2}{C_{10}^3} = \dfrac{7}{15}$,$P(X=2) = \dfrac{C_2^2 C_8^1}{C_{10}^3} = \dfrac{1}{15}$。

综上知,$X$ 的分布列为:如下表,故 $E(X) = 0 \times \dfrac{7}{15} + 1 \times \dfrac{7}{15} + 2 \times \dfrac{1}{15} = \dfrac{3}{5}$(个)。

| $X$ | 0 | 1 | 2 |
| --- | --- | --- | --- |
| $P$ | $\dfrac{7}{15}$ | $\dfrac{7}{15}$ | $\dfrac{1}{15}$ |

**例2** 根据某省的高考改革方案,考生应在3门理科学科(物理、化学、生物)和3门文科学科(历史、政治、地理)共6门学科中任意选择3门学科参加考试。根据以往统计资料,1名考生选择生物的概率为0.5,选择物理但不选择生物的概率为0.2。

(1)求1名考生至少选择生物、物理2门学科中的1门的概率;

(2)若某校400名考生中,选择生物但不选择物理的人数为140,求1名考生同时选择生物和物理2门学科的概率。

**【解析】**记 $A$ 表示事件"考生选择生物",$B$ 表示事件"考生选择物理但不选择生物",$C$ 表示事件"考生至少选择生物、物理2门学科中的1门",$D$ 表示事件"考生选择生物但不选择物理",$E$ 表示事件"考生同时选择生物、物理2门学科"。

(1)由题意可得 $P(A) = 0.5$,$P(B) = 0.2$,则 $A,B$ 为互斥事件,且 $C = A + B$,所以 $P(C) = P(A+B) = P(A) + P(B) = 0.5 + 0.2 = 0.7$。

(2)由某校400名考生中,选择生物但不选择物理的人数为140,可知 $P(D) = \dfrac{140}{400} = 0.35$。因为 $D,E$ 为互斥事件,且 $A = D + E$,故 $P(A) = P(D+E) = P(D) + P(E)$,即 $P(E) = P(A) - P(D) = 0.5 - 0.35 = 0.15$,故1名考生同时选择生物、物理2门学科的概率为0.15。

**例3** 在一组样本数据中,$1,2,3,4$ 出现的频率分别为 $p_1,p_2,p_3,p_4$,且 $p_1+p_2+p_3+p_4=1$,则下列四组情形中,对应的样本标准差最大的一组是哪组?

(1) $p_1 = p_4 = 0.1, p_2 + p_3 = 0.4$;(2) $p_1 = p_4 = 0.4, p_2 + p_3 = 0.1$;

(3) $p_1 = p_4 = 0.2, p_2 + p_3 = 0.3$;(4) $p_1 = p_4 = 0.3, p_2 + p_3 = 0.2$。

| $X_1$ | 1 | 2 | 3 | 4 |
| --- | --- | --- | --- | --- |
| $P$ | 0.1 | 0.4 | 0.4 | 0.1 |

【解析】对于(1)，当 $p_1=p_4=0.1,p_2+p_3=0.4$ 时，随机变量 $X_1$ 的分布列为

$E(X_1)=1\times 0.1+2\times 0.4+3\times 0.4+4\times 0.1=2.5$，

$D(X_1)=(1-2.5)^2\times 0.1+(2-2.5)^2\times 0.4+(3-2.5)^2\times 0.4+(4-2.5)^2\times 0.1=0.65$。

对于(2)，当 $p_1=p_4=0.4,p_2+p_3=0.1$ 时，随机变量 $X_2$ 的分布列如下表，所以

| $X_2$ | 1 | 2 | 3 | 4 |
|---|---|---|---|---|
| $P$ | 0.4 | 0.1 | 0.1 | 0.4 |

$E(X_2)=1\times 0.4+2\times 0.1+3\times 0.1+4\times 0.4=2.5$；

$D(X_2)=(1-2.5)^2\times 0.4+(2-2.5)^2\times 0.1+(3-2.5)^2\times 0.1+(4-2.5)^2\times 0.4=1.85$。

对于(3)，当 $p_1=p_4=0.2,p_2+p_3=0.3$ 时，随机变量 $X_3$ 的分布列如下表，所以

| $X_3$ | 1 | 2 | 3 | 4 |
|---|---|---|---|---|
| $P$ | 0.2 | 0.3 | 0.3 | 0.2 |

$E(X_3)=1\times 0.2+2\times 0.3+3\times 0.3+4\times 0.2=2.5$；

$D(X_3)=(1-2.5)^2\times 0.2+(2-2.5)^2\times 0.3+(3-2.5)^2\times 0.3+(4-2.5)^2\times 0.2=1.05$。

对于(4)，当 $p_1=p_4=0.3,p_2+p_3=0.2$ 时，随机变量 $X_3$ 的分布列如下表，所以

| $X_4$ | 1 | 2 | 3 | 4 |
|---|---|---|---|---|
| $P$ | 0.3 | 0.2 | 0.2 | 0.3 |

$E(X_4)=1\times 0.3+2\times 0.2+3\times 0.2+4\times 0.3=2.5$；

$D(X_4)=(1-2.5)^2\times 0.3+(2-2.5)^2\times 0.2+(3-2.5)^2\times 0.2+(4-2.5)^2\times 0.3=1.45$。

由于(2)的方差最大，相应的其标准差也是最大的。

**例4** 某行业主管部门为了解本行业中小企业的生产情况，随机调查了 100 个企业，得到这些企业第一季度相对于前一年第一季度产值增长率 $y$ 的频数分布表（见下表）。

| $y$ 的分组 | [-0.20,0) | [0,0.20) | [0.20,0.40) | [0.40,0.60) | [0.60,0.80) |
|---|---|---|---|---|---|
| 企业数 | 2 | 24 | 53 | 14 | 7 |

(1) 分别估计这类企业中产值增长率不低于40%的企业比例、产值负增长的企业比例；

(2) 求这类企业产值增长率的平均数与标准差的估计值（同一组中的数据用该组区间的中点值为代表）（精确到0.01）。

附：$\sqrt{74}\approx 8.602$。

【解析】(1) 根据产值增长率频数分布表得，所调查的 100 个企业中产值增长率不低于 40% 的企业频率为 $\dfrac{14+7}{100}=0.21$。产值负增长的企业频率为 $\dfrac{2}{100}=0.02$。

用样本频率分布估计总体分布得这类企业中产值增长率不低于40%的企业比例为21%，产值负增长的企业比例为2%。

(2) 这类企业产值增长率的平均数为 $\bar{y}=\dfrac{1}{100}(-0.10\times 2+0.10\times 24+0.30\times 53+0.50\times 14+0.70\times 7)=0.30$。

因为 $s^2 = \dfrac{1}{100}\sum\limits_{i=1}^{5} n_i(y_i - \bar{y})^2$

$= \dfrac{1}{100}[(-0.40)^2 \times 2 + (-0.20)^2 \times 24 + 0^2 \times 53 + 0.20^2 \times 14 + 0.40^2 \times 7]$

$= 0.0296$，所以

$s = \sqrt{0.0296} = 0.02 \times \sqrt{74} \approx 0.17$。

所以，这类企业产值增长率的平均数与标准差的估计值分别为 30%，17%。

**例5** 某汽车公司生产的某系列轿车中，有 $A,B,C$ 三类，每类轿车均有舒适型和标准型两种型号，某周产量如下表。

| 车型 | $A$ | $B$ | $C$ |
| --- | --- | --- | --- |
| 舒适型 | 100 | 150 | $x$ |
| 标准型 | 300 | $y$ | 600 |

若按分层抽样的方法在这一周生产的轿车中抽取 50 辆进行检测，则需抽取 $A$ 轿车 10 辆，$B$ 轿车 15 辆。

（1）求 $x,y$ 的值。

（2）在年终促销活动中，奖给某优秀销售公司 2 辆舒适型和 3 辆标准型 $C$ 类轿车，该销售公司又从中随机抽取 2 辆作为奖品回馈消费者，求抽取的这 2 辆轿车中至少有 1 辆是舒适型轿车的概率。

（3）现从 $A$ 类轿车中抽取 8 辆，进行能耗等各项指标综合评价，并打分如下：9.4，8.6，9.2，9.6，8.7，9.3，9.0，8.2。求这 8 个数据的方差。

**【解析】** 本题考查分层抽样、古典概型和平均数及方差。

（1）由 $50 - 10 - 15 = 25$，则 $\dfrac{10}{100+300} = \dfrac{15}{150+y} = \dfrac{25}{x+600}$，解得 $y = 450, x = 400$。

（2）记 2 辆舒适型轿车为 $S_1, S_2$，3 辆标准型轿车为 $B_1, B_2, B_3$，设 $(a,b)$ 表示一个基本事件，则所有的基本事件有 $(S_1, S_2), (S_1, B_1), (S_1, B_2), (S_1, B_3), (S_2, B_1), (S_2, B_2), (S_2, B_3)$，$(B_1, B_2), (B_1, B_3), (B_2, B_3)$，共 10 个。

设至少有 1 辆舒适型轿车记为事件 $A$，事件 $A$ 发生的基本事件有 $(S_1, S_2), (S_1, B_1)$，$(S_1, B_2), (S_1, B_3), (S_2, B_1), (S_2, B_2), (S_2, B_3)$，共 7 个。所求概率为 $P(A) = \dfrac{7}{10}$。

（3）样本的平均数 $\bar{x} = \dfrac{1}{8} \times (9.4 + 8.6 + 9.2 + 9.6 + 8.7 + 9.3 + 9.0 + 8.2) = 9$，则这 8 个数据的方差为 $S^2 = \dfrac{1}{8} \times [(9.4-9)^2 + (8.6-9)^2 + (9.2-9)^2 + (9.6-9)^2 + (8.7-9)^2 + (9.3-9)^2 + (9.0-9)^2 + (8.2-9)^2] = 0.1925$。

**例6** 2019 年，我国施行个人所得税专项附加扣除办法，涉及子女教育、继续教育、大病医疗、住房贷款利息或者住房租金、赡养老人等六项专项附加扣除。某单位老、中、青员工分别有 72 人、108 人、120 人，现采用分层抽样的方法，从该单位上述员工中抽取 25 人调查专项附加扣除的享受情况。

（1）应从老、中、青员工中分别抽取多少人？

(2) 抽取的 25 人中，享受至少两项专项附加扣除的员工有 6 人，分别记为 $A,B,C,D,E,F$。享受情况如下表，其中"○"表示享受，"×"表示不享受。现从这 6 人中随机抽取 2 人接受采访。

| 项目＼员工享受情况 | A | B | C | D | E | F |
| --- | --- | --- | --- | --- | --- | --- |
| 子女教育 | ○ | ○ | × | ○ | × | ○ |
| 继续教育 | × | × | ○ | × | ○ | ○ |
| 大病医疗 | × | × | × | ○ | × | × |
| 住房贷款利息 | ○ | ○ | × | × | ○ | ○ |
| 住房租金 | × | × | ○ | × | × | × |
| 赡养老人 | ○ | ○ | × | × | × | ○ |

① 试用所给字母列举出所有可能的抽取结果；

② 设 $M$ 为事件"抽取的 2 人享受的专项附加扣除至少有一项相同"，求事件 $M$ 发生的概率。

【解析】本题主要考查随机抽样、用列举法计算随机事件所含的基本事件数、古典概型及其概率计算公式等基本知识，考查运用概率知识解决简单实际问题的能力。

(1) 由已知，老、中、青员工人数之比为 6∶9∶10，由于采用分层抽样的方法从中抽取 25 位员工，因此应从老、中、青员工中分别抽取 6 人、9 人、10 人。

(2) ① 从已知的 6 人中随机抽取 2 人的所有可能结果为
$\{A,B\},\{A,C\},\{A,D\},\{A,E\},\{A,F\},\{B,C\},\{B,D\},\{B,E\},\{B,F\},\{C,D\},\{C,E\},$
$\{C,F\},\{D,E\},\{D,F\},\{E,F\}$，共 15 种。

② 由表格知，符合题意的所有可能结果为
$\{A,B\},\{A,D\},\{A,E\},\{A,F\},\{B,D\},\{B,E\},\{B,F\},\{C,E\},\{C,F\},\{D,F\},\{E,F\}$，
共 11 种。

所以，事件 $M$ 发生的概率 $P(M)=\dfrac{11}{15}$。

**例7** 甲射击一次命中目标的概率是 $\dfrac{1}{2}$，乙射击一次命中目标的概率是 $\dfrac{1}{3}$，丙射击一次命中目标的概率是 $\dfrac{1}{4}$，现在三人都向目标射击一次（独立进行），计算：

(1) 三人都击中目标的概率；

(2) 目标被击中的概率。

【解析】设甲射击一次命中目标为事件 $A$，乙射击一次命中目标为事件 $B$，丙射击一次命中目标为事件 $C$。

(1) 三人都击中目标就是事件 $ABC$ 发生，根据相互独立事件的概率乘法公式得

$$P(ABC)=P(A)P(B)P(C)=\dfrac{1}{2}\times\dfrac{1}{3}\times\dfrac{1}{4}=\dfrac{1}{24}$$

(2) 分析：甲、乙、丙三人射击，有一人命中目标就表示目标被击中。目标被击中的事件可以表示为 $A+B+C$ 发生，即击中目标表示事件 $A,B,C$ 中至少有一个发生，应注意这三个事件并

不是互斥的,因为目标可能同时被两人或三人击中,所以不能用互斥事件的概率加法公式来计算。于是从另一方面来思考,目标被击中的事件的对立事件是目标未被击中,即三人都未击中目标,它可以表示为 $\overline{A} \cdot \overline{B} \cdot \overline{C}$,由于三人射击的结果相互独立,则 $\overline{A} \cdot \overline{B} \cdot \overline{C}$ 也相互独立,从而可根据相互独立事件的概率乘法公式,得

$$P(\overline{A} \cdot \overline{B} \cdot \overline{C}) = P(\overline{A}) \cdot P(\overline{B}) \cdot P(\overline{C})$$

$$= [1 - P(A)][1 - P(B)][1 - P(C)] = \left(1 - \frac{1}{2}\right) \times \left(1 - \frac{1}{3}\right) \times \left(1 - \frac{1}{4}\right) = \frac{1}{4}$$

因此,目标被击中的概率是

$$P(A + B + C) = 1 - P(\overline{A} \cdot \overline{B} \cdot \overline{C}) = 1 - \frac{1}{4} = \frac{3}{4}$$

**例8** 甲、乙两人向某目标独立射击,他们一次射击能命中目标的概率分别是 $\frac{1}{3}$ 和 $\frac{1}{4}$,若他们分别进行一次射击,求:

(1) 两人都能命中目标的概率;
(2) 两人都不能命中目标的概率;
(3) 恰有一人能命中目标的概率;
(4) 至多有一人能命中目标的概率;
(5) 若使能命中目标的概率达到 99%,要求乙一人向目标进行 $n$ 次独立射击,$n$ 最小是多少。

【解析】设 $A$ 为"甲能命中目标",$B$ 为"乙能命中目标",则 $A,B$ 相互独立,从而 $A$ 与 $\overline{B}$、$\overline{A}$ 与 $B$、$\overline{A}$ 与 $\overline{B}$ 均相互独立。

(1) "两人都能命中目标"为事件 $AB$,则

$$P(AB) = P(A)P(B) = \frac{1}{3} \times \frac{1}{4} = \frac{1}{12}$$

(2) "两人都不能命中目标"为事件 $\overline{A}\,\overline{B}$,则

$$P(\overline{A}\,\overline{B}) = P(\overline{A})P(\overline{B}) = [1 - P(A)][1 - P(B)]$$

$$= \left(1 - \frac{1}{3}\right) \times \left(1 - \frac{1}{4}\right) = \frac{1}{2}$$

(3) "恰有一人能命中目标"为事件 $A\overline{B} + \overline{A}B$,又 $A\overline{B}$ 与 $\overline{A}B$ 互斥,则

$$P(A\overline{B} + \overline{A}B) = P(A\overline{B}) + P(\overline{A}B) = P(A)P(\overline{B}) + P(\overline{A})P(B)$$

$$= \frac{1}{3} \times \left(1 - \frac{1}{4}\right) + \left(1 - \frac{1}{3}\right) \times \frac{1}{4} = \frac{5}{12}$$

(4) "至多有一人能命中目标"为事件"两人都能命中目标"的对立事件,即 $A\overline{B} + \overline{A}B + \overline{A}\,\overline{B}$ 是 $AB$ 的对立事件,则

$$P(A\overline{B} + \overline{A}B + \overline{A}\,\overline{B}) = 1 - P(AB) = 1 - \frac{1}{12} = \frac{11}{12}$$

(5) 设至少需要 $n$ 次独立射击。而 $n$ 次独立射击不能命中目标的概率为 $\left(1 - \frac{1}{4}\right)^n$,故 $n$ 次

独立射击能中目标的概率为

$$P = 1 - \left(1 - \frac{1}{4}\right)^n。令 1 - \left(1 - \frac{1}{4}\right)^n \geq 99\%,解得 n \geq \frac{\lg 0.01}{\lg 0.75} = 16。$$

故 $n$ 的最小值是 16。

**例 9** 某战士对一目标射击,直到第一次命中为止,每次射中的概率都为 $p$,设 $\xi$ 为射击次数,求 $\xi$ 的分布列。

【解析】如果战士第一次射击就命中目标,则 $\xi = 1, P(\xi = 1) = p$,如果战士第一次射击没有命中目标,设第 $k$ 次射击时才命中目标,则 $\xi = k$,战士前 $k-1$ 次射击都没有命中目标的概率是 $(1-p)^{k-1}$,第 $k$ 次射击命中目标的概率是 $p$,故有

$$P(\xi = k) = (1-p)^{k-1} p$$

所以射击次数 $\xi$ 的分布列如下表。

| $\xi$ | 1 | 2 | 3 | … | $n$ | … |
|---|---|---|---|---|---|---|
| $P(\xi)$ | $p$ | $(1-p)p$ | $(1-p)^2 p$ | … | $(1-p)^{n-1} p$ | … |

**例 10** 某营战士在射击训练中射击一次所得环数 $\xi$ 的分布列如下表。

| $\xi$ | 4 | 5 | 6 | 7 | 8 | 9 | 10 |
|---|---|---|---|---|---|---|---|
| $P$ | 0.02 | 0.04 | 0.06 | 0.09 | 0.28 | 0.29 | 0.22 |

(1)求此战士"射击一次命中环数大于 6(含等于 6)"的概率;
(2)求此战士击中环数 $\xi$ 的期望、方差与标准差。

【解析】(1)分析:"射击一次命中环数大于 6(含等于 6)"是指互斥事件 $\xi = 6, \xi = 7, \xi = 8, \xi = 9, \xi = 10$ 的和,根据互斥事件的概率加法公式,可以求得此战士"射击一次命中环数大于 6(含等于 6)"的概率。

由战士射击所得环数 $\xi$ 的分布列得

$$P(\xi = 6) = 0.06, P(\xi = 7) = 0.09, P(\xi = 8) = 0.28,$$
$$P(\xi = 9) = 0.29, P(\xi = 10) = 0.22$$

故此战士"射击一次命中环数大于 6(含等于 6)"的概率为

$$P(\xi \geq 6) = 0.06 + 0.09 + 0.28 + 0.29 + 0.22 = 0.94$$

(2)由期望、方差及标准差公式可得

$$E\xi = 4 \times 0.02 + 5 \times 0.04 + 6 \times 0.06 + 7 \times 0.09 + 8 \times 0.28 + 9 \times 0.29 + 10 \times 0.22$$
$$= 8.32$$
$$D\xi = (4-8.32)^2 \times 0.02 + (5-8.32)^2 \times 0.04 + (6-8.32)^2 \times 0.06 + (7-8.32)^2 \times 0.09$$
$$+ (8-8.32)^2 \times 0.28 + (9-8.32)^2 \times 0.29 + (10-8.32)^2 \times 0.22 = 2.0776$$
$$\delta\xi = \sqrt{D\xi} = \sqrt{2.0776} \approx 1.441$$

## 强化训练

**一、选择题**

1. 下列事件属于必然事件的为( )。

A. 没有水分,种子发芽　　　　　　　　B. 电话在响一声时就被接到

C. 实数的平方为正数　　　　　　　　　　D. 全等三角形面积相等

2. 从装有 2 个红球和 2 个白球的口袋内任取 2 个球,那么互斥而不对立的两个事件是(　　)。

A. 至少有 1 个白球;都是白球

B. 至少有 1 个白球;至少有 1 个红球

C. 恰有 1 个白球;恰有 2 个白球

D. 至少有 1 个白球;都是红球

3. 某战士在打靶中,连续射击两次,事件"至少有一次中靶"的对立事件是(　　)。

A. 至多有一次中靶　　　　　　　　　　B. 两次都中靶

C. 两次都不中靶　　　　　　　　　　　D. 只有一次中靶

4. 考虑一元二次方程 $x^2+mx+n=0$,其中 $m,n$ 的取值分别等于将一枚骰子连掷两次先后出现的点数,则方程有实根的概率为(　　)。

A. $\dfrac{19}{36}$　　　　　　　　　　　　　　B. $\dfrac{7}{18}$

C. $\dfrac{4}{9}$　　　　　　　　　　　　　　D. $\dfrac{17}{36}$

5. 《西游记》《三国演义》《水浒传》《红楼梦》是中国古典文学瑰宝,并称为中国古典小说四大名著。某中学为了解本校学生阅读四大名著的情况,随机调查了 100 位学生,其中阅读过《西游记》或《红楼梦》的学生共有 90 位,阅读过《红楼梦》的学生共有 80 位,阅读过《西游记》且阅读过《红楼梦》的学生共有 60 位,则该校阅读过《西游记》的学生人数与该校学生总数比值的估计值为(　　)。

A. 0.5　　　　　B. 0.6　　　　　C. 0.7　　　　　D. 0.8

6. 某次考试有 70000 名学生参加,为了了解这 70000 名考生的数学成绩,从中抽取 1000 名考生的数学成绩进行统计分析,在这个问题中,有以下四种说法:①1000 名考生是总体的一个样本;②可用 1000 名考生数学成绩的平均数来估计总体平均数;③70000 名考试的数学成绩是总体;④样本容量是 1000。其中正确的说法有(　　)。

A. 1 种　　　　　B. 2 种　　　　　C. 3 种　　　　　D. 4 种

7. 某公司在甲、乙、丙、丁四个地区分别有 150 个、120 个、180 个、150 个销售点。公司为了调查产品销售的情况,需从这 600 个销售点中抽取一个容量为 100 的样本,记这项调查为①;在丙地区中有 20 个特大型销售点,要从中抽取 7 个调查其销售收入和售后服务情况,记这项调查为②,则完成①,②这两项调查宜采用的抽样方法依次是(　　)。

A. 分层抽样法,系统抽样法

B. 分层抽样法,简单随机抽样法

C. 系统抽样法,分层抽样法

D. 简单随机抽样法,分层抽样法

8. 甲部队有 3600 名战士,乙部队有 5400 名战士,丙部队有 1800 名战士,为统计三个部队战士某方面的情况,计划采用分层抽样法,抽取一个容量为 90 人的样本,应在这三个部队分别抽取战士(　　)。

A. 30 人,30 人,30 人　　　　　　　　　B. 30 人,45 人,15 人

C. 20 人,30 人,40 人　　　　　　　　　D. 30 人,50 人,10 人

9. 若离散型随机变量 $\xi$ 的分布列如下表,则 $x$ 可取的值为( )。

| $\xi$ | 0 | 1 |
| --- | --- | --- |
| $P$ | $x^3 + \dfrac{3}{2}x^2$ | $1 - x$ |

A. $-2$   B. $1$   C. $\dfrac{1}{2}$   D. $\dfrac{1}{4}$

10. 设某项试验的成功率是失败率的 2 倍,用随机变量 $\xi$ 去描述 1 次试验的成功次数,则 $P(\xi = 0) = ($ )。

A. $0$   B. $\dfrac{1}{2}$   C. $\dfrac{1}{3}$   D. $\dfrac{2}{3}$

11. 设掷一颗骰子的点数为 $\xi$,则( )。

A. $E\xi = 3.5, D\xi = 3.5^2$   B. $E\xi = 3.5, D\xi = \dfrac{35}{12}$

C. $E\xi = 3.5, D\xi = 3.5$   D. $E\xi = 3.5, D\xi = \dfrac{35}{16}$

12. 博览会安排了分别标有"1 号""2 号""3 号"的三辆车,等可能随机顺序前往酒店接嘉宾。某嘉宾突发奇想,设计两种乘车方案:方案一,不乘坐第一辆车,若第二辆车的车序号大于第一辆车的车序号,就坐此车,否则乘坐第三辆车;方案二,直接乘坐第一辆车。记方案一与方案二坐到"3 号"车的概率分别为 $P_1, P_2$,则( )。

A. $P_1 \cdot P_2 = \dfrac{1}{4}$   B. $P_1 = P_2 = \dfrac{1}{3}$   C. $P_1 < P_2$   D. $P_1 + P_2 = \dfrac{5}{6}$

13. 已知随机变量 $\xi_i$ 满足 $P(\xi_i = 1) = p_i, P(\xi_i = 0) = 1 - p_i (i = 1, 2)$。若 $0 < p_1 < p_2 < \dfrac{1}{2}$,则( )。

A. $E(\xi_1) < E(\xi_2), D(\xi_1) < D(\xi_2)$   B. $E(\xi_1) < E(\xi_2), D(\xi_1) > D(\xi_2)$

C. $E(\xi_1) > E(\xi_2), D(\xi_1) < D(\xi_2)$   D. $E(\xi_1) > E(\xi_2), D(\xi_1) > D(\xi_2)$

14. 为应对新冠肺炎疫情,许多企业在非常时期转产抗疫急需物资。某工厂为了监控转产产品的质量,测得某批 $n$ 件产品的正品率为 $98\%$,现从中任意有放回地抽取 3 件产品进行检验,则至多抽到 1 件次品的概率为( )。

A. $0.998816$   B. $0.9996$   C. $0.057624$   D. $0.001184$

15. 演讲比赛共有 9 位评委分别给出某选手的原始评分,评定该选手的成绩时,从 9 个原始评分中去掉 1 个最高分、1 个最低分,得到 7 个有效评分。7 个有效评分与 9 个原始评分相比,不变的数字特征是( )。

A. 中位数   B. 众数   C. 方差   D. 极差

16. 某学校为了了解本校学生的上学方式,在全校范围内随机抽查部分学生,了解到上学方式有:①结伴步行,②自行乘车,③家人接送,④其他方式。将收集的数据整理制成如图 11-4、图 11-5 所示两幅不完整的统计图,根据图中信息,可知本次抽查的学生中结伴步行(①)上学的人数是( )。

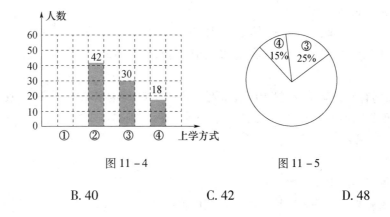

图 11-4　　　　　　　　　图 11-5

A. 30　　　　　　B. 40　　　　　　C. 42　　　　　　D. 48

**二、填空题**

1. 某校有 40 个班,每班有 50 人,每班选派 3 人参加"学代会",在这个问题中样本容量是_____。

2. 在一有 45 名学生的班级调查学生的身体发育状况,决定分成男生、女生两部分采用分层抽样,现每个女生被抽取的概率为 0.2,抽取了 3 名女生,则男生应抽取_____名。

3. 一个总体中有 100 个个体,随机编号为 0,1,2,…,99,依编号顺序平均分成 10 个小组,组号依次为 1,2,3,…,10,现用系统抽样方法抽取一个容量为 10 的样本,规定如果在第 1 小组随机抽取的号码为 $m$,那么在第 $K$ 小组中抽取的号码个位数字与 $m+K$ 的个位数字相同。若 $m=6$,则在第 7 小组中抽取的号码是_____。

4. 一个盒子内装有若干个大小相同的红球、白球和黑球,从中摸出 1 个球,若摸出红球的概率是 0.45,摸出白球的概率是 0.25,那么从盒中摸出 1 个球,摸出黑球或红球的概率是_____。

5. 若以连续掷两次骰子分别得到的点数 $m,n$ 作为点 $P$ 的坐标,则点 $P$ 落在圆 $x^2+y^2=16$ 内的概率是_____。

6. 2021 年开始全国部分省市新高考将实行"3+1+2"模式,即语文、数学、外语必选,物理、历史二选一,政治、地理、化学、生物四选二,共有 12 种选课模式。今年高一的小明与小芳都准备选历史,若他们都对后面四科没有偏好,则他们选课相同的概率为_____。

7. 已知一组数据 6,7,8,8,9,10,则该组数据的方差是_____。

8. 密码是四位数字的储蓄卡,在使用时随意按下一个四位数字号码,正好是这个密码的概率为_____。

9. 设 $a,b$ 分别为对数 $\log_a b$ 的底数和真数,则任取 $a,b \in \{1, 2, \frac{1}{2}\}$,满足 $\log_a b > 0$ 的概率为_____。

**三、解答题**

1. 对一批衬衣进行抽检,结果如下表。

| 抽取件数 | 50 | 100 | 200 | 500 | 600 | 700 | 800 |
| --- | --- | --- | --- | --- | --- | --- | --- |
| 次品件数 | 0 | 20 | 12 | 27 | 27 | 35 | 40 |
| 次品频率 | 0 | 0.20 | 0.06 | 0.054 | | | |

(1) 完成上面统计表。

(2) 事件 $A$ 为任取一件衬衣为次品,求 $P(A)$。

(3) 为了保证买到次品的顾客能够及时更换,销售 1000 件衬衣,至少需要进货多少件衬衣?

2. 某商场有奖销售中,购满 100 元商品得 1 张奖券,多购多得。第 1000 张奖券为一个开奖单位,设特等奖 1 个,一等奖 10 个,二等奖 50 个。设 1 张奖券中特等奖、一等奖、二等奖的事件分别为 $A,B,C$,求:

(1) $P(A),P(B),P(C)$;

(2) 1 张奖券的中奖概率;

(3) 1 张奖券不中特等奖且不中一等奖的概率。

3. 某厂接受了一项加工业务,加工出来的产品(单位:件)按标准分为 A,B,C,D 四个等级,加工业务约定:对于 A 级品、B 级品、C 级品,厂家每件分别收取加工费 90 元、50 元、20 元;对于 D 级品,厂家每件要赔偿原料损失费 50 元。该厂有甲、乙两个分厂可承接加工业务,甲分厂加工成本费为 25 元/件,乙分厂加工成本费为 20 元/件。厂家为了决定由哪个分厂承接加工业务,在两个分厂各试加工了 100 件这种产品,并统计了这些产品的等级,整理如下:

甲分厂产品等级的频数分布表

| 等级 | A | B | C | D |
| --- | --- | --- | --- | --- |
| 频数 | 40 | 20 | 20 | 20 |

乙分厂产品等级的频数分布表

| 等级 | A | B | C | D |
| --- | --- | --- | --- | --- |
| 频数 | 28 | 17 | 34 | 21 |

(1) 分别估计甲、乙两分厂加工出来的一件产品为 A 级品的概率。

(2) 分别求甲、乙两分厂加工出来的 100 件产品的平均利润,以平均利润为依据,厂家应选哪个分厂承接加工业务?

4. 为了解 $A,B$ 两种轮胎的性能,某汽车制造厂分别从这两种轮胎中随机抽取了 8 个进行测试,下面列出了每一个轮胎行驶的最远里程数(单位:1000km)。

轮胎 $A$:96,112,97,108,100,103,86,98。

轮胎 $B$:108,101,94,105,96,93,97,106。

(1) 分别计算 $A,B$ 两种轮胎行驶的最远里程的平均数、中位数。

(2) 分别计算 $A,B$ 两种轮胎行驶的最远里程的极差、标准差。

(3) 根据以上数据你认为哪种型号的轮胎性能更加稳定?

5. 某超市计划按月订购一种酸奶,每天进货量相同,进货成本每瓶 4 元,售价每瓶 6 元,未售出的酸奶降价处理,以每瓶 2 元的价格当天全部处理完。根据往年销售经验,每天需求量与当天最高气温(单位:℃)有关。如果最高气温不低于 25,需求量为 500 瓶;如果最高气温位于区间 $[20,25)$,需求量为 300 瓶;如果最高气温低于 20,需求量为 200 瓶。为了确定六月份的订购计划,统计了前三年六月份各天的最高气温数据,得下面的频数分布表:

| 最高气温 | [10,15) | [15,20) | [20,25) | [25,30) | [30,35) | [35,40) |
|---|---|---|---|---|---|---|
| 频数 | 2 | 16 | 36 | 25 | 7 | 4 |

以最高气温位于各区间的频率代替最高气温位于该区间的概率。

(1)求六月份这种酸奶一天的需求量 $X$(单位:瓶)的分布列。

(2)设六月份一天销售这种酸奶的利润为 $Y$(单位:元),当六月份这种酸奶一天的进货量 $n$(单位:瓶)为多少时,$Y$ 的数学期望达到最大值?

6. 某大学艺术专业 400 名学生参加某次测评,根据男女学生人数比例,使用分层抽样的方法从中随机抽取了 100 名学生,记录他们的分数,将数据分成 7 组([20,30),[30,40),…,[80,90)),并整理得到如图 11-6 所示频率分布直方图。

(1)从总体的 400 名学生中随机抽取 1 名,估计其分数小于 70 的概率;

(2)已知样本中分数小于 40 的学生有 5 名,试估计总体中分数在区间 [40,50) 内的人数;

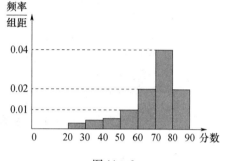

图 11-6

(3)已知样本中有一半男生的分数不小于 70,且样本中分数不小于 70 的男女生人数相等,试估计总体中男生和女生人数的比例。

7. 一汽车厂生产 $A,B,C$ 三类轿车,每类轿车均有舒适型和标准型两种型号,某月的产量(单位:辆)如下表

| 产量 轿车类型 型号 | $A$ 类轿车 | $B$ 类轿车 | $C$ 类轿车 |
|---|---|---|---|
| 舒适型 | 100 | 150 | $z$ |
| 标准形 | 300 | 450 | 600 |

按类用分层抽样的方法从这个月生产的轿车中抽取 50 辆,其中有 $A$ 类轿车 10 辆。

(1)求 $z$ 的值。

(2)用分层抽样的方法从 $C$ 类轿车中抽取一个容量为 5 的样本,将该样本看成一个总体,从中任取 2 辆,求至少有 1 辆舒适型轿车的概率。

(3)用随机抽样的方法从 $B$ 类舒适型轿车中抽取 8 辆,经检测它们的得分如下:9.4,8.6,9.2,9.6,8.7,9.3,9.0,8.2。把这 8 辆轿车的得分看成一个总体,从中任取一个数 $x_i(1 \leq i \leq 8, i \in \mathbf{N})$,设样本平均数为 $\bar{x}$,求 $|x_i - \bar{x}| \leq 0.5$ 的概率。

8. 某银行为进一步提高客户办理 ETC 的业务量,决定制定相应的奖励方案,将一周内为客户办理 ETC 业务多的客户经理评为"一周明星经理",且给予适当的奖励。该银行统计了 100 名客户经理最近一周为客户办理 ETC 的数量,得到频数分布表如下:

| 为客户办理的 ETC 的数量/个 | [0,10) | [10,20) | [20,30) | [30,40) | [40,50) | [50,60) |
|---|---|---|---|---|---|---|
| 频数 | 6 | 16 | 24 | 24 | 20 | 10 |

(1)在图 11-7 中作出该 100 名客户经理最近一周为客户办理 ETC 的数量的频率分布直方图;

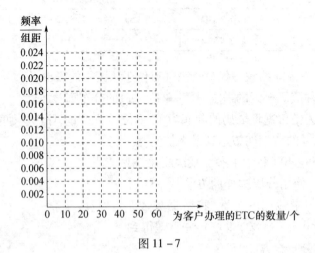

图 11-7

(2)用频率估计概率,求该100名客户经理一周为客户办理 ETC 的数量不低于30个的概率;

(3)如果把一周为客户办理 ETC 的数量不少于40个的客户经理评为"一周明星经理",按照分层抽样的方法,从周明星经理的客户经理中抽取6人,再从这6人中随机抽取2人,求其中至少有1人一周为客户办理 ETC 的数量不少于50个的概率。

9. 甲、乙两个篮球运动员互不影响地在同一位置投球,命中率分别为 $\frac{1}{2}$ 与 $p$,且乙投球2次均未命中的概率为 $\frac{1}{16}$。

(1)求乙投球的命中率 $p$;

(2)求甲投球2次,至少命中1次的概率;

(3)若甲、乙两人各投球2次,求两人共命中2次的概率。

10. 甲、乙两个乒乓球运动员进行单打比赛,每赛一局甲胜的概率为0.6,乙胜的概率为0.4,比赛既可采用三局两胜制,也可以采用五局三胜制。

(1)若采用三局两胜制,求甲胜的概率。

(2)若采用五局三胜制,求甲胜的概率。

(3)问采用哪种赛制对甲更有利?

11. 某项选拔共有四轮考核,每轮设有一个问题,能正确回答问题者进入下一轮考核,否则即被淘汰。已知选手甲能正确回答第一、二、三、四轮问题的概率分为 $\frac{4}{5},\frac{3}{5},\frac{2}{5},\frac{1}{5}$,且各轮问题能否正确回答互不影响。

(1)求选手甲进入第四轮才被淘汰的概率。

(2)求选手甲至多进入第三轮考核的概率。

12. 每次抛掷一枚骰子(六个面上分别标以数字1,2,3,4,5,6)。

(1)连续抛掷2次,求向上的数不同的概率;

(2)连续抛掷2次,求向上的数之和为6的概率。

13. 某安全生产监督部门对5家小型煤矿进行安全检查(简称安检)。若安检不合格,则必须进行整改,若整改后经复查仍不合格,则强行关闭。设每家煤矿整改前安检合格的概率是

0.5,整改后安检合格的概率是0.8,计算(结果精确到0.1):

(1)恰好有两家煤矿必须整改的概率;

(2)平均有多少家煤矿必须整改;

(3)至少关闭一家煤矿的概率。

## 【强化训练解析】

### 一、选择题

1. D。必然事件就是在一定条件下必然要发生的事件,比较这四个事件可知 D 是必然事件。

2. C。如果事件 A 与 B 不能同时发生,且事件 A 与 B 必有一个发生,则称事件 A 与 B 互为对立事件。如果只是不同时发生,就称事件 A 与 B 为互斥事件。所以 C 是互斥而不对立的两个事件。

3. C。由对立事件的概念知:对立的两个事件中一个不发生,另一个必发生。

4. A。使方程 $x^2 + mx + n = 0$ 有实根,必须 $m^2 - 4n \geq 0$,而 $m$ 和 $n$ 可取的值都是1,2,3,4,5,6。方程有实根的情形有:$m = 2$ 时,$n = 1$;$m = 3$ 时,$n = 1,2$;$m = 4$ 时,$n = 1,2,3,4$;$m = 5$ 时,$n = 1,2,3,4,5$;$m = 6$ 时,$n$ 可取 6 个值。共有 19 种可能。而所有可能的结果有 $6 \times 6 = 36$ 种。

故方程有实根的概率为 $\dfrac{19}{36}$。故选 A。

5. C。方法一:阅读过《红楼梦》的学生共有 80 位,阅读过《西游记》且阅读过《红楼梦》的学生共有 60 位,因此在阅读过《红楼梦》的 80 位学生中,只阅读过《红楼梦》没有阅读过《西游记》的有 $80 - 60 = 20$ 位,故阅读过《西游记》的学生有 $90 - 20 = 70$ 位,由样本估计总体,该校阅读过《西游记》的学生人数与该校学生总数比值的估计值为 $\dfrac{70}{100} = 0.7$。故选 C。

方法二:阅读过《红楼梦》《西游记》的人数用韦恩图表示,如图 11 - 8 所示。

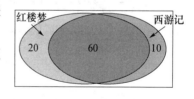

该校阅读过《西游记》的学生人数与该校学生总数比值的估计值为 $\dfrac{70}{100} = 0.7$。故选 C。

图 11 - 8

6. C。在统计中,通常把被研究的对象的全体叫作总体。从总体中所抽取的一部分个体叫作总体的一个样本,样本中个体的数目叫作一个样本的容量。在统计里通常不是直接研究总体本身,而是从总体中抽取一个样本,再根据样本的特性去估计总体的相应特性。所以②,③,④都是正确的。1000 名学生的成绩为总体的一个样本,而不是 1000 名学生为总体的一个样本,故①错误。故选 C。

7. B。此题为抽样方法的选取问题。当总体中个数较多时宜采用系统抽样;当总体中的个体差异较大时,宜采用分层抽样;当总体中个体较少时,宜采用随机抽样。依题意,第①项调查应采用分层抽样法,第②项调查应采用简单随机抽样法。故选 B。

8. B。因为甲部队有 3600 名战士,

所以在甲部队应抽取 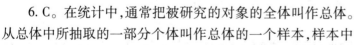 $\dfrac{90}{3600 + 5400 + 1800} \times 3600 = 30$ 人;

乙部队有 5400 名战士,所以在乙部队应抽取 $\dfrac{90}{3600+5400+1800}\times 5400=45$ 人;

丙部队有 1800 名战士,所以在丙部队应抽取 $\dfrac{90}{3600+5400+1800}\times 1800=15$ 人。

故选 B。

9. C。由 $\left(x^3+\dfrac{3}{2}x^2\right)+(1-x)=1$,得 $x(x+2)\left(x-\dfrac{1}{2}\right)=0$。

当 $x=-2$ 时,$1-x=3>1$,故舍之;

当 $x=\dfrac{1}{2}$ 时,$0<x^3+\dfrac{3}{2}x^2<1,0<1-x<1$,故选 C。

10. C。设 $\xi$ 的分布列如下表,则由 $p+2p=1$ 得 $p=\dfrac{1}{3}$,故应选 C。

| $\xi$ | 0 | 1 |
| --- | --- | --- |
| $P$ | $p$ | $2p$ |

11. B。因为 $P(\xi=k)=\dfrac{1}{6}(k=1,2,3,4,5,6)$。

所以,$E\xi=\dfrac{1}{6}(1+2+3+4+5+6)=3.5$

$D\xi=\dfrac{1}{6}\big[(1-3.5)^2+(2-3.5)^2+(3-3.5)^2$

$\qquad +(4-3.5)^2+(5-3.5)^2+(6-3.5)^2\big]=\dfrac{35}{12}$

故选 B。

12. D。三辆车的出发顺序共有 6 种可能(以车上的车号分别代表三辆车):(1,2,3),(1,3,2),(2,1,3),(2,3,1),(3,1,2),(3,2,1)。若该嘉宾按方案一乘车,坐到"3 号"车的可能情况有(1,3,2),(2,1,3),(2,3,1),共 3 种,所以其坐到"3 号"车的概率 $P_1=\dfrac{3}{6}=\dfrac{1}{2}$;若该嘉宾按方案二乘车,坐到"3 号"车的可能情况有(3,1,2),(3,2,1),共 2 种,所以其坐到"3 号"车的概率 $P_2=\dfrac{2}{6}=\dfrac{1}{3}$。所以 $P_1+P_2=\dfrac{5}{6}$。故选 D。

13. A。根据题意计算得 $E(\xi_i)=p_i,D(\xi_i)=p_i(1-p_i)(i=1,2)$。因为 $0<p_1<p_2<\dfrac{1}{2}$,所以 $E(\xi_1)<E(\xi_2)$。令 $f(x)=x(1-x)$,则 $f(x)$ 在 $\left(0,\dfrac{1}{2}\right)$ 上单调递增,所以 $f(p_1)<f(p_2)$,即 $D(\xi_1)<D(\xi_2)$。故选 A。

14. A。设事件 $A$ 为"任意抽取 1 件产品,抽到的产品为正品",由题意可知 $P(A)=0.98$,有放回地抽取 3 件产品相当于 3 次独立重复试验,设 3 件产品中正品的件数为 $X$,则至多抽到 1 件次品的概率为 $P(X=2)+P(X=3)=C_3^2\times 0.98^2\times 0.02+C_3^3\times 0.98^3=0.998816$。故选 A。

15. A。记 9 个原始评分分别为 $a,b,c,d,e,f,g,h,i$(按从小到大的顺序排列),易知 $e$ 为 7 个有效评分与 9 个原始评分的中位数,故不变的数字特征是中位数。故选 A。

16. A。由条形统计图(图 11 - 4)知,自行乘车(②)上学的有 42 人,家人接送(③)上学的有 30 人,其他方式(④)上学的有 18 人,采用②,③,④三种方式上学的共 90 人,设结伴步行(①)上学的有 $x$ 人,由扇形统计图(图 11 - 5)知,结伴步行(①)上学与自行乘车(②)上学的学生占 60%,所以 $\frac{x+42}{x+90}=\frac{60}{100}$,解得 $x=30$,故选 A。

二、填空题

1. 120。在统计中,从总体中所抽取的一部分个体叫作总体的一个样本,样本中个体的数目叫作一个样本的容量。所以,这个问题中样本的容量是 $40 \times 3 = 120$。

2. 6。设该班共有女生 $x$ 名,则有 $\frac{3}{x}=0.2,x=15$。

所以该班男生的人数为 $45-15=30$,由于抽样过程中,每个个体被抽取的概率是相同的,故男生应抽取 $30 \times 0.2 = 6$ 人。

3. 63。∵ $m=6,K=7,∴m+K=13$。

依题意可知,在第 7 小组中抽取的号码是 63。

4. 0.75。因为从盒子中摸出 1 个球,摸出红球的概率是 0.45,摸出白球的概率是 0.25,所以摸出黑球的概率是 $1-(0.45+0.25)=0.3$。又从盒子中摸出的 1 个球为黑球和摸出的 1 个球为红球是互斥事件,所以摸出黑球或红球的概率 $P = 0.3+0.45 = 0.75$。

5. $\frac{2}{9}$。点 $P$ 所有可能的坐标为 $(m,n)(m,n=1,2,\cdots,6)$ 共 36 个点,而落在圆 $x^2+y^2=16$ 内的点有 $(1,1),(1,2),(1,3),(2,1),(2,2),(2,3),(3,1),(3,2)$,共 8 个点,所以所求概率为 $\frac{8}{36}=\frac{2}{9}$。

6. $\frac{1}{6}$。由题意知从政治、地理、化学、生物中四选二,有(政治、地理),(政治、化学),(政治、生物),(地理、化学),(地理、生物),(化学、生物),共 6 种选法,将其分别记为 $A,B,C,D,E,F$,小明与小芳的选课方案有 $(A,A)(A,B),(A,C),(A,D),(A,E),(A,F),(B,A),(B,B),(B,C),(B,D),(B,E),(B,F),(C,A),(C,B),(C,C),(C,D),(C,E),(C,F),(D,A),(D,B),(D,C),(D,D),(D,E),(D,F),(E,A),(E,B),(E,C),(E,D),(E,E),(E,F),(F,A),(F,B),(F,C),(F,D),(F,E),(F,F)$,共 36 种,其中相同的有 $(A,A),(B,B),(C,C),(D,D),(E,E),(F,F)$,共 6 种,所以他们选课相同的概率为 $\frac{6}{36}=\frac{1}{6}$。

7. $\frac{5}{3}$。数据 6,7,8,8,9,10 的平均数是 $\frac{6+7+8+8+9+10}{6}=8$,则其方差是 $\frac{(6-8)^2+(7-8)^2+(8-8)^2+(8-8)^2+(9-8)^2+(10-8)^2}{6}=\frac{5}{3}$。

8. $\frac{1}{10^4}$。四位数字组成的密码共有 $10 \times 10 \times 10 \times 10 = 10^4$ 个。所以一次按对这个密码的概率为 $\frac{1}{10^4}$。

9. $\frac{1}{3}$。因为对数的底不为 $1,a,b \in \{1,2,\frac{1}{2}\}$ 且设 $a,b$ 分别为对数 $\log_a b$ 的底数和真数,

所以实数对 $(a, b)$ 有 $\left(\dfrac{1}{2}, \dfrac{1}{2}\right), \left(\dfrac{1}{2}, 1\right), \left(\dfrac{1}{2}, 2\right), \left(2, \dfrac{1}{2}\right), (2, 1), (2, 2)$，共 6 个。满足 $\log_a b > 0$ 的 $(a, b)$ 有 $\left(\dfrac{1}{2}, 1\right), \left(\dfrac{1}{2}, 2\right)$，共 2 个，所以则任取 $a, b \in \left\{1, 2, \dfrac{1}{2}\right\}$，满足 $\log_a b > 0$ 的概率为 $P = \dfrac{2}{6} = \dfrac{1}{3}$。

### 三、解答题

1. 解：(1) 因为 $\dfrac{27}{600} = 0.045, \dfrac{35}{700} = 0.05, \dfrac{40}{800} = 0.05$，

所以后三格中应分别填入 $0.045, 0.05, 0.05$。

(2) 任取一件衬衣为次品的概率为

$$P(A) = \dfrac{0 + 20 + 12 + 27 + 27 + 35 + 40}{50 + 100 + 200 + 500 + 600 + 700 + 800} = \dfrac{161}{2950} \approx 0.05$$

(3) 设进货衬衣 $x$ 件，则 $x(1 - 0.05) \geq 1000$，

解得 $x \geq 1053$，所以需要进货至少 1053 件衬衣。

2. 解：(1) $P(A) = \dfrac{1}{1000}, P(B) = \dfrac{10}{1000} = \dfrac{1}{100}, P(C) = \dfrac{50}{1000} = \dfrac{1}{20}$。

(2) $\because A, B, C$ 两两互斥，

$$\therefore P(A + B + C) = P(A) + P(B) + P(C) = \dfrac{1 + 10 + 50}{1000} = \dfrac{61}{1000}。$$

(3) 1 张奖券中特等奖或者中一等奖的概率为

$$P(A + B) = \dfrac{1}{1000} + \dfrac{10}{1000} = \dfrac{11}{1000}$$

所以 1 张奖券不中特等奖且不中一等奖的概率为

$$1 - P(A + B) = 1 - \dfrac{11}{1000} = \dfrac{989}{1000}$$

3. 解：(1) 由试加工产品等级的频数分布表知，甲分厂加工出来的一件产品为 A 级品的概率的估计值为 $\dfrac{40}{100} = 0.4$，乙分厂加工出来的一件产品为 A 级品的概率的估计值为 $\dfrac{28}{100} = 0.28$。

(2) 由数据知甲分厂加工出来的 100 件产品利润的频数分布表如下表。

| 利润 | 65 | 25 | −5 | −75 |
|---|---|---|---|---|
| 频数 | 40 | 20 | 20 | 20 |

因此甲分厂加工出来的 100 件产品的平均利润为 $\dfrac{65 \times 40 + 25 \times 20 - 5 \times 20 - 75 \times 20}{100} = 15$ 元；

由数据知乙分厂加工出来的 100 件产品利润的频数分布表如下表。

| 利润 | 70 | 30 | 0 | −70 |
|---|---|---|---|---|
| 频数 | 28 | 17 | 34 | 21 |

因此乙分厂加工出来的 100 件产品的平均利润为 $\dfrac{70 \times 28 + 30 \times 17 + 0 \times 34 - 70 \times 21}{100} =$

10元。

比较甲、乙两分厂加工的产品的平均利润,应选甲分厂承接加工业务。

4. 解:(1) $A$ 轮胎行驶的最远里程的平均数为

$$\frac{96+112+97+108+100+103+86+98}{8}=100$$

中位数为 $\frac{100+98}{2}=99$。

$B$ 轮胎行驶的最远里程的平均数为

$$\frac{108+101+94+105+96+93+97+106}{8}=100$$

中位数为 $\frac{101+97}{2}=99$。

(2) $A$ 轮胎行驶的最远里程的极差为 $112-86=26$,

标准差为 $S=\sqrt{\frac{1}{8}(4^2+12^2+3^2+8^2+0+3^2+14^2+2^2)}=\frac{\sqrt{221}}{2}\approx 7.43$;

$B$ 轮胎行驶的最远里程的极差为 $108-93=15$,

标准差为 $S=\sqrt{\frac{1}{8}(8^2+1^2+6^2+5^2+4^2+7^2+3^2+6^2)}=\frac{\sqrt{118}}{2}\approx 5.43$。

(3) 由于 $B$ 轮胎行驶的最远里程的极差和标准差较小,所以 $B$ 轮胎性能更加稳定。

5. 解:(1) 由题意知,$X$ 的所有可能取值为 $200,300,500$,由表格数据知 $P(X=200)=\frac{2+16}{90}$

$=0.2$,$P(X=300)=\frac{36}{90}=0.4$,$P(X=400)=\frac{25+7+4}{90}=0.4$,因此 $X$ 的分布列如下表。

| $X$ | 200 | 300 | 500 |
|---|---|---|---|
| $P$ | 0.2 | 0.4 | 0.4 |

(2) 由题意知,这种酸奶一天的需求量至多为500瓶,至少为200瓶,因此只需考虑 $200 \leq n \leq 500$。当 $300 \leq n \leq 500$ 时:若最高气温不低于25,则 $Y=6n-4n=2n$;若最高气温位于区间 $[20,25)$,则 $Y=6\times 300+2(n-300)-4n=1200-2n$;若最高气温低于20,则 $Y=6\times 200+2(n-200)-4n=800-2n$。因此 $E(Y)=2n\times 0.4+(1200-2n)\times 0.4+(800-2n)\times 0.2=640-0.4n$。当 $200 \leq n < 300$ 时:若最高气温不低于20,则 $Y=6n-4n=2n$;若最高气温低于20,则 $Y=6\times 200+2(n-200)-4n=800-2n$。因此 $E(Y)=2n\times(0.4+0.4)+(800-2n)\times 0.2=160+1.2n$。所以当 $n=300$ 时,$Y$ 的数学期望达到最大值,最大值为520元。

6. 解:(1) 根据频率分布直方图可知,样本中分数不小于70的频率为 $(0.02+0.04)\times 10=0.6$,所以样本中分数小于70的频率为 $1-0.6=0.4$,所以从总体的400名学生中随机抽取1人,其分数小于70的概率估计为0.4。

(2) 根据题意,样本中分数不小于50的频率为 $(0.01+0.02+0.04+0.02)\times 10=0.9$,分数在区间 $[40,50)$ 内的人数为 $100-100\times 0.9-5=5$,所以总体中分数在区间 $[40,50)$ 内的人数估计为 $400\times\frac{5}{100}=20$。

(3) 由题意可知,样本中分数不小于70的学生人数为 $(0.02+0.04)\times 10\times 100=60$,所以

样本中分数不小于 70 的男生人数为 $60 \times \dfrac{1}{2} = 30$。所以样本中的男生人数为 $30 \times 2 = 60$,女生人数为 $100 - 60 = 40$,男生和女生人数的比例为 $\dfrac{60}{40} = \dfrac{3}{2}$。所以根据分层抽样原理,总体中男生和女生人数的比例估计为 $\dfrac{3}{2}$。

7. 解:(1)设该厂这个月共生产轿车 $n$ 辆,由题意得 $\dfrac{50}{n} = \dfrac{10}{100+300}$,所以 $n = 2000$,则 $z = 2000 - (100+300) - (150+450) - 600 = 400$。

(2)设所抽样本中有 $a$ 辆舒适型轿车,由题意得 $\dfrac{400}{1000} = \dfrac{a}{5}$,得 $a = 2$,所以抽取的容量为 5 的样本中,有 2 辆舒适型轿车,3 辆标准型轿车。用 $A_1, A_2$ 分别表示 2 辆舒适型轿车,$B_1, B_2, B_3$ 分别表示 3 辆标准型轿车,用 $E$ 表示事件"在该样本中任取 2 辆,至少有 1 辆舒适型轿车"。从该样本中任取 2 辆包含的基本事件有 $(A_1, A_2), (A_1, B_1), (A_1, B_2), (A_1, B_3), (A_2, B_1), (A_2, B_2), (A_2, B_3), (B_1, B_2), (B_1, B_3), (B_2, B_3)$,共 10 个,其中事件 $E$ 包含的基本事件有 $(A_1, A_2), (A_1, B_1), (A_1, B_2), (A_1, B_3), (A_2, B_1), (A_2, B_2), (A_2, B_3)$,共 7 个,故 $P(E) = \dfrac{7}{10}$,即所求的概率为 $\dfrac{7}{10}$。

(3)样本平均数 $\bar{x} = \dfrac{1}{8} \times (9.4 + 8.6 + 9.2 + 9.6 + 8.7 + 9.3 + 9.0 + 8.2) = 9$。设 $D$ 表示事件"从样本中任取一个数 $x_i (1 \leqslant i \leqslant 8, i \in \mathbf{N})$",则从样本中任取一个数有 8 个基本事件,符合事件 $D$ 的基本事件有 6 个,所以 $P(D) = \dfrac{6}{8} = \dfrac{3}{4}$,即所求的概率为 $\dfrac{3}{4}$。

8. 解:(1)根据频数分布表作出频率分布直方图如图 11-9 所示。

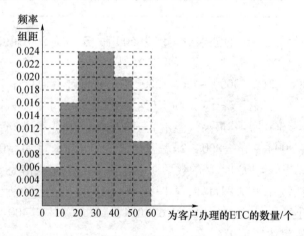

图 11-9

(2)根据题表数据,易知该 100 名客户经理最近一周为客户办理 ETC 的数量不低于 30 个的频率为 $\dfrac{24 + 20 + 10}{100} = 0.54$,因此该 100 名客户经理一周为客户办理 ETC 的数量不低于 30 个的概率为 0.54。

(3)根据题意知,抽取的6人中:一周为客户办理ETC的数量在$[40,50)$内的有$6\times\dfrac{20}{20+10}$
$=4$人,分别记为$a,b,c,d$;一周为客户办理ETC的数量在$[50,60)$内的有$6\times\dfrac{10}{20+10}=2$人,分别记为$A,B$。从这6人中随机抽取2人的所有情况有$(a,b),(a,c),(a,d),(a,A),(a,B),(b,c),(b,d),(b,A),(b,B),(c,d),(c,A),(c,B),(d,A),(d,B),(A,B)$,共15种,其中至少有1人一周为客户办理ETC的数量不少于50个的共有9种情况,分别为$(a,A),(a,B),(b,A),(b,B),(c,A),(c,B),(d,A),(d,B),(A,B)$,故所求概率为$P=\dfrac{9}{15}=\dfrac{3}{5}$。

9. 解:(1)设"甲投球一次命中"为事件$A$,"乙投球一次命中"为事件$B$。

由题意得$(1-P(B))^2=(1-p)^2=\dfrac{1}{16}$,解得$p=\dfrac{3}{4}$或$p=\dfrac{5}{4}$(舍去),所以乙投球的命中率为$\dfrac{3}{4}$。

(2)由题设知$P(A)=\dfrac{1}{2},P(\overline{A})=\dfrac{1}{2}$,

故甲投球2次至少命中1次的概率为$1-P(\overline{A}\cdot\overline{A})=\dfrac{3}{4}$。

(3)由题设和(1)知,$P(A)=\dfrac{1}{2},P(\overline{A})=\dfrac{1}{2},P(B)=\dfrac{3}{4},P(\overline{B})=\dfrac{1}{4}$。

甲、乙两人各投球2次,共命中2次有三种情况:

甲、乙两人各中1次的概率为$C_2^1P(A)P(\overline{A})\cdot C_2^1P(B)P(\overline{B})=\dfrac{3}{16}$;

甲中2次,乙2次均不中的概率为$P(A\cdot A)P(\overline{B}\cdot\overline{B})=\dfrac{1}{64}$;

甲2次均不中,乙中2次的概率为$P(\overline{A}\cdot\overline{A})P(B\cdot B)=\dfrac{9}{64}$。

所以甲、乙两人各投球2次,共命中2次的概率为$\dfrac{3}{16}+\dfrac{1}{64}+\dfrac{9}{64}=\dfrac{11}{32}$。

10. 解:(1)记"前两局甲胜"为事件$A_1$,"前两局甲、乙各胜一局,第三局甲胜"为事件$A_2$,"甲胜"为事件$A$,则$A=A_1\cup A_2$。

而$P(A_1)=0.6^2=0.36,P(A_2)=(0.6^2\times0.4)\times 2=0.288$。

因为$A_1$与$A_2$互斥,

所以$P(A)=P(A_1\cup A_2)=P(A_1)+P(A_2)=0.36+0.288=0.648$。

(2)记"甲胜"为事件$B$,"前三局甲胜"为事件$B_1$,"前三局中甲胜两局,乙胜一局,第四局甲胜"为事件$B_2$。"前四局甲、乙各胜两局,第五局甲胜"为事件$B_3$,则$B_1,B_2,B_3$互斥,且$B=B_1\cup B_2\cup B_3$。

由题设知,$P(B_1)=0.6^3=0.216,P(B_2)=C_3^2\times 0.6^2\times 0.4\times 0.6=0.2592$,

$P(B_3)=C_4^2\times 0.6^2\times 0.4^2\times 0.6=0.20736$,

所以,$P(B)=P(B_1\cup B_2\cup B_3)=P(B_1)+P(B_2)+P(B_3)$
$=0.216+0.2592+0.20736=0.68256$。

(3) 因为 $P(B) = 0.68256 > P(A) = 0.648$，所以采用五局三胜制对甲更有利。

11. 解：记"选手甲能正确回答第 $i$ 轮的问题"为事件 $A_i (i=1,2,3,4)$，

则 $P(A_1) = \dfrac{4}{5}, P(A_2) = \dfrac{3}{5}, P(A_3) = \dfrac{2}{5}, P(A_4) = \dfrac{1}{5}$。

(1) 选手甲进入第四轮才被淘汰的概率为

$$P(A_1 A_2 A_3 \overline{A_4}) = P(A_1) P(A_2) P(A_3) P(\overline{A_4}) = \dfrac{4}{5} \times \dfrac{3}{5} \times \dfrac{2}{5} \times \dfrac{4}{5} = \dfrac{96}{625}$$

(2) 选手甲至多进入第三轮考核的概率为

$$P(\overline{A_1} + A_1 \overline{A_2} + A_1 A_2 \overline{A_3}) = P(\overline{A_1}) + P(A_1) P(\overline{A_2}) + P(A_1) P(A_2) P(\overline{A_3})$$

$$= \dfrac{1}{5} + \dfrac{4}{5} \times \dfrac{2}{5} + \dfrac{4}{5} \times \dfrac{3}{5} \times \dfrac{3}{5} = \dfrac{101}{125}$$

12. 解：(1) 设 $A$ 表示事件"抛掷 2 次，向上的数不同"，则连续抛掷 2 次，向上的数不同的概率为 $P(A) = \dfrac{6 \times 5}{6 \times 6} = \dfrac{5}{6}$。

(2) 设 $B$ 表示事件"抛掷 2 次，向上的数之和为 6"。

因为向上的数之和为 6 的结果有 $(1,5),(2,4),(3,3),(4,2),(5,1)$，共 5 种，所以连续抛掷 2 次，向上的数之和为 6 的概率为 $P(B) = \dfrac{5}{6 \times 6} = \dfrac{5}{36}$。

13. 解：(1) 每家煤矿必须整改的概率是 $1 - 0.5$，且每家煤矿是否整改是相互独立的。

所以恰好有 2 家煤矿必须整改的概率是 $P_1 = C_5^2 \times (1-0.5)^2 \times 0.5^3 = \dfrac{5}{16} \approx 0.3$。

(2) 由题设，必须整改的煤矿数 $\xi$ 服从二项分布 $B(5, 0.5)$。

从而 $\xi$ 的数学期望是 $E\xi = 5 \times 0.5 = 2.5$，即平均有 2.5 家煤矿必须整改。

(3) 某煤矿被关闭，即该煤矿第一次安检不合格，整改后经复查仍不合格，所以该煤矿被关闭的概率是 $P_2 = (1 - 0.5) \times (1 - 0.8) = 0.1$，从而该煤矿不被关闭的概率是 0.9。

由题意，每家煤矿是否被关闭是相互独立的，所以至少关闭 1 家煤矿的概率是

$$P_3 = 1 - 0.9^5 \approx 0.4$$

# 第十二章 推理与证明

## 考试范围与要求

1. 了解合情推理的含义,能利用归纳和类比等进行简单的推理。
2. 掌握演绎推理的基本模式,并能运用它们进行一些简单推理。
3. 了解合情推理和演绎推理之间的联系和差异。
4. 了解直接证明的基本方法——分析法、综合法及其思考过程和特点。
5. 了解间接证明的基本方法——反证法及其思考过程和特点。
6. 了解数学归纳法的原理,掌握数学归纳法证明的步骤和适用范围。
7. 能用数学归纳法证明一些简单的数学命题。

## 主要内容

### 第一节 合情推理与演绎推理

**1. 推理的概念**

根据一个或几个已知事实(或假设)得出一个判断,这种思维方式叫作推理。从结构上说,推理一般由两部分组成,一部分是已知的事实(或假设)叫作前提,一部分是由已知推出的判断,叫作结论。

**2. 合情推理**

根据已有的事实,经过观察、分析、比较、联想,再进行归纳、类比,然后提出猜想的推理称为合情推理。

合情推理又具体分为归纳推理和类比推理两类。

(1) 归纳推理。由某类事物的部分对象具有某些特征,推出该类事物的全部对象具有这些特征的推理,或者由个别事实概括出一般结论的推理称为归纳推理。简言之,归纳推理是由部分到整体,由特殊到一般的推理,归纳推理简称归纳。

归纳推理的特点:

① 归纳是依据特殊现象推断一般现象,因而,由归纳所得的结论超越了前提所包容的范围;

② 归纳是依据若干已知的、没有穷尽的现象推断尚属未知的现象,因而结论具有猜测性;

③ 归纳的前提是特殊的情况,因而归纳是立足于观察、经验、实验和对有限资料分析的基础之上,提出带有规律性的结论。

(2) 类比推理。由两类对象具有某些类似特征和其中一类对象的某些已知特征推出另一类对象也具有这些特征的推理,称为类比推理。简言之,类比推理是由特殊到特殊的推理,类比推理简称类比。

类比推理的特点:

① 类比从人们已经掌握了的事物的属性,推测正在研究的事物的属性,是以旧有的认识为基础,类比出新的结果;

② 类比是从一种事物的特殊属性推测另一种事物的特殊属性;

③ 类比的结果是猜测性的,不一定可靠,但它却有发现的功能。

**3. 演绎推理**

(1) 从一般性的原理出发,推出某个特殊情况下的结论,我们把这种推理称为演绎推理。简言之,演绎推理是由一般到特殊的推理。

(2) 三段论是演绎推理的一般模式,它包括:①大前提——已知的一般原理;②小前提——所研究的特殊情况;③结论——根据一般性原理对特殊情况做出判断。

## 第二节 直接证明与间接证明

**1. 直接证明**

(1) 综合法。从题设的已知出发,运用一系列有关已确定的真实命题,作为推理的依据,逐步推演而得到要证明的结论,这种证明方法叫作综合法。综合法的推理方向是由已知到求证,表现为由因导果。综合法也称为顺推法。

(2) 分析法。分析法的推理方向是由结论到题设,论证中步步寻求使其成立的充分条件,如此逐步归结到已知的条件和已经成立的事实,从而使命题得证,表现为由果索因。分析法也称为逆推法。

**2. 间接证明**

假设原命题的结论不成立,经过正确的推理,最后得出矛盾,因此说明假设错误,从而证明了原命题成立。这样的证明方法叫作反证法。反证法是一种间接证明的方法。

一般情况下,有如下几种情况的求证题目常常采用反证法:

(1) 问题共有 $n$ 种情况,现要证明其中的 1 种情况成立时,可以想到用反证法把其他的 $n-1$ 种情况都排除,从而肯定这种情况成立;

(2) 命题是以否定命题的形式叙述的;

(3) 命题是用"至少""至多"的字样叙述的;

(4) 当命题成立非常明显,而要直接证明所用的理论太少,且不容易说明,而其逆命题又是非常容易证明的。

## 第三节 数学归纳法

对于某些与正整数 $n$ 有关的命题常常采用下面的方法来证明它的正确性:①证明当 $n$ 取第一个值 $n_0$ 时命题成立;②假设当 $n=k(k\in \mathbf{N}^*, k\geq n_0)$ 时命题成立,证明当 $n=k+1$ 时命题也成立,这种证明方法就叫作数学归纳法。

用数学归纳法来证明与正整数有关的命题时,要注意:递推基础不可少,归纳假设要用到,结论写明莫忘掉。

## 典型例题

一、选择题

**例1** 在"一带一路"知识测验后,甲、乙、丙三人对成绩进行预测。

甲:我的成绩比乙高。

乙:丙的成绩比我和甲的都高。

丙:我的成绩比乙高。

成绩公布后,三人成绩互不相同且只有一个人预测正确,那么三人按成绩由高到低的次序为(  )。

A. 甲、乙、丙  　　　　　　　B. 乙、甲、丙

C. 丙、乙、甲  　　　　　　　D. 甲、丙、乙

【解析】A。本题以"一带一路"为背景,考查逻辑推理能力。若只有一个人预测正确,则有三种情况:

(1)若甲预测正确,则乙、丙预测错误,即:①甲的成绩比乙高;②丙的成绩不是最高的;③丙的成绩比乙低。由①,②,③可得甲、乙、丙成绩由高到低的顺序为甲、乙、丙,A正确。

(2)若乙预测正确,则甲、丙预测错误,即:①乙的成绩比甲高;②丙的成绩最高;③丙的成绩比乙低。由上可知,②,③相矛盾,故此情况不成立。

(3)若丙预测正确,则甲、乙预测错误,即:①乙的成绩比甲高;②丙的成绩不是最高的;③丙的成绩比乙高。由①,③得成绩由高到低的顺序为丙、乙、甲,与②相矛盾,此情况不成立。故选A。

**例2** 某演绎推理的"三段"分解如下:①函数 $f(x)=\lg x$ 是对数函数;②对数函数 $y=\log_a x$ ($a>1$)是增函数;③函数 $f(x)=\lg x$ 是增函数。则按照演绎推理的三段论模式,排序正确的是(  )。

A. ①→②→③　　B. ③→②→①　　C. ②→①→③　　D. ②→③→①

【解析】C。本题考查演绎推理,演绎推理"三段论":大前提—小前提—结论,易知②是大前提,①是小前提,③是结论。

**例3** 观察下面"品"字形中各数之间的规律,根据观察到的规律得出 $a$ 的值为(  )。

A. 23　　　　　B. 75　　　　　C. 77　　　　　D. 139

【解析】B。本题考查归纳推理。观察每个图形最上边的正方形中的数字规律为1,3,5,7,9,11,左下角数字的变化规律为 $2,2^2,2^3,2^4,2^5,2^6$,右下角的数字等于图形最上边及左下角的两个数字之和,所以 $a=2^6+11=75$,故选B。

**例4** 用反证法证明"实数 $x^2-2y, y^2-2z, z^2-2x$ 中至少有一个不小于 $-1$"时,反设正确的是(  )。

A. 三式都小于 $-1$    B. 三式都不小于 $-1$
C. 三式中有一个小于 $-1$    D. 三式中有一个不小于 $-1$

【解析】A。本题考查反证法。因为"至少有一个不小于 $-1$"的否定是"都小于 $-1$",故选 A。

**例 5** 魏晋时期数学家刘徽首创割圆术,他在《九章算术》方田章圆田术中指出:"割之弥细,所失弥少,割之又割,以至于不可割,则与圆周合体而无所失矣。"这是一种无限与有限的转化过程,比如在正数 $\dfrac{12}{1+\dfrac{12}{1+\cdots}}$ 中的"$\cdots$"代表无限次重复,设 $x = \dfrac{12}{1+\dfrac{12}{1+\cdots}}$,则可以利用方程 $x = \dfrac{12}{1+x}$ 求得 $x$。类似地,可得到正数 $\sqrt{2\sqrt{2\sqrt{2\sqrt{\cdots}}}} = (\quad)$。

A. 2    B. 3    C. 4    D. 6

【解析】A。本题考查类比推理。根据题意得方程 $x = \sqrt{2x}$,解方程得 $x = 2$,所以 $\sqrt{2\sqrt{2\sqrt{2\sqrt{\cdots}}}} = 2$。故选 A。

**例 6** 《聊斋志异》中有这样一首诗:"挑水砍柴不堪苦,请归但求穿墙术。得诀自诩无所阻,额上坟起终不悟。"在这里,我们称形如以下形式的等式具有"穿墙术":$2\sqrt{\dfrac{2}{3}} = \sqrt{2\dfrac{2}{3}}$,$3\sqrt{\dfrac{3}{8}} = \sqrt{3\dfrac{3}{8}}$,$4\sqrt{\dfrac{4}{15}} = \sqrt{4\dfrac{4}{15}}$,$5\sqrt{\dfrac{5}{24}} = \sqrt{5\dfrac{5}{24}}$。则按照以上规律,若 $8\sqrt{\dfrac{8}{n}} = \sqrt{8\dfrac{8}{n}}$ 具有"穿墙术",则 $n = (\quad)$。

A. 35    B. 48    C. 63    D. 80

【解析】C。本题考查归纳推理。因为 $3 = 1 \times 3, 8 = 2 \times 4, 15 = 3 \times 5, 24 = 4 \times 6$,所以 $n = 7 \times 9 = 63$;或者 $3 = 2 \times 2 - 1, 8 = 3 \times 3 - 1, 15 = 4 \times 4 - 1, 24 = 5 \times 5 - 1$,故 $n = 8 \times 8 - 1 = 63$。故选 C。

## 二、填空题

**例 1** 古代埃及数学中发现一个独特现象:除 $\dfrac{2}{3}$ 用一个单独的符号表示以外,其他分数都可写成若干个单分数和的形式。例如 $\dfrac{2}{5} = \dfrac{1}{3} + \dfrac{1}{15}$,可以这样理解:假定有两个面包,要平均分给 5 个人,如果每人 $\dfrac{1}{2}$,不够,每人 $\dfrac{1}{3}$,余 $\dfrac{1}{3}$,再将这 $\dfrac{1}{3}$ 分成 5 份,每人得 $\dfrac{1}{15}$,这样每人分得 $\dfrac{1}{3} + \dfrac{1}{15}$。形如 $\dfrac{2}{2n+1}$ ($n = 2, 3, \cdots$) 的分数的分解:$\dfrac{2}{5} = \dfrac{1}{3} + \dfrac{1}{15}$,$\dfrac{2}{7} = \dfrac{1}{4} + \dfrac{1}{28}$,$\dfrac{2}{9} = \dfrac{1}{5} + \dfrac{1}{45}$。按此规律,$\dfrac{2}{2n+1} = $ _____ ($n = 2, 3, \cdots$)。

【解析】本题考查以数学文化为背景的归纳推理。通过分析题目所给的特殊项,$\dfrac{2}{2n+1}$ 的分解由两部分构成,第一部分是 $\dfrac{1}{n+1}$,第二部分是 $\dfrac{1}{(n+1)(2n+1)}$,故 $\dfrac{2}{2n+1} = \dfrac{1}{n+1} + \dfrac{1}{(n+1)(2n+1)}$。故答案为 $\dfrac{1}{n+1} + \dfrac{1}{(n+1)(2n+1)}$。

**例2** 某煤气站对外输送煤气时,用1~5号五个阀门控制,且必须遵守以下操作规则:

(1)若开启3号,则必须同时开启4号并且关闭2号;

(2)若开启2号或4号,则关闭1号;

(3)禁止同时关闭5号和1号。

现要开启3号,则同时开启的另两个阀门是_____。

【解析】本题考查逻辑推理。开启3号,则必须开启4号,同时关闭2号。因为4号开启,所以1号必须关闭。因为禁止同时关闭1号和5号,所以1号关闭,则5号必然开启,所以同时开启的两个阀门是4号和5号。故答案为4号和5号。

**例3** 已知$f(n) = 1 + \dfrac{1}{2} + \dfrac{1}{3} + \cdots + \dfrac{1}{n}(n \in \mathbf{N}^*)$,用数学归纳法证明$f(2^n) > \dfrac{n}{2}$时,$f(2^{k+1}) - f(2^k) =$ _____。

【解析】本题考查数学归纳法。

因为$f(2^{k+1}) = 1 + \dfrac{1}{2} + \dfrac{1}{3} + \cdots + \dfrac{1}{2^{k+1}}$,$f(2^k) = 1 + \dfrac{1}{2} + \dfrac{1}{3} + \cdots + \dfrac{1}{2^k}$,

所以有$f(2^{k+1}) - f(2^k) = \dfrac{1}{2^k+1} + \dfrac{1}{2^k+2} + \cdots + \dfrac{1}{2^{k+1}}$。故答案为$\dfrac{1}{2^k+1} + \dfrac{1}{2^k+2} + \cdots + \dfrac{1}{2^{k+1}}$。

**例4** 斐波那契数列,又称黄金分割数列,指的是这样一个数列:1,1,2,3,5,8,13,21,34,55,89,…。在数学上,斐波那契数列$\{a_n\}$定义为$a_1 = 1, a_2 = 1, a_{n+2} = a_n + a_{n+1}$,斐波那契数列有种看起来很神奇的巧合,如根据$a_{n+2} = a_n + a_{n+1}$,可得$a_n = a_{n+2} - a_{n+1}$,所以$a_1 + a_2 + \cdots + a_n = (a_3 - a_2) + (a_4 - a_3) + \cdots + (a_{n+2} - a_{n+1}) = a_{n+2} - a_2 = a_{n+2} - 1$。类比这一方法,可得$a_1^2 + a_2^2 + \cdots + a_{10}^2 =$ _____。

【解析】本题考查类比推理。根据题意,数列$\{a_n\}$满足$a_n = a_{n+2} - a_{n+1}$,即$a_{n+1} = a_{n+2} - a_n$,两边同乘以$a_{n+1}$,可得$a_{n+1}^2 = a_{n+2}a_{n+1} - a_{n+1}a_n$,

则$a_1^2 + a_2^2 + \cdots + a_{10}^2 = a_1^2 + (a_2a_3 - a_2a_1) + (a_3a_4 - a_2a_3) + \cdots + (a_{10}a_{11} - a_9a_{10}) = 1 - a_2a_1 + a_{10}a_{11} = 1 - 1 + 55 \times 89 = 4895$。故答案为4895。

### 三、解答题

**例1** 已知$n \geq 0$,试用分析法证明:$\sqrt{n+2} - \sqrt{n+1} < \sqrt{n+1} - \sqrt{n}$。

【解析】要证上式成立,需证$\sqrt{n+2} + \sqrt{n} < 2\sqrt{n+1}$,

需证$(\sqrt{n+2} + \sqrt{n})^2 < (2\sqrt{n+1})^2$,

需证$n + 1 > \sqrt{n^2 + 2n}$,

需证$(n+1)^2 > (\sqrt{n^2+2n})^2$,

需证$n^2 + 2n + 1 > n^2 + 2n$,

只需证$1 > 0$。

因为$1 > 0$显然成立,所以原命题成立。

**例2** 数列$\{a_n\}$满足$a_1 = 1, a_n = \sqrt{2a_{n-1}^2 + 1}(n \geq 2, n \in \mathbf{N}^*)$。

(1)写出$a_2, a_3, a_4, a_5$,并猜想$a_n$的表达式;

(2)用数学归纳法证明你的猜想。

【解析】本题主要考查数列的递推关系式和归纳猜想的运用。首先分析前几项,然后发现规律得到通项公式,分两步进行证明。

(1) $a_2=\sqrt{3}$, $a_3=\sqrt{7}$, $a_4=\sqrt{15}$, $a_5=\sqrt{31}$, 猜想 $a_n=\sqrt{2^n-1}$。

(2) 证明：当 $n=1$ 时，$a_1=1=\sqrt{2^1-1}$，猜想成立。

假设当 $n=k$ 时，猜想成立，即 $a_k=\sqrt{2^k-1}$。

那么，当 $n=k+1$ 时，$a_{k+1}=\sqrt{2a_k^2+1}=\sqrt{2(2^k-1)+1}=\sqrt{2^{k+1}-1}$。

这说明，当 $n=k+1$ 时，猜想也成立。

综上可知，对 $n\in \mathbf{N}^*$，$a_n=\sqrt{2^n-1}$。

**例3** 已知 $a>0, b>0$ 且 $a+b>2$，试用反证法证明：$\dfrac{1+b}{a}, \dfrac{1+a}{b}$ 中至少有一个小于 2。

【解析】假设 $\dfrac{1+b}{a}, \dfrac{1+a}{b}$ 都不小于 2，则 $\dfrac{1+b}{a}\geq 2$, $\dfrac{1+a}{b}\geq 2$。

因为 $a>0, b>0$，

所以 $1+b\geq 2a$, $1+a\geq 2b$, $1+1+a+b\geq 2(a+b)$，即 $2\geq a+b$。

这与已知 $a+b>2$ 相矛盾，

故假设不成立。

综上，$\dfrac{1+b}{a}, \dfrac{1+a}{b}$ 中至少有一个小于 2。

**例4** 已知 $(x+1)^n=a_0+a_1(x-1)+a_2(x-1)^2+\cdots+a_n(x-1)^n (n\geq 2, n\in \mathbf{N}^*)$。

(1) 当 $n=5$ 时，求 $a_1+a_2+a_3+a_4+a_5$ 的值。

(2) 设 $b_n=\dfrac{a_2}{2^{n-3}}$，$T_n=b_2+b_3+\cdots+b_n$，试用数学归纳法证明：

当 $n\geq 2$ 时，$T_n=\dfrac{n(n+1)(n-1)}{3}$。

【解析】(1) 记 $f(x)=(x+1)^5$，则 $a_1+a_2+a_3+a_4+a_5=f(2)-f(1)=3^5-2^5$。

(2) 设 $x-1=y$，则原展开式变为 $(y+2)^n=a_0+a_1y+a_2y^2+\cdots+a_ny^n$，

则 $a_2=C_n^2 2^{n-2}$，所以 $b_n=\dfrac{a_2}{2^{n-3}}=n(n-1)$。

当 $n=2$ 时，$T_2=2$，$b_2=2$，结论成立。

假设 $n=k$ 时成立，即 $T_k=\dfrac{k(k+1)(k-1)}{3}$，

那么 $n=k+1$ 时，$T_{k+1}=T_k+b_{k+1}=\dfrac{k(k+1)(k-1)}{3}+(k+1)k$

$=k(k+1)\left(\dfrac{k-1}{3}+1\right)$

$=\dfrac{k(k+1)(k+2)}{3}$

$=\dfrac{(k+1)[(k+1)+1][(k+1)-1]}{3}$，结论成立。

所以，当 $n\geq 2$ 时，$T_n=\dfrac{n(n+1)(n-1)}{3}$。

**例5** 用数学归纳法证明：$1^2+2^2+\cdots+n^2=\dfrac{n(n+1)(2n+1)}{6}$。

【证明】(1) 当 $n=1$ 时,左边 $=1^2=1$,右边 $=\dfrac{1}{6}\times 1\times 2\times 3=1$,等式成立。

(2) 假设当 $n=k$ 时,等式成立,即 $1^2+2^2+\cdots+k^2=\dfrac{k(k+1)(2k+1)}{6}$。

那么当 $n=k+1$ 时,$1^2+2^2+\cdots+k^2+(k+1)^2$

$$=\dfrac{k(k+1)(2k+1)}{6}+(k+1)^2=\dfrac{k(k+1)(2k+1)+6(k+1)^2}{6}$$

$$=\dfrac{(k+1)(2k^2+7k+6)}{6}=\dfrac{(k+1)(k+2)(2k+3)}{6}$$

$$=\dfrac{(k+1)[(k+1)+1][2(k+1)+1]}{6}\text{。}$$

即当 $n=k+1$ 时,等式也成立。

根据(1)与(2)可知,等式对任何 $n\in\mathbf{N}^*$ 都成立。

**例 6** 求证:$\dfrac{1}{n+1}+\dfrac{1}{n+2}+\cdots+\dfrac{1}{3n+1}>1(n\in\mathbf{N}^*)$。

【证明】(1) 当 $n=1$ 时,左边 $=\dfrac{1}{1+1}+\dfrac{1}{1+2}+\dfrac{1}{3+1}=\dfrac{13}{12}>1$,不等式成立。

(2) 假设 $n=k$ 时,$\dfrac{1}{k+1}+\dfrac{1}{k+2}+\cdots+\dfrac{1}{3k+1}>1$ 成立。

当 $n=k+1$ 时,

$$\dfrac{1}{k+2}+\dfrac{1}{k+3}+\cdots+\dfrac{1}{3k+1}+\dfrac{1}{3k+2}+\dfrac{1}{3(k+1)}+\dfrac{1}{3(k+1)+1}$$

$$=\left(\dfrac{1}{k+1}+\dfrac{1}{k+2}+\dfrac{1}{k+3}+\cdots+\dfrac{1}{3k+1}\right)+\dfrac{1}{3k+2}+\dfrac{1}{3(k+1)}+\dfrac{1}{3(k+1)+1}-\dfrac{1}{k+1}$$

$$>1+\dfrac{1}{3k+2}+\dfrac{1}{3k+4}-\dfrac{2}{3(k+1)}=1+\dfrac{6k+6}{(3k+2)(3k+4)}-\dfrac{2}{3(k+1)}$$

$$=1+\left(\dfrac{6k+6}{9k^2+18k+8}-\dfrac{6k+6}{9k^2+18k+9}\right)>1\text{。}$$

即当 $n=k+1$ 时,不等式也成立。

根据(1)与(2)可知不等式对任意自然数($n\in\mathbf{N}^*$)都成立。

**例 7** 证明 $2^{n+1}\geqslant n^2+n+2(n\in\mathbf{N}^*)$。

【证明】(1) 当 $n=1$ 时,左边 $=2^{1+1}=4$,右边 $=1^2+1+2=4$,即 $4\geqslant 4$,不等式成立。

(2) 假设当 $n=k$ 时,不等式成立,即 $2^{k+1}\geqslant k^2+k+2$。

那么当 $n=k+1$ 时,$2^{k+2}=2^{k+1}\cdot 2\geqslant 2(k^2+k+2)=2k^2+2k+4$

$$\geqslant k^2+3k+4=(k+1)^2+(k+1)+2\text{。}$$

这就是说,当 $n=k+1$ 时,不等式也成立。

根据(1)和(2),可知不等式对任何 $n\in\mathbf{N}^*$ 都成立。

## 强化训练

一、选择题

1. 观察下列各式:$7^2=49,7^3=343,7^4=2401,\cdots$。则 $7^{2021}$ 的末两位数字为( )。

A. 01  B. 43
C. 07  D. 49

2. 给出下面类比推理命题（其中 **Q** 为有理数集，**R** 为实数集，**C** 为复数集）：

①"若 $a,b \in \mathbf{R}$，则 $a-b=0 \Rightarrow a=b$"类比推出"若 $a,b \in \mathbf{C}$，则 $a-b=0 \Rightarrow a=b$"；

②"若 $a,b,c,d \in \mathbf{R}$，则复数 $a+bi=c+di \Rightarrow a=c,b=d$"类比推出"若 $a,b,c,d \in \mathbf{Q}$，则 $a+b\sqrt{2}=c+d\sqrt{2} \Rightarrow a=c,b=d$"；

③"若 $a,b \in \mathbf{R}$，则 $a-b>0 \Rightarrow a>b$"类比推出"若 $a,b \in \mathbf{C}$，则 $a-b>0 \Rightarrow a>b$"。

其中类比得到的结论正确的个数是（　　）。

A. 0  B. 1
C. 2  D. 3

3. 在用数学归纳法证明

$$f(n)=\frac{1}{n}+\frac{1}{n+1}+\cdots+\frac{1}{2n}<1 \quad (n \in \mathbf{N}^*, n \geq 3)$$

的过程中，假设当 $n=k(k \in \mathbf{N}^*, k \geq 3)$，不等式 $f(k)<1$ 成立，则需证当 $n=k+1, f(k+1)<1$ 也成立。若 $f(k+1)=f(k)+g(k)$，则 $g(k)=(\quad)$。

A. $\dfrac{1}{2k+1}+\dfrac{1}{2k+2}$  B. $\dfrac{1}{2k+1}+\dfrac{1}{2k+2}-\dfrac{1}{k}$

C. $\dfrac{1}{2k+2}-\dfrac{1}{k}$  D. $\dfrac{1}{2k+2}-\dfrac{1}{2k}$

4. 用反证法证明命题"设 $a,b$ 为实数，则方程 $x^2+ax+b=0$ 至少有一个实根"时，要做的反设是（　　）。

A. 方程 $x^2+ax+b=0$ 没有实根  B. 方程 $x^2+ax+b=0$ 至多有一个实根

C. 方程 $x^2+ax+b=0$ 至多有两个实根  D. 方程 $x^2+ax+b=0$ 恰好有两个实根

5. 甲、乙、丙、丁四位同学一起去向老师询问成语竞赛的成绩。老师说：你们四人中有 2 位优秀，2 位良好，我现在给甲看乙、丙的成绩，给乙看丙的成绩，给丁看甲的成绩。看后甲对大家说：我还是不知道我的成绩。根据以上信息，则（　　）。

A. 乙可以知道四人的成绩  B. 丁可以知道四人的成绩
C. 乙、丁可以知道对方的成绩  D. 乙、丁可以知道自己的成绩

二、填空题

1. 记 $[x]$ 为不超过实数 $x$ 的最大整数，例如，$[3]=3,[2.4]=2,[-2.4]=-3$。设 $a$ 为正整数，数列 $\{x_n\}$ 满足 $x_1=a, x_{n+1}=\left[\dfrac{x_n+\left[\dfrac{a}{x_n}\right]}{2}\right](n \in \mathbf{N})$，现有下列命题：

① 当 $a=5$ 时，数列的前 3 项依次为 5, 3, 2；

② 对数列 $\{x_n\}$ 都存在正整数 $k$，当 $n \geq k$ 时总有 $x_n=x_k$；

③ 当 $n \geq 1$ 时，$x_n > \sqrt{a}$。

其中的真命题有_____。（写出所有真命题的编号）

2. 有三张卡片，分别写有 1 和 2、1 和 3、2 和 3。甲、乙、丙三人各取走一张卡片，甲看了乙的卡片后说："我与乙的卡片上相同的数字不是 2。"乙看了丙的卡片后说："我与丙的卡片上相同的数字不是 1。"丙说："我的卡片上的数字之和不是 5。"则甲的卡片上的数字是_____。

3. 设直角三角形的两条直角边的长分别为 $a,b$，斜边长为 $c$，斜边上的高为 $h$，则有：
①$a^2+b^2>c^2+h^2$；②$a^3+b^3<c^3+h^3$；③$a^4+b^4>c^4+h^4$；④$a^5+b^5<c^5+h^5$。
其中正确结论的序号是_____；进一步类比得到的一般结论是_____。

4. 五位同学围成一圈依次循环报数，规定：第一位同学首次报出的数为 2，第二位同学首次报出的数为 3，之后每位同学所报出的数都是前两位同学所报出数的乘积的个位数字，则第 2021 个被报出的数为_____。

5. 若集合 $\{a,b,c,d\}=\{1,2,3,4\}$，且下列四个关系有且只有一个是正确的，则符合条件的有序数组 $(a,b,c,d)$ 的个数是_____。
①$a=1$；②$b\neq 1$；③$c=2$；④$d\neq 4$。

6. 甲、乙、丙三位同学被问到是否去过 $A,B,C$ 三个城市时，甲说我去过的城市比乙多，但没去过 $B$ 城市，乙说我没去过 $C$ 城市，丙说我们三个去过同一城市。
由此可判断乙去过的城市为_____。

7. 已知 $f(x)$ 是定义在 **R** 上的不恒为零的函数，且对任意实数 $a,b$ 满足 $f(a\cdot b)=af(b)+bf(a)$，$f(2)=2$，$a_n=\dfrac{f(2^n)}{n}(n\in\mathbf{N}^*)$，$b_n=\dfrac{f(2^n)}{2^n}(n\in\mathbf{N}^*)$，有以下结论：

①$f(0)=f(1)$；②$f(x)$ 为偶函数；③数列 $\{a_n\}$ 为等比数列；④数列 $\{b_n\}$ 为等差数列。
其中正确结论的序号是_____。

8. 用反证法证明"质数有无限多个"时，其过程如下：假设_____。设全体质数为 $p_1,p_2,\cdots,p_n$，令 $p=p_1+p_2+\cdots+p_n+1$，显然，$p$ 不含因数 $p_1,p_2,\cdots,p_n$，故 $p$ 要么是质数，要么含有_____的质因数。这表明，除质数 $p_1,p_2,,\cdots,p_n$ 之外，还有质数，因此原假设不成立。于是质数有无限多个。

9. 已知 $a_1=\dfrac{1}{2}$，$a_{n+1}=\dfrac{3a_n}{a_n+3}$，则 $a_2,a_3,a_4,a_5$ 的值分别为_____，由此猜想 $a_n=$ _____。

10. 观察分析下表中的数据。

| 多面体 | 面数($F$) | 顶点数($V$) | 棱数($E$) |
| --- | --- | --- | --- |
| 三棱锥 | 5 | 6 | 9 |
| 五棱锥 | 6 | 6 | 10 |
| 立方体 | 6 | 8 | 12 |

猜想一般凸多面体中，$F,V,E$ 所满足的等式是_____。

### 三、解答题

1. （利用反证法）已知 $a,b,c\in(0,1)$，求证：$(1-a)b,(1-b)c,(1-c)a$ 不能同时大于 14。

2. （利用数学归纳法）证明 $4^{2n+1}+3^{n+2}$ 能被 13 整除，其中 $n\in\mathbf{N}^*$。

3. （利用分析法）已知非零向量 $\boldsymbol{a}\perp\boldsymbol{b}$，求证：$\dfrac{|\boldsymbol{a}|+|\boldsymbol{b}|}{|\boldsymbol{a}-\boldsymbol{b}|}\leqslant\sqrt{2}$。

4. （利用综合法）设 $a>0,b>0$，证明 $\lg(1+\sqrt{ab})\leqslant\dfrac{1}{2}[\lg(1+a)+\lg(1+b)]$。

5.（利用数学归纳法）设实数 $a_1, a_2, \cdots, a_n$ 满足 $a_1 + a_2 + \cdots + a_n = 0$，且 $|a_1| + |a_2| + \cdots + |a_n| \leq 1 (n \in \mathbf{N}^*, n \geq 2)$，令 $b_n = \dfrac{a_n}{n}(n \in \mathbf{N}^*)$。求证：$|b_1 + b_2 + \cdots + b_n| \leq \dfrac{1}{2} - \dfrac{1}{2n}(n \in \mathbf{N}^*)$。

## 【强化训练解析】

### 一、选择题

1. C。本题考查归纳推理的思想方法，常常要借助前几项的共性来推出一般性的命题。因为 $7^5 = 16807$，$7^6 = 117649$，$7^7 = 823543$，$7^8 = 5764801$，$\cdots$，所以 $7^n (n \in \mathbf{Z}$ 且 $n \geq 2)$ 的末两位数字呈周期性变化，且最小正周期为 4，记 $7^n (n \in \mathbf{Z}$ 且 $n \geq 2)$ 的末两位数为 $f(n)$，则 $f(2021) = f(504 \times 4 + 5) = f(5)$，所以 $7^{2021}$ 与 $7^5$ 的末两位数相同，均为 07，故选 C。

2. C。本题考查类比推理方法的应用。类比推理是由两类对象具有某些相似特征和其中一类对象的某些已知特征推出另一类对象也具有这些特征的推理，类比的结果是猜测性，不一定可靠，但却具有发现的功能。

选项①中的推理虽然已知结论的条件和推理结论的条件不完全一致，但推理是正确的。选项②中的推理属于演绎推理，是由一般推及特殊，也是正确的。选项③中的推理条件不一致，已知条件是 "$a, b \in \mathbf{R}$"，但结论中的条件是 "$a, b \in \mathbf{C}$"；可以通过反例进行说明，比如 $a = 1 + 100i$，$b = 100i$，$a - b = 1 > 0$，但两个复数 $a, b$ 无法比较大小。故选 C。

3. B。本题考查类比推理。由已知条件可知

$$f(k+1) = \dfrac{1}{k+1} + \dfrac{1}{k+2} + \cdots + \dfrac{1}{2(k+1)}, \quad f(k) = \dfrac{1}{k} + \dfrac{1}{k+1} + \cdots + \dfrac{1}{2k}$$

则 $g(k) = f(k+1) - f(k) = \dfrac{1}{2k+2} + \dfrac{1}{2k+1} - \dfrac{1}{k}$，故选 B。

4. A。本题考查反证法，反证法的第一步是假设命题反面成立。解答本题的关键是理解反证法的含义，明确"至少有一个"的反面是"一个也没有"，故"方程 $x^2 + ax + b = 0$ 至少有一个实根"的反面是"方程 $x^2 + ax + b = 0$ 没有实根"，故选 A。

5. D。合情推理主要包括归纳推理和类比推理。数学研究中，在得到一个新结论前，合情推理能帮助猜测和发现结论，在证明一个数学结论之前，合情推理常常能为证明提供思路与方向。

由甲的说法可知乙、丙一人优秀一人良好，则甲、丁两人一人优秀一人良好，乙看到丙的结果则可以知道自己的结果和丙的结果相反，丁看到甲的结果则可以知道自己的结果和甲的结果相反，因此乙、丁可以知道自己的成绩。故选 D。

### 二、填空题

1. ①。对选项正确与否的判别，可以直接证明，也可以间接证明，比如举反例。

对命题①采用直接证明法：若 $a = 5$，根据 $x_{n+1} = \left[\dfrac{x_n + \left[\dfrac{a}{x_n}\right]}{2}\right]$ 可知，当 $n = 1$ 时，$x_1 = 5$，$x_2 = \left[\dfrac{5 + \left[\dfrac{5}{5}\right]}{2}\right] = 3$，同理 $x_3 = \left[\dfrac{3 + \left[\dfrac{5}{3}\right]}{2}\right] = \left[\dfrac{3 + 1}{2}\right] = 2$，故①对。

对于命题②采用反例法:取 $a=3$,可得 $x_1=3, x_2=\left[\dfrac{3+\left[\dfrac{3}{3}\right]}{2}\right]=2, x_3=\left[\dfrac{2+\left[\dfrac{3}{2}\right]}{2}\right]=\left[\dfrac{2+1}{2}\right]=1$,$x_4=\left[\dfrac{1+\left[\dfrac{3}{1}\right]}{2}\right]=\left[\dfrac{1+3}{2}\right]=2$,可以验证 $k\geqslant 1$ 时,$x_{2k}=2, x_{2k+1}=1$,所以②错误。

对于命题③ $a=5, a=3$ 时都可以说明结论不成立。

综上,真命题只有 ①。

2. 1 和 3。本题考查逻辑推理。从卡片的特点可知任意两个人必有一组相同的数字,且不一样。由乙的话可知乙和丙的共同数字只能是 2 或 3,由丙的话可知他的卡片可能是 1 和 2,或者 1 和 3,讨论:如果丙的卡片数字是 1 和 3,则乙的卡片数字只能是 2 和 3,甲的卡片数字只能是 1 和 2,此时甲和乙的共同数字是 2,与甲的话矛盾;如果丙的卡片数字是 1 和 2,则乙的卡片数字为 2 和 3,甲的卡片数字为 1 和 3,所以,丙的卡片数字只能是 1 和 2。故答案为 1 和 3。

3. ②④;$a^n+b^n<c^n+h^n$。本题考查逻辑推理,先对特殊的简单情况进行分析,得到确定的结论,再利用类比推理得到更一般的结论。

在直角三角形中,$a=c\sin A, b=c\cos A, ab=ch, h=c\sin A\cos A$,所以
$a^n+b^n=c^n(\sin^n A+\cos^n A)$
$a^n+b^n-c^n-h^n=c^n(\sin^n A+\cos^n A-1-\sin^n A\cos^n A)$
$\qquad\qquad\qquad\;\;=c^n(\sin^n A-1)(1-\cos^n A)<0$

所以 $a^n+b^n<c^n+h^n$。故正确结论的序号为②④,一般结论是 $a^n+b^n<c^n+h^n$。

4. 8。数字 2021 比较大,不可能一个一个列出来直到第 2021 个数,因此需要根据所给的条件进行归纳推理,探寻出其规律性(周期),也就是由部分推及整体,通过列出部分数,找出规律进行求解。

根据规则,五位同学第一轮报出的数依次为 2,3,6,8,8,第二轮报出的数依次为 4,2,8,6,8,第三轮报出的数依次为 8,4,2,8,6,故除第一位、第二位同学第一轮报出的数 2,3 外,从第三位同学开始报出的数依次按 6,8,8,4,2,8 循环,则第 $2021-2=336\times 6+3$ 个被报出的数为 8。

5. 6。本题主要考查命题的逻辑分析、简单的合情推理,解题时要抓住关键,逐步推断。

若①正确,则②、③、④不正确,可得 $b\neq 1$ 不正确,即 $b=1$,与 $a=1$ 矛盾,故①不正确。

若②正确,则①、③、④不正确。由④不正确,得 $d=4$。由 $a\neq 1, b\neq 1, c\neq 2$,得满足条件的有序数组为 $a=3, b=2, c=1, d=4$ 或 $a=2, b=3, c=1, d=4$。

若③正确,则①、②、④不正确。由④不正确,得 $d=4$;由②不正确,得 $b=1$。则满足条件的有序数组为 $a=3, b=1, c=2, d=4$。

若④正确,则①、②、③不正确。由②不正确,得 $b=1$。由 $a\neq 1, c\neq 2, d\neq 4$,得满足条件的有序数组为 $a=2, b=1, c=4, d=3$ 或 $a=3, b=1, c=4, d=2$ 或 $a=4, b=1, c=3, d=2$。

综上所述,满足条件的有序数组的个数为 6。

6. A。本题主要考查命题的逻辑分析、简单的合情推理,解题时要抓住关键,逐步推断。本题主要考查考生分析问题、解决问题的能力。

由丙的说法可知,乙至少去过 $A,B,C$ 中的一个城市,由甲的说法可知,甲去过 $A, C$ 且比乙去过的城市多,故乙只去过一个城市,且没去过 $C$ 城市,故乙只去过 $A$ 城市。

7. ①③④。本题通过函数方程考查函数性质与递推数列求数列通项公式,既考查函数方程问题一般的研究方法(赋值),又考查转化化归的思想方法。

因为 $f(a \cdot b) = af(b) + bf(a)$,

所以:取 $a=1,b=1$ 得 $f(1)=0$;

取 $a=2,b=2$ 得 $f(4)=4f(2)=8, f(2)=2$。

取 $a=0,b=2$ 得 $f(0)=2f(0), f(0)=0$。

取 $a=-2,b=-2$ 得 $f(4)=-4f(-2), f(-2)=-2$。

取 $a=2, b=2^{n-1}$ 得 $f(2^n)=2f(2^{n-1})+2^{n-1}f(2)=2f(2^{n-1})+2^n$,所以

$$\frac{f(2^n)}{2^n} = \frac{f(2^{n-1})}{2^{n-1}} + 1 \tag{1}$$

由 $a_n = \frac{f(2^n)}{n}(n \in \mathbf{N}^*)$ 得 $f(2^n) = na_n$,代入(1)可得 $\frac{na_n}{2^n} = \frac{(n-1)a_{n-1}}{2^{n-1}} + 1$,即 $b_n = b_{n-1} + 1$。

又因为 $a_1 = f(2) = 2$,所以 $\frac{na_n}{2^n} = n$,即 $a_n = 2^n$。

8. 质数只有有限多个;除 $p_1, p_2, \cdots, p_n$ 之外。本题考查间接证明,也就是用反证法证明结论。首先假设原命题的结论不成立,经过正确的推理,最后得出矛盾,因此说明假设错误,从而证明了原命题成立。

由反证法的步骤先对命题进行反设,"质数有无限多个"的否命题是"质数只有有限多个",因此有限个质数可以一一列举出来,利用构造性思维,构造数 $p = p_1 + p_2 + \cdots + p_n + 1$,分析可以推出,如果 $p = p_1 + p_2 + \cdots + p_n + 1$ 不是质数,则一定含有 $p_1, p_2, \cdots, p_n$ 之外的质因数,不管哪种情况都与假设矛盾,故命题成立。

9. $\frac{3}{7}, \frac{3}{8}, \frac{3}{9}, \frac{3}{10}; \frac{3}{n+5}$。本题主要考查归纳推理,是由个别事实概括出一般结论的推理,往往立足于观察、经验、分析的基础之上,关键是从特殊现象中推断出一般现象,猜测出一般规律。

由递推公式可得 $a_2 = \frac{3a_1}{a_1+3} = \frac{3 \times \frac{1}{2}}{\frac{1}{2}+3} = \frac{3}{7} = \frac{3}{2+5}$,$a_3 = \frac{3a_2}{a_2+3} = \frac{3}{8} = \frac{3}{3+5}$,$a_4 = \frac{3}{9} = \frac{3}{4+5}$,

$a_5 = \frac{3}{10} = \frac{3}{5+5}$,猜想 $a_n = \frac{3}{n+5}$。

10. $F + V - E = 2$。本题主要考查归纳推理,归纳是指通过对特例的分析来引出普遍结论的一种推理方式,它由推理的前提和结论两部分组成,前提是若干个已知事实,是个别或特殊的判断或陈述,结论是从前提中通过推理而获得的猜想,是普遍性的陈述、判断。归纳分为完全归纳和不完全归纳。不完全归纳是指没有办法穷尽全部被研究的对象,得出的结论只能算是猜想,结论的正确与否有待进一步证明或举出反例,本题属于不完全归纳。

通过观察三棱锥、五棱锥和立方体等几何体在面数、定点数和棱数之间的关系,进而归纳出一般凸多面体所满足的关系式。

①三棱锥:$F=5, V=6, E=9$,得 $F+V-E=5+6-9=2$。

②五棱锥:$F=6, V=6, E=10$,得 $F+V-E=6+6-10=2$。

③立方体:$F=6, V=8, E=12$,得 $F+V-E=6+8-12=2$。

所以归纳猜想一般凸多面体中，$F,V,E$ 所满足的等式是 $F+V-E=2$，故答案为 $F+V-E=2$。

### 三、解答题

1. 本题考查间接证明，也就是用反证法间接证明结论。首先假设原命题的结论不成立，经过正确的推理，最后得出矛盾，因此说明假设错误，从而证明了原命题成立。

   证明：假设三个式子同时大于 14，即 $(1-a)b>14,(1-b)c>14,(1-c)a>14$，

   三式相乘得 $(1-a)b(1-b)c(1-c)a>14^3$。　　　　①

   因为 $a\in(0,1)$，所以 $0<a(1-a)=a-a^2<a+a^2<2<14$。

   同理，$0<b(1-b)<14,0<c(1-c)<14$，

   所以 $0<a(1-a)b(1-b)c(1-c)<14^3$　　　　②

   因为②与①矛盾，所以假设不成立，故原命题成立。

2. 本题考查数学归纳法的应用，一般所涉及的题目与正整数 $n$ 有关，其基本步骤是先证明结论当 $n$ 取第一个值 $n_0$ 时成立，再假设当 $n=k(k\in\mathbf{N}^*,k>n_0)$ 时结论成立，在此基础上证明 $n=k+1$ 时结论也成立。

   (1) 当 $n=1$ 时，$4^{2\times1+1}+3^{1+2}=91$ 能被 13 整除，结论成立。

   (2) 假设当 $n=k$ 时，$4^{2k+1}+3^{k+2}$ 能被 13 整除，则当 $n=k+1$ 时，

   $4^{2(k+1)+1}+3^{k+3}=4^{2k+1}\times4^2+3^{k+2}\times3-4^{2k+1}\times3+4^{2k+1}\times3$
   $=4^{2k+1}\times13+3\times(4^{2k+1}+3^{k+2})$

   显然 $4^{2k+1}\times13$ 能被 13 整除，由假设 $4^{2k+1}+3^{k+2}$ 也能被 13 整除，所以当 $n=k+1$ 时结论也成立。

   由(1),(2)知，当 $n\in\mathbf{N}^*$ 时，$4^{2n+1}+3^{n+2}$ 能被 13 整除。

3. 本题考查直接证明中的分析法，也称为逆推法，其推理方向是由结论到题设，论证中步步寻求使其成立的充分条件，如此直接归结到已知的条件和已经成立的式子，从而使命题得证，表现为由果索因。

   证明：要证 $\dfrac{|\boldsymbol{a}|+|\boldsymbol{b}|}{|\boldsymbol{a}-\boldsymbol{b}|}\leqslant\sqrt{2}$，只需证 $|\boldsymbol{a}|+|\boldsymbol{b}|\leqslant\sqrt{2}|\boldsymbol{a}-\boldsymbol{b}|$。

   对上式两边平方得 $|\boldsymbol{a}|^2+|\boldsymbol{b}|^2+2|\boldsymbol{a}||\boldsymbol{b}|\leqslant2(|\boldsymbol{a}|^2+|\boldsymbol{b}|^2-2\boldsymbol{a}\cdot\boldsymbol{b})$。

   因为 $\boldsymbol{a}\perp\boldsymbol{b}$，所以 $\boldsymbol{a}\cdot\boldsymbol{b}=0$，比较上式只需证 $|\boldsymbol{a}|^2+|\boldsymbol{b}|^2-2|\boldsymbol{a}||\boldsymbol{b}|\geqslant0$ 成立。

   即 $(|\boldsymbol{a}|-|\boldsymbol{b}|)^2\geqslant0$ 即可，显然成立，故原不等式得证。

4. 本题考查直接证明中的综合法，综合法又称顺推法，是从题设的已知出发，运用一系列有关已确定的真是命题，作为推理的依据，逐步推演而得到要证明的结论。综合法的推理方向是从已知到求证，表现为由因导果。

   证明：因为 $(1+\sqrt{ab})^2-(1+a)(1+b)=1+2\sqrt{ab}+ab-1-a-b-ab$
   $=2\sqrt{ab}-(a+b)=-(\sqrt{a}-\sqrt{b})^2\leqslant0$，

   所以 $(1+\sqrt{ab})^2\leqslant(1+a)(1+b)$，又因为 $\lg x$ 为增函数，所以 $\lg(1+\sqrt{ab})\leqslant\dfrac{1}{2}[\lg(1+a)+\lg(1+b)]$。

5. 本题考查数学归纳法的应用，其基本步骤是先证明结论当 $n$ 取第一个值 $n_0$ 时成立，本题中 $n_0=2$，再假设当 $n=k(k\in\mathbf{N}^*,k>n_0)$ 时结论成立，在此基础上证明 $n=k+1$ 时结论也成立。

证明：(1)当 $n=2$ 时，$a_1 = -a_2$，所以

$$2|a_1| = |a_1| + |a_2| \leq 1 \Rightarrow |a_1| \leq \frac{1}{2}$$

$$\Rightarrow |b_1 + b_2| = \left|a_1 + \frac{a_2}{2}\right| = \left|\frac{a_1}{2}\right| \leq \frac{1}{4} = \frac{1}{2} - \frac{1}{2 \times 2}$$

即当 $n=2$ 时，结论成立。

(2)假设当 $n=k(k \in \mathbf{N}^*, k \geq 2)$ 时，结论成立，即当 $a_1 + a_2 + \cdots + a_k = 0$，且 $|a_1| + |a_2| + \cdots + |a_k| \leq 1$ 时，有 $|b_1 + b_2 + \cdots + b_k| \leq \frac{1}{2} - \frac{1}{2k}$。

则当 $n=k+1$ 时，由 $a_1 + a_2 + \cdots + a_k + a_{k+1} = 0$，且 $|a_1| + |a_2| + \cdots + |a_{k+1}| \leq 1$，

因为 $2|a_{k+1}| = |a_1 + a_2 + \cdots + a_k| + |a_{k+1}| \leq |a_1| + |a_2| + \cdots + |a_{k+1}| \leq 1$，所以 $|a_{k+1}| \leq \frac{1}{2}$。

又因为 $a_1 + a_2 + \cdots + a_{k-1} + (a_k + a_{k+1}) = 0$，且

$|a_1| + |a_2| + \cdots + |a_{k-1}| + |a_k + a_{k+1}| \leq |a_1| + |a_2| + \cdots + |a_{k+1}| \leq 1$

由假设可得 $\left|b_1 + b_2 + \cdots + b_{k-1} + \frac{a_k + a_{k+1}}{k}\right| \leq \frac{1}{2} - \frac{1}{2k}$，所以

$$|b_1 + b_2 + \cdots + b_k + b_{k+1}| = \left|b_1 + b_2 + \cdots + b_{k-1} + \frac{a_k}{k} + \frac{a_{k+1}}{k+1}\right|$$

$$= \left|\left(b_1 + b_2 + \cdots + b_{k-1} + \frac{a_k + a_{k+1}}{k}\right) + \left(\frac{a_{k+1}}{k+1} - \frac{a_{k+1}}{k}\right)\right|$$

$$\leq \frac{1}{2} - \frac{1}{2k} + \left|\frac{a_{k+1}}{k+1} - \frac{a_{k+1}}{k}\right|$$

$$= \frac{1}{2} - \frac{1}{2k} + \left(\frac{1}{k} - \frac{1}{k+1}\right)|a_{k+1}| \leq \frac{1}{2} - \frac{1}{2k} + \left(\frac{1}{k} - \frac{1}{k+1}\right) \times \frac{1}{2}$$

$$= \frac{1}{2} - \frac{1}{2(k+1)}$$

即当 $n=k+1$ 时，结论成立。

综上，由(1)和(2)可知，结论成立。

# 第十三章　导数及其应用

## 考试范围与要求

1. 了解数列极限和函数极限的概念,掌握极限的四则运算法则。
2. 了解导数概念的实际背景,理解导数的几何意义。
3. 能用导数公式和导数的四则运算法则求简单函数的导数,能求简单的复合函数(仅限于形如 $f(ax+b)$ 的复合函数)的导数。
4. 了解函数单调性与其导数的关系;能利用导数研究函数的单调性,会求函数的单调区间。
5. 了解函数在某点取得极值的必要条件和充分条件;会用导数求函数的极大值、极小值(其中多项式函数一般不超过三次)。
6. 会求闭区间上函数的最大值、最小值(其中多项式函数一般不超过三次)。

## 主要内容

### 第一节　极　　限

**1. 数列极限**

(1) 数列极限的定义。

设 $\{a_n\}$ 是一个无穷数列,$a$ 是一个常数,如果对于预先给定的任意小的正数 $\varepsilon$,总存在正整数 $N$,使得只要正整数 $n>N$,就有 $|a_n-a|<\varepsilon$,那么就称数列 $\{a_n\}$ 以 $a$ 为极限,记作 $\lim\limits_{n\to\infty}a_n=a$,或当 $n\to\infty$ 时 $a_n\to a$。

(2) 数列极限的四则运算法则。

如果 $\lim\limits_{n\to\infty}a_n=a$,$\lim\limits_{n\to\infty}b_n=b$,那么:

$\lim\limits_{n\to\infty}(a_n\pm b_n)=a\pm b$;　　$\lim\limits_{n\to\infty}(a_n b_n)=ab$;

$\lim\limits_{n\to\infty}\dfrac{a_n}{b_n}=\dfrac{a}{b}(b\neq 0)$;　　$\lim\limits_{n\to\infty}(ca_n)=ca(c$ 是常数$)$。

(3) 三个基本数列的极限。

① $\lim\limits_{n\to\infty}c=c(c$ 是常数$)$;② $\lim\limits_{n\to\infty}\dfrac{1}{n}=0$;③ $\lim\limits_{n\to\infty}q^n=0(|q|<1)$。

**2. 函数极限**

(1) 函数极限的定义。

① 当自变量 $x$ 无限趋近于正无穷大时,如果函数 $f(x)$ 无限趋近于一个常数 $a$,就称当 $x$ 趋近于正无穷大时,$f(x)$ 的极限是 $a$,记作 $\lim\limits_{x \to +\infty} f(x) = a$。

② 当自变量 $x$ 无限趋近于负无穷大时,如果函数 $f(x)$ 无限趋近于一个常数 $a$,就称当 $x$ 趋近于负无穷大时,$f(x)$ 的极限是 $a$,记作 $\lim\limits_{x \to -\infty} f(x) = a$。

③ 如果 $\lim\limits_{x \to +\infty} f(x) = \lim\limits_{x \to -\infty} f(x) = a$,就称当 $x$ 趋近于无穷大时,$f(x)$ 的极限是 $a$,记作 $\lim\limits_{x \to \infty} f(x) = a$。

④ 当自变量 $x$ 无限趋近于常数 $x_0$ 时($x$ 不等于 $x_0$),如果函数 $f(x)$ 无限趋近于一个常数 $a$,就称当 $x$ 趋近于 $x_0$ 时,函数 $f(x)$ 的极限是 $a$,记作 $\lim\limits_{x \to x_0} f(x) = a$。

(2) 函数极限的四则运算法则。

如果 $\lim\limits_{x \to x_0} f(x) = a, \lim\limits_{x \to x_0} g(x) = b$,那么:

$$\lim\limits_{x \to x_0}[f(x) \pm g(x)] = a \pm b; \lim\limits_{x \to x_0}[f(x)g(x)] = ab; \lim\limits_{x \to x_0}\frac{f(x)}{g(x)} = \frac{a}{b}(b \neq 0)。$$

对于常数 $c$,下列结论成立:

① $\lim\limits_{x \to x_0} c = c$;② $\lim\limits_{x \to x_0} cf(x) = c\lim\limits_{x \to x_0} f(x) = ca$。

上述运算法则对于 $x \to +\infty, x \to -\infty, x \to \infty$ 都成立。

**3. 函数连续的概念**

定义:如果函数 $y = f(x)$ 在点 $x_0$ 处及其附近有定义,而且 $\lim\limits_{x \to x_0} f(x) = f(x_0)$,就说函数 $f(x)$ 在点 $x_0$ 处连续。

**4. 连续函数的性质**

如果 $f(x)$ 是闭区间 $[a,b]$ 上的连续函数,那么 $f(x)$ 在闭区间 $[a,b]$ 上有最大值和最小值。

## 第二节　导数及其应用

**1. 导数的概念**

(1) 导数的定义。设函数 $y = f(x)$ 在点 $x_0$ 及其附近有定义,如果当 $\Delta x \to 0$ 时的极限 $\lim\limits_{\Delta x \to 0}\frac{f(x_0 + \Delta x) - f(x_0)}{\Delta x}$ 存在,则称函数 $y = f(x)$ 在点 $x_0$ 处可导,并称这个极限为函数 $y = f(x)$ 在点 $x_0$ 处的导数,记为 $y'|_{x = x_0}$ 或 $f'(x_0)$,即

$$y'|_{x = x_0} = \lim\limits_{\Delta x \to 0}\frac{f(x_0 + \Delta x) - f(x_0)}{\Delta x}$$

如果函数 $f(x)$ 在点 $x_0$ 处的导数存在,则称 $f(x)$ 在点 $x_0$ 处可导或称 $f(x)$ 在点 $x_0$ 处具有导数。导数的定义式可以取不同的形式,常见的有

$$f'(x_0) = \lim\limits_{x \to x_0}\frac{f(x) - f(x_0)}{x - x_0}$$

(2) 导函数的定义。如果函数 $y = f(x)$ 在开区间 $(a,b)$ 内的每一点处都可导,就称函数 $f(x)$ 在开区间 $(a,b)$ 内可导。这时,对于任一 $x \in (a,b)$,都对应着 $f(x)$ 的一个确定的导数值,这样就构成了一个新的函数,这个函数叫作原来函数 $y = f(x)$ 的**导函数**,简称导数,记作 $y'$ 或 $f'(x)$。在上面的式子中,把 $x_0$ 换成 $x$,即得到导函数的定义式

$$y' = \lim\limits_{\Delta x \to 0}\frac{f(x + \Delta x) - f(x)}{\Delta x}$$

显然,函数$f(x)$在点$x_0$处的导数$f'(x_0)$就是导函数$f'(x)$在点$x=x_0$处的函数值,即
$$f'(x_0)=f'(x)|_{x=x_0}$$

若函数$y=f(x)$在点$x_0$处可导,则函数$y=f(x)$在点$x_0$必连续。反之不成立,即$y=f(x)$在点$x_0$连续,但不一定可导。

(3) 导数的几何意义。函数$y=f(x)$在点$x_0$处的导数$f'(x_0)$在几何上表示曲线$y=f(x)$在点$M(x_0,f(x_0))$处的切线$l$的斜率。

若设$\alpha$是切线$l$的倾斜角,根据导数的几何意义,则切线斜率为$f'(x_0)=\tan\alpha$,由此可知曲线$y=f(x)$的切线方程为
$$y-y_0=f'(x_0)(x-x_0)$$
法线方程为
$$y-y_0=-\frac{1}{f'(x_0)}(x-x_0) \quad (f'(x_0)\neq 0)$$

**2. 函数的求导法则**

(1) 函数和、差、积、商的求导法则。

设函数$u=u(x)$及$v=v(x)$都是可导函数,则有:

① $(u\pm v)'=u'\pm v'$; ② $(cu)'=cu'$($c$是常数);

③ $(uv)'=u'v+uv'$; ④ $\left(\dfrac{u}{v}\right)'=\dfrac{u'v-uv'}{v^2}$ ($v\neq 0$)。

(2) 复合函数的求导法则。

设$y=f[\varphi(x)]$是由函数$y=f(u)$及$u=\varphi(x)$复合而成的复合函数。如果函数$u=\varphi(x)$在点$x$可导,$y=f(u)$在对应点$u=\varphi(x)$处也可导,则复合函数$y=f[\varphi(x)]$在点$x$处可导,且有$y'_x=y'_u\cdot u'_x$,也可写成$(f[\varphi(x)])'=f'(u)\varphi'(x)$。

(3) 常用的求导公式。

① $(c)'=0$;② $(x^n)'=nx^{n-1}$;③ $(\sin x)'=\cos x$;④ $(\cos x)'=-\sin x$;⑤ $(a^x)'=a^x\ln a$;⑥ $(e^x)'=e^x$;⑦ $(\log_a x)'=\dfrac{1}{x\ln a}$;⑧ $(\ln x)'=\dfrac{1}{x}$。

**3. 导数的应用**

(1) 函数单调性的判断。

设函数$y=f(x)$在$(a,b)$内可导:如果在$(a,b)$内$f'(x)>0$,那么函数$y=f(x)$在$(a,b)$内单调增加;如果在$(a,b)$内$f'(x)<0$,那么函数$y=f(x)$在$(a,b)$内单调减少。

如果函数在某个区间内恒有$f'(x)=0$,则$f(x)$为常函数。

(2) 函数的极值。

① 极大值和极小值。设函数$f(x)$在区间$(a,b)$内有定义,$x_0$是$(a,b)$内的一个点。如果存在着包含点$x_0$的一个开区间,对于这个开区间内的任何点$x$,除了点$x_0$外,$f(x)<f(x_0)$均成立,就称$f(x_0)$是函数$f(x)$的一个极大值;如果存在着包含点$x_0$的一个开区间,对于这个开区间内的任何点$x$,除了点$x_0$外,$f(x)>f(x_0)$均成立,就称$f(x_0)$是函数$f(x)$的一个极小值。

函数的极大值和极小值统称为函数的极值,使函数取得极值的点$x_0$称为极值点。

② 驻点。使$f'(x_0)=0$的点$x_0$称为函数$f(x)$的驻点。如果可导函数$f(x)$在$x_0$处取有极值,则$f'(x_0)=0$。

(3) 函数极值的判定。

当函数 $f(x)$ 在点 $x_0$ 处连续时:如果在 $x_0$ 附近的左侧 $f'(x)>0$,右侧 $f'(x)<0$,则 $f(x)$ 在 $x_0$ 处取得极大值;如果在 $x_0$ 附近的左侧 $f'(x)<0$,右侧 $f'(x)>0$,则 $f(x)$ 在 $x_0$ 处取得极小值;如果 $f'(x)$ 的符号在 $x_0$ 附近的左、右两侧不改变,那么 $f(x)$ 在 $x_0$ 处没有极值。

(4) 求可导函数极值的方法步骤。

① 求导数 $f'(x)$。

② 求驻点,即求方程 $f'(x)=0$ 的根。

③ 考查 $f'(x)$ 在每个驻点左右邻近的符号变化情况:如果左正右负,那么函数 $f(x)$ 在这个驻点处取得极大值;如果左负右正,那么函数 $f(x)$ 在这个驻点处取得极小值。

注意:对于可导函数来说,极值点一定是驻点,但驻点不一定是极值点。

(5) 最大值和最小值及其求法。

**定理** 闭区间上的连续函数一定有最大值和最小值。

**注意**:开区间内的连续函数不一定有最大值和最小值。

函数的最值(最大值、最小值)与函数的极值(极大值、极小值)是两类不同的概念。函数的极值是给定区间内部某一点邻近函数值的比较。因此,一个函数在某一点的极大值可能比它在另一点的极小值还要小,而函数的最值是给定区间上所有函数值的比较,它可能在区间内部取得,也可能在区间的边界点上取得。在一个区间内,函数的极值可以有多个,但最值只能有一个。

如果连续函数在开区间内只有一个极值,那么,极大值就是该区间内的最大值,极小值就是该区间内的最小值。

设函数 $f(x)$ 在闭区间 $[a,b]$ 上连续,在开区间 $(a,b)$ 上可导,则求其在 $[a,b]$ 上最大值和最小值的步骤为:

① 求出 $f(x)$ 在 $[a,b]$ 上的所有驻点 $x_1,x_2,\cdots,x_n$,即求出方程 $f'(x)=0$ 的所有实根;

② 比较 $f(a),f(x_1),f(x_2),\cdots,f(x_n),f(b)$ 的大小,其中最大的一个便是 $f(x)$ 在 $[a,b]$ 上的最大值,最小的一个便是 $f(x)$ 在 $[a,b]$ 上的最小值。

## 典型例题

**一、选择题**

**例1** $\lim\limits_{n\to\infty}\dfrac{an^2+bn+c}{an^2+2n-1}=(\quad)$。

A. 1    B. $\dfrac{b}{2}$    C. $c$    D. 1 或 $\dfrac{b}{2}$

【解析】D。当 $a\neq 0$ 时,$\lim\limits_{n\to\infty}\dfrac{an^2+bn+c}{an^2+2n-1}=\lim\limits_{n\to\infty}\dfrac{a+\dfrac{b}{n}+\dfrac{c}{n^2}}{a+\dfrac{2}{n}-\dfrac{1}{n^2}}=1$;

当 $a=0$ 时,$\lim\limits_{n\to\infty}\dfrac{an^2+bn+c}{an^2+2n-1}=\lim\limits_{n\to\infty}\dfrac{b+\dfrac{c}{n}}{2-\dfrac{1}{n}}=\dfrac{b}{2}$。所以选 D。

**例2** 下列极限存在的是( )。

①$\lim\limits_{x\to\infty}\dfrac{1}{x^2}$;②$\lim\limits_{x\to 0}\dfrac{1}{x}$;③$\lim\limits_{x\to\infty}\dfrac{x^2+1}{3x^2+x+2}$;④$\lim\limits_{x\to 1}\dfrac{1}{x^2-1}$。

A. ①②④      B. ②③      C. ①③      D. ①②③④

【解析】C。对于①,因为$\lim\limits_{x\to\infty}\dfrac{1}{x^2}=0$,所以极限存在;

对于②,因为$\lim\limits_{x\to 0}\dfrac{1}{x}=\infty$,所以极限不存在;

对于③,因为$\lim\limits_{x\to\infty}\dfrac{x^2+1}{3x^2+x+2}=\dfrac{1}{3}$,所以极限存在;

对于④,因为$\lim\limits_{x\to 1}\dfrac{1}{x^2-1}=\infty$,所以极限不存在。所以选 C。

**例3** 已知定义在 **R** 上的函数$f(x)$,其导函数$f'(x)$的大致图像如图 13-1 所示,则下列叙述正确的是( )。

①$f(b)>f(a)>f(c)$;

②函数$f(x)$在$x=c$处取得极小值,在$x=e$处取得极大值;

③函数$f(x)$在$x=c$处取得极大值,在$x=e$处取得极小值;

④函数$f(x)$的最小值为$f(d)$。

A. ③      B. ①②

C. ③④      D. ④

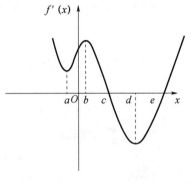

图 13-1

【解析】A。由导函数的图像可知在$(-\infty,c)$与$(e,+\infty)$上,$f'(x)>0$,所以,函数$f(x)$在$(-\infty,c)$与$(e,+\infty)$上单调递增,在$(c,e)$上单调递减,所以$f(c)>f(b)>f(a)$,故①错;函数$f(x)$在$x=c$处取得极大值,在$x=e$处取得极小值,故②错③对;因为$f(x)$在$(c,e)$上单调递减,又因为$c<d<e,f(d)>f(e)$,故④错。所以选 A。

**例4** 已知函数$f(x)$的导函数为$f'(x)$,且满足$f(x)=2x\cdot f'(1)+\ln x$,则$f'(1)=$( )。

A. $-e$      B. $-1$      C. 1      D. $e$

【解析】B。因为$f(x)=2x\cdot f'(1)+\ln x$,所以$f'(x)=2f'(1)+\dfrac{1}{x}$。令$x=1$,可得$f'(1)=-1$。所以选 B。

**例5** 已知函数$f(x)=2\ln(3x)+8x$,则$\lim\limits_{\Delta x\to 0}\dfrac{f(1-2\Delta x)-f(1)}{\Delta x}$的值为( )。

A. 10      B. $-10$      C. $-20$      D. 20

【解析】C。依题意有$f'(x)=\dfrac{2}{x}+8$,则$\lim\limits_{\Delta x\to 0}\dfrac{f(1-2\Delta x)-f(1)}{\Delta x}=\lim\limits_{\Delta x\to 0}\left[(-2)\cdot\dfrac{f(1-2\Delta x)-f(1)}{-2\Delta x}\right]=-2f'(1)=-2\times(2+8)=-20$。所以选 C。

**例6** 已知$\lim\limits_{x\to 2}\dfrac{x^2+ax+6}{2-x}=1$,则$a$的值为( )。

A. 5      B. $-5$      C. 2      D. $-2$

【解析】B。由于 $\lim\limits_{x\to 2}\dfrac{x^2+ax+6}{2-x}=1$，则 $\lim\limits_{x\to 2}\dfrac{x^2+ax+6}{2-x}=\lim\limits_{x\to 2}(2-x)\cdot\dfrac{x^2+ax+6}{2-x}=\lim\limits_{x\to 2}(2-x)\cdot\lim\limits_{x\to 2}\dfrac{x^2+ax+6}{2-x}=0\times 1=0$，则有 $\lim\limits_{x\to 2}\dfrac{x^2+ax+6}{2-x}=\lim\limits_{x\to 2}(2-x)\cdot\dfrac{x^2+ax+6}{2-x}=\lim\limits_{x\to 2}(x^2+ax+6)=2^2+2a+6=0$，即 $a=-5$。所以选 B。

**例7** 设函数 $f(x)=(x+1)^2(x-2)$，则 $\lim\limits_{x\to -1}\dfrac{f'(x)}{x+1}=($ 　　)。

A. 6　　　　　　B. 2　　　　　　C. 0　　　　　　D. -6

【解析】D。先求 $f(x)$ 的导函数 $f'(x)=(x+1)^2+2(x+1)(x-2)$，代入 $\dfrac{f'(x)}{x+1}$，∴ $\dfrac{f'(x)}{x+1}=\dfrac{(x+1)^2+2(x+1)(x-2)}{x+1}$，约去公因式 $(x+1)$ 得 $\dfrac{f'(x)}{x+1}=(x+1)+2(x-2)=3x-3$，因此，$\lim\limits_{x\to -1}\dfrac{f'(x)}{x+1}=\lim\limits_{x\to -1}(3x-3)=-6$。所以选 D。

**例8** 曲线 $f(x)=\dfrac{x^2+a}{x+1}$ 在点 $(1,f(1))$ 处切线的倾斜角为 $\dfrac{3\pi}{4}$，则实数 $a=($ 　　)。

A. 1　　　　　　B. -1　　　　　　C. 7　　　　　　D. -7

【解析】C。依题意有 $f'(x)=\dfrac{2x(x+1)-(x^2+a)}{(x+1)^2}=\dfrac{x^2+2x-a}{(x+1)^2}$，又有 $f'(1)=\dfrac{1+2-a}{(1+1)^2}=\tan\dfrac{3\pi}{4}=-1$，所以 $a=7$。所以选 C。

**例9** 若函数 $f(x)=x(x-c)^2$ 在 $x=2$ 处有极小值，则常数 $c$ 的值为( 　　)。

A. 4　　　　　　B. 2 或 6　　　　　　C. 2　　　　　　D. 6

【解析】C。∵ $f(x)=x(x-c)^2$，∴ $f'(x)=3x^2-4cx+c^2$。又∵ $f(x)=x(x-c)^2$ 在 $x=2$ 处取得极小值，∴ $f'(2)=12-8c+c^2=0$，解得 $c=2$ 或者 $c=6$。

当 $c=2$ 时，$f'(x)=3\left(x-\dfrac{2}{3}\right)(x-2)$，则 $f(x)$ 在 $\left(-\infty,\dfrac{2}{3}\right)\cup(2,+\infty)$ 单调递增，在 $\left(\dfrac{2}{3},2\right)$ 上单调递减，因此函数 $f(x)=x(x-2)^2$ 在 $x=2$ 处有极小值；

当 $c=6$ 时，$f'(x)=3(x-2)(x-6)$，则函数 $f(x)$ 在 $(-\infty,2)\cup(6,+\infty)$ 单调递增，在 $(2,6)$ 上单调递减，因此函数 $f(x)=x(x-6)^2$ 在 $x=2$ 处有极大值。

所以，$c=2$。故选 C。

**例10** 已知直线 $2x-y+1=0$ 与曲线 $y=ae^x+x$ 相切，则 $a=($ 　　)。

A. e　　　　　　B. 2e　　　　　　C. 1　　　　　　D. 2

【解析】C。设切点坐标为 $(x_0,y_0)$，在此点切线斜率为 $y'|_{x=x_0}=ae^{x_0}+1=2$，所以，$ae^{x_0}=1$。同时，坐标 $(x_0,y_0)$ 既满足直线方程 $2x-y+1=0$，又满足曲线方程 $y=ae^x+x$，因此 $\begin{cases}2x_0-y_0+1=0\\y_0=ae^{x_0}+x_0\end{cases}\Rightarrow ae^{x_0}+x_0=2x_0+1$。将 $ae^{x_0}=1$ 代入，可得 $x_0=0$，因此 $a=1$。所以选 C。

## 二、填空题

**例1** 设曲线 $y=e^x$ 在点 $(0,1)$ 处的切线与曲线 $y=\dfrac{1}{x}(x>0)$ 上点 $P$ 处的切线垂直，则 $P$ 的坐标为_____。

【解析】由于函数 $y=e^x$ 的导函数为 $y'=e^x$，则可得曲线 $y=e^x$ 在点 $(0,1)$ 处的切线的斜率

$k_1 = \mathrm{e}^0 = 1$。

设点 $P(x_0, y_0)(x_0 > 0)$，因为函数 $y = \dfrac{1}{x}$ 的导函数为 $y' = -\dfrac{1}{x^2}$，则曲线 $y = \dfrac{1}{x}(x > 0)$ 在点 $P$ 处的切线的斜率 $k_2 = -\dfrac{1}{x_0^2}$，则有 $k_1 k_2 = -1$，即 $1 \cdot \left(-\dfrac{1}{x_0^2}\right) = -1$，解得 $x_0^2 = 1$。因为又 $x_0 > 0$，所以 $x_0 = 1$。

又因为点 $P$ 在曲线 $y = \dfrac{1}{x}(x > 0)$ 上，所以 $y_0 = 1$，故点 $P$ 的坐标为 $(1,1)$。故答案为 $(1,1)$。

**例2** 曲线 $y = 3(x^2 + x)\mathrm{e}^x$ 在点 $(0,0)$ 处的切线方程为_____。

【解析】由于 $y = 3(x^2 + x)\mathrm{e}^x$，则有 $y' = 3(2x+1)\mathrm{e}^x + 3(x^2+x)\mathrm{e}^x = 3\mathrm{e}^x(x^2+3x+1)$，将 $x = 0$ 代入得 $y'|_{x=0} = 3$，则在点 $(0,0)$ 处的切线方程为 $y - 0 = 3(x - 0)$，即 $y = 3x$。故答案为 $y = 3x$。

**例3** 若曲线 $y = mx + \ln x$ 在点 $(1, m)$ 处的切线垂直于 $y$ 轴，则实数 $m = $ _____。

【解析】由已知得 $y' = m + \dfrac{1}{x}$，由曲线 $y = mx + \ln x$ 在点 $(1, m)$ 处的切线垂直于 $y$ 轴可知，曲线 $y = mx + \ln x$ 处的切线斜率 $k = m + 1 = 0$，可得 $m = -1$。故答案为 $-1$。

**例4** 设等差数列 $\{a_n\}$ 的前 $n$ 项和为 $S_n$，若 $a_6 = S_3 = 12$，则 $\lim\limits_{n \to \infty} \dfrac{S_n}{n^2} = $ _____。

【解析】由于 $\begin{cases} a_6 = a_1 + 5d = 12 \\ S_3 = 3a_1 + 3d = 12 \end{cases}$ 可得 $\begin{cases} a_1 = 2 \\ d = 2 \end{cases}$。

又因为 $S_n = na_1 + \dfrac{1}{2}n(n-1)d = n(n+1)$，

则有 $\dfrac{S_n}{n^2} = \dfrac{n(n+1)}{n^2} = \dfrac{n+1}{n}$，所以 $\lim\limits_{n \to \infty} \dfrac{S_n}{n^2} = \lim\limits_{n \to \infty} \dfrac{n+1}{n} = 1$。故答案为 $1$。

**例5** 设函数 $f(x)$ 在 $(0, +\infty)$ 内可导，且 $f(\mathrm{e}^x) = x + \mathrm{e}^x$，则 $f'(1) = $ _____。

【解析】令 $t = \mathrm{e}^x$，$t > 0$，故 $x = \ln t$，所以 $f(t) = \ln t + t$，即 $f(x) = \ln x + x$，$x > 0$，所以 $f'(x) = \dfrac{1}{x} + 1$，所以 $f'(1) = 1 + 1 = 2$。故答案为 $2$。

**例6** 函数 $y = x\mathrm{e}^x$ 在其极值点处的切线方程为_____。

【解析】由 $y = x\mathrm{e}^x$ 可得 $y' = \mathrm{e}^x + x\mathrm{e}^x = \mathrm{e}^x(x+1)$，从而可得 $y = x\mathrm{e}^x$ 在 $(-\infty, -1)$ 上递减，在 $(-1, +\infty)$ 上递增，所以当 $x = -1$ 时，$y = x\mathrm{e}^x$ 取得极小值 $-\mathrm{e}^{-1}$，因为 $y'|_{x=-1} = 0$，故切线方程为 $y = -\mathrm{e}^{-1}$，即 $y = -\dfrac{1}{\mathrm{e}}$。

**例7** 已知函数 $f(x), g(x), h(x)$ 是定义在 $\mathbf{R}$ 上的可导函数，且 $h(x) = f(x)g(x) + 1$，$f(5) = 5$，$f'(5) = 3$，$g(5) = 4$，$g'(5) = 1$，则 $h(5) = $ _____，$h'(5) = $ _____。

【解析】因为 $h(x) = f(x)g(x) + 1$，则 $h(5) = f(5)g(5) + 1 = 5 \times 4 + 1 = 21$。

因为 $h'(x) = f'(x)g(x) + f(x)g'(x)$，则 $h'(5) = 3 \times 4 + 5 \times 1 = 17$。

故答案分别为 $21, 17$。

### 三、解答题

**例1** 求下列极限：

(1) $\lim\limits_{n \to \infty} \left(\dfrac{1}{n^2} + \dfrac{2}{n^2} + \cdots + \dfrac{n}{n^2}\right)$；

(2) $\lim\limits_{n\to\infty}\dfrac{3^n-1}{4^n+1}$;

(3) $\lim\limits_{n\to\infty}\dfrac{1+a+\cdots+a^n}{1+b+\cdots+b^n}(0<|a|<1,\ 0<|b|<1)$;

(4) $\lim\limits_{x\to\frac{\pi}{2}}\ln(\sin x)$。

【解析】(1) 当 $n\to\infty$ 时，此式为无限项之和，不能直接应用极限运算法则，可以先将函数求和后再求极限。$\lim\limits_{n\to\infty}\left(\dfrac{1}{n^2}+\dfrac{2}{n^2}+\cdots+\dfrac{n}{n^2}\right)=\lim\limits_{n\to\infty}\dfrac{1+2+\cdots+n}{n^2}=\lim\limits_{n\to\infty}\dfrac{n(n+1)}{2n^2}=\dfrac{1}{2}$。

(2) 分子、分母分别除以 $4^n$ 得到

$$\lim_{n\to\infty}\dfrac{3^n-1}{4^n+1}=\lim_{n\to\infty}\dfrac{\left(\dfrac{3}{4}\right)^n-\dfrac{1}{4^n}}{1+\dfrac{1}{4^n}}=\dfrac{\lim\limits_{n\to\infty}\left[\left(\dfrac{3}{4}\right)^n-\dfrac{1}{4^n}\right]}{\lim\limits_{n\to\infty}\left(1+\dfrac{1}{4^n}\right)}=\dfrac{0}{1}=0$$

(3) $\lim\limits_{n\to\infty}\dfrac{1+a+\cdots+a^n}{1+b+\cdots+b^n}=\lim\limits_{n\to\infty}\dfrac{\dfrac{1-a^{n+1}}{1-a}}{\dfrac{1-b^{n+1}}{1-b}}=\dfrac{1-b}{1-a}$。

(4) $\lim\limits_{x\to\frac{\pi}{2}}\ln(\sin x)=\ln\left(\sin\dfrac{\pi}{2}\right)=\ln 1=0$。

**例2** 已知 $\lim\limits_{n\to\infty}\dfrac{3^n}{3^{n+1}+(a+1)^n}=\dfrac{1}{3}$，求 $a$ 的取值范围。

【解析】由题意可得 $\lim\limits_{n\to\infty}\dfrac{3^n}{3^{n+1}+(a+1)^n}=\lim\limits_{n\to\infty}\dfrac{1}{3+\left(\dfrac{a+1}{3}\right)^n}=\dfrac{1}{3}$,

所以有 $\lim\limits_{n\to\infty}\left(\dfrac{a+1}{3}\right)^n=0$，所以 $\left|\dfrac{a+1}{3}\right|<1$，即可得 $-4<a<2$。

**例3** 求函数 $f(x)=\ln x-ax(a\in\mathbf{R})$ 的极值。

【解析】函数 $f(x)$ 的定义域为 $(0,+\infty)$，

求导得 $f'(x)=\dfrac{1}{x}-a=\dfrac{1-ax}{x}$。

若 $a\leqslant 0$，则 $f'(x)>0$，$f(x)$ 是 $(0,+\infty)$ 上的增函数，无极值；

若 $a>0$，则令 $f'(x)=0$，可解得 $x=\dfrac{1}{a}$。

当 $x\in\left(0,\dfrac{1}{a}\right)$ 时，$f'(x)>0$，$f(x)$ 在 $\left(0,\dfrac{1}{a}\right)$ 上是增函数；

当 $x\in\left(\dfrac{1}{a},+\infty\right)$ 时，$f'(x)<0$，$f(x)$ 在 $\left(\dfrac{1}{a},+\infty\right)$ 上是减函数。

所以，当 $x=\dfrac{1}{a}$ 时，$f(x)$ 有极大值，极大值为 $f\left(\dfrac{1}{a}\right)=\ln\dfrac{1}{a}-1=-\ln a-1$。

综上所述：当 $a\leqslant 0$ 时，$f(x)$ 无极值；

当 $a>0$ 时，$f(x)$ 的极大值为 $-\ln a-1$，无极小值。

**例4** 已知函数 $f(x)=\mathrm{e}^x(x^2+x+1)$，求函数 $f(x)$ 的单调区间。

【解析】函数 $f(x)$ 的定义域为 $\mathbf{R}$，且 $f'(x) = e^x(x^2+x+1) + e^x(2x+1)$，化简后得 $f'(x) = e^x(x^2+3x+2) = e^x(x+2)(x+1)$。

当 $x > -1$ 或者 $x < -2$ 时，有 $f'(x) > 0$；当 $-2 < x < -1$ 时，有 $f'(x) < 0$。

所以，函数 $f(x)$ 的单调增区间为 $(-\infty, -2) \cup (-1, +\infty)$，单调减区间为 $(-2, -1)$。

**例5** 设函数 $f(x) = 2x^3 + ax^2 + bx + 1$ 的导函数为 $f'(x)$，若函数 $y = f'(x)$ 图像顶点的横坐标为 $-\dfrac{1}{2}$，且 $f'(1) = 0$，试确定 $a+b$ 的值。

【解析】$\because f(x) = 2x^3 + ax^2 + bx + 1, \therefore f'(x) = 6x^2 + 2ax + b = 6\left(x + \dfrac{a}{6}\right)^2 + b - \dfrac{a^2}{6}$，那么函数 $y = f'(x)$ 图像顶点的坐标为 $\left(-\dfrac{a}{6}, b - \dfrac{a^2}{6}\right)$，则有 $-\dfrac{a}{6} = -\dfrac{1}{2}$，解得 $a = 3$。$\because f'(1) = 0$，即 $6 + 2a + b = 0$，解得 $b = -12$，$\therefore a + b = 3 - 12 = -9$。

**例6** 设 $\lim\limits_{x \to 2} \dfrac{ax+b}{x-2} = 2$，求 $a$ 和 $b$ 的值。

【解析】由题意得 $\lim\limits_{x \to 2}(ax+b) = \lim\limits_{x \to 2}(x-2) \cdot \dfrac{ax+b}{x-2} = 0 \times 2 = 0$，因此 $\lim\limits_{x \to 2}(ax+b) = 2a+b = 0$，即 $b = -2a$，代入 $\lim\limits_{x \to 2}\dfrac{ax+b}{x-2}$，得 $\lim\limits_{x \to 2}\dfrac{ax-2a}{x-2} = a = 2$，则 $b = -4$。

**例7** 已知函数 $f(x) = e^x(x^2 - a)(a \in \mathbf{R})$。

(1) 当 $a = 1$ 时，求曲线 $y = f(x)$ 在点 $(0, f(0))$ 处的切线方程；

(2) 若函数 $f(x)$ 在 $(-3, 0)$ 上单调递减，试求 $a$ 的取值范围。

【解析】由题意可知 $f'(x) = e^x(x^2 + 2x - a)$。

(1) 因为 $a = 1$，所以 $f(0) = -1, f'(0) = -1$，所以曲线 $y = f(x)$ 在点 $(0, f(0))$ 处的切线方程为 $y - (-1) = -(x - 0)$，即 $x + y + 1 = 0$。

(2) 因为函数 $f(x)$ 在 $(-3, 0)$ 上单调递减，所以当 $x \in (-3, 0)$ 时，
$f'(x) = e^x(x^2 + 2x - a) \leq 0$ 恒成立，即当 $x \in (-3, 0)$ 时，$x^2 + 2x - a \leq 0$ 恒成立。
设 $g(x) = x^2 + 2x - a(x \in (-3, 0))$，显然：
当 $x \in (-3, -1)$ 时，函数 $g(x) = x^2 + 2x - a$ 单调递减；
当 $x \in (-1, 0)$ 时，函数 $g(x) = x^2 + 2x - a$ 单调递增。

所以"当 $x \in (-3, 0)$ 时，$x^2 + 2x - a \leq 0$ 恒成立"等价于 $\begin{cases} g(-3) \leq 0 \\ g(0) \leq 0 \end{cases}$

即 $\begin{cases} a \geq 3 \\ a \geq 0 \end{cases}$，所以 $a \geq 3$。

**例8** 已知函数 $f(x) = \ln x - \dfrac{(x-1)^2}{2}$。

(1) 求函数 $f(x)$ 的单调递增区间。

(2) 证明：当 $x > 1$ 时，$f(x) < x - 1$。

【解析】(1) 由于 $f'(x) = \dfrac{1}{x} - x + 1 = \dfrac{-x^2 + x + 1}{x}, x \in (0, +\infty)$。

由 $f'(x) > 0$ 得 $\begin{cases} x > 0 \\ -x^2 + x + 1 > 0 \end{cases}$，解得 $0 < x < \dfrac{1 + \sqrt{5}}{2}$。

故 $f(x)$ 的单调递增区间是 $\left(0, \dfrac{1+\sqrt{5}}{2}\right)$。

(2) 证明：令 $F(x) = f(x) - (x-1)$，$x \in (1, +\infty)$，则有 $F'(x) = \dfrac{1-x^2}{x}$。

当 $x \in (1, +\infty)$ 时，$F'(x) < 0$，所以 $F(x)$ 在 $(1, +\infty)$ 上单调递减，故当 $x > 1$ 时，$F(x) < F(1) = 0$，即当 $x > 1$ 时，$f(x) < x-1$。

**例9** 已知函数 $f(x) = ax^3 + x^2$ ($a \in \mathbf{R}$) 在 $x = -\dfrac{4}{3}$ 处取得极值。

(1) 确定 $a$ 的值；
(2) 若 $g(x) = f(x)\mathrm{e}^x$，讨论 $g(x)$ 的单调性。

**【解析】**(1) 对 $f(x)$ 求导得 $f'(x) = 3ax^2 + 2x$，因为 $f(x)$ 在 $x = -\dfrac{4}{3}$ 处取得极值，所以 $f'\left(-\dfrac{4}{3}\right) = 0$，即 $3a \times \dfrac{16}{9} + 2 \times \left(-\dfrac{4}{3}\right) = \dfrac{16a}{3} - \dfrac{8}{3} = 0$，解得 $a = \dfrac{1}{2}$。

(2) 由 (1) 得 $g(x) = \left(\dfrac{1}{2}x^3 + x^2\right)\mathrm{e}^x$，故 $g'(x) = \left(\dfrac{3}{2}x^2 + 2x\right)\mathrm{e}^x + \left(\dfrac{1}{2}x^3 + x^2\right)\mathrm{e}^x$

$\qquad = \left(\dfrac{1}{2}x^3 + \dfrac{5}{2}x^2 + 2x\right)\mathrm{e}^x = \dfrac{1}{2}x(x+1)(x+4)\mathrm{e}^x$

令 $g'(x) = 0$，解得 $x = 0$ 或 $x = -1$ 或 $x = -4$。
当 $x < -4$ 时，$g'(x) < 0$，故 $g(x)$ 为减函数；
当 $-4 < x < -1$ 时，$g'(x) > 0$，故 $g(x)$ 为增函数；
当 $-1 < x < 0$ 时，$g'(x) < 0$，故 $g(x)$ 为减函数；
当 $x > 0$ 时，$g'(x) > 0$，故 $g(x)$ 为增函数。
综上可知，$g(x)$ 在 $(-\infty, -4)$ 和 $(-1, 0)$ 内为减函数，在 $(-4, -1)$ 和 $(0, +\infty)$ 内为增函数。

**例10** 已知函数 $f(x) = 2x^3 - ax^2 + b$，试讨论 $f(x)$ 的单调性。

**【解析】** 由于 $f'(x) = 6x^2 - 2ax = 2x(3x - a)$，令 $f'(x) = 0$，得 $x = 0$ 或 $x = \dfrac{a}{3}$。

若 $a > 0$，则：当 $x \in (-\infty, 0) \cup \left(\dfrac{a}{3}, +\infty\right)$ 时，$f'(x) > 0$；当 $x \in \left(0, \dfrac{a}{3}\right)$ 时，$f'(x) < 0$。故 $f(x)$ 在 $(-\infty, 0)$，$\left(\dfrac{a}{3}, +\infty\right)$ 单调递增，在 $\left(0, \dfrac{a}{3}\right)$ 单调递减。

若 $a = 0$，则 $f(x)$ 在 $(-\infty, +\infty)$ 单调递增。

若 $a < 0$，则：当 $x \in \left(-\infty, \dfrac{a}{3}\right) \cup (0, +\infty)$ 时，$f'(x) > 0$；当 $x \in \left(\dfrac{a}{3}, 0\right)$ 时，$f'(x) < 0$。故 $f(x)$ 在 $\left(-\infty, \dfrac{a}{3}\right)$，$(0, +\infty)$ 单调递增，在 $\left(\dfrac{a}{3}, 0\right)$ 单调递减。

**例11** 已知函数 $f(x) = \dfrac{1}{4}x^3 - x^2 + x$。

(1) 求曲线 $y = f(x)$ 的斜率为 1 的切线方程。
(2) 当 $x \in [-2, 4]$ 时，求证：$x - 6 \le f(x) \le x$。

【解析】(1)由 $f(x)=\frac{1}{4}x^3-x^2+x$ 得 $f'(x)=\frac{3}{4}x^2-2x+1$。

令 $f'(x)=1$,即 $\frac{3}{4}x^2-2x+1=1$,得 $x=0$ 或 $x=\frac{8}{3}$。

又 $f(0)=0$,$f\left(\frac{8}{3}\right)=\frac{8}{27}$,所以曲线 $y=f(x)$ 的斜率为 1 的切线方程是 $y=x$ 与 $y-\frac{8}{27}=x-\frac{8}{3}$,即 $y=x$ 与 $y=x-\frac{64}{27}$。

(2)令 $g(x)=f(x)-x$,$x\in[-2,4]$,由 $g(x)=\frac{1}{4}x^3-x^2$ 得 $g'(x)=\frac{3}{4}x^2-2x$。

令 $g'(x)=0$ 得 $x=0$ 或 $x=\frac{8}{3}$。

$g'(x)$,$g(x)$ 的情况如下表。

| $x$ | $-2$ | $(-2,0)$ | $0$ | $\left(0,\frac{8}{3}\right)$ | $\frac{8}{3}$ | $\left(\frac{8}{3},4\right)$ | $4$ |
| --- | --- | --- | --- | --- | --- | --- | --- |
| $g'(x)$ |  | $+$ |  | $-$ |  | $+$ |  |
| $g(x)$ | $-6$ | ↗ | $0$ | ↘ | $-\frac{64}{27}$ | ↗ | $0$ |

所以 $g(x)$ 的最小值为 $-6$,最大值为 $0$。

故 $-6\leqslant g(x)\leqslant 0$,即 $x-6\leqslant f(x)\leqslant x$。

**例 12** 已知函数 $f(x)=\ln x-\frac{(x-1)^2}{2}$。

(1)求函数 $f(x)$ 的单调递增区间。

(2)证明:当 $x>1$ 时,$f(x)<x-1$。

【解析】(1)由于 $f'(x)=\frac{1}{x}-x+1=\frac{-x^2+x+1}{x}$,$x\in(0,+\infty)$。要求函数 $f(x)$ 的单调递增区间,只需令 $f'(x)>0$,得 $\begin{cases}x>0\\-x^2+x+1>0\end{cases}$,解得 $0<x<\frac{1+\sqrt{5}}{2}$,故 $f(x)$ 的单调递增区间是 $\left(0,\frac{1+\sqrt{5}}{2}\right)$。

(2)证明:令 $F(x)=f(x)-(x-1)$,$x\in(1,+\infty)$,则有 $F'(x)=\frac{1-x^2}{x}$。

当 $x\in(1,+\infty)$ 时,$F'(x)<0$,所以 $F(x)$ 在 $(1,+\infty)$ 上单调递减,故当 $x>1$ 时,$F(x)<F(1)=0$,即当 $x>1$ 时,$f(x)-(x-1)<0$,$f(x)<x-1$。

## 强化训练

一、选择题

1. 曲线 $y=2\sin x+\cos x$ 在点 $(\pi,-1)$ 处的切线方程为( )。

A. $x-y-\pi-1=0$  B. $2x-y-2\pi-1=0$

C. $2x+y-2\pi+1=0$   D. $x+y-\pi+1=0$

2. 如图 13-2 所示，以长为 10 的线段 $AB$ 为直径作半圆，则它的内接矩形面积的最大值为（  ）。

   A. 10   B. 15   C. 25   D. 50

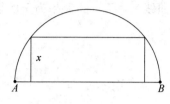

图 13-2

3. 已知 $f(x)=ax^3+3x^2+2$，若 $f'(-1)=4$，则 $a$ 的值等于（  ）。

   A. $\dfrac{19}{3}$   B. $\dfrac{10}{3}$   C. $\dfrac{16}{3}$   D. $\dfrac{13}{3}$

4. 函数 $y=(x+2a)(x-a)^2$ 的导数为（  ）。

   A. $2(x^2-a^2)$   B. $3(x^2+a^2)$   C. $3(x^2-a^2)$   D. $2(x^2+a^2)$

5. 函数 $y=2x^3-3x^2-12x+5$ 在 $[0,3]$ 上的最大值和最小值依次是（  ）。

   A. $12,-15$   B. $5,-15$   C. $5,-4$   D. $-4,-15$

6. 已知曲线 $f(x)=x^n$（$n$ 为正偶数，$a,x\in\mathbf{R}$），若 $f'(2a)=n$，则以 $a^{-a}$ 为半径的球的表面积为（  ）。

   A. $16\pi$   B. $8\pi$   C. $\pi$   D. $8\sqrt{2}\pi$

7. 已知直线 $y=kx+1$ 与曲线 $y=x^3+ax+b$ 切于点 $(1,3)$，则 $b$ 的值为（  ）。

   A. 3   B. $-3$   C. 5   D. $-5$

## 二、填空题

1. 数列 $\dfrac{2}{1},\dfrac{4}{3},\dfrac{6}{5},\dfrac{8}{7},\cdots,\dfrac{2n}{2n-1},\cdots$ 的极限是_____。

2. $\lim\limits_{n\to\infty}\dfrac{4}{2n+1}=$ _____。

3. $\lim\limits_{x\to\infty}\dfrac{ax^2+2}{3x^2+1}=2$，则 $a=$ _____。

4. $\lim\limits_{n\to\infty}\left[6-\dfrac{(-1)^n}{n}\right]=$ _____。

## 三、解答题

1. 求下列极限：

   (1) $\lim\limits_{n\to\infty}\dfrac{3n^2-2n+5}{4n^2+n-3}$；

   (2) $\lim\limits_{n\to\infty}\left(\dfrac{3}{n^2}+\dfrac{7}{n^2}+\dfrac{11}{n^2}+\cdots+\dfrac{4n-1}{n^2}\right)$；

   (3) $\lim\limits_{n\to\infty}\dfrac{a^n-a^{-n}}{a^n+a^{-n}}$ ($a>0$)；

   (4) $\lim\limits_{n\to\infty}(\sqrt{n^2+n}-n)$。

2. 利用函数的连续性求下列极限：

(1) $\lim\limits_{x \to 0} \sqrt{x^2 - 2x + 5}$；

(2) $\lim\limits_{x \to \frac{\pi}{4}} (\sin 2x)^3$；

(3) $\lim\limits_{t \to -2} \dfrac{e^t + 1}{t}$。

3. 求函数 $y = \ln(3x - 2)$ 的导数。

4. 求下列函数的导数：

(1) $y = x^2(2x^2 - 3x + 1)$；

(2) $y = e^x(1 + \ln x)$；

(3) $y = 5x^2 - x\sqrt{x} + 2x + \dfrac{4}{x}$；

(4) $y = \dfrac{\sin x - \cos x}{x}$。

5. 求下列函数的导数：

(1) $y = (2x - 3)^3$；(2) $y = e^x(\sin x - \cos x)$；(3) $y = \dfrac{x^2}{1 + x^2}$。

6. 在曲线 $y = \dfrac{1}{1 + x^2}$ 上求一点，使通过该点的切线平行于 $x$ 轴，并求切线方程。

7. 确定下列函数在哪个区间内是增函数，在哪个区间内是减函数。

(1) $y = e^x - x - 1$；

(2) $f(x) = x^3 - 3x + 1$。

8. 求函数 $f(x) = 3x^3 - 9x + 11$ 在 $[-2, 2]$ 上的最大值与最小值。

9. 用长为 $48$cm 的长方形铁皮做一个无盖的容器，先在四角分别截去一个小正方形，然后把四边翻转 $90°$ 角，再焊接而成，如图 $13-3$ 所示。该容器的高为多少时，容器的容积最大？最大容积是多少？

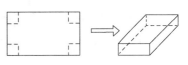

图 $13-3$

10. 已知数列 $\{a_n\}$ 中，$a_1 = 1$，$a_2 = 2$，且 $\{a_n a_{n+1}\}$ 是公比为 $3$ 的等比数列，又 $b_n = a_{2n-1} + a_{2n}(n = 1, 2, \cdots)$。

(1) 求数列 $\{b_n\}$ 的通项；

(2) 设 $S_n$ 是数列 $\{b_n\}$ 的前 $n$ 项和，求 $\lim\limits_{n \to \infty} \dfrac{1}{S_n}$ 的值。

11. 已知等比数列 $\{a_n\}$ 的公比为 $q$，且 $|q| > 1$，又知 $a_2, a_3$ 的等比中项为 $4\sqrt{2}$，$a_1, a_4$ 的等差中项为 $9$。

(1) 求数列 $\{a_n\}$ 的通项公式；

(2) 若 $b_n = a_n \cdot \log_{\frac{1}{2}} a_n$，$\{b_n\}$ 的前 $n$ 项和为 $T_n$，求 $\lim\limits_{n \to \infty} \dfrac{T_n + n \cdot 2^{n+1}}{a_{n+2}}$ 的值。

12. 设函数 $f(x) = \dfrac{1}{2}x^2 - 9\ln x$ 在区间 $[a-1, a+1]$ 上单调递减，试确定实数 $a$ 的取值范围。

13. 设曲线 $y = e^{ax}$ 在点 $(0,1)$ 处的切线与直线 $x + 2y + 1 = 0$ 垂直，求 $a$ 的值。

14. 若函数 $h(x)=2x-\dfrac{k}{x}+\dfrac{k}{3}$ 在 $(1,+\infty)$ 上是增函数,求实数 $k$ 的取值范围。

15. 已知函数 $f(x)=\dfrac{1}{3}x^3+\dfrac{1}{2}(b-1)x^2+cx(b,c$ 为常数$)$。

(1) 若 $f(x)$ 在 $x=1$ 和 $x=3$ 取得极值,试求 $b,c$ 的值。

(2) 若 $f(x)$ 在 $(-\infty,x_1),(x_2,+\infty)$ 上都单调递增,在 $(x_1,x_2)$ 单调递减,且满足 $x_2-x_1>1$,求证:$b^2>2(b+2c)$。

16. 已知 $a$ 为实数,$f(x)=(x^2-4)(x-a)$。

(1) 若 $f'(-1)=0$,求 $f(x)$ 在 $[-2,2]$ 上的最大值和最小值;

(2) 若 $f(x)$ 在 $(-\infty,-2]$ 和 $[2,+\infty)$ 上都是递增的,求 $a$ 的取值范围。

17. 当 $x>0$ 时,证明不等式:$1+2x<e^{2x}$。

## 【强化训练解析】

### 一、选择题

1. C。对函数 $y=2\sin x+\cos x$ 求导得 $y'=2\cos x-\sin x$,则 $y'|_{x=\pi}=-2$,所以曲线 $y=2\sin x+\cos x$ 在点 $(\pi,-1)$ 处的切线方程为 $y+1=-2(x-\pi)$,即 $2x+y-2\pi+1=0$,故选 C。

2. C。如图 13-4 所示,设内接矩形的高为 $x$,则其面积 $S=2x\sqrt{25-x^2}$。

令 $S'=2\sqrt{25-x^2}-\dfrac{2x^2}{\sqrt{25-x^2}}=0$,

得 $x=\dfrac{5}{\sqrt{2}}$。

$\therefore S$ 的最大值为 $2\times\dfrac{5}{\sqrt{2}}\times\sqrt{25-x^2}=25$,故选 C。

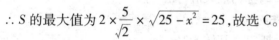

图 13-4

3. B。$\because f'(x)=3ax^2+6x,f'(-1)=4$,

$\therefore$ 有 $3a-6=4,a=\dfrac{10}{3}$,故选 B。

4. C。$y'=(x-2a)'(x-a)^2+(x+2a)((x-a)^2)'$
$=(x-a)^2+2(x-a)(x+2a)$
$=(x-a)(x-a+2x+4a)=(x-a)(3x+3a)$
$=3(x^2-a^2)$。

故选 C。

5. B。由 $y'=6x^2-6x-12=0$ 得,$x_1=2,x_2=-1$,而 $y|_{x=0}=5,y|_{x=2}=-15,y|_{x=3}=-4$。

$\therefore$ 在 $[0,3]$ 上的最大值和最小值依次是 5 和 $-15$。故选 B。

6. B。$\because f'(x)=nx^{n-1},f'(2a)=n$,

$\therefore f'(2a)=n(2a)^{n-1}=n,(2a)^{n-1}=1$。

又 $n$ 是正偶数,所以 $a=\dfrac{1}{2}=2^{-1},a^{-a}=(2^{-1})^{-\frac{1}{2}}=2^{\frac{1}{2}}=\sqrt{2}$。

故以 $a^{-a}$ 为半径的球的表面积为 $4\pi(\sqrt{2})^2=8\pi$,故选 B。

7. A。∵ 直线 $y=kx+1$ 与曲线 $y=x^3+ax+b$ 切于点 $(1,3)$，

∴ 有 $\begin{cases} k+1=3 \\ 1+a+b=3 \end{cases} \Rightarrow \begin{cases} k=2, \\ a+b=2 \end{cases}$ 又 $(x^3+ax+b)'|_{x=1}=k$，

即 $(3x^2+a)|_{x=1}=k$，

从而 $3+a=k$，$\therefore a=-1, b=3$。故选 A。

## 二、填空题

1. 1。

2. 0。

3. $\lim\limits_{x\to\infty}\dfrac{ax^2+2}{3x^2+1}=\lim\limits_{x\to\infty}\dfrac{a+\dfrac{2}{x^2}}{3+\dfrac{1}{x^2}}=\dfrac{a}{3}=2$，$\therefore a=6$。

4. $\lim\limits_{n\to\infty}\left[6-\dfrac{(-1)^n}{n}\right]=\lim\limits_{n\to\infty}6-\lim\limits_{n\to\infty}\dfrac{(-1)^n}{n}=6-0=6$。

## 三、解答题

1. 解：(1) $\lim\limits_{n\to\infty}\dfrac{3n^2-2n+5}{4n^2+n-3}=\lim\limits_{n\to\infty}\dfrac{3-\dfrac{2}{n}+\dfrac{5}{n^2}}{4+\dfrac{1}{n}-\dfrac{3}{n^2}}=\dfrac{3}{4}$。

(2) $\lim\limits_{n\to\infty}\left(\dfrac{3}{n^2}+\dfrac{7}{n^2}+\dfrac{11}{n^2}+\cdots+\dfrac{4n-1}{n^2}\right)=\lim\limits_{n\to\infty}\dfrac{\dfrac{n(3+4n-1)}{2}}{n^2}=\lim\limits_{n\to\infty}\left(2+\dfrac{1}{n}\right)=2$。

(3) 当 $a>1$ 时，原式 $=\lim\limits_{n\to\infty}\dfrac{1-\dfrac{1}{a^{2n}}}{1+\dfrac{1}{a^{2n}}}=1$；

当 $0<a<1$ 时，原式 $=\lim\limits_{n\to\infty}\dfrac{a^{2n}-1}{a^{2n}+1}=-1$；

当 $a=1$ 时，原式 $=\dfrac{1-1}{1+1}=0$。

(4) $\lim\limits_{n\to\infty}(\sqrt{n^2+n}-n)=\lim\limits_{n\to\infty}\dfrac{(\sqrt{n^2+n}-n)(\sqrt{n^2+n}+n)}{\sqrt{n^2+n}+n}$

$=\lim\limits_{n\to\infty}\dfrac{n}{\sqrt{n^2+n}+n}=\lim\limits_{n\to\infty}\dfrac{1}{\sqrt{1+\dfrac{1}{n}}+1}=\dfrac{1}{2}$。

2. 解：(1) 原式 $=\sqrt{0^2-2\times 0+5}=\sqrt{5}$。

(2) 原式 $=\left(\sin\dfrac{2\pi}{4}\right)^3=1$。

(3) 原式 $=\dfrac{e^{-2}+1}{-2}=-\dfrac{1}{2}-\dfrac{1}{2}e^{-2}$。

3. 解：这是复合函数求导。令 $y=\ln u$，$u=3x-2$，则 $y'_x=y'_u\cdot u'_x=\dfrac{1}{3x-2}\cdot(3x-2)'$

$= \dfrac{3}{3x-2}$。

4. 解：(1) $\because y = x^2(2x^2-3x+1) = 2x^4-3x^3+x^2, \therefore y' = 8x^3-9x^2+2x$。

(2) $y' = e^x(1+\ln x) + e^x(1+\ln x)' = e^x(1+\ln x) + \dfrac{e^x}{x} = e^x\left(1+\ln x+\dfrac{1}{x}\right)$。

(3) $y' = \left(5x^2 - x^{\frac{3}{2}} + 2x + \dfrac{4}{x}\right)' = 10x - \dfrac{3}{2}\sqrt{x} + 2 - \dfrac{4}{x^2}$。

(4) $y' = \dfrac{(\sin x - \cos x)'x - (\sin x - \cos x)}{x^2} = \dfrac{(\cos x + \sin x)x - (\sin x - \cos x)}{x^2}$

$= \dfrac{(x+1)\cos x + (x-1)\sin x}{x^2}$。

5. 解：(1) 这是复合函数求导。$y = u^3, u = 2x-3$，而 $y'_u = 3u^2, u'_x = 2$，则 $y' = 3u^2 \times 2 = 6(2x-3)^2$。

(2) $y' = (e^x)'(\sin x - \cos x) + e^x(\sin x - \cos x)'$

$= e^x(\sin x - \cos x) + e^x(\cos x + \sin x)$

$= 2e^x \sin x$。

(3) $y' = \left(\dfrac{x^2}{1+x^2}\right)' = \dfrac{(x^2)'(1+x^2) - x^2(1+x^2)'}{(1+x^2)^2} = \dfrac{2x(1+x^2) - 2x^3}{(1+x^2)^2} = \dfrac{2x}{(1+x^2)^2}$。

6. 解：设所求点的坐标为$(x_0, y_0)$，因为过点$(x_0, y_0)$的切线平行于 $x$ 轴，于是切线的斜率$k = 0$。

由导数的几何意义可知

$k = f'(x_0) = \left(\dfrac{1}{1+x^2}\right)'\bigg|_{x=x_0} = \dfrac{-2x_0}{1+x_0^2} = 0$，故 $x_0 = 0$。

又因为$(x_0, y_0)$在曲线 $y = \dfrac{1}{1+x^2}$ 上，所以将 $x_0 = 0$ 代入曲线方程可得 $y_0 = 1$。

故所求点的坐标为$(0,1)$，切线方程为 $y - 1 = 0$。

7. 解：(1) 函数 $y = e^x - x - 1$ 的定义域为$(-\infty, +\infty)$。

令 $y' = e^x - 1 = 0$，解得 $x = 0$。

$\because$ 在$(-\infty, 0)$内，$y' < 0$，

$\therefore$ 函数 $y = e^x - x - 1$ 在$(-\infty, 0)$上是减函数；

$\because$ 在$(0, +\infty)$内，$y' > 0$，

$\therefore$ 函数 $y = e^x - x - 1$ 在$(0, +\infty)$上是增函数。

(2) $f'(x) = 3x^2 - 3 = 3(x-1)(x+1)$。

令 $f'(x) > 0$，解得 $x > 1$ 或 $x < -1$，所以当 $x > 1$ 或 $x < -1$ 时，函数 $f(x)$ 是增函数；

令 $f'(x) < 0$，解得 $-1 < x < 1$，所以函数 $f(x)$ 在$(-1,1)$是减函数。

8. 解：易得 $f'(x) = 9x^2 - 9$。

令 $f'(x) = 0$，求得函数的驻点为 $x_1 = 1, x_2 = -1$。

因为 $f(1) = 5, f(-1) = 17, f(2) = 17, f(-2) = 5$，所以在$[-2,2]$上，函数 $f(x) = 3x^3 - 9x + 11$ 在 $x = -1$ 或 $x = 2$ 取得最大值17，在 $x = 1$ 或 $x = -2$ 取得最小值5。

9. 解：设容器的高为 $x$ cm，容器的容积为 $V(x)$ cm³，则

· 298 ·

$V(x)=x(90-2x)(48-2x)=4x^3-276x^2+4320x(0<x<24)$,

$\therefore V'(x)=12x^2-552x+4320=12(x-10)(x-36)$。

令 $V'(x)=0$,解得 $x_1=10,x_2=36$(舍去)。

当 $0<x<10$ 时,$V'(x)>0$,故 $V(x)$ 为增函数;

当 $10<x<24$ 时,$V'(x)<0$,故 $V(x)$ 为减函数。

因此,在定义域 $(0,24)$ 内,函数 $V(x)$ 在 $x=10$ 时取得最大值,其最大值为

$V(10)=10\times(90-20)\times(48-20)=19600\text{cm}^3$。

所以,当容器的高为 10cm 时,容器的容积最大,最大容积为 $19600\text{cm}^3$。

10. 解:(1) $\because \dfrac{a_{n+1}a_{n+2}}{a_n a_{n+1}}=\dfrac{a_{n+2}}{a_n}=3$,且 $a_1=1,a_2=2$,

$\therefore \{a_{2n-1}\}$ 是以 $a_1$ 为首项、3 为公比的等比数列,$\{a_{2n}\}$ 是以 $a_2$ 为首项、3 为公比的等比数列。

$\therefore b_n=a_{2n-1}+a_{2n}=3^{n-1}+2\cdot 3^{n-1}=3^n$。

(2) $\because \{b_n\}$ 是以 3 为首项、3 为公比的等比数列,

$\therefore S_n=\dfrac{3(1-3^n)}{1-3}=\dfrac{3}{2}(3^n-1)$,$\therefore \lim\limits_{n\to\infty}\dfrac{1}{S_n}=\lim\limits_{n\to\infty}\dfrac{1}{\dfrac{3}{2}(3^n-1)}=0$。

11. 解:(1) 由已知得 $\begin{cases}a_2 a_3=(4\sqrt{2})^2=32\\a_1+a_4=2\times 9=18\end{cases}$,又 $\{a_n\}$ 是等比数列,

$\therefore a_1 a_4=a_2 a_3=32$,$\therefore a_1,a_4$ 是方程 $x^2-18x+32=0$ 的两根。

$\therefore \begin{cases}a_1=2\\a_4=16\end{cases}$ 或者 $\begin{cases}a_1=16\\a_4=2\end{cases}$。

$\because |q|>1$,$\therefore$ 取 $a_1=2,a_4=16$,$16=2q^3,q=2$,$\therefore a_n=2\cdot 2^{n-1}=2^n$。

(2) $\because b_n=a_n\cdot\log_{\frac{1}{2}}a_n=2^n\times\log_{\frac{1}{2}}2^n=-n\times 2^n$,$\therefore T_n=b_1+b_2+\cdots+b_n=-(1\times 2+2\times 2^2+\cdots+n\times 2^n)$,$2T_n=-(1\times 2^2+2\times 2^3+\cdots+(n-1)\times 2^n+n\times 2^{n+1})$。

两式相减得 $T_n=(2+2^2+\cdots+2^n)-n\times 2^{n+1}=\dfrac{2(1-2^n)}{1-2}-n\times 2^{n+1}=2^{n+1}-2-n\times 2^{n+1}$。

$\therefore \lim\limits_{n\to\infty}\dfrac{T_n+n\times 2^{n+1}}{a_{n+2}}=\lim\limits_{n\to\infty}\dfrac{2^{n+1}-2}{2^{n+2}}=\lim\limits_{n\to\infty}\dfrac{1-\dfrac{1}{2^n}}{2}=\dfrac{1}{2}$。

12. 解:易知函数 $f(x)$ 的定义域为 $(0,+\infty)$,$f'(x)=x-\dfrac{9}{x}$,令 $f'(x)=x-\dfrac{9}{x}<0$,解得 $0<x<3$。因为函数 $f(x)=\dfrac{x^2}{2}-9\ln x$ 在区间 $[a-1,a+1]$ 单调递减,所以 $\begin{cases}a-1>0\\a+1\leq 3\end{cases}$,解得 $1<a\leq 2$。

13. 解:$\because y'=(\mathrm{e}^{ax})'=a\mathrm{e}^{ax}$,

$\therefore y=\mathrm{e}^{ax}$ 在点 $(0,1)$ 处的切线斜率为 $k_1=a\mathrm{e}^{ax}|_{x=0}=a$。

又直线 $x+2y+1=0$ 的斜率为 $k_2=-\dfrac{1}{2}$,而该切线与直线 $x+2y+1=0$ 垂直,

$\therefore k_1 k_2=-1$,即 $-\dfrac{1}{2}a=-1,a=2$。

14. 解:因为 $h(x)$ 在 $(1,+\infty)$ 上是增函数, $h'(x)=2+\dfrac{k}{x^2}$, 由连续函数的性质有 $h'(x)=2+\dfrac{k}{x^2}\geqslant 0$, 即有 $k\geqslant -2x^2$ 恒成立, 又因为 $x$ 在 $[1,+\infty)$ 上, $-2x^2\leqslant 2$, 故实数 $k$ 的取值范围是 $[-2,+\infty)$。

15. (1) 解: $f'(x)=x^2+(b-1)x+c$, 由题意知 1 和 3 是方程 $x^2+(b-1)x+c=0$ 的两个根。

∴ $\begin{cases} b+c=0 \\ 3b+c+6=0 \end{cases}$, 解得 $\begin{cases} b=-3 \\ c=3 \end{cases}$。

(2) 证明:由题意得当 $x\in(-\infty,x_1)\cup(x_2,+\infty)$ 时 $f'(x)>0$,

当 $x\in(x_1,x_2)$ 时 $f'(x)<0$。

∴ $x_1,x_2$ 是方程 $x^2+(b-1)x+c=0$ 的两个根, 由根与系数的关系有

$x_1+x_2=1-b, x_1\cdot x_2=c$。从而 $b=1-(x_1+x_2), c=x_1\cdot x_2$,

∴ $b^2-2(b+2c)=b^2-2b-4c$

$=[1-(x_1+x_2)]^2-2[1-(x_1+x_2)]-4x_1x_2$

$=(x_1+x_2)^2-4x_1x_2-1=(x_1-x_2)^2-1$。

∵ $x_1-x_2>1$, ∴ $(x_1-x_2)^2-1>0$,

∴ $b^2>2(b+2c)$。

16. 解:(1) ∵ $f(x)=(x^2-4)(x-a)$, ∴ $f'(x)=3x^2-2ax-4$。由 $f'(-1)=0$, 得 $a=\dfrac{1}{2}$, 此时有 $f(x)=(x^2-4)\left(x-\dfrac{1}{2}\right), f'(x)=3x^2-x-4$。由 $f'(x)=0$, 得 $x=\dfrac{4}{3}$ 或 $x=-1$。

当 $x$ 在 $[-2,2]$ 上变化时, $f(x), f'(x)$ 的变化如下表。

| $x$ | $(-2,-1)$ | $-1$ | $\left(-1,\dfrac{4}{3}\right)$ | $\dfrac{4}{3}$ | $\left(\dfrac{4}{3},2\right)$ |
|---|---|---|---|---|---|
| $f(x)$ | 单调增加 | 极大值 $\dfrac{9}{2}$ | 单调减少 | 极小值 $-\dfrac{50}{27}$ | 单调增加 |
| $f'(x)$ | + | 0 | − | 0 | + |

∴ $f_{\min}\left(\dfrac{4}{3}\right)=-\dfrac{50}{27}, f_{\max}(-1)=\dfrac{9}{2}$, 又 $f(-2)=f(2)=0$,

∴ $f(x)$ 在 $[-2,2]$ 上的最大值为 $\dfrac{9}{2}$, 最小值为 $-\dfrac{50}{27}$。

(2) $f'(x)=3x^2-2ax-4$ 的图像为开口向上且过点 $(0,-4)$ 的抛物线, 由条件得 $f'(-2)\geqslant 0$, $f'(2)\geqslant 0$, 即 $\begin{cases} 4a+8\geqslant 0 \\ 8-4a\geqslant 0 \end{cases}$, ∴ $-2\leqslant a\leqslant 2$,

所以 $a$ 的取值范围为 $[-2,2]$。

17. 证明:令 $f(x)=e^{2x}-1-2x$, ∴ $f'(x)=2e^{2x}-2=2(e^{2x}-1)$,

∵ $x>0$, ∴ $e^{2x}>e^0>1$, ∴ $f'(x)>0$,

故 $f(x)=e^{2x}-1-2x$ 在 $(0,+\infty)$ 上是增函数。

∵ $f(0)=e^0-1=0$, ∴ 当 $x>0$ 时, $f(x)>f(0)=0$, 即 $e^{2x}-1-2x>0$,

故有 $1+2x<e^{2x}$。

# 第十四章 复 数

## 考试范围与要求

1. 理解复数的基本概念。
2. 理解复数相等的充要条件。
3. 了解复数的代数表示法及其几何意义。
4. 会进行复数代数形式的四则运算。
5. 了解复数代数形式的加、减运算的几何意义。

## 主要内容

### 第一节 复数的概念

**1. 复数的概念**

复数是 16 世纪人们在讨论一元二次方程、一元三次方程的求根公式时引入的。它在数学、力学、电学和其他学科中都有广泛的应用。复数与向量、平面解析几何、三角函数都有密切的联系,也是进一步学习数学的基础。

(1) 虚数单位 $i$,规定 $i \cdot i = -1$。

(2) 集合 $\mathbf{C} = \{a + bi | a, b \in \mathbf{R}\}$ 中的数,即形如 $a + bi(a, b \in \mathbf{R})$ 的数叫作复数。全体复数组成的集合 $\mathbf{C}$ 叫作复数集。

(3) 复数通常用字母 $z$ 来表示,即 $z = a + bi(a, b \in \mathbf{R})$,这种形式叫作复数的代数形式,其中 $a$ 与 $b$ 分别叫作复数 $z$ 的实部和虚部。

(4) 对于复数 $a + bi$,当且仅当 $b = 0$ 时,它是实数;当且仅当 $a = b = 0$ 时,它是实数 0;当 $b \neq 0$ 时,叫作虚数;当 $a = 0$ 且 $b \neq 0$ 时,叫作纯虚数。

(5) 在复数集 $\mathbf{C} = \{a + bi | a, b \in \mathbf{R}\}$ 中任取两个数 $a + bi, c + di(a, b, c, d \in \mathbf{R})$,规定:$a + bi$ 与 $c + di$ 相等的充要条件是 $a = c$ 且 $b = d$,即两个复数相等的充要条件是实部和实部相等,且虚部和虚部相等。

(6) 当两个复数的实部相等,虚部互为相反数时,这两个复数叫作互为共轭复数。虚部不等于 0 的两个共轭复数也叫作共轭虚数。即复数 $z = a + bi$ 的共轭复数为 $\bar{z} = a - bi$。

**2. 复数的分类**

实数集 $\mathbf{R}$ 是复数集 $\mathbf{C}$ 的真子集,即 $\mathbf{R} \subsetneq \mathbf{C}$。

因此,复数 $z = a + bi(a, b \in \mathbf{R})$ 可以分类如下:

$$复数 z \begin{cases} 实数(b=0) \\ 虚数(b \neq 0) \begin{cases} 纯虚数(a=0, b \neq 0) \\ 非纯虚数(a \neq 0, b \neq 0) \end{cases} \end{cases}$$

复数集、实数集、虚数集、纯虚数集之间的关系,如图 14-1 所示。

### 3. 复数的几何意义

复平面:用来表示复数的直角坐标系叫作复平面,其中 $x$ 轴叫作复平面的实轴,$y$ 轴叫作复平面的虚轴。显然:实轴上的点都表示实数;虚轴上的点除了原点外,都表示纯虚数。

根据复数相等的定义,复数 $z=a+bi$ 与有序实数对 $(a,b)$ 一一对应。在如图 14-2 所示的复平面下,复数 $z=a+bi$ 也与点 $Z(a,b)$ 一一对应,即

$$复数\ z=a+bi \xleftrightarrow{一一对应} 复平面内的点\ Z(a,b)$$

这是复数的一种几何意义。

图 14-1

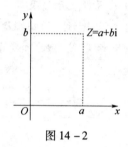

图 14-2

设复平面上的点 $Z(a,b)$ 表示复数 $z=a+bi$,连接 $OZ$,则复数集 **C** 与复平面内的向量所成的集合一一对应,即

$$复数\ z=a+bi \xleftrightarrow{一一对应} 平面向量\ \overrightarrow{OZ}$$

这是复数的另一种几何意义。

向量 $\overrightarrow{OZ}$ 的模 $r$ 叫作复数 $z=a+bi$ 的模,记作

$$|z|=|a+bi|=r=\sqrt{a^2+b^2} \quad (r \geq 0, r \in \mathbf{R})$$

当 $b=0$ 时,$z=a+bi$ 为实数 $a$,此时 $|z|=|a|$,即 $a$ 的绝对值。

因此,复数 $z=a+bi$ 也说成点 $Z(a,b)$ 或说成向量 $\overrightarrow{OZ}$,并且规定,相等的向量表示同一个复数。

## 第二节　复数代数形式的四则运算

### 1. 加减运算

(1) 复数的加法减法规则。

设 $z_1=a+bi, z_2=c+di$ 是任意两个复数,则复数的加法规则为

$$(a+bi)+(c+di)=(a+c)+(b+d)i$$

很明显,两个复数的和仍然是一个确定的复数。

复数的减法规则为

$$(a+bi)-(c+di)=(a-c)+(b-d)i$$

两个复数的差为一个确定的复数。

(2) 运算律。

对任意的 $z_1, z_2, z_3 \in \mathbf{C}$，有：

交换律：$z_1 + z_2 = z_2 + z_1$。

结合律：$(z_1 + z_2) + z_3 = z_1 + (z_2 + z_3)$。

(3) 几何意义。

如图 14-3 所示，设 $\overrightarrow{OZ_1}, \overrightarrow{OZ_2}$ 分别与复数 $a + bi, c + di$ 对应，则 $\overrightarrow{OZ_1} = (a,b), \overrightarrow{OZ_2} = (c,d)$。由平面向量的坐标运算，得

$$\overrightarrow{OZ_1} + \overrightarrow{OZ_2} = (a+c, b+d)$$

即两个向量 $\overrightarrow{OZ_1}$ 与 $\overrightarrow{OZ_2}$ 的和就是与复数 $(a+c) + (b+d)i$ 对应的向量。因此，复数的加法可以按向量的加法来进行。这就是复数加法的几何意义。复数减法的几何意义类似。

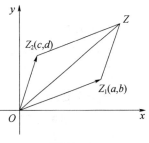

图 14-3

**2. 乘除运算**

设 $z_1 = a + bi, z_2 = c + di$ 是任意两个复数，则

$$z_1 \cdot z_2 = (a+bi)(c+di) = (ac - bd) + (ad + bc)i$$

$$\frac{z_1}{z_2} = \frac{a+bi}{c+di} = \frac{(a+bi)(c-di)}{(c+di)(c-di)} = \frac{(ac+bd) + (bc-ad)i}{c^2 + d^2} = \frac{ac+bd}{c^2+d^2} + \frac{bc-ad}{c^2+d^2}i$$

类似于根式除法中分子、分母都乘以分母的"有理化因式"从而使分母有理化的方法，在复数除法中，分子、分母都乘以分母的"实数化因式"（共轭复数），使分母"实数化"。

对任意的 $z_1, z_2, z_3 \in \mathbf{C}$，有：

交换律：$z_1 \cdot z_2 = z_2 \cdot z_1$。

结合律：$(z_1 \cdot z_2) \cdot z_3 = z_1 \cdot (z_2 \cdot z_3)$。

分配律：$z_1 \cdot (z_2 + z_3) = z_1 \cdot z_2 + z_1 \cdot z_3$。

**3. 常用公式**

(1) $|z| = |\bar{z}|$。

(2) $z + \bar{z} = 2a, z - \bar{z} = 2bi$。

(3) $z \cdot \bar{z} = |z|^2 = |\bar{z}|^2 = a^2 + b^2$，$|z| = 1 \Leftrightarrow z\bar{z} = 1 \Leftrightarrow \bar{z} = \frac{1}{z}$。

(4) $\bar{\bar{z}} = z$，$\overline{(z_1 \pm z_2)} = \bar{z_1} \pm \bar{z_2}$，$\overline{z_1 z_2} = \bar{z_1} \cdot \bar{z_2}$，$\overline{\left(\frac{z_1}{z_2}\right)} = \frac{\bar{z_1}}{\bar{z_2}}$。

(5) $z = \bar{z} \Leftrightarrow z \in \mathbf{R}$。

(6) $i^{4n+1} = i$，$i^{4n+2} = -1$，$i^{4n+3} = -i$，$i^{4n+4} = 1$，$i^{4n} + i^{4n+1} + i^{4n+2} + i^{4n+3} = 0 (n \in \mathbf{N})$。

(7) $(1 \pm i)^2 = \pm 2i$。

(8) $\frac{1+i}{1-i} = i$，$\frac{1-i}{1+i} = -i$，$\left(\frac{1 \pm i}{\sqrt{2}}\right)^2 = \pm i$。

(9) 设 $\omega = \frac{-1 + \sqrt{3}i}{2}$ 是 1 的立方虚根，即 $\omega^3 = 1$，则 $1 + \omega + \omega^2 = 0, \omega^{3n+1} = \omega, \omega^{3n+2} = \bar{\omega}, \omega^{3n+3} = 1 (n \in \mathbf{N})$。

(10) 模的性质：$||z_1| - |z_2|| \leq |z_1 \pm z_2| \leq |z_1| + |z_2|$，$|z_1 z_2| = |z_1||z_2|$，$\left|\frac{z_1}{z_2}\right| =$

$\dfrac{|z_1|}{|z_2|}$；$|z^n|=|z|^n$。

(11) 运算律：① $z^m \cdot z^n = z^{m+n}$；② $(z^m)^n = z^{mn}$；③ $(z_1 \cdot z_2)^m = z_1^m z_2^m (m, n \in \mathbf{N})$。

## 典型例题

**一、选择题**

**例1** 若 $z = 1 + i$，则 $|z^2 - 2z| = ($   $)$。

A. 0      B. 1      C. $\sqrt{2}$      D. 2

【解析】D。由 $z = 1 + i$，则 $z^2 = 2i$，因此 $|z^2 - 2z| = |2i - 2 - 2i| = |-2| = 2$。故选 D。

**例2** 设 $z = i(2 + i)$，则 $\bar{z} = ($   $)$。

A. $1 + 2i$     B. $-1 + 2i$     C. $1 - 2i$     D. $-1 - 2i$

【解析】D。由题可得 $z = i(2 + i) = 2i + i^2 = -1 + 2i$，所以 $\bar{z} = -1 - 2i$，故选 D。

**例3** 若 $z(1 + i) = 2i$，则 $z = ($   $)$。

A. $-1 - i$     B. $-1 + i$     C. $1 - i$     D. $1 + i$

【解析】D。由题可得 $z = \dfrac{2i}{1+i} = \dfrac{2i(1-i)}{(1+i)(1-i)} = 1 + i$。故选 D。

**例4** 已知复数 $z = 2 + i$，则 $z \cdot \bar{z} = ($   $)$。

A. $\sqrt{3}$      B. $\sqrt{5}$      C. 3      D. 5

【解析】D。因为 $z = 2 + i$，所以 $\bar{z} = 2 - i$，所以 $z \cdot \bar{z} = (2 + i)(2 - i) = 5$，故选 D。

**例5** 设 $z = \dfrac{1-i}{1+i} + 2i$，则 $|z| = ($   $)$。

A. 0      B. $\dfrac{1}{2}$      C. 1      D. $\sqrt{2}$

【解析】C。因为 $z = \dfrac{1-i}{1+i} + 2i = \dfrac{(1-i)^2}{(1+i)(1-i)} + 2i = \dfrac{-2i}{2} + 2i = i$，所以 $|z| = \sqrt{0 + 1^2} = 1$，故选 C。

**例6** $i(2 + 3i) = ($   $)$。

A. $3 - 2i$     B. $3 + 2i$     C. $-3 - 2i$     D. $-3 + 2i$

【解析】D。$i(2 + 3i) = 2i + 3i^2 = -3 + 2i$，故选 D。

**例7** $(1 + 2i)(2 + i) = ($   $)$。

A. $4 + 5i$     B. $5i$     C. $-5i$     D. $2 + 3i$

【解析】B。$(1 + 2i)(2 + i) = 2 + i + 4i + 2i^2 = 5i$。故选 B。

**例8** 在复平面内，复数 $\dfrac{1}{1-i}$ 的共轭复数对应的点位于（   ）。

A. 第一象限    B. 第二象限    C. 第三象限    D. 第四象限

【解析】D。$\dfrac{1}{1-i} = \dfrac{1+i}{(1-i)(1+i)} = \dfrac{1}{2} + \dfrac{1}{2}i$ 的共轭复数为 $\dfrac{1}{2} - \dfrac{1}{2}i$，对应点为 $\left(\dfrac{1}{2}, -\dfrac{1}{2}\right)$，在第四象限，故选 D。

**例9** 复数 $\dfrac{2}{1-i}$ 的共轭复数是（   ）。

A. $1+i$   B. $1-i$   C. $-1+i$   D. $-1-i$

【解析】B。$\because \dfrac{2}{1-i} = \dfrac{2(1+i)}{2} = 1+i$,$\therefore$ 共轭复数为 $1-i$,故选 B。

**例 10** 已知 i 是虚数单位,则 $(1-i)^4 = ($   $)$。

A. $-4$   B. $4$   C. $-4i$   D. $4i$

【解析】A。$(1-i)^4 = ((1-i)^2)^2 = (-2i)^2 = -4$。故选 A。

**例 11** 设复数 $z$ 满足 $|z-i| = 1$,$z$ 在复平面内对应的点为 $(x,y)$,则(   )。

A. $(x+1)^2 + y^2 = 1$   B. $(x-1)^2 + y^2 = 1$

C. $x^2 + (y-1)^2 = 1$   D. $x^2 + (y+1)^2 = 1$

【解析】C。由题意,得 $z = x + yi$,则 $|z-i| = |(x+yi) - i| = |x + (y-1)i| = 1$,因此 $x^2 + (y-1)^2 = 1$。故选 C。

**例 12** 在复平面内,复数 $z$ 对应的点的坐标是 $(1,2)$,则 $iz = ($   $)$。

A. $1+2i$   B. $-2+i$   C. $1-2i$   D. $-2-i$

【解析】B。由题意,得 $z = 1+2i$,则 $iz = i(1+2i) = i + 2i^2 = -2+i$。故选 B。

## 二、填空题

**例 1** i 是虚数单位,则 $\left|\dfrac{5-i}{1+i}\right|$ 的值为_____。

【解析】由题可得 $\left|\dfrac{5-i}{1+i}\right| = \left|\dfrac{(5-i)(1-i)}{(1+i)(1-i)}\right| = |2-3i| = \sqrt{13}$。

**例 2** 复数 $z = \dfrac{1}{1+i}$(i 为虚数单位),则 $|z| = $_____。

【解析】由题可得 $|z| = \dfrac{1}{|1+i|} = \dfrac{1}{\sqrt{2}} = \dfrac{\sqrt{2}}{2}$。

**例 3** 已知复数 $(a+2i)(1+i)$ 的实部为 0,其中 i 为虚数单位,则实数 $a$ 的值是_____。

【解析】由题可得 $(a+2i)(1+i) = a + ai + 2i + 2i^2 = a - 2 + (a+2)i$,令 $a - 2 = 0$,解得 $a = 2$。

**例 4** i 是虚数单位,复数 $\dfrac{8-i}{2+i} = $_____。

【解析】由复数的运算法则可得 $\dfrac{8-i}{2+i} = \dfrac{(8-i)(2-i)}{(2+i)(2-i)} = \dfrac{16 - 10i + i^2}{5} = \dfrac{15 - 10i}{5} = 3 - 2i$。

**例 5** 已知 i 是虚数单位,则复数 $z = (1+i)(2-i)$ 的实部是_____。

【解析】$\because z = (1+i)(2-i) = 2 + i - i^2 = 3 + i$,$\therefore$ 它的实部为 3。

**例 6** 已知 $a \in \mathbf{R}$,若 $a - 1 + (a-2)i$(i 为虚数单位)是实数,则 $a = $_____。

【解析】当 $a - 2 = 0$,即 $a = 2$ 时,$a - 1 + (a-2)i = 1$ 是实数。

# 强化训练

## 一、选择题

1. 设复数 $z$ 满足 $iz = 1$,其中 i 为虚数单位,则 $z = ($   $)$。

A. $-i$   B. $i$   C. $-1$   D. $1$

2. 若复数 $z=1+\mathrm{i}$，i 为虚数单位，则 $(1+z)\cdot z=(\quad)$。

A. $1+3\mathrm{i}$  B. $3+3\mathrm{i}$

C. $3-\mathrm{i}$  D. 3

3. 设 $(1+\mathrm{i})x=1+y\mathrm{i}$，其中 $x,y$ 是实数，则 $|x+y\mathrm{i}|=(\quad)$。

A. 1  B. $\sqrt{2}$  C. $\sqrt{3}$  D. 2

4. 已知复数 $z=1+\mathrm{i}$，$\bar{z}$ 为 $z$ 的共轭复数，则下列结论正确的是（   ）。

A. $\bar{z}=-1-\mathrm{i}$  B. $\bar{z}=-1+\mathrm{i}$

C. $|\bar{z}|=2$  D. $|\bar{z}|=\sqrt{2}$

5. 已知 $a,b\in\mathbf{R}$，复数 $a+b\mathrm{i}=\dfrac{2\mathrm{i}}{1-\mathrm{i}}$，则 $a+b=(\quad)$。

A. 2  B. 1  C. 0  D. -2

6. 若 i 为虚数单位，则复数 $z=5\mathrm{i}(3-4\mathrm{i})$ 在复平面内对应的点所在的象限为（   ）。

A. 第一象限  B. 第二象限

C. 第三象限  D. 第四象限

7. 复数 $\dfrac{1-3\mathrm{i}}{\mathrm{i}^{3}}$ 的共轭复数是（   ）。

A. $-3+\mathrm{i}$  B. $-3-\mathrm{i}$

C. $3+\mathrm{i}$  D. $3-\mathrm{i}$

8. 已知 i 是虚数单位，且复数 $z_1=3-b\mathrm{i}$，$z_2=1-2\mathrm{i}$，若 $\dfrac{z_1}{z_2}$ 是实数，则实数 $b$ 的值为（   ）。

A. 6  B. -6

C. 0  D. $\dfrac{1}{6}$

9. 复平面内表示复数 $z=\mathrm{i}(-2+\mathrm{i})$ 的点位于（   ）。

A. 第一象限  B. 第二象限

C. 第三象限  D. 第四象限

10. 已知 $a\in\mathbf{R}$，i 是虚数单位，若 $z=a+\sqrt{3}\mathrm{i}$，$z\cdot\bar{z}=4$，则 $a=(\quad)$。

A. 1 或 -1  B. $\sqrt{7}$ 或 $-\sqrt{7}$

C. $-\sqrt{3}$  D. $\sqrt{3}$

11. 已知 i 是虚数单位，若复数满足 $z\mathrm{i}=1+\mathrm{i}$，则 $z^2=(\quad)$。

A. $-2\mathrm{i}$  B. $2\mathrm{i}$

C. $-2$  D. 2

12. 设 i 为虚数单位，则复数 $(1+\mathrm{i})^{2}=(\quad)$。

A. 0  B. 2

C. $2\mathrm{i}$  D. $2+2\mathrm{i}$

13. 复数 $\dfrac{2-\mathrm{i}}{1+2\mathrm{i}}=(\quad)$。

A. 1  B. -1

C. i  D. $-\mathrm{i}$

## 二、填空题

1. i 为虚数单位,设 $z = 1 + i + i^2 + i^3 + i^4 + i^5$,则 $|z| = ($    $)$。

2. 已知复数 $(x^2 - 6x + 5) + (x - 2)i$ 在复平面内对应的点在第三象限,则实数 $x$ 的取值范围是_____。

3. 复数 $\dfrac{3-i}{1-2i}$ 的共轭复数是(    )。

4. 记 i 是虚数单位,复数 $z$ 满足 $(1+i)z = 2$,则 $z$ 的实部为_____。

## 三、解答题

1. 实数 $m$ 分别取什么数值时复数 $z = (m^2 + 5m + 6) + (m^2 - 2m - 15)i$ 满足以下要求。
  (1) 与复数 $2 - 12i$ 相等;
  (2) 与复数 $12 + 16i$ 互为共轭复数;
  (3) 对应的点在 $x$ 轴上方。

2. 计算:$\dfrac{-2\sqrt{3}+i}{1+2\sqrt{3}i} + \left(\dfrac{\sqrt{2}}{1+i}\right)^{2012} + \dfrac{(4-8i)^2 - (-4+8i)^2}{\sqrt{11}-\sqrt{7}i}$。

3. 复数 $z_1 = \dfrac{3}{a+5} + (10-a^2)i, z_2 = \dfrac{2}{1-a} + (2a-5)i$,若 $\overline{z_1} + z_2$ 是实数,求实数 $a$ 的值。

4. 已知复数 $z = \dfrac{\sqrt{3}+i}{(1-\sqrt{3}i)^2}$,求 $z \cdot \bar{z}$。

# 【强化训练解析】

## 一、选择题

1. A。由 $iz = 1$ 得 $z = \dfrac{1}{i} = -i$。

2. A。$(1+z)z = z + z^2 = 1 + i + (1+i)^2 = 1 + i + 2i = 1 + 3i$。

3. B。由 $(1+i)x = x + xi$,结合条件,有 $x + xi = 1 + yi$,因此 $x = 1, x = y$,所以 $|x + yi| = |1 + i| = \sqrt{2}$。故选 B。

4. D。因为 $z = 1 + i$,所以 $\bar{z} = 1 - i, |\bar{z}| = \sqrt{2}$。

5. C。$a + bi = \dfrac{2i}{1-i} = \dfrac{2i(1+i)}{(1-i)(1+i)} = \dfrac{2(-1+i)}{2} = -1 + i$,所以 $a = -1, b = 1, a + b = 0$。

6. A。$z = 5i(3 - 4i) = 20 + 15i$,则复数对应的点在第一象限。

7. D。$\dfrac{1-3i}{i^3} = (1-3i)i = 3 + i$。故共轭复数为 $3 - i$。

8. A。因为 $\dfrac{z_1}{z_2} = \dfrac{3-bi}{1-2i} = \dfrac{(3-bi)(1+2i)}{(1-2i)(1+2i)} = \dfrac{3+2b}{5} + \dfrac{6-b}{5}i$,当 $\dfrac{6-b}{5} = 0$ 时,$\dfrac{z_1}{z_2}$ 是实数,所以 $b = 6$。

9. C。由题意得 $z = -1 - 2i$,在第三象限。

10. A。由 $z = a + \sqrt{3}i, z \cdot \bar{z} = 4$ 得 $a^2 + 3 = 4$,所以 $a = \pm 1$。

11. A。由 $zi = 1 + i$ 得 $(zi)^2 = (1+i)^2$,即 $-z^2 = 2i$,故 $z^2 = -2i$。

12. C。由题意得 $(1+i)^2 = 1 + 2i + i^2 = 2i$。

13. D。 $\dfrac{2-i}{1+2i} = \dfrac{(2-i)(1-2i)}{(1+2i)(1-2i)} = \dfrac{2-5i-2}{5} = -i$。

二、填空题

1. $\sqrt{2}$。 $z = 1 + i + i^2 + i^3 + i^4 + i^5 = 1 + i - 1 - i + 1 + i = 1 + i$,故 $|z| = |1+i| = \sqrt{2}$。

2. $(1,2)$。因为 $x$ 为实数,所以 $x^2 - 6x + 5$ 和 $x - 2$ 都是实数。

由题意得 $\begin{cases} x^2 - 6x + 5 < 0 \\ x - 2 < 0 \end{cases}$,解得 $\begin{cases} 1 < x < 5 \\ x < 2 \end{cases}$。

即 $1 < x < 2$。故 $x$ 的取值范围是 $(1,2)$。

3. $1 - i$。 $\dfrac{3-i}{1-2i} = \dfrac{(3-i)(1+2i)}{(1-2i)(1+2i)} = \dfrac{5+5i}{5} = 1 + i$,所以其共轭复数为 $1 - i$。

4. 1。 $(1+i)z = 2 \Rightarrow z = \dfrac{2}{1+i} = 1 - i$,所以 $z$ 的实部为 1。

三、解答题

1. 解:(1)根据复数相等的充要条件得

$\begin{cases} m^2 + 5m + 6 = 2 \\ m^2 - 2m - 15 = -12 \end{cases}$,解得 $m = -1$。

(2)根据共轭复数的定义得

$\begin{cases} m^2 + 5m + 6 = 12 \\ m^2 - 2m - 15 = -16 \end{cases}$,解得 $m = 1$。

(3)根据复数 $z$ 对应点在 $x$ 轴上方可得 $m^2 - 2m - 15 > 0$,

解得 $m < -3$ 或 $m > 5$。

2. 解: $\dfrac{-2\sqrt{3} + i}{1 + 2\sqrt{3}i} + \left(\dfrac{\sqrt{2}}{1+i}\right)^{2012} + \dfrac{(4-8i)^2 - (-4+8i)^2}{\sqrt{11} - \sqrt{7}i}$

$= \dfrac{(-2\sqrt{3}+i)(1-2\sqrt{3}i)}{(1+2\sqrt{3}i)(1-2\sqrt{3}i)} + \left[\left(\dfrac{\sqrt{2}}{1+i}\right)^2\right]^{1006} + \dfrac{(4-8i)^2 - (4-8i)^2}{\sqrt{11} - \sqrt{7}i}$

$= \dfrac{13i}{13} + \left(\dfrac{1}{i}\right)^{1006} + 0$

$= i + (-i)^{1006}$

$= i + i^2$

$= -1 + i$。

3. 解: $\overline{z_1} + z_2 = \dfrac{3}{a+5} - (10 - a^2)i + \dfrac{2}{1-a} + (2a-5)i$

$= \dfrac{3}{a+5} + \dfrac{2}{1-a} + (2a - 5 - 10 + a^2)i$

$= \dfrac{3(1-a) + 2(a+5)}{(a+5)(1-a)} + (a^2 + 2a - 15)i$。

因为 $\overline{z_1} + z_2$ 是实数,

所以 $a^2 + 2a - 15 = 0$,解得 $a = -5$ 或 $a = 3$。

因为分母 $a + 5 \neq 0$,所以 $a \neq -5$,故 $a = 3$。

4. 解：$z = \dfrac{\sqrt{3}+i}{(1-\sqrt{3}i)^2} = \dfrac{\sqrt{3}+i}{1-2\sqrt{3}i+3i^2} = \dfrac{\sqrt{3}+i}{-2-2\sqrt{3}i} = \dfrac{(\sqrt{3}+i)(1-\sqrt{3}i)}{-2(1+\sqrt{3}i)(1-\sqrt{3}i)}$

$= \dfrac{\sqrt{3}-2i-\sqrt{3}i^2}{-2 \cdot 4} = \dfrac{2\sqrt{3}-2i}{-8} = -\dfrac{\sqrt{3}}{4}+\dfrac{i}{4}$,

则 $\bar{z} = -\dfrac{\sqrt{3}}{4}-\dfrac{i}{4}$。

故 $z \cdot \bar{z} = \left(-\dfrac{\sqrt{3}}{4}+\dfrac{i}{4}\right)\left(-\dfrac{\sqrt{3}}{4}-\dfrac{i}{4}\right) = \dfrac{3}{16}-\dfrac{i^2}{16} = \dfrac{1}{4}$。

二〇二〇年军队院校生长军(警)官招生文化科目统一考试

# 士兵高中数学试题

考生须知
1. 本试卷共三大题，考试时间150分钟，满分150分。
2. 将部别、姓名、考生号分别填涂在试卷及答题卡指定位置上。
3. 所有答案均须填涂在答题卡上，填涂在试卷上的答案一律不得分。
4. 考试结束后，试卷及答题卡全部上交并分别封存。

一、单项选择题（每小题4分，共36分）

1. 已知集合 $A = \{(x,y) \mid x^2 + y^2 \leq 3, x \in \mathbb{Z}, y \in \mathbb{Z}\}$，则 $A$ 中元素的个数为（　）.

   A. 9　　　　B. 8　　　　C. 5　　　　D. 4

2. 若 $z = 1 + 2i$，则 $\dfrac{4i}{z\bar{z}-1} = $（　）.

   A. 1　　　　B. $-1$　　　　C. $i$　　　　D. $-i$

3. "$\sin\alpha = \cos\alpha$" 是 "$\cos 2\alpha = 0$" 的（　）.

   A. 充分不必要条件　　　　B. 必要不充分条件
   C. 充分必要条件　　　　　D. 既不充分也不必要条件

4. 公比为3的等比数列 $\{a_n\}$ 的各项都是正数，且 $a_1 a_5 = 9$，则 $\log_3 a_6 = $（　）.

   A. 7　　　　B. 6　　　　C. 5　　　　D. 4

5. 设 $a = \log_{0.2} 0.3$，$b = \log_2 0.3$，则（　）.

   A. $a + b < ab < 0$　　　　B. $ab < a + b < 0$
   C. $a + b < 0 < ab$　　　　D. $ab < 0 < a + b$

6. 要从甲、乙等8名战士中选4人在训练工作总结会上发言，若甲、乙都被选中，且他们发言中间恰好间隔一人，那么不同的发言顺序共有（　）.

   A. 20种　　　　B. 24种　　　　C. 120种　　　　D. 60种

7. 已知 $\alpha \in \left(0, \dfrac{\pi}{2}\right)$，$2\sin 2\alpha = \cos 2\alpha + 1$，则 $\sin\alpha = $（　）.

   A. $\dfrac{1}{5}$　　　　B. $\dfrac{2\sqrt{5}}{5}$　　　　C. $\dfrac{\sqrt{3}}{3}$　　　　D. $\dfrac{\sqrt{5}}{5}$

8. 2019年以来,全球范围发生了一场史无前例的新冠疫情,给世界人民造成了巨大的灾难,面对这场突如其来的疫情,在党中央习主席的领导下,中国人民上下同心,表现出了无穷的智慧,迅速控制了疫情,为控制疫情在全球的传播作出了重要贡献。假设某地从疫情发生以来,某连续七天中每天发现的新增新冠确诊人数的散点趋势图如图所示。请你据此判断,该地新增新冠确诊人数,在这七天中满足的规律可能是( ).

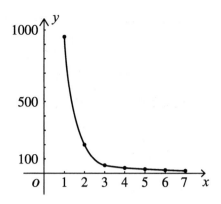

A. $y = 1000 - 75x$ 　　　　　　　　B. $y = 925 \cdot 4^{1-x}$

C. $y = 925\log_2(x+1)$ 　　　　　　D. $y = \dfrac{925}{x}$

9. 已知 $F_1, F_2$ 分别是双曲线 $C: y^2 - x^2 = 1$ 的上、下焦点,点 $P$ 是其一条渐近线上一点,且以线段 $F_1F_2$ 为直径的圆经过点 $P$,则 $\triangle PF_1F_2$ 的面积为( ).

A. $\sqrt{2}$ 　　　　B. $\dfrac{\sqrt{2}}{2}$ 　　　　C. 2 　　　　D. 1

二、填空题(每小题4分,共32分)

10. 已知 $\lim\limits_{n \to \infty} \dfrac{3^n}{3^{n+1} + (a+1)^n} = \dfrac{1}{3}$,则 $a$ 的取值范围为_____.

11. 已知 $a, b \in \mathbf{R}$,且 $a - 3b + 6 = 0$,则 $2^a + \dfrac{1}{8^b}$ 的最小值为_____.

12. 在平行四边形 $ABCD$ 中,$AD = 1$,$\angle BAD = 60°$,$E$ 为 $CD$ 的中点,若 $\overrightarrow{AC} \cdot \overrightarrow{BE} = 1$,则 $AB$ 的长为_____.

13. 在二项式 $(x-1)^{11}$ 的展开式中,系数最小的项的系数为_____.

14. 已知 $\tan\left(\alpha + \dfrac{\pi}{4}\right) = \dfrac{1}{2}$,且 $-\dfrac{\pi}{2} < \alpha < 0$,则 $\dfrac{2\sin^2\alpha + \sin 2\alpha}{\cos\left(\alpha - \dfrac{\pi}{4}\right)} = $ _____.

15. 设 $O$ 为坐标原点,曲线 $x^2 + y^2 + 2x - 6y + 1 = 0$ 上有两点 $P, Q$,满足关于直线 $x + my + 4 = 0$ 对称,则 $m = $ _____.

16. 设函数 $f(x)$ 在 $(0, +\infty)$ 内可导,且 $f(e^x) = x + e^x$,则 $f'(1) = $ _____.

17. 若以连续掷两次骰子分别得到的点数 $m, n$ 作为 $P$ 点的坐标,则点 $P$ 落在圆 $x^2 + y^2 = 16$ 内的概率是_____.

三、解答题(共7小题,共82分,解答应写出文字说明,演算步骤或证明过程)

18. (10分)如图,已知四边形$ABCD$是矩形,平面$ABCD\perp$平面$BCE$,$BC=EC$,$F$是$BE$的中点.

(1)求证:$DE//$平面$ACF$;

(2)求证:平面$ACF\perp$平面$ABE$.

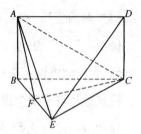

19. (12分)在$\triangle ABC$中,角$A,B,C$所对的边分别为$a,b,c$,若$b\cos A+a\cos B=-2c\cos C$.

(1)求$C$的大小;

(2)若$b=2a$,且$\triangle ABC$的面积为$2\sqrt{3}$,求$c$.

20. (12分)已知函数$f(x)=-x-\ln(-x)$,$x\in[-e,0)$,其中$e$为自然对数的底数.

(1)求$f(x)$的单调区间和极值;

(2)证明:$f(x)+\dfrac{\ln(-x)}{x}>\dfrac{1}{2}$.

21. (12分)已知数列$\{a_n\}$的前$n$项和$S_n=-a_n-\left(\dfrac{1}{2}\right)^{n-1}+2$ $(n\in\mathbf{N}^*)$,数列$\{b_n\}$满足$b_n=2^n a_n$.

(1)证明:数列$\{b_n\}$是等差数列,并求数列$\{a_n\}$的通项公式;

(2)设$c_n=\log_2\dfrac{n}{a_n}$,数列$\left\{\dfrac{2}{c_n c_{n+2}}\right\}$的前$n$项和为$T_n$,求满足$T_n<\dfrac{25}{21}$ $(n\in\mathbf{N}^*)$的$n$的最大值.

22. (12分)已知椭圆$C:\dfrac{x^2}{a^2}+\dfrac{y^2}{b^2}=1(a>b>0)$的离心率为$\dfrac{\sqrt{3}}{3}$,且椭圆$C$过点$\left(\dfrac{3}{2},\dfrac{\sqrt{2}}{2}\right)$.

(1)求椭圆$C$的标准方程;

(2)过椭圆$C$的右焦点的直线$l$与椭圆$C$分别相交于$A,B$两点,且与圆$O:x^2+y^2=2$相交于$E,F$两点,求$|AB|\cdot|EF|^2$的取值范围.

23. (12分)为检验某种新型训练方式的训练效果,某特战营将参加试验的6名男战士$A_1$,$A_2,A_3,A_4,A_5,A_6$和4名女战士$B_1,B_2,B_3,B_4$随机分成两组,每组5人.甲组采用新型训练方式训练,乙组采用原训练方式训练.

(1)求甲组战士中包含$A_1$但不包含$B_1$的概率;

(2)用$X$表示乙组中女战士的人数,求$X$的分布列与数学期望$E(X)$.

24. (12分)某训练基地外围有两条相互垂直的直线型公路,为进一步改善基地的交通现状,计划修建一条连接两条公路和基地边界的直线型公路,记两条相互垂直的公路为$l_1, l_2$,基地边界曲线为$C$,计划修建的公路为$l$,如图所示,$M, N$为$C$的两个端点,测得点$M$到$l_1, l_2$的距离分别为5km和40km,点$N$到$l_1, l_2$的距离分别为20km和2.5km,以$l_2, l_1$所在的直线分别为$x, y$轴,建立平面直角坐标系$xOy$,假设曲线$C$符合函数$y = \dfrac{a}{x^2 + b}$(其中$a, b$为常数)模型.

(1)求$a, b$的值;

(2)设公路$l$与曲线$C$相切于点$P, P$的横坐标为$t$.

①请写出公路$l$长度的函数解析式$f(t)$,并写出其定义域;

②当$t$为何值时,公路$l$的长度最短?求出最短长度.

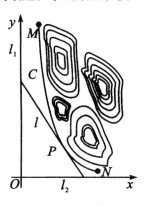

# 二〇二〇年军队院校生长军(警)官招生文化科目统一考试
## 士兵高中数学试题参考答案及评分标准

说明:

　　(1)本解答中给出的各题的解法,供评卷时参考.如考生用其它解法,可参照本评分标准进行评分.

　　(2)如果考生的解答在某一步出现错误,影响后续部分,而未改变该题的基本内容和难度,应视影响程度决定对后续部分的评分,但原则上不得超过后续部分应得分数之半;如果是严重概念性错误,就不给分.

　　(3)解答题中,各行右端所注分数表示正确做完该步后应得的累计分数(题中有小题的,为小题的累计分数).

一、单项选择题(每小题 4 分,共 36 分)

　1. A;　　2. C;　　3. A;　　4. D;　　5. B;　　6. C;　　7. D;　　8. B;　　9. A.

二、填空题(每小题 4 分,共 32 分)

　10. $-4 < a < 2$;　　11. $\dfrac{1}{4}$;　　12. $\dfrac{1}{2}$;　　13. $-462$;

　14. $-\dfrac{2\sqrt{5}}{5}$;　　15. $-1$;　　16. 2;　　17. $\dfrac{2}{9}$.

三、解答题(共 7 小题,共 82 分)

18. (本题满分 10 分)

　　证明:(1)如图,连结 $BD$,交 $AC$ 于点 $O$,连结 $OF$.

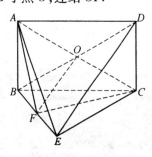

　　因为四边形 $ABCD$ 是矩形,$O$ 是矩形 $ABCD$ 对角线的交点,所以 $O$ 为 $BD$ 的中点.
　　又因为 $F$ 是 $BE$ 的中点,
　　所以在 $\triangle BED$ 中,$OF \parallel DE$. ································· 2 分
　　因为 $OF \subset$ 平面 $ACF$,$DE \not\subset$ 平面 $ACF$,
　　所以 $DE \parallel$ 平面 $ACF$. ································· 5 分

(2)因为四边形 $ABCD$ 是矩形,所以 $AB \perp BC$.

又因为平面 $ABCD \perp$ 平面 $BCE$,且平面 $ABCD \cap$ 平面 $BCE = BC$,$AB \subset$ 平面 $ABCD$,

所以 $AB \perp$ 平面 $BCE$. ································································ 6 分

因为 $CF \subset$ 平面 $BCE$,所以 $AB \perp CF$ ································· 7 分

在 $\triangle BCE$ 中,因为 $CE = CB$,$F$ 是 $BE$ 的中点,

所以 $CF \perp BE$. ································································ 8 分

因为 $AB \subset$ 平面 $ABE$,$BE \subset$ 平面 $ABE$,$AB \cap BE = B$,

所以 $CF \perp$ 平面 $ABE$. ································································ 9 分

又 $CF \subset$ 平面 $AFC$,所以平面 $AFC \perp$ 平面 $ABE$. ································· 10 分

19.(本题满分 12 分)

解:(1)由正弦定理 $\dfrac{a}{\sin A} = \dfrac{b}{\sin B} = \dfrac{c}{\sin C}$,且 $b\cos A + a\cos B = -2c\cos C$ 得

$\sin B\cos A + \sin A\cos B = -2\sin C\cos C$,所以 $\sin(B+A) = -2\sin C\cos C$. ············· 2 分

又 $A,B,C$ 为三角形内角,所以 $B + A = \pi - C$,

所以 $\sin C = -2\sin C\cos C$.

因为 $C \in (0,\pi)$,所以 $\sin C > 0$. ································································ 4 分

所以 $\cos C = -\dfrac{1}{2}$, ································································ 5 分

所以 $C = \dfrac{2}{3}\pi$. ································································ 6 分

(2)因为 $\triangle ABC$ 的面积为 $2\sqrt{3}$,所以 $\dfrac{1}{2}ab\sin C = 2\sqrt{3}$,所以 $ab = \dfrac{4\sqrt{3}}{\sin C}$,

由(1)知 $C = \dfrac{2}{3}\pi$,所以 $\sin C = \dfrac{\sqrt{3}}{2}$,所以 $ab = 8$. ························· 9 分

又因为 $b = 2a$,解得 $a = 2$,$b = 4$,

所以 $c^2 = a^2 + b^2 - 2ab\cos C = 2^2 + 4^2 - 2 \times 2 \times 4 \times (-\dfrac{1}{2}) = 28$, ············· 11 分

所以 $c = 2\sqrt{7}$. ································································ 12 分

20.(本题满分 12 分)

(1)解:∵ $f(x) = -x - \ln(-x)$,

∴ $f'(x) = -1 - \dfrac{1}{x}$,$x \in [-e, 0)$

令 $f'(x) = 0$,得 $x = -1$, ································································ 2 分

∴ 当 $-e \leq x < -1$ 时,$f'(x) < 0$,$f(x)$ 单调递减;

当 $-1 < x < 0$ 时,$f'(x) > 0$,$f(x)$ 单调递增.

∴ $f(x)$ 的单调递减区间是 $[-e, -1)$,单调递增区间是 $(-1, 0)$. ························· 4 分

∴ $f(x)$ 有极小值,为 $f(-1) = 1$;无极大值. ································································ 6 分

(2)证明:要证 $f(x)+\dfrac{\ln(-x)}{x}>\dfrac{1}{2}$,即证 $f(x)>\dfrac{1}{2}-\dfrac{\ln(-x)}{x}$.

由(1)知,$f(x)$ 的最小值为 $f(-1)=1$. ·········· 8分

令 $g(x)=\dfrac{1}{2}-\dfrac{\ln(-x)}{x}$,则 $g'(x)=-\dfrac{1-\ln(-x)}{x^2}$,

∴当 $x\in[-e,0)$ 时,$g'(x)\leq 0$,∴$g(x)$ 在 $[-e,0)$ 上单调递减. ·········· 10分

∴$g(x)$ 的最大值为 $g(-e)=\dfrac{1}{2}+\dfrac{1}{e}<1$,∴$f(x)_{\min}>g(x)_{\max}$.

即 $f(x)+\dfrac{\ln(-x)}{x}>\dfrac{1}{2}$ 成立. ·········· 12分

21.(本题满分12分)

(1)证明:在 $S_n=-a_n-\left(\dfrac{1}{2}\right)^{n-1}+2$ 中,令 $n=1$,

可得 $a_1=S_1=-a_1-1+2$,所以 $a_1=\dfrac{1}{2}$, ·········· 1分

当 $n\geq 2$ 时,$S_{n-1}=-a_{n-1}-\left(\dfrac{1}{2}\right)^{n-2}+2$,

所以 $a_n=S_n-S_{n-1}=-a_n+a_{n-1}+\left(\dfrac{1}{2}\right)^{n-1}$,

即 $2a_n=a_{n-1}+\left(\dfrac{1}{2}\right)^{n-1}$,

所以 $2^n a_n=2^{n-1}a_{n-1}+1$. ·········· 2分

而 $b_n=2^n a_n$,所以 $b_n=b_{n-1}+1$,

即当 $n\geq 2$ 时,$b_n-b_{n-1}=1$. ·········· 4分

又 $b_1=2a_1=1$,

所以数列 $\{b_n\}$ 是首项和公差均为1的等差数列. ·········· 5分

于是 $b_n=1+(n-1)\times 1=n$,

所以 $a_n=\dfrac{n}{2^n}$. ·········· 6分

(2)解:因为 $c_n=\log_2\dfrac{n}{a_n}=\log_2 2^n=n$,

所以 $\dfrac{2}{c_n c_{n+2}}=\dfrac{2}{n(n+2)}=\dfrac{1}{n}-\dfrac{1}{n+2}$,

所以 $T_n=\left(1-\dfrac{1}{3}\right)+\left(\dfrac{1}{2}-\dfrac{1}{4}\right)+\left(\dfrac{1}{3}-\dfrac{1}{5}\right)+\cdots+\left(\dfrac{1}{n-1}-\dfrac{1}{n+1}\right)+\left(\dfrac{1}{n}-\dfrac{1}{n+2}\right)$

$=1+\dfrac{1}{2}-\dfrac{1}{n+1}-\dfrac{1}{n+2}$, ·········· 8分

由 $T_n < \dfrac{25}{21}$，得 $1 + \dfrac{1}{2} - \dfrac{1}{n+1} - \dfrac{1}{n+2} < \dfrac{25}{21}$，

即 $\dfrac{1}{n+1} + \dfrac{1}{n+2} > \dfrac{13}{42}$. ·········································· 10 分

设 $f(n) = \dfrac{1}{n+1} + \dfrac{1}{n+2}$，$n \in \mathbf{N}^*$，

易知 $f(n) = \dfrac{1}{n+1} + \dfrac{1}{n+2}$ 单调递减，

因为 $f(4) = \dfrac{11}{30}$，$f(5) = \dfrac{13}{42}$，

所以 $n$ 的最大值为 4. ··························································· 12 分

22.(本题满分 12 分)

解:(1) 由题意得 $\dfrac{c}{a} = \dfrac{\sqrt{3}}{3}$，所以 $a^2 = \dfrac{3}{2}b^2$，

所以椭圆的方程为 $\dfrac{x^2}{\frac{3}{2}b^2} + \dfrac{y^2}{b^2} = 1$. ············································ 2 分

将点 $(\dfrac{3}{2}, \dfrac{\sqrt{2}}{2})$ 代入方程得 $b^2 = 2$，从而 $a^2 = 3$，

所以椭圆 $C$ 的标准方程为 $\dfrac{x^2}{3} + \dfrac{y^2}{2} = 1$. ······································ 4 分

(2) 由(1)可知,椭圆的右焦点为 $(1,0)$，

①若直线 $l$ 的斜率不存在，直线 $l$ 的方程为 $x = 1$.

则 $A\left(1, \dfrac{2\sqrt{3}}{3}\right)$，$B\left(1, -\dfrac{2\sqrt{3}}{3}\right)$，$E(1,1)$，$F(1,-1)$，

所以 $|AB| = \dfrac{4\sqrt{3}}{3}$，$|EF|^2 = 4$，$|AB| \cdot |EF|^2 = \dfrac{16\sqrt{3}}{3}$. ····················· 6 分

②若直线 $l$ 的斜率存在，设直线 $l$ 的方程为 $y = k(x-1)$，$A(x_1, y_1)$，$B(x_2, y_2)$.

联立 $\begin{cases} \dfrac{x^2}{3} + \dfrac{y^2}{2} = 1, \\ y = k(x-1), \end{cases}$ 可得 $(2 + 3k^2)x^2 - 6k^2 x + 3k^2 - 6 = 0$，

则 $x_1 + x_2 = \dfrac{6k^2}{2 + 3k^2}$，$x_1 x_2 = \dfrac{3k^2 - 6}{2 + 3k^2}$，

所以 $|AB| = \sqrt{(1+k^2)(x_1 - x_2)^2} = \sqrt{(1+k^2)\left[\left(\dfrac{6k^2}{2+3k^2}\right)^2 - 4 \times \dfrac{3k^2-6}{2+3k^2}\right]} = \dfrac{4\sqrt{3}(k^2+1)}{2+3k^2}$

······················································································· 8 分

因为圆心 $O(0,0)$ 到直线 $l$ 的距离 $d=\dfrac{|k|}{\sqrt{k^2+1}}$,

所以 $|EF|^2=4\left(2-\dfrac{k^2}{k^2+1}\right)=\dfrac{4(k^2+2)}{k^2+1}$, ·················· 10 分

所以 $|AB|\cdot|EF|^2=\dfrac{4\sqrt{3}(k^2+1)}{2+3k^2}\cdot\dfrac{4(k^2+2)}{k^2+1}=\dfrac{16\sqrt{3}(k^2+2)}{2+3k^2}$

$=\dfrac{16\sqrt{3}}{3}\cdot\dfrac{k^2+2}{k^2+\dfrac{2}{3}}=\dfrac{16\sqrt{3}}{3}\left(1+\dfrac{\dfrac{4}{3}}{k^2+\dfrac{2}{3}}\right).$

因为 $k^2\in[0,+\infty)$,所以 $|AB|\cdot|EF|^2\in\left[\dfrac{16\sqrt{3}}{3},16\sqrt{3}\right].$

综上,$|AB|\cdot|EF|^2\in\left[\dfrac{16\sqrt{3}}{3},16\sqrt{3}\right].$ ·················· 12 分

23.(本题满分 12 分)

解:(1)记甲组的战士中包含 $A_1$,但不包含 $B_1$ 的事件为 $M$,

则 $P(M)=\dfrac{C_8^4}{C_{10}^5}=\dfrac{5}{18}.$ ·················· 4 分

(2)由题意知 $X$ 可取的值为:0,1,2,3,4,则

$P(X=0)=\dfrac{C_6^5}{C_{10}^5}=\dfrac{1}{42}$,$P(X=1)=\dfrac{C_6^4 C_4^1}{C_{10}^5}=\dfrac{5}{21}$, ·················· 6 分

$P(X=2)=\dfrac{C_6^3 C_4^2}{C_{10}^5}=\dfrac{10}{21}$,$P(X=3)=\dfrac{C_6^2 C_4^3}{C_{10}^5}=\dfrac{5}{21}$,

$P(X=4)=\dfrac{C_6^1 C_4^4}{C_{10}^5}=\dfrac{1}{42}.$ ·················· 8 分

因此 $X$ 的分布列为:

| $X$ | 0 | 1 | 2 | 3 | 4 |
|---|---|---|---|---|---|
| $P$ | $\dfrac{1}{42}$ | $\dfrac{5}{21}$ | $\dfrac{10}{21}$ | $\dfrac{5}{21}$ | $\dfrac{1}{42}$ |

·················· 9 分

$X$ 的数学期望是:$E(X)=0\times\dfrac{1}{42}+1\times\dfrac{5}{21}+2\times\dfrac{10}{21}+3\times\dfrac{5}{21}+4\times\dfrac{1}{42}=2.$ ·········· 12 分

24. (本题满分 12 分)

解：(1) 由题意知，点 $M$, $N$ 的坐标分别为 $(5, 40)$, $(20, 2.5)$ ………………… 1 分

将其分别代入 $y = \dfrac{a}{x^2 + b}$，得 $\begin{cases} \dfrac{a}{25+b} = 40, \\ \dfrac{a}{400+b} = 2.5, \end{cases}$ ………………… 2 分

解之得 $a = 1000$, $b = 0$. ………………… 4 分

(2) ① 由 (1) 知，$y = \dfrac{1000}{x^2}$ ($5 \leqslant x \leqslant 20$)，则点 $P$ 的坐标为 $\left(t, \dfrac{1000}{t^2}\right)$， ………………… 5 分

设在点 $P$ 处的切线 $l$ 交 $x$, $y$ 轴分别于 $A$, $B$ 两点，

因为 $y' = -\dfrac{2000}{x^3}$，

则 $l$ 的方程为 $y - \dfrac{1000}{t^2} = -\dfrac{2000}{t^3}(x - t)$，由此得 $A\left(\dfrac{3t}{2}, 0\right)$, $B\left(0, \dfrac{3000}{t^2}\right)$. …… 7 分

故 $f(t) = \sqrt{\left(\dfrac{3t}{2}\right)^2 + \left(\dfrac{3000}{t^2}\right)^2} = \dfrac{3}{2}\sqrt{t^2 + \dfrac{4 \times 10^6}{t^4}}$, $t \in [5, 20]$. ………………… 8 分

② 设 $g(t) = t^2 + \dfrac{4 \times 10^6}{t^4}$，则 $g'(t) = 2t - \dfrac{16 \times 10^6}{t^5}$.

令 $g'(t) = 0$，解得 $t = 10\sqrt{2}$. ………………… 9 分

当 $t \in (5, 10\sqrt{2})$ 时，$g'(t) < 0$，$g(t)$ 是减函数；

当 $t \in (10\sqrt{2}, 20)$ 时，$g'(t) > 0$，$g(t)$ 是增函数. ………………… 10 分

从而，当 $t = 10\sqrt{2}$ 时，函数 $g(t)$ 有极小值，也是最小值，所以 $g(t)_{\min} = 300$，此时，$f(t)_{\min} = 15\sqrt{3}$.

答：当 $t = 10\sqrt{2}$ 时，公路 $l$ 的长度最短，最短长度为 $15\sqrt{3}$ km. ………………… 12 分

# 二〇二〇年军队院校士官招生文化科目统一考试

# 士兵高中数学试题

| 考生须知 | 1. 本试卷共三大题，考试时间150分钟，满分150分。<br>2. 将部别、姓名、考生号分别填涂在试卷及答题卡指定位置上。<br>3. 所有答案均须填涂在答题卡上，填涂在试卷上的答案一律不得分。<br>4. 考试结束后，试卷及答题卡全部上交并分别封存。 |
|---|---|

一、单项选择题（每小题4分，共36分）

1. 设集合 $S = \{x|(x-2)(x-3) \geq 0\}$，$T = \{x|x > 0\}$，则 $S \cap T = (\quad)$.

   A. $[2,3]$  B. $(-\infty,2] \cup [3,+\infty)$

   C. $[3,+\infty)$  D. $(0,2] \cup [3,+\infty)$

2. 若复数 $(1-i)(a+i)$ 在复平面内对应的点在第二象限，则实数 $a$ 的取值范围是（  ）.

   A. $(-\infty,1)$  B. $(-\infty,-1)$  C. $(1,+\infty)$  D. $(-1,+\infty)$

3. 设 $a \in \mathbf{R}$，则"$a > 1$"是"$a^3 > 1$"的（  ）.

   A. 充分非必要条件  B. 必要非充分条件

   C. 充要条件  D. 既非充分也非必要条件

4. 若等比数列的公比为2，且前4项和为1，则这个等比数列的前8项和为（  ）.

   A. 21  B. 19  C. 17  D. 15

5. 若 $0 < a < 1$，则下列不等式中正确的是（  ）.

   A. $(1-a)^{\frac{1}{3}} > (1-a)^{\frac{1}{2}}$  B. $\log_{(1-a)}(1+a) > 0$

   C. $(1-a)^3 > (1+a)^2$  D. $(1-a)^{(1+a)} > 1$

6. 已知 $(3x+1)^2(2-x)^7 = a_0 + a_1 x + \cdots + a_8 x^8 + a_9 x^9$，则 $a_0 + a_1 + \cdots + a_8$ 的值为（  ）.

   A. 24  B. 25  C. 26  D. 27

7. 已知 $\tan\alpha = \frac{1}{3}$，$\tan(\alpha-\beta) = \frac{1}{2}$，则 $\tan\beta = (\quad)$.

   A. $-\frac{1}{7}$  B. $\frac{1}{6}$  C. $\frac{5}{7}$  D. $\frac{5}{6}$

8. 2019年以来,全球范围内发生了一场史无前例的新冠疫情,给世界人民造成了巨大的灾难,面对这场突如其来的疫情,在党中央习主席的领导下,中国人民上下同心,表现出了无穷的智慧,迅速控制了疫情,为控制疫情在全球的传播作出了重要贡献。假设某地从疫情发生以来,某连续七天中每天发现的新增新冠确诊人数的散点趋势图如图所示。请你据此判断,该地新增新冠确诊人数,在这七天中满足的规律可能是( )。

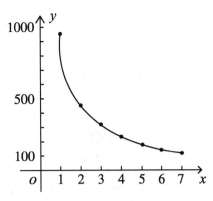

A. $y = 1000 - 75x$
B. $y = 925 \cdot 4^{1-x}$
C. $y = 925\log_2(x+1)$
D. $y = \dfrac{925}{x}$

9. 已知双曲线 $\dfrac{x^2}{a^2} - \dfrac{y^2}{b^2} = 1(a>0, b>0)$ 的焦距为 $4\sqrt{2}$,且两条渐近线互相垂直,则该双曲线的实轴长为( )。

A. 2    B. 4    C. 6    D. 8

二、填空题(每小题4分,共32分)

10. $\lim\limits_{n\to\infty}\left(\dfrac{1+2+\cdots+n}{n+2} - \dfrac{n}{2}\right) = $ _____.

11. 若直线 $\dfrac{x}{a} + \dfrac{y}{b} = 1(a>0, b>0)$ 过点 $(1,2)$,则 $2a+b$ 的最小值为_____.

12. 已知正方形 $ABCD$ 的边长为 $2$,$E$ 为 $CD$ 的中点,则 $\overrightarrow{AE} \cdot \overrightarrow{BD} = $ _____.

13. $(\sqrt{x}+2)^n$ 的展开式中第5项的系数是第4项系数的2倍,则 $n = $ _____.

14. 已知 $\alpha$ 为锐角,$2\sin 2\alpha = \cos 2\alpha + 1$,则 $\sin\alpha = $ _____.

15. 若抛物线 $y^2 = 4x$ 上的点 $M$ 到焦点的距离为 $10$,则 $M$ 到 $y$ 轴的距离是_____.

16. 已知函数 $f(x) = ax^3 + 3x^2 + 2$,若 $f'(-1) = 4$,则 $a$ 的值等于_____.

17. 甲、乙、丙三人打靶,命中的概率分别是 $\dfrac{2}{5}$,$\dfrac{1}{2}$ 和 $\dfrac{1}{3}$. 现3人各射击一次,则3人都命中的概率为_____.

三、解答题(共7小题,共82分,解答应写出文字说明,演算步骤或证明过程)

18. (10分) 在四棱锥 $P-ABCD$ 中,锐角三角形 $PAD$ 所在平面垂直于平面 $PAB$,$AB \perp AD$,$AB \perp BC$.

(1) 证明:$BC$ // 平面 $PAD$;

(2) 证明:平面 $PAD \perp$ 平面 $ABCD$.

19. (12分)已知角 $\alpha$ 的顶点与原点 $O$ 重合,始边与 $x$ 轴的非负半轴重合,它的终边过点 $P\left(-\dfrac{3}{5},-\dfrac{4}{5}\right)$.

(1)求 $\sin(\alpha+\pi)$ 的值;

(2)若角 $\beta$ 满足 $\sin(\alpha+\beta)=\dfrac{5}{13}$,求 $\cos\beta$ 的值.

20. (12分)已知函数 $f(x)=e^x-3x+3a$($e$ 为自然对数的底数,$a\in\mathbb{R}$).

(1)求 $f(x)$ 的单调区间与极值;

(2)求证:当 $a>\ln\dfrac{3}{e}$,且 $x>0$ 时,$\dfrac{e^x}{x}>\dfrac{3}{2}x+\dfrac{1}{x}-3a$.

21. (12分)已知数列 $\{a_n\}$ 为正项等比数列,满足 $a_3=4$,且 $a_5,3a_4,a_6$ 构成等差数列,数列 $\{b_n\}$ 满足 $b_n=\log_2 a_n+\log_2 a_{n+1}$.

(1)求数列 $\{a_n\},\{b_n\}$ 的通项公式;

(2)若数列 $\{b_n\}$ 的前 $n$ 项和为 $S_n$,数列 $\{c_n\}$ 满足 $c_n=\dfrac{1}{4S_n-1}$,求数列 $\{c_n\}$ 的前 $n$ 项和 $T_n$.

22. (12分)已知抛物线 $C:y^2=3x$ 的焦点为 $F$,斜率为 $\dfrac{3}{2}$ 的直线 $l$ 与 $C$ 的交点为 $A,B$,与 $x$ 轴的交点为 $P$.

(1)若 $|AF|+|BF|=4$,求 $l$ 的方程;

(2)若 $\overrightarrow{AP}=3\overrightarrow{PB}$,求 $|AB|$.

23. (12分)某军营超市一个月内被战士投诉的次数用 $X(X\leq 3)$ 表示,据统计,随机变量 $X$ 的概率分布列如下:

| $X$ | 0 | 1 | 2 | 3 |
| --- | --- | --- | --- | --- |
| $p$ | 0.1 | 0.3 | $2a$ | $a$ |

(1)求 $a$ 的值;

(2)假设第一个月与第二个月被战士投诉的次数互不影响,求该军营超市在这两个月内共被战士投诉2次的概率.

24. (12分)现需要设计一个装备仓库,它由上下两部分组成,上部的形状是正四棱锥 $P-A_1B_1C_1D_1$,下部的形状是正四棱柱 $ABCD-A_1B_1C_1D_1$(如图所示),并要求正四棱柱的高 $O_1O$ 是正四棱锥的高 $PO_1$ 的4倍.

(1)若 $AB=6\text{m},PO_1=2\text{m}$,则仓库的容积是多少?

(2)若正四棱锥的侧棱长为 $6\text{m}$,则当 $PO_1$ 为多少时,仓库的容积最大?

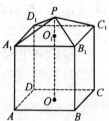

# 二〇二〇年军队院校士官招生文化科目统一考试

## 士兵高中数学试题参考答案及评分标准

说明：
（1）本解答中给出的各题的解法，供评卷时参考．如考生用其它解法，可参照本评分标准进行评分．
（2）如果考生的解答在某一步出现错误，影响后续部分，而未改变该题的基本内容和难度，应视影响程度决定对后续部分的评分，但原则上不得超过后续部分应得分数之半；如果是严重概念性错误，就不给分．
（3）解答题中，各行右端所注分数表示正确做完该步后应得的累计分数（题中有小题的，为小题的累计分数）．

一、单项选择题（每小题 4 分，共 36 分）

1．D； 2．B； 3．C； 4．C； 5．A； 6．B； 7．A； 8．D； 9．B．

二、填空题（每小题 4 分，共 32 分）

10．$-\dfrac{1}{2}$； 11．8； 12．2； 13．7；

14．$\dfrac{\sqrt{5}}{5}$； 15．9； 16．$\dfrac{10}{3}$； 17．$\dfrac{1}{15}$．

三、解答题（共 7 小题，共 82 分）

18．（本题满分 10 分）

证明：（1）因为 $AB \perp AD, AB \perp BC$，且 $A, B, C, D$ 共面，所以 $AD \parallel BC$． ············· 2 分

因为 $BC \not\subset$ 平面 $PAD, AD \subset$ 平面 $PAD$，所以 $BC \parallel$ 平面 $PAD$． ············· 4 分

（2）如图，过点 $D$ 作 $DH \perp PA$，垂足为 $H$，因为 $\triangle PAD$ 是锐角三角形，

所以点 $H$ 与点 $A$ 不重合． ············· 5 分

因为平面 $PAD \perp$ 平面 $PAB$，平面 $PAD \cap$ 平面 $PAB = PA, DH \subset$ 平面 $PAD$，

所以 $DH \perp$ 平面 $PAB$． ············· 7 分

因为 $AB \subset$ 平面 $PAB$，所以 $DH \perp AB$． ············· 8 分

因为 $AB \perp AD, AD \cap DH = D, AD, DH \subset$ 平面 $PAD$，所以 $AB \perp$ 平面 $PAD$．

因为 $AB \subset$ 平面 $ABCD$，所以平面 $PAD \perp$ 平面 $ABCD$． ············· 10 分

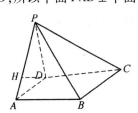

19. (本题满分12分)

解:(1)由角 $\alpha$ 的终边过点 $P\left(-\dfrac{3}{5},-\dfrac{4}{5}\right)$,得 $\sin\alpha=-\dfrac{4}{5}$,

所以 $\sin(\alpha+\pi)=-\sin\alpha=\dfrac{4}{5}$. ·················· 4分

(2)由角 $\alpha$ 的终边过点 $P\left(-\dfrac{3}{5},-\dfrac{4}{5}\right)$,得 $\cos\alpha=-\dfrac{3}{5}$.

由 $\sin(\alpha+\beta)=\dfrac{5}{13}$,得 $\cos(\alpha+\beta)=\pm\dfrac{12}{13}$. ·················· 8分

由 $\beta=(\alpha+\beta)-\alpha$,得 $\cos\beta=\cos(\alpha+\beta)\cos\alpha+\sin(\alpha+\beta)\sin\alpha$,

所以 $\cos\beta=-\dfrac{56}{65}$ 或 $\cos\beta=\dfrac{16}{65}$. ·················· 12分

20. (本题满分12分)

(1)解:由 $f(x)=e^x-3x+3a$ 知,$f'(x)=e^x-3$.

令 $f'(x)=0$,得 $x=\ln 3$, ·················· 2分

当 $x$ 变化时,$f'(x)$ 和 $f(x)$ 的变化情况如下表:

| $x$ | $(-\infty,\ln 3)$ | $\ln 3$ | $(\ln 3,+\infty)$ |
|---|---|---|---|
| $f'(x)$ | $-$ | $0$ | $+$ |
| $f(x)$ | 单调递减 | 极小值 | 单调递增 |

故 $f(x)$ 的单调递减区间是 $(-\infty,\ln 3)$,单调递增区间是 $(\ln 3,+\infty)$, ········· 4分

$f(x)$ 在 $x=\ln 3$ 处取得极小值,极小值为 $f(\ln 3)=e^{\ln 3}-3\ln 3+3a=3(1-\ln 3+a)$.

·················· 6分

(2)证明:待证不等式等价于 $e^x-\dfrac{3}{2}x^2+3ax-1>0$,

设 $g(x)=e^x-\dfrac{3}{2}x^2+3ax-1$.

则 $g'(x)=e^x-3x+3a$. ·················· 8分

由(1)及 $a>\ln\dfrac{3}{e}=\ln 3-1$ 知,$g'(x)$ 的最小值为 $g'(\ln 3)=3(1-\ln 3+a)>0$,

∴ $g(x)$ 在 $(0,+\infty)$ 上为增函数, ·················· 10分

∵ $g(0)=0$,

∴ 当 $x>0$ 时,$g(x)>0$,

即 $e^x-\dfrac{3}{2}x^2+3ax-1>0$,亦即 $\dfrac{e^x}{x}>\dfrac{3}{2}x+\dfrac{1}{x}-3a$. ·················· 12分

21. (本题满分 12 分)

解：(1)设等比数列 $\{a_n\}$ 的公比为 $q(q>0)$，由题意，得 $a_5+a_6=6a_4$，即 $q+q^2=6$，…… 2 分

解得 $q=2$ 或 $q=-3$(含去). …… 3 分

又 $a_3=4$，所以 $a_1=1$，

所以 $a_n=a_1q^{n-1}=2^{n-1}$，$b_n=\log_2 a_n+\log_2 a_{n+1}=n-1+n=2n-1$. …… 6 分

(2) $S_n=\dfrac{n(b_1+b_n)}{2}=\dfrac{n[1+(2n-1)]}{2}=n^2$. …… 8 分

所以 $c_n=\dfrac{1}{4n^2-1}=\dfrac{1}{2}\left(\dfrac{1}{2n-1}-\dfrac{1}{2n+1}\right)$， …… 10 分

所以 $T_n=\dfrac{1}{2}\times\left[\left(1-\dfrac{1}{3}\right)+\left(\dfrac{1}{3}-\dfrac{1}{5}\right)+\cdots+\left(\dfrac{1}{2n-1}-\dfrac{1}{2n+1}\right)\right]=\dfrac{n}{2n+1}$. … 12 分

22. (本题满分 12 分)

解：(1)设直线 $l:y=\dfrac{3}{2}x+t$，$A(x_1,y_1)$，$B(x_2,y_2)$.

由题设得 $F\left(\dfrac{3}{4},0\right)$，故 $|AF|+|BF|=x_1+x_2+\dfrac{3}{2}$， …… 2 分

由题设可得 $x_1+x_2=\dfrac{5}{2}$. 由 $\begin{cases} y=\dfrac{3}{2}x+t,\\ y^2=3x, \end{cases}$

可得 $9x^2+12(t-1)x+4t^2=0$，则 $x_1+x_2=-\dfrac{12(t-1)}{9}$. …… 4 分

从而 $-\dfrac{12(t-1)}{9}=\dfrac{5}{2}$，得 $t=-\dfrac{7}{8}$.

所以 $l$ 的方程为 $y=\dfrac{3}{2}x-\dfrac{7}{8}$. …… 6 分

(2) 由 $\overrightarrow{AP}=3\overrightarrow{PB}$ 可得 $y_1=-3y_2$.

由 $\begin{cases} y=\dfrac{3}{2}x+t,\\ y^2=3x, \end{cases}$ 可得 $y^2-2y+2t=0$. …… 8 分

所以 $y_1+y_2=2$.

从而 $-3y_2+y_2=2$，故 $y_2=-1$，$y_1=3$. …… 10 分

代入 $C$ 的方程式得 $x_1=3$，$x_2=\dfrac{1}{3}$.

故 $|AB|=\dfrac{4\sqrt{13}}{3}$ …… 12 分

**23.** (本题满分 12 分)

解:(1)由概率分布列的性质得:

$0.1 + 0.3 + 2a + a = 1$,解得 $a = 0.2$ ·················· 5 分

(2)设事件 $A$ 表示"两个月内共被战士投诉 2 次",

事件 $A_1$ 表示"两个月内有一个月被战士投诉 2 次,另外一个月被战士投诉 0 次",

事件 $A_2$ 表示"两个月内每月均被战士投诉 1 次",则由事件的独立性得:

$P(A_1) = 2 \times 0.4 \times 0.1 = 0.08$, ·················· 8 分

$P(A_2) = 0.3 \times 0.3 = 0.09$, ·················· 10 分

所以 $P(A) = P(A_1) + P(A_2) = 0.08 + 0.09 = 0.17$.

故该超市在这两个月内共被战士投诉 2 次的概率为 0.17. ·················· 12 分

**24.** (本题满分 12 分)

解:(1)由 $PO_1 = 2$ 知 $O_1O = 4PO_1 = 8$.

因为 $A_1B_1 = AB = 6$,

所以正四棱锥 $P - A_1B_1C_1D_1$ 的体积 $V_{锥} = \dfrac{1}{3} \cdot A_1B_1^2 \cdot PO_1 = \dfrac{1}{3} \times 6^2 \times 2 = 24(\text{m}^3)$;

·················· 2 分

正四棱柱 $ABCD - A_1B_1C_1D_1$ 的体积

$V_{柱} = AB^2 \cdot O_1O = 6^2 \times 8 = 288(\text{m}^3)$. ·················· 4 分

所以仓库的容积 $V = V_{锥} + V_{柱} = 24 + 288 = 312(\text{m}^3)$. ·················· 6 分

(2)设 $A_1B_1 = a(\text{m})$,$PO_1 = h(\text{m})$,则 $0 < h < 6$,$O_1O = 4h$. 连接 $O_1B_1$.

因为在 $\text{Rt}\triangle PO_1B_1$ 中,$O_1B_1^2 + PO_1^2 = PB_1^2$,

所以 $\left(\dfrac{\sqrt{2}a}{2}\right)^2 + h^2 = 36$,即 $a^2 = 2(36 - h^2)$, ·················· 8 分

于是仓库的容积

$V = V_{锥} + V_{柱} = a^2 \cdot 4h + \dfrac{1}{3}a^2 \cdot h = \dfrac{13}{3}a^2 h = \dfrac{26}{3}(36h - h^3)$,$0 < h < 6$, ·················· 10 分

从而 $V' = \dfrac{26}{3}(36 - 3h^2) = 26(12 - h^2)$.

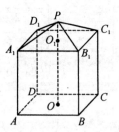

令 $V' = 0$,得 $h = 2\sqrt{3}$ 或 $h = -2\sqrt{3}$(舍).

当 $0 < h < 2\sqrt{3}$ 时,$V' > 0$,$V$ 是单调增函数;

$2\sqrt{3} < h < 6$ 时,$V' < 0$,$V$ 是单调减函数.

故 $h = 2\sqrt{3}$ 时,$V$ 取得极大值,也是最大值.

因此,当 $PO_1 = 2\sqrt{3}$ m 时,仓库的容积最大. ·················· 12 分